Lecture Notes in Mathemati

Springer
Berlin
Heidelberg
New York
Barcelona
Hong Kong
London
Milan
Paris
Tokyo

Michel Émery Marc Yor (Eds.)

Séminaire de Probabilités 1967–1980

A Selection in Martingale Theory

Springer

Editors

Michel Émery
Institut de Recherche Mathématique Avancée
Université Louis Pasteur
7, rue René Descartes
67084 Strasbourg, France
E-mail: emery@math.u-strasbg.fr

Marc Yor
Laboratoire de Probabilités
Université de Paris VI
175, rue du Chevaleret
75013 Paris, France

Cataloging-in-Publication Data applied for.

Die Deutsche Bibliothek - CIP-Einheitsaufnahme

Séminaire de probabilités 1967 - 1980 : a selection in martingale theory / M. Émery ; M. Yor (ed.). - Berlin ; Heidelberg ; New York ; Barcelona ; Hong Kong ; London ; Milan ; Paris ; Tokyo : Springer, 2002
(Lecture notes in mathematics ; 1771)
ISBN 3-540-42813-5

Mathematics Subject Classification (2000):
01A60; 01A75, 60G07, 60G42, 60G48, 60H05, 60H10

ISSN 0075-8434
ISBN 3-540-42813-5 Springer-Verlag Berlin Heidelberg New York

Springer-Verlag Berlin Heidelberg New York a member of BertelsmannSpringer Science + Business Media GmbH

http://www.springer.de

Typesetting: Camera-ready TEX output by the authors

SPIN: 10855562 41/3142/LK - 543210 - Printed on acid-free paper

À Paul André Meyer

qui, une fois encore, s'est effacé au moment de signer

FOREWORD

Thirty five volumes of the *Séminaire de Probabilités*, originated in Strasbourg in 1967, have now been published in the Lecture Notes in Mathematics, thanks to the editorial efficiency of Springer-Verlag.

Most volumes in the first half of the Séminaire series are now out of print. For several reasons, it seems timely and worthwile to publish again a selection of articles pertaining to martingale theory. The current trend in the study of stochastic processes is towards more and more sophistication, and many recent applications use sharp results of stochastic integration; so the full generality of the *general theory of processes* (a name still well deserved!) is no longer a luxury, but often a basic need.[1] Young mathematicians, or users of the theory coming from other fields, have a hard time finding their way through what may at first sight look like a jungle, due to the historical process of piling up new results on top of former ones faster than the old ones are made simpler. Practitioners of the theory may be interested in the historical origin of their daily tools. We hope that this volume will be useful to those who wish to get acquainted with martingale theory, as well as to those who, already familiar with it, are curious about its history.

Twenty-five articles have been selected, not without hesitation, from the first fourteen Séminaires de Probabilités. This set of articles ranging from 1967 to 1980 is organized in six parts, which, although deeply intertwined, represent essential building blocks in the theory of stochastic processes. They are:

A. General theory of processes
B. Stochastic integration
C. Martingale inequalities
D. Previsible representation
E. Semimartingales
F. Stochastic differential equations

There was much to choose from! We thank P.-A. Meyer for his invaluable contribution to this selection process. The criteria were two-fold: on the one hand, we try to provide a coherent and well-founded exposition of stochastic calculus for general semimartingales; on the other hand, this volume aims to help a reader interested in chapters XX–XXIII on stochastic calculus of *Probabilités et potentiel E* (Dellacherie-Maisonneuve-Meyer, Hermann 1992). The unavoidable core of our selection is, of course, Meyer's "Cours sur les intégrales stochastiques" (B3 in this volume); however, chronologically, stochastic calculus was developed earlier in the

---

[1] Note that, historically speaking, the general theory of processes stemmed more from the theory of Markov processes than from martingale theory, which only later became the leading point of view.

fundamental paper of Kunita and Watanabe (Nagoya Math. J., 1967), which is expounded by Meyer in B1. A careful reading of B3 necessitates some acquaintance with the general theory of processes, presented in A. Likewise, the remaining four parts of the volume, C, D, E and F, are of constant use nowadays, for both theoretical and practical purposes.

We begin with a short presentation where each selected article is put in historical and mathematical perspective. Wherever possible, the literature we refer to is in English. To the best of our knowledge, only two books in that language provide a self-contained account of stochastic calculus, with a complete proof of the optional and previsible section theorems:

Dellacherie-Meyer, *Probabilities and potential A and B*, North-Holland 1978 and 1982;

He-Wang-Yan, *Semimartingale Theory and Stochastic Calculus,* CRC Press 1992.

Here is also a short list of other books in English where calculus with càdlàg semimartingales is expounded:

Elliott, *Stochastic Calculus and Applications,* Springer 1982;

Ikeda-Watanabe, *Stochastic Differential Equations and Diffusion Processes,* North-Holland 1981;

Jacod-Shiryaev, *Limit Theorems for Stochastic Processes,* Springer 1987;

Kallenberg, *Foundations of Modern Probability,* Springer 1997;

Liptser-Shiryaev, *Theory of Martingales,* Kluwer 1989;

Métivier, *Semimartingales: A course on Stochastic Processes,* de Gruyter 1982;

Prohorov-Shiryaev, *Probability Theory III Stochastic Calculus,* Springer 1998;

Protter, *Stochastic Integration and Differential Equations,* Springer 1990;

Rogers-Williams, *Diffusions, Markov Processes and Martingales I and II,* Wiley 1994 and 1987;

Shiryaev, *Essentials of Stochastic Finance,* World Scientific 1999.

If this selection is well accepted by the mathematical readership, and if Springer, our fellow traveller for thirty five years, agrees, the next stage will be either a sequel, including many items that could reasonably have been included here (for instance, in Vol. XIII alone, Doléans-Meyer's weighted norm inequalities, the series on balayage, Jeulin-Yor's faux-amis and/or Jeulin's work on enlarged filtrations), or a similar volume of articles on Markov processes and related topics, also chosen from the early Séminaires.

Another project, which also aims to facilitate access to the content of past volumes of the Séminaire, is the creation of a data base that describes, in the same historical-mathematical spirit as here, all articles published in the Séminaire, from Volume I onwards. This work is in progress; the data base in its current state can already be consulted on the web site

`http://www-irma.u-strasbg.fr/irma/semproba/e_index.shtml`

M. Émery, M. Yor.

CONTENTS

D. — Previsible representation

E. — Semimartingales

F. — Stochastic differential equations

A SHORT PRESENTATION OF THE SELECTED ARTICLES

A. — General theory of processes

Fortunately, the general theory is no longer considered totally inaccessible, and its most useful results are now common knowledge; they are pedagogically expounded in Dellacherie-Meyer, *Probabilities and potential A and B*, North-Holland 1978 and 1982, and in He-Wang-Yan, *Semimartingale Theory and Stochastic Calculus,* CRC Press 1992. The following milestones may be useful to grasp the historical development.

A1. C. DELLACHERIE: *Ensembles aléatoires I* (Volume III, 1969, 97–114)

A deep theorem of Lusin asserts that a Borel set with countable sections is a countable union of Borel graphs. It is applied here in the general theory of processes to show that an optional set with countable sections is a countable union of graphs of stopping times, and in the theory of Markov processes, that a Borel set which is a.s. hit by the process at countably many times must be semi-polar. See also Dellacherie, *Capacités et Processus Stochastiques,* Springer 1972.

A2. C. DELLACHERIE: *Ensembles aléatoires II* (Volume III, 1969, 115–136)

Among the many proofs that an uncountable Borel set of the line contains a perfect set, a proof of Sierpinski (*Fund. Math.*, **5**, 1924) can be extended to an abstract set-up to show that a non-semi-polar Borel set contains a non-semi-polar compact set. See Dellacherie, *Capacités et Processus Stochastiques,* Springer 1972. More recent proofs no longer depend on "rabotages": Dellacherie-Meyer, *Probabilities and potential A,* North-Holland 1978, Appendix to Chapter IV.

A3. P.-A. MEYER: *Guide détaillé de la théorie "générale" des processus*
(Volume II, 1968, 140–165)

This mostly pedagogical paper states and comments (but does not prove) the essential results of a theory which was then considered difficult. New terminology is introduced (for instance, the accessible and previsible σ-fields) though not quite the definitive one (the word "optional" only timidly appears instead of the awkward "well-measurable"). A few new results about the σ-fields $\mathcal{F}_{T-}$ and increasing processes are proved at the end.

A4. C. Dellacherie: *Sur les théorèmes fondamentaux de la théorie générale des processus* (Volume VII, 1973, 38–47)

This paper reconstructs the general theory of processes starting from a suitable family $\mathcal{V}$ of stopping times, and the σ-field generated by stochastic intervals $[S,T[$ with $S,T \in \mathcal{V}$, $S \leqslant T$. Section and projection theorems are proved. The idea of this paper has been used in several instances: See Lenglart, Vol. XIV, p. 500; Le Jan, *Z. für W-Theorie* **44**, 1978.

A5. C. Dellacherie: *Un ensemble progressivement mesurable...* (Volume VIII, 1974, 22–24)

The set of starting times of Brownian excursions from 0 is a well-known example of a progressive set which does not contain any graph of stopping time. Here it is shown that considering the same set for the excursions from any a and taking the union over all a, the corresponding set has the same property and has uncountable sections. Many other examples are now known, such as the set of times at which the law of the iterated logarithm fails (see for instance Knight's article in the same volume).

A6. M. Yor: *Grossissement d'une filtration et semi-martingales : théorèmes généraux* (Volume XII, 1978, 61–69)

Given a filtration $(\mathcal{F}_t)$ and a positive random variable L, the *progressively enlarged* filtration is the smallest one $(\mathcal{G}_t)$ containing $(\mathcal{F}_t)$, and for which L is a stopping time. The enlargement problem consists in describing the semimartingales X of $\mathcal{F}$ which remain semimartingales in $\mathcal{G}$, and in computing their semimartingale characteristics. In this paper, it is proved that $X_t I_{\{t<L\}}$ is a semimartingale in full generality, and that $X_t I_{\{t \geqslant L\}}$ is a semimartingale whenever L is *honest,* i.e., is the end of an $(\mathcal{F}_t)$-optional set. An explicit formula for the corresponding decomposition is given in the following article in the same volume. These results were independently discovered by Barlow, *Zeit. für W-theorie* **44**, 1978, which also has a huge intersection with Jeulin-Yor, Vol. XII, p. 78.

Beside this particular case of enlargement of a filtration, one should mention initial enlargement by a random variable L, i.e., making L measurable at time 0. Jeulin's LNM 833 (1980) gives general results in both cases, and applications to (Williams) path decompositions of Brownian motion, or more generally Markov processes. Further developments, including Jacod's very useful criterion for initial enlargements, are presented in LNM 1118 (1985). Providing an explicit formula for the canonical decomposition of a martingale as a semimartingale in the enlarged filtration is an essential part of this theory; Yor (*Some Aspects of Brownian Motion II,* Birkhäuser 1997, Chap. XII) discusses a number of examples. The similarity between this formula and Girsanov's in the change of probability set-up has been discussed by a number of authors; see in particular Föllmer-Imkeller, *Ann. I.H.P.* **29**, 1993. Enlargement studies continue to be developed, in particular in connection with "insider trading": see for instance Amendinger, *Stochastic Process. Appl.* **89** (2000).

B. — Stochastic integration

This topic was present in the Séminaires from the very beginning, with

B1. P.-A. MEYER: *Intégrales stochastiques I and II* (Volume I, 1967, 72–117)

who presents an expanded exposition of the celebrated paper of Kunita-Watanabe (*Nagoya Math. J.* **30**, 1967) on square integrable martingales. The filtration is assumed to be quasi left continuous, a restriction lifted in the modern theory. A new feature is the definition of the second increasing process associated with a square integrable martingale (a "square bracket" in the modern terminology). In the second lecture, stochastic integrals are defined with respect to local martingales (introduced from Itô-Watanabe, *Ann. Inst. Fourier* **15**, 1965), and the general integration by parts formula is proved. Also a restricted class of semimartingales is defined and an "Itô formula" for change of variables is given, different from that of Kunita-Watanabe.

This paper was a step in the development of stochastic integration. Practically every detail of it has been reworked since, starting with

B2. C. DOLÉANS-DADE and P.-A. MEYER: *Intégrales stochastiques par rapport aux martingales locales* (Volume IV, 1970, 77–107)

This is a continuation of B1, with a new complete exposition of the theory, and two substantial improvements: the filtration is general (while in B1 quasi left continuity was assumed) and the definition of semimartingales is the modern one (while in B1 they were the special semimartingales of nowadays). The change of variables formula is given in its full generality.

A climax after B1 and B2, the core of this part, and indeed of the entire volume, is Meyer's course

B3. P.-A. MEYER: *Un cours sur les intégrales stochastiques* (Volume X, 1976, 245–400)

This set of lectures, an intermediate stage between a research paper and a polished book form, was well circulated in its time. It presents a systematic exposition of the theory of stochastic integration with respect to semimartingales, with the exception of stochastic differential equations. Chapter I is devoted to a quick exposition of the general theory of processes, and of the trivial stochastic integral with respect to a process of finite variation. Chapter II is the Kunita-Watanabe theory of square integrables martingales, angle and square bracket, stable subspaces, compensated sums of jumps, and the corresponding L^2 theory of stochastic integration. Chapter III studies a restricted class of semimartingales and introduces the Itô formula, with its celebrated applications due to Watanabe, to Brownian motion and the Poisson process. Chapter IV localizes the theory, gives the general definitions of semimartingales and special semimartingales, and studies the stochastic exponential, multiplicative decomposition. It also sketches a theory of multiple stochastic integrals. Chapter V deals with the application of the spaces H^1 and BMO to the theory of stochastic integration, and to martingales inequalities (it contains the extension to continuous time of Garsia's "Fefferman implies Davis implies Burkholder" approach). Chapter VI contains more special topics: Stratonovich integrals, Girsanov's theorem, local times, representation of elements of BMO. The basic part of the theory, now a standard tool in probability theory, consists in Chapters I to IV; it has been rewritten in many books; see the list in the foreword to this volume.

B4. M. YOR: *Sur quelques approximations d'intégrales stochastiques* (Volume XI, 1977, 518–528)

deals with the limit of several families of Riemann sums, converging to the Itô stochastic integral of a continuous process with respect to a continuous semimartingale, to the Stratonovich stochastic integral, or to the Stieltjes integral with respect to the bracket of two continuous semimartingales. The last section gives a path interpretation to the stochastic integral of a differential form, a key step toward the modern theory of semimartingales in manifolds. See also related studies by Manabe and Ikeda-Manabe in *Stochastic Analysis,* A. Friedman and M. Pinsky eds., Academic Press 1978, *Proc. Japan. Acad.* **55**, 1979, *Publ. RIMS* **15**, 1979 and *Osaka J. Math.* **19**, 1982, as well as Meyer's discussion in Vol. XV p. 59 onwards and Bismut's Springer LNM 866.

The last item in this section,

B5. M. YOR: *Sur les intégrales stochastiques optionnelles et une suite remarquable de formules exponentielles* (Volume X, 1976, 481–500)

contains several useful results on optional stochastic integrals of local martingales and semimartingales, as well as the first occurence of the well-known formula $\mathcal{E}(X)\,\mathcal{E}(Y) = \mathcal{E}(X+Y+[X,Y])$ where $\mathcal{E}$ denotes the usual exponential of semimartingales. Also, the s.d.e. $Z_t = 1 + \int_0^t Z_s dX_s$ is solved, where X is a suitable semimartingale, and the integral is an optional one. The Lévy measure of a local martingale is studied, and used to rewrite the Itô formula in a form that involves optional integrals. Finally, a whole family of "exponentials" is introduced, interpolating between the standard one and an exponential involving the Lévy measure, which was used by Kunita-Watanabe in a Markovian set-up.

C. — Martingale inequalities

The whole chapter V of Meyer's course B3 would belong here, but, for this volume to remain handy and readable, we prefer not to split the selected articles into smaller parts.

This section starts with the often quoted

C1. É. LENGLART, D. LÉPINGLE, and M. PRATELLI: *Présentation unifiée de certaines inégalités de la théorie des martingales* (Volume XIV, 1980, 26–48)

which is a synthesis of many years of work on martingale inequalities (see for instance Burkholder, *Distribution function inequalities for martingales,* Ann. Prob. 1973, or Garsia, *Martingales Inequalities,* Benjamin 1973). It is certainly one of the most influential among the papers which appeared in the Séminaire. It shows how all main inequalities can be reduced to a few simple principles: 1) Basic distribution inequalities between pairs of random variables ("Doob", "domination", "good lambda" and "Garsia-Neveu"), and 2) Simple lemmas from the general theory of processes. This paper has since been rewritten as Chapter XXIII of Dellacherie-Maisonneuve-Meyer, *Probabilités et potentiel E*; see also Yor, Vol. XVI, p. 238. Striking examples of the power of these methods are Barlow-Yor, *J. Funct. Anal.* **49**, 1982, R. Bass, Vol. XXI p. 206, and Chapter IX §4 of He-Wang-Yan, *Semimartingale Theory and Stochastic Calculus,* CRC Press 1992.

The basic results of Fefferman and Fefferman-Stein on functions of bounded mean oscillation in $\mathbb{R}$ and $\mathbb{R}^n$ and the duality between BMO and H^1 were almost immediately translated into discrete martingale theory by Herz and Garsia. The next step, due to Getoor-Sharpe (*Invent. Math.* **16**, 1972), delt with continuous martingales. The extension to right-continuous martingales was performed very shortly afterwards by

C2. P.-A. MEYER: *Le dual de H^1 est BMO (cas continu)* (Volume VII, 1973, 136–145)

This made BMO a powerful tool in martingale theory; see for instance D3.

This material has been rewritten several times since, in particular in B3 and in Dellacherie-Meyer, *Probabilities and potential B,* North-Holland 1982, Chapter VII.

A further import from analysis to martingale theory has been atomic decompositions, used with great success in the analytical theory of Hardy spaces, in particular by Coifman (*Studia Math.* **51**, 1974). An atomic decomposition of a Banach space consists in finding simple elements (called atoms) in its unit ball, such that every element is a linear combination of atoms $\sum_n \lambda_n a_n$ with $\sum_n |\lambda_n| < \infty$, the infimum of these sums defining the norm or an equivalent one.

C3. A. BERNARD and B. MAISONNEUVE: *Décomposition atomique de martingales de la classe H^1* (Volume XI, 1977, 303–323)

give an atomic decomposition for H^1 spaces of martingales in continuous time (defined by their maximal function). Atoms are of two kinds: the first kind consists of martingales bounded uniformly by a constant c and supported by an interval $[T, \infty[$ such that $P\{T < \infty\} \leqslant 1/c$. These atoms do not generate the whole space H^1 in general, though they do in a few fundamental cases (if all martingales are continuous, or in the discrete dyadic case). To generate the whole space it is sufficient to add martingales of integrable variation (those whose total variation has L^1-norm smaller than 1 constitute the second kind of atoms). This approach leads to a proof of the H^1-BMO duality and the Davis inequality.

D. — Previsible representation

This section is devoted to the problem of representing all martingales on a given filtered sample space. A purely theoretical question at the time of the early Séminaires, it is now an active subject in Mathematical Finance, and is expounded in several books on Stochastics and Finance. In the framework of càdlàg stochastic calculus, a good exposition is He-Wang-Yan, *Semimartingale*

Theory and Stochastic Calculus, CRC Press 1992. In the particular case when the filtration is Brownian or Poisson, all martingales are stochastic integrals with respect to the Brownian motion, or compensated Poisson process. It was discovered in

D1. C. DELLACHERIE: *Intégrales stochastiques par rapport aux processus de Wiener et de Poisson* (Volume VIII, 1974, 25–26)

that it is a consequence of the Wiener and Poisson measures being unique solutions of martingale problems. (A gap in the proof is filled in Sém. IX p. 494; Ruiz de Chavez gives another approach in Vol. XVIII p. 245.)

The next step emphasized the importance of the filtration.

D2. C. S. CHOU and P.-A. MEYER: *Sur la représentation des martingales comme intégrales stochastiques dans les processus ponctuels* (Volume IX, 1975, 226–236)

start with the filtration generated by a discrete point process, and construct in it a martingale which has the previsible representation property. In spite or because of its simplicity, this paper has become a standard reference in the field.

Further investigations (see Jacod-Yor *Z. für W-theorie,* **38**, 1977) made explicit the relationship between extremality and previsible representation, thus extending to general martingales the main idea of D1. A key ingredient was the study of the set $\mathcal{P}$ of all laws on a filtered measurable space under which a given set $\mathcal{N}$ of (adapted, right continuous) processes are local martingales. The article

D3. M. YOR: *Sous-espaces denses dans L^1 ou H^1 et représentation des martingales* (Volume XII, 1978, 265–309)

relates this problem to a measure-theoretic result of R.G. Douglas (*Michigan Math. J.* 11, 1964); it also introduces the modern point of view by systematically using stochastic integration in H^1. The main result can be stated as follows: a given law $P \in \mathcal{P}$ is extremal in $\mathcal{P}$ if and only if the set $\mathcal{N}$ has the predictable representation property, i.e., $\mathcal{F}_0$ is trivial and stochastic integrals with respect to elements of $\mathcal{N}$ are dense in H^1. Many examples and applications are given.

E. — Semimartingales

The "approximate Laplacians" method for computing the increasing process associated with a supermartingale is, in a number of cases, a powerful tool to decompose explicitly a semimartingale into a local martingale and a previsible process with bounded variation. The following problem raised by Meyer (*Ill. J. Math.* **7**, 1963) remained open for several years: Given a supermartingale, the approximate Laplacians always converge weakly in L^1; does strong convergence always hold?

E1. C. DELLACHERIE and C. DOLÉANS-DADE: *Un contre-exemple au problème des laplaciens approchés* (Volume V, 1971, 127–137)

show that convergence may not be strong.

The next item,

E2. M. ÉMERY: *Une topologie sur l'espace des semimartingales*
(Volume XIII, 1979, 260–280)

provides the space of all semimartingales (on a given stochastic basis) with a linear topology similar to convergence in probability: it is metrizable, complete, but not locally convex. Side results concern the Banach spaces H^p and S^p of semimartingales, and several useful continuity properties are proved. Its main application, and the reason why it was introduced, is the stability of stochastic differential equations: see F3, or Protter, *Stochastic Integration and Differential Equations,* Springer 1990.

Following some ideas initiated by Métivier and Pellaumail, semimartingales were characterized as stochastic integrators, independently by Bichteler (*Ann. Prob.* **9**, 1981), and by Dellacherie (with Mokobodzki's help for the functional analytic part). More precisely, semimartingales are exactly the processes which give rise to a nice vector measure on the previsible σ-field, with values in the (non locally convex) space L^0. Dellacherie's proof is expounded in

E3. P.-A. MEYER: *Caractérisation des semimartingales, d'après Dellacherie*
(Volume XIII, 1979, 620–623)

A simpler approach to the functional analytic lemma, which is central in the proof of E3, is presented in

E4. J.-A. YAN: *Caractérisation d'ensembles convexes de L^1 ou H^1*
(Volume XIV, 1980, 220–222)

It consists in finding a condition for the existence of $Z > 0$ in L^∞ such that $\sup_{X \in K} E[ZX] < \infty$, where K is a given convex subset of L^1 containing 0. A similar result is discussed for H^1 instead of L^1. This lemma has since proved very useful in mathematical finance; see for instance Kallianpur-Karandikar, *Introduction to Option Pricing Theory*, Birkhäuser 2000.

F. — Stochastic differential equations

The first step towards a theory of stochastic differential equations driven by non-continuous semimartingales was made by

F1. N. KAZAMAKI: *Note on a stochastic integral equation*
(Volume VI, 1972, 105–108)

The semimartingale involved here was the sum of a locally square integrable martingale and a continuous increasing process. This subject was further developed by the same author (*Tôhoku Math. J.* **26**, 1974) and others. The modern statement with general semimartingales was obtained by C. Doléans-Dade (*Zeit. für W-theorie* **36**, 1976) and Protter (*Ann. Prob.* **5**, 1977). An improved and simplified exposition of existence and uniqueness in this general framework is

F2. C. DOLÉANS-DADE and P.-A. MEYER: *Équations différentielles stochastiques*
(Volume XI, 1977, 376–382)

Proofs are further simplified by making use of a very general definition of the coefficients in

F3. M. ÉMERY: *Équations différentielles stochastiques lipschitziennes : étude de la stabilité* (Volume XIII, 1979, 281–293)

where stability, previously studied by Émery (*Zeit. für W-theorie,* **41**, 1978) and Protter (*Zeit. für W-theorie,* **44**, 1978), is shown to hold for the topology described in E3; see also Protter, *Stochastic Integration and Differential Equations,* Springer 1990. For further refinements in the continuous case, especially the speed of convergence of the Picard iteration, see Feyel, Vol. XXI, p. 515, and Schwartz, Vol. XXIII p. 343. Using the Métivier-Pellaumail inequality, this is then extended to right-continuous semimartingales by Meyer, Vol. XXV, p. 108. For another, completely different, approximation scheme in the case of SDE's of the Itô type, see Kawata-Yamada, Vol. XXV, p. 121.

Another direction is the study of non-Lipschitz but Hölder, one-dimensional stochastic differential equations of the classical Itô type, such as those occurring in the theory of Bessel processes. Building upon previous works (Yamada-Watanabe, *J. Math. Kyoto Univ.* **11**, 1971, and Yamada, *Zeit. für W-theorie* **36**, 1976), a simplified proof of existence and convergence of the Cauchy method is given by

F4. T. YAMADA: *Sur une construction des solutions d'équations différentielles stochastiques dans le cas non-lipschitzien* (Volume XII, 1978, 114–131)

INSTITUT DE RECHERCHE MATHEMATIQUE AVANCEE
Laboratoire Associé au C.N.R.S.
Rue René Descartes
STRASBOURG

1967-68

- Séminaire de Probabilités -

ENSEMBLES ALEATOIRES I

par C. DELLACHERIE

Les deux exposés qui vont suivre sont un développement de mes deux notes aux C.R. (cf. [2]) : on trouvera dans ce premier exposé les démonstrations des résultats de la première note, et, dans le second, celles des principaux résultats de la seconde (je n'aborderai pratiquement pas les applications à la théorie des processus de Markov, exceptée la caractérisation des ensembles semi-polaires).

La motivation de ce travail était de résoudre les deux conjectures de MEYER sur les ensembles semi-polaires (cf. [6] p. 183) :

1. un ensemble presque-borélien, rencontré p.s. par les trajectoires suivant un ensemble dénombrable, est semi-polaire,

2. un ensemble presque-borélien, tel que tout compact inclus soit semi-polaire, est semi-polaire.

La première conjecture est démontrée dans cet exposé ; la seconde sera démontrée dans le suivant. Les démonstrations reposent sur des théorèmes de la théorie générale des processus, développée dans l'esprit de [5]. Ceux-ci sont eux-mêmes dérivés de trois théorèmes "polonais" oubliés, même par ceux qui se sont occupés ces dernières années de redonner vie aux admirables résultats des écoles russe et polonaise (BOURBAKI par ex.), et ils ne figurent même pas dans les articles de SION. Le premier exposé contient l'énoncé (sans démonstrations) et les conséquences des deux premiers théorèmes. Le second exposé sera consacré au troisième : le théorème sur les rabotages de SIERPINSKI.

En fait, je sais maintenant établir tous les théorèmes de la théorie des processus, contenus dans les deux exposés, uniquement à l'aide des rabotages de SIERPINSKI : toute référence à la théorie abstraite ou topologique des ensembles analytiques peut être éliminée. Je pense écrire prochainement une monographie sur la théorie générale des processus, qui serait entièrement fondée sur les rabotages de SIERPINSKI : ce livre contiendrait le développement du "Guide gris" de MEYER (cf. [5]) et le contenu remanié de ces deux exposés, ainsi que des applications à la théorie des processus de Markov.

§ 1. TERMINOLOGIE.

Tous les espaces topologiques considérés sont séparés.

1. Un espace topologique E est polonais s'il est métrisable, séparable, et s'il existe une distance compatible avec la topologie de E pour laquelle E soit complet.

Un espace topologique X est souslinien (resp. lusinien) s'il existe un espace polonais E et une surjection continue (resp. bijection continue) de E sur X.

2. Un espace topologique X sera toujours supposé muni de sa tribu borélienne $\underline{\underline{B}}(X)$. Si $(\Omega, \underline{\underline{F}})$ est un espace mesurable, une partie H de Ω est universellement mesurable si elle appartient à la tribu complétée de $\underline{\underline{F}}$

pour toute mesure de probabilité sur $(\Omega , \underline{\underline{F}})$. On sait que toute partie souslinienne d'un espace topologique est universellement mesurable (c'est un théorème de LUSIN datant de 1917 !) .

3. Les notions suivantes ne sont pas indispensables pour la suite, mais clarifient un peu la situation à certains égards. Nous ne donnerons pas les démonstrations de l'équivalence des définitions que nous allons donner : elles peuvent se calquer sur celles données par MEYER (cf. [7] - III - 15).

Un espace mesurable $(E , \underline{\underline{E}})$ est un espace de SOUSLIN (ou de BLACKWELL) s'il satisfait aux conditions équivalentes suivantes :

a) Il est isomorphe à un espace mesurable $(A , \underline{\underline{B}}(A))$, où A est un espace topologique souslinien.

b) Il est isomorphe à un espace mesurable $(A , \underline{\underline{B}}(A))$, où A est un sous-espace souslinien de $\mathbb{R}$.

Un tel espace est caractérisé par les deux propriétés suivantes : il existe une suite d'éléments de $\underline{\underline{E}}$ qui sépare les points de E ; si f est une application mesurable de E dans $\mathbb{R}$, $f(E)$ est une partie souslinienne de $\mathbb{R}$.
On notera que l'équivalence entre a) et b) ci-dessus est non classique : le fait qu'il existe, dans un espace souslinien quelconque (métrisable ou non), une suite de boréliens séparant les points est une conséquence facile du théorème de séparation des ensembles sousliniens (cf. [1]) (MOKOBODZKI a même montré qu'il existe une suite d'ouverts séparant les points : ce résultat n'est pas publié).

Un espace mesurable $(E , \underline{\underline{E}})$ est un espace de LUSIN, s'il satisfait aux conditions équivalentes suivantes :

a) il est isomorphe à un espace mesurable $(A , \underline{\underline{B}}(A))$ où A est lusinien,

b) il est isomorphe à un espace mesurable $(A, \underline{\underline{B}}(A))$, où A est polonais,

c) il est isomorphe à un espace mesurable $(A, \underline{\underline{B}}(A))$, où A est un sous-espace borélien d'un espace polonais (ou lusinien),

d) il est isomorphe à un espace mesurable $(A, \underline{\underline{B}}(A))$, où A est borélien dans $\mathbb{R}$.

Un tel espace est caractérisé par les deux propriétés suivantes : il existe une suite d'éléments de $\underline{\underline{E}}$ qui sépare les points de E ; si f est une application mesurable, injective, de $(E, \underline{\underline{E}})$ dans $\mathbb{R}$, $f(E)$ est un borélien de $\mathbb{R}$.

L'exemple suivant d'espace de Lusin m'a été communiqué par MEYER : **soit E un espace lusinien métrisable (en particulier un borélien d'un espace LCD) , muni d'une distance d compatible avec sa topologie. On distin**gue un point δ de E et on considère l'ensemble W des applications w de $\mathbb{R}_+$ dans E vérifiant :

a) $t \mapsto w(t)$ est continue à droite

b) $w^{-1}(\{\delta\})$ est un intervalle de la forme $[\zeta(w), +\infty[$ $(\zeta(w) \leq +\infty)$

c) $t \mapsto w(t)$ admet des limites à gauche sur $]0, \zeta(w)[$.

On définit les applications coordonnées X_t par $X_t(w) = w(t)$, et on munit W de la tribu $\underline{\underline{W}}$ engendrée par les X_t . Autrement dit, $(W, \underline{\underline{W}})$ est l'espace d'épreuves canonique d'un processus standard de durée de vie ζ .

<u>PROPOSITION</u>.

<u>L'espace mesurable</u> $(W, \underline{\underline{W}})$ <u>est un espace de Lusin</u>.

<u>DEMONSTRATION</u>.

Soit i l'application $w \mapsto (X_r(w))_{r\in\mathbb{Q}}$ de W dans l'espace lusinien

$E^{\mathbb{Q}}$*. Cette application est une bijection de W sur un sous-ensemble A de $E^{\mathbb{Q}}$, et on vérifie aussitôt que $\underline{\underline{W}}$ est l'image réciproque de $\underline{\underline{B}}(A)$ par i. Tout revient donc à montrer que A est un borélien de $E^{\mathbb{Q}}$. Sur $E^{\mathbb{Q}}$, définissons l'application ζ par

$$\zeta(f) = \inf \{r \in \mathbb{Q} : f(r) = \delta\} \qquad f \in E^{\mathbb{Q}} .$$

On a évidemment $\zeta(w) = \zeta(i(w))$ pour $w \in W$, et on vérifie aisément que

a) ζ est une fonction mesurable sur $E^{\mathbb{Q}}$

b) $B = \{f \in E^{\mathbb{Q}} : f^{-1}(\{\delta\}) = \mathbb{Q} \cap [\zeta(f), +\infty[\}$ est un borélien de $E^{\mathbb{Q}}$.

D'autre part, si $f \in E^{\mathbb{Q}}$, posons pour tout $\epsilon > 0$:

$$T_0^\epsilon(f) = 0 \qquad T_1^\epsilon(f) = \inf\{r \in \mathbb{Q} : d(f(0), f(r)) > \epsilon\}$$

$$Z_0^\epsilon(f) = f(0) \qquad Z_1^\epsilon(f) = f(T_1^\epsilon +) \quad \text{si cette limite existe le long de } \mathbb{Q}$$

$$= \delta \quad \text{si elle n'existe pas (ou si } T_1^\epsilon(f) = +\infty)$$

et ensuite, par récurrence :

si $Z_n^\epsilon(f) = \delta$, on pose $T_{n+1}^\epsilon(f) = T_n^\epsilon(f)$, $Z_{n+1}^\epsilon(f) = \delta$

si $Z_n^\epsilon(f) \neq \delta$, on pose $T_{n+1}^\epsilon(f) = \inf\{r \in \mathbb{Q} : r > T_n^\epsilon(f) , d(f(T_n^\epsilon), f(r)) > \epsilon\}$

$$Z_{n+1}^\epsilon(f) = f(T_{n+1}^\epsilon +) \quad \text{si cette limite existe le long de } \mathbb{Q}$$

$$= \delta \quad \text{si elle n'existe pas (ou si } T_{n+1}^\epsilon(f) = +\infty) .$$

* $\mathbb{Q}$ désigne l'ensemble des rationnels.

On vérifie aisément que les fonctions $T_n^{\epsilon}(.)$ et $Z_n^{\epsilon}(.)$ sont mesurables sur $E^{\mathbb{Q}}$. L'ensemble $C = \{f \in E^{\mathbb{Q}} :$ pour tout $\epsilon > 0$, $\lim T_n^{\epsilon}(f) \geq \zeta$ quand $n \to \infty\}$ est alors un borélien de $E^{\mathbb{Q}}$. Comme $A = B \cap C$, il en résulte que A est aussi borélien.

§ 2. LE THEOREME DE MAZURKIEWICZ-SIERPINSKI ET SES CONSEQUENCES.

Si A est une partie d'un produit cartésien $X \times Y$, nous noterons $\pi(A)$ la projection de A sur Y, et $\gamma(A)$ l'ensemble des $y \in Y$ tels que la coupe $A(y)$ ne soit pas dénombrable (dans toute la suite, dénombrable signifie, vide, fini, ou infini dénombrable).

Le théorème suivant est dû à MAZURKIEWICZ-SIERPINSKI (cf. [4], § 35, VII) :

THEOREME 1.

Soient X et Y deux espaces sousliniens, A une partie souslinienne de $X \times Y$. L'ensemble $\gamma(A)$ est une partie souslinienne de Y.

Remarques.

a) Nous n'aurons besoin que du cas où A est borélien dans $X \times Y$; mais, bien entendu, ceci n'entraîne pas que $\gamma(A)$ est borélien, même si $X = Y = \mathbb{R}$!

b) Dans le même ordre d'idées, on peut montrer (et c'est beaucoup plus facile) que l'ensemble des $y \in Y$ tels que $A(y)$ comporte au moins k points (pour $k = 1, 2, \ldots, \infty$) est souslinien dans Y.

Nous allons étendre maintenant ce théorème aux espaces mesurables abstraits :

THEOREME 1^a.

Soient $(X , \underline{\underline{X}})$ *un espace de Souslin et* $(\Omega , \underline{\underline{F}})$ *un espace mesurable. Si* A *est une partie mesurable de* $X \times \Omega$ *, l'ensemble* $\gamma(A)$ *est une partie universellement mesurable de* Ω .

DEMONSTRATION.

Il existe une suite (B_n) de parties mesurables de $X \times \Omega$, de la forme $B_n = K_n \times L_n$, où $K_n \in \underline{\underline{X}}$ et $L_n \in \underline{\underline{F}}$, telle que A appartienne à la tribu engendrée par les B_n . Définissons un espace polonais Y et une application mesurable f de $(\Omega , \underline{\underline{F}})$ dans Y par : $Y = [0,1]^{\mathbb{N}}$ et $f(\omega) = (I_{L_n}(\omega))_{n\in\mathbb{N}}$. Désignons d'autre part par φ l'application $id_X \otimes f$ de $X \times \Omega$ dans $X \times Y$. Il existe alors une partie mesurable A' de $X \times Y$ telle que $A = \varphi^{-1}(A')$. D'après le théorème précédent, $\gamma(A')$ est souslinien dans Y , et donc $\gamma(A) = f^{-1}[\gamma(A')]$ est universellement mesurable.

Remarques :

a) $\gamma(A)$ est même un ensemble $\underline{\underline{F}}$-analytique.

b) En faisant $k = 1$ dans la remarque b) précédente, on retrouve le fait que $\pi(A)$ est universellement mesurable.

c) D'une manière générale, on pourrait tirer de la démonstration précédente un lemme général qui permet de ramener des problèmes abstraits à des problèmes topologiques (en particulier, pour tout ce qui concerne les ensembles analytiques abstraits en théorie des processus).

COROLLAIRE.

Soient $(\Omega , \underline{\underline{F}} , P)$ *un espace probabilisé complet, et* A *une partie de* $\mathbb{R}_+ \times \Omega$ *, indistinguable d'une partie mesurable. Alors* $\gamma(A)$ *appartient à* $\underline{\underline{F}}$.

Le théorème précédent nous amène à poser la définition suivante

DEFINITION 1.

Soient $(X , \underline{\underline{X}})$ un espace de Souslin et $(\Omega , \underline{\underline{F}} , P)$ un espace probabilisé complet. Si A est une partie de $X \times \Omega$, indistinguable d'une partie mesurable,

a) la partie A est dite mince si $\gamma(A) = \emptyset$ P - p.s.

b) la partie A est dite épaisse si $\gamma(A) = \pi(A)$ P - p.s.

Il est clair qu'une partie indistinguable d'une partie mesurable se décompose, d'une manière essentiellement unique, en une partie mince et une partie épaisse dont les projections sur Ω sont disjointes.

Nous allons maintenant donner des applications du théorème 1 à la théorie des processus : soit $(\Omega , \underline{\underline{F}} , P)$ un espace probabilisé complet, muni d'une famille de tribus croissante $(\underline{\underline{F}}_t)$, vérifiant les conditions habituelles (la famille est continue à droite, et $\underline{\underline{F}}_0$ contient tous les ensembles P-négligeables).

DEFINITION 2.

Soit A une partie de $\mathbb{R}_+ \times \Omega$. On appelle temps de pénétration dans A la fonction T définie sur Ω par :

$$T(\omega) = \inf \{t : [0,t] \cap A(\omega) \text{ est non dénombrable}\}$$

PROPOSITION 1.

Si A est un ensemble progressivement mesurable, le temps de pénétration T dans A est un temps d'arrêt.

DEMONSTRATION.

L'ensemble $\{T < t\}$ est égal à $\gamma(A^t)$, où $A^t = A \cap ([0,t] \times \Omega)$. Comme A est progressivement mesurable, A^t appartient à $\underline{\underline{B}}(\mathbb{R}_+) \otimes \underline{\underline{F}}_t$; on applique alors le théorème 1^a .

Remarque :

En faisant k = 1 dans la première remarque, b) , on retrouve le fait que le début d'un ensemble progressivement mesurable est un temps d'arrêt.

Si A est une partie progressivement mesurable, on sait que son adhérence $\bar{A}$ (i.e. l'ensemble dont les coupes sont les adhérences des coupes de A dans $\mathbb{R}_+$) est un ensemble bien-mesurable (cf. [5] p. 151-216). On a alors la proposition :

PROPOSITION 2.

Soit A un ensemble progressivement mesurable et soit

$$B = \{(t , \omega) : \forall \epsilon > 0 \; [t - \epsilon , t + \epsilon] \cap A(\omega) \text{ est non dénombrable}\} .$$

Alors B est un ensemble bien-mesurable.

DEMONSTRATION.

Pour tout r rationnel, soit T_r le temps de pénétration dans $A \cap ([r , \infty[\times \Omega)$. La réunion des graphes des temps d'arrêt T_r (pour r rationnel) est bien-mesurable, et B , qui est l'adhérence de cette réunion, est également bien-mesurable.

Si A est un fermé aléatoire (i.e. les coupes de A sont fermées), B est le noyau parfait de A (i.e. $B(\omega)$ est le noyau parfait de $A(\omega)$ pour tout $\omega \in \Omega$). On a donc le corollaire :

COROLLAIRE.

Si A est un ensemble progressivement mesurable, fermé, son noyau parfait est bien-mesurable.

Il est clair, d'autre-part, que, si A est progressivement mesurable, $A \cap B$ est un ensemble épais, progressivement mesurable et $A - B$ est un ensemble mince, progressivement mesurable (on peut aussi remplacer partout "progressivement mesurable" par "bien-mesurable") : d'où une nouvelle décomposition en partie mince et partie épaisse.

§ 3. LE THEOREME DE LUSIN ET SES CONSEQUENCES.

Soient X et Y deux espaces lusiniens. Une partie G de $X \times Y$ est un graphe borélien s'il existe une application f , définie sur une partie borélienne de Y , et à valeurs dans X , borélienne, telle que $G = \{(x,y) : f(y) = x\}$. Pour que G soit un graphe borélien, il faut et il suffit que G soit borélien et que la coupe $G(y)$, pour tout $y \in Y$, comporte au plus un point : il est clair que la condition est nécessaire. Réciproquement, la restriction à G de la projection de $X \times Y$ sur Y est injective et donc la projection d'un borélien de $X \times Y$, contenu dans G , sur Y est un borélien de Y (cf. [1] corollaire du th. 3). Il est alors facile de construire une application f dont G est le graphe.

Le théorème suivant est dû à LUSIN (cf. [3] - § 46 - 3) :

THEOREME 2.

Soient X et Y deux espaces lusiniens, A une partie borélienne de $X \times Y$. Si la coupe $A(y)$ de A est dénombrable pour tout $y \in Y$

(soit, si $\Upsilon(A) = \emptyset$) , l'ensemble A est la réunion d'une suite (A_n) de graphes boréliens disjoints.

Ce théorème, qui est un des sommets de la théorie des fonctions implicites de LEBESGUE-LUSIN, est nettement plus difficile que le théorème précédent.

On ne peut pas étendre ce théorème aux espaces mesurables ; cependant, il s'étend aux espaces mesurés. Soient $(X , \underline{\underline{X}})$ un espace de Lusin et $(\Omega , \underline{\underline{F}} , P)$ un espace probabilisé complet. Une partie G de $X \times \Omega$ est un graphe mesurable s'il existe une application f , définie sur une partie mesurable de Ω , et à valeurs dans X , mesurable, telle que $G = \{(x,\omega) : f(\omega) = x\}$. Pour que G soit un graphe mesurable, il faut et il suffit que G soit mesurable dans $X \times \Omega$ et que la coupe $G(\omega)$ comporte au plus un point pour tout $\omega \in \Omega$: il est clair que la condition est nécessaire. Réciproquement, la projection d'une partie mesurable de $X \times \Omega$ sur Ω appartient à $\underline{\underline{F}}$. Il est alors facile de construire une application f dont G est le graphe.

THEOREME 2^a.

Soient $(X , \underline{\underline{X}})$ un espace de Lusin et $(\Omega , \underline{\underline{F}} , P)$ un espace probabilisé complet. Si A est une partie mesurable de $X \times \Omega$, telle que $\Upsilon(A) = \emptyset$, alors A est la réunion d'une suite (A_n) de graphes mesurables disjoints.

DEMONSTRATION.

Reprenons les notations de la démonstration du théorème 1^a et désignons par Q la loi image $f(P)$: on a $Q[\Upsilon(A')] = 0$. Donc $\Upsilon(A')$ est contenu dans un ensemble borélien N , Q-négligeable. Soit alors $A'' = A' \cap (X \times N^c)$. D'après le théorème 1 , A'' est la réunion des graphes mesurables disjoints

(A'_n) . Soit $A_n = \varphi^{-1}(A'_n)$ pour tout n : les A_n sont des graphes mesurables, et l'ensemble $A - (\bigcup_n A_n)$ a une projection P-négligeable sur Ω . Il est facile alors de "compléter" par l'axiome de choix les A_n si on veut que la différence soit effectivement vide.

COROLLAIRE.

Soient $(\Omega , \underline{\underline{F}} , P)$ un espace probabilisé complet et A une partie mince de $\mathbb{R}_+ \times \Omega$. Il existe une suite (Z_n) de v.a. positives, finies ou non, telle que A soit indistinguable de la réunion des graphes des Z_n .

APPLICATIONS A LA THEORIE DE LA MESURE.

Si $(\Omega , \underline{\underline{F}} , P)$ est un espace probabilisé, complet, il est intuitif qu'on ne peut placer dans Ω une famille non dénombrable d'ensembles mesurables, de mesure strictement positive, sans que certains points soient recouverts une infinité non dénombrable de fois. Les propositions suivantes sont des variations sur ce thème, avec de légères restrictions de mesurabilité.

THEOREME 3.

Soient $(X , \underline{\underline{X}})$ un espace de Lusin et $(\Omega , \underline{\underline{F}} , P)$ un espace probabilisé complet. Soient d'autre-part A une partie mesurable de $X \times \Omega$ et $(A_i)_{i \in I}$ une famille quelconque de parties mesurables de $X \times \Omega$, contenues dans A et disjointes. Alors l'ensemble des $i \in I$ tels que $P[\pi(A_i) - \gamma(A)] > 0$ est dénombrable.

DEMONSTRATION.

On sait que $\gamma(A) \in \underline{\underline{F}}$. Quitte à remplacer A par $A' = A - (X \times \gamma(A))$

et A_i par $A_i' = A_i - (X \times \gamma(A))$, on se ramène aussitôt à montrer que, si $\gamma(A) = \emptyset$, l'ensemble des i tels que $P[\pi(A_i)] > 0$ est dénombrable. Comme $\gamma(A) = \emptyset$, nous pouvons représenter A comme une réunion dénombrable de graphes mesurables disjoints. Soient (T_n) la suite des applications mesurables associées aux graphes et (L_n) la suite de leurs domaines de définition dans Ω. Définissons alors une mesure bornée sur $X \times \Omega$, en posant, pour toute fonction mesurable, positive, f sur $X \times \Omega$:

$$\mu(f) = \sum_n 2^{-n} E[I_{L_n}(\omega) \cdot f(T_n(\omega), \omega)] \quad .$$

Si f est nulle hors de A, et si $\mu(f) = 0$, il est clair que f est alors indistinguable de 0 (en tant que processus indexé par X). Or les A_i sont des ensembles mesurables, disjoints, contenus dans A : l'ensemble J des $i \in I$ tels que $\mu(A_i) > 0$ est donc dénombrable, et A_i est indistinguable de $\emptyset$ pour $i \notin J$. Par conséquent, $P[\pi(A_i)] = 0$ pour $i \notin J$ et il s'ensuit que l'ensemble des i tels que $P[\pi(A_i)] > 0$ est dénombrable.

COROLLAIRE 1.

Soit ϵ un nombre positif. Si l'on a $P[\pi(A_i)] > \epsilon$ pour une infinité non dénombrable de valeurs de i, on a aussi $P[\gamma(A)] > \epsilon$.

DEMONSTRATION.

En effet, il existe alors au moins un indice i tel que l'on ait $P[\pi(A_i)] > \epsilon$ et $\pi(A_i) \subset \gamma(A)$ à un ensemble P-négligeable près.

Nous allons énoncer un second corollaire, analogue à un lemme de Fatou : soient I un ensemble et f une application de I dans $\mathbb{R}_+$. Nous appellerons lim sup forte de f, la borne supérieure des nombres $s \in \mathbb{R}_+$ tels que l'ensemble $\{i \in I : f(i) > s\}$ soit non dénombrable (si l'ensemble précédent est dénombrable pour tout s, la lim sup forte est nulle). On définit de même la lim sup forte d'une famille d'applications ou d'ensembles, indexée par I.

COROLLAIRE 2.

Soit $(H_x)_{x\in X}$ une famille mesurable de parties de Ω (i.e. l'ensemble $A = \{(x,\omega) : \omega \in H_x\}$ est mesurable). L'ensemble lim sup forte H_x appartient à $\underline{\underline{F}}$, et l'on a :

$$P\{\text{lim sup forte } H_x\} \geq \text{lim sup forte } P(H_x) \quad .$$

DEMONSTRATION.

Comme lim sup forte $H_x = \gamma(A)$, il suffit d'appliquer le corollaire 1, en posant $A_x = \{x\} \times H_x$.

Voici une autre application, à des familles de parties minces :

PROPOSITION 3.

Soit $(A_i)_{i\in I}$ une famille de parties minces de $X \times \Omega$. Il existe alors une partie dénombrable J de I telle que l'ensemble $\bigcap_{j\in J} A_j - A_i$ soit indistinguable de $\emptyset$ pour tout $i \in I$.

DEMONSTRATION.

Soit A un élément de la famille (A_i), et reprenons la mesure μ de la démonstration du théorème 3. Choisissons alors J de telle sorte que $\bigcap_{j\in J} A_j$ soit contenu dans A, et soit égal μ-p.s. à l'intersection essentielle de la famille (A_i). Pour tout $i \in I$, la différence $\bigcap_{j\in J} A_j - A_i$ est contenue dans A et est μ-négligeable. Elle est donc indistinguable de $\emptyset$.

APPLICATIONS A LA THEORIE DES PROCESSUS.

A bien des égards, le théorème suivant est le plus important de cet exposé (noter qu'il contient le corollaire du th. 2^a, en prenant $\underline{\underline{F}}_t = \underline{\underline{F}}$ pour tout t). L'assertion essentielle est celle qui concerne les ensembles bien-mesurables : il est possible d'en déduire les deux autres par une démonstration qui n'utilise plus le th. 3 (cf. "Un résultat élémentaire sur les temps d'arrêt" de MEYER, dans ce volume).

THEOREME 4.

Soit A une partie mince de $\mathbb{R}_+ \times \Omega$, bien-mesurable (resp. accessible, prévisible). Alors A est indistinguable de la réunion d'une suite de graphes disjoints de temps d'arrêt (resp. accessibles, prévisibles).

DEMONSTRATION.

Soit I l'ensemble des ordinaux dénombrables ; nous allons construire par récurrence transfinie une famille $(T_i)_{i\in I}$ de temps d'arrêt dont les graphes, disjoints, sont inclus dans A. En vertu du théorème de section (cf. [5] - p. 149), il existe un temps d'arrêt T_0 (resp. accessible, prévisible), dont le graphe est inclus dans $A = A_0$, et tel que

$P\{T_0 < \infty\} \geq P[\pi(A_0)]/2$. Supposons construits les ensembles A_j et les temps d'arrêt T_j , pour $j < i$. Nous prendrons alors $A_i = A - \bigcup_{j<i} [T_j]$ et T_i un temps d'arrêt (resp. accessible, prévisible) dont le graphe est contenu dans A_i , et tel que $P\{T_i < \infty\} \geq P[\pi(A_i)]/2$. En vertu du th. 3, il existe un ordinal dénombrable k tel que $T_k = \infty$ P - p.s. , et donc A_k est indistinguable de $\emptyset$. Donc A est indistinguable de $\bigcup_{i<k} [T_i]$.

§ 4. APPLICATIONS A LA THEORIE DES PROCESSUS DE MARKOV.

Nous utiliserons les notations de [6] . Nous supposons que le semi-groupe (P_t) , défini sur un borélien E d'un espace LCD , est fortement markovien et qu'il satisfait l'hypothèse de continuité absolue. Nous travaillons sur la réalisation canonique représentée par ses symboles habituels.

THEOREME 5.

Soit λ *une mesure de référence bornée, et soit* G *un ensemble presque-borélien tel que , pour* P^λ*-presque tout* $\omega \in \Omega$, *l'ensemble* $\{t : X_t(\omega) \in G\}$ *soit dénombrable. Alors* G *est semi-polaire.*

DEMONSTRATION.

Soit $A = \{(t,\omega) : X_t(\omega) \in G\}$; par hypothèse, cet ensemble est mince pour P^λ . Le théorème 4 nous permet de choisir une suite (T_n) de temps d'arrêt (par rapport à $(\underline{\underline{F}}_t^\lambda)$) , telle que A soit indistinguable de la réunion des graphes des T_n (N.B. : le fait que les T_n sont des temps d'arrêt ne sera pas utilisé : le corollaire du th. 2[a] nous suffirait). Posons, pour tout $H \in \underline{\underline{B}}_u(E)$:

$$\mu(H) = E^\lambda [\sum_n 2^{-n} I_H \circ X_{T_n}]$$

(on notera que, cette fois-ci, μ est une mesure sur E , et non sur $\mathbb{R}_+ \times \Omega$). Si $H \subset G$, et $\mu(H) = 0$, P^λ-presque aucune trajectoire ne rencontre H , et donc H est polaire. Nous pouvons décomposer μ en une somme : $\mu = \mu_1 + \mu_2$ où μ_1 ne charge pas les semi-polaires, et μ_2 est portée par un ensemble semi-polaire. Ces deux mesures sont évidemment portées par G ; de plus μ_1 est nulle. En effet, il suffit de vérifier que tout compact contenu dans G est semi-polaire, et cela résulte de [6] - XV - T. 67 & 68 . Ainsi, $\mu = \mu_2$, et μ est donc portée par un ensemble semi-polaire L , que l'on peut supposer contenu dans G , puisque G porte μ . Mais alors $\mu(G - L) = 0$, donc $G - L$ est polaire, et donc G est semi-polaire.

La proposition suivante est à rapprocher de la prop. 3, mais elle se démontre élémentairement (comme on sait que G est semi-polaire, on sait aussi d'avance que $\{(t,\omega) : X_t(\omega) \in G\}$ est indistinguable d'une réunion d'une suite de graphes). La démonstration, très simple, repose sur l'emploi d'une mesure μ telle que $H \subset G$, $\mu(H) = 0 \Rightarrow H$ est polaire, comme ci-dessus.

PROPOSITION 4.

Soit $(G_i)_{i \in I}$ *une famille d'ensembles semi-polaires. Il existe une partie dénombrable* J *de* I *telle que* $\bigcap_{j \in J} G_j - G_i$ *soit polaire pour tout* $i \in I$.

A noter aussi la conséquence suivante du corollaire 1 du th. 3

PROPOSITION 5.

Soit F *un ensemble presque-borélien. Si* F *contient une famille non dénombrable* $(F_i)_{i \in I}$ *d'ensembles presque-boréliens, disjoints, non polaires,* F *n'est pas semi-polaire.*

BIBLIOGRAPHIE.

[1] BOURBAKI (N.) Topologie générale, chap. IX, 2ème édition, Hermann, Paris 1958.

[2] DELLACHERIE (C.) Comptes-rendus, 266, série A, 1968, P. 1142-1144 & 1258-1261.

[3] HAUSDORFF (F.) Set theory, Chelsea Publishing Company, New-York 1962.

[4] KURATOWSKI (C.) Topologie I, 4ème édition, Warszawa 1958.

[5] MEYER (P.A.) Guide détaillé de la théorie générale des processus (Séminaire de Probabilités II, Lecture Notes in Mathematics n° 51, Springer, Heidelberg 1968).

[6] MEYER (P.A.) Processus de Markov (Lecture Notes in Mathematics n° 26, Springer, Heidelberg 1967).

[7] MEYER (P.A.) Probabilités et potentiel (Hermann, Paris ; Blaisdell, Boston 1966).

* *
*

INSTITUT DE RECHERCHE MATHEMATIQUE AVANCEE
Laboratoire Associé au C.N.R.S.
Rue René Descartes
STRASBOURG

1967-68

- Séminaire de Probabilités -

ENSEMBLES ALEATOIRES II

par C. DELLACHERIE

Dans l'exposé précédent, nous nous sommes occupés de la structure des ensembles mesurables (ou bien-mesurables) à coupes dénombrables. Nous nous occupons dans celui-ci des ensembles à coupes non-dénombrables. Les outils mathématiques utilisés sont des aménagements de ceux créés par SIERPINSKI dans [7], article dans lequel l'auteur montre que tout borélien non-dénombrable de R^n contient un ensemble parfait non vide. En premier lieu, nous donnons l'important théorème sur les rabotages, qui est une forme abstraite d'un théorème de SIERPINSKI : la démonstration initiale n'a pas été modifiée (cf. [7]) ; seuls les concepts de départ ont été considérablement élargis. On s'aperçoit alors qu'il entraîne aisément, par exemple, les deux formes du théorème de capacitabilité de CHOQUET (que SIERPINSKI aurait donc pu démontrer vers 1920, s'il avait eu des motivations pour en concevoir l'énoncé ...).

§ 1. LES RABOTAGES DE SIERPINSKI.

Le théorème de SIERPINSKI n'est pas difficile à démontrer, mais la situation est un peu compliquée à concevoir (bien que très naturelle). Nous travaillons sur un ensemble E , et nous définissons successivement :

1°) les "gros ensembles"

2°) les rabots de SIERPINSKI

3°) les enveloppes

4°) les ensembles lisses.

1) LES GROS ENSEMBLES.

On se donne une capacitance $\underline{\underline{C}}$ sur E (cf. [6]), i.e. une classe $\underline{\underline{C}}$ de parties de E vérifiant :

a) $A \in \underline{\underline{C}}$, $A \subset B \Rightarrow B \in \underline{\underline{C}}$

b) si (A_n) est une suite croissante de parties de E et si $\bigcup_n A_n \in \underline{\underline{C}}$, il existe un k tel que $A_k \in \underline{\underline{C}}$.

Exemples.

- La classe des parties non-dénombrables de E
- l'ensemble des parties A de E telles que $I(A) > \eta$, où $\eta \in \mathbb{R}$, et I est une capacité de CHOQUET sur E .

2) LES RABOTS DE SIERPINSKI.

DEFINITION 1.

Un rabotage est une suite $F = (f_n)_{n \geq 1}$ d'applications $f_n : (\mathcal{P}(E))^n \mapsto \mathcal{P}(E)$ telles que :

a) $f_n(P_1, \ldots, P_n) \subset P_n$

b) $P_n \in \underline{\underline{C}} \Rightarrow f_n(P_1, \ldots, P_n) \in \underline{\underline{C}}$.

La propriété a) exprime que l'on "rabote P_n", la propriété b), que l'on "n'enlève pas de trop gros copeaux à P_n". Il n'est pas facile de donner des exemples de rabotages en dehors de :

- $f_n(P_1, \ldots, P_n) = P_n$ (rabotage identique)
- $f_n(P_1, \ldots, P_n) = P_n$ si $P_n \in \underline{\underline{C}}$
  $= \emptyset$ si $P_n \notin \underline{\underline{C}}$.

DEFINITION 2.

Une suite $(P_n)_{n\geq 1}$ de parties de E est F-rabotée si :

a) $P_{n+1} \subset f_n(P_1, \ldots, P_n)$ pour tout n

b) $P_n \in \underline{\underline{C}}$ pour tout n .

Une telle suite est évidemment décroissante.

3) LES ENVELOPPES.

A toute suite décroissante $(A_n)_{n\geq 1}$ de parties de E, on fait correspondre une classe $H[(A_n)]$ de parties de E, appelées enveloppes de la suite (A_n), satisfaisant à :

a) $A \in H[(A_n)]$, $A \subset B \Rightarrow B \in H[(A_n)]$

b) $H[(A_n)]$ est stable pour les intersections dénombrables

c) si (B_n) est une suite extraite de (A_n), alors $H[(B_n)] = H[(A_n)]$.

Exemples.

- $H[(A_n)]$ est la classe des parties de E qui contiennent $\bigcap_n A_n$
- l'exemple précédent est sans intérêt, mais on obtient une situation fructueuse en supposant que E est un espace topologique, et en prenant pour $H[(A_n)]$ la classe des parties qui contiennent $\bigcap_n \overline{A}_n$.

– soit $\underline{\underline{E}}$ un pavage sur E , stable pour $(\cup f, \cap f)^*$. Un ensemble A est une enveloppe de la suite (A_n) s'il existe une suite décroissante (B_n) d'éléments de $\underline{\underline{E}} \cup \{E\}$, telle que l'on ait $A_n \subset B_n$ pour tout n et que A contienne $\bigcap_n B_n$. Les conditions a) et c) sont trivialement vérifiées. Vérifions la condition b) : soit (A^k) une suite d'enveloppes et, pour tout k , soit (B_n^k) une suite décroissante d'éléments de $\underline{\underline{E}} \cup \{E\}$ telle que $A_n \subset B_n^k$ pour tout n , et que $A^k \supset \bigcap_n B_n^k$. Posons alors $A = \bigcap_k A^k$ et $B_n = B_n^1 \cap B_n^2 \cap \ldots \cap B_n^n$ pour tout n . Il est clair que (B_n) est une suite décroissante d'éléments de $\underline{\underline{E}} \cup \{E\}$, que $A_n \subset B_n$ pour tout n , et que $A \supset \bigcap_n B_n$. Donc A est une enveloppe de la suite (A_n) . (On remarquera que, si E est un espace topologique, et si $\underline{\underline{E}}$ est la classe des fermés, on retrouve l'exemple précédent).

4) LES ENSEMBLES LISSES.

DEFINITION 3.

Un rabotage F est compatible avec $A \in \mathcal{P}(E)$, si pour toute suite $(P_n)_{n\geq 1}$ F-rabotée telle que $P_1 \subset A$, on a $A \in H[(P_n)]$. On dit que A est lisse s'il existe un rabotage compatible avec A .

Remarquons que, si $A \notin \underline{\underline{C}}$, le rabotage identique est compatible avec A (il n'existe pas de suite rabotée dont le premier terme est inclus dans A) ; donc A est lisse. D'autre-part, si $A \in \underline{\underline{C}}$, et si A est lisse, il existe toujours une suite rabotée dont le premier terme est inclus dans A . Soit en effet F un rabotage compatible avec A ; il suffit alors de prendre $P_1 = A$, $P_2 = f_1(A)$, ... , $P_{n+1} = f_n(P_1, \ldots, P_n)$, ...

(*) "f" = "fini"

Voici maintenant le théorème, dont la démonstration est due à SIERPINSKI

THEOREME 1.

L'ensemble $\underline{\underline{L}}$ des parties lisses de E est stable pour $(\cup md\ ,\ \cap d)^{*}$.

COROLLAIRE.

Soit $\underline{\underline{E}}$ une classe d'ensembles lisses stable pour $(\cup f\ ,\ \cap f)^{*}$. La classe stabilisée de E pour $(\cup d\ ,\ \cap d)^{*}$ est formée d'ensembles lisses.

Remarque.

On peut aussi montrer que, sous les conditions du corollaire, tout ensemble $\underline{\underline{E}}$-analytique est lisse. La démonstration de ce fait est rejetée en appendice.

ILLUSTRATION DU THEOREME DE SIERPINSKI.

Comme la situation est assez compliquée, nous allons déduire du théorème 1 , avant de le démontrer, les théorèmes de capacitabilité de CHOQUET, pour des ensembles "boréliens". Bien entendu, on peut en déduire par projection les théorèmes analogues pour les ensembles analytiques, si on le veut à tout prix : après tout, pour avoir les théorèmes pour les ensembles analytiques, il suffit de les avoir pour des ensembles du type $\sigma\delta$ et de projeter.

1) CAS TOPOLOGIQUE.

Soit E un espace localement compact à base dénombrable, et soit $\underline{\underline{E}}$ le pavage formé par les parties compactes. Soit d'autre-part I une capacité de Choquet descendant sur les compacts (si K est l'intersection d'une suite

(*) "m" = "monotone"; "d" = "dénombrable"; "f" = "fini".

décroissante (K_n) de compacts, $I(K) = \inf I(K_n)$). Nous allons montrer que tout borélien de E est capacitable, soit : si B est un borélien, et si $I(B) > \varepsilon$, il existe un compact K, contenu dans B, tel que $I(K) \geq \varepsilon$. Comme E est un $\underline{\underline{K}}_\sigma$, on se ramène tout de suite au cas où E est lui-même compact.

1°) Nous prendrons pour capacitance la classe des parties A telles que $I(A) > \varepsilon$,

2°) si (A_n) est une suite décroissante, A sera une enveloppe si $A \supset \bigcap_n \overline{A}_n$. Comme la classe des boréliens est égale à la classe stabilisée de $\underline{\underline{E}}$ pour $(\cup d, \cap d)$, tout borélien est lisse : en effet, tout compact est compatible avec le rabotage identique. Soit alors (f_n) un rabotage compatible avec B et posons $P_1 = B$, $P_2 = f_1(B), \ldots, P_{n+1} = f_n(P_1, \ldots, P_n), \ldots$ La suite (P_n) est rabotée et son premier terme est inclus dans B. Donc B contient $\bigcap_n \overline{P}_n$, qui est compact. Comme I descend sur les compacts et que $I(P_n) > \varepsilon$ pour tout n, on a $I(\cap \overline{P}_n) \geq \varepsilon$, et le théorème est établi.

2) <u>CAS ABSTRAIT</u>.

Ici, E est un ensemble quelconque, $\underline{\underline{E}}$ un pavage sur E, stable pour $(\cup f, \cap f)$, et I une capacité descendant bien sur $\underline{\underline{E}}$ (si F est l'intersection d'une suite décroissante (F_n) d'éléments de $\underline{\underline{E}}$, $I(F) = \inf I(F_n)$). Nous allons montrer que tout élément de la classe stabilisée $\underline{\underline{F}}$ de $\underline{\underline{E}}$ pour $(\cup d, \cap d)$ est capacitable : si $F \in \underline{\underline{F}}$, et si $I(F) > \varepsilon$, il existe $G \in \underline{\underline{E}}_\delta$, contenu dans F, tel que $I(G) \geq \varepsilon$.

1°) Nous prendrons pour capacitance la classe des parties A telles que $I(A) > \varepsilon$,

2°) si (A_n) est une suite décroissante, A est une enveloppe s'il existe une suite décroissante (B_n) d'éléments de $\underline{\underline{E}} \cup \{E\}$ telle que l'on ait $A_n \subset B_n$ pour tout n et que $A \supset \bigcap_n B_n$.

Tout élément de $\underline{\underline{F}}$ est lisse : en effet, tout élément de $\underline{\underline{E}}$ est compatible avec le rabotage identique. Soit alors (f_n) un rabotage compatible avec F et posons comme ci-dessus : $P_1 = F$, $P_2 = f_1(P_1)$, ... , $P_{n+1} = f_n(P_1, \ldots, P_n)$, ... La suite (P_n) est rabotée et son premier terme est inclus dans F : F est donc une enveloppe de (P_n) . Il existe donc une suite décroissante (G_n) d'éléments de $\underline{\underline{E}} \cup \{E\}$ telle que $I(G_n) > \varepsilon$ pour tout n et que $F \supset \bigcap_n G_n$. Si $G_n = E$ pour tout n , $E = F$ est une $\underline{\underline{E}}_\sigma$ et est donc capacitable. Sinon, les G_n appartiennent à $\underline{\underline{E}}$ à partir d'un certain rang, et donc $I(\bigcap_n G_n) \geq \varepsilon$. Donc F est capacitable.

DEMONSTRATION DU THEOREME DE SIERPINSKI.

a) Soit (A^k) une suite croissante d'ensembles lisses, et pour tout k , soit $F^k = (f_n^k)$ un rabotage compatible avec A^k . Soient d'autre-part A la réunion des A^k et $P_1, \ldots, P_n$ des sous-ensembles de E . Nous posons alors

$$\text{si } A \cap P_1 \notin \underline{\underline{C}} \qquad f_n(P_1, P_2, \ldots, P_n) = P_n$$

$$\text{si } A \cap P_1 \in \underline{\underline{C}} \qquad f_n(P_1, P_2, \ldots, P_n) = f_n^q(A^q \cap P_1, P_2, \ldots, P_n) \quad \text{où } q$$

est le plus petit entier k tel que $A^k \cap P_1 \in \underline{\underline{C}}$ (un tel entier existe d'après la définition d'une capacitance). La suite $F = (f_n)$ ainsi définie est évidemment un rabotage, et ce rabotage est compatible avec A . En effet, si $A \notin \underline{\underline{C}}$, c'est trivial ; si $A \in \underline{\underline{C}}$, soit (P_n) une suite F-rabotée telle que $P_1 \subset A$.

On a alors, puisque $A \cap P_1 \in \underline{\underline{C}}$,

$$f_n(P_1, P_2, \ldots, P_n) = f_n^q(A^q \cap P_1, P_2, \ldots, P_n)$$

où q est défini comme ci-dessus. Mais alors, la suite $A^q \cap P_1, P_2, \ldots, P_n, \ldots$ est F^q-rabotée, et son premier terme est contenu dans A^q. Comme A^q et F^q sont compatibles, A^q (et donc A) est une enveloppe de cette suite, donc aussi de la suite $P_1, P_2, \ldots, P_n, \ldots$ qui ne diffère de la première que par un terme. Donc A est lisse.

b) Soit (A^k) une suite d'ensembles lisses, et, pour tout k, soit $F^k = (f_n^k)$ un rabotage compatible avec A^k. Soit d'autre-part A l'intersection des A^k. Nous allons montrer que A est lisse.

Tout entier $n \geq 1$ s'écrit d'une manière unique $(2q_n - 1)2^{p_n - 1}$, où p_n et q_n sont des entiers ≥ 1. Soient $P_1, \ldots, P_n$ des sous-ensembles de E. Nous posons :

$$f_n(P_1, P_2, \ldots, P_n) = f_{q_n}^{p_n}(P_{2^{p_n-1}}, P_{3.2^{p_n-1}}, P_{5.2^{p_n-1}}, \ldots, P_{(2q_n-1).2^{p_n-1}}).$$

On notera que le dernier indice est égal à n : il en résulte aussitôt que la suite $F = (f_n)$ est un rabotage. Nous allons montrer qu'il est compatible avec A. Si $A \not\in \underline{\underline{C}}$, c'est trivial. Si $A \in \underline{\underline{C}}$, soit (P_n) une suite F-rabotée telle que $P_1 \subset A$. Les ensembles A^k appartiennent alors à $\underline{\underline{C}}$, et P_1 est contenu dans tous les A^k. Pour montrer que A est une enveloppe de (P_n), il suffit de montrer que A^k est une enveloppe de (P_n) pour tout k.

Or, posons :

$$Q_n = P_{(2n-1).2^{k-1}} \quad .$$

Nous avons $Q_1 \subset P_1 \subset A \subset A^k$: nous allons montrer que <u>la suite</u> (Q_n) <u>est</u> F^k<u>-rabotée</u>. Comme A^k et F^k sont compatibles, cela entraînera que A^k est une enveloppe de (Q_n), et donc de (P_n), puisque (Q_n) est une suite extraite de (P_n).

Comme les Q_n appartiennent à $\underline{\underline{C}}$, tout revient à montrer que

$$Q_{n+1} \subset f_n^k(Q_1, Q_2, \ldots, Q_n) \quad \text{pour tout } n$$

ou encore, en revenant à la définition des Q_i, que

$$P_{(2n+1).2^{k-1}} \subset f_n^k(P_{1.2^{k-1}}, P_{3.2^{k-1}}, \ldots, P_{(2n-1).2^{k-1}}).$$

mais cela résulte du fait que la suite (P_n) est F-rabotée, et que le second membre contient donc $P_{1+(2n-1).2^{k-1}}$, qui contient le premier membre. Donc A est lisse.

<u>Remarque</u>.

Au cours de la démonstration, nous avons montré ceci : soient $\underline{\underline{E}}$ une classe d'ensembles lisses et $\underline{\underline{F}}$ une classe contenant $\underline{\underline{E}}$, stable pour $(\cap f)$. Supposons que, pour tout élément A de $\underline{\underline{E}}$, il existe un rabotage (f_n), compatible avec A, tel que chaque f_n envoie $\underline{\underline{F}}^n$ dans $\underline{\underline{F}}$: alors, il en est de même pour tout élément de la classe stabilisée de $\underline{\underline{E}}$ pour $(\cup md, \cap d)$.

Dans toutes les applications que nous donnons, la situation est la suivante : $\underline{\underline{E}}$ est stable pour $(\cup f , \cap f)$ et tout élément de $\underline{\underline{E}}$ est compatible avec le rabotage identique. Soit $\underline{\underline{F}}$ la classe stabilisée de $\underline{\underline{E}}$ pour $(\cup d , \cap d)$. Pour tout élément A de $\underline{\underline{F}}$, il existe alors un rabotage (f_n) , compatible avec A , tel que chaque f_n envoie $\underline{\underline{F}}^n$ dans $\underline{\underline{F}}$. Nous utiliserons cette remarque au paragraphe suivant.

§ 2. APPLICATIONS A LA THEORIE DES PROCESSUS.

Dans tout ce paragraphe, $(\Omega , \underline{\underline{F}} , P)$ désignera un espace probabilisé complet. Si A est une partie de $\mathbb{R}_+ \times \Omega$, nous désignerons par $\pi(A)$ sa projection sur Ω , et par $\gamma(A)$ l'ensemble des $\omega \in \Omega$ tels que la coupe $A(\omega)$ soit non-dénombrable. On sait que $\pi(A)$ et $\gamma(A)$ appartiennent à $\underline{\underline{F}}$ si A est indistinguable d'une partie mesurable (corollaire du Th. 1[a] du premier exposé). Nous rappelons d'autre-part qu'une telle partie A est dite <u>épaisse</u> si les ensembles $\pi(A)$ et $\gamma(A)$ sont P - p.s. égaux.

Une partie de $\mathbb{R}_+ \times \Omega$ est dite <u>fermée</u> (resp. <u>parfaite</u>) si ses coupes sont fermées (resp. parfaites) dans $\mathbb{R}_+$. On définit de manière évidente l'adhérence $\bar{A}$ d'une partie A de $\mathbb{R}_+ \times \Omega$, qui est mesurable si A est mesurable (cf. [3] - 216) .

<u>THEOREME 2</u>.

<u>Soit</u> A <u>une partie épaisse de</u> $\mathbb{R}_+ \times \Omega$. <u>Il existe un ensemble parfait mesurable</u> B , <u>contenu dans</u> A , <u>dont la projection sur</u> Ω <u>est p.s. égale à celle de</u> A (<u>soit encore</u> $\pi(A) = \gamma(A) = \gamma(B) = \pi(B)$ P - p.s.) .

Supposons que l'on ait établi l'existence d'un ensemble parfait mesurable B_1 contenu dans A, tel que $P[\pi(B_1)] \geq P[\pi(A)]/2$. Soit alors $A_1 = A$ et définissons par récurrence les ensembles épais A_n et les ensembles parfaits mesurables B_n en posant $A_n = A_{n-1} - (\mathbb{R}_+ \times \pi(B_{n-1}))$ et en prenant pour B_n un ensemble parfait mesurable, contenu dans A_n, tel que $P[\pi(B_n)] \geq P[\pi(A_n)]/2$. Comme les ensembles $\pi(B_n)$ sont disjoints, il suffira de poser $B = \bigcup_n B_n$. Nous nous sommes donc ramenés à démontrer le théorème suivant :

THEOREME 2^a.

Soit A une partie épaisse de $\mathbb{R}_+ \times \Omega$ et soit ε un nombre tel que $0 \leq \varepsilon < P[\gamma(A)]$. Il existe un ensemble parfait mesurable B, contenu dans A, tel que $P[\gamma(B)] \geq \varepsilon$.

Pour des raisons de commodité, nous allons travailler sur $[0,1] \times \Omega$ au lieu de $\mathbb{R}_+ \times \Omega$. Il est clair qu'on ne perd ainsi aucune généralité. Nous supposerons aussi que A est une partie mesurable de $[0,1] \times \Omega$.

Nous établirons d'abord le lemme suivant :

LEMME.

Soit $\underline{\underline{M}}$ la classe des parties mesurables de $[0,1] \times \Omega$. Il existe deux applications Φ_0 et Φ_1 de $\underline{\underline{M}}$ dans $\underline{\underline{M}}$ telles que :

a) pour tout $M \in \underline{\underline{M}}$, $\Phi_0(M)$ et $\Phi_1(M)$ ont leurs adhérences disjointes,

b) pour tout $M \in \underline{\underline{M}}$, on a : $\gamma[\Phi_0(M)] = \gamma[\Phi_1(M)] = \gamma(M)$.

DEMONSTRATION.

Soit $M \in \underline{\underline{M}}$, et posons, si $\omega \in \gamma(M)$

$$U(\omega) = \inf \{s \in [0,1] : M(\omega) \cap [0,s] \text{ est non-dénombrable }\}$$

$$V(\omega) = \sup \{t \in [0,1] : M(\omega) \cap [t,1] \text{ est non-dénombrable }\}$$

et $U(\omega) = V(\omega) = 0$ si $\omega \notin \gamma(M)$. Les fonctions ainsi définies sur Ω sont des variables aléatoires (cf. prop. 1 du premier exposé). Soit alors

$$W_0 = U + (V - U)/3 \qquad W_1 = U + 2(V - U)/3 \quad .$$

Comme on a $U < V$ sur $\gamma(M)$, il suffit de prendre :

$$\Phi_0(M) = M \cap [U , W_0[\qquad \Phi_1(M) = M \cap]W_1 , V] \quad .$$

DEMONSTRATION DU THEOREME 2^a :

Nous utiliserons les notations suivantes : D sera l'ensemble des mots dyadiques engendrés par 0 et 1 , D_n celui des mots de longueur n . Si $m \in D$, nous noterons $m0$ (resp. $m1$) le mot obtenu en ajoutant 0 (resp. 1) au bout de m . Les mots de longueur $1, \ldots, n-1, n$ formés des premiers termes de $m \in D_n$ sont notés $m_1, \ldots, m_{n-1}, m_n = m$. Nous adoptons des conventions analogues pour l'ensemble $D^\infty = \{0,1\}^{\mathbb{N}}$ des mots dyadiques infinis. Si m est un mot fini, μ un mot infini, la notation $m \prec \mu$ signifie que μ commence par le mot m .

Nous noterons d'autre-part P^* la probabilité extérieure associée à P . Nous allons appliquer le théorème 1 à l'ensemble $E = [0,1] \times \Omega$, muni du pavage stable pour $(\cup f , \cap f)$ $\underline{\underline{E}}$ formé par les ensembles mesurables fermés.

a) la capacitance $\underline{\underline{C}}$ est la classe des parties C de E telles que $P^*[\gamma(C)] > \epsilon$ (on vérifie immédiatement que cela définit bien une capacitance),

b) si (A_n) est une suite décroissante de parties de E , $H[(A_n)]$ est formée des parties de E qui contiennent $\bigcap_n \overline{A}_n$.

Comme la classe $\underline{\underline{M}}$ des parties mesurables est la classe stabilisée de $\underline{\underline{E}}$ pour $(\cup d , \cap d)$ tout élément de $\underline{\underline{M}}$ est lisse : en effet, tout élément de $\underline{\underline{E}}$ est compatible avec le rabotage identique. Soit (f_n) un rabotage compatible avec A tel que chaque f_n envoie $\underline{\underline{M}}^n$ dans $\underline{\underline{M}}$ (cf. la remarque finale du § 1) , et posons, si Φ_0 et Φ_1 sont les applications du lemme précédent :

$$A_{\emptyset} = A$$

$A_0 = \Phi_0(A)$ $\qquad$ $A_1 = \Phi_1(A)$

$A_{00} = \Phi_0[f_1(A_0)]$ $\qquad$ $A_{10} = \Phi_0[f_1(A_1)]$

$A_{01} = \Phi_1[f_1(A_0)]$ $\qquad$ $A_{11} = \Phi_1[f_1(A_1)]$

...... $\qquad$ ......

Soit, d'une manière générale, si m est un mot de longueur k ,

$$A_{m0} = \Phi_0[f_k(A_{m_1}, A_{m_2}, \ldots, A_{m_k})]$$
$$A_{m1} = \Phi_1[f_k(A_{m_1}, A_{m_2}, \ldots, A_{m_k})]$$

et nous posons maintenant, pour tout mot dyadique infini μ :

$$F_\mu = \bigcap_{m<\mu} \overline{A}_m \qquad\qquad F = \bigcup_\mu F_\mu \quad .$$

Nous allons montrer que F est un ensemble mesurable, fermé, contenu dans A et tel que $P[\gamma(F)] \geq \epsilon$. Il suffira alors de prendre pour B le noyau parfait de F (cf. corollaire de la prop. 2 du premier exposé).

1°) Il résulte aussitôt du lemme (et de la définition des rabotages) que tous les ensembles A_m appartiennent à $\underline{\underline{C}} \cap \underline{\underline{M}}$.

2°) Il est alors facile de voir que la suite $(A_{\mu_n})_{n\geq 1}$ est une suite rabotée, pour tout mot dyadique infini μ . Comme A contient le premier terme de la suite, le fait que A est lisse entraîne que A contient $\bigcap_n \overline{A}_{\mu_n}$. Ainsi, A <u>contient</u> F_μ <u>pour tout mot infini</u> μ , et donc A <u>contient</u> F .

3°) Pour tout k , l'ensemble D_k des mots de longueur k est fini. Posons $F_k = \bigcup_{m\in D_k} \overline{A}_m$: c'est un ensemble mesurable, fermé. D'autre-part, $F = \bigcap_k F_k$ (formule de distributivité des réunions et et intersections) : donc F <u>est aussi un ensemble mesurable fermé</u>.

4°) Nous allons montrer que $P^*[\gamma(F)] \geq \epsilon$, ce qui achèvera la démonstration du théorème. Tout d'abord, les ensembles $\overline{A}_{\mu_n}$, pour $\mu \in D^\infty$, forment une suite décroissante et ont leurs coupes compactes. Nous avons donc :

$$\pi(F_\mu) = \bigcap_{m<\mu} \pi(\overline{A}_m)$$

donc le premier membre a une probabilité $\geq \epsilon$, puisque les $A_{\mu_n} \in \underline{\underline{C}}$. D'autre-part, nous savons que $\overline{A}_{m0}$ et $\overline{A}_{m1}$ sont disjoints pour tout mot m (cf. le lemme). Il en résulte que $F_\mu \cap F_{\mu'} = \emptyset$ si $\mu \neq \mu'$. Comme D^∞ n'est pas dénombrable, le corollaire 1 du théorème 3 du premier exposé entraîne que

$$P[\gamma(F)] \geq \epsilon$$

et le théorème est démontré.

MEYER m'a signalé une conséquence intéressante de cette démonstration, qui permet d'obtenir des résultats analogues à ceux obtenus grâce au théorème de L.C. YOUNG (cf. [1] - Th. 3) : remarquons que le diamètre de $F_m(\omega)$ est au plus égal à $(1/3)^{|m|}$, où $|m|$ est la longueur du mot m . Il en résulte que la coupe de F_μ par ω comporte au plus un point, quel que soit $\mu \in D^\infty$. Si nous posons pour toute partie mesurable K de $[0,1] \times \Omega$:

$$\xi_\mu(K) = P[\pi(K \cap F_\mu)]$$

nous obtenons une mesure sur $[0,1] \times \Omega$, portée par F_μ . Si les coupes de K sont fermées, nous avons :

$$\xi_\mu(K) = \lim P[\pi(K \cap \overline{A}_{\mu_n})] \qquad \text{quand } n \to \infty \quad .$$

Il en résulte aussitôt que ξ_μ dépend mesurablement de μ . Munissons alors $D^\infty = \{0,1\}^{\mathbb{N}}$ de la mesure θ du "jeu de pile ou face", et posons :

$$\xi = \int_{D^\infty} \xi_\mu \, \theta(d\mu) \quad .$$

Nous obtenons ainsi une mesure sur $[0,1] \times \Omega$, portée par F , de masse ≤ 1 , et dont la projection sur Ω est absolument continue par rapport à P .

Soit G un graphe de variable aléatoire à valeurs dans $[0,1]$: G est la réunion des ensembles $G \cap F_\mu$ disjoints. D'après le corollaire 1 du th. 3 du premier exposé, et le fait que $Y(G)$ est vide, l'ensemble des μ tels que la projection de $G \cap F_\mu$ ne soit pas négligeable est dénombrable, et donc

θ-négligeable. Donc $\xi(G) = 0$, et ξ ne charge pas les ensembles minces.

Soit Q la projection de ξ sur Ω . Comme on a, pour tout $H \in \underline{\underline{F}}$, $\xi_\mu([0,1] \times H) \leq P(H)$ on a $Q \leq P$. D'autre-part, prenons $H = \gamma(F)$; d'après le th. 3 du premier exposé, on a $F_\mu \subset [0,1] \times H$, à un ensemble de projection négligeable près, sauf pour des μ qui forment un ensemble dénombrable. Par conséquent, on a $\xi_\mu([0,1] \times H) = P(H)$ pour θ-presque tout μ , et enfin $Q(H) = P(H)$. Les mesures Q et P coïncident donc sur H . Enfin, on peut réappliquer le découpage exécuté après l'énoncé du th. 2 . Nous revenons à $\mathbb{R}_+ \times \Omega$ pour l'énoncé :

THEOREME 3.

Soit A une partie mesurable de $\mathbb{R}_+ \times \Omega$. Il existe une mesure ξ sur $\mathbb{R}_+ \times \Omega$, de masse ≤ 1 , possèdent les propriétés suivantes :

1°) ξ est portée par un ensemble mesurable, fermé, contenu dans $\mathbb{R}_+ \times \gamma(A)$

2°) ξ ne charge pas les ensembles minces

3°) la projection Q de ξ sur Ω est majorée par P , et coïncide avec P sur $\gamma(A)$.

On peut désintégrer la mesure ξ par rapport à P pour obtenir un processus croissant, continu et borné. Plus précisément, on a le résultat suivant, si on munit l'espace $(\Omega , \underline{\underline{F}} , P)$ d'une famille croissante $(\underline{\underline{F}}_t)$ de tribus, vérifiant les conditions habituelles (l'énoncé dans [1]-prop. 1 est incorrect) :

PROPOSITION.

Soit A un ensemble bien-mesurable. Il existe un processus croissant (C_t) prévisible, continu et borné, tel que A porte (C_t) et que $\gamma(A)$ soit P - p.s. égal à l'ensemble $\{\omega : \exists t \ C(t,\omega) > 0\}$.

Nous ne donnerons pas ici la démonstration de cette proposition : elle repose essentiellement sur une méthode de projection due à C. DOLEANS (cf. [2]) .

§ 3. APPLICATION A LA THEORIE DES PROCESSUS DE MARKOV.

Nous appliquons le théorème précédent aux processus de Markov, avec les notations de l'exposé 1 , th. 5 .

THEOREME 4.

Soit F un ensemble presque-borélien, non semi-polaire. Alors F contient un compact K non semi-polaire (et donc un ensemble presque-borélien, finement parfait : cf. [4] - XV - T. 67).

DEMONSTRATION.

λ désignant une mesure de référence de masse 1 , appliquons le th. 3 en prenant $P = P^{\lambda}$ et $A = \{(t,\omega) : X_t(\omega) \in F\}$ - ensemble qui n'est pas mince du fait que F n'est pas semi-polaire (exposé 1, th. 5) . Nous obtenons une mesure ξ non nulle sur $\mathbb{R}_+ \times \Omega$, portée par A , et ne chargeant pas les ensembles minces. Posons maintenant pour tout $H \in \underline{\underline{B}}_u(E)$:

$$\nu(H) = \int I_H \circ X_t(\omega) \, \xi(dt , d\omega) \quad .$$

Cette mesure est non nulle, portée par F, et ne charge pas les ensembles semi-polaires. Soit K un compact contenu dans F tel que $\nu(K) > 0$: K ne peut être semi-polaire, et le th. 4 est établi.

§ 4. APPENDICE : RABOTAGES ET ENSEMBLES ANALYTIQUES.

Cet appendice est consacré à la démonstration du théorème sur les rabotages pour les ensembles analytiques. Comme le théorème 1 permet de faire l'économie de la théorie des ensembles analytiques abstraits - tout au moins pour la théorie des processus - nous déconseillons vivement la lecture de ce paragraphe ! Pour le lecteur intéressé par les ensembles analytiques, nous nous réfèrons implicitement à l'exposé de la théorie fait par MEYER (cf. [5]).

PROPOSITION.

Soit $\underline{\underline{E}}$ une classe d'ensembles lisses, stable pour $(\cup f, \cap f)$. *Tout ensemble $\underline{\underline{E}}$-analytique est lisse.*

DEMONSTRATION.

On se donne une fois pour toute un ensemble H, $\underline{\underline{E}}$-analytique. Il existe alors un ensemble pavé auxiliaire $(K, \underline{\underline{K}})$ vérifiant, si $p(.)$ est la projection de $K \times E$ sur E :

a) $\underline{\underline{K}}$ est un pavage semi-compact, stable pour $(\cup f, \cap f)$

b) il existe une partie $H' \in (\underline{\underline{K}} \times \underline{\underline{E}})_{\sigma\delta}$ telle que $H = p(H')$.

Nous supposerons d'autre-part que $K \in \underline{\underline{K}}_\sigma$: cette hypothèse, non classique, ne restreint évidemment pas la généralité. Comme d'ordinaire, nous allons remonter le problème sur $K \times E$. Nous posons :

a) $E' = K \times E$

b) $\underline{\underline{E}}'$ la classe stabilisée de $\underline{\underline{K}} \times \underline{\underline{E}}$ pour $(\cup f, \cap f)$

c) $\underline{\underline{C}}'$ la capacitance formée par les parties A' de E' telles que $p(A') \in \underline{\underline{C}}$

d) les enveloppes : soit (A'_n) une suite décroissante de parties de E'.

Une partie A' de E' est une enveloppe de la suite s'il contient un ensemble $B' \in \underline{\underline{E}}'_\delta$ tel que $p(B')$ soit une enveloppe de la suite $(p(A'_n))$ de parties de E.

Comme la projection de l'intersection d'une suite décroissante d'éléments de $\underline{\underline{E}}'_\delta$ est égale à l'intersection de leurs projections, il est clair que l'on définit ainsi des enveloppes.

D'après le corollaire du théorème 1, pour montrer que H' est lisse (dans E'), il suffit de montrer que tout élément de $\underline{\underline{E}}'$ est lisse. Soit alors $A' \in E'$; nous allons montrer qu'il existe un rabotage compatible avec A. La projection A de A' appartient à $\underline{\underline{E}}$: elle est donc lisse dans E. Soit $F = (f_n)$ un rabotage compatible avec A et posons, si $P'_1, \ldots, P'_n$ sont des parties de E',

$$f'_n(P'_1, \ldots, P'_n) = P'_n \cap (K \times f_n(P_1, \ldots, P_n))$$

où $P_i = p(P'_i)$. Comme $f_n(P_1, \ldots, P_n) \subset P_n$, il est clair que la projection de $f'_n(P'_1, \ldots, P'_n)$ est égale à $f_n(P_1, \ldots, P_n)$; il en résulte immédiatement que la suite $F' = (f'_n)$ est un rabotage sur E'. Montrons qu'il est compatible avec A' : soit (P'_n) une suite F'-rabotée telle que $P'_1 \subset A'$. La suite (P_n), où $P_n = (p(P'_n)$, est alors une suite F-rabotée telle que $P_1 \subset A$: en effet, $P_n \in \underline{\underline{C}}$ pour tout n, et on a

$$P_{n+1} \subset p(f'_n(P'_1, \ldots, P'_n)) = f_n(P_1, \ldots, P_n) \quad .$$

Donc $A = p(A')$ est une enveloppe de la suite $(P_n) = (p(P'_n))$. Comme $A' \in \underline{\underline{E}}'$, cela entraîne que A' est une enveloppe de (P'_n). Donc A' est lisse.

L'ensemble H', dont la projection est égale à l'ensemble $\underline{\underline{E}}$-analytique H, est donc lisse en vertu du théorème 1, puisque $H' \in \underline{\underline{E}}'_{\sigma\delta}$. Soit $F' = (f'_n)$ un rabotage compatible avec H'. Nous allons construire un rabotage compatible avec H. Si $P_1, \ldots, P_n$ sont des parties de E, nous définissons par récurrence les ensembles $Q'_1, \ldots, Q'_n$ en posant :

$$Q'_1 = H' \cap (K \times P_1)$$

$$Q'_{k+1} = H' \cap (K \times P_{k+1}) \cap f'_k(Q'_1, \ldots, Q'_k) \qquad \text{pour} \quad k = 1, \ldots, n-1 \quad .$$

Nous poserons alors

$$P'_1 = Q'_1 \qquad \text{si} \qquad P_1 \subset H$$

$$P'_{k+1} = Q'_{k+1} \qquad \text{si} \qquad P_{k+1} \subset H \cap p(f'_k(Q'_1, \ldots, Q'_k))$$

et

$$P'_1 = (K \times P_1) \quad \text{si} \qquad P_1 \not\subset H$$

$$P'_{k+1} = (K \times P_{k+1}) \quad \text{si} \quad P_{k+1} \not\subset H \cap p(f'_k(Q'_1, \ldots, Q'_k)) \quad .$$

Il est clair que $F = (f_n)$ est un rabotage. Nous allons montrer que F est compatible avec H : soit (P_n) une suite F-rabotée telle que $P_1 \subset H$. Si les (P_i') et (Q_i') sont définis comme ci-dessus, on a $P_1' = Q_1' \subset H'$; supposons démontré que $P_n' = Q_n'$ pour $n \leq k$. Alors $P_{k+1} \subset f_k(P_1, \ldots, P_k) = p(f_k'(P_1', \ldots, P_k')) = p(f_k'(Q_1', \ldots, Q_k'))$ par hypothèse, et donc $P_{k+1}' = Q_{k+1}'$ puisque $P_{k+1} \subset P_1 \subset H$. Comme $p(P_i') = P_i$ pour tout i, il est alors clair que la suite $(P_n') = (Q_n')$ est une suite F'-rabotée telle que $P_1' \subset H'$.
H' est donc une enveloppe de la suite (P_n'), et cela entraîne que $H = p(H')$ est une enveloppe de la suite $(P_n) = (p(P_n'))$. Donc H est lisse.

—

BIBLIOGRAPHIE.

[1] DELLACHERIE (C.) Comptes-Rendus, 266, série A, 1968, p. 1258-1261.

[2] DOLEANS (C.) Existence du processus croissant naturel associé à un potentiel de la classe (D) (Z. für W. 9, 309-314 (1968).

[3] MEYER (P.A.) Guide détaillé de la théorie générale des processus (Séminaire de Probabilités II, Lecture Notes in Mathematics n° 51, Springer, Heidelberg 1968).

[4] MEYER (P.A.) Processus de Markov (Lecture Notes in Mathematics n° 26, Springer, Heidelberg 1967).

[5] MEYER (P.A.) Probabilités et potentiel (Hermann, Paris ; Blaisdell , Boston 1966).

[6] SION (M.) On capacitability and measurability (Ann. Inst. Fourier 13, 1963, p. 88 - 99).

[7] SIERPINSKI (W.) Sur la puissance des ensembles mesurables (B) (Fund. Math. 5, 1924, p. 166) .

* *
*

Université de Strasbourg
Séminaire de Probabilités 1966/67

GUIDE DÉTAILLÉ DE LA THÉORIE "GÉNÉRALE" DES PROCESSUS

(P.A.Meyer)

La théorie "générale" ou "abstraite" des processus stochastiques prend sa source dans le livre de DOOB [2] (1953). Elle s'est considérablement développée depuis lors, grâce à diverses méthodes : théorie des martingales, ensembles analytiques abstraits, capacités... qui ont fait d'une théorie déjà austère à ses débuts l'une des branches les plus rébarbatives du Calcul des Probabilités. Le dernier exposé d'ensemble de la question figure dans le livre [3] ; datant de 1965, il est déjà démodé, et l'exposé qui suit a pour objet de présenter le squelette de la théorie sous sa forme actuelle (Mai 1967).

Les références renvoient au livre [3] (chapitre et n°). On n'a pas rappelé les définitions des notions les plus connues (temps d'arrêt...), mais on a essayé d'être aussi explicite que possible lorsqu'il y avait ambiguïté. Les résultats qui ne figurent pas dans [3] sont prouvés dans les appendices.

Le guide est divisé en quatre sections (0,1,2,3) à l'intérieur desquelles définitions et résultats sont numérotés à la suite les une des autres (la section 2, par ex., commence par 201,202,...)

Un bon guide touristique doit donner des indications sur le réseau routier, sur les bons repas, et aussi sur leurs prix. On a fait de même ici :

A) L'intérêt d'une définition ou d'un résultat est indiqué par un certain nombre d'étoiles dans la marge (jusqu'à xxx).

B) La difficulté d'un résultat est indiquée par l'une des lettres <u>t</u> (trivial), <u>m</u> (moyen), <u>p</u> (pénible : long ou difficile). La notation t/215 signifie " trivial modulo le résultat 15 de la section 2" , mais bien entendu 215 peut être difficile.

C) Il est intéressant dans certains cas de connaître la méthode qui permet de démontrer un théorème. On l'a indiquée de la manière suivante :

<u>el</u> : démonstration élémentaire à partir des définitions - élémentaire signifiant que seuls les outils classiques de la théorie de la mesure sont utilisés (théorème des classes monotones, th. de Lebesgue, etc).

<u>mar</u> : la démonstration utilise en plus la théorie classique des martingales, telle qu'elle figure dans le chapitre VII de [2], ou le chap. VI de [3] : régularité des trajectoires, théorème d'arrêt, théorème de convergence...

<u>dec</u> : la démonstration repose sur la théorie de la décomposition des surmartingales (existence et unicité de la décomposition de DOOB).

<u>cap</u> : la démonstration utilise le théorème de capacitabilité de CHOQUET (abstrait)

Les appréciations d'intérêt et de difficulté sont bien entendu subjectives.

<u>Remarques sur la seconde édition du Guide Gris (Octobre 1967)</u>

CONFUCIUS dit : il faut rectifier les noms (Analectes, livre XIII, 3). La terminologie de la première édition a donc été rectifiée dans celle-ci . Voici un tableau de concordance entre les noms employés dans [3] et dans la première édition du Guide, et ceux de cette édition.

<u>Anciens noms</u>	<u>Nouveaux noms</u>
Processus, ensemble <u>progressivement mesurable</u>	Processus, ensemble <u>progressif</u>
Processus, ensemble <u>bien-mesurable</u>	pas de changement
Temps d'arrêt	pas de changement
Processus, ensemble <u>$\underline{\underline{T}}(\underline{\underline{I}}')$-mesurable</u>	processus, ensemble <u>accessible</u>
Temps d'arrêt <u>accessible</u>	temps d'arrêt (ou simplement var. aléatoire) <u>accessible</u>
Processus, ensemble <u>très-bien-mesurable</u>	Processus, ensemble <u>prévisible</u>
Temps d'arrêt <u>approchable</u>	temps d'arrêt (ou simplement var. aléatoire) <u>prévisible</u>

On remarquera (les adjectifs très-bien-mesurable et approchable ne figurant pas dans [3]) que la terminologie de [3] n'est pratiquement pas modifiée. Le mot temps d'arrêt se disant optional random variable en anglais, il est recommandé de traduire"processus bien-mesurable" par ' optional process'. Nous ne chercherons pas ici à rectifier les noms dans les autres langages.

Je remercie vivement M. CHUNG, qui m'a communiqué plusieurs remarques utiles (que j'ai ajoutées à cette édition du Guide), ainsi que la citation des Analectes de CONFUCIUS.

BIBLIOGRAPHIE

[1] CHUNG (K.L.) et DOOB (J.L.).- Fields, optionality and measurability. Amer.J. of M., 87, 1965, 397-424.

[2] DOOB (J.L.).- Stochastic processes. New York, Wiley, 1953.

[3] MEYER (P.A.).- Probabilités et Potentiel . Paris, Hermann ; Boston, Blaisdell, 1966.

Un article récent de C.DOLÉANS (à paraître dans le Z. für Warscheinlichkeitstheorie) permet de ramener la théorie de la décomposition des surmartingales, de manière très simple, à la théorie générale des processus telle qu'elle est exposée ici. Bien entendu, cela modifie profondément le " réseau routier". Nous n'avons pas tenu compte de cet article dans le Guide, bien que la méthode de Mlle DOLÉANS soit évidemment la " bonne " méthode pour traiter de la décomposition des surmartingales.

On peut encore ajouter que CORNEA et LICEA viennent de simplifier très considérablement la démonstration du théorème de section pour les ensembles accessibles ou bien-mesurables (ils donnent en fait une démonstration unifiée des trois théorèmes de section). Ainsi, la théorie exposée ci-dessous semble avoir atteint une forme presque définitive (l'article de CORNEA et LICEA doit paraître dans le Z. für W.).

0.- GÉNÉRALITES

1. Notations générales. $(\Omega,\mathcal{F},\mathbb{P})$ est un espace probabilisé complet. $(\mathcal{F}_t)_{t\in\mathbb{R}_+}$ est une famille croissante de sous-tribus de $\mathcal{F}$ (IV.30), continue à droite, telle que chaque tribu $\mathcal{F}_t$ contienne tous les ensembles $\mathbb{P}$-négligeables (voir IV.30 pour ces définitions, ainsi que pour la notation $\mathcal{F}_{t-} = \bigvee_{s<t} \mathcal{F}_s$; on pose par convention $\mathcal{F}_{0-} = \mathcal{F}_0$).

Un processus est une fonction X définie sur $\mathbb{R}_+ \times \Omega$, telle que pour chaque $t\in\mathbb{R}_+$ la fonction $\omega \mapsto X(t,\omega)$ [toujours notée X_t : on dira le processus (X_t), ou le processus X] soit $\mathcal{F}$-mesurable. Si la fonction X est elle même mesurable sur $\mathbb{R}_+ \times \Omega$ pour la tribu produit naturelle $\mathcal{B}(\mathbb{R}_+) \times \mathcal{F}$, on dira que le processus est mesurable (IV.45) . Si X_t est $\mathcal{F}_t$-mesurable pour chaque t, on dira que le processus X est adapté (à la famille $(\mathcal{F}_t)$) (IV.31).

xx 2. Deux processus X et Y à valeurs dans le même espace d'états sont dits indiscernables si pour presque tout $\omega\in\Omega$ on a $X_t(\omega) = Y_t(\omega)$ pour tout t.

Cette définition indispensable ne figure pas explicitement dans [3]. Dans toute la suite, chaque fois que l'on trouvera l'expression "il existe un seul processus possédant la propriété $\mathcal{P}$" , cela signifiera que tous les processus possédant $\mathcal{P}$ sont indiscernables les uns des autres.

x 3. Processus progressivement mesurable ou progressif (IV.50)

Cette définition a été très largement utilisée au début de la théorie. Son principal intérêt vient du théorème 9 ci-dessous. En pratique, on peut toujours la remplacer par la notion de processus bien-mesurable (201) qui est à la fois plus simple et plus intéressante. On sait cependant qu'il existe des ensembles progressifs non bien-mesurables (cf. 211 et 216)

xxx 4. Temps d'arrêt (IV.33)

xxx 5. Tribu $\mathcal{F}_T$ des événements antérieurs à un t.d'a. T (IV.35) xx 6. Si T est un t.d'a. , on note $\underline{\underline{F}}_{T-}$ la tribu engendrée par $\underline{\underline{F}}_0$ et par les événements de la forme $A\cap\{t<T\}$ ($t\in\mathbb{R}_+$, $A\in\underline{\underline{F}}_t$).

> Cette notion a été introduite par CHUNG et DOOB dans [1]. Elle est très intéressante, mais a peu servi jusqu'à présent . Un petit sommaire (avec démonstrations) des résultats connus sur cette tribu figure à l'appendice 1.

Nous ne reviendrons pas ici sur les résultats élémentaires concernant les temps d'arrêt (IV.33-44), sauf :

7. Si T est un t.d'a., et si $A\in\underline{\underline{F}}_T$, la variable aléatoire égale à T sur A, à $+\infty$ sur A^c, est notée T_A ; c'est aussi un t.d'a..

x 8. <u>Début</u> D_C d'une partie C de $\mathbb{R}_+\times\Omega$ (IV.51) :

$$D_C(\omega) = \inf \{ t : (t,\omega) \in C \}$$

xxx 9. Le début d'un ensemble progressif est un temps d'arrêt (IV.52).

cap m

> Les xxx de ce résultat tiennent plutôt à ses applications à la théorie des processus de Markov. La plupart des applications à la théorie générale des processus, ci-dessous, se ramènent en effet à des cas particuliers tout à fait élémentaires de ce théorème.

1.-CLASSIFICATION DES TEMPS D'ARRÊT

101. Notations générales .- Si T est un temps d'arrêt, $\underline{\underline{S}}(T)$ désigne l'ensemble des suites croissantes (R_n) de temps d'arrêt telles que $R_n \leq T$ pour tout n, et $K[(R_n)]$ désigne alors l'événement $\{ \lim_n R_n = T < \infty , R_n < T \text{ pour tout } n \}$ (VII.44).

Si (R_n) est une suite croissante de temps d'arrêt, la tribu engendrée par la réunion des $\underline{\underline{F}}_{R_n}$ est notée $\bigvee_n \underline{\underline{F}}_{R_n}$ (VII.38).

Classification des temps d'arrêt

xxx 102. T est totalement inaccessible (VII.42)

Avec les notations précédentes : T est totalement inaccessibles si et seulement si $T>0$ p.s., $P\{T<\infty\}>0$, et $P(K[(R_n)])=0$ pour toute suite $(R_n) \in \underline{\underline{S}}(T)$.

103. T est inaccessible (VII.42).

xxx 104. T est accessible (VII.42) si $P\{T=S<\infty\}=0$ pour tout temps d'arrêt totalement inaccessible S.

xxx 105. T est prévisible s'il existe une suite croissante (R_n) de temps d'arrêt qui converge vers T p.s., telle que $R_n<T$ p.s. sur $\{T>0\}$ pour tout n.

> Cette définition, dont toute la suite va montrer l'importance, ne figure pas explicitement dans [3]. En revanche, on trouvera dans [3] d'autres définitions qui ne servent pas à grand chose, et ne seront pas étudiées ici (VII.45).

106. T est un temps de discontinuité (VII.40)

> Cette définition est technique, et assez peu intéressante. En revanche, la notion suivante est à la fois simple et utile :

xx 107. La famille $(\underline{\underline{F}}_t)$ est dépourvue de temps de discontinuité (VII.39).

> Par exemple, la famille de tribus canonique d'un processus de HUNT est dépourvue de temps de discontinuité.

Premières propriétés et critères élémentaires

el,t 108. Si T est accessible (resp. totalement inaccessible) et si $A\in\underline{\underline{F}}_T$ (resp. $A\in\underline{\underline{F}}_T$ et $P\{T_A<\infty\}>0$), T_A est accessible (resp. tot. inaccessible). (VII.43)

el,m 109. Si T est prévisible et si $A\in\underline{\underline{F}}_{T-}$, T_A est prévisible

Ce résultat ne figure pas dans [3]. Voir l'appendice 2

el,t 110. Si S et T sont deux temps d'arrêt tot. inacc. (resp. accessibles, prévisibles), $S\vee T$ et $S\wedge T$ sont tot.inacc (resp. accessibles, prévisibles). (VII.43)

el,m 111. Si (S_n) est une suite croissante de temps d'arrêt accessibles (resp. prévisibles), $\lim_n S_n$ est accessible (resp. prévisible.

Voir VII.43 pour le cas accessible, l'appendice 2 pour le cas prévisible.

x el,t 112. Pour qu'un t.d'a. T soit accessible, il faut et il suffit qu'il existe une suite $(R_n^p)_{p\in\underset{\sim}{N}}$ d'éléments de $\underline{\underline{S}}(T)$, telle que $\{0<T<\infty\} = \bigcup_p K[(R_n^p)]$ p.s.

xx el,m 113. Pour que T soit prévisible, il faut et il suffit que T soit accessible et que, pour toute suite croissante (R_n) de t.d'a., l'événement $\{\lim_n R_n=T\}$ appartienne à $\bigvee_n \underline{\underline{F}}_{R_n}$.

Ce résultat ne figure pas explicitement dans [3], mais a) c'est le point crucial de la démonstration de VII.45, b) il est en fait équivalent à VII.52, compte tenu du critère VII.49 pour qu'un processus croissant soit naturel.

xx t/113 114. Si la famille $(\underline{\underline{F}}_t)$ est dépourvue de temps de discontinuité, tout temps d'a. accessible est prévisible.

el,m 115. Soit T un t.d'a. ; l'ensemble des $A\in\underline{\underline{F}}_T$ tels que T_A soit prévisible est stable pour les réunions et intersections dénombrables.

Ce résultat ne figure pas dans [3] explicitement, mais c'est en fait la première partie de la démonstration de VII.45. Voir l'appendice 2 pour plus de détails. Dans l'ordre logique des démonstrations, 115 doit précéder 109 et 113. Voir aussi app.2, propriété 6. On notera que 115 entraîne l'existence d'un plus grand $A\in\underline{\underline{F}}_T$ (aux ensembles négligeables près) tel que T_A soit prévisible. Si $A=\emptyset$ p.s., on peut donc dire que T est totalement imprévisible. Mais il ne faudrait pas croire que si S est prévisible, T totalement imprévisible, l'on ait nécessairement $\underset{\sim}{P}\{S=T<\infty\}=0$! Il se peut que S soit prévisible, et S_A totalement imprévisible pour un $A\in\underline{\underline{F}}_S$ (comparer à 109).

xx t/112 116. Soit T un t.d'a. ; il existe une partition essentiellement unique de $\{T<\infty\}$ en deux éléments A et I de $\underline{\underline{F}}_T$, telle que T_A soit accessible, T_I tot. inacc. ou p.s. égal à $+\infty$ (VII.44)

Critères utilisant les martingales.

xxx dec,m 117. Si T est totalement inaccessible, il existe une martingale uniformément intégrable continue à droite Y dont la seule discontinuité est un saut unité à l'instant T. Inversement, si la famille $(\underline{\underline{F}}_t)$ est dépourvue de temps de discontinuité, et s'il existe une martingale Y continue à droite uniformément intégrable telle que $Y_T\neq Y_{T-}$ p.s. sur $\{T<\infty\}$, et si $P\{T<\infty\}>0$, alors T est totalement inaccessible.

L'appréciation dec,m se rapporte à la première phrase. La seconde résulte facilement de la théorie classique des martingales.

x dec,m 118. Si T est prévisible, et si Y est une martingale uniformément intégrable continue à droite, on a p.s. $Y_{T-}=E[Y_\infty|\underline{\underline{F}}_{T-}]$. Inversement, si cette relation est satisfaite pour toute martingale Y unif. intégrable continue à droite (ou même seulement la relation plus faible $E[Y_{T-}]=E[Y_\infty]$), alors T est prévisible.

Ne figure pas explicitement dans [3]. La seconde phrase est la remarque VII.53 . Pour la première, voir l'appendice 2.

119. T est prévisible si et seulement si le processus croissant intégrable $(I_{\{t\geq T\}})$ est naturel . (VII.53) .

xxx 120. Soit X un processus de HUNT canonique, et soit T un t.d'a. de la famille $(\underline{\underline{F}}_t)$ canonique. T est accessible (cela équivaut

2.-LES TROIS PRINCIPALES TRIBUS SUR $\mathbb{R}_+ \times \Omega$

Définitions

xxx 201. Tribu $\underline{\underline{BM}}$ des ensembles bien-mesurables (VIII.14).

Elle est engendrée par les processus (réels) adaptés dont les trajectoires sont continues à droite et pourvues de limites à gauche, ou par les intégrales stochastiques de la forme $[S,T[$ (VIII.16). Un processus adapté continu à droite, sans hypothèse sur l'existence de limites à gauche, est indiscernable d'un processus b-m (VIII.16, c)). Tout processus bien-mesurable est progressif (IV.47).

xxx 202. Tribu $\underline{\underline{A}}$ des ensembles accessibles : c'est la tribu engendrée par les intervalles stochastiques de la forme $[S,T]$, où S est un temps d'arrêt accessible.

Cette tribu est identique à la tribu $\underline{\underline{T}}(\underline{\underline{I}}')$ engendrée par le pavage $\underline{\underline{I}}'$ du n°VII.13 de [3] - pavage dont il est inutile de rappeler ici la définition.

xxx 203. Tribu $\underline{\underline{P}}$ des ensembles prévisibles : c'est la tribu engendrée par les processus (réels) adaptés à trajectoires continues à gauche (tout processus est continu à gauche par convention à l'instant 0). Elle est aussi engendrée par les intervalles $[S,T]$, où le temps d'arrêt S est prévisible , ou par les ensembles $\{0\}\times A$ ($A\in\underline{\underline{F}}_0$) et $]s,t]\times A$ ($0<s\leq t$, $A\in\bigcup_{r<s}\underline{\underline{F}}_r$). Pour tout cela, voir l'appendice 3.

Les tribus $\underline{\underline{BM}}$, $\underline{\underline{A}}$, $\underline{\underline{P}}$ sont toutes trois engendrées par les intervalles stochastiques fermés $[S,T]$, où le temps d'arrêt S est supposé quelconque dans le premier cas, accessible dans le second, prévisible dans le troisième. Voir l'appendice 3.

204. On a $\underline{\underline{P}}\subset\underline{\underline{A}}\subset\underline{\underline{BM}}$; si la famille ($\underline{\underline{F}}_t$) n'a pas de temps de discontinuité, on a $\underline{\underline{P}}=\underline{\underline{A}}$.

Pour le premier résultat, voir VIII.19 ; pour le second, qui n'est pas explicité dans [3], voir l'appendice 3.

Théorèmes d'existence de sections

Notation .- Si T est un t.d'a., nous désignons par [T] l'ensemble $\{(T(\omega),\omega) : T(\omega)<\infty\}$ (le graphe de T, encore égal à l'intervalle stochastique [T,T]). Si H est une partie de $\underset{\sim}{\mathbb{R}}_+ \times \Omega$, nous désignons par p(H) sa projection sur Ω, qui est mesurable si H est mesurable (cf.IV.52).

xxx cap,p 205. Soit A un ensemble bien-mesurable, et soit $\varepsilon>0$. Il existe un temps d'arrêt T tel que $[T]\subset A$ et que $\underset{\sim}{P}(p([T]))\geq \underset{\sim}{P}(p(A))-\varepsilon$.

C'est le plus difficile des trois théorèmes de section. On le déduit en fait de 206 et de 213 ci-dessous. Voir VIII.21.

xxx cap,p 206. Si A est accessible, il existe un temps d'arrêt accessible T tel que $[T]\subset A$ et que $\underset{\sim}{P}(p([T])) \geq \underset{\sim}{P}(p(A))-\varepsilon$. (VIII.21)

xxx cap,m 207. Si A est prévisible, il existe un temps d'arrêt prévisible T tel que $[T]\subset A$ et que $\underset{\sim}{P}(p([T])) \geq \underset{\sim}{P}(p(A))-\varepsilon$.

Ce théorème de section (plus facile que les deux autres) ne figure pas dans [3]. Voir l'appendice 3.

Voici des corollaires de ces théorèmes

xxx t/205-07 208. Soient X et Y deux processus ; supposons que X et Y soient tous deux bien-mesurables (resp. accessibles, prévisibles) et que l'on ait pour chaque temps d'arrêt T (resp. chaque temps d'arrêt accessible, prévisible) $X_T=Y_T$ p.s. . Alors X et Y sont indiscernables.

209. Soit V une variable aléatoire positive. Pour que V soit un temps d'arrêt (resp. accessible, prévisible) il faut et il suffit que le graphe de V soit un ensemble bien-mesurable (resp. accessible, prévisible).

209. bis Soit A un ensemble accessible (prévisible) fermé à droite (cf.216 ci-dessous). Le début de A est alors accessible (prévisible).

Aucun de ces théorèmes ne figure explicitement dans [3] ; 208 est vraiment trivial modulo les théorèmes de sections. Pour les autres, voir l'appendice 3.

Théorèmes de projection et de modification

On donne ici un théorème de projection, suivi d'un théorème de modification, pour chacune des trois tribus $\underline{\underline{BM}}$, $\underline{\underline{A}}$, $\underline{\underline{P}}$. Cet ordre n'est pas l'ordre logique des démonstrations. Les résultats d'unicité annoncés sont des conséquences triviales de 208.

Tribu $\underline{\underline{BM}}$

xxx mar,m 210. Soit X un processus (réel) mesurable et borné. Il existe un processus bien-mesurable Y unique tel que $Y_T I_{\{T<\infty\}} = \underline{\underline{E}}[X_T I_{\{T<\infty\}} | \underline{\underline{F}}_T]$ p.s. pour chaque temps d'arrêt T. (VIII.17)

Nous dirons que Y est la projection de X sur $\underline{\underline{BM}}$, et nous écrirons $Y=p_1(X)$. Voici un corollaire :

x t/210 211. Soit X un processus progressif (réel, ou à valeurs dans un espace LCD). Il existe un processus bien-mesurable Y unique tel que $X_T=Y_T$ p.s. pour chaque temps d'arrêt fini T (VIII.17)

> C'est ce théorème qui permet en pratique de se borner à considérer des processus bien-mesurables. Si X est une indicatrice d'ensemble, on a $X^2=X$, donc Y^2 et Y sont indiscernables et Y est (indiscernable d')une indicatrice d'ensemble.

Tribu $\underline{\underline{A}}$

x t/210 et 213 212. Soit X un processus (réel) mesurable borné. Il existe un processus accessible Y unique tel que $Y_T I_{\{T<\infty\}} = \underline{\underline{E}}[X_T I_{\{T<\infty\}} | \underline{\underline{F}}_T]$ p.s. pour chaque t.d'a. <u>accessible</u> T .

Nous dirons que Y est la projection de X sur $\underline{\underline{A}}$, et nous écrirons $Y=p_2(X)$.

xxx mar,m 213. Soit X un processus bien-mesurable (réel, ou à valeurs dans un espace LCD). Il existe un processus accessible Y, unique, tel que $X_T=Y_T$ p.s. pour chaque t.d'a. accessible T. Plus précisément, l'ensemble $\{X\neq Y\}$ est la réunion d'une suite de graphes de temps d'arrêt totalement inaccessibles (VIII.20)

> Ici encore, si X est une indicatrice, Y est indiscernable d'une indicatrice.

Tribu $\underline{\underline{P}}$

× mar,m 214. Soit X un processus mesurable borné ; il existe un processus prévisible Y, unique, tel que l'on ait $Y_T I_{\{T<\infty\}} = E[X_T I_{\{T<\infty\}} | \underline{\underline{F}}_{T-}]$ p.s. pour chaque temps d'arrêt prévisible T. L'ensemble $\{Y \neq p_1(X)\}$ (resp. $\{Y \neq p_2(X)\}$ est alors la réunion d'une suite de graphes de t.d'a. (resp. de t.d'a. accessibles).

> Ce résultat ne figure pas dans [3] : voir l'appendice 3 ; par exemple, si (X_t) est une martingale bornée continue à droite, Y est le processus (X_{t-}).

Nous dirons que Y est la projection de X sur $\underline{\underline{P}}$, et nous écrirons $Y = p_3(X)$.

×× el,t 215. Soit X un processus bien-mesurable (réel ou à valeurs dans un espace LCD). Il existe un processus prévisible Y tel que l'ensemble $\{X \neq Y\}$ soit la réunion d'une suite de graphes de temps d'arrêt (et en particulier que $\{ t : X_t(\omega) \neq Y_t(\omega)\}$ soit dénombrables pour tout ω). Si X est une indicatrice, on peut choisir pour Y une indicatrice.

> A la terminologie près, c'est la première partie de la démonstration de VIII.20. Voir l'appendice 3. On notera que ce théorème de modification est incomplet (il n'y a pas d'assertion d'unicité)

Fermés aléatoires

Soit A une partie de $\mathbb{R}$: on dit que A est fermée à droite * si A est fermée pour la topologie droite de $\mathbb{R}$, i.e. si la limite de toute suite décroissante d'éléments de A appartient à A. Si maintenant A est une partie de $\mathbb{R}_+ \times \Omega$, on dit que A est fermée (resp. fermée à droite) si pour tout $\omega \in \Omega$ la coupe A_ω est fermée (resp. fermée à droite). On définit alors aussitôt l'adhérence $\overline{A}$ et l'adhérence à droite $\overline{A}^d$ de $A \subset \mathbb{R}_+ \times \Omega$.

m 216. Soit A un ensemble progressif ; $\overline{A}$ est alors bien-mesurable, ainsi que l'ensemble des extrémités droites des intervalles contigus à $\overline{A}$; $\overline{A}^d$ est progressif, ainsi que l'ensemble des extrémités gauches des intervalles contigus à $\overline{A}$.

* On notera qu'avec cette convention un intervalle de la forme [a,b[est fermé à droite!

Ce théorème n'est établi ni dans [3], ni dans l'appendice : voir Invent.Math. 1, 1966, p.114. Si l'on désigne par X un mouvement brownien issu de 0, par A l'ensemble prévisible $\{(t,\omega) : X_t(\omega)=0\}$, par H l'ensemble des extrémités gauches des intervalles contigus à A, H est progressif, la mesure de la projection de H sur Ω est 1, et il ne passe dans H aucun graphe de temps d'arrêt (propriété de Markov forte). H est donc progressif et non bien-mesurable.

3.-PROCESSUS CROISSANTS

xxx 301. Processus croissant (p.c.) ; processus croissant intégrable (pci) (VII.3)

Dans ce qui suit, et pour simplifier, nous ne nous occuperons que de p.c. intégrables.

302. Partie continue et partie discontinue d'un pci : VIII.10.

xxx 303. Processus croissant intégrable naturel : VII.19, a).

Rappelons cette définition, qui est la plus commode lorsqu'on on se borne aux p.c. intégrables : A est naturel si et seulement si, pour toute martingale Y continue à droite et bornée, on a

$$E[\int_0^\infty Y_s dA_s] = E[\int_0^\infty Y_{s-} dA_s]$$

On a alors avec les mêmes notations, pour tout temps d'arrêt T

$$E[\int_T^\infty Y_s dA_s | \underline{\underline{F}}_T] = E[\int_T^\infty Y_{s-} dA_s | \underline{\underline{F}}_T] \quad \text{p.s.}$$

xxx dec,m 304. Pour qu'un p.c.i. A soit naturel, il faut et il suffit : a), que A ne charge aucun temps d'arrêt T totalement inaccessible (i.e., $A_T - A_{T-}=0$) et b) que pour toute suite croissante (S_n) de temps d'arrêt, la variable aléatoire A_S ($S= \lim_n S_n$) soit mesurable par rapport à la tribu $\bigvee_n \underline{\underline{F}}_{S_n}$. (VII.49)

L'appréciation dec,m se rapporte à la démonstration de [3]. Il en existe une autre démonstration, due à C.DOLÉANS, qui n'utilise plus la décomposition.

x t/304 et 113 305. Soit T un temps d'arrêt. Pour que le p.c. $(I_{\{t \geq T\}})$ soit naturel, il faut et il suffit que T soit prévisible (VII.52-53).

306. Tout processus croissant intégrable naturel s'écrit

$$A_t = A_t^c + \sum \lambda_n I_{\{t \geq T_n\}}$$

où A^c est la partie continue de A, où les λ_n sont des constantes, et les T_n des temps d'arrêt prévisibles.

Ce théorème ne figure pas explicitement dans [3]. Voir l'appendice 4.

307. Deux p.c. intégrables A et B sont dits <u>associés</u> ($A \sim B$) si le processus A-B est une martingale.

Cette définition commode n'est pas donnée dans [3]. Voici une conséquence immédiate du théorème de décomposition des surmartingales.

xx dec 308. Tout p.c. intégrable A est associé à un p.c.i. naturel unique, noté $\tilde{A}$; $\tilde{A}$ est continu si et seulement si A ne charge aucun temps d'arrêt accessible.

Pour la seconde assertion, voir l'appendice 4.

Intégration par rapport à un processus croissant

xxx el,m 309. Soient X et Y deux processus mesurables, bornés ou positifs, tels qu'on ait pour temps d'arrêt T

$$E[X_T I_{\{T<\infty\}}] = E[Y_T I_{\{T<\infty\}}]$$

On a alors pour tout p.c. intégrable A et tout temps d'arrêt T

$$E[\int_T^\infty X_s dA_s | \underline{\underline{F}}_T] = E[\int_T^\infty Y_s dA_s | \underline{\underline{F}}_T] \text{ p.s.} \qquad \text{(VII.15)}$$

L'hypothèse ci-dessus entraîne en fait $E[X_T I_{\{T<\infty\}} | \underline{\underline{F}}_T] = E[Y_T I_{\{T<\infty\}} | \underline{\underline{F}}_T]$ p.s. ; pour le voir, appliquer l'hypothèse aux t.d'a. T_H , H parcourant $\underline{\underline{F}}_T$.

xx el,t 310. Soient A et B deux p.c. intégrables associés, X un processus prévisible ≥ 0 ou borné. On a alors pour tout temps d'arrêt T

$$E[\int_T^\infty X_s dA_s \mid \underline{\underline{F}}_T] = E[\int_T^\infty X_s dB_s \mid \underline{\underline{F}}_T] \quad \text{p.s.} \qquad \text{(VII.17)}$$

Ce résultat est en fait un peu plus précis que VII.17 : voir l'appendice 4. On consultera aussi l'appendice 4 pour l'énoncé suivant :

× 311. Soit X un processus mesurable borné, et soient X^1, X^2 et X^3 respectivement les projections de X sur $\underline{\underline{BM}}$, $\underline{\underline{A}}$ et $\underline{\underline{P}}$.

Soit A un processus croissant intégrable

a) On a $\underset{\sim}{E}[\int_0^\infty X_s dA_s] = \underset{\sim}{E}[\int_0^\infty X_s^1 dA_s]$ (309)

b) Si A ne charge aucun t.d'a. totalement inaccessible (i.e. soit $\underline{\underline{A}}$-mesurable ; cf ci-dessous) on a

$$\underset{\sim}{E}[\int_0^\infty X_s dA_s] = \underset{\sim}{E}[\int_0^\infty X_s^2 dA_s]$$

c) Si A est naturel (i.e., $\underline{\underline{P}}$-mesurable ; cf ci-dessous) on a

$$\underset{\sim}{E}[\int_0^\infty X_s dA_s] = \underset{\sim}{E}[\int_0^\infty X_s^3 dA_s]$$

312. Soit A un processus croissant intégrable

a) A est un processus accessible si et seulement si A ne charge aucun temps d'arrêt totalement inaccessible.

×× b) A est un processus prévisible si et seulement s'il est naturel.

| Ce dernier résultat est dû à Mlle DOLÉANS. Voir l'appendice 4.

APPENDICE 1 : TRIBU $\underline{\underline{F}}_{T-}$

Rappelons la définition de CHUNG et DOOB : $\underline{\underline{F}}_{T-}$ est engendrée par $\underline{\underline{F}}_0$ et par les ensembles de la forme $A\cap\{t<T\}$ $(t>0,\ A\in\underline{\underline{F}}_t)$.

Si T est une constante s, on retrouve bien $\underline{\underline{F}}_{s-}$. On peut remplacer dans cette définition $A\in\underline{\underline{F}}_t$ par $A\in\bigcup_{r<t}\underline{\underline{F}}_r$; en effet, $A\cap\{t<T\}$ est la réunion des $A\cap\{s<T\}$ pour s rationnel >t, et on a $A\in\bigcup_{r<s}\underline{\underline{F}}_r$.

Les propriétés suivantes, à l'exception de la dernière, sont dues à CHUNG et DOOB.

Propriété 1.- On a $\underline{\underline{F}}_{T-}\subset\underline{\underline{F}}_T$; T est $\underline{\underline{F}}_{T-}$-mesurable.

La première assertion est évidente, la seconde résulte de ce que $\{t<T\}\in\underline{\underline{F}}_{T-}$.

Propriété 2.- Soient S et T deux temps d'arrêt tels que $S\leq T$. On a $\underline{\underline{F}}_{S-}\subset\underline{\underline{F}}_{T-}$.

En effet, soient $t>0$, $A\in\underline{\underline{F}}_t$; on a $A\ \{t<S\} = (A\cap\{t<S\})\cap\{t<T\}$, et la parenthèse appartient à $\underline{\underline{F}}_t$, donc $A\cap\{t<S\}\in\underline{\underline{F}}_{T-}$.

Propriété 3.- Si S et T sont deux temps d'arrêt et $A\in\underline{\underline{F}}_S$, on a $A\cap\{S<T\}\in\underline{\underline{F}}_{T-}$. De même, si $A\in\underline{\underline{F}}_\infty$, on a $A\cap\{T=\infty\}\in\underline{\underline{F}}_{T-}$.

Si S est un temps d'arrêt, si $S\leq T$ et $S<T$ p.s. sur $\{0<T<\infty\}$, on a $\underline{\underline{F}}_S\subset\underline{\underline{F}}_{T-}$.

Pour établir la première assertion, il suffit de remarquer que $\{S<T\}$ est la réunion, pour r rationnel, des ensembles $\{S<r<T\}$. Alors $A\cap\{S<r<T\} = (A\cap\{S<r\})\cap\{r<T\}$, et la parenthèse appartient à $\underline{\underline{F}}_r$, d'où le résultat.

L'ensemble des A tels que $A\cap\{T=\infty\}\in\underline{\underline{F}}_{T-}$ est une tribu , et il suffit donc, pour établir la seconde assertion, de montrer que $A\cap\{T=\infty\}\in\underline{\underline{F}}_{T-}$ si $A\in\underline{\underline{F}}_n$ ($n\in\underline{\underline{N}}$) ; mais cet ensemble est l'intersection des $A\cap\{m<T\}$ (m entier $\geq$ n), qui appartiennent à $\underline{\underline{F}}_{T-}$.

La dernière affirmation de l'énoncé est alors évidente.

Propriété 4.- Soit T un temps d'arrêt ; on a $\underline{\underline{F}}_T = \bigcap_n \underline{\underline{F}}_{(T+\frac{1}{n})-}$.

Cette tribu contient $\underline{\underline{F}}_T$ d'après la propriété 3, et elle est contenue dans $\bigcap_n \underline{\underline{F}}_{(T+\frac{1}{n})} = \underline{\underline{F}}_T$.

Propriété 5.- Soit (T_n) une suite croissante de temps d'arrêt, et soit $T = \lim_n T_n$; alors $\underline{\underline{F}}_{T-} = \bigvee_n \underline{\underline{F}}_{T_n-}$.

En effet, cette tribu est contenue dans $\underline{\underline{F}}_{T-}$ (propriété 2). D'autre part, si $A \in \underline{\underline{F}}_T$, $A \cap \{t<T\}$ est la réunion des $A \cap \{t<T_n\} \in \underline{\underline{F}}_{T_n-}$.

Propriété 6.- Soit T un temps d'arrêt prévisible, limite d'une suite croissante (T_n) de temps d'arrêt telle que $T_n<T$ p.s. sur $\{0<T<\infty\}$; alors $\underline{\underline{F}}_{T-} = \bigvee_n \underline{\underline{F}}_{T_n}$.

En effet cette tribu contient $\underline{\underline{F}}_{T-}$ (propriétés 1 et 5) et elle est contenue dans $\underline{\underline{F}}_{T-}$ (propriété 3).

Propriété 7.- Soit T un temps d'arrêt ; pour qu'une variable aléatoire $\underline{\underline{F}}_{\infty}$-mesurable Z soit $\underline{\underline{F}}_{T-}$-mesurable, il faut et il suffit qu'il existe un processus prévisible X tel que $X_T=Z$ sur $\{T<\infty\}$.

1) La tribu $\underline{\underline{P}}$ est engendrée par les processus de la forme $X_t(\omega) = Y_s(\omega)I_{\{s<t\leq u\}}$, où Y_s est $\underline{\underline{F}}_s$-mesurable, ou de la forme $X_t(\omega)=Y_0(\omega)I_{\{t=0\}}$ où Y_0 est $\underline{\underline{F}}_0$-mesurable (voir l'appendice 3). Montrons que si Z ($\underline{\underline{F}}_{\infty}$ -mesurable) est telle que $Z=X_T$ sur $\{T<\infty\}$, Z est $\underline{\underline{F}}_{T-}$-mesurable. En effet, $Z=Y_sI_{\{s<t\}}I_{\{T<\infty\}} - Y_sI_{\{s<u\}}I_{\{T<\infty\}} + ZI_{\{T=\infty\}}$; les deux premiers termes sont $\underline{\underline{F}}_{T-}$-mesurables d'après la propriété 1, et le dernier d'après la propriété 3.

2) Il suffit de vérifier l'existence du processus X lorsque Z est l'indicatrice d'un élément de $\underline{\underline{F}}_0$, ou de $A\cap\{t<T\}$ $(t>0, A\in\underline{\underline{F}}_t)$. Mais il suffit de poser alors $X_s(\omega) = I_A(\omega)I_{\{s>t\}}$: c'est un processus adapté continu à gauche, donc prévisible, et on a $Z=X_T$.

APPENDICE 2 : TEMPS D'ARRÊT PRÉVISIBLES

Nous reprenons ici les propriétés des temps d'arrêt prévisibles citées dans la section 1, en suivant l'ordre de démonstration naturel.

110 Propriété 1.- Si S et T sont prévisibles, $S\wedge T$ et $S\vee T$ le sont aussi : c'est évident à partir de la définition.

111 Propriété 2.- Soit (S_n) une suite croissante de temps d'arrêt prévisibles, et soit $S=\lim_n S_n$; S est alors prévisible.

DÉMONSTRATION.- Il est commode de se ramener au cas où S est fini, au moyen d'une bijection monotone de $[0,\infty]$ sur $[0,1]$. Pour chaque n, soit $(S^n_k)_{k\in\mathbb{N}}$ une suite de t.d'a. approchant S_n, et satisfaisant à la définition des t.d'a. prévisibles. Choisissons

k_1 assez grand pour que $\underline{P}\{S^1_{k_1} < S_1 - \frac{1}{2}\} < \frac{1}{2}$

k_2 assez grand pour que $\underline{P}\{S^2_{k_2} < S^1_{k_1}$ ou $S^2_{k_2} < S_2 - \frac{1}{4}\} < \frac{1}{4}$

k_3... pour que $\underline{P}\{S^3_{k_3} < S^2_{k_2}$ ou $S^3_{k_3} < S^1_{k_1}$ ou $S^3_{k_3} < S_3 - \frac{1}{8}\} < \frac{1}{8}$

etc. On a $S^i_{k_i} < S^i$ sur $\{S_i>0\}$, donc $S^i_{k_i} < S$ sur $\{S>0\}$. Posons $T_n = \inf_{j\geqq n} S^j_{k_j}$; ces temps d'arrêt croissent et sont $< S$ sur $\{S>0\}$. On a $\underline{P}\{T_n < S^n_{k_n}\} \leqq \sum_{j>n} \underline{P}\{S^k_{k_j} < S^n_{k_n}\} \leqq \frac{1}{2^{n+1}} + \ldots = \frac{1}{2^n}$. Comme cette série converge, le lemme de Borel-Cantelli entraîne que p.s. $T_n = S^n_{k_n}$ pour n assez grand. Il reste donc seulement à prouver que $S^n_{k_n} \to S$ p.s. ; mais $\sum_n \underline{P}\{S^n_{k_n} < S_n - \frac{1}{2^n}\}$ converge, donc $S^n_{k_n} \geqq S_n - \frac{1}{2^n}$ p.s. pour n assez grand, d'où le résultat.

115 <u>Propriété 3.- Soit T un temps d'arrêt ; l'ensemble des $A\in\underline{\underline{F}}_T$ tels que T_A soit prévisible est stable pour les réunions et intersections dénombrables.</u>

En effet, il est stable pour les réunions et intersections finies (mais attention à l'intersection de la famille vide !) d'après la propriété 1. Restent à étudier les suites croissantes et décroissantes . Le cas d'une suite décroissante (A_n) résulte de la propriété 2 , car les T_{A_n} croissent. Le cas des suites croissantes est traité dans [3] : début de la démonstration de VII.45.

113 <u>Propriété 4 .- T prévisible <=> T accessible et, pour toute suite croissante (R_n) de temps d'arrêt, on a</u> $\{\lim_n R_n = T\} \in \bigvee_n \underline{\underline{F}}_{R_n}$

L'événement $\{ \lim_n R_n > T\}$ appartient évidemment à $\bigvee_n \underline{\underline{F}}_{R_n}$. Quitte à remplacer R_n par $R_n \wedge T$, on peut donc supposer les R_n majorés par T. Si T est prévisible, soit (S_n) une suite croissante de temps d'arrêt, telle que $\lim_n S_n = T$ et que $S_n<T$ p.s. sur $\{T>0\}$. Alors l'événement $\{\lim_n R_n=T\}$ est la réunion des événements $\{T=0\}$ et $\{T>0, \lim_n R_n > S_m \}$, qui appartiennent à $\bigvee_n \underline{\underline{F}}_{R_n}$. Inversement, supposons que la condition de l'énoncé soit satisfaite ; T est alors prévisible d'après la démonstration de VII.45.

109 Propriété 5.- Supposons T prévisible. Alors $A\in\underline{\underline{F}}_{T-} \iff A\in\underline{\underline{F}}_T$ et T_A est prévisible.

DÉMONSTRATION.- Soit (S_n) une suite de temps d'arrêt approchant T comme plus haut. D'après la propriété 3, l'ensemble des $A\in\underline{\underline{F}}_T$ tels que T_A et T_{A^c} soient prévisibles est une tribu $\underline{\underline{G}}$. Soit $A\in\underline{\underline{F}}_{S_n}$: $(S_m)_A$ est un temps d'arrêt pour $m\geq n$, et il en résulte que T_A (et de même T_{A^c}) est prévisible ; $\underline{\underline{G}}$ contient donc $\bigcup_n \underline{\underline{F}}_{S_n}$, et donc aussi $\underline{\underline{F}}_{T-}$ (appendice 1, pr. 5). Ainsi $A\in\underline{\underline{F}}_{T-} \Rightarrow T_A$ est prévisible. Inversement, supposons que T_A soit prévisible ; l'événement $\{\lim_n S_n = T_A\} = \{T=T_A\}$ appartient à $\bigvee_n \underline{\underline{F}}_{S_n} = \underline{\underline{F}}_{T-}$ (propriété 4) . Comme on a $A = \{T=T_A\}\setminus(\{T=\infty\}\cap A^c)$, et comme le second ensemble appartient aussi à $\underline{\underline{F}}_{T-}$ (appendice 1, pr.3) on a bien $A\in\underline{\underline{F}}_{T-}$.

La propriété suivante (que nous n'avons pas explicitée dans le guide) est une extension facile de la partie de 115 relative aux suites croissantes d'événements.

Propriété 6.- Soit (T_n) une suite décroissante de temps d'arrêt prévisibles, telle que, si l'on pose $T= \lim_n T_n$, on ait p.s. $T=T_n$ pour n assez grand . Alors T est prévisible.

En effet, soit $A_n = \{T_n=T\}$; $A_n=\{T<T_n\}^c$ appartient à $\underline{\underline{F}}_{T_n-}$ (app.1 , pr.3) , donc $(T_n)_{A_n} = T_{A_n}$ est prévisible (propriété 5). Comme Ω est la réunion des A_n p.s., T est prévisible (propr.3).

118 <u>Propriété 7</u> .- <u>Soit T un temps d'arrêt prévisible, et soit</u> (Y_t)
<u>une martingale continue à droite uniformément intégrable ; alors</u>
$Y_{T-} = \underset{\sim}{E}[Y_\infty | \underset{=}{F}_{T-}]$ <u>p.s.</u> . En effet, soit (S_n) une suite croissante
de temps d'arrêt approchant T par valeurs strictement inférieures.
On a $Y_{T-} = \lim_n Y_{S_n} = \lim_n \underset{\sim}{E}[Y_\infty | \underset{=}{F}_{S_n}] = \underset{\sim}{E}[Y_\infty | \bigvee_n \underset{=}{F}_{S_n}] = \underset{\sim}{E}[Y_\infty | \underset{=}{F}_{T-}]$
(appendice 1, propriété 6).

APPENDICE 3 : LES TRIBUS $\underline{P}$ et $\underline{\underline{A}}$.

203 <u>Générateurs de la tribu</u> $\underline{P}$

Considérons le pavage $\underline{J}$ constitué par les ensembles de la
forme [S,T], où S est prévisible, et le pavage $\underline{J}'$ constitué
par les ensembles de la forme $\{0\} \times A$ ($A \epsilon \underset{=}{F}_0$) ou $[s,t] \times A$ ($0 < s \leq t$,
$A \epsilon \bigcup_{r<s} \underset{=}{F}_r$) . On a $\underline{J}' \subset \underline{J}$, et $\underline{J} \subset \underline{P}$. En effet, choisissons
une suite croissante (S_n) de temps d'arrêt, telle que $\lim_n S_n = S$
et que $S_n < S$ sur $\{S>0\}$; [S,T] est la réunion de $\{0\} \times \{S=0\}$ (dont
l'indicatrice est continue à gauche par convention) et de $\bigcap_n]S_n,T]$
(ensembles dont l'indicatrice est un processus adapté continu à
gauche). Nous allons montrer que $\underline{P}$ est contenue dans la tribu en-
gendrée par $\underline{J}'$, ce qui prouvera que $\underline{J}$ et $\underline{J}'$ engendrent $\underline{P}$. Soit Y
un processus adapté continu à gauche. Le processus Z^n défini par

$$Z^n(t,\omega) = Y_0(\omega) I_{\{0\}}(t) + \sum_{k \epsilon \underset{\sim}{N}} Y_{\frac{k}{n}}(\omega) I_{]\frac{k}{n}, \frac{k+1}{n}]}(t)$$

converge vers Y lorsque $n \to \infty$. Comme $Y_{k/n}$ est $\underset{=}{F}_{k/n}$-mesurable,
il suffit de montrer qu'un ensemble de la forme $]s,t] \times A$ ($A \epsilon \underset{=}{F}_s$)
appartient à la tribu $\underline{T}(\underline{J}')$; or c'est évident, car un tel ensemble est réunion des $[s+\frac{1}{n}]\times A$, qui appartiennent à $\underline{J}'$.

203   Nous venons de voir que $\underline{P}$ est engendrée par les intervalles
[S,T], où S est prévisible ; $\underline{\underline{A}}$ est engendrée, par définition,
par les intervalles [S,T], où S est accessible. Enfin, la tribu
$\underline{\underline{BM}}$ est engendrée par les intervalles [S,T], où S est un temps
d'arrêt quelconque : en effet, ces intervalles stochastiques sont
des ensembles bien-mesurables, et on a $]S,T] = [S,T] \setminus [S]$, de
sorte que la tribu engendrée par les [S,T] contient les]S,T],
et donc aussi la tribu $\underline{\underline{BM}}$ (VIII.14-16).

204 La relation $\underline{\underline{P}} \subset \underline{\underline{A}}$ est maintenant évidente, car tout temps d'arrêt prévisible est accessible ; si la famille $(\underline{\underline{F}}_t)$ n'a pas de temps de discontinuité, tout temps d'arrêt accessible est prévisible (114), donc $\underline{\underline{P}}=\underline{\underline{A}}$.

Sections des ensembles prévisibles

207 Si A est un ensemble prévisible, il existe un t.d'a. prévisible T tel que $[T]\subset A$ et que $P\{T<\infty\} > P(p(A))-\varepsilon$

DÉMONSTRATION.- Reprenons le pavage $\underline{\underline{J}}'$ considéré au début de l'appendice, et désignons par $\underline{\underline{J}}'_f$ le pavage constitué par les réunions finies d'éléments de $\underline{\underline{J}}'$. Comme $\underline{\underline{J}}'$ est stable pour les intersections finies, $\underline{\underline{J}}'_f$ est stable pour les réunions et intersections finies.

Considérons la fonction d'ensemble $H \mapsto P^*(p(H))$ (probabilité extérieure de la projection) sur $R_+\times\Omega$. La coupe de tout $H\in\underline{\underline{J}}'_f$ suivant tout $\omega\in\Omega$ étant compacte, cette fonction est une capacité relativement au pavage $\underline{\underline{J}}'_f$. Tout $H\subset R_+\times\Omega$, $\underline{\underline{J}}'$-analytique, contient donc un ensemble $L\in\underline{\underline{J}}'_{f\delta}$ tel que $P(p(L)) \geq P(p(H)) - \varepsilon$; soit T le début de L . La coupe de L suivant tout $\omega\in\Omega$ étant fermée, on a $[T]\subset H$, $P\{T<\infty\} = P(p(L))$. D'où le théorème si nous prouvons :

a) que T est prévisible,

b) que tout H prévisible est $\underline{\underline{J}}'$-analytique

a) L est l'intersection d'une suite décroissante (L_n) d'éléments de $\underline{\underline{J}}'_f$; en vertu de 111, on est ramené à vérifier que le début d'un élément de $\underline{\underline{J}}'_f$ est prévisible ; d'après 110, on peut se borner à un élément de $\underline{\underline{J}}'$, de la forme $[s,t] \times A$ (où $0\leq r<s\leq t$, $A \in \underline{\underline{F}}_r$) . C'est alors évident.

b) D'après III.12, il suffit de montrer que le complémentaire d'un élément de $\underline{\underline{J}}'$ est $\underline{\underline{J}}'$-analytique. Si cet élément est de la forme $\{0\}\times A$, $A\in\underline{\underline{F}}_0$, le complémentaire est la réunion de $]0,\infty]\times\Omega$ et de $\{0\}\times A^c$, d'où aussitôt le résultat. De même, s'il est de la forme $[s,t]\times A$ $(A\in\underline{\underline{F}}_s)$, le complémentaire est réunion de $[0,s[\times\Omega$, de $]t,\infty[\times A$, de $[s,t]\times A^c$, et c'est encore trivial.

209 Pour qu'une variable aléatoire T soit un temps d'arrêt (resp. accessible, prévisible) il faut et il suffit que son graphe [T] soit bien-mesurable (resp. accessible, prévisible).

DÉMONSTRATION.- Si T est un temps d'arrêt, [T] est un intervalle stochastique, donc bien-mesurable. Inversement, si [T] est bien-mesurable, T (début de [T]) est un temps d'arrêt (201 et 9).

Si T est un temps d'arrêt accessible, [T] appartient à $\underline{\underline{A}}$ (c'est la définition même de $\underline{\underline{A}}$: voir 202). Inversement, si [T] est accessible, T est un temps d'arrêt, et pour tout $\varepsilon>0$ il existe un temps d'arrêt S tel que $[S]\subset[T]$ (donc S est de la forme T_A, $A\in\underline{\underline{F}}_T$) et que $\underset{\sim}{P}\{S<\infty\}>\underset{\sim}{P}\{T<\infty\}-\varepsilon$ (206) ; il en résulte aussitôt que T est accessible (112).

Si T est prévisible, [T] appartient à $\underline{\underline{P}}$ (voir la démonstration du n°203 au début de cet appendice) . Inversement, si [T] est prévisible, T est un temps d'arrêt prévisible : même démonstration que pour $\underline{\underline{A}}$, en utilisant 207 au lieu de 206.

209 bis Soit A un élément de $\underline{\underline{A}}$ (resp. de $\underline{\underline{P}}$) fermé à droite. Le début T de A est alors un temps d'arrêt accessible (resp. prévisible)

En effet, $]T,\infty[$ est un ensemble prévisible, donc $B=A\cap]T=\infty[$ est accessible (prévisible), et donc $[T]=A\setminus B$ est accessible (prévisible).

Théorème de projection sur la tribu $\underline{\underline{P}}$

214 Soit X un processus mesurable borné ; il existe un processus prévisible $Y=p_3(X)$, unique, tel que l'on ait $Y_T I_{\{T<\infty\}} = \underset{\sim}{E}[X_T I_{\{T<\infty\}}|\underline{\underline{F}}_{T-}]$ pour chaque temps d'arrêt prévisible T (p.s.). L'ensemble $\{Y\neq p_1(X)\}$ (resp. $\{Y\neq p_2(X)\}$) est réunion d'une suite de graphes de t.d'a. (resp. de t.d'a. accessibles).

DÉMONSTRATION.- Nous ne nous occuperons ici que de p_3 et de ses rapport avec p_1, en laissant de côté ce qui touche p_2.

a) Si X est de la forme

(1) $X_t(\omega)= I_{[r,s]}(t)Y(\omega)$ ($r\leq s$, Y $\underline{\underline{F}}$-mesurable bornée)

et si (Y_t) est une version continue à droite de la martingale $(\underset{\sim}{E}[Y|\underline{\underline{F}}_t])$, les projections $p_1(X)$ et $p_3(X)$ sont respectivement

$$I_{[r,s]}(t)Y_t(\omega) \text{ et } I_{[r,s]}(t)Y_{t-}(\omega)$$

(la projection $p_2(X)$ est plus difficile à expliciter : elle s'obtient en appliquant à $p_1(X)$ le procédé de VIII.20 : remplacement de Y_t par Y_{t-} sur les parties accessibles des sauts de (Y_t)) . Ces projections satisfont à l'énoncé.

b) Considérons l'ensemble $\underline{\underline{H}}$ des processus mesurables bornés admettant une projection p_3 qui satisfait à l'énoncé. Comme $\underline{\underline{H}}$ contient les processus de la forme (1), le théorème des classes monotones nous ramène à montrer que $\underline{\underline{H}}$ est un espace vectoriel, fermé pour la convergence uniforme, et que si (X_n) est une suite croissante uniformément bornée d'éléments de $\underline{\underline{H}}$ on a $\lim_n X_n \in \underline{\underline{H}}$. Montrons que $p_3(X_n)$ croît (à un processus indiscernable de 0 près). En effet, soit $Z = p_3(X_{n+1})-p_3(X_n)$; Z est prévisible, et on a $E[Z_T|\underline{\underline{F}}_{T-}] \geq 0$ pour tout temps d'arrêt prévisible fini T ; mais Z_T est $\underline{\underline{F}}_{T-}$-mesurable (appendice 1, propriété 7) et on a donc $Z_T \geq 0$ p.s. ; cela entraîne que Z est indiscernable d'un processus positif . Soit alors $X' = \underline{\lim}_n\, p_3(X_n)$ là où cette limite existe, 0 là où elle n'existe pas : on vérifie aussitôt que X' est une projection de $\lim_n X_n$. Raisonnements analogues pour la somme , la limite uniforme d'une suite d'éléments de $\underline{\underline{H}}$.

Il reste encore à vérifier que la relation "$\{p_1(X)\neq p_3(X)\}$ est réunion d'une suite de graphes de temps d'arrêt" passe à la somme, à la limite uniforme, à la limite croissante... tout cela est presque évident à partir du lemme suivant :

Soit A la réunion d'une suite $([T_n])$ de graphes de temps d'arrêt, et soit B une partie bien-mesurable de A. Alors B est une réunion dénombrable de graphes de temps d'arrêt.

En effet, l'ensemble $B\cap[T_n]$ est évidemment le graphe de son début ; comme cet ensemble est bien-mesurable, son début est un temps d'arrêt.

Théorème de modification pour la tribu $\underline{\underline{P}}$

Soit X un processus bien-mesurable ; il existe alors un processus prévisible Y tel que $\{X\neq Y\}$ soit réunion d'une suite de graphes de temps d'arrêt.

En effet, X est mesurable par rapport à la tribu engendrée par

admettent des limites à gauche. Il existe donc un processus Z à valeurs dans $\underset{\sim}{R}^{\mathbb{N}}$, dont les trajectoires possèdent les propriétés ci-dessus, et une fonction borélienne f sur $\underset{\sim}{R}^{\mathbb{N}}$, tels que l'on ait $X_t = f\circ Z_t$. Le processus $(f\circ Z_{t-})$ est alors la modification cherchée.

Enfin, nous laisserons au lecteur la démonstration facile de la propriété suivante (non citée dans le Guide) :

Soient X un processus mesurable borné, Y un processus borné bien-mesurable (resp. accessible, prévisible). On a alors $p_1(XY) = Y.p_1(X)$ (resp. $p_2(XY)=Y.p_2(X)$, $p_3(XY)=Y.p_3(X)$).

APPENDICE 4 : PROCESSUS CROISSANTS

Structure des p.c. naturels

306 Tout p.c. intégrable naturel A s'écrit

$$A_t = A_t^c + \sum_n \lambda_n I_{\{t \geqq T_n\}}$$

où (A_t^c) est continu, où les T_n sont des temps d'arrêt prévisibles, et où les λ_n sont des constantes positives.

DÉMONSTRATION.- La construction de VII.49 montre que tout p.c. naturel est somme de sa partie continue, et d'une série de processus croissants naturels purement discontinus, dont les trajectoires ont au plus un saut. Soit A un tel processus, soit $T = \inf \{ t : A_t > 0\}$ (l'instant du saut) et soit $U=A_T-A_{T-}$ (la valeur du saut). Il résulte aussitôt de 304,b) et de 113 que T est prévisible. En utilisant à nouveau 304,b), on voit alors que U est $\underline{\underline{F}}_{T-}$-mesurable. D'après un théorème bien connu, on peut donc écrire $U = \lim_n U_n$, où U_n est une combinaison linéaire finie d'indicatrices d'éléments de $\underline{\underline{F}}_{T-}$, et croît avec n. Posons $V_n = U_{n+1}-U_n$; V_n est positive, et c'est une combinaison linéaire finie d'indicatrices : c'est donc aussi une combinaison linéaire finie d'indicatrices d'ensembles disjoints, avec des coefficients positifs . Comme $U = \sum_n V_n$, on voit que U s'écrit $\sum_n \lambda_n I_{A_n}$ ($\lambda_n>0$, $A_n \in \underline{\underline{F}}_{T-}$) . Posons alors $T_n=T_{A_n}$: on a $A_t = \sum \lambda_n I_{\{t \geqq T_n\}}$, et le théorème en résulte.

308 <u>Soit</u> A <u>un p.c. intégrable</u> , <u>et soit</u> $\tilde{A}$ <u>le p.c. naturel associé à</u> A ; $\tilde{A}$ <u>est continu si et seulement si</u> A <u>ne charge aucun temps d'arrêt accessible</u>.

DÉMONSTRATION.- Soit A un p.c.i. qui ne charge aucun temps d'arrêt accessible ; le potentiel engendré par A est régulier, et il est donc engendré par un p.c.i. <u>continu</u> B ; B est alors naturel, donc $B=\tilde{A}$, et $\tilde{A}$ est continu.

Inversement, supposons que A charge un temps d'arrêt accessible S, et montrons que $\tilde{A}$ ne peut être continu . Soit (S_n) une suite croissante de temps d'arrêt majorés par S, telle que $\underset{\sim}{P}\{\lim_n S_n = S, A_S > \lim_n A_{S_n}\} > 0$ (112) . Mais alors $\underset{\sim}{E}[\tilde{A}_S - \lim_n \tilde{A}_{S_n}]$ $= \underset{\sim}{E}[A_S - \lim_n A_{S_n}] > 0$, et A ne peut être continu.

310 Ce résultat est donné dans [3] seulement pour X continu à gauche, pour T=0, et sans espérances conditionnelles. Pour en déduire 310, on procède ainsi : on étend d'abord ce résultat au cas où X est prévisible, grâce au théorème des classes monotones. Puis on l'applique au processus prévisible $Z_t(\omega)=X_t(\omega)I_{]S(\omega),\infty[}(t)$ S désignant le t.d'a. T_H ($H\in\underline{\underline{F}}_T$). Il vient

$$\int_H d\underset{\sim}{P} \int_T^{\infty} X_s dA_s = \int_H d\underset{\sim}{P} \int_T^{\infty} X_s \, dB_s$$

d'où le résultat, H étant arbitraire.

311 <u>Intégration par rapport à un processus croissant</u> .- a) est un cas particulier de 309 ; b) en résulte aussitôt, car l'ensemble $\{X_2 \neq X_1\}$ est réunion d'une suite de graphes de t.d'a. totalement inaccessibles (212-213), et A ne charge pas un tel ensemble. Pour c), on remarque que cette égalité a lieu lorsque X est de la forme $X_t(\omega) = X(\omega)I_{[u,v]}(t)$ (compte tenu de a), c'est la définition même des processus croissants naturels : expliciter les projections $p_1(X)$ et $p_3(X)$) . On étend cela à tout X mesurable borné au moyen du théorème des classes monotones

312 a) <u>Soit</u> A <u>un p.c.i.</u> ; A <u>est accessible si et seulement s'il ne charge aucun t.d'a. totalement inaccessible</u>.
b) A <u>est prévisible si et seulement s'il est naturel</u>.

DÉMONSTRATION.- Supposons A accessible . Le processus (A_{t-}) étant continu à gauche, donc prévisible, l'ensemble $\{A_t-A_{t-}> \frac{1}{n}\}$ est accessible ; notons le B_n . Il est clair que B_n est réunion d'une suite de temps d'arrêt $T_1,T_2\dots$ tels que $T_i<T_{i+1}$ sur $\{T_i<\infty\}$. Il en résulte que $[T_1]= B_n\setminus]T_1,\infty[$ est accessible, donc T_1 est accessible (209) ; $B_n\setminus[T_1]$ est alors accessible, donc T_2 est accessible, etc. Il en résulte que T ne charge aucun t.d'a. totalement inaccessible.

Supposons que A ne charge aucun t.d'a. totalement inaccessible. Décomposons la partie purement discontinue de A en une combinaison linéaire à coefficients positifs de processus de la forme $(I_{\{t\geq T\}})$, à la façon de la démonstration de 306 ; on a alors $\underset{\sim}{P}\{T=I<\infty\}=0$ pour tout t.d'a. totalement inaccessible I ; T est alors accessible (104), et le processus croissant $(I_{\{t\geq T\}})$ est donc accessible, d'où le résultat par combinaison linéaire.

Supposons A naturel . D'après 306, A est somme d'un processus continu et d'une combinaison linéaire à coefficients positifs de processus de la forme $(I_{\{t\geq T\}})$, où T est prévisible. Un processus croissant de cette forme est prévisible, ainsi qu'un p.c. continu, et A est donc prévisible.

Supposons A prévisible, et montrons que A est naturel. Posons comme au début de la démonstration $B_n=\{(t,\omega) : A_t(\omega)-A_{t-}(\omega)> \frac{1}{n}\}$; B_n est cette fois prévisible, et on voit comme plus haut que B_n est la réunion d'une suite de graphes de temps d'arrêt T_i, mais cette fois-ci les T_i sont prévisibles. Soit $c_i=A_{T_i}-A_{T_i-}$; c_i est $\underline{\underline{F}}_{T_i-}$-mesurable (appendice 1, propriété 7) , donc le processus croissant $(c_iI_{\{t\geq T_i\}})$ est naturel. Par conséquent, quel que soit n, la somme $(\sum_{s\leq t}(A_s-A_{s-})I_{\{A_s-A_{s-}> 1/n\}})$ est un processus croissant naturel . En faisant tendre n vers $+\infty$, on voit que la partie discontinue de A est naturelle, d'où le résultat.

Séminaire de probabilités
Institut de Recherche Mathématique Avancée
Université de Strasbourg Année 1971/72

SUR LES THÉORÈMES FONDAMENTAUX DE LA THÉORIE GÉNÉRALE DES PROCESSUS

C. Dellacherie

Alors que d'ordinaire on se donne, au départ, un espace probabilisé $(\Omega,\underline{\underline{F}},P)$ et une famille croissante de sous-tribus $(\underline{\underline{F}}_t)$, ce qui permet de définir les temps d'arrêt, on prend ici comme concept de base une famille de variables aléatoires positives (intuitivement, la famille des temps d'arrêt d'un certain type : quelconques, accessibles ou prévisibles), et on construit le reste à partir de là. Cela donne une présentation unifiée des théorèmes fondamentaux (théorèmes de section et de projection). Mais, il ne faut pas se leurrer : la présentation "classique" va réapparaitre au sein des démonstrations. Les références renvoient à ma monographie "Capacités et processus stochastiques" parue chez Springer.

1.- SITUATION DE DÉPART

On se donne un espace probabilisé complet $(\Omega,\underline{\underline{F}},P)$, et une famille $\underline{\underline{V}}$ de v.a. positives (à valeurs finies ou non). On suppose que la famille $\underline{\underline{V}}$ satisfait la petite liste suivante de propriétés, qu'il serait facile de "légitimer intuitivement" si on veut que $\underline{\underline{V}}$ représente une famille de temps d'arrêt dans l'étude d'un phénomène physique. (Il est prudent aussi de supposer que $\underline{\underline{F}}$ est la tribu engendrée par $\underline{\underline{V}}$).

1 a) la famille $\underline{\underline{V}}$ est saturée pour l'égalité p.s.

b) la famille $\underline{\underline{V}}$ est stable pour les "sup" et "inf" finis

c) la famille $\underline{\underline{V}}$ contient les constantes

d) la famille $\underline{\underline{V}}$ est fermée pour le passage à la limite le long des suites croissantes

e) la famille $\underline{\underline{V}}$ est fermée pour le passage à la limite le long des suites décroissantes stationnaires (la suite (T_n) est dite stationnaire s'il existe $n(\omega)$ tel que $T_{n(\omega)}(\omega) = T_{n(\omega)+1}(\omega) = \dots$ pour tout $\omega\in\Omega$)

f) si S et T sont deux éléments de $\underline{\underline{V}}$, la restriction $S_{\{S<T\}}$ de S à $\{S<T\}$ appartient encore à $\underline{\underline{V}}$ (par définition, la restriction S_A d'une v.a. positive S à un ensemble A est la v.a. égale à S sur A et à $+\infty$ sur le complémentaire de A).

<u>Exemple</u> : Si on a une famille de sous-tribus $(\underline{\underline{F}}_t)$ vérifiant les conditions habituelles, alors les classes

$\underline{\underline{V}}_1$ = ensemble des t.d'a. de $(\underline{\underline{F}}_t)$

$\underline{\underline{V}}_2$ = ensemble des t.d'a. accessibles de $(\underline{\underline{F}}_t)$

$\underline{\underline{V}}_3$ = ensemble des t.d'a. prévisibles de $(\underline{\underline{F}}_t)$

satisfont les six propriétés que nous venons de voir.

<u>Tribu associée à un temps d'arrêt</u>

Les éléments de $\underline{\underline{V}}$ seront désormais appelés "temps d'arrêt" ou "t.d'a." en abrégé. A chaque $T\in\underline{\underline{V}}$, nous allons associer une tribu de la manière suivante : on pose

$$\underline{\underline{G}}_T = \{A\in\underline{\underline{F}} : T_A \in \underline{\underline{V}}\}$$

où T_A est la restriction de T à A.

2 PROPOSITION.- <u>La famille d'événements $\underline{\underline{G}}_T$ est une sous-tribu de $\underline{\underline{F}}$, que nous appellerons</u> tribu des événements antérieurs à T.

DÉMONSTRATION.- Si (A_n) est une suite décroissante, de limite A, alors T_{A_n} tend en croissant vers T_A : d'où la stabilité de $\underline{\underline{G}}_T$ pour les intersections dénombrables d'après 1-b) et d). D'autre part T_{A^c} est égal à la restriction de T à $\{T < T_A\}$: d'où la stabilité par passage au complémentaire d'après 1-f).

Exemple : Revenons au cas d'une famille $(\underline{\underline{F}}_t)$ vérifiant les conditions habituelles. Si on a $\underline{\underline{V}} = \underline{\underline{V}}_1$, alors on a $\underline{\underline{G}}_T = \underline{\underline{F}}_T$ pour tout $T \in \underline{\underline{V}}_1$, de même, si on a $\underline{\underline{V}} = \underline{\underline{V}}_2$, alors on a $\underline{\underline{G}}_T = \underline{\underline{F}}_T$ pour tout $T \in \underline{\underline{V}}_2$; par contre, si on a $\underline{\underline{V}} = \underline{\underline{V}}_3$, alors on a $\underline{\underline{G}}_T = \underline{\underline{F}}_{T-}$ pour tout $T \in \underline{\underline{V}}_3$: $\underline{\underline{G}}_T$ est donc, dans le cas prévisible, la tribu des événements strictement antérieurs à T suivant la terminologie consacrée.

Voici quelques propriétés faciles des tribus $\underline{\underline{G}}_T$. Comme partout, le petit outil technique "miraculeux" est la propriété 1-f).

3 PROPOSITION.- Soient S et T deux t.d'a. tels que $S \leq T$. Alors la tribu $\underline{\underline{G}}_S$ est contenue dans la tribu $\underline{\underline{G}}_T$.

DÉMONSTRATION.- Soit $A \in \underline{\underline{G}}_S$. Alors S_A est un t.d'a., et donc aussi la restriction de T à $\{T < S_A\}$, encore égale à la restriction de T à A^c. Donc A^c, et A, appartiennent à $\underline{\underline{G}}_T$.

4 PROPOSITION.- Soit S un temps d'arrêt. On a, pour tout $A \in \underline{\underline{F}}$,

$$A \in \underline{\underline{G}}_S \iff \forall T \in \underline{\underline{V}} \quad A \cap \{S \leq T\} \in \underline{\underline{G}}_T$$

DÉMONSTRATION.- L'implication $\Leftarrow$ est évidente (prendre T = S) Demontrons $\Rightarrow$. Pour $A \in \underline{\underline{G}}_S$, le théorème précédent entraine que A appartient à $\underline{\underline{G}}_U$ où U est la restriction de T à $\{S \leq T\}$ (U est un t.d'a. car $\{S \leq T\}^c = \{T < S\}$) : donc $U_A = T_{A \cap \{S \leq T\}}$ est un t.d'a., ce qui entraine que $A \cap \{S \leq T\}$ appartient à $\underline{\underline{G}}_T$.

Tribu engendrée par $\underline{\underline{V}}$ sur $R_+ \times \Omega$

Soit $\underline{\underline{J}}$ l'ensemble des réunions finies d'intervalles stochastiques de la forme $[S,T[$, où S et T sont deux temps d'arrêt tels que $S \leq T$: les propriétés i-b),c) et f) entrainent que $\underline{\underline{J}}$ est une algèbre de Boole, et nous désignerons par $\underline{\underline{T}}$ la tribu engendrée par $\underline{\underline{J}}$ (si on reprend l'exemple d'une famille $(\underline{\underline{F}}_t)$ vérifiant les conditions habituelles, $\underline{\underline{T}}_1$ est la tribu des ensembles bien-mesurables, $\underline{\underline{T}}_2$ celle des accessibles et $\underline{\underline{T}}_3$ celle des prévisibles).

5 PROPOSITION.- Soit $X = (X_t)$ un processus $\underline{\underline{T}}$-mesurable. Alors la v.a. $X_T \cdot 1_{\{T < +\infty\}}$ est $\underline{\underline{G}}_T$-mesurable pour tout t.d'a. T.

DÉMONSTRATION.- D'apres le théorème des classes monotones, il suffit de considérer le cas où X est l'indicatrice d'un intervalle stochastique de la forme $[S,+\infty[$. On a alors $X_T \cdot 1_{\{T < +\infty\}} = \{S \leq T\} \cap \{T < +\infty\}$, et on applique la proposition 4.

2.- LES THÉORÈMES FONDAMENTAUX

Nous nous contenterons de citer le théorème de section : pour la démonstration "unifiée", voir mon livre p 71 (en fait, on n'a pas besoin de toutes les propriétés du n.1 : e) est inutile, et on peut remplacer c) par "$\underline{\underline{V}}$ contient 0 et $+\infty$")

6 THÉORÈME.- Soit π la projection de $R_+ \times \Omega$ sur Ω. Pour tout $A \in \underline{\underline{T}}$ et tout $\epsilon > 0$, il existe un t.d'a. T tel que

a) $[T] \subset A$

b) $P[\pi(A)] \leq P\{T < +\infty\} + \epsilon$

Etant donnée la propriété 1-e), on a

7 COROLLAIRE.- Toute v.a. positive dont le graphe est $\underline{\underline{T}}$-mesurable est un temps d'arrêt.

D'où deux autres corollaires : tout intervalle stochastique (dont les extremités sont des temps d'arrêt) est $\underline{\underline{T}}$-mesurable, et le début d'un ensemble $\underline{\underline{T}}$-mesurable fermé à droite est un temps d'arrêt.

Pour tout temps constant t, nous désignerons par $\underline{\underline{F}}_t$ la tribu $\underline{\underline{G}}_{t+}$: la famille $(\underline{\underline{F}}_t)$ vérifie alors les conditions habituelles.

Voici maintenant le lemme fondamental pour démontrer le théorème de projection : je le trouve tout à fait surprenant.

8 THÉORÈME.- <u>Tout temps d'arrêt</u> prévisible <u>de la famille</u> $(\underline{\underline{F}}_t)$ <u>appartient à</u> $\underline{\underline{V}}$.

DÉMONSTRATION.- On sait que tout t.d'a. prévisible est la limite d'une suite croissante de t.d'a. prévisibles étagés (cf mon livre p 73). Etant donnée la propriété 1-d), il suffit de considérer le cas d'un t.d'a. prévisible étagé T, donc de la forme $T = \Sigma\, t_n . 1_{A_n}$ où $A_n = \{T = t_n\}$ appartient à $\underline{\underline{F}}_{t_n-}$. Mais, la tribu $\underline{\underline{F}}_{t_n-}$ est contenue dans la tribu $\underline{\underline{G}}_{t_n}$, et donc, d'apres la propriété 1-c), la restriction T_n de t_n à A_n appartient à $\underline{\underline{V}}$. Posons $S_n = \inf (T_1, T_2, \ldots, T_n)$: les S_n appartiennent à $\underline{\underline{V}}$ d'après 1-b), et (S_n) est une suite décroissante stationnaire : sa limite T appartient aussi à $\underline{\underline{V}}$ d'après 1-e).

D'après la proposition 3, tout élément de $\underline{\underline{V}}$ est un t.d'a. de $(\underline{\underline{F}}_t)$. Réciproquement, on a, puisque tout t.d'a. est la limite d'une suite décroissante de t.d'a. prévisibles,

9 COROLLAIRE.- <u>Tout t.d'a. de la famille</u> $(\underline{\underline{F}}_t)$ <u>est la limite d'une suite décroissante d'éléments de</u> $\underline{\underline{V}}$. <u>En particulier, si</u> $\underline{\underline{V}}$ <u>est fermée pour le passage à la limite le long des suites décroissantes, alors</u> $\underline{\underline{V}}$ <u>est l'ensemble des t.d'a. de</u> $(\underline{\underline{F}}_t)$, <u>et on a</u> $\underline{\underline{F}}_T = \underline{\underline{G}}_T$ <u>pour tout</u> $T \in \underline{\underline{V}}$.

10 COROLLAIRE.- La tribu $\underline{\underline{T}}$ est coincée entre la tribu $\underline{\underline{T}}_1$ des ensembles bien-mesurables relativement à $(\underline{\underline{F}}_t)$ et la tribu $\underline{\underline{T}}_3$ des ensembles prévisibles relativement à $(\underline{\underline{F}}_t)$.

Remarque.- On voit le miracle opéré par la propriété 1-f). Supposons que la propriété 1-e) ne soit pas vérifiée par $\underline{\underline{V}}$ (elle n'a été utilisée que pour le corollaire 7 et la fin de la démonstration du théorème 8). Alors le stabilisé de $\underline{\underline{V}}$ pour les limites de suites décroissantes est automatiquement stable pour les limites de suites croissantes et décroissantes (puisque c'est alors l'ensemble des t.d'a. de $(\underline{\underline{F}}_t)$).

Nous sommes maintenant en mesure de démontrer le théorème de projection, mais en utilisant le théorème "classique" d'existence de la projection sur $\underline{\underline{T}}_1$.

11 THÉORÈME.- Soit $X = (X_t)$ un processus mesurable positif ou borné. Il existe un processus $\underline{\underline{T}}$-mesurable $Y = (Y_t)$, unique à l'indistinguabilité près, tel que l'on ait

$$E[X_T 1_{\{T<+\infty\}}] = E[Y_T 1_{\{T<+\infty\}}]$$

pour tout $T\in\underline{\underline{V}}$. On a alors

$$Y_T 1_{\{T<+\infty\}} = E[X_T 1_{\{T<+\infty\}} \mid \underline{\underline{G}}_T]$$

pour tout $T\in\underline{\underline{V}}$.

DÉMONSTRATION.- La deuxième égalité résulte de la première appliquée aux restrictions de T aux éléments de $\underline{\underline{G}}_T$, et de la proposition 5. L'unicité de Y résulte du théorème de section. L'existence de Y va être démontrée par étapes. D'abord, étant donné le corollaire 10, on peut suppose X bien-mesurable. Alors, étant donné le théorème des classes monotones, il suffit de considérer le cas où $X = 1_{[S,+\infty[}$ où S est un t.d'a. de $(\underline{\underline{F}}_t)$.

Maintenant, $[S,+\infty[= [S] \cup]S,+\infty[$, et l'intervalle $]S,+\infty[$ est prévisible, donc $\underline{\underline{T}}$-mesurable. Il ne reste plus qu'à savoir projeter le graphe $[S]$. D'abord un petit lemme

lemme : Soit S une v.a. positive (resp un t.d'a.). Il existe une partition essentiellement unique de $\{S<+\infty\}$ en deux éléments I et A de $\underline{\underline{F}}$ (resp $\underline{\underline{F}}_S$) tels que S_I soit totalement $\underline{\underline{V}}$-inaccessible (i.e. $P\{S_I = T<+\infty\} = 0$ pour tout $T\in\underline{\underline{V}}$), et S_A soit $\underline{\underline{V}}$-accessible (i.e. il existe une suite (T_n) d'éléments de $\underline{\underline{V}}$ telle que $P\{\exists n \;\; S_A = T_n<+\infty\} = P\{S_A<+\infty\}$). On dira que S_I (resp S_A) est la partie totalement $\underline{\underline{V}}$-inaccesible (resp $\underline{\underline{V}}$-accessible) de S.

démonstration.- C'est évidemment une petite généralisation du cas classique où $\underline{\underline{V}}$ = les t.d'a. prévisibles. Considérer la famille des ensembles de la forme $\{\exists n \;\; S_A = T_n<+\infty\}$, où (T_n) est une suite d'éléments de $\underline{\underline{V}}$: cette famille est stable pour les réunions dénombrables. Prendre pour A un représentant de l'ess. sup. de cette famille.

Revenons à la démonstration de notre théorème. Décomposons le t.d'a. S en ses parties totalement $\underline{\underline{V}}$-inaccessible et $\underline{\underline{V}}$-accessible : $[S] = [S_I]\cup[S_A]$. La $\underline{\underline{T}}$-projection de $[S_I]$ est évidemment égale à $\emptyset$. On est donc ramené au cas où le graphe de S est contenu dans la réunion des graphes d'une suite (S_n) d'éléments de $\underline{\underline{V}}$. Maintenant, on a $[S] = \bigcup_n([S]\cap[S_n])$, et il est facile de voir qu'on peut supposer les $[S_n]$ disjoints (sinon, remplacer $[S_{n+1}]$ par $[S_{n+1}] - \bigcup_1^n[S_k]$, et appliquer la proposition 7). Donc, il nous suffit finalement d'étudier le cas où le graphe de S est contenu dans le graphe d'un élément T de $\underline{\underline{V}}$. Désignons alors par λ la mesure de Dirac sur $[T]$, i.e. la mesure sur $R_+ \times \Omega$ définie par

$\lambda(Z) = E[Z_T 1_{\{T<+\infty\}}]$, où $Z = (Z_t)$ est un processus mesurable positif. On vérifie aisément qu'une projection de [S] sur $\underline{\underline{T}}$ est fournie par une version de l'espérance conditionnelle de [S] par rapport à la mesure λ et la tribu $\underline{\underline{T}}$. L'existence des $\underline{\underline{T}}$-projections est ainsi établie. Une dernière remarque sur l'espérance conditionnelle de [S] : ce n'est pas un ensemble (sauf si S appartient à $\underline{\underline{V}}$), mais elle est cependant portée par [T], qui est $\underline{\underline{T}}$-mesurable; de plus, elle n'est évanescente que si [S] est déjà évanescent.

Deux compléments aux théorèmes de projection et de section

12 PROPOSITION.- Soient X un processus bien-mesurable borné ou positif, et Y sa $\underline{\underline{T}}$-projection. L'ensemble $\{X \neq Y\}$ est la réunion des graphes d'une suite de t.d'a. de $(\underline{\underline{F}}_t)$.

DÉMONSTRATION.- Par le théorème des classes monotones (sachant que l'on peut remplacer "est la réunion" par "est contenu dans la réunion"), on se ramène au cas où $X = 1_{[S,+\infty[}$, et alors $\{X \neq Y\}$ est contenu dans la réunion du graphe de la partie totalement $\underline{\underline{V}}$-inaccessible de S et de la réunion des graphes de la suite des éléments de $\underline{\underline{V}}$ portant la $\underline{\underline{T}}$-projection de la partie $\underline{\underline{V}}$-accessible.

13 PROPOSITION.- Soit A un ensemble bien-mesurable. Si A ne contient pas (resp ne rencontre pas) de graphe d'élément de $\underline{\underline{V}}$ - à un ensemble évanescent près -, alors A est la réunion des graphes d'une suite de t.d'a. de $(\underline{\underline{F}}_t)$(resp ... et ces t.d'a. sont totalement $\underline{\underline{V}}$-inaccessibles).

DÉMONSTRATION.- Désignons par Y la $\underline{\underline{T}}$-projection de A, qui peut ne pas être un ensemble. Réglons d'abord le cas de "ne rencontre pas". Par définition de la projection, on a alors $E[Y_T\{T<+\infty\}] = 0$

pour tout $T \in \underline{\underline{V}}$, et donc on a $Y = 0$ d'après le théorème de section. Alors A est la réunion d'une suite de graphes de t.d'a. d'après le théorème précédent, et la remarque finale de la démonstration du théorème 11 entraine que les parties $\underline{\underline{V}}$-accessibles de ces t.d'a. sont nulles. Passons au cas de "ne contient pas". On a $A = (A\cap\{Y<1\})\cup(A\cap\{Y=1\})$. Comme $A\cap\{Y<1\}$ est contenu dans $\{1_A \neq Y\}$, il nous suffit de montrer que $B = A\cap\{Y=1\}$ est évanescent. Or, $\{Y=1\}$ étant $\underline{\underline{T}}$-mesurable, la $\underline{\underline{T}}$-projection de B est égale à $Y.1_{\{Y=1\}} = \{Y=1\}$: c'est donc un ensemble qui contient B. S'il n'est pas évanescent, il resulte alors du théorème de section - et de l'hypothèse faite sur A - qu'il existe un élément T de $\underline{\underline{V}}$ dont le graphe est contenu dans $\{Y=1\}$ et tel que $[T]-A$ ne soit pas évanescent, ce qui contredit le fait que $\{Y=1\}$ est la $\underline{\underline{T}}$-projection de B.

Remarque.- ce petit complément au théorème de section est intéressant en théorie "classique" en prenant pour $\underline{\underline{V}}$ l'ensemble des t.d'a. prévisibles.

Bien entendu, quand on a les théorèmes de section et de projection, on peut étendre une grande partie des résultats de la théorie classique à notre situation. Voici, par exemple, encore deux énoncés "unifiés" de théorèmes.

14 THÉORÈME.- Soit $X = (X_t)$ un processus mesurable dont les trajectoires sont continues à droite et pourvues de limites à gauche. Alors le processus X est $\underline{\underline{T}}$-mesurable si et seulement s'il satisfait les conditions suivantes

a) on a $X_Z = X_{Z-}$ p.s. sur $\{Z<+\infty\}$ pour toute v.a. positive Z totalement $\underline{\underline{V}}$-inaccessible

b) *la v.a.* $X_T \cdot 1_{\{T<+\infty\}}$ *est* $\underline{\underline{G}}_T$*-mesurable pour tout* $T\in\underline{\underline{V}}$.

et, du côté des processus croissants,

15 THÉORÈME.- *Soit* $A = (A_t)$ *un processus croissant (non nécessairement adapté). Alors* A *est* $\underline{\underline{T}}$*-mesurable si et seulement si on a*

$$E[\int_0^\infty X_t \, dA_t] = E[\int_0^\infty Y_t \, dA_t]$$

pour tout processus mesurable positif $X = (X_t)$, $Y = (Y_t)$ *étant la projection* $\underline{\underline{T}}$*-mesurable de* X.

3.- VARIATION SUR THÈME

Une autre manière encore d'attaquer la théorie générale des processus est de partir ni de "$(\underline{\underline{F}}_t)$", ni de "$\underline{\underline{V}}$", mais de "$\underline{\underline{T}}$". Autrement dit, donnons nous une tribu $\underline{\underline{T}}$ sur $R_+ \times \Omega$ engendrée par des intervalles stochastiques. Plus précisément, considérons les éléments de $\underline{\underline{T}}$ de la forme $[S,T[$, où S et T sont deux v.a. positives telles que $S\leq T$, et supposons que $\underline{\underline{T}}$ soit engendrée par les éléments de ce type. Désignons par $\underline{\underline{V}}$ l'ensemble des débuts possibles de ces intervalles, et supposons de plus que $[S,+\infty[$ appartienne à $\underline{\underline{T}}$ pour tout $S\in\underline{\underline{V}}$. Si on regarde les intervalles de la forme $[S,+\infty[$, avec $S\in\underline{\underline{V}}$, on voit sans peine que le fait que $\underline{\underline{T}}$ soit stable pour les réunions et intersections dénombrables entraine que $\underline{\underline{V}}$ vérifie les propriétés b), d) et e) du n.1. La famille $\underline{\underline{V}}$ vérifie aussi 1-f), car le début de $[S,+\infty[- [T,+\infty[$ est égal à $S_{\{S<T\}}$. Il ne nous manque donc que la propriété 1-a) (qui n'est pas bien gênante à rajouter) et la propriété 1-c). J'ai l'impression qu'on pourrait faire sans (c'est le cas pour le théorème de section, mais je n'y suis pas arrivé pour le théorème de projection. L'introduction des "constantes" revenant en dernière analyse à pouvoir appliquer le théorème de régularisation des martingales).

Séminaire de Probabilités
Institut de Recherche Mathématique Avancée
Université de Strasbourg I Année 1972/73

UN ENSEMBLE PROGRESSIVEMENT MESURABLE ...

C. Dellacherie

Le titre exact de l'exposé devrait être :" Un exemple d'ensemble progressivement mesurable ne contenant pas de graphe de temps d'arrêt, ou , ce qui est équivalent, ayant une projection bien-mesurable nulle ".

Un premier exemple, dû à Meyer et maintenant classique, est le suivant : soit (B_t) un mouvement brownien linéaire issu de 0, et, pour tout réel a, désignons par H_a l'ensemble des extrémités gauches des intervalles contigus au fermé aléatoire $\{(t,\omega) : B_t(\omega) = a\}$; les ensembles H_a sont alors progressifs, non évanescents, et ne contiennent pas de graphes de temps d'arrêt. On sait maintenant, depuis les travaux de Getoor-Sharpe, l'importance de ces ensembles progressifs non bien-mesurables, contenus dans l'ensemble des extrémités gauches des intervalles contigus â un fermé aléatoire bien-mesurable. Mais, tous ces ensembles ont leurs coupes dénombrables, et notre propos est de donner un exemple d'ensemble dont les coupes seront non-dénombrables : ce sera tout simplement l'ensemble $H = \bigcup_{a\in\mathbb{R}} H_a$, où H_a est défini ci-dessus.

On désigne par Ω l'ensemble des applications continues ω de $\mathbb{R}_+$ dans $\mathbb{R}$ telles que $\liminf_{t\to+\infty} \omega(t) = -\infty$ et $\limsup_{t\to+\infty} \omega(t) = +\infty$, par (B_t) les applications coordonnées et par $\underline{\underline{F}}^o$, $\underline{\underline{F}}^o_t$ les tribus habituelles. On sait qu'il existe une loi P sur $(\Omega,\underline{\underline{F}}^o)$ telle que (B_t) soit un mouvement brownien issu de 0, et on désigne par $\underline{\underline{F}}$ la tribu complétée de $\underline{\underline{F}}^{o}$, par $\underline{\underline{F}}_t$ la tribu engendrée par $\underline{\underline{F}}^{o}_t$ et les ensembles négligeables de $\underline{\underline{F}}$. Pour tout réel a, l'ensemble $F_a = \{(t,\omega) : B_t(\omega) = a\}$ est un fermé aléatoire bien-mesurable; nous appellerons H_a l'ensemble des extrémités gauches des intervalles contigus à F_a, et nous poserons $H = \bigcup_{a\in\mathbb{R}} H_a$. Comme les trajectoires oscillent entre les deux infinis, toutes les coupes de H sont non-dénombrables.

PROPOSITION 1.- L'ensemble H est progressivement mesurable

DEMONSTRATION.- Les tribus $\underline{\underline{F}}_t$ contenant les ensembles négligeables de $\underline{\underline{F}}$, il suffit de montrer que, pour t fixé, $H\cap([0,t[\times\Omega)$ appartient à la tribu $\underline{\underline{B}}([0,t[)\times\underline{\underline{F}}_t$. Pour $u\in[0,t[$ et $r\in[0,t[\cap Q$ (Q désigne les rationnels), l'application $(u,r,\omega)\longrightarrow B_u(\omega) - B_r(\omega)$ est $\underline{\underline{B}}([0,t[)\times\underline{\underline{B}}(Q)\times\underline{\underline{F}}_t$ -mesurable. Posons, pour m,n,p entiers, et u et r comme ci-dessus,

$$A_{m,n,p} = \left\{(u,r,\omega) : r\notin\left[u+\frac{1}{m},u+\frac{1}{n}\right] \text{ ou } |B_u(\omega) - B_r(\omega)|\geq \frac{1}{p}\right\}$$

L'ensemble $A_{m,n,p}$ appartient à $\underline{\underline{B}}([0,t[)\times\underline{\underline{B}}(Q)\times\underline{\underline{F}}_t$, et on a l'équivalence logique

$$\big((u,\omega)\in H \text{ et } u<t\big)\Leftrightarrow\big(\exists n\ \forall m>n\ \exists p\ \forall r<t\quad (u,r,\omega)\in A_{m,n,p}\big)$$

Les rationnels étant dénombrables, on en déduit aisément le résultat voulu.

PROPOSITION 2.- L'ensemble H ne contient pas de graphe de temps d'arrêt.

DEMONSTRATION.- Au lieu d'employer une technique markovienne, nous utiliserons un raisonnement adapatable à toute autre martingale continue que (B_t).
Nous raisonnerons par l'absurde et supposons qu'il existe un t.d'a. S non p.s. infini dont le graphe est contenu dans H. Soit T le t.d'a. défini par $T(\omega) = \inf\{t>S(\omega) : B_t(\omega) = B_{S(\omega)}(\omega)\}$. On a $T>S$ sur $\{S<+\infty\}$.
Soient d'autre part S_1 et S_2 les t.d'a. définis par

$$S_1(\omega) = \inf\{t>S(\omega) : B_t(\omega) > B_{S(\omega)}(\omega)\}$$

$$S_2(\omega) = \inf\{t>S(\omega) : B_t(\omega) < B_{S(\omega)}(\omega)\}$$

Comme $T>S$ sur $\{S<+\infty\}$ et que les trajectoires sont continues, les graphes de S_1 et S_2 sont disjoints et leur réunion est égale au graphe de S ;

de plus, on a $B_t(\omega) > B_{S(\omega)}(\omega)$ pour $S_1(\omega) < t < T(\omega)$ et $B_t(\omega) < B_{S(\omega)}(\omega)$ pour $S_2(\omega) < t < T(\omega)$. Si S n'est pas p.s. infini, S_1 ou S_2 ne l'est pas non plus : nous supposerons pour fixer les idées que S_1 n'est pas p.s. infini. Choisissons alors un entier n suffisamment grand tel que $P\{S_1 < T \leq n\} > 0$, et désignons par U le t.d'a. égal à S_1 sur $\{S_1 < T \leq n\}$ et à $T \wedge n$ sur le complémentaire. La martingale arrêtée $(M_t) = (B_{T\wedge n \wedge t})$ est uniformément intégrable et l'on a, pour tout entier p, $M_{U+(1/p)} > M_U$ sur $\{S_1 + \frac{1}{p} < T \leq n\}$ et $M_{U+(1/p)} = M_T$ sur le complémentaire. Comme on a aussi $M_U = M_T$ et $E[M_U] = E[M_{U+(1/p)}]$, on obtient une contradiction pour p suffisamment grand.

Université de Strasbourg
Séminaire de Probabilités 1976/77

GROSSISSEMENT D'UNE FILTRATION ET SEMI-MARTINGALES : THEOREMES GENERAUX

par Marc Yor

1. Soit $(\Omega,\underline{\underline{F}},P)$ un espace probabilisé complet, $(\underline{\underline{F}}_t)_{t\geq 0}$ une filtration croissante de sous-tribus de $\underline{\underline{F}}$, vérifiant les conditions habituelles, et soit $L : \Omega \longrightarrow \mathbb{R}_+^*$ une variable $\underline{\underline{F}}$-mesurable (1).

Récemment, P.A. Meyer a posé la question suivante : <u>si l'on grossit (convenablement) la filtration</u> $(\underline{\underline{F}}_t)$, <u>de façon que</u> L <u>devienne un temps d'arrêt pour la nouvelle filtration</u> $(\underline{\underline{G}}_t)$, <u>est ce que toute semi-martingale</u> X <u>par rapport à</u> $(\underline{\underline{F}}_t)$, <u>est encore une semi-martingale pour</u> $(\underline{\underline{G}}_t)$?

Il suffit évidemment de traiter le cas où X est une martingale pour $(\underline{\underline{F}}_t)$. D'autre part, le problème se décompose en deux, relatifs aux processus $X_t I_{\{t<L\}}$ et $X_t I_{\{t\geq L\}}$. Nous montrerons que pour le premier processus la réponse est toujours affirmative, tandis que pour le second il nous faut faire une hypothèse, par ailleurs tout à fait naturelle : L est supposée être <u>la fin d'un ensemble optionnel</u>.

Connaissant ces résultats, une autre question est de se demander, (X_t) étant une $(\underline{\underline{F}}_t)$ semi-martingale spéciale (par exemple, une $(\underline{\underline{F}}_t)$ martingale locale), quelle est la décomposition canonique de (X_t), considérée maintenant comme $(\underline{\underline{G}}_t)$ semi-martingale spéciale ? Ce second aspect de la question a été traité, sous des hypothèses un peu plus restrictives, par M. Barlow [5].

2. Un grossissement de la filtration $(\underline{\underline{F}}_t)$, "raisonnable" pour l'étude du processus $X_t I_{\{t<L\}}$, est fait explicitement en [1] : on note $\underline{\underline{G}}_\infty$ la tribu engendrée par $\underline{\underline{F}}_\infty$ et L, et pour $t\in\mathbb{R}_+$, on pose

$$\underline{\underline{G}}_t = \{ A\in\underline{\underline{G}}_\infty \mid \exists A_t \in \underline{\underline{F}}_t , A\cap\{t<L\} = A_t\cap\{t<L\} \}$$

Remarquons que - pour tout t, $\underline{\underline{F}}_t \subset \underline{\underline{G}}_t$
- $(\underline{\underline{G}}_t)$ satisfait aux conditions habituelles
- L est un temps d'arrêt de $(\underline{\underline{G}}_t)$.

De plus, en rapprochant, dans l'article [1], le lemme 1 (p. 187) de son corollaire (p. 188), on obtient aisément que si T est un $(\underline{\underline{F}}_t)$-temps d'arrêt (et donc un $(\underline{\underline{G}}_t)$-temps d'arrêt), on a

(1) $\underline{\underline{G}}_T = \{ A\in\underline{\underline{G}}_\infty \mid \exists A_T \in \underline{\underline{F}}_T , A\cap\{t<L\} = A_T\cap\{T<L\} \}$

(1) Il faudrait prendre L à valeurs dans $\overline{\mathbb{R}}_+$; nous avons exclu les valeurs 0 et $+\infty$ pour simplifier la discussion.

3. Dans tout ce travail, la surmartingale càdlàg Z_t (pour $(\underline{\underline{F}}_t)$) qui est $(\underline{\underline{F}}_t)$ projection optionnelle de $1_{\{L>t\}}$ joue un rôle fondamental. Si l'on note $R=\inf\{t \mid Z_t=0\}$, on a $P\{L>R|\underline{\underline{F}}_R\}1_{\{R<\infty\}} = Z_R I_{\{R<\infty\}} = 0$, d'où l'on déduit que $L\leq R$ p.s. - mais on peut avoir avec probabilité positive $L=R<\infty$, autrement dit $Z_L=0$, comme le montre le cas où L est un temps d'arrêt. On a cependant en toute généralité

<u>Lemme 0</u> : $P\{Z_{L-}>0\} = 1$.

<u>Démonstration</u> : Considérons le processus 1^Z défini par

$$(1^Z)_t = \frac{1}{Z_t} 1_{\{t<L\}} .$$

On déduit aisément de l'expression explicite de la filtration $(\underline{\underline{G}}_t)$ que 1^Z est une $(\underline{\underline{G}}_t)$-surmartingale. Elle est continue à droite par construction. D'autre part, elle est intégrable, car on a

$$E[(1^Z)_t] = E[\frac{1_{\{Z_t\neq 0\}}}{Z_t} 1_{\{t<L\}}] = P\{Z_t\neq 0\} < \infty$$

Donc, elle admet presque sûrement des limites à gauche finies en tout $t\in\mathbb{R}_+$, et en particulier en L, d'où le lemme.

Il est intéressant de rappeler ([1], par exemple) que l'on a $Z_{L-}=1$ si, et seulement si, L est la fin d'un ensemble $(\underline{\underline{F}}_t)$-prévisible.

Nous répondons maintenant à la première question posée :

<u>Théorème 1</u> : <u>Si</u> X <u>est une semi-martingale relative à</u> $(\underline{\underline{F}}_t)$, <u>alors les processus</u> $X_t I_{\{t<L\}}$ <u>et</u> $X_{t\wedge L}$ <u>sont des semi-martingales relatives à</u> $(\underline{\underline{G}}_t)$.

<u>Démonstration</u> :

- Il suffit de se restreindre à étudier $X_t I_{\{t<L\}}$, car $X_{t\wedge L} = X_t I_{\{t<L\}} + X_L I_{\{L\leq t\}}$.

- On peut encore se restreindre à prendre pour X une $(\underline{\underline{F}}_t)$-martingale uniformément intégrable ; celle-ci étant différence de deux martingales uniformément intégrables positives, on peut se ramener au cas où X est positive.

- D'autre part, si X est une surmartingale positive (en particulier, une martingale positive) relative à $(\underline{\underline{F}}_t)$, le processus

$$(X^Z)_t = \frac{X_t}{Z_t} I_{\{t<L\}}$$

est une $(\underline{\underline{G}}_t)$-surmartingale positive (c'est aussi simple que pour 1^Z). De plus, d'après le lemme 0, X^Z est càdlàg sur tout $\mathbb{R}_+$; ainsi X^Z est une $(\underline{\underline{G}}_t)$-semi-martingale.

- Pour montrer que X elle même est une $(\underline{\underline{G}}_t)$-semi-martingale, nous remarquons que XZ est une semi-martingale spéciale pour $(\underline{\underline{F}}_t)$, car $(XZ)^* \leq X^*$, et X^* est localement intégrable ; soit alors $XZ=M+A$ sa décomposition canonique pour $(\underline{\underline{F}}_t)$ ($M\in\underline{\underline{M}}_{loc}$, $A\in\underline{\underline{V}}_p$) . Ecrivons

$$X_t I_{\{t<L\}} = \frac{X_t Z_t}{Z_t} I_{\{t<L\}} = \frac{M_t+A_t}{Z_t} I_{\{t<L\}} = M_t^Z + A_t^Z$$

D'après ce qui précède, M^Z est une $(\underline{\underline{G}}_t)$-semi-martingale. Quant à A^Z, c'est le produit des deux $(\underline{\underline{G}}_t)$-semi-martingales A et 1^Z, et c'est donc encore une $(\underline{\underline{G}}_t)$-semi-martingale.

Nota-Bene : La méthode utilisée est très étroitement inspirée de [2] .

4. Nous allons maintenant donner (entre autres choses) une seconde démonstration du théorème 1.

On a déjà remarqué précédemment qu'il suffisait de démontrer ce théorème en se restreignant aux $(\underline{\underline{F}}_t)$-martingales uniformément intégrables X. Or, une martingale (locale) est la somme d'une martingale localement de carré intégrable, et d'une martingale à variation localement intégrable ([3], pages 294-295). Par localisation, il suffit donc de démontrer le théorème 1 pour X, $(\underline{\underline{F}}_t)$-martingale de carré intégrable.

En fait, on a le résultat plus fort suivant (dont nous ne nous servirons pas immédiatement) :

<u>Proposition</u> : <u>Soient $(\underline{\underline{F}}_t)$ et $(\underline{\underline{G}}_t)$ deux filtrations vérifiant les conditions habituelles, telles que l'on ait $\underline{\underline{F}}_t \subset \underline{\underline{G}}_t$ pour tout t. Alors les assertions suivantes sont équivalentes</u>

1) <u>Toute $(\underline{\underline{F}}_t)$-semi-martingale est une $(\underline{\underline{G}}_t)$-semi-martingale.</u>
2) <u>Toute $(\underline{\underline{F}}_t)$-martingale locale est une $(\underline{\underline{G}}_t)$-semi-martingale.</u>
3) <u>Toute $(\underline{\underline{F}}_t)$-martingale bornée est une $(\underline{\underline{G}}_t)$-semi-martingale.</u>

<u>Démonstration</u> : Il est évident que 1)<=>2)=>3). Il reste à montrer que 3)=>2) , et il suffit évidemment de prouver que toute $(\underline{\underline{F}}_t)$-martingale M appartenant à $\underline{\underline{H}}^1$ est une $(\underline{\underline{G}}_t)$-semi-martingale. Nous pouvons supposer que $M_0=0$. Posons $T_n=\inf\{t \mid |M_t|\geq n\}$; le saut ΔM_{T_n} étant intégrable, nous pouvons considérer le processus à variation intégrable $A_t=\Delta M_{T_n} I_{\{t\geq T_n\}}$, sa projection duale prévisible $\widetilde{A}_t$, et écrire

$$M_t^{T_n} = Z_t^n + (A_t-\widetilde{A}_t) \qquad ;$$

$A_t-\widetilde{A}_t$ est un processus à variation intégrable $(\underline{\underline{F}}_t)$-adapté, donc $(\underline{\underline{G}}_t)$-adapté, c'est donc une $(\underline{\underline{G}}_t)$-semi-martingale. D'autre part, (Z_t^n) est une $(\underline{\underline{F}}_t)$-martingale majorée par $|M_t^{T_n}-A_t|+|\widetilde{A}_t| \leq n+|\widetilde{A}_t|$; $\widetilde{A}$ étant prévisible, est localement borné, donc Z^n est une martingale localement bornée (pour $(\underline{\underline{F}}_t)$), donc une $(\underline{\underline{G}}_t)$-semi-martingale d'après 3). Donc M^{T_n} est une $(\underline{\underline{G}}_t)$-semi-martingale, et lorsque n tend vers $+\infty$ on a le même résultat pour M.

<u>Remarque</u> : Le raisonnement précédent a une portée un peu plus générale :

Z^n est l'intégrale stochastique optionnelle $I_{[0,T_n[}\cdot M$. En oubliant la filtration $(\underline{\underline{G}}_t)$, nous avons montré qu'il existe, pour toute $M\in\underline{\underline{H}}^1$ nulle en 0 (et cette dernière hypothèse est d'ailleurs sans importance) des temps d'arrêt $T_n\uparrow +\infty$ tels que $I_{[0,T_n[}\cdot M$ soit localement bornée. Dans [3], p.294-295, un résultat un peu plus précis est établi : pour toute martingale locale M, il existe des $T_n\uparrow+\infty$ tels que $I_{[0,T_n[}\cdot M$ appartienne à $\underline{\underline{BMO}}$. L'intégrale stochastique optionnelle joue donc un peu, pour les martingales càdlàg, le rôle de l'arrêt pour les martingales continues.

Revenons à notre problème. Voici le renforcement annoncé du théorème 1.

<u>Théorème 2 : Si</u> X <u>est une martingale de carré intégrable relative à</u> $(\underline{\underline{F}}_t)$, <u>les processus</u> $Y_t= X_tI_{\{t<L\}}$ <u>et</u> $\overline{Y}_t=X_{t\wedge L}$ <u>sont des quasi-martingales relatives à</u> $(\underline{\underline{G}}_t)$. <u>Plus précisément, la variation moyenne</u> V(Y) <u>de</u> Y <u>par rapport à</u> $(\underline{\underline{G}}_t)$ <u>satisfait à</u>

$$V(Y) \leqq 8\|X_\infty\|_2 \tag{2}$$

<u>Démonstration</u> : La variation moyenne V(Y) que nous considérons ici est définie comme

$$V(Y) = \sup_\tau \Sigma_{i=0}^{n-1} \ E[\ |E[Y_{t_{i+1}}-Y_{t_i}|\underline{\underline{G}}_{t_i}]|\ ]$$

τ parcourant l'ensemble des subdivisions $\tau=(t_i)$, $0=t_0<t_1<\ldots<t_n<+\infty$ de $\mathbb{R}_+$. Cette variation est plus petite que celle considérée par Stricker dans [6], qui en diffère par l'addition, dans chaque somme, du terme $E[|Y_{t_n}|]$; mais comme on a $E[|Y_{t_n}|]\leqq E[|X_{t_n}|]\leqq E[|X_\infty|]\leqq\|X_\infty\|_2$, on déduit de (2) une majoration analogue pour la variation moyenne de Stricker.

D'autre part, l'étude de $\overline{Y}$ se ramène immédiatement à celle de Y, car $\overline{Y}$-Y est le processus à variation finie $A_t=X_LI_{\{t\geqq L\}}$, et l'on a $E[\int_0^\infty |dA_s|]$ $\leqq E[X^*] \leqq \|X^*\|_2 \leqq 2\|X_\infty\|_2$.

Pour montrer (2), il nous suffit de montrer que pour toute subdivision τ comme ci-dessus, et toute famille de variables a^i $(i=0,\ldots,n-1)$ bornées par 1 et telles que a^i soit $\underline{\underline{G}}_{t_i}$-mesurable pour tout i, on a $E[S] \leqq 8\|X_\infty\|_2$, où

$$S = \Sigma_{i=0}^{n-1}\ a^i(Y_{t_{i+1}}-Y_{t_i})$$

Soit a_i une variable $\underline{\underline{F}}_{t_i}$-mesurable bornée par 1, égale à a^i sur $\{t_i<L\}$; comme $Y_{t_{i+1}}-Y_{t_i}$ est nulle sur $\{t_i\geqq L\}$, on a aussi

$$S=\Sigma_{i=0}^{n-1}\ a_i(Y_{t_{i+1}}-Y_{t_i}) = \Sigma_i\ a_i(X_{t_{i+1}}1_{\{t_{i+1}<L\}}-X_{t_i}1_{\{t_i<L\}})$$

et par conséquent

$$E[S] = \Sigma_i\ E[a_i(X_{t_{i+1}}Z_{t_{i+1}}-X_{t_i}Z_{t_i})]$$

Nous partageons cette espérance en trois, dont la dernière est nulle du fait que X est une martingale :

$$E[S] = \Sigma_i\ E[a_i(X_{t_{i+1}}-X_{t_i})(Z_{t_{i+1}}-Z_{t_i})]$$
$$+ \Sigma_i\ E[a_iX_{t_i}(Z_{t_{i+1}}-Z_{t_i})]$$
$$+ \Sigma_i\ E[a_i(X_{t_{i+1}}-X_{t_i})Z_{t_i}] = E_1+E_2+E_3$$

Pour étudier E_2 , on considère la décomposition additive Z=M-A de la surmartingale Z en un processus croissant prévisible A et la martingale $M_t=E[A_\infty|\underline{\underline{F}}_t]$ (Z est un potentiel du fait que L<∞ p.s.). Z étant bornée par 1, on sait que $E[A_\infty^2] \leqq 2$[1]. Comme M est une martingale on a

$$E_2 = E[\ \Sigma_i\ a_iX_{t_i}(A_{t_{i+1}}-A_{t_i})] \leqq E[(\sup_t|X_t|)A_\infty]$$
$$\leqq 2\|X_\infty\|_2\|A_\infty\|_2\ .$$

Pour étudier E_1 , nous la majorons d'après l'inégalité de Schwarz

$$E_1 \leqq (E[\Sigma_i(X_{t_{i+1}}-X_{t_i})^2])^{1/2}(E[\Sigma_i(Z_{t_{i+1}}-Z_{t_i})^2])^{1/2}$$

Le premier facteur vaut $\|X_\infty\|_2$. Dans le second, nous majorons $(Z_{t_{i+1}}-Z_{t_i})^2$ par $2[(M_{t_{i+1}}-M_{t_i})^2+(A_{t_{i+1}}-A_{t_i})^2]$, puis $\Sigma_i(A_{t_{i+1}}-A_{t_i})^2$ par A_∞^2. Le second facteur est donc majoré par

$$(2E[M_\infty^2+A_\infty^2])^{1/2} = (4E[A_\infty^2])^{1/2} = 2\|A_\infty\|_2$$

Regroupant avec le calcul de E_1, il nous reste

$$E[S] \leqq 4\|X_\infty\|_2\|A_\infty\|_2 \leqq 8\|X_\infty\|_2\ .$$

<u>Remarque</u>. La famille $(\underline{\underline{G}}_t)$ n'est pas la plus petite famille de tribus $(\underline{\underline{H}}_t)$ contenant $(\underline{\underline{F}}_t)$, satisfaisant aux conditions habituelles, et telle que L soit un temps d'arrêt pour $(\underline{\underline{H}}_t)$. Cependant, le théorème 2 est vrai pour la famille $(\underline{\underline{H}}_t)$ aussi, car le remplacement de $(\underline{\underline{G}}_t)$ par $(\underline{\underline{H}}_t)$ ne fait que diminuer V(Y) . On en déduit que le théorème 1 est vrai pour $(\underline{\underline{H}}_t)$.

Même si nous n'avions pas établi le théorème 2, la validité du théorème 1 pour $(\underline{\underline{H}}_t)$ résulterait du théorème général de Stricker [6] (dont la démonstration utilise d'ailleurs les quasi-martingales, et le même argument que ci-dessus sur la variation).

<u>Remarque</u> . La démonstration donne un peu mieux qu'une inégalité : la variation moyenne V(Y) pour $(\underline{\underline{G}}_t)$ est <u>égale</u> à la variation V(XZ) pour $(\underline{\underline{F}}_t)$.

1. Voir par ex. Meyer, Probabilités et potentiel, VII.T24.

5. Afin d'aborder la seconde question posée dans le paragraphe 1, concernant le processus $X_t I_{\{L\leq t\}}$, nous voudrions définir une famille de tribus se comportant vis à vis de $(\underline{\underline{F}}_t)$, après L, de la même manière que $(\underline{\underline{G}}_t)$ ci-dessus avant L. Il est naturel d'essayer :

$$\underline{\underline{G}}'_t = \{ A\in\underline{\underline{G}}_\infty \mid \exists A'_t\in\underline{\underline{F}}_t ,\ A\cap\{L\leq t\}=A'_t\cap\{L\leq t\} \} .$$

Considérons aussi les tribus utilisées par M. Barlow [5] pour obtenir les formules explicites auxquelles on a fait allusion au paragraphe 1 :

$$\underline{\underline{H}}_t = \{ A\in\underline{\underline{G}}_\infty \mid \exists A_t, A'_t \in \underline{\underline{F}}_t ,\ A= (A_t\cap\{t<L\})+(A'_t\cap\{L\leq t\}) \}$$

On a $\underline{\underline{H}}_t=\underline{\underline{G}}_t\cap\underline{\underline{G}}'_t$. Si L est une variable quelconque, les familles $(\underline{\underline{G}}'_t)$ et $(\underline{\underline{H}}_t)$ ne sont pas nécessairement croissantes en t ; en ce qui concerne $(\underline{\underline{H}}_t)$, les quatre propriétés suivantes sont équivalentes

(a) La famille de tribus $(\underline{\underline{H}}_t)$ est croissante en t.

(b) Pour tous $s<t$, il existe un ensemble $F_{st}\in\underline{\underline{F}}_t$ tel que $\{L\leq s\}=F_{st}\cap\{L\leq t\}$.

(c) Pour tout $t\geq 0$, L est égale sur $\{L<t\}$ à une variable $\underline{\underline{F}}_t$-mesurable.

(d) L est la fin d'un ensemble optionnel H (i.e. $L(\omega)=\sup\{s \mid (s,\omega)\in H\}$)

Il est immédiat que (a)<=>(b)<=>(c) ; l'équivalence entre (c) et (d) est annoncée, et en partie établie, dans [4], où les variables L satisfaisant à (c) sont appelées temps honnêtes.

Il est facile de voir que si la famille $(\underline{\underline{G}}'_t)$ est croissante, L est un temps honnête, mais la réciproque ne semble pas vraie. Nous nous intéresserons donc uniquement à $(\underline{\underline{H}}_t)$.

6. On suppose désormais que L est un temps honnête. Remarquons que $(\underline{\underline{H}}_t)$ contient $(\underline{\underline{F}}_t)$, fait de L un temps d'arrêt, et que $(\underline{\underline{H}}_t)$ satisfait aux conditions habituelles. On peut énoncer le :

Théorème 4 : 1) Toute semi-martingale par rapport à $(\underline{\underline{F}}_t)$ est encore une semi-martingale par rapport à $(\underline{\underline{H}}_t)$.

2) Si X est une martingale de carré intégrable relative à $(\underline{\underline{F}}_t)$, les processus $Y_t=X_t I_{\{t<L\}}$, $\bar{Y}_t=X_{t\wedge L}$, $W_t=X_t I_{\{t\geq L\}}$, $X_t=Y_t+W_t$ sont des quasi-martingales par rapport à $(\underline{\underline{H}}_t)$. Plus précisément, la variation moyenne V(Y), V(W) par rapport à $(\underline{\underline{H}}_t)$ satisfait à

(3) $\quad V(Y)\leq 8\|X\|_2 \quad , \ V(W)\leq 8\|X\|_2 + 2\|\sup_s|X_s|\|_1$.

Démonstration : L'inégalité relative à Y est déjà connue (voir le théorème 2 et la remarque qui le suit) ; nous allons démontrer l'inégalité (3) relative à W, qui entraînera par addition que X est une quasi-martingale relativement à $(\underline{\underline{H}}_t)$. Après quoi on déduira 1) par la proposition précédant le théorème 2.

Nous reprenons les notations du théorème 2 : la subdivision $\tau=(t_i)$, les variables a^i bornées par 1, telles que a^i soit $\underline{\underline{H}}_{t_i}$-mesurable pour tout i, la somme

$$S = \Sigma_{i=0}^{n-1} a^i(W_{t_{i+1}}-W_{t_i})$$

et les variables a_i bornées par 1 , telles que pour tout i a_i soit $\underline{\underline{F}}_{t_i}$-mesurable et que $a_i=a^i$ sur $\{t_i\geq L\}$. Nous décomposons S en S^1+S^2 où

$$S^1= \Sigma_{i=0}^{n-1}\ a_i(W_{t_{i+1}}-W_{t_i})$$

$$S^2= \Sigma_{i=0}^{n-1}\ (a^i-a_i)(W_{t_{i+1}}-W_{t_i})$$

$E[S^1]$ se calcule exactement comme dans le théorème 2 : récrivons le rapidement

$$E[S^1]= E[\Sigma\ a_i(X_{t_{i+1}}1_{\{t_{i+1}\geq L\}}-X_{t_i}1_{\{t_i\geq L\}})]$$

$$= E[\Sigma\ a_i(X_{t_{i+1}}(1-Z_{t_{i+1}})-X_{t_i}(1-Z_{t_i}))]$$

$$= E[\Sigma\ a_i(X_{t_i}Z_{t_i}-X_{t_{i+1}}Z_{t_{i+1}})]$$

que l'on majore par la variation moyenne de XZ relativement à $(\underline{\underline{F}}_t)$, comme dans le théorème 2. D'autre part

$$E[S^2] = E[\Sigma\ (a^i-a_i)X_{t_{i+1}}1_{\{t_i<L\leq t_{i+1}\}}]$$

On majore en valeur absolue a^i-a_i par 2, $X_{t_{i+1}}$ par $X^*= \sup_s|X_s|$, et il vient que $|E[S^2]| \leq 2E[X^*]$.

<u>Remarque</u> : Le calcul précédent n'a pas utilisé le fait que L était honnête. Si L n'est pas honnête, on a donc tout de même majoré la "variation moyenne" de X par rapport à la famille de tribus <u>non croissante</u> $(\underline{\underline{H}}_t)$.

7. <u>Remarque finale</u>. En [7], P.A. Meyer a montré le résultat suivant :

Soit $(\underline{\underline{F}}_t)$ une filtration vérifiant les conditions habituelles, et soit $P=(A_i)_{i\in\mathbb{N}}$ une partition de Ω en ensembles $\underline{\underline{F}}_\infty$-mesurables. On note $\overline{\underline{\underline{F}}}_t$ la tribu engendrée par $\underline{\underline{F}}_t$ et P ($(\overline{\underline{\underline{F}}}_t)$ est une filtration vérifiant les conditions habituelles). Alors pour toute $(\underline{\underline{F}}_t)$-martingale M appartenant à BMO, la variation moyenne de M par rapport à $(\overline{\underline{\underline{F}}}_t)$ est finie, et

$$V(M) \leq c\|M\|_{BMO}\ (1+\Sigma_i\ P(A_i)\log\frac{1}{P(A_i)}\ ) .$$

La démonstration de [7] repose sur le théorème de Girsanov. Il est naturel de se demander si notre méthode de majoration (assez rudimentaire) utilisant les filtrations discrètes permet de retrouver ce résultat de manière élémentaire. Nous verrons que ce n'est pas le cas, mais qu'on n'en est pas trop loin tout de même, et que cet exemple illustre bien la supériorité de la méthode "continue" sur la méthode "discrète".

Il nous faut majorer, pour toute subdivision $\tau=(t_i)$, l'espérance

$$I = E[\, \Sigma_i \Sigma_{j\in N} a^j_{t_i} 1_{A_j} (M_{t_{i+1}} - M_{t_i})]$$

où les variables $a^j_{t_i}$ sont $\underline{\underline{F}}_{t_i}$-mesurables et bornées par 1 en valeur absolue. Introduisant la martingale $Z^j_t = E[1_{A_j} | \underline{\underline{F}}_t]$, nous pouvons écrire

$$I = E[\, \Sigma_{i,j} \; a^j_{t_i} (Z^j_{t_{i+1}} - Z^j_{t_i})(M_{t_{i+1}} - M_{t_i})]$$

et par conséquent

$$|I| \leqq \Sigma_j \; E[\Sigma_i \; |(Z^j_{t_{i+1}} - Z^j_{t_i})(M_{t_{i+1}} - M_{t_i})|]$$

$$\leqq c\Sigma_j \; \|Z^j\|_{H^1} \|M\|_{BMO} \qquad (c=\sqrt{2}\,)$$

d'après l'inégalité de Fefferman discrète, les normes étant relatives à la filtration discrète $(\underline{\underline{F}}_{t_i})$. Mais s'il est facile, en suivant Meyer [7], de majorer $\Sigma_j \| Z^j \|_{H^1}$ à partir de $(1+\Sigma_i P(A_i) \log \frac{1}{P(A_i)})$ - c'est l'inégalité de Doob pour p=1 - nous ne savons pas majorer la norme BMO discrète à partir de la norme BMO continue : la condition quadratique reste satisfaite, mais la condition que les sauts soient bornés n'est pas nécessairement vérifiée après discrétisation. On ne sait donc conclure que lorsque M est bornée, en vertu de l'inégalité $\|M\|_{BMO} \leqq 2\|M\|_{L^\infty}$. L'article suivant, de Dellacherie et Meyer, permet de remplacer tous les arguments de discrétisation présentés dans cet article-ci par des arguments "continus" donnant de meilleures inégalités, mais il utilise le caractère local de l'intégrale stochastique, c'est à dire en fin de compte le théorème de Girsanov.

Références

[1] P.A. Meyer : Résultats d'Azéma en théorie générale des processus. Séminaire de Probabilités VII, L.Notes in M. 321, Springer 1973.

[2] E. Lenglart : Transformation des martingales locales par changement absolument continu de probabilités. Z. fur Wahr. 39, 65-70 (1977).

[3] P.A. Meyer : Un cours sur les intégrales stochastiques. Séminaire de Probabilités X, L. Notes in M. 511, Springer 1976.

[4] P.A. Meyer, R. Smythe, J. Walsh : Birth and death of Markov processes. Proceedings of the 6-th Berkeley Symposium, vol.3, 1972.

[5] M. Barlow : Martingale representation with respect to expanded σ-fields. A paraître.

[6] C. Stricker : Quasi-martingales, martingales locales et filtrations naturelles. Zeitschrift fur Wahr. 39, 55-63 (1977).

[7] P.A. Meyer : Sur un théorème de Jacod (dans ce volume)

Marc Yor
Laboratoire de Probabilités
Tour 46, 3e étage
2 Place Jussieu
75230 Paris Cedex 05

Université de Strasbourg
Novembre 1966

Séminaire de Probabilités

INTÉGRALES STOCHASTIQUES I

par P.A.Meyer

Cet exposé est le premier d'une série de trois ou quatre, qui devrait nous mener à la très belle " formule du changement de variables dans les intégrales stochastiques" , due à KUNITA et S.WATANABE [2]. Je commence ici par la théorie des martingales de carré intégrable, et par la définition (ou plutôt les deux définitions possibles) des intégrales stochastiques ; je traite aussi de la décomposition orthogonale de l'espace des martingales de carré intégrable (MOTOO et S.WATANABE [4]). Les exposés suivants concerneront les processus de Markov, et leurs fonctionnelles additives qui sont des martingales de carré intégrable, ainsi que la notion de " système de LÉVY " due à S. WATANABE : la formule du changement de variables ne pourra venir qu'ensuite.

Cette rédaction est beaucoup plus développée que l'exposé oral (et contient d'ailleurs beaucoup de choses qui ne serviront pas dans les exposés suivants). Je me servirai librement des résultats du livre [3], et je ne démontrerai que les théorèmes qui n'y figurent pas.

§1. RAPPELS ET DÉFINITIONS GÉNÉRALES

1. Les notations seront celles de [3] : $(\Omega,\underline{\underline{F}},\underline{P})$ est un espace probabilisé complet, muni d'une famille $(\underline{\underline{F}}_t)_{t\in\underline{R}_+}$ de sous-tribus de $\underline{\underline{F}}$, croissante et continue à droite. Nous supposerons que $\underline{\underline{F}}_0$ contient tous les ensembles négligeables, et que la famille $(\underline{\underline{F}}_t)$ <u>ne possède pas de temps de discontinuité</u> : pour tout temps d'arrêt T, et toute suite croissante (T_n) de temps d'arrêt qui converge vers T, la tribu $\underline{\underline{F}}_T$ est engendrée par les tribus $\underline{\underline{F}}_{T_n}$.

Un processus stochastique $X=(X_t)_{t\in\underline{R}_+}$ est une famille de variables aléatoires réelles sur Ω, telle que X_t soit $\underline{\underline{F}}_t$-mesurable pour tout t(*). On considérera souvent X comme une fonction

(*) Nous appelons donc <u>processus</u> (sauf dans l'appendice) les "processus adaptés à la famille $(\underline{\underline{F}}_t)$"de [3].

sur $\mathbb{R}_+\times\Omega$ En particulier, le processus X sera dit <u>bien-mesurable</u> (resp. <u>très-bien-mesurable</u>) si la fonction $(t,\omega)\mapsto X_t(\omega)$ est mesurable par rapport à la tribu sur $\mathbb{R}_+\times\Omega$ engendrée par les processus à trajectoires continues à droite et pourvues de limites à gauche (resp. continues à gauche). Un processus très-bien-mesurable est bien-mesurable. Nous aurons plusieurs fois l'occasion de nous servir du résultat suivant ([3], chap. VIII, th.20) :

<u>Soit</u> H <u>un processus bien-mesurable</u>. <u>Il existe un processus très-bien-mesurable</u> $\dot{H}$ <u>tel que l'ensemble</u> $\{t : H_t(\omega)\neq\dot{H}_t(\omega)\}$ <u>soit dénombrable pour tout</u> $\omega\in\Omega$.

Deux processus X et Y seront dits <u>indistinguables</u> si, pour presque tout $\omega\in\Omega$, on a $X_t(\omega)=Y_t(\omega)$ pour tout t.

2. Différences de processus croissants.

Nous désignerons par $\underline{\underline{A}}^+$ l'ensemble des processus croissants (continus à droite, nuls pour t=0) $A=(A_t)_{t\in\mathbb{R}_+}$, <u>localement intégrables</u> , c.à.d. tels que $\mathbb{E}[A_t]<+\infty$ pour tout t fini, avec identification de deux processus indistinguables. L'ensemble des $A\in\underline{\underline{A}}^+$ à trajectoires continues (resp. purement discontinues) sera noté $\underline{\underline{A}}_c^+$ (resp. $\underline{\underline{A}}_d^+$). Nous poserons $\underline{\underline{A}} = \underline{\underline{A}}^+-\underline{\underline{A}}^+$, $\underline{\underline{A}}_c=\underline{\underline{A}}_c^+-\underline{\underline{A}}_c^+$, $\underline{\underline{A}}_d=\dots$ L'espace $\underline{\underline{A}}$ sera muni des semi-normes

$$\lambda_t(A) = \mathbb{E}[\,|A_t|\,]$$

(si $A\in\underline{\underline{A}}$, on désignera par $\{A\}\in\underline{\underline{A}}^+$ le processus croissant défini par

$$\{A\}_t = \int_0^t |dA_s| \quad (\text{"valeur absolue" de } A\ )\ )$$

DÉFINITION.- <u>Soit</u> $A\in\underline{\underline{A}}$. <u>Nous désignerons par</u> $L^1(A)$ (<u>resp</u>. $\dot{L}^1(A)$) <u>l'ensemble des processus bien-mesurables</u> (<u>resp. très-bien-mesurables</u>) H <u>tels que l'on ait</u>

$$\mathbb{E}[\int_0^t |H_s||dA_s|] < +\infty \quad \underline{\text{pour tout}}\ t\in\mathbb{R}_+$$

<u>On notera alors</u> H.A <u>l'élément de</u> $\underline{\underline{A}}$ <u>défini par</u>

$$(H.A)_t = \int_0^t H_s dA_s \ .$$

Il est naturel de munir $L^1(A)$ des semi-normes :

$$\mu_t(H) = \mathbb{E}[\int_0^t |H_s||dA_s|]$$

Il est facile de vérifier que si $H\in L^1(A)$ et $K\in L^1(H.A)$ on a $KH \in L^1(A)$ et $K.(H.A)=(KH).A$. On a un " théorème de Radon-Nikodym" du type suivant :

PROPOSITION 1.- Soient A et B deux éléments de $\underline{\underline{A}}$, tels que la relation $K.A=0$ (où K est bien-mesurable et borné) entraîne $K.B=0$. Il existe alors $H\in L^1(A)$ tel que $B=H.A$.

DÉMONSTRATION (schématique).- a) On commence par traiter le cas où l'on sait que les mesures $dB_t(\omega)$ sont absolument continues par rapport aux mesures $dA_t(\omega)$, pour tout ω. On se ramène à traiter séparément le cas où A est purement discontinu (la densité cherchée est alors $(B_t-B_{t-})/(A_t-A_{t-})$) et le cas où A est continu. Pour celui-ci, on pose $K_0=0$ et, pour $t>0$

$$K_t = \limsup_{n\to\infty} \sum_{k\in\underline{\underline{N}}} \frac{B_{(k+1)2^{-n}} - B_{k2^{-n}}}{A_{(k+1)2^{-n}} - A_{k2^{-n}}} I_{]k2^{-n},(k+1)2^{-n}]}(t)$$

On vérifie sans peine que le processus (K_t) est une densité de B par rapport à A, progressivement mesurable par rapport à la famille $(\underline{\underline{F}}_t)$ ([3], chap.IV, déf.45). On choisit alors un processus bien-mesurable H tel que l'on ait $H_T=K_T$ p.s. pour tout temps d'arrêt T (chap.VIII, th.17). Mais alors $\underline{\underline{E}}[\int_0^t |H_s-K_s||dA_s|]=0$ pour tout t (chap.VII, th.15), de sorte que H est encore une densité de B par rapport à A.

b) Prenant $B=|A|$, on voit qu'il existe un processus $H\in L^1(A)$ tel que $|A|=H.A$; il n'est pas difficile de modifier H de manière à ce qu'il prenne ses valeurs dans l'ensemble $\{-1,+1\}$. On a alors aussi $A=H.|A|$. Cela permet de se ramener , pour traiter le cas général, au cas où A (et B) sont positifs.

c) Supposons donc A et B positifs, soit $C=A+B$; on peut écrire $A=U.C$, $B=V.C$ d'après a), où U et V sont bien-mesurables et positifs. Soit $H_t(\omega) = V_t(\omega)/U_t(\omega)$ si $U_t(\omega)\neq 0$, $H_t(\omega)=0$ si $U_t(\omega)=0$. On vérifie sans peine que H est la densité cherchée.

3. Compensation d'un processus croissant.

Soit C un processus dont les trajectoires sont continues à droite et pourvues de limites à gauche (les éléments de $\underline{\underline{A}}$, les martingales continues à droite, possèdent cette propriété). Nous désignerons par $\Delta C_t(\omega)$ le saut $C_t(\omega)-C_{t-}(\omega)$ de C à l'instant t. Nous dirons qu'une suite $(T_n)_{n\geq 1}$ de temps d'arrêt <u>épuise les sauts</u> de C si

- $\underset{\sim}{P}\{T_n=T_m<+\infty\} = 0$ si $m\neq n$
- l'ensemble des t tels que $\Delta C_t(\omega) \neq 0$ est contenu dans l'ensemble $\{T_n(\omega), n\geq 1\}$, pour presque tout $\omega\in\Omega$.

On obtient une telle suite, par exemple, en rangeant en une suite unique les temps d'arrêt S_{nm} définis par récurrence de la manière suivante :

$$S_{n,1}(\omega) = \inf \{ t : \tfrac{1}{n} \geq |\Delta C_t(\omega)| > \tfrac{1}{n+1} \} \qquad (n\geq 0)$$

$$S_{n,m+1}(\omega) = \inf \{ t > S_{nm}(\omega) : \tfrac{1}{n} \geq |\Delta C_t(\omega)| > \tfrac{1}{n+1} \}$$

Nous introduirons maintenant (pour les besoins de cet exposé seulement : cette terminologie n'est pas consácrée) la définition suivante

DÉFINITION.- <u>Le processus</u> C <u>est dit</u> <u>naturel</u> <u>si</u> $\Delta C_T=0$ <u>pour tout temps d'arrêt totalement inaccessible</u> T ([3], chap.VII, déf.42) ; C <u>est dit</u> <u>retors</u> <u>si les temps d'arrêt</u> S_{nm} <u>ci-dessus sont, ou totalement inaccessibles, ou p.s. égaux à</u> $+\infty$.

En particulier, C est à la fois naturel et retors si et seulement s'il est continu ; une martingale est un processus retors ; un processus croissant est naturel en ce sens si et seulement s'il est naturel au sens de [3], chap.VII, déf.18 (voir le th.49 du chap.VII).

DÉFINITION.- <u>Soient</u> A <u>et</u> B <u>deux éléments de</u> $\underline{A}$; <u>nous dirons que</u> A <u>et</u> B <u>sont</u> <u>associés</u> <u>si le processus</u> A-B <u>est une martingale</u>.

Les théorèmes d'existence et d'unicité pour la décomposition des surmartingales ([3], chap.VII, ths 21,29), ainsi que le critère de continuité du processus croissant dans la décomposition de DOOB (th.37), donnent le résultat suivant :

THÉORÈME 1.- <u>Soit</u> $A\in\underline{A}$; <u>il existe un processus</u> $\tilde{A}\in\underline{A}$, <u>associé à</u> A, <u>qui est naturel</u>, <u>et ce processus est unique</u>. <u>Pour que</u> $\tilde{A}$ <u>soit continu, il faut et il suffit que</u> A <u>soit retors</u>.

Nous désignerons toujours par $\overset{c}{A}$ (c signifie " compensé") la martingale $A-\tilde{A}$. Nous écrirons $A\sim B$ pour exprimer que les processus

A et B sont associés.

La proposition suivante ne vaut que pour un processus H très-bien-mesurable.

PROPOSITION 2.- Soit H un processus très-bien-mesurable, et soit $A \in \underline{\underline{A}}$. La relation $H \in L^1(A)$ entraîne alors $H \in L^1(\tilde{A})$, et on a alors $\widetilde{H.A} = H.\tilde{A}$. En particulier, H.A et $H.\tilde{A}$ sont associés.

DÉMONSTRATION.- Posons $B = \frac{1}{2}(|A|+A)$, $B' = \frac{1}{2}(|A|-A)$; la relation $H \in L^1(A)$ entraîne $|H| \in L^1(B)$, $|H| \in L^1(B')$. Utilisons alors le th.17 du chap.VII de [3], et la remarque qui le suit (*) ; il vient

$$\underset{\sim}{E}[\int_0^t |H_s| d\tilde{B}_s] = \underset{\sim}{E}[\int_0^t |H_s| dB_s] < +\infty \quad \text{pour tout } t,$$

et on a un résultat analogue pour $\tilde{B}'$. Or le processus $\tilde{B}-\tilde{B}'$ est naturel, associé à A, donc égal à $\tilde{A}$. La relation $|H| \in \dot{L}^1(\tilde{B}+\tilde{B}')$ entraîne donc $|H| \in \dot{L}^1(\tilde{A})$, donc $H \in \dot{L}^1(\tilde{A})$. Le processus $H.\tilde{A}$ étant évidemment naturel, il ne reste plus qu'à montrer que les processus H.A et $H.\tilde{A}$ sont associés, ce qui résulte aussitôt des remarques suivant le th.17 utilisé plus haut.

§2 MARTINGALES DE CARRÉ INTÉGRABLE

1. On dit qu'un processus M est une martingale de carré intégrable si les trajectoires de M sont continues à droite et pourvues de limites à gauche, si M est une martingale, et si $\underset{\sim}{E}[M_t^2] < +\infty$ pour tout t fini. Nous désignerons par $\underline{\underline{M}}$ l'espace des martingales de carré intégrable (avec identification de deux martingales indistinguables), que nous munirons des semi-normes

$$\eta_t(M) = \sqrt{\underset{\sim}{E}[M_t^2]} \qquad (M \in \underline{\underline{M}}) .$$

Le sous-espace de $\underline{\underline{M}}$ constitué par les martingales à trajectoires continues (à une identification près !) sera désigné par $\underline{\underline{M}}_c$. Rappelons une inégalité classique, due à DOOB ([3], chap.VI, n°2)

$$\underset{\sim}{E}[\sup_{s \leq t} M_s^2] \leq 4\underset{\sim}{E}[M_t^2] \quad ;$$

cette inégalité entraîne sans peine le théorème suivant :

(*)On déduit en fait de ce théorème un résultat plus précis : si A et A' sont deux éléments de $\underline{\underline{A}}^+$ associés, les relations $H \in \dot{L}^1(A)$ et $H \in \dot{L}^1(A')$ sont équivalentes.

THÉORÈME 2 .- $\underline{\underline{M}}$ <u>est un espace de Fréchet, et</u> $\underline{\underline{M}}_c$ <u>est fermé dans</u> $\underline{\underline{M}}$. De plus, si la tribu $\underline{\underline{F}}$ est séparable (i.e. engendrée par une suite d'ensembles, aux ensembles négligeables près), l'espace $\underline{\underline{M}}$ est lui aussi séparable.

2. Le théorème suivant est fondamental pour la théorie des intégrales stochastiques. Il est démontré dans [3], chap.VIII, n^{os}23 à 25.(*)

THÉORÈME 3.- <u>Soit</u> $M \in \underline{\underline{M}}$; <u>il existe un processus croissant</u> $A \in \underline{\underline{A}}_c^+$, <u>unique, tel que le processus</u> $(M_t^2 - A_t)$ <u>soit une martingale</u>.

Nous poserons $A = \langle M,M \rangle$. La propriété caractéristique de ce processus croissant continu s'écrit, si $s \leq t$

$$(1)\quad E[M_t^2 - M_s^2 | \underline{\underline{F}}_s] = E[(M_t - M_s)^2 | \underline{\underline{F}}_s] = E[\langle M,M \rangle_t - \langle M,M \rangle_s | \underline{\underline{F}}_s]$$

où l'on peut d'ailleurs remplacer s,t par deux temps d'arrêt bornés S,T tels que $S \leq T$ (il suffit d'appliquer le théorème d'arrêt de DOOB à la martingale $(M_t^2 - A_t)$. Soient alors M et N deux éléments de $\underline{\underline{M}}$; on posera, en suivant MOTOO et WATANABE

$$\langle M,N \rangle = \frac{1}{2}(\langle M+N,M+N \rangle - \langle M,M \rangle - \langle N,N \rangle),$$

de sorte que $\langle M,N \rangle$ appartient à $\underline{\underline{A}}_c$ et que l'on a, avec les notations ci-dessus

$$(2)\quad E[M_T N_T - M_S N_S | \underline{\underline{F}}_S] = E[(M_T - N_T)(M_S - N_S) | \underline{\underline{F}}_S] = E[\langle M,N \rangle_T - \langle M,N \rangle_S | \underline{\underline{F}}_S].$$

Les deux martingales M et N seront dites <u>orthogonales</u> si $\langle M,N \rangle = 0$; cela entraîne évidemment que le processus $(M_t N_t)$ est une martingale. Inversement, si MN est une martingale , le processus continu (donc naturel) $\langle M,N \rangle \in \underline{\underline{A}}$ est associé à 0, ce qui entraîne qu'il est nul (th.1).

La proposition suivante donne des majorations utiles .

PROPOSITION 3.- <u>Soient</u> H <u>et</u> K <u>deux processus bien-mesurables tels que</u> $H^2 \in L^1(\langle M,M \rangle)$, $K^2 \in L^1(\langle N,N \rangle)$; <u>alors</u> $HK \in L^1(\langle M,N \rangle)$ <u>et on a</u>

$$(3)\quad E[\int_0^t |H_s| |K_s| |d\langle M,N \rangle_s|] \leq (E[\int_0^t H_s^2 d\langle M,M \rangle_s])^{1/2} (E[\int_0^t K_s^2 d\langle N,N \rangle_s])^{1/2}.$$

DÉMONSTRATION.- Nous commencerons par traiter le cas où H et K sont des processus de la forme :

(*) **On verra en appendice une méthode pour construire ce processus.**

$$H_s(\omega) = \sum_p I_{]t_p,t_{p+1}]}(s)H_p(\omega)$$
$$K_s(\omega) = \sum_p I_{]t_p,t_{p+1}]}(s)K_p(\omega) \qquad \text{sur } [0,t],$$

où (t_p) est une subdivision finie de l'intervalle $[0,t]$, et où H_p, K_p sont uniformément bornées, et $\underline{\underline{F}}_{t_p}$-mesurables pour tout p. Dans ce cas, calculons $\underset{\sim}{E}[\int_0^t H_sK_s d\langle M,N\rangle_s]$ en tenant compte de la relation (2), et appliquons deux fois l'inégalité de Schwarz. Il vient

$$\underset{\sim}{E}[\int_0^t H_sK_s d\langle M,N\rangle_s] = \underset{\sim}{E}[\sum_p H_pK_p(M_{t_{p+1}}-M_{t_p})(N_{t_{p+1}}-N_{t_p})]$$
$$\leq \underset{\sim}{E}[(\sum H_p^2(M_{t_{p+1}}-M_{t_p})^2)^{1/2}(\sum K_p^2(N_{t_{p+1}}-N_{t_p})^2)^{1/2}] \leq$$
$$(\underset{\sim}{E}[\sum H_p^2(\langle M,M\rangle_{t_{p+1}}-\langle M,M\rangle_{t_p})])^{1/2}(\underset{\sim}{E}[\sum K_p^2(\langle N,N\rangle_{t_{p+1}}-\langle N,N\rangle_{t_p})])^{1/2}.$$

Autrement dit, pour les processus du type considéré :

(4) $\underset{\sim}{E}[\int_0^t H_sK_s d\langle M,N\rangle_s] \leq (\underset{\sim}{E}[\int_0^t H_s^2 d\langle M,M\rangle_s])^{1/2}(\underset{\sim}{E}[\int_0^t K_s^2 d\langle N,N\rangle_s])^{1/2}$.

On étend cela par passage à la limite au cas où H et K sont bornés et continus à gauche, puis, par le raisonnement habituel de classes monotones, au cas où H et K sont bornés et très-bien-mesurables. Pour passer au cas où H et K sont bornés et bien-mesurables, on utilisera l'énoncé rappelé ci-dessus au §I, à la fin du n°1. Passons maintenant de (4) à (3), en supposant toujours H et K bien-mesurables et bornés : il existe (prop.1) un processus bien-mesurable L tel que $L_s=\pm 1$, et que $L.\langle M,N\rangle = |\langle M,N\rangle|$; on obtient (3) en remplaçant dans (4) H_s par $|H_s|$, K_s par $|K_s|L_s$. On passe enfin de là, sans aucune peine, au cas où H et K ne sont pas bornés.

3. Intégrales stochastiques des processus très-bien-mesurables

(La raison de cette restriction apparaîtra par la suite).

DÉFINITION.- <u>Soit</u> $M \in \underline{\underline{M}}$; <u>on désigne par</u> $\dot{L}^2(M)$ <u>l'ensemble des processus très-bien-mesurables</u> H <u>tels que</u> $\underset{\sim}{E}[\int_0^t H_s^2 d\langle M,M\rangle_s] < +\infty$ <u>pour tout</u> t <u>fini</u> .

Autrement dit, $H\in\dot{L}^2(M) \Leftrightarrow H^2\in\dot{L}^1(\langle M,M\rangle)$; nous munirons $\dot{L}^2(M)$ des semi-normes :

$$\nu_t(H) = (\underset{\sim}{E}[\int_0^t H_s^2 d\langle M,M\rangle_s])^{1/2} .$$

Voici alors le théorème d'existence des intégrales stochastiques des processus très-bien-mesurables, sous la forme due à MOTOO et WATANABE. Sous une forme un peu différente, ce théorème a été établi par COURRÈGE dans [1].

THÉORÈME 4.- Soit $M\in\underline{\underline{M}}$, et soit $H\in\dot{L}^2(M)$. Il existe un élément et un seul de $\underline{\underline{M}}$, noté H.M, tel que l'on ait pour tout $N\in\underline{\underline{M}}$

(5) $$\langle H.M,N\rangle = H.\langle M,N\rangle \text{ (*)}$$

DÉMONSTRATION.- a) unicité : soient L et L' deux éléments de $\underline{\underline{M}}$ tels que $\langle L,N\rangle = \langle L',N\rangle = H.\langle M,N\rangle$ pour tout $N\in\underline{\underline{M}}$; on a alors $\langle L-L',N\rangle =0$, donc $\langle L-L',L-L'\rangle =0$, et L=L'.

b) Existence : nous désignerons par $\dot{E}$ le sous-espace de $\dot{L}^2(M)$ constitué par les processus H de la forme

$$H_s = \sum_{i\in\underset{\sim}{N}} H_i I_{]t_i,t_{i+1}]}(s)$$

où (t_i) est une subdivision dyadique de la droite, et où H_i est $\underline{\underline{F}}_{t_i}$-mesurable et bornée pour tout i. Nous noterons alors H.M la martingale définie, si k(s) est le dernier indice i tel que $t_i<s$, par :

$$(H.M)_s = H_0(M_{t_1}-M_{t_0})+H_1(M_{t_2}-M_{t_1})+\ldots+H_{k(s)}(M_s-M_{k(s)}).$$

Il est facile de vérifier que H.M satisfait à (5). Un argument simple de classe monotone permet de montrer que $\dot{E}$ est dense dans $\dot{L}^2(M)$; comme l'application $H\mapsto H.M$ est continue (on a $\eta_t(H.M)=\nu_t(H)$), elle se prolonge en une application continue de $\dot{L}^2(M)$ dans $\underline{\underline{M}}$, qui est l'application cherchée (**).

NOTATION.- On écrira $(H.M)_t = \int_0^t H_s dM_s$.

(*) Le second membre a un sens d'après la prop.3 : on a en effet $H^2\in L^1(\langle M,M\rangle)$, $1\in L^1(\langle N,N\rangle)$, donc $H.1=H \in L^1(\langle M,N\rangle)$.

(**) On montrera aisément que H.M est continue si M est continue (grâce au th.1).

Le résultat suivant est une conséquence immédiate de la formule (5), et de la prop.3

COROLLAIRE .- Soient M et N deux éléments de $\underline{\underline{M}}$, H et K deux éléments de $\dot{L}^2(M)$ et $\dot{L}^2(N)$ respectivement. On a alors $HK \in L^1(<M,N>)$, et

$$< H.M,\ K.N > = HK.< M,N > .$$

En particulier,

$$\underset{\sim}{E}[(\int_0^t H_s dM_s)(\int_0^t K_s dN_s)] = \underset{\sim}{E}[\int_0^t H_s K_s d<M,N>_s] .$$

REMARQUE.- Voici la définition " classique" de l'intégrale stochastique d'un processus bien-mesurable . Nous désignerons par $L^2(M)$ l'ensemble des processus bien-mesurables H tels que $H^2 \in L^1(<M,M>)$. Il existe alors (§I, n°1) un processus $\dot{H}$ très-bien-mesurable tel que , pour presque tout ω, l'ensemble $\{t: H_t(\omega) \neq \dot{H}_t(\omega)\}$ soit dénombrable. On a alors $\underset{\sim}{E}[\int_0^\infty (H_s - \dot{H}_s)^2 d<M,M>_s] = 0$, puisque < M,M > est continu ; on a donc $\dot{H} \in \dot{L}^2(M)$. Si $\dot{H}'$ est un second élément de $\dot{L}^2(M)$ satisfaisant à la propriété ci-dessus, on a aussi $\underset{\sim}{E}[\int_0^\infty (\dot{H}_s - \dot{H}'_s)^2 d<M,M>_s] = 0$, et les processus $\dot{H}.M$ et $\dot{H}'.M$ sont donc indistinguables. On peut donc poser sans ambiguité $H.M = \dot{H}.M$, et toutes les formules écrites plus haut s'étendent au cas des processus bien-mesurables. Nous indiquerons au §3 une autre manière de définir l'intégrale stochastique pour ces processus.

4. Sous espaces stables et théorème de projection.

Nous dirons qu'un sous-espace $\underline{\underline{L}}$ de $\underline{\underline{M}}$ est un sous-espace stable s'il est fermé, et si l'on a $H.M \in \underline{\underline{L}}$ pour tout $M \in \underline{\underline{L}}$ et tout processus H, très-bien-mesurable et borné ; on a alors $H.M \in \underline{\underline{L}}$ pour tout $H \in \dot{L}^2(M)$. Toute intersection de sous-espaces stables étant encore un sous-espace stable, on peut parler du sous-espace stable $\underline{\underline{S}}(J)$ engendré par une partie $\underline{\underline{J}}$ de $\underline{\underline{M}}$.

Si $\underline{\underline{J}} \subset \underline{\underline{M}}$, on notera $J^\perp$ l'orthogonal de $\underline{\underline{J}}$, ensemble des $M \in \underline{\underline{M}}$ orthogonales à toute martingale $J \in \underline{\underline{J}}$; $J^\perp$ est évidemment un sous-es -pace stable, d'après la relation < H.M,J > = H.<M,J>.

Nous allons établir, d'après MOTOO et WATANABE, le théorème suivant :

THÉORÈME 5.- Soit $M\in\underline{\underline{M}}$, et soit $\underline{\underline{L}}$ un sous-espace stable de $\underline{\underline{M}}$. Il existe un élément $pr_{\underline{\underline{L}}}(M)$ de $\underline{\underline{L}}$, unique, tel que $M-pr_{\underline{\underline{L}}}(M)\in\underline{\underline{L}}^{\perp}$.

DÉMONSTRATION.- 1)L'unicité est évidente : si L et L' sont deux éléments de $\underline{\underline{L}}$ tels que M-L et M-L' soient orthogonales à $\underline{\underline{L}}$, on a $< L-L',L-L' >=0$, donc L=L'.

2)Soit $N\in\underline{\underline{M}}$; les propositions 1 et 3 entraînent l'existence d'un processus bien-mesurable $H\in L^1(<N,N>)$ tel que $< M,N >= H.< N,N >$; comme $< N,N >$ est continu, on peut supposer que H est très-bien-mesurable (§1,n°1). Si nous pouvons montrer que $H\in\dot{L}^2(N)$, H.N sera la projection de M sur $\underline{\underline{S}}(N)$. En effet, on aura alors $< M-H.N,N > = < M,N >- H.<N,N> = 0$; l'orthogonal de M-H.N sera un sous-espace stable contenant N, et contiendra donc $\underline{\underline{S}}(N)$(*).

Pour montrer que $H\in\dot{L}^2(N)$, désignons par H_n le processus obtenu en tronquant H à -n et +n(**). On a en utilisant la prop.3

$$\underset{\sim}{E}[\int_0^t H_{ns}^2 d<N,N>_s] = \underset{\sim}{E}[\int_0^t |H_{ns}|.(|H_{ns}|d<N,N>_s)] = \underset{\sim}{E}[\int_0^t |H_{ns}|.(|H_s|d<N,N>_s]$$

$$= \underset{\sim}{E}[\int_0^t |H_{ns}|d\{<M,N>\}_s] \leq (\underset{\sim}{E}[<M,M>_t])^{1/2}(\underset{\sim}{E}[\int_0^t |H_{ns}|d<N,N>_s])^{1/2}$$

$$\leq (\underset{\sim}{E}[< M,M >_t])^{1/2}(\underset{\sim}{E}[\{<M,N>\}_t])^{1/2} < +\infty .$$

3) Passons au cas où $\underline{\underline{L}} = \underline{\underline{S}}(N_1,N_2,\ldots,N_p)$. Nous raisonnerons par récurrence sur le nombre p des générateurs, en supposant établie l'existence de la projection sur tout sous-espace stable engendré par moins de p martingales. Quitte à remplacer N_2 par $N_2-pr_{\underline{\underline{S}}(N_1)}(N_2)$, N_3 par $N_3-pr_{\underline{\underline{S}}(N_1,N_2)}(N_3)\ldots$, on peut supposer que les martingales génératrices $N_1,\ldots,N_p$ sont deux à deux orthogonales. Soient alors $H_1.N_1$, $H_2.N_2,\ldots,H_p.N_p$ les projections de M sur les sous-espaces stables $\underline{\underline{S}}(N_1),\ldots,\underline{\underline{S}}(N_p)$; on vérifie aussitôt que la projection cherchée est $H_1.N_1+\ldots+H_p.N_p$.

4) Enfin, pour un sous-espace stable quelconque $\underline{\underline{L}}$, on considère l'ensemble F des sous-espaces stables $\underline{\underline{K}}\subset\underline{\underline{L}}$, engendrés par un nombre fini de martingales, et on ordonne F par inclusion ; $pr_{\underline{\underline{K}}}(M)$

(*) Prenons en particulier $M\in\underline{\underline{L}}$, il vient M=H.N ; ainsi $\underline{\underline{S}}(N)=\{H.N, H\in\dot{L}^2(N)\}$.

(**) $H_{ns} = H_s I_{\{|H_s|\leq n\}}$.

converge alors vers la projection cherchée, le long du filtre des sections de F (th.2 : il est immédiat de vérifier que l'on a un filtre de Cauchy dans $\underline{\underline{M}}$).

COROLLAIRE.- Supposons que la tribu $\underline{\underline{F}}$ soit séparable. Il existe alors une martingale $Z \in \underline{\underline{M}}$, telle que tous les processus croissants $< M,M >$ ($M \in \underline{\underline{M}}$) soient absolument continus par rapport à $< Z,Z >$.

DÉMONSTRATION.- Soit (Z_n) une suite totale dans $\underline{\underline{M}}$; le procédé d'orthogonalisation utilisé plus haut permet de supposer que les Z_n sont deux à deux orthogonales . Choisissons des nombres $\lambda_n \neq 0$ tels que la série $\sum \lambda_n Z_n$ converge dans $\underline{\underline{M}}$, et désignons par Z cette somme ; quitte à changer de notations, on peut supposer que les λ_n sont égaux à 1. On a alors $< Z,Z > = \sum_n < Z_n,Z_n >$; d'autre part, toute martingale $M \in \underline{\underline{M}}$ s'écrit sous la forme $\sum_n H_n . Z_n$, et on a donc $< M,M > = \sum_n H_n^2 .< Z_n,Z_n >$. La relation $K.Z=0$ entraîne donc $K.M = 0$, et on conclut par la prop.1.

§3. SOMMES COMPENSÉES DE SAUTS

1. Dans ce paragraphe, nous écrirons ΔM_t^2 au lieu de $(\Delta M_t)^2$(il ne risquera pas d'y avoir ambigüité avec le saut du processus M^2 à l'instant t).

PROPOSITION 4.- Soit $M \in \underline{\underline{M}}$. On a si $r<t$

$$\underset{\sim}{E}[\sum_{r<s\leq t} \Delta M_s^2 | \underline{\underline{F}}_r] \leq \underset{\sim}{E}[M_t^2 - M_r^2 | \underline{\underline{F}}_r] \quad ,$$

et en particulier $\underset{\sim}{E}[\sum_{s\leq t} \Delta M_s^2] \leq \underset{\sim}{E}[M_t^2 - M_0^2]$.

DÉMONSTRATION.- Nous établirons seulement la seconde inégalité. Désignons par $(t_i^n)_{0\leq i<2^n}$ la n-ième subdivision dyadique de $[0,t]$. On a

$$\underset{\sim}{E}[\sum (M_{t_{i+1}^n} - M_{t_i^n})^2] = \underset{\sim}{E}[(M_t - M_0)^2] \quad ,$$

et d'autre part

$$\sum_{s\leq t} \Delta M_s^2 \leq \liminf_n \sum_{i=0}^{2^n-1} (M_{t_{i+1}^n} - M_{t_i^n})^2 ,$$

comme on le vérifie très facilement. On applique alors le lemme de Fatou.

COROLLAIRE.- Soit $M \in \underline{\underline{M}}$, et soit T un temps d'arrêt. Le processus

$(A_t)=(\Delta M_T I_{\{t\geq T\}})$ appartient à $\underline{\underline{A}}$.

(La relation $\Delta M_T \in L^2$ entraîne en effet $|\Delta M_T| \in L^1$!). On a en fait un résultat plus précis, démontré en substance dans [3], chap.VIII, th.31 (avec la remarque suivant ce théorème ; on se borne seulement à calculer $<\overset{c}{A},\overset{c}{A}>$ au lieu de $<\overset{c}{A},N>$).

PROPOSITION 5.- Soit $M\in\underline{\underline{M}}$, et soit T un temps d'arrêt. La martingale $\overset{c}{A} = A-\tilde{A}$ (où $A\in\underline{\underline{A}}$ est le processus défini plus haut) appartient à $\underline{\underline{M}}$. Soit $N\in\underline{\underline{M}}$, et soit B le processus défini par

$$B_t = \Delta M_T . \Delta N_T . I_{\{t\geq T\}} \quad ;$$

on a alors $B\in\underline{\underline{A}}$, et $<\overset{c}{A},N> = \tilde{B}$. En particulier, $\overset{c}{A}$ est orthogonale à toute martingale $N\in\underline{\underline{M}}$ continue à l'instant T.

Choisissons maintenant une suite $(T_n)_{n\geq 1}$ de temps d'arrêt , qui épuise les sauts de M (§I, n°3), et désignons par A_n le processus $(\Delta M_{T_n} I_{\{t\geq T_n\}})$, qui appartient à $\underline{\underline{A}}$. Il n'est pas difficile de déduire de la prop.5,et de l'inégalité classique de DOOB rappelée au début du §2, que l'on a le résultat suivant :

THÉORÈME 6.- La martingale $M\in\underline{\underline{M}}$ s'écrit comme somme d'une série, convergente dans $\underline{\underline{M}}$, de martingales deux à deux orthogonales

$$M = M' + \sum_{n\geq 1} \overset{c}{A}_n = M'+M'' \quad .$$

La martingale M' est continue. La martingale M'' est orthogonale à toute martingale $N\in\underline{\underline{M}}$ sans discontinuité commune avec M''.

Il en résulte aussitôt que la décomposition de M en M' et M'' est unique ; on dira que M'' est la somme compensée des sauts de M . Si $M=M''$, on dira que M est une somme compensée de sauts. Il faut et il suffit pour cela

- que M soit orthogonale à toute martingale $N\in\underline{\underline{M}}$ sans discontinuité commune avec M

ou seulement

- que M soit orthogonale à toute martingale continue.

Voici encore une caractérisation des sommes compensées de sauts .

PROPOSITION 6.- Pour que M soit une somme compensée de sauts, il faut et il suffit que l'on ait, pour tout couple (r,t) tel que r<t

$$E[\sum_{r<s\leq t} \Delta M_s^2 | \underline{F}_r] = E[M_t^2 - M_r^2 \mid \underline{F}_r] \quad \text{p.s.}$$

DÉMONSTRATION.- Désignons par T un temps d'arrêt, et reprenons les notations de la prop.5 ; on a $< \overset{c}{A}, \overset{c}{A} >_t \sim \Delta M_T^2 I_{\{t \geq T\}}$, soit

$$E[\Delta M_T^2 I_{\{r<T\leq t\}} | \underline{F}_r] = E[\overset{c}{A}{}_t^2 - \overset{c}{A}{}_r^2 | \underline{F}_r] .$$

Faisons parcourir à T une suite (T_n) qui épuise les sauts de M, sommons sur n, il vient

$$E[\sum_{r<s\leq t} \Delta M_s^2 | \underline{F}_r] = E[M_t''^2 - M_r''^2 \mid \underline{F}_r],$$

d'où aussitôt le résultat cherché, les martingales M' et M" du th. 6 étant orthogonales. Noter qu'il suffit même que l'on ait pour tout t

$$E[\sum_{s\leq t} \Delta M_s^2] = E[M_t^2 - M_0^2]$$

pour que l'on ait M=M" , i.e. pour que M soit une somme compensée de sauts.

2. Second processus croissant associé à une martingale.

Soit $M \in \underline{M}$; nous allons associer à M un second processus croissant, qui au lieu d'être naturel comme < M,M > sera retors. La décomposition M=M'+M" a la même signification que dans le th.6.

DÉFINITION.- Nous désignerons par [M,M] le processus croissant défini par

$$[M,M]_t = \langle M',M' \rangle_t + \sum_{s\leq t} \Delta M_s^2 \quad .$$

Il résulte de la prop.6 que le second processus croissant figurant au second membre, et le processus croissant < M",M">, sont associés ; comme M' et M" sont orthogonales, on voit que les processus [M,M] et <M,M> sont eux-mêmes associés.

Nous poserons , si M et N sont deux éléments de $\underline{M}$, [M,N] =

$\frac{1}{2}([M+N,M+N]-[M,M]-[N,N])$; ce processus appartient à $\underline{\underline{A}}$, est associé à $\langle M,N\rangle$, et on a évidemment

$$[M,N]_t = \langle M',N'\rangle_t + \sum_{s\leqq t} \Delta M_s . \Delta N_s .$$

On a donc $[M,N]=0$ si et seulement si M et N n'ont pas de discontinuités communes, et si M' et N' sont orthogonales.

DÉFINITION.- Nous désignerons par $L^2(M)$ l'ensemble des processus bien-mesurables H tels que $H^2 \in L^1([M,M])$.

Les processus $[M,M]$ et $\langle M,M\rangle$ étant associés, il résulte de la prop.2 que, si H est très-bien-mesurable, les processus $H^2.[M,M]$ et $H^2.\langle M,M\rangle$ sont associés. Autrement dit, un processus très-bien-mesurable appartient donc à $L^2(M)$ si et seulement s'il appartient à $\dot{L}^2(M)$ (§2,n°3). On peut munir $L^2(M)$ des semi-normes $\nu_t(H)= (\underset{\sim}{E}[\int_0^t H_s^2 d[M,M]_s])^{1/2}$, qui prolongent les semi-normes ν_t définies sur $\dot{L}^2(M)$ au §2, n°3.

Le résultat suivant est analogue à la prop.3 .

PROPOSITION 7.- Soient M et N deux éléments de $\underline{\underline{M}}$, H et K deux éléments de $L^2(M)$ et $L^2(N)$ respectivement. On a alors $HK \in L^1([M,N])$, et

$$\underset{\sim}{E}[\int_0^t |H_s||K_s||d[M,N]_s|] \leqq (\underset{\sim}{E}[\int_0^t H_s^2 d[M,M]_s])^{1/2} (\underset{\sim}{E}[\int_0^t K_s^2 d[N,N]_s])^{1/2} .$$

DÉMONSTRATION.- Nous nous bornerons au cas où M et N sont des sommes compensées de sauts, le cas général s'obtenant en combinant celui-ci et la prop.3 pour les parties continues, et en appliquant l'inégalité de Schwarz. On a alors pour le premier membre l'évaluation

$$\underset{\sim}{E}[\sum_{s\leqq t} |H_s K_s \Delta M_s \Delta N_s|] \leqq (\underset{\sim}{E}[\sum_{s\leqq t} |H_s^2 \Delta M_s^2|])^{1/2} (\underset{\sim}{E}[\sum_{s\leqq t} |K_s^2 \Delta N_s^2|])^{1/2}$$

quantité égale au second membre de l'expression de l'énoncé.

3. Voici enfin la théorie de l'intégrale stochastique pour les processus bien-mesurables. L'intérêt de ces intégrales stochastiques tient au th.8, d'après lequel la martingale H.M admet en tout point s un saut égal à $H_s . \Delta M_s$, à la manière des intégrales de Stieltjes ordinaires (mais contrairement aux

intégrales stochastiques " classiques" des processus bien-mesurables, introduites plus haut dans la remarque après le th.4).

THÉORÈME 7.- Soient $M \in \underline{\underline{M}}$ et $H \in L^2(M)$. Il existe une martingale $H.M \in \underline{\underline{M}}$, unique, telle que l'on ait pour toute martingale $N \in \underline{\underline{M}}$

$$[H.M,N] = H.[M,N] \quad .$$

Si H est très-bien-mesurable, la martingale H.M coïncide avec celle qui est désignée par la même notation dans l'énoncé du th.4.

DÉMONSTRATION.-a)Unicité : soient L_1 et L_2 deux éléments de $\underline{\underline{M}}$ tels que $[L_1,N]=[L_2,N]=H.[M,N]$; alors en prenant $N=L_1-L_2$ on trouve que $[L_1-L_2,L_1-L_2]=0$, donc (les processus [,] et < , > étant associés) $\underset{\sim}{E}[(L_1-L_2)_t^2]=0$ pour tout t, et $L_1=L_2$.

b)Existence : choisissons un processus très-bien-mesurable $\dot{H}$ tel que $\{t : H_t(\omega)\neq\dot{H}_t(\omega)\}$ soit dénombrable pour tout $\omega\in\Omega$ (§1,n°1). Reprenons la décomposition M=M'+M" du th.6, avec $M"=\sum \overset{c}{A_n}$. On a évidemment $\dot{H} \in \dot{L}^2(M')$. Pour chaque n, le processus $H.A_n$ appartient à $\underline{\underline{A}}$, et la martingale $M_n = \widehat{H.A_n}^c$ appartient à $\underline{\underline{M}}$ (prop.5) ; M_n a un seul saut, à l'instant T_n, égal à $H_{T_n}.\Delta M_{T_n}$. Ces martingales sans discontinuités communes sont deux à deux orthogonales, et on en déduit aussitôt que la série $\dot{H}.M' + \sum_n M_n$ converge dans $\underline{\underline{M}}$.Il est très facile alors de vérifier que cette martingale satisfait à l'égalité de l'énoncé.

c) Supposons que H soit très-bien-mesurable ; soit $N\in\underline{\underline{M}}$. Le symbole H.M ayant le sens ci-dessus, les processus [H.M,N] et <H.M,N> sont associés. D'autre part, [M,N] et <M,N> étant associés, la prop.3 entraîne que H.[M,N] et H.<M,N> sont associés. Comme [H.M,N] et H.[M,N] sont égaux, <H.M,N> et H.<M,N> sont associés ; comme ils sont continus, ils sont égaux, et H.M satisfait à la propriété caractéristique du théorème 4. CQFD .

Le théorème suivant est une conséquence facile (mais assez importante) de la construction du th.7 :

THÉORÈME 8.- Soient $M\in\underline{\underline{M}}$ et $H\in L^2(M)$. Pour presque tout $\omega\in\Omega$ on a

$$\Delta(H.M)_s(\omega) = H_s(\omega) \cdot \Delta M_s(\omega) \quad \text{pour tout } s.$$

DÉMONSTRATION.- La martingale H.M est somme dans $\underline{\underline{M}}$ des martingales $H.M'$ et $\widehat{H.A_n^c}$ (notations du th.7). La propriété ci-dessus est alors vraie pour chacune de ces martingales, et on conclut grâce à l'inégalité de DOOB (début du §2, n°1).

REMARQUE.- Il est assez facile d'étendre l'intégration des processus très-bien-mesurables au cas où la famille $(\underline{\underline{F}}_t)$ possède des temps de discontinuité. En revanche, nous ne savons pas faire cette extension pour les processus bien-mesurables.

Le lecteur pourra trouver dans les travaux récents de P.W.MILLAR (réf. à la fin de l'exposé II) une autre manière d'aborder les intégrales stochastiques.

APPENDICE : CONSTRUCTION DES DEUX PROCESSUS CROISSANTS ASSOCIÉS À UNE MARTINGALE DE CARRÉ INTÉGRABLE

L'objet de cet appendice est une construction simple des deux processus $<M,M>$ et $[M,M]$ associés à une martingale $M \in \underline{\underline{M}}$. Une construction analogue est donnée dans [2] pour le processus $<M,M>$ associé à une martingale M <u>continue</u> , mais elle est moins simple à certains égards (elle utilise des chaînes de temps d'arrêt au lieu de subdivisions dyadiques). Chemin faisant, nous préciserons certains résultats du chap.VII de [3] sur les processus de la classe (D) et le " passage du discret au continu" dans la décomposition des surmartingales.

1. Propriétés d'intégrabilité uniforme.(*)

Soit $(Y_s)_{s\in\mathbb{R}_+}$ un processus stochastique mesurable, mais non nécessairement adapté à la famille $(\underline{\underline{F}}_s)$. Soit $\underline{\underline{T}}$ l'ensemble de tous les temps d'arrêt finis de la famille $(\underline{\underline{F}}_s)$; nous dirons que Y appartient à la classe (D) si l'ensemble de toutes les variables aléatoires Y_T, $T\in\underline{\underline{T}}$, est uniformément intégrable. En général nous introduirons la fonction r (module d'intégrabilité) définie pour $c\in\mathbb{R}_+$ par

$$r(c) = \sup_{T\in\underline{\underline{T}}} E[|Y_T|I_{\{|Y_T|>c\}}]$$

Y appartient à la classe (D) si et seulement si la fonction r est finie, et tend vers 0 lorsque $c \to +\infty$.

LEMME.- <u>Si</u> Y <u>appartient à la classe</u> (D), <u>les variables aléatoires</u> $Y_T.I_{\{T<+\infty\}}$ <u>sont uniformément intégrables</u>, T <u>parcourant l'ensemble de tous les temps d'arrêt finis ou non</u>.

On peut en effet supposer que Y est ≥ 0 ; la relation $Y_T.I_{\{T<+\infty, Y_T>c\}} \leq \liminf_n Y_{T_n}.I_{\{Y_{T_n}>c\}}$ (où $T_n = \inf(T,n)$), et le lemme de Fatou, montrent que l'espérance du premier membre est majorée par r(c), d'où le lemme.

Dans la suite, nous utiliserons la notion de processus de la classe (D), ou la notation r(c), pour des processus dont l'ensemble des temps sera distinct de $\mathbb{R}_+$.

(*) L'absence de temps de discontinuité pour la famille de tribus ne sera utilisée qu'à partir du théorème 1.

2. Considérons une surmartingale ≥ 0 , $X = (X_n)_{n\geq 0}$, par rapport à une famille de tribus $(\underline{\underline{F}}_n)$, et supposons que X appartienne à la classe (D). Désignons par $\underline{X}$ la partie potentiel de la décomposition de Riesz de X ([3], chap.V, n°25), et posons :

$$A_0=0,\ A_1=A_0+(X_0-E[X_1|\underline{\underline{F}}_0]),\ \ldots\ldots,\ A_n=A_{n-1}+(X_{n-1}-E[X_n|\underline{\underline{F}}_{n-1}])\ldots$$

Si $a_0, a_1, \ldots$ est une suite de nombres positifs, on a $(a_0+a_1+\ldots)^2 \leq 2[a_0(a_0+a_1+\ldots)+ a_1(a_1+a_2+\ldots)+a_2(a_2+\ldots)+\ldots]$. Donc ici

$$\begin{aligned} A_\infty^2 \leq 2[& (\underline{X}_0-E[\underline{X}_1|\underline{\underline{F}}_0])((\underline{X}_0-E[\underline{X}_1|\underline{\underline{F}}_0])+(\underline{X}_1-E[\underline{X}_2|\underline{\underline{F}}_1])+\ldots) \\ & + (\underline{X}_1-E[\underline{X}_2|\underline{\underline{F}}_1])((\underline{X}_1-E[\underline{X}_2|\underline{\underline{F}}_1])+(\underline{X}_2-E[\underline{X}_3|\underline{\underline{F}}_2])+\ldots) \\ & +\ldots.] \\ = 2[& (\underline{X}_0-E[\underline{X}_1|\underline{\underline{F}}_0])\underline{X}_0 + (\underline{X}_1-E[\underline{X}_2|\underline{\underline{F}}_1])\underline{X}_1+\ldots] \end{aligned}$$

Donc en particulier, si $\underline{X} \leq c$, on a $E[A_\infty^2] \leq 2cE[X_0] \leq 2c^2$.

Posons ensuite $T_c = \inf\{n : X_n>c\}$, et $A_n^c = A_n I_{\{n<T_c\}}+A_{T_c} I_{\{n\geq T_c\}}$. Soit $Y_n=E[A_\infty^c - A_n^c|\underline{\underline{F}}_n] \leq \underline{X}_n$. La relation $\underline{X}_n>c$ entraîne $T_c\leq n$, donc $A_\infty^c = A_n^c$, donc

$$Y_n = E[(A_\infty^c - A_n^c)I_{\{\underline{X}_n\leq c\}}] = E[A_\infty^c - A_n^c|\underline{\underline{F}}_n]I_{\{\underline{X}_n\leq c\}} = Y_n I_{\{\underline{X}_n\leq c\}}$$

$$\leq Y_n I_{\{Y_n\leq c\}} \leq c .$$

Ainsi $E[(A_\infty^c)^2] \leq 2c^2$. D'autre part, $E[A_\infty - A_\infty^c]=E[E[A_\infty - A_{T_c}|\underline{\underline{F}}_{T_c}]] = E[\underline{X}_{T_c}] \leq r(c)$. Par conséquent, si u est un nombre >0

$$\int_{\{A_\infty>u\}} A_\infty\, dP \leq r(c)+\int_{\{A_\infty>u\}} A_\infty^c\, dP \leq r(c)+(P\{A_\infty>u\})^{1/2}(E[(A_\infty^c)^2])^{1/2}$$

$$\leq r(c) + (\tfrac{1}{u}E[X_0])^{1/2}(2c^2)^{1/2} .$$

Notons que $E[X_0] \leq c+r(c)$. Choisissons $c= u^{1/6}$; il vient

$$\int_{\{A_\infty>u\}} A_\infty\, dP \leq r(u^{1/6}) + [2u^{-1/2} + 2u^{-2/3}r(u^{1/6})]^{1/2}$$

quantité qui tend vers 0 lorsque $u\to+\infty$. Cette majoration donne un " module d'intégrabilité" pour les variables aléatoires A_∞, en fonction du module d'intégrabilité du processus X.

Applications.

a) Cas d'une surmartingale positive $X_0, X_1, \ldots, X_n$ (adaptée à une famille de tribus $\underline{\underline{F}}_0, \ldots, \underline{\underline{F}}_n$). Posons pour m>n $X_m = X_n$, $\underline{\underline{F}}_m = \underline{\underline{F}}_n$: cela ne change pas le module d'intégrabilité r(c). La variable aléatoire A_∞ considérée plus haut vaut alors :

$$(X_0 - \underset{\sim}{E}[X_1 | \underline{\underline{F}}_0]) + \ldots + (X_{n-1} - \underset{\sim}{E}[X_n | \underline{\underline{F}}_{n-1}])$$

et le calcul précédent donne un module d'intégrabilité pour les v.a. A_∞, qui ne dépend que de la fonction r.

b) Considérons maintenant une surmartingale $(X_s)_{0 \leq s \leq t}$, positive et appartenant à la classe (D). Prenons une subdivision $0 = t_0 < t_1 \ldots$

$< t_{n-1} < t_n = t$ de l'intervalle [0,t], et appliquons le résultat précédent à la surmartingale $(X_0, X_{t_1}, \ldots, X_{t_n})$, dont le module d'intégrabilité est au plus égal à celui de toute la surmartingale X. La variable aléatoire A_∞ correspondante vaut alors

$$(X_0 - \underset{\sim}{E}[X_{t_1} | \underline{\underline{F}}_0]) + \ldots + (X_{t_{n-1}} - \underset{\sim}{E}[X_t | \underline{\underline{F}}_{t_{n-1}}]) .$$

Les majorations que nous avons faites montrent que <u>toutes les variables de cette forme, relatives à toutes les subdivisions de</u> [0,t], <u>sont uniformément intégrables</u>.

Dans la suite , nous emploierons l'expression " lorsque la subdivision $(t_0, \ldots, t_n)$ devient arbitrairement fine " , pour parler de la convergence suivant l'ensemble filtrant des subdivisions de [0,t].

3. Convergence vers le processus croissant < M,M >.

Le lemme suivant (dû à Mlle DOLÉANS) améliore un résultat de la première rédaction de cet exposé.

LEMME 1.- *Soit* $(A_s)_{s \leq t}$ *un processus croissant intégrable continu* . *Pour toute subdivision* $S = (t_0, t_1, \ldots, t_n)$ *de* [0,t], *posons*

$$A_t^S = \underset{\sim}{E}[A_{t_1} | \underline{\underline{F}}_0] + \underset{\sim}{E}[A_{t_2} - A_{t_1} | \underline{\underline{F}}_{t_1}] + \ldots + \underset{\sim}{E}[A_t - A_{t_{n-1}} | \underline{\underline{F}}_{t_{n-1}}]$$

$$= \underset{\sim}{E}[X_0 - X_{t_1} | \underline{\underline{F}}_0] + \ldots + \underset{\sim}{E}[X_{t_{n-1}} - X_t | \underline{\underline{F}}_{t_{n-1}}]$$

où (X_t) désigne une surmartingale telle que $X+A$ soit une martingale. Alors $A_t^S \to A_t$ dans L^1, lorsque les subdivisions deviennent arbitrairement fines.(*)

DÉMONSTRATION.- Nous commencerons par supposer que $A_t \in L^2$. On a alors

$$\mathbb{E}[(A_t-A_t^S)^2] = \mathbb{E}[(\sum (A_{t_{i+1}}-A_{t_i}) - \sum \mathbb{E}[A_{t_{i+1}}-A_{t_i}|\underline{\underline{F}}_{t_i}])^2]$$

$$= \mathbb{E}[\sum ((A_{t_{i+1}}-A_{t_i})-\mathbb{E}[A_{t_{i+1}}-A_{t_i}|\underline{\underline{F}}_{t_i}])^2]$$

$$\leqq 2\mathbb{E}[\sum(A_{t_{i+1}}-A_{t_i})^2] + 2\mathbb{E}[\sum(\mathbb{E}[A_{t_{i+1}}-A_{t_i}|\underline{\underline{F}}_{t_i}]^2)]$$

$$\leqq 4\mathbb{E}[\sum(A_{t_{i+1}}-A_{t_i})^2] \quad (\text{ inégalité de Jensen})$$

$$\leqq 4\mathbb{E}[A_t \cdot \sup_i (A_{t_{i+1}}-A_{t_i})]$$

et cela tend vers 0, d'après le théorème de Lebesgue et la continuité (uniforme) des trajectoires de A. Passons au cas général : posons

$$B_s = A_s \wedge n \quad , \quad C_s = A_s - B_s$$

B et C sont deux processus croissants intégrables continus, B_t (borné) appartient à L^2, et on a $A_t^S = B_t^S + C_t^S$; donc

$$\mathbb{E}[|A_t-A_t^S|] \leqq \mathbb{E}[|B_t-B_t^S|] + \mathbb{E}[C_t] + \mathbb{E}[C_t^S]$$

Comme $\mathbb{E}[C_t^S]=\mathbb{E}[C_t]$, les deux derniers termes peuvent être rendus $<\varepsilon$ par un choix convenable de n, après quoi on peut rendre le premier terme $<\varepsilon$ en prenant S assez fine, ce qui établit le lemme.

Revenons maintenant à la situation des martingales de carré intégrables : M désignant une telle martingale, prenons pour X la surmartingale $(-M_s^2)$, pour A le processus croissant $<M,M>$, et appliquons l'énoncé précédent. Il vient

THÉORÈME 1.- Soit $M \in \underline{\underline{M}}$. La somme

$$(1) \qquad \sum_{i=0}^{n-1} \mathbb{E}[(M_{t_{i+1}}-M_{t_i})^2 | \underline{\underline{F}}_{t_i}]$$

converge vers $<M,M>_t$ dans L^1, lorsque la subdivision $(t_0,\dots,t_n)$ de $[0,t]$ devient arbitrairement fine.

(*) L'énoncé vaut aussi pour un processus croissant A naturel (non nécessairement continu) à condition de remplacer la convergence forte de L^1 par la convergence faible. Ce résultat est dû aussi à Mlle DOLÉANS.

4. Convergence vers le processus croissant $[M,M]$

THÉORÈME 2.- Soit $M \in \underline{\underline{M}}$. Les sommes

$$(2) \qquad \sum_{i=0}^{n-1} (M_{t_{i+1}} - M_{t_i})^2$$

convergent vers $[M,M]_t$ dans L^1, lorsque les subdivisions $(t_0, \ldots, t_n)$ de $[0,t]$ deviennent arbitrairement fines.

DÉMONSTRATION.- a) Nous allons montrer d'abord que toutes les variables aléatoires (2) relatives à toutes les subdivisions de $[0,t]$ sont uniformément intégrables.

Considérons la surmartingale positive $(Y_0, Y_1, \ldots, Y_{n+1})$, par rapport à la famille de tribus $\underline{\underline{G}}_0 = \underline{\underline{F}}_0, \ldots, \underline{\underline{G}}_n = \underline{\underline{G}}_{n+1} = \underline{\underline{F}}_{t_n}$, définie par

$$Y_0 = E[M_t^2 | \underline{\underline{F}}_0]$$
$$Y_1 = E[M_t^2 | \underline{\underline{F}}_{t_1}] - M_{t_1}^2 + (M_{t_1} - M_0)^2$$
$$Y_2 = E[M_t^2 | \underline{\underline{F}}_{t_2}] - M_{t_2}^2 + (M_{t_2} - M_{t_1})^2$$
$$\ldots$$
$$Y_n = E[M_t^2 | \underline{\underline{F}}_{t_n}] - M_{t_n}^2 + (M_t - M_{t_{n-1}})^2 = (M_t - M_{t_{n-1}})^2$$
$$Y_{n+1} = 0$$

La fonction Y_i est majorée par $E[M_t^2 | \underline{\underline{F}}_{t_i}] + 4.\sup_s M_s^2$; comme ce dernier processus appartient à la classe (D), il résulte du n°2 que les variables aléatoires A_∞ associées aux surmartingales Y_i, pour les diverses subdivisions de $[0,t]$, sont uniformément intégrables. Or on vérifie aussitôt que A_∞ est précisément la variable aléatoire (2). En effet

$$A_0 = 0 \; ; \; A_1 = Y_0 - E[Y_1 | \underline{\underline{F}}_0] = M_0^2 \; ; \; A_2 = A_1 + (Y_1 - E[Y_2 | \underline{\underline{F}}_{t_1}])$$
$$= M_0^2 + (M_{t_1} - M_0)^2 \text{ , etc ... jusqu'à } A_{n+1} = A_\infty .$$

b) Nous allons étudier maintenant le cas où M est une martingale continue ; dans ce cas, $[M,M] = \langle M,M \rangle$; nous désignerons par A ce processus. Comme les variables aléatoires (2) sont uniformément intégrables d'après a), il suffira d'établir la convergence en probabilité . Désignons par T le temps d'arrêt

$$\inf\{ s \leq t : M_s \geq n \text{ ou } A_s \geq n \}$$

ou t s'il n'existe pas de tel $s \leq t$. Désignons par M' la martingale (bornée du fait que M est continue) obtenue en arrêtant M à l'instant T, par A' le processus croissant (borné) obtenu en arrêtant de même A ; on a $<M',M'> = A'$. D'autre part, la somme (2) relative à M' est égale à la somme relative à M, et $A_t = A'_t$, sur l'ensemble $\{T \geq t\}$. Comme cet ensemble a une probabilité très voisine de 1 si n est assez grand, il suffira d'établir la convergence en probabilité dans le cas où M et A <u>sont bornés sur</u> $[0,t]$. Nous avons alors, en désignant par S la somme (2) :

$$\underset{\sim}{E}[(S-A_t)^2] = \underset{\sim}{E}[(\sum\{(M_{t_{i+1}}-M_{t_i})^2-(A_{t_{i+1}}-A_{t_i})\})^2]$$
$$= \underset{\sim}{E}[\sum \{(M_{t_{i+1}}-M_{t_i})^2-(A_{t_{i+1}}-A_{t_i})\}^2]$$

car tous les autres termes du développement de $\sum^2$ ont une espérance nulle. En poursuivant :

$$\underset{\sim}{E}[(S-A_t)^2] \leqq 2\underset{\sim}{E}[\sum (M_{t_{i+1}}-M_{t_i})^4] + 2\underset{\sim}{E}[\sum(A_{t_{i+1}}-A_{t_i})^2] ;$$

le premier terme est majoré par $2\underset{\sim}{E}[(\sum(M_{t_{i+1}}-M_{t_i})^2).\sup_i (M_{t_{i+1}}-M_{t_i})^2]$. Lorsqu'on fait varier la subdivision, le second facteur tend vers 0 en restant borné, d'après la continuité uniforme des trajectoires de M sur $[0,t]$, tandis que le premier facteur reste uniformément intégrable d'après a) : l'espérance du premier terme tend donc vers 0. De même, lorsque les subdivisions deviennent arbitrairement fines, l'espérance du second terme, majorée par $\underset{\sim}{E}[A_t.\sup_i (A_{t_{i+1}}-A_{t_i})]$, tend vers 0. Le cas b) est donc achevé.

c) Passons maintenant au cas général : nous poserons M=P+Q+R, où P est continue, où Q est la somme des n premiers termes de la décomposition (th.6) de la somme compensée des sauts de M, et où R est le reste de la somme compensée des sauts. Nous poserons aussi N=P+Q. Nous avons :

$$\underset{\sim}{E}[\sum (R_{t_{i+1}}-R_{t_i})^2] = \underset{\sim}{E}[(R_t-R_0)^2]$$

qui est arbitrairement petit, si n est choisi assez grand. De même, la contribution de R dans les doubles produits est majorée par

$$\underset{\sim}{E}[|\sum(N_{t_{i+1}}-N_{t_i})(R_{t_{i+1}}-R_{t_i})|] \leqq \underset{\sim}{E}[(\sum(N_{t_{i+1}}-N_{t_i})^2)^{\frac{1}{2}}(\sum(R_{t_{i+1}}-R_{t_i})^2)^{\frac{1}{2}}]$$

$$\leq (\underset{\sim}{E}[\sum(N_{t_{i+1}}-N_{t_i})^2])^{1/2}(\underset{\sim}{E}[\sum(R_{t_{i+1}}-R_{t_i})^2])^{1/2}$$

qui est arbitrairement petit , si n est choisi assez grand. Il suffit donc de traiter le cas où R=0, i.e. où il y a au plus n sauts dans la somme compensée. La contribution des termes carrés dans P est traitée en b) ; la contribution des carrés dans Q se traite facilement : les $\sum (Q_{t_{i+1}}-Q_{t_i})^2$ sont uniformément intégrables, et tendent simplement vers $\sum_{s\leq t}\Delta Q_s^2$ (noter que les trajectoires de Q sont à variation bornée). Reste enfin à étudier la somme $\sum (P_{t_{i+1}}-P_{t_i})(Q_{t_{i+1}}-Q_{t_i})$: ces variables aléatoires sont uniformément intégrables d'après a), et tendent simplement vers 0 (soit V={Q} la " valeur absolue" de Q : cette somme est majorée par $(\sup_i |P_{t_{i+1}}-P_{t_i}|).V_t$, et le premier facteur tend vers 0 d'après la continuité uniforme des trajectoires de P.

BIBLIOGRAPHIE .

[1] Ph. COURRÈGE.- Intégrales stochastiques et martingales de carré intégrable. Séminaire Brelot-Choquet-Deny (théorie du potentiel) 7e année, 1962-63, exposé 7, 20 pages.

[2] H. KUNITA et S. WATANABE.- On square integral martingales. Article à paraître.

[3] P.A.MEYER.- Probabilités et Potentiels. Blaisdell Publ. Co, Boston ; Hermann, Paris, 1966.

[4] M. MOTOO et S.WATANABE.- On a class of additive functionals of Markov processes. Journal of Maths Kyoto University, 1965, p.429-469.

[5] S.WATANABE.- On discontinuous additive functionals and Lévy measure of a Markov process. Japanese J. of M., 34, 1964, p. 53-79.

Université de Strasbourg
1966-67

Séminaire de Probabilités
11/12 Janvier 1967

INTÉGRALES STOCHASTIQUES II

Nous avons introduit les intégrales stochastiques dans le premier exposé ; nous allons exposer maintenant diverses généralisations de ces intégrales, des procédés de calcul, après quoi nous donnerons une forme générale de la "formule de changement de variables".

Nous conservons les notations de l'exposé I : en particulier, les " processus" considérés sont tous supposés adaptés à la famille ($\underline{\underline{F}}_t$). Soulignons que les processus appartenant à $\underline{\underline{M}}$ ou à $\underline{\underline{A}}$ sont supposés nuls à l'instant 0.

Les intégrales stochastiques par rapport à une martingale qui n'est pas de carré intégrable ont été étudiées récemment par P.W. MILLAR. La méthode de MILLAR repose essentiellement sur un " passage du discret au continu", à partir de résultats de BURKHOLDER sur les martingales discrètes (voir réf. à la fin de l'exposé).

I. MARTINGALES LOCALES ; EXTENSION DE L'INTÉGRATION STOCHASTIQUE AUX MARTINGALES LOCALES.

DÉFINITION.- Un processus M (à valeurs réelles finies), continu à droite, est une martingale locale s'il existe une suite croissante (T_n) de temps d'arrêt , telle que $\lim_n T_n = +\infty$ et que les processus ($M_{t\wedge T_n}$) soient des martingales uniformément intégrables.

Par exemple, toute martingale est une martingale locale (prendre T_n=n). Si l'on peut de plus choisir les T_n de façon que les martingales ($M_{t\wedge T_n}$) satisfassent à $\sup_t \underline{\underline{E}}[M^2_{t\wedge T_n}]<\infty$, nous dirons que M est localement de carré intégrable . Par exemple, toute martingale de carré intégrable est localement de carré intégrable (prendre encore T_n=n). Nous désignerons par $\underline{\underline{L}}$ l'ensemble des martingales locales nulles pour t=0, par $\underline{\underline{M}}_{loc}$ celui des martingales locales, localement de carré intégrable, nulles pour t=0.

Voici quelques propriétés simples des martingales locales. Pour simplifier le langage, nous dirons que le temps d'arrêt T réduit le processus continu à droite M si le processus ($M_{t\wedge T}$) est une martingale uniformément intégrable.

PROPOSITION 1.- a) Si T réduit M, tout temps d'arrêt $S\leq T$ réduit M. La somme de deux martingales locales est une martingale locale. Si M est une martingale locale, et si T est un temps d'arrêt, le processus $(M_{t\wedge T})$ est une martingale locale.

b) Si deux temps d'arrêt S et T réduisent M, $S\vee T$ réduit M.

c) Soit M un processus continu à droite. S'il existe une suite croissante (S_n) de temps d'arrêt, telle que $\lim_n S_n = \infty$ et que les processus $(M_{t\wedge S_n})$ soient des martingales locales, alors M est une martingale locale.

DÉMONSTRATION.- a) est une application immédiate du théorème d'arrêt de DOOB. Pour établir b), posons $R=S\vee T$ et remarquons d'abord que l'on a $|M_{t\wedge R}| \leq |M_{t\wedge S}|+|M_{t\wedge T}|$, de sorte que les variables aléatoires $M_{t\wedge R}$ sont uniformément intégrables. Nous allons traiter ici le cas où S et T sont finis ; pour passer au cas général, on appliquera cela aux temps d'arrêt $S\wedge n$, $T\wedge n$, et on fera tendre n vers $+\infty$. Tout revient donc à montrer que

(1) $$E[M_R I_{\{R>t\}} \mid \underline{\underline{F}}_t] = M_t I_{\{R>t\}}$$

Or nous avons

(2) $$E[M_R I_{\{R>t\}} \mid \underline{\underline{F}}_t] = E[M_S I_{\{S>T\vee t\}} \mid \underline{\underline{F}}_t] + E[M_T I_{\{T>t, T\geq S\}} \mid \underline{\underline{F}}_t] .$$

Soit (Y_s) la martingale uniformément intégrable $(M_{s\wedge S})$; l'événement $\{S>T\vee t\}$ appartenant à $\underline{\underline{F}}_{T\vee t}$, la première espérance conditionnelle au second membre s'écrit

$$E[Y_\infty I_{\{S>T\vee t\}} \mid \underline{\underline{F}}_t] = E[\ldots \mid \underline{\underline{F}}_{T\vee t} \mid \underline{\underline{F}}_t] = E[Y_{T\vee t} I_{\{S>T\vee t\}} \mid \underline{\underline{F}}_t]$$

et le premier membre de (2) s'écrit donc

$$E[M_{S\wedge(T\vee t)} I_{\{S>T\vee t\}} \mid \underline{\underline{F}}_t] + E[M_T I_{\{T>t, T\geq S\}} \mid \underline{\underline{F}}_t] =$$

$$E[M_{T\vee t} I_{\{S>T\vee t\}} + M_T I_{\{T>t, T\geq S\}} \mid \underline{\underline{F}}_t] =$$

$$E[M_T I_{\{T>t\}} + M_t I_{\{S>t, T\leq t\}} \mid \underline{\underline{F}}_t]$$

Cette dernière expression s'écrit aussi, en désignant par (Z_s) la martingale uniformément intégrable $(M_{s\wedge T})$

$$\underset{\sim}{E}[Z_\infty I_{\{T>t\}}|\underline{\underline{F}}_t] + M_t I_{\{S>t,T\leq t\}} = Z_t I_{\{T>t\}} + M_t I_{\{S>t,T\leq t\}}$$

$$= M_t I_{\{T>t\}\cup\{T\leq t,S>t\}} = M_t I_{\{S\vee T>t\}}$$

La formule (1) est donc établie . Passons à c) : pour chaque n, soit $(T_{nm})_{m\in\underset{\sim}{N}}$ une suite croissante de temps d'arrêt réduisant le processus $(X_{t\wedge S_n})$, qui converge vers $+\infty$; rangeons tous les temps d'arrêt $T_{nm}{}^n$ en une seule suite (H_n), et posons $T'_n = H_1 \vee H_2 \ldots \vee H_n$; ces temps d'arrêt tendent en croissant vers $+\infty$, et réduisent X d'après b), d'où le résultat.

REMARQUE.- Soit M une martingale locale : on peut montrer qu'un temps d'arrêt T réduit M si et seulement si le processus $(M_{t\wedge T})$ appartient à la classe (D)

DÉFINITION.- Nous désignerons par $\underline{\underline{V}}$ l'ensemble des processus nuls pour t=0, continus à droite, dont les trajectoires sont à variation bornée sur tout intervalle borné. Si $A\in\underline{\underline{V}}$, nous noterons $\{A\}$ le processus défini par $\{A_t\} = \int_0^t |dA_s|$; évidemment $\{A\}\in\underline{\underline{V}}$. Nous désignerons par $\underline{\underline{A}}_{loc}$ l'ensemble des éléments A de $\underline{\underline{V}}$ tels qu'il existe une suite croissante (T_n) de temps d'arrêt satisfaisant aux conditions $\lim_n T_n=+\infty$, $\underset{\sim}{E}[\{A\}_{T_n}] <+\infty$.

On a évidemment $\underline{\underline{V}}^c \subset \underline{\underline{A}}_{loc}$, $\underline{\underline{L}}^c \subset \underline{\underline{M}}_{loc}$ (*) : par exemple, si $A\in\underline{\underline{V}}^c$, les temps d'arrêt $T_n = \inf\{t : \{A_t\}\geq n\}$ satisfont à la définition ci-dessus.

Un élément A de $\underline{\underline{V}}$ sera dit naturel si $\Delta A_T=0$ pour tout temps d'arrêt totalement inaccessible T, et retors si les temps d'arrêt S_{mn} qui portent les discontinuités de A (exposé I, p.4) sont totalement inaccessibles : A est à la fois naturel et retors si et seulement s'il est continu. Un processus naturel $A\in\underline{\underline{V}}$ ne peut appartenir à $\underline{\underline{L}}$ que s'il est nul (noter d'abord que A est naturel et retors(**), donc continu, et donc appartient à $\underline{\underline{A}}_{loc}$; on introduit alors des temps d'arrêt $T_n \to +\infty$ tels que le processus $(A_{t\wedge T_n})$ appartienne à $\underline{\underline{M}} \cap \underline{\underline{A}}^n$, donc soit nul). On montre sans

---

(*) Comme dans le premier exposé, le ^{c} sert à désigner les processus à trajectoires continues.

(**) Les discontinuités de $A\in\underline{\underline{L}}$ sont portées par des temps d'arrêt totalement inaccessibles.

peine que tout $A\in\underline{\underline{A}}_{loc}$ est associé à un processus naturel $\tilde{A}\in\underline{\underline{A}}_{loc}$, unique (i.e., le processus $A-\tilde{A}$ est une martingale locale).

L'intérêt des martingales locales vient surtout du théorème suivant, dû à ITO et WATANABE : toute surmartingale positive continue à droite X se met de manière unique sous la forme $X=M-A$, où M est une martingale locale, et A un processus croissant naturel appartenant à $\underline{\underline{A}}^+_{loc}$ (cf. Ann.Inst. Fourier, t.15,1965).

Intégrales stochastiques par rapport à $M\in\underline{\underline{M}}_{loc}$

Soit $M\in\underline{\underline{M}}_{loc}$, et soient S et T deux temps d'arrêt tels que $S\leq T$, et que les martingales $M'_t = M_{t\wedge S}$, $M''_t = M_{t\wedge T}$ soient telles que $\sup_t \underset{\sim}{E}[M'^2_t]$, $\sup_t \underset{\sim}{E}[M''^2_t]$ soient finis. Le processus $M''^2 - \langle M'', M''\rangle$ est une martingale uniformément intégrable ; en l'arrêtant à l'instant S, on voit que le processus $(M'^2_t - \langle M'', M''\rangle_{t\wedge S})$ est une martingale ; il résulte alors du théorème d'unicité de la décomposition de DOOB que $\langle M', M'\rangle_t = \langle M'', M''\rangle_{t\wedge S}$. En utilisant alors des temps d'arrêt T_n, croissant vers $+\infty$, et satisfaisant aux propriétés de T ci-dessus, on établit l'existence d'un processus croissant continu unique $\langle M,M\rangle$, tel que $M^2-\langle M,M\rangle$ soit une martingale locale. On définit alors $\langle M,N\rangle$ pour $N\in\underline{\underline{M}}_{loc}$, comme dans l'exposé I.

Considérons maintenant un processus très-bien-mesurable Y tel que l'on ait, pour tout t

$$\int_0^t Y_s^2 \, d\langle M,M\rangle_s < +\infty$$

Désignons par S_n le temps d'arrêt , inf des deux temps d'arrêt T_n (ci-dessus) et $\inf\{t : \int_0^t Y_s^2 \, d\langle M,M\rangle_s \geq n\}$. Soit M^n la martingale obtenue en arrêtant M à l'instant S_n ; elle appartient à $\underline{\underline{M}}$, et on a $Y\in \dot{L}^2(M^n)$; on peut donc définir l'intégrale stochastique $Y.M^n$: on vérifie ensuite facilement que $(Y.M^n)_t = (Y.M^{n+1})_{t\wedge S_n}$. Il en résulte qu'il existe un processus (noté Y.M) appartenant à $\underline{\underline{M}}_{loc}$, tel que $(Y.M^n)_t = (Y.M)_{t\wedge S_n}$ pour tout n. Nous dirons que Y.M est l'intégrale stochastique de Y par rapport à M. Dans le cas où $M\in\underline{\underline{M}}$, cette définition coïncide avec celle des intégrales stochastiques " en probabilité" , introduites par ITO et COURRÈGE [1](*). Comme dans le cas où $M\in\underline{\underline{M}}$, Y.M est caractérisé

(*) Voir la bibliographie à la fin de l'exposé I.

par la relation $\langle Y.M,N\rangle = Y.\langle M,N\rangle$ ($N\in \underline{\underline{M}}_{loc}$)

Intégrales stochastiques par rapport à une martingale locale. Lorsque M est une martingale locale qui n'appartient pas à $\underline{\underline{M}}_{loc}$,(*) on ne peut pas utiliser le processus croissant $\langle M,M\rangle$ (il n'est pas à valeurs finies), mais nous allons voir en revanche que le processus $[M,M]$ est encore utilisable.

PROPOSITION 2.- *Soit $M\in\underline{\underline{L}}$ une martingale locale. Il existe une suite (R_n) de temps d'arrêt, qui tend en croissant vers $+\infty$, telle que les propriétés suivantes soient satisfaites pour chaque n*

a) La martingale N^n obtenue en arrêtant M à l'instant R_n est uniformément intégrable.

b) N^n est de la forme $H^n+(Z^n-\tilde{Z}^n)$, où H^n est une martingale arrêtée à l'instant R_n, continue à l'instant R_n, telle que $\sup_t |H^n_t|$ appartienne à tout $L^p(p<\infty)$; où $Z^n\in\underline{\underline{A}}$ est le processus retors $Z^n_t=\Delta M_{R_n} I_{\{t\geq R_n\}}$, où $\tilde{Z}^n\in\underline{\underline{A}}$ est continu, et où le processus $H^n-\tilde{Z}^n$ est borné.

DÉMONSTRATION.- Nous commençons par choisir une suite croissante (T_n) de temps d'arrêt croissant vers $+\infty$, finis, tels que les processus $(M_{t\wedge T_n})$ soient des martingales uniformément intégrables. Désignons par (J^n_t) une version continue à droite de la martingale $(\underline{E}[|M_{T_n}|\,|\underline{\underline{F}}_t]$, et par S_n le temps d'arrêt

$$S_n = (\inf\{t : J^n_t \geqq p_n\})\wedge T_n$$

où p_n est choisi assez grand pour que $\underline{P}\{S_n<T_n-\frac{1}{n}\}\leqq 2^{-n}$: d'après le lemme de Borel-Cantelli, $S_n\to+\infty$ p.s., et S_n réduit M d'après la proposition 1. Posons ensuite $R_n = \inf_{k\geqq n} S_k$: R_n tend p.s. vers $+\infty$ en croissant, et réduit M . D'autre part, la martingale $(\underline{E}[|M_{R_n}|\,|\underline{\underline{F}}_t])$ est majorée par la martingale $(\underline{E}[|M_{T_n}|\,|\underline{\underline{F}}_t])$, car $|M_{R_n}|\leq\underline{E}[|M_{T_n}|\,|\underline{\underline{F}}_{R_n}]$ du fait que $R_n\leqq T_n$; la première martingale est donc majorée par p_n sur $[0,R_n[$. Nous allons voir que les

---

(*) Je n'ai pas d'exemples de cette situation, mais je pense que c'est plutôt la règle que l'exception !

R_n ainsi construits répondent à la question.

Plus généralement, considérons un temps d'arrêt fini R possédant les propriétés suivantes : R réduit M, et la martingale $(\underset{\sim}{E}[|M_R||\underline{\underline{F}}_t])$ est bornée sur [0,R[par une constante K. Désignons alors par N (resp. N^+,N^-) la martingale $(\underset{\sim}{E}[M_R|\underline{\underline{F}}_t])$ (resp. M_R^+,M_R^-), par Z (resp. Z^+,Z^-) le processus $(\Delta N_R I_{\{t\geq R\}})$ (resp. ΔN_R^+ - le saut de N^+ en R- , ΔN_R^-) , et enfin par H la martingale $N-(Z-\tilde{Z})$.

Raisonnons par exemple sur N^+ : le processus $Y_t = N_t^+ I_{\{t<R\}} + N_t^+ I_{\{t\geq R,\ \Delta N_R^+=0\}}$ est une surmartingale positive bornée, puisque N^+ est arrêtée à R, bornée sur [0,R[, et qu'on a modifié après R les trajectoires qui sautaient à cet instant en leur donnant la valeur 0. Soit J le processus croissant intégrable $J_t = N_R^+ I_{\{t\geq R,\ \Delta N_R^+ \neq 0\}}$; on a $Y = N^+ - J$, de sorte que Y admet la décomposition de DOOB $Y=(N^+-J+\tilde{J}) - \tilde{J}$; mais on sait ([3], chap.VII, n°59) que dans la décomposition de DOOB d'une surmartingale positive bornée, le processus croissant et la martiongale sont majorés par une variable aléatoire qui appartient à tout L^p ($p<\infty$) . En particulier, on a $\tilde{J}_\infty \in L^p$. Soit k une constante qui majore N^+ sur [0,R[; on voit de même que si K est le processus croissant retors $K_t = k.I_{\{t\geq R,\ \Delta N_R^+\neq 0\}}$, $\tilde{K}_\infty$ appartient à tout L^p (p fini). Or $|\Delta N_R^+| \leq (N_R^+ + k) I_{\{\Delta N_R^+\neq 0\}}$, donc $\int_0^\infty |d\tilde{Z}_s^+| \leq \tilde{J}_\infty + \tilde{K}_\infty$ appartient à tout L^p ($p<\infty$). On a le même résultat en remplaçant + par -, et donc finalement aussi $\int_0^\infty |d\tilde{Z}_s| \in L^p$.

Ecrivons maintenant que $N=H+\tilde{Z}$; sur [0,R[, on a $H=N+\tilde{Z}$. Or N est bornée sur [0,R[, et $\sup_s |\tilde{Z}_s| \in L^p$, donc $\sup_{s<R} |H_s| \in L^p$, et on peut remplacer $s<R$ par $s<\infty$, car H est arrêtée à l'instant R, et continue à cet instant.

Enfin, $H-\tilde{Z}$ est bornée sur [0,R[, continue à l'instant R, arrêtée à R, donc bornée sur toute la demi-droite, et cela achève la démonstration.

Nous allons déduire de cette proposition un premier résultat sur les martingales locales . Voici d'abord une définition.

DEFINITION.- On dit que $M\in\underline{\underline{L}}$ est une somme compensée de sauts si le processus MN est une martingale locale pour toute martingale locale continue $N^{(*)}$.

Nous dirons que deux éléments M et N de $\underline{\underline{L}}$ sont orthogonaux si leur produit MN est une martingale locale. Lorsque M et N appartiennent à $\underline{\underline{M}}$, il est facile de vérifier que l'on retrouve ainsi la définition de l'exposé I. Nous désignerons par $\underline{\underline{L}}^c$ l'ensemble des martingales locales continues, nulles pour t=0 ($\underline{\underline{L}}^c=\underline{\underline{M}}^c_{loc}$) , et par $\underline{\underline{L}}^d$ l'ensemble des sommes compensées de sauts : il est facile de voir que $\underline{\underline{L}}^c\cap\underline{\underline{L}}^d=\{0\}$.

PROPOSITION 3.-a) Toute martingale locale $M\in\underline{\underline{L}}$ se décompose de manière unique en une somme d'une martingale locale continue M^c, et d'une somme compensée de sauts $M^d\in\underline{\underline{L}}^d$.

b) Si M est une somme compensée de sauts, M est orthogonale à toute martingale bornée n'ayant pas de saut commun avec M.

c) Soit M une somme compensée de sauts, et soit T un temps d'arrêt ; la martingale locale $(M_{t\wedge T})$ est alors une somme compensée de sauts.

d) Pour que $M\in\underline{\underline{L}}$ soit une somme compensée de sauts, il faut et il suffit que les martingales H^n de la prop.2 soient des sommes compensées de sauts , au sens de l'exposé I.

DÉMONSTRATION.- Nous nous bornerons à établir (de manière assez schématique) a) et d), et nous laisserons b) et c) au lecteur, comme des conséquences faciles. Reprenons les notations de la prop.2 : on décompose la martingale H^n (qui appartient à $\underline{\underline{M}}$) en sa partie continue H^{nc}, et sa partie discontinue (somme compensée de sauts) H^{nd}, et on écrit :

$$N^n = H^{nc} + (H^{nd}+\overset{c}{Z}{}^n)$$

H^{nd} et $\overset{c}{Z}{}^n$ sont des martingales uniformément intégrables, sans discontinuités communes, orthogonales à toute martingale continue bornée, et plus généralement à toute martingale bornée sans discontinuité commune avec M. Posons $N^{nc} = H^{nc}$, $N^{nd} = H^{nd}+\overset{c}{Z}{}^n$.

(*) Il est aisé de vérifier qu'il suffit de supposer cela pour toute martingale continue bornée.

On montre alors sans aucune peine l'existence de deux martingales locales M^c et M^d, telles qu'on ait pour tout n

$$N_t^{nc} = M^c_{t\wedge R_n} \ , \quad N_t^{nd} = M^d_{t\wedge R_n} \ ,$$

Alors M^c et M^d satisfont aux conditions de l'énoncé.

Nous passons maintenant à la définition du processus croissant $[M,M]$ pour une martingale locale M quelconque.

PROPOSITION 4.- <u>Soit</u> $M\epsilon\underline{\underline{L}}$, <u>admettant la décomposition</u> $M=M^c+M^d$ (prop.3) ; <u>on pose</u>

$$[\,M,M\,]_t = \ < M^c,M^c>_t + \sum_{s\leqq t}\Delta M_s^2$$

<u>Le processus croissant</u> $[M,M]$ <u>appartient alors à</u> $\underline{\underline{V}}^+$ (<u>autrement dit, on a p.s.</u> $[M,M]_t <\infty$ <u>pour tout</u> t), <u>et le processus</u> $M^2-[M,M]$ <u>est une martingale locale</u>.

DÉMONSTRATION.- Reprenons les notations de la prop.2 ; on a évidemment pour tout t

$$[M,M]_{t\wedge R_n} = [N^n,N^n]_{t\wedge R_n} = [H^n,H^n]_{t\wedge R_n} + \Delta M^2_{R_n} I_{\{t\geqq R_n\}} < +\infty$$

puisque la martingale H^n appartient à $\underline{\underline{M}}$. Le second point est plus délicat . Il suffira de montrer que $(N^n)^2-[N^n,N^n]$ est une martingale uniformément intégrable pour tout n . Nous omettrons partout n dans la suite de la démonstration.

Nous avons $N=H+Z-\tilde{Z} = H+Z^c$, donc (pour $t\leqq\infty$)

$$N_t = H_t - \tilde{Z}_t + \Delta N_R I_{\{t\geqq R\}}$$

donc

$$N_t^2 = (H_t - \tilde{Z}_t)^2 + 2(H_t-\tilde{Z}_t)\Delta N_R I_{\{t\geqq R\}} + \Delta N_R^2 I_{\{t\geqq R\}}$$

d'autre part, $[N,N]_t = [H,H]_t + \Delta N_R^2 I_{\{t\geqq R\}}$. Comme $H-\tilde{Z}$ est borné en valeur absolue par une constante k, comme ΔN_R et $[H,H]_t$ sont intégrables, la variable aléatoire $|N_t^2-[N,N]_t| \leqq k^2 + 2k|\Delta N_R|$ est intégrable. On a d'autre part

$$N_t^2-[N,N]_t = (H_t^2-[H,H]_t) + (\tilde{Z}_t^2 - 2H_t\tilde{Z}_t + 2(H_t-\tilde{Z}_t)\Delta N_R I_{\{t\geqq R\}}) \ .$$

Le processus $H^2-[H,H]$ étant une martingale uniformément intégrable, il suffit de montrer que la seconde parenthèse en est une aussi. Ecrivons la

(1) $$\tilde{Z}_t^2 - 2H_t\tilde{Z}_t + 2\int_0^t (H_s-\tilde{Z}_s)dZ_s \ .$$

On peut remplacer $H_s-\tilde{Z}_s$ par $H_{s-}-\tilde{Z}_{s-}$, car H est continu à l'instant de l'unique saut de Z, et $\tilde{Z}$ est continu. Le processus très-bien-mesurable $U_s=H_{s-}-\tilde{Z}_{s-}$ étant borné, et Z et $\tilde{Z}$ étant associés, U.Z et U.$\tilde{Z}$ sont aussi associés (exposé I, prop.2) ; le processus (1) ne diffère donc du processus

(2) $$\tilde{Z}_t^2-2H_t\tilde{Z}_t+2\int_0^t (H_{s-}-\tilde{Z}_{s-})d\tilde{Z}_s = \tilde{Z}_t^2-2H_t\tilde{Z}_t+2\int_0^t (H_s-\tilde{Z}_s)d\tilde{Z}_s$$

que par la martingale uniformément intégrable $U.(Z-\tilde{Z})$. Comme $\tilde{Z}$ est continu, on a $\tilde{Z}_t^2 = 2\int_0^t \tilde{Z}_s d\tilde{Z}_s$, et il reste simplement

(3) $$-2(H_t\tilde{Z}_t - \int_0^t H_s d\tilde{Z}_s)$$

Comme $\sup_s |H_s|$ et $\int_0^t |d\tilde{Z}_s|$ appartiennent à L^2, on peut appliquer le théorème 15 du chap.VII de [3], qui montre que (3) est bien une martingale (uniformément intégrable).

Nous allons esquisser maintenant la théorie des intégrales stochastiques par rapport à une martingale locale $M\in\underline{\underline{L}}$. Soit X un processus bien-mesurable ; pour simplifier, nous supposerons que X est <u>borné</u>. Reprenons les notations de la prop. 2 . Soit Y^n le processus

$$Y_t^n = X_{R_n}\Delta M_{R_n} I_{\{t\geq R_n\}} \quad ;$$

Y^n appartient à $\underline{\underline{A}}$, car M_{R_n} et M_{R_n-} sont intégrables. Posons

$$U^n = X.H^n + \overset{c}{Y^n} \quad ;$$

U^n est une martingale uniformément intégrable. D'autre part, on a $U^{n+1}_{t\wedge R_n} = U^n_t$ (ces deux martingales ont en effet la même partie continue et les mêmes sauts). Il en résulte aussitôt qu'il existe une martingale locale (notée X.M) unique, telle que $(X.M)_{t\wedge R_n} = U^n_t$. Nous dirons encore que X.M est l'intégrale stochastique de X par rapport à M.

Nous n'insisterons pas sur les propriétés de l'intégrale stochastique X.M qui vient d'être définie.

II.- FORMULES D'INTÉGRATION PAR PARTIES.

THÉORÈME 1.- Soit $M \in \underline{\underline{M}}$, et soit $V \in \underline{\underline{V}}$ (i.e., un processus continu à droite dont les trajectoires sont des fonctions à variation bornée) tel que $E[\int_0^t V_{s-}^2 d\langle M,M\rangle_s] < +\infty$ pour tout t. Le processus $(V_t M_t - \int_0^t M_s dV_s)$ est alors une martingale, égale à l'intégrale stochastique $(\int_0^t V_{s-} dM_s)$.

DÉMONSTRATION.- Remarquons d'abord (les trajectoires de M étant bornées sur tout intervalle borné) que $\int_0^t |M_s||dV_s|$ est fini pour tout t. Désignons par T_n le temps d'arrêt

$$\inf \{t : |V_t| \geq n \},$$

et par V^n le processus $(\int_0^t I_{[0,T_n[}(s)dV_s) \in \underline{\underline{V}}$, dont la valeur absolue $|V^n|$ est bornée par n. Supposons établi le théorème pour V^n : le processus $I^n = (\int_0^t V^n_{s-} dM_s)$ converge p.s. vers $I= (\int_0^t V_{s-} dM_s)$, car I^n et I coïncident jusqu'à l'instant T_n, et $T_n \to \infty$. D'autre part, $V^n_t M_t - \int_0^t M_s dV^n_s$ converge vers $V_t M_t - \int_0^t M_s dV_s$, d'où l'égalité annoncée.

Nous allons donc supposer maintenant que le processus $|V|$ est borné par une constante K. Nous allons démontrer le théorème en trois étapes.

a) M est de la forme $\overset{c}{A}$, avec $A \in \underline{\underline{A}}$; alors $\int_0^t V_{s-} dM_s$ est égale à l'intégrale de Stieltjes ordinaire(*) $\int_0^t V_{s-} d\overset{c}{A}_s$ par rapport à $\overset{c}{A} \in \underline{\underline{A}}$, et le théorème est la formule ordinaire d'intégration par parties ([3], chap.VII, th.22).

b) M est continue. L'intégrale $\int_0^t V_{s-} dM_s$ est limite en norme de

---

(*) Les deux intégrales coïncident en effet sur les processus "étagés" très-bien-mesurables, donc sur tous les processus très-bien-mesurables bornés

sommes de la forme $\sum V_{t_i}(M_{t_{i+1}}-M_{t_i})$, l'intégrale $\int_0^t M_s dV_s$ est limite p.s. des sommes $\sum M_{t_{i+1}}(V_{t_{i+1}}-V_{t_i})$. Il suffit alors de faire une " transformation d'Abel".

c) Passons au cas général. Il résulte de l'exposé I (th.6 p.12, et inégalité de DOOB, bas de la p.5) qu'il existe une suite de martingales M^n possédant les propriétés suivantes :

1) M^n est la somme d'une martingale continue et d'une martingale de la forme A^c, $A\in\underline{\underline{A}}$.

2) $M^n \in \underline{\underline{M}}$; $M^n \to M$ dans $\underline{\underline{M}}$ lorsque $n\to\infty$.

3) $\sup_{s\leq t} |M^n_s - M_s| \to 0$ p.s. lorsque $n\to\infty$.

Le théorème, vrai pour chacune des martingales M^n, se démontre alors pour M grâce à un passage à la limite.

REMARQUE.- Le théorème s'étend en réalité à $V\in\underline{\underline{V}}$ et $M\in\underline{\underline{L}}$ sans autre restriction, à condition de remplacer dans l'énoncé " martingale" par " martingale locale" . En effet, reprenons les notations de la prop.2, en choisissant de plus les temps d'arrêt R_n tels que chaque variable aléatoire $|V|_{R_n-}$ soit bornée. Appliquons alors le théorème précédent à $V^n = I_{[0,R_n]}.V$ et à la martingale $H^n\in\underline{\underline{M}}$:

$$\int_0^{t\wedge R_n} V_{s-}dH^n_s = V_{t\wedge R_n}H^n_{t\wedge R_n} - \int_0^{t\wedge R_n} H^n_s dV_s$$

et d'autre part, d'après la formule habituelle d'intégration par parties

$$\int_0^{t\wedge R_n} V_{s-}d\overset{c}{Z}{}^n_s = V_{t\wedge R_n}\overset{c}{Z}{}^n_{t\wedge R_n} - \int_0^{t\wedge R_n} \overset{c}{Z}{}^n_s dV_s$$

Autrement dit, en ajoutant

$$\int_0^{t\wedge R_n} V_{s-}dM_s = V_{t\wedge R_n}M_{t\wedge R_n} - \int_0^{t\wedge R_n} M_s dV_s$$

Il ne reste plus qu'à noter que le premier membre est une martingale uniformément intégrable, et à faire tendre n vers $+\infty$.

Le théorème 1 est une forme particulière (un peu plus précise) de la formule générale du changement de variables qu'on verra au §III. Il en est de même du théorème 2 ci-dessous.

Voici une application facile du th.1, qui nous servira dans le prochain exposé : soit (X_t) un processus de HUNT, admettant un semi-groupe de transition (P_t), une résolvante (U_p), et soit g une fonction borélienne bornée qui appartient au domaine du générateur infinitésimal A . Posons $f=Ag$: f est bornée, et $g = U_p(pg-f)$ pour tout $p>0$. Le processus

$$M_t = g\circ X_t - g\circ X_0 - \int_0^t f\circ X_s ds$$

est une martingale bornée continue à droite. On a alors si $p>0$

$$\int_0^t e^{-ps} dM_s = e^{-pt} g\circ X_t - g\circ X_0 + \int_0^t (pg-f)\circ X_s ds \ .$$

En effet, le premier membre vaut aussi, d'après le théorème 1

$$e^{-pt} M_t + \int_0^t pe^{-ps} M_s ds \ .$$

On transforme alors cette expression par des calculs très simples, mais fatigants à écrire.

THÉORÈME 2.- <u>Soient</u> M <u>et</u> N <u>deux éléments de</u> $\underline{\underline{L}}$; <u>on a</u>

$$\int_0^t M_{s-} dN_s + \int_0^t N_{s-} dM_s = M_t N_t - [M,N]_t$$

DÉMONSTRATION.- Nous ne ferons que l'esquisser. Nous pourrons nous limiter, par arrêt (à la manière de la prop.2) au cas où M et N sont uniformément intégrables, arrêtées à un temps d'arrêt R, bornées sur $[0,R[$. Il y a deux cas à distinguer :

a) M et N sont continues : il s'agit alors d'un cas particulier de la formule du changement de variables pour les martingales continues, que nous verrons plus loin.

b) M est une somme compensée de sauts . On se ramène alors au cas où M est de la forme $\overset{c}{A}$, avec $A\in\underline{\underline{A}}$, et $\int_0^t M_{s-} dN_s + [M,N]_t = \int_0^t M_s dN_s$ (intégrale de Stieltjes ordinaire sur les trajectoires). On retombe alors sur le th.1.

<u>Remarque</u>.- Lorsque M et N appartiennent à $\underline{\underline{M}}_{loc}$, on a aussi la formule d'intégration par parties

$$\int_0^t M_{s-} dN_s + \int_0^t N_s dM_s = M_t N_t - \langle M,N \rangle_t \ .$$

En effet, compte tenu du théorème 2, cette formule s'écrit

$$\int_0^t (N_s - N_{s-}) dM_s = [M,N]_t - \langle M,N\rangle_t$$

Or soit $A \in \underline{\underline{A}}_{loc}$ le processus croissant $A_t = \sum_{s \leq t} \Delta M_s \Delta N_s$: les deux membres sont égaux à $\overset{c}{A}$.

III. SEMIMARTINGALES ET CHANGEMENT DE VARIABLES

La notion de semimartingale a été introduite par FISK(*) sous le nom de "quasimartingale" (le mot semimartingale signifiait 'sousmartingale' dans le livre de DOOB, mais il n'est plus utilisé en ce sens).

DÉFINITION.- On dit qu'un processus continu à droite X est une semimartingale (resp. une semimartingale locale) si X peut s'écrire X=M+A, où M est une martingale et A appartient à $\underline{\underline{A}}$ (resp. où M est une martingale locale et A appartient à $\underline{\underline{A}}_{loc}$).

Remarque.- Dans cet ordre d'idées, il est intéressant d'introduire aussi la notion de semimartingale locale faible, obtenue en remplaçant $\underline{\underline{A}}_{loc}$ par $\underline{\underline{V}}$ ci-dessus. Par exemple, soit $M \in \underline{\underline{L}}$; nous avons vu que $[M,M] \in \underline{\underline{V}}$ et que $M^2-[M,M] \in \underline{\underline{L}}$, donc M^2 est une semimartingale locale faible , mais non pas une semimartingale locale, sans doute. Nous laisserons cependant cette notion de côté dans ce qui suit.

Soit X une semimartingale ; nous pouvons écrire $X_t = X_0 + M_t + A_t^r + A_t^n$, où M est une martingale nulle pour t=0, où $A^n \in \underline{\underline{A}}$ est naturel (c'est la somme de la partie continue et des sauts accessibles de A), et où $A^r \in \underline{\underline{A}}$ est purement discontinu et retors (c'est la somme des sauts totalement inaccessibles de A). Ecrivons alors $X = X_0 + (M + \overset{cr}{A}) + (A^n + \tilde{A}^r)$; nous voyons que X s'écrit (cette fois de manière unique) comme somme de X_0, d'une martingale nulle pour t=0, d'un élément naturel de $\underline{\underline{A}}$. On en déduit aussitôt, par arrêt, que toute surmartingale locale X se décompose uniquement en X_0,

(*) D.L. FISK a obtenu des résultats intéressants sur les semimartingales continues. Voir son article "Quasimartingales" (Trans. Amer. Math. Soc., 1965).

un élément de $\underline{\underline{L}}$, et un élément naturel de $\underline{\underline{A}}_{loc}$. On n'a pas de résultat analogue pour les semimartingales locales faibles, semble t'il.

Soit $X=X_0+M+A^n$ une semimartingale locale, et soit Y un processus bien-mesurable : il est naturel de désigner par $\int_0^t Y_s dX_s$ ou $(Y.X)_t$ l'intégrale stochastique $\int_0^t Y_s dM_s + \int_0^t Y_s dA_s^n$, à condition que ces deux intégrales existent séparément. De même, il est naturel de noter $[X,X]_t$ (resp. $<X,X>_t$) la limite de $\sum(X_{t_{i+1}}-X_{t_i})^2$ (resp. de $\sum \underset{\sim}{E}[(X_{t_{i+1}}-X_{t_i})^2|\underline{\underline{F}}_{t_i}]$, si ces sommes ont un sens) le long du filtre des subdivisions de $[0,t]$, c'est à dire $[M,M]_t + \sum_{s\leq t}(\Delta A_s^n)^2$ (resp. $<M,M>_t+\sum_{s\leq t}(\Delta A_s^n)^2$).

Voici maintenant le premier théorème de changement de variables dans les intégrales stochastiques ; il est relatif aux semimartingales $X=X_0+M+A$ à trajectoires <u>continues</u> . On notera qu'alors (les discontinuités de M étant totalement inaccessibles et celles de A accessibles), M et A sont nécessairement <u>continus</u>.

THÉORÈME 3.- <u>Soient n semimartingales locales continues</u>

$$X^i=X_0^i + M^i + A^i \quad (i=1,\ldots,n, \; M^i\in\underline{\underline{M}}_{loc}^c, \; A^i\in\underline{\underline{A}}_{loc}^c)$$

<u>et soit</u> X <u>le processus</u> $(X^i)_{i=1,\ldots,n}$ <u>à valeurs dans</u> $\underset{\sim}{R}^n$. <u>Soit</u> F <u>une fonction définie sur</u> $\underset{\sim}{R}^n$, <u>admettant des dérivées partielles continues d'ordres</u> 1 <u>et</u> 2. <u>Le processus</u> $(F\circ X_t)$ <u>est alors une semimartingale locale continue, admettant la décomposition</u>

$$F\circ X_t = F\circ X_0 + \sum_{i=1}^n \int_0^t D^iF\circ X_s \, dM_s^i + \sum_{i=1}^n \int_0^t D^iF\circ X_s \, dA_s^i + \frac{1}{2}\sum_{i,j}\int_0^t D^iD^jF\circ X_s \, d<M^i,M^j>_s \quad (*)$$

DÉMONSTRATION.- Nous nous bornerons au cas où n=1. Par arrêt à des temps d'arrêt convenables, on se ramène aussitôt au cas où

(*) Si n=1, il est commode d'écrire formellement $d(F\circ X_s) = F'\circ X_s dX_s + \frac{1}{2}F''\circ X_s ds$.

$X,M,\{A\}$ sont bornés en valeur absolue par une constante K. On peut alors supposer que F a son support dans $[-2K,+2K]$. Il suffit d'autre part de traiter le cas où F admet des dérivées continues des trois premiers ordres (on effectue ensuite un passage à la limite). Alors, si b et a sont deux éléments de $[-2K,2K]$, la formule de Taylor donne

$$F(b)-F(a) = (b-a)F'(a) + \frac{1}{2}(b-a)^2F''(a) + r(a,b)$$

avec $|r(a,b)| \leq C|b-a|^3$. Dans ces conditions, prenons une subdivision (t_i) de $[0,t]$; nous avons

$$F(X_t)-F(X_0) = \sum[F(X_{t_{i+1}})-F(X_{t_i})] = \sum F'(X_{t_i})(X_{t_{i+1}}-X_{t_i}) +$$

$$+ \frac{1}{2}\sum F''(X_{t_i})(X_{t_{i+1}}-X_{t_i})^2 + \sum r(X_{t_i},X_{t_{i+1}})$$

Le premier terme de la somme ne pose pas de problème :

$\sum F'(X_{t_i})(M_{t_{i+1}}-M_{t_i})$ (resp. $(A_{t_{i+1}}-A_{t_i})$) converge en norme (resp. p.s.) vers $\int_0^t F'\circ X_s dM_s$ (resp. dA_s).

Passons au second terme. Soit H une constante qui majore $|F''|$; les sommes $\sum F''(X_{t_i})(A_{t_{i+1}}-A_{t_i})^2$, $\sum F'' X_{t_i}(M_{t_{i+1}}-M_{t_i})(A_{t_{i+1}}-A_{t_i})$ étant majorées respectivement en valeur absolue par $H.\{A\}_t. \sup|A_{t_{i+1}}-A_{t_i}|$ et $H.\{A\}_t. \sup|M_{t_{i+1}}-M_{t_i}|$, sommes qui tendent p.s. vers 0 en vertu de la continuité des trajectoires de M et de A, il suffit d'étudier la limite de $\sum F''\circ X_{t_i}(M_{t_{i+1}}-M_{t_i})^2$. Or soit $\underline{\underline{H}}$ l'espace des processus continus à gauche et bornés Y , tels que $\sum Y_{t_i}(M_{t_{i+1}}-M_{t_i})^2$ tende en probabilité vers $\int_0^t Y_s d\langle M,M\rangle_s$ lorsque les subdivisions deviennent arbitrairement fines ; il résulte de l'appendice de l'exposé I que $\underline{\underline{H}}$ est fermé pour la convergence uniforme , et contient tous les processus étagés de la forme $Y_s(\omega) = \sum Y_{s_i}(\omega)I_{]s_i,s_{i+1}]}(s)$; $\underline{\underline{H}}$ contient donc aussi le processus continu et borné $(F''\circ X_s)$.

Reste à étudier le dernier terme. Soit C une borne de la

dérivée troisième F''' ; ce terme est majoré par

$$C.\sum |X_{t_{i+1}}-X_{t_i}|^3 \leqq C.\ \sup|X_{t_{i+1}}-X_{t_i}|.\ \sum(X_{t_{i+1}}-X_{t_i})^2$$

$$\leqq 2C.\ \sup|X_{t_{i+1}}-X_{t_i}|.\ \sum [\ (M_{t_{i+1}}-M_{t_i})^2+(A_{t_{i+1}}-A_{t_i})^2]$$

$$\leqq 2C.\ \sup|X_{t_{i+1}}-X_{t_i}|.\ \sum (M_{t_{i+1}}-M_{t_i})^2$$

$$+2C.\ \sup|X_{t_{i+1}}-X_{t_i}|.\ \sup|A_{t_{i+1}}-A_{t_i}|.\{A\}_t$$

Ce dernier terme tend évidemment vers 0 p.s. ; celui qui le précède tend vers 0 en norme dans L^1, car nous avons vu **dans l'appendice** de l'exposé I que les variables aléatoires $\sum(M_{t_{i+1}}-M_{t_i})^2$ sont uniformément intégrables, tandis que $\sup|X_{t_{i+1}}-X_{t_i}|$ tend p.s. vers 0 en restant borné.

Extension . On peut remplacer les bornes 0 et t par S et T, où S et T sont des temps d'arrêts, et $S \leqq T$. On se ramène aussitôt à établir cela pour des bornes de la forme 0 et T, et cela se fait en approchant T par une suite décroissante de temps d'arrêt étagés.

Application.- Le théorème suivant est dû à Paul LÉVY ; la démonstration est celle de KUNITA-WATANABE (on comparera à la démonstration classique, donnée dans le livre de DOOB, p.384).

PROPOSITION 5.- Soit X un processus à valeurs dans $\mathbb{R}^n$, tel que $X_0=0$, dont les composantes X^i sont des martingales continues telles que $< X^i,X^j>_t = \delta_{ij}t$. Alors X est un mouvement brownien issu de 0.

DÉMONSTRATION.- Posons $F(x)=e^{iu.x}$ (u.x est le produit scalaire des vecteurs u et x dans $\mathbb{R}^n$). La formule du changement de variables nous donne, si $r<t$

$$\mathbb{E}[F\circ X_t-F\circ X_r|\underline{\underline{F}}_r] = \mathbb{E}[\frac{1}{2}\sum \int_r^t D^iD^jF\circ X_s\ d<X^i,X^j>_s\ |\underline{\underline{F}}_r]$$

$$=\mathbb{E}[-\frac{1}{2}|u|^2\int_r^t F\circ X_s ds|\underline{\underline{F}}_r]\ .$$

Soit $A\in\underline{\underline{F}}_r$, et soit pour $w\geqq 0$ $f(w) = \int_A F\circ X_{r+w}d\mathbb{P}$. Cette formule

s'écrit
$$f(w)-f(0) = -\frac{1}{2}|u|^2\int_0^w f(s)ds$$

d'où $f(w)= f(0).\exp(-\frac{1}{2}|u|^2 w)$, et enfin
$$\underset{\sim}{E}[e^{iu.X_t}-e^{iu.X_r}|\underline{\underline{F}}_r] = e^{iu.X_r}\exp(-\frac{t-r}{2}|u|^2)$$

ou
$$\underset{\sim}{E}[\exp(iu.(X_t-X_r))|\underline{\underline{F}}_r] = \exp(-\frac{t-r}{2}|u|^2).$$

Cela exprime que X est un mouvement brownien.

La formule générale du changement de variables.

Nous donnons ici cette formule sous une forme un peu différente de celle de KUNITA-WATANABE, qui a l'avantage de s'appliquer aux martingales locales les plus générales (alors que celle de KUNITA-WATANABE concerne les martingales locales définies sur l'espace canonique d'un processus de HUNT ; nous l'étudierons plus tard). Nous laisserons de côté les processus à valeurs vectorielles, pour ne pas compliquer les notations (mais ceux-ci n'offrent aucune véritable difficulté supplémentaire).

On notera que la décomposition indiquée n'est pas canonique : elle comporte un élément de $\underline{\underline{A}}$ retors. Bien entendu, rien ne serait plus facile que de la rendre canonique (formellement) en compensant ce processus, mais ce serait un simple jeu d'écriture. Au contraire, dans le cas des martingales liées aux processus de HUNT, un calcul plus explicite est possible, grâce au " système de LÉVY" du processus, et on obtient alors la formule de KUNITA et WATANABE.

THÉORÈME 4.- Soit X une semimartingale locale, admettant la décomposition canonique
$$X = X_0 + M + A = X_0 + M^c + M^d + A^c + A^d ,$$
où $M\in\underline{\underline{L}}$ (et M^c et M^d sont respectivement continue, et une somme compensée de sauts), où A est un élément naturel de $\underline{\underline{A}}_{loc}$(et A^c et A^d sont respectivement la partie continue et la partie discontinue de A). Soit F une fonction définie sur $\underset{\sim}{R}$, admettant des dérivées des deux premiers ordres continues et bornées.

<u>Le processus</u> $(F\circ X_s)$ <u>est alors une semimartingale locale</u>, <u>admettant la décomposition</u>

$$\begin{aligned} F\circ X_t = F\circ X_0 &+ \int_0^t F'\circ X_{s-}\, dM_s \\ &+ \int_0^t F'\circ X_{s-} dA^c_s \\ &+ \int_0^t \frac{1}{2}F''\circ X_{s-}\; d\langle M^c,M^c\rangle_s \\ &+ \sum_{\substack{s\leq t \\ \Delta A_s\neq 0}} [F(X_s)-F(X_{s-})] \\ &+ \sum_{\substack{s\leq t \\ \Delta M_s\neq 0}} [F(X_s)-F(X_{s-})-F'(X_{s-})(X_s-X_{s-})] \end{aligned} \qquad (*)$$

DÉMONSTRATION.- Par arrêt à des temps d'arrêt $R_n \to \infty$, on peut se ramener (grâce à la prop.2) à démontrer la formule dans le cas où il existe un temps d'arrêt R tel que :

- $\{A\}_R$ est intégrable, A est arrêté à l'instant R, $\{A\}$ est borné sur l'intervalle $[0,R[$;
- M est une martingale uniformément intégrable, arrêtée à l'instant R, bornée sur $[0,R[$, de la forme $H+\overset{c}{Z}$ ($H\in\underline{\underline{M}}$; cf. la prop.2).

Quitte à faire une transformation de l'ensemble des temps, nous pourrons supposer que les processus sont définis et continus à gauche pour la valeur $+\infty$ du temps, et prendre $t=\infty$: cela simplifiera les notations.

Ecrivons maintenant $H=H'+H''$, où H'' est la somme compensée des sauts de H d'amplitude $<\varepsilon$, de sorte que $H'\in\underline{\underline{M}}$ n'a que des sauts d'amplitude $\geq\varepsilon$ (et les trajectoires de H' n'ont donc qu'un nombre fini de sauts sur $[0,\infty]$) ; posons de même $A=A'+A''$, où A'' est la somme des sauts de A d'amplitude $<\varepsilon$ (ainsi A' n'a p.s. qu'un nombre fini de sauts sur $[0,\infty]$). Posons enfin $X'=X_0+H'+\overset{c}{Z}+A'$, $X''=H''+A''$; je dis qu'il suffira d'établir la

(*) Nous désignerons les termes du second membre, pris dans cet ordre, par T_i ($1\leq i\leq 6$). **On peut évidemment remplacer X_{s-} par X_s dans les expressions de T_3 et T_4 .**

formule pour X'. En effet, choisissons une suite $\varepsilon_n \to 0$, de telle sorte que les trajectoires de X' convergent p.s. uniformément vers celles de X (inégalité de DOOB, exposé I, bas de la p.5) . Alors $F\circ X'_\infty \to F\circ X_\infty$. Au second membre, aucun problème pour T_1 ($X_0=X'_0$). $\int_0^t F'\circ X_{s-}dM_s = \int_0^t F'\circ X'_{s-}dM'_s + \int_0^t (F'\circ X_{s-}-F\circ X'_{s-})dH'_s + \int_0^t (F'\circ X_{s-}-F'\circ X'_{s-})d\overset{c}{Z}_s + \int_0^t F'\circ X_{s-}dH''_s$. Le second terme au 2e membre tend vers 0 dans L^2 (utiliser le théorème de Lebesgue, en tenant compte du fait que F' est bornée) ; le troisième terme tend vers 0 dans L^1, et le 4e à nouveau dans L^2 :cela règle la question de T_2. Pour T_4, la discussion est plus aisée , car M^c est commune à X et à X' : il suffit de noter que $F''\circ X'_{s-}$ converge p.s. uniformément vers $F''\circ X_{s-}$, d'où la convergence p.s. (ou dans L^1, F'' étant bornée). Même raisonnement pour T_3.

Passons à T_5 . Notons d'abord que ce terme appartient à $\underline{\underline{A}}$, (*) car on a , si $\Delta A_s \neq 0$

$$|F(X_s)-F(X_{s-})| \leq K.|\Delta A_s|$$

où K est une borne de F' , et $\sum |\Delta A_s| \leq \{A\}_\infty$ est intégrable. On a alors

$$\sum_{\Delta A_s\neq 0} [F(X_s)-F(X_{s-})] = \sum_{\Delta A'_s\neq 0} [F(X'_s)-F(X'_{s-})] +$$
$$+ \sum_{\Delta A'_s\neq 0} [F(X_s)-F(X'_s)-F(X_{s-})+F(X'_{s-})] + \sum_{\Delta A''_s\neq 0} [F(X_s)-F(X_{s-})] .$$

Le second terme au second membre tend vers 0 p.s., du fait que pour chaque ω il s'agit du somme <u>finie</u> , et qu'il y a convergence vers 0 de chaque terme ; le troisième terme lui aussi tend vers 0, car il est majoré en valeur absolue par $K.\{A''\}_\infty$.

Passons enfin à T_6, et montrons comme ci-dessus , pour commencer, que ce terme appartient à $\underline{\underline{A}}$ (*). Il faut distinguer le saut à l'instant R, que nous majorerons en module par $2K|\overset{c}{Z}_R-\overset{c}{Z}_{R-}|$ (K désignant toujours une borne de F'), variable aléatoire qui est intégrable, et, d'autre part, la contribution des sauts

(*) À $\underline{\underline{A}}_{loc}$ si on ne fait pas les hypothèses simplificatrices du début.

antérieurs à R. Or on a, L désignant une borne de F"

$$\sum_{\substack{\Delta M_s \neq 0 \\ s<R}} | F(X_s)-F(X_{s-})-F(X_{s-})(X_s-X_{s-})| \leq$$

$$\frac{1}{2}L\sum_{\substack{\Delta M_s \neq 0 \\ s<R}} (X_s-X_{s-})^2 = \frac{1}{2}L\sum_s (H_s-H_{s-})^2$$

dont l'espérance est au plus $\frac{1}{2}LE[H_\infty^2]$. Pour étudier le comportement de T_6 dans le passage à la limite, on procède alors comme plus haut : contribution du saut à l'instant R, commun à X et X' (convergence p.s.) ; contribution des sauts de H' (il n'y en a qu'un nombre fini , et il y a convergence de chaque terme comme ci-dessus dans l'étude de T_5) ; contribution dans T_6 (relatif à X) des sauts de H" ; on la majore par $\frac{1}{2}L\sum(H''_s-H''_{s-})^2$, qui tend vers 0 dans L^1.

Il nous reste donc seulement à établir la formule pour X'. Posons alors

$$B'_t = \sum_{s\leq t}\Delta H'_s \quad + Z_t$$

Ce processus appartient à $\underline{\underline{A}}$, est purement discontinu et retors. On a
$$X' = X_0 + H^c + \overset{c}{B'} + A^c + A'$$

où B' et A' n'ont qu'un nombre fini de sauts sur $[0,\infty]$. Nous reviendrons aux notations initiales, en omettant tous les ' et en posant $H^c=M^c$, $B'=B$, $A'=A^d$, $\overset{c}{B} = M^d$, $M^c+M^d=M$, $A^c+A^d=A$:

$$X = X_0 + M + A = X_0 + M^c + \overset{c}{B} + A^c + A^d$$

Soient $U_0=0$, et $U_1,U_2\dots$ les instants des sauts successifs de X : pour chaque ω, on a $U_n(\omega)=\infty$ pour n assez grand. La semimartingale X est continue sur l'intervalle $[U_i,U_{i+1}[$, où elle se réduit à $X_{U_i}+M^c-\widetilde{B}+A^c$; on peut donc écrire, en appliquant la formule du changement de variables des semimartingales continues (avec translation de l'origine des temps à l'instant U_i ; cf [3],chap. IV, n°s 55 et 58)

$$F(X_{U_{i+1}-})-F(X_{U_i}) = \int_{U_i}^{U_{i+1}} F'\circ X_{s-}dM_s^c + \int_{U_i}^{U_{i+1}} F'\circ X_s dA_s^c$$
$$+ \int_{U_i}^{U_{i+1}} \tfrac{1}{2}F''\circ X_s d\langle M^c,M^c\rangle_s$$
$$- \int_{U_i}^{U_{i+1}} F'\circ X_s d\tilde{B}_s$$

Sommons sur i, ce qui est légitime car il n'y a p.s. qu'un nombre fini de termes pour chaque ω ; il vient

$$F(X_\infty)- F(X_0) = \int_0^\infty F'\circ X_{s-}dM_s^c + \int_0^\infty F'\circ X_{s-}dA_s^c + \int_0^\infty \tfrac{1}{2}F''\circ X_s d\langle M^c,M^c\rangle_s$$
$$-\int_0^\infty F'\circ X_{s-}d\tilde{B}_s + \sum_j [F(X_{U_j})-F(X_{U_j-})]$$

Ecrivons cette somme $\sum_s [F(X_s)-F(X_{s-})]$, et partageons la en deux : celle qui correspond aux sauts de A, que nous ne modifierons pas, et celle qui correspond aux sauts de $M^d = B-\tilde{B}$, que nous écrirons

$$\sum_{\Delta M_s\neq 0} F'\circ X_{s-}(X_s-X_{s-}) + \sum_{\Delta M_s\neq 0} [F(X_s)-F(X_{s-})-F'\circ X_{s-}(X_s-X_{s-})] .$$

On obtient alors la formule annoncée en remarquant que

$$\sum_{\Delta M_s\neq 0} F'\circ X_s(X_s-X_{s-})- \int_0^t F'\circ X_s d\tilde{B}_s = \int_0^\infty F'\circ X_{s-} (dB_s-d\tilde{B}_s)$$
$$= \int_0^\infty F'\circ X_{s-}dM_s^d .$$

BIBLIOGRAPHIE

D.L. BURKHOLDER.- Martingale Transforms. Annals of Math. Stat., 37, n°6, 1966, 1494-1504.

P.W. MILLAR.- Martingale integrals (article à paraître). Voir C.R. Acad. Sc., t.264, 1967, p. 694-697.

APPENDICE.-UN RÉSULTAT DE D.AUSTIN

D.G. AUSTIN a montré récemment (A sample function property of martingales, Ann. Math. Stat. 37, 1966, 1396-1397) que si X_n est une martingale telle que $\sup_n E|X_n| < \infty$, la variable aléatoire $\sum_n (X_{n+1}-X_n)^2$ est p.s. finie. Ce résultat suggère l'énoncé analogue suivant, pour des processus à temps continu : <u>si</u> $X=(X_t)_{t\in\mathbb{R}_+}$ <u>est une martingale continue à droite bornée dans</u> L^1 (i.e. telle que $\sup_t E[|X_t|]<\infty$) <u>la variable aléatoire</u> $\sum_s \Delta X_s^2$ <u>est p.s. finie</u>. Nous établirons ce résultat par la méthode qui nous a conduits à la prop. 2, mais nous permettrons ici à la famille de tribus d'avoir des temps de discontinuité.

Nous établirons en fait un énoncé un peu différent . Remarquons d'abord que la somme de deux martingales possédant la propriété de l'énoncé la possède encore (inégalité de Schwarz) ; ensuite, que toute martingale bornée dans L^1 est différence de deux martingales positives ("décomposition de KRICKEBERG"). Il suffit donc de traiter le cas où X est positive, et nous poserons alors $X_\infty = \lim_{t\to\infty} X_t$. Soit $a(t)=\frac{t}{1-t}$ pour $t\in[0,1[$, et soit $M_t=X_{a(t)}$ pour $t\in[0,1[$, $M_t=X_\infty$ pour $t>1$. Le processus (M_t) est alors une martingale locale,(x) et l'énoncé résulte du théorème suivant :

THÉORÈME.- <u>Soit</u> $M=(M_t)$ <u>une martingale locale continue à droite. Si</u> $t<\infty$, <u>la variable aléatoire</u> $\sum_{s\leq t} \Delta M_s^2$ <u>est p.s. finie</u>.

DÉMONSTRATION.- En appliquant la définition des martingales locales, on se ramène aussitôt au cas où M est une martingale uniformément intégrable puis, par différence, au cas où M est une martingale uniformément intégrable positive. Posons alors , K étant un nombre >0

$$R = K\wedge(\inf\{s : M_s\geq K\})$$

Comme on a p.s. $R\geq t$ dès que K est assez grand, il nous suffira de démontrer le résultat pour la martingale $(N_t) =(M_{R\wedge t})$, autrement dit de

(x) Par exemple, parce que c'est une surmartingale positive, et que le processus croissant associé est nul.

prouver que :

<u>si</u> N <u>est une martingale uniformément intégrable positive, arrêtée à l'instant</u> R, <u>bornée par</u> K <u>sur</u> $[0,R[$, <u>on a</u> $\sum_s \Delta N_s^2 < \infty$.

Posons $Z_t = \Delta N_R . I_{\{t \geq R > 0\}}$; comme N_R est intégrable, N_{R-} bornée, Z est la différence de deux processus croissants intégrables. Nous allons montrer que $\sup_s |\tilde{Z}_s| \in L^2$. Posons $Y_t = N_t I_{\{t<R\}}$: Y est une surmartingale positive bornée. Le processus $J_t = N_R I_{\{t \geq R\}}$ est un processus croissant intégrable, et Y admet la décomposition $Y=(N-J+\tilde{J})-\tilde{J}$. Comme Y est bornée, on a $\tilde{J}_\infty \in L^2$. Posons $L_t = N_{R-} I_{\{t \geq R > 0\}}$; on voit de même que $\tilde{L}_\infty \in L^2$. Comme $Z=J-L$, on a $\tilde{Z}=\tilde{J}-\tilde{L}$, donc $\int_0^\infty |d\tilde{Z}_s| \leq \tilde{J}_\infty + \tilde{L}_\infty \in L^2$, d'où enfin le résultat cherché.

Posons maintenant $H=N-\overset{c}{Z}$; comme on a $\sum \Delta \overset{c}{Z}{}_s^2$, puisque les trajectoires de $\overset{c}{Z}$ sont à variation bornée, il suffira de montrer que $\sum \Delta H_s^2 < \infty$. Il suffira pour cela, d'après une propriété bien connue des martingales de carré intégrable, de montrer que $\sup_s |H_s - H_0| \in L^2$. Or cette variable aléatoire est majorée par la somme de $\sup_{0<s<R} |H_s - H_0|$ et de $|\Delta H_R|$. Sur $[0,R[$, on a $Z=0$, $H=N+\tilde{Z}$, donc $\sup_{0<s<R} |H_s - H_0| \leq 2K + \sup_s |\tilde{Z}_s| \in L^2$. D'autre part, on a $\Delta N_R = \Delta Z_R$, donc $\Delta H_R = \Delta \tilde{Z}_R$, majoré en module par $2\sup_s |\tilde{Z}_s| \in L^2$. Cela achève la démonstration.

INTÉGRALES STOCHASTIQUES PAR RAPPORT AUX MARTINGALES LOCALES

par

C. DOLÉANS-DADE et P.A. MEYER

Nous généralisons la théorie des intégrales stochastiques, telle qu'elle est traitée dans [1] et [2], dans deux directions. D'une part, nous permettons à la famille de tribus fondamentale d'avoir des temps de discontinuité ; d'autre part, nous adoptons une nouvelle définition des semimartingales, qui donne lieu à une formule de changement de variables plus simple et plus générale que celle de [2]. Cette formule constitue le résultat essentiel du travail. Pour le reste, nous avons essayé de donner des démonstrations à peu près complètes, pour éviter de renvoyer constamment le lecteur à [1], mais il s'agit vraiment de généralisations immédiates des résultats classiques sur les intégrales stochastiques. Nous avons laissé de côté l'extension du " théorème de projection " de KUNITA-WATANABE, qui est un peu plus délicate, et qui a été faite par J.LAZARO.

NOTATIONS

$(\Omega, \mathcal{F}, P)$ est un espace probabilisé complet, muni d'une famille $(\mathcal{F}_t)_{t \in \mathbb{R}_+}$ de sous-tribus de $\mathcal{F}$, croissante et continue à droite. Nous supposons que $\mathcal{F}_0$ contient tous les ensembles négligeables de $\mathcal{F}$.

Un processus stochastique $X=(X_t)_{t \in \mathbb{R}_+}$ est une famille de variables aléatoires réelles sur Ω ; il est adapté à la famille $(\mathcal{F}_t)$ si X_t est $\mathcal{F}_t$-mesurable pour tout t . Un processus stochastique adapté X sera dit prévisible , si la fonction $(t,\omega) \mapsto X_t(\omega)$ est mesurable par rapport à la tribu sur $\mathbb{R}_+ \times \Omega$, engendrée par les processus adaptés dont les trajectoires sont continues à gauche.

Un temps d'arrêt T est dit prévisible, s'il existe une suite croissante (R_n) de temps d'arrêt qui converge vers T p.s., telle que pour tout n on ait p.s. $R_n<T$ sur $\{T>0\}$. Un temps d'arrêt T est totalement inaccessible, s'il n'est pas p.s. infini et si, pour toute suite croissante (R_n) de temps d'arrêt majorés par T , on a

$$P\{\ \omega : \lim S_n(\omega)=T(\omega)<+\infty,\ S_n(\omega)<T(\omega)\ \forall\ n\in \underset{\sim}{N}\} = 0 .$$

Un temps d'arrêt T est accessible si, pour tout temps d'arrêt S totalement inaccessible, on a

$$\underset{\sim}{P}\ \{T = S<+\infty\} = 0 .$$

Deux processus X et Y sont dits indistinguables si, pour presque tout $\omega\in\Omega$, on a $X_t(\omega)=Y_t(\omega)$ pour tout t .

§ 1. MARTINGALES BORNEES DANS L^2

La théorie des intégrales stochastiques exposée ici diffère très peu de [1] ; l'hypothèse d'absence de temps de discontinuité pour la famille $(\mathcal{F}_t)$ étant peu importante, si l'on se limite à l'intégration des processus prévisibles.

1. On dit qu'un processus adapté M est une martingale bornée dans L^p $(1\leq p<+\infty)$, si les trajectoires de M sont continues à droite et pourvues de limites à gauche, si M est une martingale et si $\sup_t E[|M_t|^p] <+\infty$ (si $p>1$ et $M^* = \sup_t |M_t|$, on a alors $\underset{\sim}{E}[(M^*)^p]<+\infty$, [4] chap VI n° 2). Nous désignerons par $\mathcal{M}^2$ l'espace des martingales bornées dans L^2 , telles que $M_0 = 0$ (avec identification de deux martingales indistinguables). Nous munirons $\mathcal{M}^2$ du produit scalaire

$$(M,N) \longmapsto \underset{\sim}{E}[M_\infty N_\infty] \quad (M,N\in \mathcal{M}^2) .$$

Le sous-espace de $\mathcal{M}^2$ formé des martingales à trajectoires continues (à une identification près) sera désigné par $\mathcal{M}^2_c$.

THÉORÈME 1.

$\mathcal{M}^2$ est un espace de Hilbert et $\mathcal{M}^2_c$ est fermé dans $\mathcal{M}^2$.

Ce théorème se déduit aisément du lemme suivant.

LEMME 1.

Soit (M^n) une suite de martingales bornées dans L^2 , telle que $\sum_n \underset{\sim}{E}[(M^n_\infty - M^{n+1}_\infty)^2] < +\infty$; il existe alors une martingale M bornée dans L^2 , telle que pour presque tout ω , $M^n_t(\omega)$ converge uniformément en t vers $M_t(\omega)$.

Démonstration

On a, d'après une inégalité classique due à Doob ([4],chap VI n°2),

$$\underset{\sim}{E}[\sup_{t\geq 0} (M^n_t - M^{n+1}_t)^2] \leq 4 \underset{\sim}{E}[(M^n_\infty - M^{n+1}_\infty)^2] ;$$

ce qui entraîne que, pour presque tout ω , les suites $(M^n_t(\omega))$ sont uniformément convergentes. Il suffit alors de poser

$M_t(\omega) = \lim_n M^n_t(\omega)$ si les suites $(M^n_t(\omega))$ convergent uniformément

$M_t(\omega) = 0$ ailleurs,

pour obtenir une martingale bornée dans L^2, **vers laquelle converge la suite** (M^n).

2. - PROCESSUS CROISSANT NATUREL ASSOCIÉ À UNE MARTINGALE BORNÉE DANS L^2 .

Un processus adapté $A=(A_t)$ est un processus croissant, si ses trajectoires sont des fonctions croissantes, continues à droite, nulles pour $t=0$. Il est dit intégrable si $\underset{\sim}{E}[A_\infty] < +\infty$. Il est dit naturel (*) s'il est intégrable et si, pour toute martingale Y continue à droite et bornée,

$$\underset{\sim}{E}[\int_0^\infty Y_s\, dA_s] = \underset{\sim}{E}[\int_0^\infty Y_{s-}\, dA_s] .$$

On identifiera deux processus croissants indistinguables.

(*) On peut montrer qu'un processus croissant intégrable est naturel si et seulement s'il est prévisible . Les mots seront considérés comme synonymes dans la suite.

THÉORÈME 2.

Soit $M \in \mathfrak{M}^2$; il existe un processus croissant **intégrable naturel** unique tel que le processus $(M_t^2 - A_t)$ soit une martingale.

Ce théorème est démontré dans [4] , chap. VIII n°s 23 et 25 . Nous poserons $A = \langle M,M \rangle$. La propriété caractéristique de ce processus croissant naturel s'écrit, si $s \leq t$.

$$\underset{\sim}{E}[M_t^2 - M_s^2 \,|\, \mathcal{F}_s] = \underset{\sim}{E}[(M_t - M_s)^2 \,|\, \mathcal{F}_s] = \underset{\sim}{E}[\langle M,M \rangle_t - \langle M,M \rangle_s \,|\, \mathcal{F}_s] ,$$

où l'on peut d'ailleurs remplacer s,t par deux temps d'arrêt S,T tels que $S \leq T$ (appliquer le théorème d'arrêt de Doob à la martingale $(M_t^2 - A_t)$) . Si M et N sont deux éléments de M^2 on posera

$$\langle M,N \rangle = \tfrac{1}{2}(\langle M+N,M+N \rangle - \langle M,M \rangle - \langle N,N \rangle) ;$$

Le processus $\langle M,N \rangle$ est alors caractérisé par les propriétés suivantes :

(i) $\langle M,N \rangle$ est différence de deux processus croissants naturels.

(ii) $\langle M,N \rangle - MN$ est une martingale.

Le processus $\langle M,N \rangle$ vérifie évidemment ces propriétés ; pour voir que $\langle M,N \rangle$ est le seul processus vérifiant (i) et (ii) il suffit d'utiliser la démonstration de [4] chap VII T. 21 .

Deux martingales M et N appartenant à $\mathfrak{M}^2$ seront dites orthogonales si $\langle M,N \rangle = 0$; ce qui équivaut à dire que le processus $(M_t N_t)$ est une martingale.

3.- INTÉGRALES STOCHASTIQUES DES PROCESSUS PRÉVISIBLES.

DÉFINITION

Si le processus A est égal à la différence de deux processus croissants , nous désignerons par $L^1(A)$, l'ensemble des processus prévisibles C tels que $\mathbb{E}[\int_0^\infty |C_s|\,|dA_s|] < +\infty$.

Si $C \in L^1(A)$, on peut définir le processus adapté $Y_t = \int_0^t C_s dA_s$ comme une intégrale de Stieljes sur chaque trajectoire ω . Nous étudierons au § 2 quelques propriétés de ce processus Y .

Si M est une martingale, la fonction $t \mapsto M_t(\omega)$ n'est pas souvent à variation finie sur tout intervalle $[0,s]$, et l'on ne peut pas parler de l'intégrale $\int_0^s C_t(\omega)\, dM_t(\omega)$. On peut pourtant, dans certains cas, définir une intégrale de C par rapport à la martingale M . **Nous suivons la présentation maintenant classique de KUNITA et WATANABE**

DÉFINITION.

Soit $M \in \mathfrak{M}^2$, on désigne par $L^2(M)$ l'ensemble des processus prévisibles C tels que $\mathbb{E}[\int_0^\infty C_s^2\, d<M,M>_s] < +\infty$; on munira $L^2(M)$ de la semi-norme :

$$C \longmapsto \sqrt{\mathbb{E}[\int_0^\infty C_s^2\, d<M,M>_s]} .$$

THÉORÈME 3.

1) Soit $M \in \mathfrak{M}^2$, et soit $C \in L^2(M)$; **on a alors** $C \in L^1(<M,N>)$ pour tout $N \in \mathfrak{M}^2$, **et il existe un élément** et un seul de $\mathfrak{M}^2$, noté $C.M$, tel que l'on ait pour tout $N \in \mathfrak{M}^2$

$$<C.M,N>_t = \int_0^t C_s\, d<M,N>_s \qquad \text{p.s.}$$

2) Pour presque tout ω , on a $\Delta(C.M)_s = C_s \Delta M_s$(1) , pour tout s . Si M est à trajectoires continues, **il en est de même de C.M .**

Notation

On dira que $C.M$ est l'intégrale stochastique du processus C par rapport à la martingale M , **et on écrira** $(C.M)_t = \int_0^t C_s dM_s$.

(1) Si X est un processus à trajectoires continues à droite et pourvues de limites à gauche, $\Delta X_s = X_s - X_{s-}$ désigne le saut de X à l'instant s .

Démonstration

a) unicité : si L et L' sont deux éléments de $\mathfrak{M}^2$ tels que $<L,N>_t = <L',N>_t = \int_0^t C_s \, d<M,N>_s$ pour tout s et tout $N \in \mathfrak{M}^2$, on a $<L-L',L-L'> = 0$. Le processus $(L-L')^2$ est alors une martingale positive, nulle à l'instant zéro, et

b) existence : soit $\mathcal{E}$ le sous-espace de $L^2(M)$ formé des processus C de la forme

$$C_s = \sum_{i \in \mathbb{N}} H_i \, I_{]t_i,t_{i+1}]}(s) ,$$

où (t_i) est une subdivision dyadique de la droite réelle, et où H_i est $\mathcal{F}_{t_i}$-mesurable et bornée pour tout i. Nous poserons, si $k(s)$ est le dernier indice i tel que $t_i < s$

$$(C.M)_s = H_0(M_{t_1} - M_{t_0}) + H_1(M_{t_2} - M_{t_1}) + \ldots + H_{k(s)}(M_s - M_{k(s)}) .$$

Il est facile de vérifier que C et $C.M$ satisfont aux propriétés suivantes

$$\text{(i)} \quad \mathbb{E}\Big[\int_0^\infty |C_s| \, |d<M,N>_s|\Big] \leq \Big(\mathbb{E}\Big[\int_0^\infty C_s^2 \, d<M,M>_s\Big]\Big)^{\frac{1}{2}} \big(\mathbb{E}[<N,N>_\infty]\big)^{\frac{1}{2}},$$

pour tout $N \in \mathfrak{M}^2$.

(ii) $C.M \in \mathfrak{M}^2$, et $<C.M,N>_t = \int_0^t C_s \, d<M,N>_s$ p.s., pour tout $N \in \mathfrak{M}^2$.,

(iii) $\Delta(C.M)_s = C_s \Delta M_s$ pour tout s, et presque tout ω.

L'application $C \mapsto C.M$ est une application linéaire continue de $\mathcal{E}$ dans $\mathfrak{M}^2$; deux éléments C et C' de $L^2(M)$, non séparés par la seminorme de $L^2(M)$ ont même image dans cette application (conséquence de (ii)). L'application $C \mapsto C.M$ se prolonge donc en une application linéaire continue de $L^2(M)$ dans $\mathfrak{M}^2$, vérifiant les propriétés (i) et (ii). La propriété (iii) est alors une conséquence du Lemme 1.

4.- DÉCOMPOSITION D'UNE MARTINGALE DE $\mathfrak{M}^2$.

Nous redonnons ici, de manière schématique, la décomposition des martingales de carré intégrable faite dans [4] chap. VIII n°s 28 à 32 . Au lieu de travailler avec des temps d'arrêt accessibles comme en 29 et 30, nous utiliserons des temps d'arrêt prévisibles. Le théorème T. 29 est d'ailleurs faux si T n'est pas prévisible.

DÉFINITION

Soit X un processus adapté à trajectoires continues à droite, pourvues de limites à gauche ; nous dirons qu'une suite de temps d'arrêt $(T_n)_{n\in \mathbb{N}}$ épuise les sauts de X , si pour tout temps d'arrêt T , la relation

$$P(T = T_n < +\infty) = 0 \quad \text{pour tout} \quad n \in \mathbb{N}$$

entraîne

$$X_T = X_{T-} \quad \text{p.s.}$$

Cette définition n'impose pas au processus X de sauter effectivement à tous les instants T_n . Ceci nous permettra de ne travailler qu'avec des temps d'arrêt **soit prévisibles, soit totalement inaccessibles.**

LEMME 2.

Soit X un processus adapté à trajectoires continues à droite et pourvues de limites à gauche ; il existe une suite (T_n) de temps d'arrêt, épuisant les sauts de X et tels que

1) $P(T_n = T_m < +\infty) = 0$ si $n \neq m$

2) T_n soit, ou prévisible, ou totalement inaccessible.

Démonstration

Soit (R_n) une suite de temps d'arrêt épuisant les sauts de X (une telle suite est construite dans [4] chap VIII. 20) ; nous décomposons chaque temps d'arrêt R_n en sa partie accessible S'_n et sa partie totalement inaccessible S_n ([4] chap. VII 42 et 44). Chaque graphe $[S'_n]$(2) est contenu dans une réunion dénombrable de graphes de temps d'arrêt prévisibles (c'est le "résultat élémentaire" de [5]) . Il existe donc une suite (T'_n) de temps d'arrêt, épuisant les sauts de X , et telle que T'_n soit, <u>ou bien</u> prévisible, <u>ou bien</u> totalement inaccessible. On peut rendre les graphes des T'_n disjoints en posant

$$T_0=T'_0 \quad , \quad T_n = \begin{cases} T'_n & \text{si } T_n \neq T_i \text{ pour } i<n \\ +\infty & \text{sinon} \end{cases}$$

La suite (T_n) répond bien à la question.

Nous considérons maintenant une martingale $M \in \mathcal{M}^2$, et une suite (T_n) de temps d'arrêt épuisant les sauts de M et satisfaisant aux conditions du lemme 2 . Le lecteur trouvera les démonstrations de ce qui suit dans [4] chap. VIII nos 28-30-31-32 et démonstration de 29 . Nous poserons, pour chaque temps d'arrêt T_n :

$$A_t^n = \Delta M_{T_n} I_{\{t \geq T_n\}} ;$$

il existe alors un processus croissant, naturel, unique $\tilde{A}_t^n$ tel que $\overset{c}{A}{}_t^n = A_t^n - \tilde{A}_t^n$ soit une martingale bornée dans L^2 . Le processus $\tilde{A}_t^n$ est nul si T_n est prévisible, il est à trajectoires continues si T_n est totalement inaccessible. La martingale $\overset{c}{A}{}^n$ est orthogonale à toute martingale de $\mathcal{M}^2$ n'ayant pas de discontinuité commune avec $\overset{c}{A}{}^n$; en particulier les martingales $\overset{c}{A}{}^n$ sont deux à deux orthogonales. La série $\sum_n \overset{c}{A}{}_\infty^n$ converge en moyenne quadratique (3) .

---

(2) Si T est un temps d'arrêt, son graphe $[T]$ est le sous-ensemble de $\Omega \times \mathbb{R}_+$: $[T] = \{(\omega, T(\omega)), T(\omega) < +\infty\}$.

(3) Mais la série $\Sigma|A_\infty^n| = \sum_n |\Delta M_{T_n}|$ ne converge pas ; par contre, nous verrons au paragraphe suivant, que la série $\sum_n (\Delta M_{T_n})^2$ converge dans L^1 .

Posons, au sens de la convergence dans L^2 :

$Y_\infty = \Sigma A_\infty^{c_n}$ la sommation étant étendue aux indices n tels que T_n soit prévisible ,

et

$Z_\infty = \Sigma A_\infty^{c_n}$ la sommation étant étendue aux indices n tels que T_n soit totalement inaccessible ;

et désignons par Y_t (resp Z_t) une version à trajectoires continues à droite de la martingale $E[Y_\infty | \mathcal{F}_t]$ (resp $E[Z_\infty | \mathcal{F}_t]$) . Nous désignons par X la martingale

$$X_t = M_t - Y_t - Z_t$$

Avec ces notations , les rappels qui précèdent nous donnent le théorème :

THÉORÈME 4.

La décomposition M=X+Y+Z **possède les propriétés suivantes :**

1) Y (resp Z) est une martingale de $\mathfrak{M}^2$ orthogonale à toute martingale bornée dans L^2 , qui n'a pas de discontinuités communes avec elle .

2) Z n'a que des sauts totalement inaccessibles, Y n'a que des sauts accessibles.

3) La martingale X est bornée dans L^2 , et à trajectoires continues.

De plus il n'existe qu'une seule décomposition M=X+Y+Z ayant ces propriétés.

Notations **: au lieu de M=X+Y+Z, nous utiliserons dans la suite les notations suivantes :** $M^c = X$: partie continue de la martingale M .

$M^d = Y+Z$: somme compensée des sauts de M .

$M^{dq} = Z$: somme compensée des sauts totalement inaccessibles de M , (M^{dq} est quasi-continue à gauche, [4] chap VIII,24).

$M^{dp} = Y$: somme compensée des sauts prévisibles.

On dira q'une martingale $M \in \mathfrak{M}^2$ est une somme compensée de sauts, si sa partie continue M^c est nulle , ce qui équivaut à dire que M est orthogonale à toute martingale $N \in \mathfrak{M}^2_c$.

5.- SECOND PROCESSUS CROISSANT ASSOCIÉ À UNE MARTINGALE M DE $\mathfrak{M}^2$.

Dans ce paragraphe, nous écrirons ΔM_t^2 au lieu de $(\Delta M_t)^2$.

PROPOSITION 1.

1) Soit $M \in \mathfrak{M}^2$, on a si $r<t$

$$\underset{\sim}{E}[\sum_{r<s\leq t} \Delta M_s^2 \mid \mathcal{F}_s] \leq \underset{\sim}{E}[M_t^2 - M_r^2 \mid \mathcal{F}_r]$$

2) Si $M(\in \mathfrak{M}^2)$ est une martingale somme compensée de sauts ($M^c = 0$) nous désignons par $[M,M]$ le processus croissant

$$[M,M]_t = \sum_{s\leq t} \Delta M_s^2$$

Le processus $M^2 - [M,M]$ est alors une martingale.

Démonstration

1) Désignons par $(t_i^n)_{0\leq i\leq k_n}$ la $n^{\text{ème}}$ subdivision dyadique de $[r,t]$. On a

$$\underset{\sim}{E}[\sum_{i=0}^{k_n-1} (M_{t^n_{i+1}} - M_{t^n_i})^2 \mid \mathcal{F}_r] = \underset{\sim}{E}[M_t^2 - M_r^2 \mid \mathcal{F}_r] ,$$

et d'autre part

$$\sum_{r<s\leq t} \Delta M_s^2 \leq \liminf_n \sum_{i=0}^{k_n-1} (M_{t^n_{i+1}} - M_{t^n_i})^2 ;$$

Il suffit alors d'utiliser le lemme de Fatou.

2) Si M est une somme compensée de sauts, le processus $[M,M]$ est un processus croissant intégrable. Considérons les martingales A^{c_n} construites à partir de M comme au n° 4. Pour tout t , le processus $[M,M]_t$ est la somme dans L^1 de la série $\Sigma(\Delta M_{T_n})^2 I_{\{t\geq T_n\}}$, et le processus M_t^2 est la

somme dans L^1 de la série $(\Sigma \overset{c}{A}{}^n_t)^2$. Chaque terme produit $\overset{c}{A}{}^n_t \overset{c}{A}{}^m_t$ est une martingale, si n est différent de m ; pour montrer que M-[M,M] est une martingale, il suffit donc de montrer que, pour tout n , le processus $(\overset{c}{A}{}^n)^2 - (\Delta M_{T_n})^2 I_{\{t \geq T_n\}}$ est une martingale. Si T_n est totalement inaccessible, ceci est le résultat obtenu dans [4] chap. VIII, remarque suivant T. 31 ; si T_n est prévisible le processus $(\overset{c}{A}{}^n)^2 - (\Delta M_{T_n})^2 I_{\{t \geq T_n\}}$ est identiquement nul.

Nous considérons maintenant une martingale $M \in \mathcal{M}^2$, et la décomposition $M = M^c + M^d$ en sa partie continue M^c et sa partie somme compensée de sauts M^d .

DÉFINITION

Nous désignerons par [M,M] le processus croissant défini par

$$[M,M]_t = \langle M^c, M^c \rangle + \sum_{s \leq t} \Delta M_s^2$$

Nous poserons, si M et N sont deux éléments de $\mathcal{M}^2$,

$$[M,N] = \tfrac{1}{2}\,([M+N,M+N] - [M,M] - [N,N])$$

on a

$$[M,N]_t = \langle M^c, N^c \rangle + \sum_{s \leq t} \Delta M_s \, \Delta N_s$$

THÉORÈME 5.

1) Le processus $M^2-[M,M]$ est une martingale (donc $\langle M,M \rangle - [M,M]$ est aussi une martingale.)

2) On a $[M,N] = 0$, si et seulement si M et N n'ont pas de discontinuités communes et si M^c et N^c sont orthogonales.

Démonstration.

La première partie du théorème est une conséquence de la proposition 1 ; la seconde partie résulte de la définition de [M,N] .

Nous allons voir maintenant que l'on aurait pu définir les intégrales stochastiques à l'aide du processus $[M,M]$.

THÉORÈME 6.

1) Soit $M\in\mathcal{M}^2$, l'espace $L^2(M)$ (défini au n° 3) coïncide avec l'espace des processus prévisibles C tels que

$$\underset{\sim}{E}[\int_0^\infty C_s^2\, d[M,M]_s] < +\infty$$

2) Si $C\in L^2(M)$, l'intégrale stochastique $C.M$ définie au théorème 3 , est l'unique élément de $\mathcal{M}^2$ tel que

$$[C.M,N]_t = \int_0^t C_s\, d[M,N]_s \text{ p.s. } \forall N\in\mathcal{M}^2 , \forall t .$$

Démonstration

1) $[M,M] - \langle M,M\rangle$ est une martingale, on a donc ([3] n° 310).

$$\underset{\sim}{E}[\int_0^\infty C_s^2\, d\langle M,M\rangle_s] = \underset{\sim}{E}[\int_0^\infty C_s^2\, d[M,M]_s]$$ pour tout processus prévisible C, **ce qui donne la première partie de l'énoncé.**

2) unicité : si L et L' sont deux éléments de $\mathcal{M}^2$ tels que $[L,N]_t = [L',N]_t = \int_0^t C_s\, d[M,N]_s$, pour tout $N\in\mathcal{M}^2$ et tout t , on a en particulier $[L-L',L-L'] = 0$; et $(L-L')^2$ est une martingale positive d'espérance nulle, par suite $L=L'$.

Soit maintenant C un élément de $L^2(M)$ et soit $M=M^c+M^d$, la décomposition de M en sa partie continue, et sa partie somme compensée de sauts. La martingale $C.M^c$ est continue, et la martingale $C.M^d$ est une somme compensée de sauts (en effet $\langle C.M^d,N\rangle_t = \int_0^t C_s\, d\langle M^d,N\rangle_s = 0$ pour tout $N\in\mathcal{M}^2_c$).
Si $N\in\mathcal{M}^2$ on a donc **(tous les termes ayant un sens du fait que C.M est de carré intégrable)**

$$[C.M,N]_t = \langle C.M^c,N^c\rangle_t + \sum_{s\le t} \Delta(C.M)_s\, \Delta N_s$$

$$[C.M,N]_t = \int_0^t C_s\, d\langle M^c,N^c\rangle_s + \sum_{s\le t} C_s\, \Delta M_s\, \Delta N_s$$

$$= \int_0^t C_s\, d[M,N]_s .$$

Remarque :

Nous savions que, si $M \in \mathcal{M}_c^2$ et si $C \in L^2(M)$, alors $C.M \in \mathcal{M}_c^2$. Nous venons de démontrer que, si M est une somme compensée de sauts, et si $C \in L^2(M)$, la martingale $C.M$ est une somme compensée de sauts.

§ 2. PROCESSUS À VARIATION BORNÉE

Nous désignons par $\mathcal{V}^+$ l'ensemble des processus croissants, finis, à trajectoires continues à droite, nuls à l'instant zéro ; et par $\mathcal{V}$ l'espace $\mathcal{V}^+ - \mathcal{V}^+$ des processus dont les trajectoires sont des fonctions à variation bornée sur tout intervalle fini, **continues à droite, nulles à l'instant 0.**

Si $V \in \mathcal{V}$, on peut définir l'intégrale $\int_0^t C_s \, dV_s$ pour tous les processus C tels que les intégrales de Stieljes $\int_0^t C_s(\omega) \, dV_s(\omega)$ aient un sens. Le processus $(\int_0^t C_s \, dV_s)$ est alors un élément de $\mathcal{V}$.

Nous considérons **également** le sous-ensemble $\mathcal{A}^+$ de $\mathcal{V}^+$, formé des processus croissants intégrables, et nous désignons par $\mathcal{A}$ **l'espace** $\mathcal{A}^+ - \mathcal{A}^+$ ($\mathcal{A}$ est l'espace des processus à variation intégrable). Si $V \in \mathcal{A}$, $L^1(V)$ sera l'espace des processus prévisibles C tels que $E[\int_0^\infty |C_s| \, |dV_s|] < +\infty$.

PROPOSITION 2.

Si $V \in \mathcal{A}$ est une martingale et si $C \in L^1(V)$, le processus $(\int_0^t C_s \, dV_s)$ est une martingale.

Démonstration.

Considérons l'espace $\mathcal{M}^1$ des martingales bornées dans L^1 , muni de la **semi-norme** $M \longmapsto \sup_t E[|M_t|]$;

soit $\mathcal{E}$ le sous-espace de $L^1(V)$ formé des processus C de la forme

$$C_s = \sum_{i\in\mathbb{N}} H_i \, I_{]t_i,t_{i+1}]}(s) ,$$

où (t_i) est une subdivision dyadique de la droite réelle, et où H_i est $\mathcal{F}_{t_i}$-mesurable et bornée pour tout i. Le processus $\Phi(c) = \int_0^t C_s \, dV_s$ (intégrale de Stieltjes) est un élément de $\mathfrak{M}^1$, et l'on a

$$\mathbb{E}[|\int_0^t C_s \, dV_s|] \leq \mathbb{E}[\int_0^\infty |C_s| \, |dV_s|]$$

L'application linéaire continue, $C \mapsto \Phi(C)$ de $\mathcal{E}$ dans $\mathfrak{M}^1$ se prolonge donc en une application linéaire continue de $L^1(V)$ dans $\mathfrak{M}^1$ (remarquer que si C et C' sont deux éléments de $\mathcal{E}$ non séparés par la semi-norme sur $L^1(V)$, $\Phi(C)$ et $\Phi(C')$ sont indistinguables) ; et l'on a

$$\mathbb{E}[|\Phi(C)_t|] \leq \mathbb{E}[|\Phi(C)_\infty|] \leq \mathbb{E}[\int_0^\infty |C_s| \, |dV_s|] \qquad \forall C \in L^1(V) .$$

L'égalité $\Phi(C)_t = \int_0^t C_s \, dV_s$ p.s., vraie sur $\mathcal{E}$, s'étend donc, par passage à la limite, à tout $C \in L^1(V)$. Les deux processus continus à droite, $\Phi(C)$ et $(\int_0^t C_s \, dV_s)$ sont indistinguables et $(\int_0^t C_s \, dV_s)$ est, pour tout $C \in L^1(V)$ une martingale bornée dans L^1.

Remarque

Pour que le processus $(\int_0^t C_s \, dV_s)$ soit une martingale, il suffit d'avoir $\mathbb{E}[\int_0^t |C_s| \, |dV_s|] < +\infty$, pour tout t.

La proposition suivante fait le lien entre les intégrales stochastiques définies au § 1, et les intégrales de Stieltjes.

PROPOSITION 3.

Si $M \in \mathfrak{M}^2 \cap \mathcal{A}$, et si $C \in L^2(M) \cap L^1(M)$ (4), l'intégrale $(C.M)_t$ (prise au sens des intégrales stochastiques par rapport à la martingale M) est p.s. égale à l'intégrale de Stieltjes ordinaire $\int_0^t C_s \, dM_s$.

(4) Rappelons que $L^2(M)$ est l'espace des processus prévisibles C tels que $\mathbb{E}[\int_0^\infty C_s^2 \, d\langle M,M\rangle_s] < +\infty$, et $L^1(M)$ l'espace des processus prévisibles C tels que $\mathbb{E}[\int_0^\infty |C_s| \, |dM_s|] < +\infty$.

Démonstration

Soit $\mathcal{H}$ l'espace des processus prévisibles $C \in L^1(M) \cap L^2(M)$ tels que l'on ait

(1) $$(C.M)_t = \int_0^t C_s \, dM_s \quad \text{p.s. pour tout } t .$$

Il est évident que $\mathcal{H}$ contient l'espace vectoriel $\mathcal{E}$ considéré dans la proposition 2 ; $\mathcal{E}$ contient les constantes, et est stable par l'opération $\wedge$. Considérons une suite croissante (C^n), uniformément bornée d'éléments de $\mathcal{H}$, et soit C leur limite. Les processus C^n tendent vers C pour les topologies de $L^2(M)$ et de $L^1(M)$; les processus $C^n.M$ (resp. $(\int_0^t C_s^n \, dM_s)$) tendent donc vers $C.M$ (resp. $(\int_0^t C_s \, dM_s)$) pour la topologie de $\mathfrak{M}^2$ (resp. $\mathfrak{M}^1$), et C appartient à $\mathcal{H}$. L'espace $\mathcal{H}$ contient donc tous les processus prévisibles bornés ([4] chap I n° 20 et remarque). Maintenant si $C \in L^2(M) \cap L^1(M)$, nous posons

$$C_s^n = \begin{cases} C_s & \text{si } |C_s| \leq n, \\ 0 & \text{sinon .} \end{cases}$$

Les processus C^n sont dans $\mathcal{H}$, et l'on montre, comme précédemment, que leur limite C est aussi dans $\mathcal{H}$.

Remarque

Si $M \in \mathfrak{M}^2 \cap \mathcal{V}$, la somme $\sum_{s \leq t} |\Delta M_s|$ est finie pour tout t fini ; et la martingale M^d, somme compensée des sauts de M, est donc aussi dans $\mathfrak{M}^2 \cap \mathcal{V}$. La partie continue de M, $M^c = M - M^d$ est alors la différence de deux processus croissants continus (donc naturels), et la martingale M^c est identiquement nulle ([4] chap. VII n° 21). Toute martingale appartenant à $\mathfrak{M}^2 \cap \mathcal{V}$ est donc une somme compensée de sauts.

Notations

Désormais, si $M \in \mathfrak{M}^2$ et si $C \in L^2(M)$, nous noterons indifféremment par $(C.M)_t$ ou $\int_0^t C_s \, dM_s$ l'intégrale stochastique de C par rapport à M . De même si $V \in \mathcal{V}$, on notera $(C.V)_t$ ou $\int_0^t C_s \, dV_s$ l'intégrale de Stieljes prise sur chaque trajectoire .

§ 3. MARTINGALES LOCALES

1.- DÉFINITIONS

On appelle <u>martingale locale</u> un processus adapté continu à droite (M_t) possédant la propriété suivante : il existe une suite croissante de temps d'arrêt T_n , telle que $\lim_n T_n = +\infty$ p.s., et que pour tout n le processus arrêté $(M_{t \wedge T_n})$ soit une martingale uniformément intégrable. Nous désignerons par $\mathcal{L}$ l'ensemble des martingales locales (M_t) telles que $M_0=0$.

Nous dirons qu'un temps d'arrêt T <u>réduit</u> la martingale locale M si est une martingale uniformément intégrable.

Nous dirons qu'un processus (X_t) est une <u>semimartingale</u> , s'il admet une décomposition de la forme

$$X_t = X_0 + M_t + A_t$$

où X_0 est une variable aléatoire $\mathcal{F}_0$-mesurable, où (M_t) appartient à $\mathcal{L}$ et (A_t) à $\mathcal{V}$. Cette définition ne diffère de celle qui figure dans [2] que par l'absence de toute restriction d'intégrabilité sur A, mais cette différence est importante(*).

Bien entendu X_0 est uniquement déterminée, comme la valeur en 0 du processus X, mais la décomposition ci-dessus n'est pas unique en général.

<u>Remarques</u>

1) Tout processus à accroissements indépendants et stationnaires est une semimartingale. En effet, si l'on considère la représentation de LEVY d'un tel processus, le terme de translation fournit un élément de $\mathcal{V}$; la contribution de tous les processus de Poisson correspondant à la partie de la

---

(*)Les processus considérés dans le texte devraient en fait s'appeler <u>semimartingales locales</u> , le terme semimartingale étant réservé aux processus X admettant une décomposition $X_t=X_0+M_t+A_t$, où X_0 est $\mathcal{F}_0$-mesurable et intégrable, (M_t) est une vraie martingale nulle à l'instant 0, et (A_t) appartient à $\mathcal{A}$. Nous n'avons pas adopté dans ce travail cette terminologie plus précise, mais plus lourde : nous n'aurons affaire qu'aux semimartingales " locales ".

mesure de Lévy portée par $[-1,+1]$ fournit une martingale ; et la contribution du reste de la mesure de Lévy fournit à nouveau un élément de $\mathcal{V}$.

2) Toute surmartingale est une semimartingale ; plus précisément tout surmartingale (X_t) se décompose de manière unique en

$$X_t = M_t - A_t$$

où M est une martingale locale, et A un processus croissant naturel localement intégrable (il existe une suite $(T_n)\nearrow+\infty$ de temps d'arrêt, tels que les processus $A_{t\wedge T_n}$ soient intégrables) : on vérifie d'abord l'unicité d'une telle décomposition s'il en existe une ; puis on en démontre l'existence pour les surmartingales positives ([6]) . Le cas général s'en déduit en utilisant la décomposition de Riesz

$$X_t = \underset{\sim}{E}[X_n | \mathcal{F}_t] + (X_t - \underset{\sim}{E}[X_n | \mathcal{F}_t]) \qquad \text{pour} \quad t \le n \ .$$

2.- THÉORÈMES DE DÉCOMPOSITION.

Soit M une martingale locale à trajectoires continues, et soient T_n les temps d'arrêt définis par

$$T_n(\omega) = \inf\{t \ ; \ t \ge 0 \ |M_t| \ge n\} \ .$$

La suite (T_n) tend en croissant vers $+\infty$, et les martingales $(M_{t\wedge T_n})$ sont bornées par n ; l'étude des martingales locales continues se ramène donc facilement à celle des martingales bornées. Si la martingale locale M n'est plus à trajectoires continues, le processus M_t est borné par n sur l'intervalle stochastique $[0,T_n[$, mais on ne sait rien sur le saut ΔM_{T_n} à l'instant T_n . Les propositions suivantes vont permettre de ramener l'étude des martingales locales à celle des martingales bornées dans L^2 , et des processus à variation intégrable.

DÉFINITION

On dira qu'un temps d'arrêt fini R réduit fortement la martingale locale M si R réduit M et si la martingale $E[|M_R| \mid \mathcal{F}_t]$ est bornée sur l'intervalle stochastique $[0,R[$.

Si R réduit fortement la martingale locale M , tout temps d'arrêt $T \leq R$ réduit fortement M .

LEMME 3.

Si M est une martingale locale, il existe une suite croissante (R_n) de temps d'arrêt finis, **réduisant fortement la martingale locale** M, **et tels que** $\lim_n R_n = +\infty$ **p.s.**

Démonstration

Nous commençons par choisir une suite croissante de temps d'arrêt finis T_n, **tendant vers** $+\infty$ **et** tels que les processus $(M_{t \wedge T_n})$ soient des martingales uniformément intégrables. Désignons par (J_t^n) une version continue à droite de la martingale $E[|M_{T_n}| \mid \mathcal{F}_t]$, et par S_n le temps d'arrêt

$$S_n = (\inf \{t \; ; \; J_t^n \geq p_n\}) \wedge T_n ,$$

où p_n est choisi assez grand pour que $P\{S_n < T_n - \frac{1}{n}\} \leq 2^{-n}$: d'après le lemme de Borel-Cantelli, S_n tend vers $+\infty$ p.s. , **et** S_n **réduit fortement** M **pour tout** n.
Posons maintenant $R_n = \inf_{k \geq n} S_k$, les temps d'arrêt finis R_n tendent en croissant vers $+\infty$ p.s., et ils réduisent fortement la martingale locale M .

PROPOSITION 4.

Soit $M \in \mathcal{L}$, et soit R un temps d'arrêt fini réduisant fortement M ; le processus arrêté $M_{t \wedge R}$ est alors la somme de deux processus H et V

arrêtés à l'instant R , **possédant les propriétés suivantes :**

- H est une martingale bornée dans tout L^p $(1 \leq p < +\infty)$.

- $V \in \mathfrak{m}^1 \cap \mathcal{A}$ (**autrement dit M est une martingale bornée dans** L^1 **et** $E[\int_0^\infty |dV_s|] < +\infty$) ; la martingale V se décompose elle-même en :

$$V_t = M_R \, I_{\{t \geq R\}} + B_t$$

où B est un processus naturel, appartenant à $\mathcal{A}$, et vérifiant $E[(\int_0^\infty |dB_s|)^p] < +\infty$ pour tout $p < +\infty$.

Démonstration.

Considérons la martingale positive $N_t^+ = E[M_R^+ | \mathcal{F}_t]$, et le processus $Y_t^+ = N_t^+ I_{\{t<R\}}$; Y^+ est une surmartingale positive bornée , et admet donc une décomposition de Doob $Y = U - D$, où D est un processus croissant naturel, et U une martingale. Y étant un processus borné, les processus D et U sont majorés par une variable aléatoire qui appartient à tout $L^p (p < +\infty)$ ([4] chap VII n° 59) . Nous avons donc pour N_t^+ la décomposition $N_t^+ = H_t^+ + V_t^+$, où $H^+ = U$ est une martingale bornée dans tout $L^p (p < +\infty)$, et où la martingale $V_t^+ = N_R^+ I_{\{t \geq R\}} - D_t$ est un processus à variation intégrable. On construit de même les processus N^- , Y^- , H^- et V^- ; la proposition cherchée sobtient par différence.

Voici maintenant l'analogue, pour les martingales locales, du théorème 4 .

THEOREME 7

Soit M une martingale locale nulle à l'instant 0 .

1) M peut s'écrire de manière unique sous la forme

$$M = M^c + M^d$$

où M^c et M^d sont des éléments de $\mathcal{L}$, M^c est à trajectoires continues, et la martingale locale M^d est orthogonale à toute martingale locale à trajectoires **continues** (**pour toute martingale locale N à trajectoires continues, le processus** $(M_t^d N_t)$ **appartient à** $\mathcal{L}$).

On dira que M^c est la partie continue de la martingale locale M , et que M^d est la somme compensée des sauts de M .

2) Pour presque tout $\omega\in\Omega$, la somme $\sum_{s\leq t} \Delta M_s^2(\omega)$ **est finie pour tout t fini.**

Démonstration

a) unicité de la décomposition : supposons que M puisse s'écrire

$$M=M_1+N_1=M_2+N_2 \quad ,$$

où $M_1, M_2, N_1, N_2 \in \mathcal{L}$, M_1 et M_2 sont à trajectoires continues, et N_1 et N_2 sont orthogonales à toute martingale locale continue. La martingale locale $N_2-N_1= M_1-M_2$ est continue, et orthogonale à elle-même ; $(N_2-N_1)^2$ est donc une martingale locale, positive, nulle à l'instant zéro, et $N_2=N_1$.

b) existence de la décomposition ; il suffit de montrer l'existence localement (l'unicité démontrée ci-dessus permettant de recoller). Considérons un temps d'arrêt R , qui réduit fortement la martingale locale M ; nous avons, en conservant les notations de la proposition 4,

$$M_{t\wedge R} = H_t+V_t=H_t^c + H_t^d+V_t$$

($H\in\mathfrak{M}^2$, et l'on peut donc appliquer le théorème 4) . La martingale $M_{t\wedge R}^c= H_t^c$ est à trajectoires continues ; montrons que la martingale $M_{t\wedge R}^d = H_t^d + V_t$ est orthogonale à toute martingale locale N à trajectoires continues ; nous pouvons supposer que N est une martingale bornée (sinon il suffit d'arrêter aux temps d'arrêt $T_n = \inf\{t \ ; \ |N_t| \geq n \}$) .

Le processus $(N_t\ H_t^d)$ est une martingale, et d'autre part on a , puisque N est une martingale continue bornée, et que $V \in \mathfrak{M}^1 \cap \mathcal{A}$:

$$\underset{\sim}{E}[N_t V_t - N_s V_s | \mathcal{F}_s] = E[\int_{]s,t]} N_u \, dV_u | \mathcal{F}_s] = 0 \qquad \forall\ s \leq t ,$$

([3] n°s 309 et 310) .

2) Pour montrer que pour presque tout ω , les sommes $\sum_{s \leq t} \Delta M_s^2(\omega)$ sont finies, il suffit de montrer que pour tout temps d'arrêt R réduisant fortement M , les sommes $\sum_{s \leq R} \Delta M_s^2(\omega)$ sont p.s. finies. Avec les notations précédentes, on a

$$\sum_{s \leq R} \Delta M_s^2(\omega) \leq 2(\sum_{s \leq R} \Delta H_s^2(\omega) + \sum_{s \leq R} \Delta V_s^2(\omega)) .$$

Le premier terme du second membre est p.s. fini (proposition 1) ; quand au second, il est p.s. fini puisque $\sum_{s \leq R} |\Delta V_s| < +\infty$, **V appartenant à $\mathcal{A}$.**

Remarque

On peut aussi, comme au théorème 4 , décomposer la martingale locale M^d , de manière unique, en la somme d'une martingale locale M^{dq} , somme compensée des sauts totalement inaccessibles, et d'une martingale locale M^{dp} , somme compensée des sauts prévisibles : les martingales H admettent une telle décomposition ; pour les processus V , il faut pour les décomposer, reprendre la démonstration de la proposition 4 , en distinguant entre les parties accessibles et totalement inaccessibles des temps d'arrêt R .

3.- PROCESSUS CROISSANT ASSOCIÉ À M .

Si $M \in \mathcal{L}$ est à trajectoires continues, on peut facilement définir par recollement le processus $< M,M >$. Par contre pour une martingale locale $M \in \mathcal{L}$ quelconque, le processus $< M,M >$ n'a plus de sens, et il faut utiliser le processus $[M,M]$ défini ci-dessous.

DÉFINITION

Soit $M \in \mathcal{L}$, et soit $M=M^c+M^d$ sa décomposition en partie continue et somme compensée de sauts. On désignera par $[M,M]$ le processus croissant

$$[M,M]_t = \langle M^c,M^c \rangle_t + \sum_{s \leq t} \Delta M_s^2(\omega) \quad .$$

Et l'on posera si M et N appartiennent à $\mathcal{L}$

$$[M,N] = \tfrac{1}{2}([M+N,M+N] - [M,M] - [N,N]) \; .$$

Nous montrerons à la fin de cet article que si M et N sont dans $\mathcal{L}$, le processus $MN - [M,N]$ est une martingale locale.

4.- INTÉGRALES STOCHASTIQUES

DÉFINITION

Nous dirons qu'un processus prévisible (C_t) est localement borné, s'il existe une suite croissante (S_n) de temps d'arrêt, telle que $\lim_n S_n = +\infty$ p.s. ,et que les processus $(H_{t \wedge S_n} I_{\{S_n > 0\}})$ soient bornés.

Considérons une semimartingale X admettant la décomposition

$$X_t = X_0+M_t+A_t \qquad (M \in \mathcal{L}, \quad A \in \mathcal{V})$$

et un processus (C_t) prévisible et localement borné. On peut choisir une suite de temps d'arrêt finis R_n **possédant les propriétés suivantes :**

1) $\lim_n R_n = +\infty$ p.s.

2) chaque R_n réduit fortement M. Soit $M_{t \wedge R_n} = H_t^n + V_t^n$ la décomposition associée ($H^n \in \mathfrak{M}^2$, $V^n \in \mathfrak{M}^1 \cap \mathcal{A}^o$ **; cf. la proposition 4).**

3) pour tout n , le processus $C_{t \wedge R_n} I_{\{R_n > 0\}}$ est borné .

On sait alors définir l'intégrale stochastique $C.H^n$, ainsi que les deux intégrales de Stieljes $C.V^n$ et $C.A$. Nous poserons

$$(C.X)_{t\wedge R_n} = (C.H^n)_t + (C.V^n)_t + (C.A)_{t\wedge R_n}$$

D'après la proposition 3 , nous savons que ce processus ne dépend pas de la décomposition

$$X_{t\wedge R_n} = X_0 + H^n_t + V^n_t + A_{t\wedge R_n}$$

choisie. On peut donc parler de l'intégrale stochastique $C.X$ que l'on aussi $(C.X)_t = \int_0^t C_s \, dX_s$.

PROPOSITION 5.

Si $M\in\mathcal{L}$, et si C est un processus prévisible localement borné, $C.M$ est une martingale locale. C'est la seule martingale locale, nulle à l'instant zéro, telle que $[C.M,N] = C.[M,N]$ pour tout $N\in\mathcal{L}$.

Démonstration

a) unicité : si L et L' sont deux martingales locales, vérifiant $[L,N] = [L',N] = C.[M,N]$ pour tout $N\in\mathcal{L}$, on a $[L-L',L-L']=0$. Et ceci entraîne, d'après la définition du crochet $[L-L',L-L']$, que $L=L'$.

b) Montrons maintenant que $C.M$ est une martingale locale et que $[C.M,N] = C.[M,N]$. Nous reprenons la construction de $C.M$ donnée précédemment ; si nous arrêtons tous les processus à l'instant R_n (R_n réduit fortement M , et le processus $C_{t\wedge R_n}$ est borné sur $\{R_n>0\}$) , nous avons

$$(C.M)_{t\wedge R_n} = (C.H^n)_t + (C.V^n)_t \quad ;$$

$C.H^n$ est une martingale de carré intégrable et $C.V^n$ est une martingale bornée dans L^1 . Le processus $C.M$ est donc une martingale locale. Soit N une martingale locale ; nous supposons que la suite (R_n) , choisie précédemment , réduit fortement les martingales M et N . Les décompositions associées aux (R_n) seront encore notées

$$M_{t\wedge R_n} = H^n_t + V^n_t$$

$$N_{t\wedge R_n} = H'^n_t + V'^n_t$$

où H^n , $H'^n \in \mathcal{M}^2$ et $V^n, V'^n \in \mathcal{M}^1 \cap \mathcal{A}$. On a , puisque $C.V^n \in \mathcal{A}$

$$[C.M,N]_{t\wedge R_n} = [C.H^n, H'^n]_t + [C.H^n, V'^n]_t + [C.V^n, N]_t$$

$$= (C[H^n, H'^n])_t + \sum_{s\leq t} C_s \,\Delta H^n_s \,\Delta V'^n_s + \sum_{s\leq t} C_s \,\Delta V^n_s \,\Delta N_s$$

$$= \int_0^{t\wedge R_n} C_s d[M,N]_s$$

c.q.f.d.

Remarque

Voici un exemple utile de processus prévisible localement borné : soit (U_t) un processus dont les trajectoires sont continues à droite et pourvues de limites à gauche finies. Le processus prévisible (U_{t-}) est alors localement borné. En effet, si l'on pose $T_n = \inf\{t : |U_t| \geq n\}$, les d'arrêt T_n tendent en croissant vers $+\infty$, et l'on a $|U_{t-}| \leq n$ sur $[0,T_n]$, sauf sur l'ensemble $\{T_n=0\}$.

5.- FORMULE DE CHANGEMENT DE VARIABLES

Considérons une semimartingale X admettant la décomposition

$$X_t = X_0 + M_t + A_t$$

où X_0 est $\mathcal{F}_0$-mesurable, $M \in \mathcal{L}$, et $A \in \mathcal{V}$. **Nous savons que cette décomposition n'est pas unique . Cependant, si nous considérons une seconde décomposition,**

$$X = X_0 + M' + A'$$

$M-M'=A'-A$ est une martingale locale appartenant à $\mathcal{V}$, la partie continue $(M-M')^c$ de $M-M'$ est donc nulle (en arrêtant à un **temps** R , réduisant fortement $M-M'$, on se ramène au cas où $M-M' \in \mathcal{M}^2 \cap \mathcal{V}$, et c'est alors la remarque suivant la proposition 3) . Les processus M^c et $< M^c, M^c >$ sont donc bien définis par la donnée de X . Nous écrirons

$$X^c = M^c$$
$$< X^c, X^c > = < M^c, M^c >.$$

On dit qu'un processus X , à valeurs dans $\mathbb{R}^n$, est une semimartingale, si ses composantes X^i sont des semimartingales réelles.

THEOREME 8.

Soit X une semimartingale à valeurs dans $\mathbb{R}^n$ (on désigne par X^i les composantes de X) et soit F une fonction deux fois continument différentiable de $\mathbb{R}^n$ dans $\mathbb{C}$. (On note par D^i l'opérateur de dérivation par rapport à la ième coordonnée). On a alors pour tout t fini

$$F \circ X_t = F \circ X_0 + \int_0^t \sum_{i=1}^n D^i F \circ X_{s-} \, dX^i_s + \frac{1}{2} \int_0^t \sum_{\substack{i=1 \\ j=1}}^n D^i D^j F \circ X_{s-} \, d< X^{ic}, X^{jc} >_s$$
$$+ \sum_{s \leq t} [F \circ X_s - F \circ X_{s-} - \sum_{i=1}^n D^i F \circ X_{s-} (X^i_s - X^i_{s-})] \, ;$$

où la somme $\sum_{s \leq t} (\quad)$ intervenant au second terme converge p.s. pour tout t . En particulier le processus $F \circ X_t$ est une semimartingale.

Démonstration.

Nous ferons la démonstration dans le cas $n=1$; elle s'étend, sans aucune difficulté, au cas de n quelconque. On supposera dans la suite que X_0 est borné; il suffit dans le cas contraire de travailler sur les ensembles

$$\{ |X_0| \leq k \} \in \mathcal{F}_0 \quad .$$

1) le résultat cherché est connu lorsque $X=X_0+M+V$, où M est une martingale locale à trajectoires <u>continues</u>, et V un processus à trajectoires <u>continues</u> et appartenant à $\mathcal{V}$; c'est la démonstration de [2], p. 108, qui est valable même lorsqu'il y a des temps de discontinuité dans la famille $\mathcal{F}_t$. On sait même que l'on peut remplacer les bornes 0 et t par S et T, où S et T sont des temps d'arrêt et $S\leq T$.

2) Nous passons ensuite au cas où $X=X_0+M+V$, où M <u>est à trajectoires continues</u>, <u>tandis que</u> V <u>a au plus</u> n <u>sauts sur</u> $[0,t]$; on pose $T_0=0$, $T_{n+1}=t$, on désigne par $T_1,\dots,T_n$ les instants des n sauts $(T_0\leq T_1\leq\dots\leq T_n\leq T_{n+1})$. Nous appliquons la formule du changement de variables du cas 1) à la semi-martingale $M+V'$ ($V=V'+V''$, où V' et $V''\in\mathcal{V}$, V' est à trajectoires continues, V'' à trajectoires purement discontinues) (5), sur l'intervalle stochastique $[T_i,T_{i+1}[$; nous obtenons

$$F\circ X_{T_{i+1}-}-F\circ X_{T_i}=\int_{[T_i,T_{i+1}]}DF\circ X_{s-}(dM+dV')+\frac{1}{2}\int_{[T_i,T_{i+1}]}D^2F\circ X_{s-}\,d\langle M,M\rangle_s$$

En sommant sur les i, et en rajoutant les sauts on obtient :

$$F\circ X_t=F\circ X_0+\int_0^t DF\circ X_{s-}(dM+dV')+\frac{1}{2}\int_0^t D^2F\circ X_{s-}\,d\langle M,M\rangle_s+$$

$$+\sum_{i=1}^n(F\circ X_{T_i}-F\circ X_{T_{i-}}).$$

Transformons un peu le dernier terme :

$$\sum_{i=1}^n(F\circ X_{T_i}-F\circ X_{T_{i-}})=\sum_{i=1}^n[F\circ X_{T_i}-F\circ X_{T_{i-}}-DF\circ X_{T_{i-}}(X_{T_i}-X_{T_{i-}})]+\int_0^t F\circ X_{s-}dV''_s\,,$$

et nous obtenons la formule de changement de variables.

---

(5) Si $V\in\mathcal{V}$, les sommes $\sum_{s\leq t}(V_s-V_{s-})$ sont p.s. absolument convergentes pour tout t fini ; on pose $V''_t=\sum_{s\leq t}(V_s-V_{s-})$, et $V'=V-V''$, V' est à trajectoires continues, et V'' à trajectoires purement discontinues.

3) Voici un autre cas particulier. Soit T un temps d'arrêt, et **soit X une** semimartingale arrêtée à l'instant T ; soit Y un second processus arrêté à l'instant T, tel que $X_s = Y_s$ pour tout $s<T$. On a alors

$$Y=X+A ,$$

où $A_t=(Y_T-X_T)I_{\{t\geq T\}}\in \mathcal{V}$; Y est donc aussi une semimartingale. La relation

$$F\circ Y_t = F\circ X_t + I_{\{t\geq T\}}(F\circ Y_T - F\circ X_T)$$

montre que X satisfait à la formule du changement de variables si et seulement si Y y satisfait.

4) Plaçons nous maintenant dans le cas général $X=X_0+M+V$, $M\in\mathcal{L}$, $V\in\mathcal{V}$, X_0 borné et $\mathcal{F}_0$-mesurable. Nous pouvons trouver des temps d'arrêt R, arbitrairement grands tels que les processus $E[|M_R| \mid \mathcal{F}_t]$ et $\int_0^t |dV_s|$ soient bornés par une constante K sur $[0,R[$, (pour le premier processus, il suffit que R réduise fortement M, pour le second c'est évident). <u>Et il nous suffit de démontrer la formule de changement de variables pour les processus arrêtés à</u> R. <u>Nous conservons les notations</u> M <u>et</u> V <u>pour les processus arrêtés à l'instant</u> R.

Soit $M''_t = M_t I_{\{t<R\}} + M_{R-}I_{\{t\geq R\}}$. Comme R réduit fortement la martingale locale M, M'' peut s'écrire

$$M''=H+B$$

où H est une martingale bornée dans tout $L^p(p<+\infty)$, et $B\in\mathcal{M}^1\cap\mathcal{A}^0$. De même posons $V''_t = V_t I_{\{t<R\}} + V_{R-}I_{\{t\geq R\}}$, V'' est alors un processus à variation intégrable. Les processus $X=X_0+M+V$ et $X''=X_0+M''+V''$ sont tous deux arrêtés à l'instant R, et égaux sur $[0,R[$; il nous suffit d'après 3) de prouver le théorème pour X''. Or X'' n'est jamais que le processus de X rendu continu à l'instant R, il est donc borné ; de plus $X''=X_0+H+B+V''$,

où H est une martingale bornée dans tout $L^p(p<+\infty)$ et $B+V''\in\mathcal{A}^0$. Donc :

<u>Il suffit de démontrer la formule du changement de variables pour les semimartingales</u> $X=X_0+M+V$, <u>où</u> M <u>est une martingale bornée dans</u> L^2 , <u>où</u> V <u>est un processus à variation intégrable, et où la somme</u> $X=X_0+M+V$ <u>est bornée par une constante</u>.

X étant borné, nous pouvons supposer que F est deux fois continument différentiable à <u>support compact</u>.

5) La martingale M dans dans $\mathfrak{M}^2$, elle admet donc (théorème 4) une décomposition de la forme

$$M = M^c + \sum_{i=1}^{\infty} A^{c_i} \qquad (\textbf{ série convergente dans } \mathfrak{M}^2)$$

où les martingales A^{c_i} sont deux à deux orthogonales, et chaque A^{c_i} n'a qu'un seul saut (prévisible, ou totalement inaccessible). Puisque $\Sigma\, \underset{\sim}{E}[(A^{c_i}_\infty)^2] < +\infty$, nous pouvons trouver des entiers k_n tels que les martingales

$$M^n = M^c + \sum_{i=1}^{k_n} A^{c_i}$$

vérifient $\sum_n \|M_\infty - M^n_\infty\|_2 < +\infty$. Les trajectoires de M^n convergent alors p.s. uniformément vers les trajectoires de M (lemme 1). Considérons maintenant le processus V ; nous pouvons trouver des processus V^n à variation intégrable, somme de V' (partie à trajectoire continue de V)[(6)] , et de k sauts de V , tels que $E[\int_0^\infty |d(V_s-V^n_s)|] \xrightarrow[n]{} 0$; les trajectoires de V^n convergent alors p.s. uniformément vers celles de V et les trajectoires de la semimartingale , $X^n=X_0+M^n+V^n$, convergent p.s. uniformément vers celles de X .

---

(6) voir note (5) .

D'après 2), la formule de changement de variables est valable pour X^n, et l'on a (comme $X_n^c = X^c$)

$$F\circ X_t^n = F\circ X_0+\int_0^t F'\circ X_{s-}^n dX_s^n+ \frac{1}{2}\int_0^t F''\circ X_{s-}^n d<X^c,X^c>$$

$$+ \sum_{s\le t} [F\circ X_s^n- F\circ X_{s-}^n-F'\circ X_{s-}^n(X_s^n - X_{s-}^n)] .$$

Nous montrerons que chacun des termes a une limite, lorsque n tend vers l'infini, soit p.s., soit pour la convergence forte dans un L^p. En passant à des sous-suites, on aura donc une convergence p.s. pour chacun des termes.

Les trajectoires de $F\circ X_t^n$ tendent p.s. uniformément vers $F\circ X_t$, celles de $F\circ X_{t-}^n$ tendent donc p.s. vers celles de $F\circ X_{t-}$; le terme $\int_0^t F''\circ X_{s-}^n d<X^c,X^c>$ tend dans L^1 vers $\int_0^t F''\circ X_{s-} d<X^c,X^c>$, ($F''$ est uniformément bornée, $F''\circ X_{s-}$ tend p.s. vers $F''\circ X_{s-}^n$, donc on peut appliquer le théorème de Lebesgue).

Il existe une constante k telle que

$$|F\circ X_s^n - F\circ X_{s-}^n-F'\circ X_{s-}^n(X_{s-}^n X_{s-}^n)| \le k(X_s^n - X_{s-}^n)^2 \le k(X_s-X_{s-})^2 ;$$

la somme $\sum_{s\le t} (X_s-X_{s-})^2$ est p.s. convergente (car les sommes $\sum_{s\le t} \Delta M_s^2$, et $\sum_{s\le t} |\Delta V_s|$ sont p.s. convergentes) ; les sommes

$$\sum_{s\le t} [F\circ X_s^n - F\circ X_{s-}^n- F'\circ X_{s-}^n(X_s^n - X_{s-}^n)]$$

sont donc uniformément convergentes en n, et tendent p.s. vers

$$\sum_{s\le t} [F\circ X_s-F\circ X_{s-}-F'\circ X_{s-}(X_s-X_{s-})]$$

Il reste à étudier la convergence de $\int_0^t F'\circ X_{s-}^n dX_s^n = \int_0^t F'\circ X_{s-}^n (dM_s^n + dV_s^n)$.

On a

$$\int_0^t F'\circ X_{s-}^n dM_s^n = \int_0^t F'\circ X_{s-} dM_s- \int_0^t (F'\circ X_{s-}-F'\circ X_{s-}^n) dM_s^n +$$

$$+ \int_0^t F'\circ X_{s-}(dM_s^n - dM_s) .$$

La fonction F' est uniformément bornée, les fonctions $F' \circ X^n_{s-}$ tendent p.s. vers $F' \circ X_{s-}$ et $\underset{\sim}{E}[<M-M^n,M-M^n>] = \underset{\sim}{E}[(M_\infty - M^n_\infty)^2]$ tend vers zéro. Les égalités

$$\underset{\sim}{E}[|\int_0^t (F' \circ X_{s-} - F' \circ X^n_{s-}) dM^n_s|^2] = \underset{\sim}{E}[\int_0^t |F' \circ X_{s-} - F' \circ X^n_{s-}|^2 d<M^n,M^n>_s];$$

et

$$\underset{\sim}{E}[|\int_0^t F' \circ X_{s-} \; d(M^n_s - M_s)|^2] = \underset{\sim}{E}[\int_0^t (F' \circ X_{s-})^2 \; d<M^n-M,M^n-M>_s]$$

entraînent que $\int_0^t F' \circ X^n_{s-} \; dM^n_s$ **tend dans** L^2 vers $\int_0^t F' \circ X_{s-} \; dM_s$.

On montre de même que le terme $\int_0^t F' \circ X^n_{s-} \; dV^n_s$ tend dans L^1 vers $\int_0^t F' \circ X_{s-} \; dV_s$. Et le processus X vérifie bien la formule de changement de variables.

Corollaires.

1) si M et $N \in \mathcal{L}$, $MN - [M,N]$ est une martingale locale et

$$M_t N_t - [M,N]_t = \int_0^t M_{s-} \; dN_s + \int_0^t N_{s-} \; dM_s$$

(appliquer la formule de changement de variables à la fonction $F(x,y)=xy$ en prenant pour semimartingales $X=M$, $Y=N$)

2) Formule d'intégration par parties : si $V \in \mathcal{V}$ et $M \in \mathcal{L}$; le processus $(V_s M_s - \int_0^s M_t \; dV_t)$ est une martingale locale égale à $\int_0^s V_{t-} \; dM_t$.

(prendre $F(x,y) = xy$, $X=M$ et $Y=V$) .

BIBLIOGRAPHIE

Pour les démonstrations des résultats cités dans ce travail, nous renvoyons aux publications antérieures du séminaire de Strasbourg :

[1] P.A. MEYER Intégrales stochastiques I. Séminaire de Probabilités I, Université de Strasbourg. Lecture Notes in Mathematics Vol. 39, Springer, Heidelberg 1967 .

[2] P.A. MEYER Intégrales stochastiques II. Séminaire de Probabilités I, Université de Strasbourg. Lecture Notes in Mathematics Vol. 39, Springer, Heidelberg 1967 .

[3] P.A. MEYER Guide détaillé de la théorie "générale" des processus. Séminaire de Probabilités II, Université de Strasbourg. Lecture Notes in Mathematics. Vol. 51 Springer, Heidelberg 1968 .

[4] P.A. MEYER Probabilités et Potentiel. Hermann, 1966 .

[5] P.A. MEYER Un résultat élémentaire sur les temps d'arrêt. Séminaire de Probabilités III. Université de Strasbourg. Lecture Notes in Mathematics. Vol. 88, Springer, Heildelberg 1969.

Les martingales locales et la décomposition des surmartingales positives sont introduites dans l'article fondamental

[6] K.ITO et S.WATANABE Transformation of Markov processes by additive functionals. Ann. Inst. Fourier, Grenoble, 15, 1965, p.13-30 .

Les résultats essentiels sur les intégrales stochastiques sont dus à K.ITO, M.MOTOO, H.KUNITA, S.WATANABE . Comme nous ne les citons pas directement dans ce travail, nous renvoyons le lecteur à la bibliographie de

[7] H. KUNITA et S.WATANABE . On square integrable martingales. Nagoya Math. J. 30, 1967, 209-245 .

Université de Strasbourg
Séminaire de Probabilités 1974/75

UN COURS SUR LES INTEGRALES STOCHASTIQUES

(Octobre 1974 / Décembre 1975)

Parmi les auditeurs du séminaire, tous mes remerciements vont à MM. G. Letta, M. Pratelli, C. Stricker, Yen Kia-An, Ch. Yoeurp pour de nombreuses corrections et améliorations. La première rédaction a été relue par Catherine Doléans - Dade, B. Maisonneuve, M. Weil et Ch. Yoeurp, qui y ont relevé d'innombrables erreurs matérielles ou mathématiques . Qu'ils trouvent ici l'expression de ma gratitude.

P.A. Meyer

INTRODUCTION ET NOTATIONS GENERALES

Intégrer f par rapport à g, c'est rechercher la limite de sommes de la forme $\Sigma_i f(t_i)(g(t_{i+1})-g(t_i))$, lorsque les subdivisions (t_i) de l'intervalle $[0,t]$ deviennent arbitrairement fines. La limite, si elle existe, se note $\int_0^t fdg$. Le cas classique est celui où g est une fonction à variation bornée sur tout intervalle $[0,t]$, et où f est borélienne, par exemple bornée sur tout intervalle $[0,t]$. Lorsque f et g sont des processus, i.e. dépendent d'un paramètre ω parcourant un espace probabilisé, le résultat de l'intégration est une fonction à la fois de t et de ω, i.e. un nouveau processus, et on a affaire à un problème d'<u>intégrale stochastique</u>.

C'est WIENER qui a remarqué le premier que l'on pouvait donner un sens à des intégrales de la forme suivante[1]

$$\int_0^t f(s)dB_s(\omega) \quad (\, B_t \text{ est le mouvement brownien, f est certaine})$$

par un procédé global sur Ω, alors que l'intégrale individuelle, pour chaque ω fixé, est dépourvue de sens du fait que les trajectoires du mouvement brownien ne sont nulle part à variation bornée. Mais l'étape essentielle a été franchie par ITO[2], qui a défini des intégrales de la forme

$$\int_0^t f_s(\omega)dB_s(\omega) = I_t(\omega)$$

pour certains processus (f_t), adaptés à la famille de tribus de (B_t). Dans la présentation des résultats d'ITO qui figure dans le livre [3] de DOOB, celui-ci met bien en évidence le fait que **la définition de l'intégrale** n'utilise que deux propriétés du mouvement brownien : (B_t) et (B_t^2-t) sont des martingales. Aussi la première application de la décomposition des surmartingales fut l'extension de la définition d'ITO à toutes les martingales de carré intégrable.

Nous verrons cela en détail plus loin. Mais le travail d'ITO n'aurait pas été aussi fondamental s'il en était resté à la définition de l'intégrale : ITO a développé tout un calcul différentiel et intégral sur.

1. WIENER considérait même des intégrales multiples (de telles intégrales interviennent en physique, où dB est le "bruit blanc"). Voir aussi ITO [5] et [6].
2. Référence [4].

le mouvement brownien, même à plusieurs dimensions, même dans des variétés. La pièce maîtresse en est la formule du changement de variables : si F est une fonction sur la droite, deux fois différentiable, et si I_t est le processus défini plus haut par l'intégrale stochastique, alors

$$F(I_t) = F(0) + \int_0^t F'(I_s)f_s dB_s + \frac{1}{2}\int_0^t F''(I_s)f_s^2 ds$$

Il y a une formule analogue pour le mouvement brownien à valeurs dans $\mathbb{R}^n$.

Toute une série de travaux font suite à ceux d'ITO, en particulier ceux de l'école Russe (le théorème de SKOROKHOD sur la représentation des martingales du mouvement brownien à n dimensions comme intégrales stochastiques, les innombrables applications à la construction de diffusions). En même temps, l'intérêt se porte sur des martingales non continues. A vrai dire, des travaux de mathématiques appliquées utilisaient depuis longtemps les intégrales stochastiques du processus de Poisson, mais celles-ci ont une apparence triviale, puisqu'elles se réduisent à des sommes finies !

Le lecteur pourra trouver un très bel exposé des intégrales stochastiques browniennes dans le livre de McKEAN [7].

Après ITO, l'étape essentielle est le travail de KUNITA-WATANABE [8], sur lequel repose toute la théorie ultérieure. L'apport de KUNITA-WATANABE est triple : l'extension de la formule d'ITO à toutes les martingales continues ; la démonstration d'une forme assez générale de la formule du changement de variables pour les martingales discontinues (mais qui, utilisant le système de LEVY, ne pouvait encore s'étendre aux martingales quelconques). Enfin, alors que les travaux antérieurs ne faisaient intervenir que le processus croissant $\langle M,M\rangle$ associé à une martingale de carré intégrable, KUNITA et WATANABE le "polarisent" en une fonction bilinéaire $\langle M,N\rangle$, qu'ils utilisent pour la démonstration de théorèmes de projection. A cet égard, le travail de KUNITA-WATANABE devait être grandement simplifié par CORNEA et LICEA [9].

L'article de KUNITA-WATANABE a été étudié en détail à Strasbourg [10] (exposés sur les intégrales stochastiques dans le volume I du séminaire), avec pour résultat la découverte de la forme générale des formules de changement de variables, du second processus croissant [M,M] associé à une martingale de carré intégrable, du rôle de la tribu prévisible

visible. L'emploi de $[M,M]$ au lieu de $\langle M,M\rangle$ a permis d'étendre l'intégrale stochastique aux martingales locales, introduites par ITO et WATANABE [11]. Depuis lors, et avec les améliorations apportées par Catherine DOLEANS-DADE ([12],et DOLEANS-MEYER [1]), la théorie semble avoir atteint une forme à peu près définitive.

Seulement, alors qu'autrefois il suffisait de deux heures d'exposé pour traiter l'intégrale d'ITO, et qu'ensuite les belles applications commençaient, il faut à présent un cours de six mois sur les définitions. Que peut on y faire ? Les mathématiques et les mathématiciens ont pris cette tournure. Il est temps de commencer.

NOTATIONS. Tous les processus considérés dans ce cours sont en principe définis sur un même espace probabilisé complet $(\Omega,\underline{\underline{F}},P)$, muni d'une famille croissante $(\underline{\underline{F}}_t)_{t\geq 0}$ de sous-tribus de $\underline{\underline{F}}$ satisfaisant aux conditions habituelles :

$$\underline{\underline{F}}_t = \underline{\underline{F}}_{t+} = \bigcap_{s>t} \underline{\underline{F}}_s \quad \text{pour tout } t$$

et $\underline{\underline{F}}_0$ contient tous les ensembles P-négligeables (d'où la même propriété pour tout $\underline{\underline{F}}_t$). Nous supposerons de plus que $\underline{\underline{F}}=\bigvee_t \underline{\underline{F}}_t$. On convient que $\underline{\underline{F}}_t=\underline{\underline{F}}_0$ pour $t<0$.

Toutes les notions de théorie des processus que nous rencontrerons : processus adaptés, temps d'arrêt, martingales... seront relatives à la famille $(\underline{\underline{F}}_t)$. Toutes les martingales sont continues à droite et pourvues de limites à gauche. Si $M=(M_t)$ est une martingale, ou plus généralement un processus à trajectoires continues à droite et pourvues de limites à gauche ("càdlàg"), on note M_{t-} la limite à gauche en t - en convenant toujours que $M_{0-}=0$ (ce qui ne préserve pas la propriété de martingale en général, mais c'est sans importance) et que $M_t=0$ pour $t<0$. On note ΔM_t le saut M_t-M_{t-} en t, et on abrège $(\Delta M_t)^2,(\Delta M_t)^p$ en ΔM_t^2, ΔM_t^p malgré la légère ambiguité de ces notations.

Nous ne faisons aucune distinction dans le langage entre deux processus $X=(X_t)$, $Y=(Y_t)$ indistinguables , c.à.d. tels que pour presque tout $\omega\in\Omega$ on ait $X_\cdot(\omega)=Y_\cdot(\omega)$. En particulier, tous les énoncés d'unicité de processus figurant dans le cours établissent en réalité l'unicité d' une classe de processus indistinguables.

Les rappels de théorie générale des processus dans l'exposé I figurent en note , avec références soit à DELLACHERIE [2], aussi noté [D], soit à la nouvelle édition [13] de Probabilités et Potentiels, aussi notée [P], et dont seuls les chapitres I-IV sont parus.

CHAPITRE I. INTEGRALES DE STIELTJES STOCHASTIQUES

Ce chapitre n'introduit aucune définition nouvelle de l'intégrale : il s'agit d'un bout à l'autre d'intégrales de Stieltjes ordinaires sur la droite. Et cependant, il est loin de se réduire à des évidences. A mon avis, il est même plus difficile que le chapitre concernant les martingales de carré intégrable.

PROCESSUS CROISSANTS ET PROCESSUS A VARIATION FINIE

1 Soit $(A_t)_{t\geq 0}$ un processus. Nous dirons que (A_t) est un <u>processus croissant brut</u> (c'est la terminologie de GETOOR : "raw additive functional") si les trajectoires $A_{\bullet}(\omega)$ sont des fonctions croissantes et continues à droite, un processus <u>à variation finie</u> (VF) <u>brut</u> si les trajectoires $A_{\bullet}(\omega)$ sont des fonctions à variation bornée sur tout intervalle de $\mathbb{R}_+$, continues à droite. Rappelons qu'elles ont alors des limites à gauche A_{t-}, et que $A_{0-}=0$ par convention.

Conformément aux bons principes de "rectification des noms", qui exigent que les êtres les plus fréquemment utilisés aient les noms les plus beaux et les plus simples, nous appellerons simplement <u>processus croissant</u>, <u>processus à variation finie</u> (VF) un processus croissant brut (resp. VF brut) <u>adapté</u> à la famille $(\underline{\underline{F}}_t)$.

Soit (A_t) un processus VF brut. La variation totale $\int_{[0,\infty[}|dA_s|$ se calcule comme la limite de sommes $|A_0|+\Sigma_i|A_{t_{i+1}}-A_{t_i}|$ relatives à des subdivisions dyadiques $t_i=i2^{-n}$ de la droite : c'est donc une variable aléatoire. Nous dirons que A est <u>à variation intégrable</u> (VI) <u>brut</u> si $\|A\|_v = E[\int_{0-}^{\infty}|dA_s|] < +\infty$. Comme plus haut, l'omission du mot <u>brut</u> signifie que le processus est adapté. Sur l'ensemble des processus VI bruts, l'application $A\mapsto\|A\|_v$ est une norme.

Nous noterons $\underline{\underline{V}}$ l'espace des processus VF (adaptés !).

2 Etant donné un processus VI brut (A_t), posons pour tout processus mesurable borné X

$$(2.1)\qquad \mu(X) = E[\int_{0-}^{\infty}X_s dA_s]$$

Il est évident que l'on définit ainsi une mesure signée sur $\mathbb{R}_+\times\Omega$ muni de la tribu produit $\underline{\underline{B}}(\mathbb{R}_+)\times\underline{\underline{F}}$, bornée, qui ne charge pas les ensembles <u>évanescents</u> (N1)

N1. Une partie H de $\mathbb{R}_+\times\Omega$ est dite <u>évanescente</u> si elle est contenue dans une "bande" $\mathbb{R}_+\times U$, où U est négligeable dans Ω - autrement dit, si la <u>projection</u> de H sur Ω est P-négligeable.

La réciproque est à la fois facile et importante :

THEOREME. Si μ est une mesure bornée sur $\mathbb{R}_+\times\Omega$ qui ne charge pas les ensembles évanescents, il existe un processus VI brut (A_t) unique tel que l'on ait (2.1), et $\|A\|_v$ est la norme de la mesure μ.

DEMONSTRATION. On décompose μ en deux mesures positives μ^+ et μ^- comme toujours, et celles-ci ne chargent pas les ensembles évanescents. On se trouve donc ramené au cas où μ est positive. On définit alors une mesure α_t sur Ω ($t\geq 0$) par $\alpha_t(B)=\mu([0,t]\times B)$ pour $B\in\underline{\underline{F}}$. Comme μ ne charge pas les ensembles évanescents, α_t est absolument continue et admet une densité A^1_t par rapport à P, que l'on régularise en posant successivement $A^2_t = \sup_r A^1_r$, le sup étant pris sur les r rationnels $\leq t$, et $A_t=A^2_{t+}$. Les détails sont laissés au lecteur (cf.[D]IV.T41, p.90).

3 Comment reconnaître sur la mesure μ si le processus VI brut (A_t) est adapté (resp. prévisible : N2) ? C'est l'objet d'un important théorème dû à Catherine DOLEANS-DADE.

N2. La tribu optionnelle (aussi appelée bien-mesurable), sur $\mathbb{R}_+\times\Omega$, est engendrée par les ensembles évanescents (N1) et par les processus adaptés à trajectoires continues à droite et pourvues de limites à gauche - en particulier, pour les processus VI bruts, "adapté" et "optionnel" sont synonymes . De même, la tribu prévisible est engendrée par les processus adaptés, à trajectoires continues à gauche sur $]0,\infty[$; elle est contenue dans la tribu optionnelle.

La tribu optionnelle est engendrée par les intervalles stochastiques $[\![T,\infty[\![=\{(t,\omega) : t\geq T(\omega)\}$, où T est un temps d'arrêt. La tribu prévisible est engendrée par les intervalles $[\![T,\infty[\![$, où T est un temps (d'arrêt) prévisible, i.e. il existe une suite croissante (T_n) de temps d'arrêt telle que $T_n\uparrow T$ partout, et $T_n<T$ partout sur l'ensemble $\{T>0\}$ (on dit que la suite (T_n) annonce T).

Voir [D]IV.D2, p.67, [D]IV.D36, ou [P]IV.61, IV.64, IV.67, IV.69-77.

N3. Etant donné un processus mesurable borné $X=(X_t)$, il existe un processus optionnel X^o unique tel que l'on ait, pour tout temps d'arrêt T, $X^o_T I_{\{T<\infty\}} = E[X_T I_{\{T<\infty\}}|\underline{\underline{F}}_T]$ p.s.. X^o est la projection optionnelle de X. Par exemple, soit Y une v.a. bornée, et soit (Y_t) la martingale $E[Y|\underline{\underline{F}}_t]$. Alors la projection optionnelle du processus $X_t(\omega)=I_{[a,b[}(t)Y(\omega)$ est le processus $X^o_t=I_{[a,b[}(t)Y_t(\omega)$. L'extension du cas borné au cas positif, par convergence monotone, ne présente aucune difficulté.

Voir [D]V.T14, p.98.

THEOREME. <u>Le processus VI (A_t) associé à la mesure μ est adapté (resp. prévisible) si et seulement si μ commute avec la projection optionnelle</u> (N3) (<u>resp. la projection prévisible</u> (N4)).

Cela signifie que si X est un processus mesurable borné, si X^o est sa projection optionnelle (resp. X^p sa projection prévisible) on a $\mu(X^o)=\mu(X)$ (resp. $\mu(X^p)=\mu(X)$). Noter que cela a bien un sens : X^o et X^p sont des classes de processus indistinguables, mais $\mu(X^o)$ et $\mu(X^p)$ sont bien définis, du fait que μ ne charge pas les ensembles évanescents.

DEMONSTRATION. Nous ne donnerons pas tous les détails (voir [D]V.T26) et nous traiterons uniquement le cas prévisible, qui est plus délicat.

Soit T un temps prévisible, et soit Y une variable aléatoire bornée, orthogonale à $\underline{\underline{F}}_{T-}$. La projection prévisible du processus $X = I_{[[0,T]]}Y$ est nulle (N5,N4 ; vérification laissée au lecteur). Donc, si μ commute avec la projection prévisible, on a $\mu(X)=E[\int_0^\infty X_s dA_s]=0$, donc $E[YA_T]=0$, et comme Y est arbitraire A_T est $\underline{\underline{F}}_{T-}$-mesurable. En particulier A_t est $\underline{\underline{F}}_t$-mesurable, et A est adapté.

N4. Pour tout temps d'arrêt T, on note $\underline{\underline{F}}_{T-}$ la tribu engendrée par $\underline{\underline{F}}_0$ et les ensembles $A\cap\{t<T\}$, $A\in\underline{\underline{F}}_t$ ([D]III.27, p.52 ; [P]IV.54). Si T est un temps prévisible, et T_n est une suite annonçant T, on a $\underline{\underline{F}}_{T-}=\bigvee_n \underline{\underline{F}}_{T_n}$.

Etant donné un processus mesurable borné $X=(X_t)$, il existe un processus prévisible X^p unique tel que l'on ait, pour tout temps prévisible T, $X^p_T I_{\{T<\infty\}} = E[X_T I_{\{T<\infty\}}|\underline{\underline{F}}_{T-}]$ p.s.. X^p est la <u>projection prévisible</u> de X. Avec les notations de 3 ci-dessus, la projection prévisible du processus (X_t) est le processus $I_{[a,b[}(t)Y_{t-}(\omega)$, en convenant que $Y_{0-}=Y_0$.

Voir [D]V.T14, p.98.

N5. Si S et T sont deux temps d'arrêt tels que $S\leq T$, [[S,T]] est l'ensemble des (t,ω) tels que $S(\omega)\leq t\leq T(\omega)$. On définit de même les intervalles stochastiques [[S,T[[etc. En particulier, [[T]]=[[T,T]] désigne le <u>graphe</u> de T ([D]III.17, p.49 ; [P]IV.60).

N6. Un temps d'arrêt T est dit <u>totalement inaccessible</u> si $P\{S=T<\infty\}=0$ pour tout temps prévisible S ([D]III.D39, p.58 ; [P]IV.80-81). La caractérisation inverse, à laquelle on s'attend : S est prévisible si et seulement si $P\{S=T<\infty\}=0$ pour tout T totalement inaccessible, n'est pas toujours vraie : en général, cette propriété signifie seulement que le graphe de S est contenu dans la réunion d'une suite de graphes $[[S_n]]$ de temps d'arrêt prévisibles, que l'on peut supposer disjoints ([D]III. 39-41 ; [P]IV.80-81). On dit alors que S est accessible.

Si T est un temps totalement inaccessible (N6), la projection prévisible du processus $X=I_{[[T]]}$ est nulle (la vérification est très simple, et laissée au lecteur). Comme μ commute avec la projection prévisible, $E[\int X_s dA_s]=E[\Delta A_T]=0$. Remplaçant T par les temps d'arrêt T_B, $B\in\underline{\underline{F}}_T$ (N7) on voit que $E[\Delta A_T|\underline{\underline{F}}_T]=0$. Or nous avons vu que A est adapté, donc ΔA_T est $\underline{\underline{F}}_T$-mesurable, et $\Delta A_T=0$: A ne charge pas les temps totalement inaccessibles.

Il est facile de représenter l'ensemble $\{(t,\omega) : \Delta A_t(\omega)\neq 0\}$ comme une réunion de graphes de temps d'arrêt U_n (regarder le premier, le 2é,..., le n-e saut $>\varepsilon$, puis faire tendre ε vers 0 : on n'exige pas ici que les graphes soient disjoints). Comme A ne charge pas les temps totalement inaccessibles, les U_n sont accessibles (N6), donc la réunion des graphes $[[U_n]]$ est contenue dans une réunion dénombrable de graphes prévisibles $[[T_n]]$, que l'on peut rendre disjoints ([D]IV.T17, [P]IV.88). On a alors, comme les trajectoires de A sont des fonctions à variation bornée

(3.1) $$A_t = A_t^c + \Sigma_n \Phi_n I_{\{t\geq T_n\}}$$ où A^c est continu et adapté, et $\Phi_n=\Delta A_{T_n}$

Φ_n est $\underline{\underline{F}}_{T_n-}$-mesurable d'après ce qui précède. On vérifie alors sans peine que le processus VI $\Phi_n I_{\{t\geq T_n\}}$ est prévisible (en approchant Φ_n par des v.a. étagées, et en considérant des temps d'arrêt de la forme $(T_n)_B$ où $B\in\underline{\underline{F}}_{T_n-}$, on se ramène à démontrer que si S est prévisible, le processus $I_{\{t\geq S\}}$ est prévisible : cela résulte aussitôt de l'existence d'une suite annonçant S. Mais cf. N8). Par sommation, A^c étant continu , donc prévisible, on voit que A est prévisible, et la moitié du théorème est établie.

Inversement, supposons A prévisible. Comme le processus (A_{t-}) est adapté et continu à gauche. il est aussi prévisible, donc le processus

---

N7. Si T est un temps d'arrêt, et $B\in\underline{\underline{F}}_T$, la v.a. $T_B=\begin{cases} T & \text{sur } B \\ +\infty & \text{sur } B^c\end{cases}$ est un temps d'arrêt. De même, si T est prévisible et $B\in\underline{\underline{F}}_{T-}$, T_B est prévisible ([D]III.40 p.58, III.49 p.61 ; [P]IV.73).

Si T est un temps d'arrêt quelconque, il existe $B\in\underline{\underline{F}}_T$ tel que T_B soit totalement inaccessible, T_{B^c} accessible.

N8. Le raisonnement indiqué ci-dessus correspond à l'ordre de l'exposé de [D], mais non à celui de [P]. On a tendance maintenant à <u>définir</u> un temps prévisible comme une v.a. T telle que $[[T,\infty[[$ soit un ensemble prévisible, et à <u>démontrer</u> qu'il existe alors une suite annonçant T.

$\Delta A_t = A_t - A_{t-}$ est prévisible, et l'ensemble $\{(t,\omega) : |\Delta A_t| \geq \varepsilon\}$ est prévisible. Son début T est alors prévisible (N9), car cet ensemble est à coupes fermées. D'autre part, ΔA_T est $\underline{\underline{F}}_{T-}$-mesurable (N10), et nous avons déjà signalé plus haut qu'alors le processus $\Delta A_T I_{\{t \geq T\}}$ est prévisible. Recommençant l'opération sur $A_t - \Delta A_T . I_{\{t \geq T\}}$, et ainsi de suite indéfiniment, on débarrasse A des sauts $>\varepsilon$. Puis faisant tendre ε vers 0, on arrive à une représentation de A du type (3.1).

Nous regardons maintenant $\int_0^t |dA_s| = \int_0^t |dA_s^c| + \Sigma_n |\Phi|_n I_{\{t \geq T_n\}}$. Du côté droit, le 1er processus croissant est continu, donc prévisible, et ceux de la somme aussi. Par différence, on voit que (A_t) peut s'écrire $(B_t - C_t)$, où B et C sont deux processus prévisibles croissants à variation intégrable.

On est donc ramené à démontrer que la mesure μ associée à un processus prévisible à variation intégrable croissant A commute avec la projection prévisible. On utilise alors la représentation (3.1), où maintenant A^c est croissant, et les Φ_n sont positives . Soit X un processus mesurable positif, et soit X^p sa projection prévisible. On a

$$E[\Phi_n X_{T_n}] = E[\Phi_n X^p_{T_n}] \quad \text{puisque } X^p_{T_n} = E[X_{T_n} | \underline{\underline{F}}_{T_n -}] \text{ sur } \{T_n < \infty\}$$

$$E[\int_0^\infty X_s dA_s^c] = \int_0^\infty ds\, E[X_{C_s} I_{\{C_s < \infty\}}] = \int_0^\infty ds\, E[X^p_{C_s} I_{\{C_s < \infty\}}]$$

$$= E[\int_0^\infty X^p_s dA^c_s]$$

N9. Le début d'un ensemble prévisible à coupes fermées à droite est un temps prévisible : [D]IV.T16, p.74. Cela résulte du théorème de section prévisible (N11).

N10. Si T est un temps d'arrêt (prévisible ou non) et X un processus prévisible, X_T est $\underline{\underline{F}}_{T-}$-mesurable (et toute v.a. $\underline{\underline{F}}_{T-}$-mesurable s'obtient ainsi). Cf. [D]IV.T20, p.77.

N11. Toute la théorie générale des processus repose sur les théorèmes de section , conséquences du théorème de Choquet sur les capacités, que nous n'aurons guère l'occasion d'utiliser directement ici. En voici l'énoncé : soit H une partie optionnelle (resp. prévisible) de $\mathbb{R}_+ \times \Omega$, et soit h la probabilité de sa projection sur Ω. Il existe alors pour tout $\varepsilon > 0$ un temps optionnel (resp. prévisible) T, tel que $(T(\omega),\omega) \in H$ pour tout ω tel que $T(\omega) < \infty$ - le graphe de T passe dans H - et que $P\{T < \infty\} \geq h - \varepsilon$.

où pour tout ω, $C_\bullet(\omega)$ est la fonction inverse continue à gauche de $A^c_\bullet(\omega)$. Chaque C_s est un temps d'arrêt prévisible, donc $E[X_{C_s} I_{\{C_s<\infty\}}] = E[X^p_{C_s} I_{\{C_s<\infty\}}]$ par définition de la projection prévisible.

Le cas optionnel est analogue, mais plus simple.

La démonstration précédente a des conséquences importantes.

4 THEOREME. Soit (A_t) un processus à V.I. prévisible (resp. adapté) On peut alors écrire

(4.1) $$A_t = A^c_t + \Sigma_n \lambda_n I_{\{t \geqq T_n\}}$$

où les λ_n sont des constantes , les T_n des temps d'arrêt prévisibles (resp. des t.d'a.) - à graphes non nécessairement disjoints -, où (A^c_t) est un processus V.I. continu, où la série converge absolument :

(4.2) $$\int_0^t |dA_s| = \int_0^t |dA^c_s| + \Sigma_n |\lambda_n| I_{\{t \geqq T_n\}}$$

La différence avec (3.1) est ici le remplacement des v.a. Φ_n par des constantes : il suffit pour cela de représenter Φ^+_n et Φ^-_n comme sommes de v.a. étagées. Mais noter que chaque T_n de (3.1) se trouve ainsi décomposé en temps d'arrêts à graphes non disjoints.

5 THEOREME. Si μ commute avec la projection optionnelle (resp. prévisible), il en est de même de $|\mu|$.

En effet, si μ est associée au processus V.I. brut (A_t), $|\mu|$ est associée à $(\int_0^t |dA_s|)$.

6 THEOREME. Si λ et μ commutent toutes deux avec la projection prévisible (resp. optionnelle) et λ est absolument continue par rapport à μ , λ admet par rapport à μ une densité prévisible (resp. optionnelle).

DEMONSTRATION. Traitons par exemple le cas prévisible. Soit ℓ une densité de λ par rapport à $|\lambda|$ sur la tribu prévisible , ne prenant que les valeurs ± 1 : ℓ est un processus prévisible, et on a $\lambda = \ell.|\lambda|$, $|\lambda| = \ell.\lambda$. Comme les deux mesures commutent toutes deux avec la projection prévisible, cette relation valable sur la tribu prévisible a lieu sur $\underline{\underline{B}}(\mathbb{R}_+)\times\underline{\underline{F}}$. On peut de même écrire $\mu = m.|\mu|$, $|\mu| = m.\mu$ où m est prévisible à valeurs dans $\{+1,-1\}$. De même, on peut écrire $|\lambda| = a|\mu|$, où a est un processus prévisible positif (pour vérifier que cette relation s'étend de la tribu prévisible à la tribu produit, il faut la positivité, car a n'est pas borné) . Et enfin on a $\lambda = a\ell m.\mu$.

PROJECTION DE MESURES, COMPENSATION DE PROCESSUS V.I.

7 Soit μ une mesure bornée sur $\underline{\underline{B}}(\mathbb{R}_+)\times\underline{\underline{F}}$, qui ne charge pas les ensembles évanescents. Nous définissons ses projections μ^o (optionnelle) et μ^p (prévisible) par les formules suivantes, où X est un processus mesurable borné

(7.1) $\mu^o(X)=\mu(X^o)$; $\mu^p(X)=\mu(X^p)$

Il est clair que μ^o commute avec la projection optionnelle, μ^p avec la projection prévisible. Du point de vue des processus V.I., partons d'un processus V.I. **brut** A et faisons les constructions

$$A \longleftrightarrow \mu \begin{cases} \longrightarrow \mu^o \longleftrightarrow \hat{A}^o, \text{ processus V.I.} \\ \longrightarrow \mu^p \longleftrightarrow \hat{A}^p, \text{ processus V.I. prévisible} \end{cases}$$

Nous avons mis un chapeau ^ pour souligner que $\hat{A}^o$, $\hat{A}^p$ ne sont pas les projections optionnelle et prévisible du processus A : on les appelle projections duales de A. De toute façon, ces notations ne sont pas très souvent utilisées. En revanche, la suivante l'est beaucoup en théorie des martingales :

8 DEFINITION. Soit A un processus V.I. (adapté !). La projection duale prévisible de A est appelée le compensateur de A, et notée $\widetilde{A}$, et le processus $A-\widetilde{A}$ est appelé le compensé de A, et noté $\overset{c}{A}$.

(On espère que, malgré la ressemblance des notations, le lecteur ne confondra pas le compensé $\overset{c}{A}$ avec la partie continue A^c de A).

La notion qui vient d'être introduite est fondamentale. Elle a été introduite par Paul LEVY en théorie des processus à accroissements indépendants : si (X_t) est un processus à accroissements indépendants réel, les trajectoires de X ne sont pas en général des fonctions à variation bornée, et la somme des sauts de X entre 0 et t n'est en général pas convergente. Mais si l'on considère la somme des sauts ΔX_t dont l'amplitude est comprise entre $\varepsilon>0$ et 1, soit

$$A_t^\varepsilon = \Sigma_{s\leqq t} \quad \Delta X_s I_{\{\varepsilon\leqq|\Delta X_s|\leqq 1\}}$$

on peut montrer que A^ε est un processus VI sur tout intervalle fini. Ce processus est adapté, mais n'est absolument pas prévisible : il ne saute en fait qu'en des temps totalement inaccessibles. Son compensateur est de la forme $\widetilde{A}_t^\varepsilon = c_\varepsilon t$. Lorsque $\varepsilon\to 0$, ni c_ε ni A^ε n'ont de limite, mais en revanche la somme compensée des sauts $A_t^\varepsilon - c_\varepsilon t$ a, comme LEVY l'a montré, une limite (au sens de L^2, par exemple), et ce résultat donne la clé de la structure des processus à accroissements indépendants.

Cette idée de Paul LEVY pourra être suivie tout le long du cours.

9 THEOREME. <u>Pour qu'un processus VI</u> M <u>soit une martingale, il faut et il suffit qu'il soit de la forme</u> $M_t = M_0 + \overset{c}{A}_t$, <u>où</u> A <u>est un processus VI. On peut choisir pour</u> A <u>le processus VI sans partie continue et nul en</u> 0

(9.1) $$A_t = \Sigma_{0<s\leqq t}\ \Delta M_s$$

<u>dont le compensateur</u> $\widetilde{A}$ <u>est continu.</u>

<u>Pour toute martingale bornée</u> N, <u>on a</u>

(9.2) $$E[M_\infty N_\infty] = E[\ \Sigma_s\ \Delta M_s \Delta N_s]\ (\ \underline{\text{y compris}}\ \Delta M_0 \Delta N_0 = M_0 N_0\ )$$

<u>et le processus</u>

(9.3) $$M_t N_t - \Sigma_{s\leq t}\ \Delta M_s \Delta N_s$$

<u>est une martingale uniformément intégrable nulle en</u> 0.

DEMONSTRATION. a) Montrons d'abord que si A est un processus VI, $\overset{c}{A}$ est une martingale nulle en 0 . La mesure μ associée à $\overset{c}{A}$ est nulle sur la tribu prévisible, en particulier

$$\mu(\{0\}\times B) = 0 \text{ si } B\in \underline{\underline{F}}_0$$

(9.4) $$\mu(]s,t]\times B) = 0 \text{ si } s<t\leqq +\infty\ ,\ B\in \underline{\underline{F}}_s$$

La première condition entraîne que $\overset{c}{A}_0 = 0$. La seconde s'écrit

$$E[\ \int_0^\infty I_{]s,t]\times B}(r,\omega)d\overset{c}{A}_r(\omega)\ ] = E[(\overset{c}{A}_t - \overset{c}{A}_s)I_B]$$

et cela exprime que $\overset{c}{A}$ est une martingale.

Inversement, soit (A_t) une martingale VI nulle en 0, et soit μ la mesure associée à A. Les réunions finies d'ensembles disjoints de la forme $\{0\}\times B$ ($B\in\underline{\underline{F}}_0$) et $]s,t]\times B$ ($s<t$, $B\in\underline{\underline{F}}_s$) forment une algèbre de Boole qui engendre la tribu prévisible ([P] IV.67). Donc μ est nulle sur celle ci, et $\widetilde{A} = 0$, donc $A = \overset{c}{A}$.

Soit M une martingale VI nulle en 0, et soit A le processus donné par (9.1). Posons D=M-A : c'est un processus VI nul en 0 et continu, donc prévisible, et $\widetilde{D} = D$. Donc $D = \widetilde{D} = \widetilde{M} - \widetilde{A} = 0 - \widetilde{A}$, et $M = D + A = A - \widetilde{A} = \overset{c}{A}$. On a vu aussi que $\widetilde{A}$ est continu, et cela achève la première partie.

b) Passons à (9.2). La projection optionnelle du processus constant égal à N_∞ est la martingale (N_t), et la mesure dM commute avec la projection optionnelle. On a donc (comme $M_{0-} = 0$)

$$E[M_\infty N_\infty] = E[\int_{[0,\infty[} N_\infty dM_s\ ] = E[\int_{[0,\infty[} N_s dM_s\ ]$$

D'autre part, la mesure dM est nulle sur tout ensemble prévisible contenu dans $]0,\infty[\times\Omega$ (nous ne supposons pas $M_0=0$!), et le processus (N_{t-}) est prévisible, nul pour t=0 par convention. Donc

$$0 = E[\int_{[0,\infty[} N_{s-}dM_s]$$

d'où par différence $E[M_\infty N_\infty] = E[\int \Delta N_s dM_s] = E[\Sigma_s \Delta M_s \Delta N_s]$.

Soit T un temps d'arrêt. Appliquons ce résultat à la martingale arrêtée (bornée) $N_{t\wedge T}$. Il vient

$$E[M_\infty N_T] = E[\Sigma_{s\leq T} \Delta M_s \Delta N_s] .$$

Le côté gauche vaut aussi $E[M_T N_T]$. Si nous notons $L_t=M_t N_t-\Sigma_{s\leq t}\Delta M_s \Delta N_s$, nous avons donc $E[L_T]=0$ pour tout temps d'arrêt T. Un petit lemme nous permet alors de conclure la démonstration :

LEMME. Soit $(L_t)_{t\leq+\infty}$ un processus adapté continu à droite, tel que $E[|L_T|]<\infty$, $E[L_T]\equiv 0$ pour tout temps d'arrêt T. Alors L est une martingale uniformément intégrable.

DEMONSTRATION. Comme on va le voir, les hypothèses de l'énoncé sont beaucoup trop fortes ! Prenons $t\in\mathbb{R}_+$, $A\in\underline{\underline{F}}_t$, $T=t_A=$ t sur A, $+\infty$ sur A^c (N7), il vient

$$\int_A L_t + \int_{A^c} L_\infty = 0, \quad \text{et aussi } \int_A L_\infty + \int_{A^c} L_\infty = 0$$

donc $\int_A L_t = \int_A L_\infty$ et $L_t=E[L_\infty|\underline{\underline{F}}_t]$.

REMARQUE. La démonstration précédente n'exige pas que N soit bornée, mais seulement que $E[N^*.\int_{[0,\infty[}|dM_s|] < \infty$, où $N^*= \sup_s|N_s|$.

10 Il faut expliciter les résultats obtenus, suivant l'idée de LEVY citée au n°8 : la première partie de l'énoncé (formule (9.1)) exprime que toute martingale VI est la somme compensée de ses sauts. Les formules (9.2) et (9.3) entraînent des propriétés d'orthogonalité d'une martingale VI, et d'une martingale qui n'a pas de saut commun avec elle. Tout cela sera bien développé plus loin.

Il faut noter que l'application $A\mapsto\tilde{A}$ diminue la norme $\| \ \|_v$ (décomposer A en deux processus croissants). Il résulte alors du théorème précédent que

(10.1) $$E[\int_0^\infty |dM_s|] \leq 2E[\Sigma_s|\Delta M_s|]$$

pour toute martingale VI (M_t) .

INTEGRALES DE STIELTJES STOCHASTIQUES

11 Soit (A_t) un processus V.I., et soit (H_t) un processus optionnel tel que $E[\int_0^\infty |H_s||dA_s|] < \infty$. on peut alors définir le processus $I_t = \int_0^t H_s dA_s$ hors d'un ensemble de mesure nulle. Comme nous ne travaillons qu'à des processus indistinguables de 0 près, nous le considérons comme bien défini : il est manifestement adapté et continu à droite, donc optionnel, et c'est un processus V.I. <u>Dans toute la suite, nous le noterons</u> $H\cdot A$, rarement $H_{\dot{s}}A$ pour rappeler qu'il est construit au moyen de l'intégrale de Stieltjes ordinaire sur chaque trajectoire.

Rappelons que nous avons convenu que ΔA_0, la masse en 0, est égale à A_0 . Cela entraîne que $I_0=H_0A_0$.

Cette notion d'intégrale stochastique est évidemment tout à fait terre à terre, et sans intérêt apparent... et cependant, nous allons rencontrer ici, après l'idée de la compensation des processus croissants, une deuxième idée fondamentale de la théorie des intégrales stochastiques : <u>le rôle des processus prévisibles</u> : à quelle condition, lorsque A est une martingale VI, peut on affirmer que $H\cdot A$ est aussi une martingale VI ? La réponse est dans le petit théorème suivant :

12 THEOREME. <u>Soit</u> M <u>une martingale VI, et soit</u> H <u>un processus</u> prévisible <u>tel que</u> $E[\int|H_s||dM_s|] < \infty$. <u>Alors</u> $H\cdot M$ <u>est encore une martingale VI</u>.

DEMONSTRATION. On se ramène aussitôt au cas où $M_0=0$. Soit μ la mesure bornée associée à M (n°2) ; μ est nulle sur la tribu prévisible, H est prévisible et μ-intégrable, donc $H\mu$ est une mesure bornée, nulle sur la tribu prévisible. C'est la mesure associée au processus VI $H\cdot M$, donc celui-ci est une martingale (cf. n°9).

Nous poserons la définition suivante : on évitera de confondre $\underline{\underline{W}}$, qui est un espace de martingales, avec l'espace $\underline{\underline{V}}$ des processus VF, défini au n°I.1.

13 DEFINITION. <u>Nous notons</u> $\underline{\underline{W}}$ <u>l'espace des martingales VI, muni de la</u> norme variation $\|M\|_V = E[\int_{[0,\infty[} |dM_s|]$.

CARACTERISTIQUES D'UN PROCESSUS VI ET DECOMPOSITION

Nous n'avons encore <u>jamais utilisé</u> les théorèmes de décomposition des surmartingales : notre construction du compensateur d'un processus VI, par exemple, n'utilisait que le théorème de Radon-Nikodym. Nous allons énoncer brièvement les résultats dont nous aurons besoin plus loin.

14 DEFINITION. Soit (A_t) un processus V.I.. On appelle potentiel droit (ou simplement potentiel) associé à A la projection optionnelle (X_t) du processus $(A_\infty - A_t)$, potentiel gauche la projection optionnelle (X'_t) du processus $(A_\infty - A_{t-})$.

Il est facile de calculer (X_t) : en effet, la projection optionnelle de A_∞ est la martingale continue à droite $E[A_\infty | \underline{\underline{F}}_t]$, et par conséquent ($(A_t)$ étant un processus optionnel)

(14.1) $$X_t = E[A_\infty | \underline{\underline{F}}_t] - A_t \qquad (\text{ aussi } X_{0-} = E[A_\infty | \underline{\underline{F}}_0])$$

Il est évident que X est continu à droite. En revanche,

(14.2) $$X'_t = E[A_\infty | \underline{\underline{F}}_t] - A_{t-}$$

n'est continu ni à droite, ni à gauche.

Les résultats d'unicité suivants font comprendre l'intérêt de la notion de potentiel gauche (qui n'est pas tout à fait classique : elle figure sous une forme implicite dans un travail de MERTENS, d'où elle a été dégagée par AZEMA).

15 THEOREME. Un processus croissant prévisible nul en 0 est uniquement déterminé par son potentiel.

Un processus croissant optionnel est uniquement déterminé par son potentiel gauche[1].

DEMONSTRATION. Soit A un processus croissant prévisible nul en 0, et soit μ la mesure associée à A. Si l'on a $s<t$, $B \in \underline{\underline{F}}_s$, on a

$$\mu(]s,t]\times B) = \int_B (A_t - A_s)P = \int_B (X_s - X_t)P \quad \text{où } X \text{ est le potentiel de } A$$

Comme $A_0=0$, on a $\mu(\{0\}\times B)=0$ pour $B \in \underline{\underline{F}}_0$. La mesure μ est donc connue sur une algèbre de Boole qui engendre la tribu prévisible, donc sur celle-ci, donc sur la tribu $\underline{\underline{B}}(\mathbb{R}_+)\times\underline{\underline{F}}$ puisqu'elle commute avec la projection prévisible, et finalement μ détermine A (n°2).

Si A n'était pas nul en 0, il faudrait introduire une v.a. supplémentaire $X_{0-} = E[A_\infty | \underline{\underline{F}}_0]$ (A_{0-} est nulle par convention, mais X_{0-} n'est pas nulle !), et on aurait alors $\mu(\{0\}\times B) = \int_B (X_{0-} - X_0)P$.

Passons au cas optionnel. Soient S et T deux temps d'arrêt tels que $S \leq T$; on a , X' désignant le potentiel gauche de A

$$\mu([\![S,T [\![ ) = E[A_{T-} - A_{S-}] = E[(A_\infty - A_{S-}) - (A_\infty - A_{T-})] = E[X'_S - X'_T]$$

Les réunions finies d'ensembles disjoints de la forme $[\![S,T [\![$ forment

1. Dans les deux cas, l'extension aux processus VI est évidente.

une algèbre de Boole qui e gendre la tribu optionnelle ([D]IV.1, p.67). X' détermine donc la restriction de μ à la tribu optionnelle. Mais μ commute à la projection optionnelle, et on conclut comme dans le cas prévisible.

Il nous reste enfin à rappeler le théorème de décomposition des surmartingales, sous sa forme usuelle (nous n'aurons pas besoin de la forme relative aux potentiels gauches)

16 THÉORÈME. Pour qu'un processus X soit le potentiel droit d'un processus croissant intégrable prévisible A tel que $A_0=0$, il faut et il suffit que

X soit une surmartingale positive continue à droite,

X appartienne à la classe (D) : toutes les v.a. X_T, T parcourant l'ensemble des temps d'arrêt p.s. finis, sont uniformément intégrables.

X soit nul à l'infini : $\lim_{t\to\infty} X_t=0$, p.s. ou dans L^1.

(voir [D]V.T49, p.116, la démonstration de Catherine DOLEANS. Il existe des démonstrations plus élémentaires, telles que celle de RAO [14].

La condition de nullité à l'infini n'est pas essentielle : on a un théorème de représentation analogue, au moyen d'un processus croissant présentant un saut à l'infini $A_\infty - A_{\infty-} = X_\infty$, qui s'interprète au moyen d'une mesure μ sur $[0,\infty]\times\Omega$.

Le théorème suivant est fréquemment utilisé. L'égalité (17.1) est une conséquence simple de la définition de X, et du fait que ΔA_T est $\underline{\underline{F}}_{T-}$-mesurable. Voir [D] V.T52, p.119.

17 THÉORÈME. Si X satisfait aux propriétés précédentes, soit A l'unique processus croissant intégrable prévisible dont X est le potentiel, et soit T un temps prévisible . Alors

(17.1) $\Delta A_T = X_{T-} - E[X_T | \underline{\underline{F}}_{T-}]$ (conventions pour 0 : $X_0=X_{0-}$, $A_0=0$, $\Delta A_0=0$, $\underline{\underline{F}}_{0-}=\underline{\underline{F}}_0$)

En particulier, A est continu si et seulement si X est régulier : pour toute suite croissante $(S_n)\uparrow S$ de temps d'arrêt, on a $E[X_S]=\lim_n E[X_{S_n}]$

Université de Strasbourg
Séminaire de Probabilités 1974/75

UN COURS SUR LES INTEGRALES STOCHASTIQUES

(P.A.Meyer)

CHAPITRE II . MARTINGALES DE CARRÉ INTEGRABLE

La théorie de l'intégrale stochastique est un édifice que l'on construit avec deux sortes de briques : la théorie de l'intégrale de Stieltjes stochastique (chap.I) et la théorie de l'intégrale dans L^2 que l'on va développer maintenant. Ce chapitre contient aussi des résultats sur la structure des martingales de carré intégrable.

DEFINITION. ORTHOGONALITÉ

1 $\underline{\underline{M}}$ est l'ensemble des (classes de) martingales $(M_t)_{t\geq 0}$ telles que $\sup_t E[M_t^2] < \infty$. Les éléments de $\underline{\underline{M}}$ sont appelés <u>martingales de carré intégrable</u> . Le sous-espace de $\underline{\underline{M}}$ formé des martingales M nulles en 0 est noté $\underline{\underline{M}}_0$.

On rappelle qu'une telle martingale M admet une limite à l'infini, $M_\infty = \lim_{t\to\infty} M_t$, que $M_T=E[M_\infty|\underline{\underline{F}}_T]$ pour tout temps d'arrêt T, que $\sup_t E[M_t^2] = \lim_{t\to\infty} E[M_t^2] = E[M_\infty^2]$, et cette quantité est notée $\|M\|_2^2$.

Comme $\underline{\underline{F}}=\underline{\underline{F}}_\infty$, la correspondance $M \leftrightarrow M_\infty$ est une bijection entre $\underline{\underline{M}}$ et $L^2(\underline{\underline{F}})$. Cela permet de considérer $\underline{\underline{M}}$ comme un espace de Hilbert, avec le produit scalaire $(M,N)\mapsto E[M_\infty N_\infty]$. L'orthogonalité au sens de ce produit scalaire sera dite <u>faible</u>.

Rappelons l'inégalité de DOOB : soit $M\in\underline{\underline{M}}$, et soit $M_\infty^* = \sup_t|M_t|$. Alors

$$(1.1) \qquad \| M_\infty^* \|_2^2 \leq 4\| M_\infty \|_2^2$$

Avec une conséquence bien connue : si des martingales $M^n \in \underline{\underline{M}}$ convergent vers $M\in\underline{\underline{M}}$ en norme, il existe une suite $(n_k)\uparrow+\infty$ telle que $(M^{n_k} - M)^*$ tende vers 0 p.s., et par conséquent telle que p.s. la trajectoire $M^{n_k}_\cdot(\omega)$ converge <u>uniformément sur</u> $\mathbb{R}_+$ vers $M_\cdot(\omega)$, ce qui permet de passer à la limite sur les limites à gauche, les sauts, etc.

2 DEFINITION. Deux martingales M et N $\in \underline{\underline{M}}$ sont dites <u>orthogonales</u> si $E[M_T N_T]=0$ pour tout temps d'arrêt T (avec la convention que sur $\{T=\infty\}$ on a $M_T=M_\infty$, $N_T= N_\infty$) et si $M_0N_0 = 0$.

Prenant $T=+\infty$, on voit que M et N sont alors faiblement orthogonales.

3 THEORÈME. *Deux martingales* M *et* N $\in \underline{\underline{M}}$ *sont orthogonales si et seulement si leur produit* MN *est une martingale nulle en* 0.

DÉMONSTRATION. Il n'y a aucun problème d'intégrabilité, car le processus MN est dominé par la v.a. $M^*N^* \in L^1$.

Si MN est une martingale d'espérance nulle, nous avons $M_TN_T = E[M_\infty N_\infty | \underline{\underline{F}}_T]$, donc $E[M_TN_T]=E[M_\infty N_\infty]=E[M_tN_t]=0$.

Inversement, le raisonnement de la démonstration de I.9, dernier lemme , montre que si $E[M_TN_T]=0$ pour tout T, alors $M_TN_T=E[M_\infty N_\infty | \underline{\underline{F}}_T]$.

La notation suivante sera utilisée dans toute la suite :

4 NOTATION. *Si* X *est un processus,* T *un temps d'arrêt,* X^T *désigne le processus* X *arrêté à* T (*i.e.* $X^T_t=X_{t\wedge T}$).

La définition suivante est due à KUNITA-WATANABE en substance, mais sous cette forme très commode, elle est empruntée à CORNEA-LICEA.

5 DÉFINITION. On appelle *sous-espace stable* de $\underline{\underline{M}}$ un sous-espace *fermé* $\underline{\underline{H}}$, *stable par arrêt*, et tel que si $M \in \underline{\underline{H}}$, $A \in \underline{\underline{F}}_0$, on ait $I_AM \in \underline{\underline{H}}$.

6 THEORÈME. *Soit* $\underline{\underline{H}}$ *un sous-espace stable, et soit* $\underline{\underline{H}}^\perp$ *son orthogonal faible dans* $\underline{\underline{M}}$. *Alors* $\underline{\underline{H}}^\perp$ *est stable, et si* M *et* N *appartiennent à* $\underline{\underline{H}}$ *et* $\underline{\underline{H}}^\perp$ *respectivement,* M *et* N *sont orthogonales* (sens fort !).

DÉMONSTRATION. Remarquer que nous n'utiliserons pas le fait que $\underline{\underline{H}}$ est fermé, ni la stabilité pour les opérations vectorielles. Soient $M \in \underline{\underline{H}}$, $N \in \underline{\underline{H}}^\perp$, T un t.d'a.. Comme nous avons $E[L_\infty N_\infty]=0$ pour $L \in \underline{\underline{H}}$, et $\underline{\underline{H}}$ est stable par arrêt, prenant $L=M^T$, il vient que $E[M_TN_\infty]=0$. Or $E[M_TN_\infty]= E[M_TN_T]$, donc $E[M_TN_T]=0$ pour tout t.d'a.. De même, remplaçant M par $I_AM \in \underline{\underline{H}}$ ($A \in \underline{\underline{F}}_0$), on a $E[I_AM_TN_T]=0$, d'où pour T=0 la relation $M_0N_0=0$. On a établi l'orthogonalité forte de M et N.

La relation $E[I_AM_TN_T]=0$ s'écrit aussi $E[M_\infty(I_AN^T)_\infty]=0$, et montre que I_AN^T appartient à $\underline{\underline{H}}^\perp$, de sorte que $\underline{\underline{H}}^\perp$ est stable.

COMMENTAIRE. La théorie usuelle ne se fait que pour les martingales nulles en 0. Nous avons un peu modifié la définition des sous-espaces stables pour tenir compte de M_0 .

6 bis COROLLAIRE. *Si* $\underline{\underline{H}}$ *est un sous-espace stable, tout élément* M *de* $\underline{\underline{M}}$ *admet une décomposition* M=N+N', *où* N *appartient à* $\underline{\underline{H}}$, N' *est orthogonale à* $\underline{\underline{H}}$ (au sens des martingales), *et* $N_0N'_0=0$

C'est la décomposition *ordinaire* de M en sa projection N sur $\underline{\underline{H}}$ et le morceau restant $M-N=N' \in \underline{\underline{H}}^\perp$.

EXEMPLES DE SOUS-ESPACES STABLES

Dans les énoncés qui suivent, la continuité en 0 doit s'entendre en tenant compte de la convention $M_{0-}=0$.

7 DEFINITION. On note $\underline{\underline{M}}^c$ l'espace des martingales continues, et $\underline{\underline{M}}^d$ l'orthogonal de $\underline{\underline{M}}^c$. Les martingales $M\in\underline{\underline{M}}^d$ sont dites purement discontinues (on verra plus loin que ce sont aussi les sommes compensées de sauts).

On a $\underline{\underline{M}}^c\subset\underline{\underline{M}}_0$ d'après la convention ci-dessus, et $\underline{\underline{M}}^c$ est évidemment stable par arrêt, fermé d'après l'inégalité de DOOB (n°1), donc stable. $\underline{\underline{M}}^d$ est donc également stable.

Les projections de $H\in\underline{\underline{M}}$ sur $\underline{\underline{M}}^c$ (partie continue de H) et $\underline{\underline{M}}^d$ (partie discontinue) sont en général notées H^c, H^d.

On va étudier des sous-espaces remarquables de $\underline{\underline{M}}^d$

8 NOTATION. Soit T un temps d'arrêt. On désigne par $\underline{\underline{M}}[T]$ l'espace des martingales $H\in\underline{\underline{M}}$ purement discontinues, continues hors du graphe de T.

1) Prenons T=0. Si H appartient à $\underline{\underline{M}}[0]$, la martingale $M_t=H_t-H_0$ est continue partout, aussi purement discontinue, donc orthogonale à elle même, donc nulle. $\underline{\underline{M}}[0]$ est l'espace des martingales constantes (en t , non en ω) : $H_t=H_0$ pour tout t.

2) Nous supposons maintenant T >0 partout .D'après la convention du haut de la page, on a $\underline{\underline{M}}[T]\subset\underline{\underline{M}}_0$. $\underline{\underline{M}}[T]$ est évidemment un sous-espace stable.

Nous avons alors les deux théorèmes suivants

9 THEOREME . Supposons T totalement inaccessible. Alors $\underline{\underline{M}}[T]\subset\underline{\underline{W}}_0$, et est constitué de toutes les martingales de la forme $M=\overset{c}{A}$, où A est le processus V.I. à un seul saut

(9.1) $A_t = \Phi I_{\{t\geq T\}}$ avec $\Phi\in L^2(\underline{\underline{F}}_T)$ (cf. I.8)

Pour toute martingale $N\in\underline{\underline{M}}$, le processus

(9.2) $M_tN_t - \Delta N_T\Delta M_T I_{\{t\geq T\}}$

est alors une martingale uniformément intégrable, nulle en 0. En particulier on a que

(9.3) $M_t^2- \Delta M_T^2 I_{\{t\geq T\}}$ est une martingale, $E[M_\infty^2] = E[\Delta M_T^2]$.

Pour toute $N\in\underline{\underline{M}}$, la projection de N sur $\underline{\underline{M}}[T]$ est $M=\overset{c}{A}$ (9.1), avec $\Phi=\Delta N_T$.

10 THEOREME. Supposons T partout >0 et prévisible. Alors l'énoncé précédent reste valable, avec la seule modification que $\Phi\in L^2(\underline{\underline{F}}_T)$ doit être assujetti à la condition $E[\Phi|\underline{\underline{F}}_{T-}]=0$, et qu'alors $\overset{c}{A}=A$.

La démonstration sera divisée en plusieurs parties assez simples.

1) Vérifions que si A est donné par (9.1), alors $\overset{c}{A}$ est une martingale de carré intégrable. Il suffit de traiter le cas où Φ est positive, et de montrer que $E[\tilde{A}_\infty^2]<\infty$ (I.8).

Le processus VI $\tilde{A}$ est <u>continu</u>. Il suffit en effet de vérifier que la mesure associée à $\tilde{A}$ (qui est prévisible) ne charge aucun temps prévisible. Or elle coincide sur la tribu prévisible avec la mesure associée à A, et celle ci est portée par le graphe de T totalement inaccessible.

On applique alors la formule d'intégration par parties, puis le fait que $d\tilde{A}$ commute avec la projection optionnelle, pour obtenir

$$E[\tilde{A}_{\infty}^2] = 2E[\int_0^{\infty}(\tilde{A}_{\infty}-\tilde{A}_s)d\tilde{A}_s] = 2E[\int_0^{\infty}(A_{\infty}-A_s)d\tilde{A}_s]$$

En effet, les deux processus $(\tilde{A}_{\infty}-\tilde{A}_t)$ et $(A_{\infty}-A_t)$ ont même projection optionnelle (cela signifie juste que $\tilde{A}$-A est une martingale). Donc, comme $\Phi \geqq 0$

$$E[\tilde{A}_{\infty}^2] \leqq 2E[\Phi\tilde{A}_{\infty}]$$

d'où d'après l'inégalité de Schwarz $\|\tilde{A}_{\infty}\|_2 \leqq 2\|\Phi\|_2$ dès que l'on sait que le premier membre est fini. On commence par supposer $\Phi \leqq c$, puis l'on atteint le cas général par troncation.

Dans le cas prévisible, le calcul est explicite : $A_{\infty}=\Phi-E[\Phi|\underline{\underline{F}}_{T-}]=\Phi$. Donc il n'y a rien à démontrer. Dans tous les cas, noter que $\Phi=\Delta M_T$.

2) La martingale M appartient à $\underline{\underline{M}}[T]$.

D'abord, le processus A n'est discontinu qu'à l'instant T. Dans les deux cas, le processus $\tilde{A}$ est continu (dans le cas prévisible, il est nul). Donc $M=\overset{c}{A}$ n'est discontinue qu'à l'instant T. Il faut montrer que $M\in\underline{\underline{M}}^d$. Nous allons prouver mieux : pour toute martingale $N\in\underline{\underline{M}}$ nous avons

(10.1) $\quad E[M_{\infty}N_{\infty}] = E[\Delta M_T\Delta N_T] = E[\Phi.\Delta N_T]$

En effet, le résultat est connu lorsque N est bornée puisque M est une martingale V.I. (I.9), et le passage à la limite est immédiat. Il en résulte que M est orthogonale, non seulement à toute martingale continue $N\in\underline{\underline{M}}$, mais à toute martingale $N\in\underline{\underline{M}}$ continue à l'instant T.

3) Si $N\in\underline{\underline{M}}$, $M_tN_t - \Delta M_T\Delta N_T I_{\{t\geqq T\}}$ est une martingale.

Notons L_t ce processus. Soit S un temps d'arrêt. Appliquons (10.1) à la martingale arrêtée N^S. Il vient comme $N_{\infty}^S=N_S$, $E[M_{\infty}N_{\infty}^S] = E[M_SN_S]$:

$$E[M_SN_S] = E[\Delta M_T\Delta N_T I_{\{T\leqq S\}}]$$

ou encore $E[L_S]=0$. On en conclut que L est une martingale par le lemme du chap.I, n°9.

(On notera que cette martingale est dominée par $5M^*N^*$, donc uniformément intégrable).

4) Si N appartient à $\underline{\underline{M}}$, sa projection sur $\underline{\underline{M}}[T]$ est $M=\overset{c}{A}$, avec $\Phi=\Delta N_T$.

Dans le cas prévisible comme dans le cas totalement inaccessible, on a vu plus haut que $\Delta M_T = \Phi = \Delta N_T$. Donc N-M est continue à l'instant T. D'après 2) on a $M \in \underline{\underline{M}}[T]$, N-M est continue à l'instant T donc orthogonale à $\underline{\underline{M}}[T]$, et M est bien la projection de N sur $\underline{\underline{M}}[T]$.

La démonstration est achevée.

STRUCTURE DES MARTINGALES PUREMENT DISCONTINUES

11 Soit $M \in \underline{\underline{M}}_0$, et soit (T_n) une suite de temps d'arrêt, soit totalement inaccessibles, soit prévisibles, tous > 0, à graphes disjoints, et tels que $\{(t,\omega): \Delta M_t(\omega) \neq 0\}$ soit contenu dans la réunion des graphes $[\![T_n]\!]$ (N12). Posons pour tout n

(11.1) $A_t^n = \Delta M_{T_n} I_{\{t \geqq T_n\}}$ $M_t^n = \overset{c n}{A_t}$

M^n est une martingale de carré intégrable, qui est continue hors de $[\![T_n]\!]$, et dont le saut à cet instant est exactement ΔM_{T_n} . Posons aussi

$$H^k = M^1 + \ldots + M^k$$

La martingale $M-H^k$ est continue aux instants $T_1, \ldots, T_k$, donc orthogonale à $M^1 \ldots M^k$, donc à leur somme H^k . Les martingales $M^1, \ldots, M^k$ sont orthogonales entre elles, et nous avons

$$E[M_\infty^2] = E[(H_\infty^k)^2] + E[(M-H^k)_\infty^2] = \Sigma_C^k E[(M_\infty^n)^2] + E[(M-H^k)_\infty^2]$$

$$= \Sigma_0^k E[\Delta M_{T_n}^2] + E[(M-H^k)_\infty^2]$$

Nous en déduisons que la série orthogonale $\Sigma_n M^n$ converge dans $\underline{\underline{M}}$ vers une martingale H . Comme $M-H^k$ est orthogonale à H^k, M-H est orthogonale à H. En utilisant une sous-suite de H^k qui converge p.s. uniformément vers H (n°1) on voit que M-H n'a plus de sauts : elle est continue et nous avons

(11.2) $E[M_\infty^2] = E[\Sigma_n \Delta M_{T_n}^2] + E[(M-H)_\infty^2]$

N12. Soit A une réunion dénombrable de graphes de temps d'arrêt U_n. Alors A est contenue dans une réunion dénombrable de graphes <u>disjoints</u> de temps d'arrêt, <u>soit</u> totalement inaccessibles <u>soit</u> prévisibles.

En effet, quitte à remplacer $[\![U_n]\!]$ par $[\![U_n]\!] \setminus \cup_{m<n} [\![U_m]\!]$, nous pouvons supposer les graphes des U_n disjoints. Nous représentons chaque $[\![U_n]\!]$ comme la réunion de deux graphes $[\![U_n^i]\!]$ et $[\![U_n^a]\!]$, l'un totalement inaccessible, l'autre accessible (N7). Les graphes $[\![U_n^i]\!]$ sont disjoints, quant à ceux des U_n^a , nous les recouvrons au moyen d'une réunion dénombrable de graphes prévisibles (N6), que nous rendons disjoints à leur tour par différence comme ci-dessus (cf.[D]IV.T15, p.74).

Si M n'était pas nulle en 0, on ajouterait à la suite $T_1, T_2, \ldots$ le temps d'arrêt $T_0=0$, avec la martingale correspondante $M^0_t=M_0$, et on poserait $H^k=M^0+\ldots+M^k$. Les résultats seraient les mêmes.

Il est clair que M-H est la projection de M sur l'espace $\underline{\underline{M}}^c$ des martingales continues nulles en 0, et que H est la projection de M sur $\underline{\underline{M}}^d$. Nous en déduisons les propriétés suivantes.

D'abord, si M est purement discontinue, M-H=0, donc $M=\lim_k H^k$ dans $\underline{\underline{M}}$. Ainsi

12 THEOREME. *Toute martingale purement discontinue* M *est la somme compensée de ses sauts.* M *est orthogonale* (non seulement à toute martingale continue, mais) *à toute martingale* $N\in\underline{\underline{M}}$ *sans discontinuité commune avec* M.

13 THEOREME. *Pour toute martingale* $M\in\underline{\underline{M}}$, *on a*

(13.1) $\quad E[\Sigma_s \Delta M_s^2] \leqq E[M_\infty^2] \qquad (\Delta M_0=M_0\,)$

avec l'égalité si et seulement si M *est purement discontinue*.

(Cela découle aussitôt de (11.2)).

Nous écrivons maintenant que, si M et N sont deux éléments de $\underline{\underline{M}}$

(13.2) $\quad \Sigma_s|\Delta M_s \Delta N_s| \leqq (\Sigma_s\; \Delta M_s^2)^{1/2}(\Sigma_s\; \Delta N_s^2)^{1/2}$

Le second membre appartient à L^1 d'après (13.1). Plus précisément

(13.3) $\quad E[\Sigma_s|\Delta M_s \Delta N_s|] \leqq \|M\|_2\|N\|_2$.

14 THEOREME. *Soient* M *et* N *deux éléments de* $\underline{\underline{M}}$, *dont l'un au moins est sans partie continue. On a alors*

(14.1) $\quad E[M_\infty N_\infty] = E[\Sigma_s \Delta M_s \Delta N_s]$

(14.2) $\quad M_t N_t - \Sigma_{s\leqq t}\; \Delta M_s \Delta N_s$ *est une martingale nulle en* 0, *dominée dans* L^1.

DEMONSTRATION. Lorsque M et N sont toutes deux sans partie continue, (14.1) résulte de l'*égalité* (13.1) appliquée à M+N, M et N, et (14.2) découle de (14.1) appliquée aux martingales arrêtées M^T et N^T, et du lemme du chap.I n°9. Le processus (14.2) est toujours dominé par la v.a. $M^*N^*+\Sigma_s|\Delta M_s \Delta N_s|$ qui appartient à L^1.

Supposons ensuite que M seule soit purement discontinue. Nous écrivons que $N=N^c+N'$, où N' est la projection de N sur $\underline{\underline{M}}^d$; comme M appartient à $\underline{\underline{M}}^d$, $E[M_\infty N^c_\infty]=0$, et $M_t N^c_t$ est une martingale nulle en 0, dominée dans L^1, d'où aussitôt l'énoncé par addition.

15 Soit M une martingale qui appartient à la fois à $\underline{\underline{M}}$ et à l'espace $\underline{\underline{W}}$ des martingales VI. Nous savons d'après I.9 que l'on a

(15.1) $\quad E[M_\infty N_\infty] = E[\Sigma_s\; \Delta M_s \Delta N_s]$ pour toute martingale *bornée* N.

D'après (13.3), les deux membres sont des formes linéaires continues en N pour la norme de $\underline{\underline{M}}$, donc l'égalité vaut aussi pour $N\in\underline{\underline{M}}$. Prenant

N=M, on voit que toute martingale $M\in\underline{\underline{M}}\cap\underline{\underline{V}}$ est purement discontinue en tant qu'élément de $\underline{\underline{M}}$, i.e. n'admet pas de partie martingale-continue (en tant qu'élément de $\underline{\underline{V}}$, elle peut avoir une partie continue).

On voit donc que l'emploi de la notion de sous-espace stable, dû à CORNEA-LICEA [9], permet d'obtenir avec très peu de moyens des résultats intéressants sur la structure des martingales de carré intégrable. Nous n'avons pas encore utilisé la decomposition des surmartingales ! Nous arrivons maintenant au point où nous allons l'utiliser - mais un peu de réflexion montrera au lecteur qu'elle n'est réellement indispensable que pour définir le processus croissant $<M,M>$ associé à une martingale continue. D'une manière générale, ce sont les martingales continues dont l'étude est délicate, et la structure mal connue : nous retrouverons cela plus loin, à propos de la formule du changement de variables.

LES PROCESSUS CROISSANTS ASSOCIES A UNE MARTINGALE

Soit $M\in\underline{\underline{M}}$. Le processus M_t^2 est une sousmartingale dominée dans L^1 par M^{*2} , donc le processus $E[M_\infty^2|\underline{\underline{F}}_t] - M_t^2$ est une surmartingale de la classe (D) (I.16) ; comme elle est positive et nulle à l'infini, on peut lui appliquer la théorie de la décomposition des surmartingales :

16 DEFINITION. On note $<M,M>$ l'unique croissant prévisible tel que $<M,M>_0 =M_0^2$, et que $M^2-<M,M>$ soit une martingale.

17 DEFINITION. Soit M^c la partie continue de $M\in\underline{\underline{M}}$. On pose

(17.1) $$[M,M]_t = <M^c,M^c>_t + \Sigma_{s\leq t} \Delta M_s^2$$

D'après (14.2), si M est purement discontinue (M^c=0) $M_t^2-[M,M]_t$ est une martingale, et $<M,M>$ est la compensatrice prévisible de $<M,M>$. Compte tenu de l'orthogonalité des projections de M sur $\underline{\underline{M}}^c$ et $\underline{\underline{M}}^d$, il est toujours vrai que [M,M] est un processus croissant intégrable, que M^2-[M,M] est une martingale, $<M,M>$ la compensatrice prévisible de [M,M]. On ne sait pas se passer de la décomposition des surmartingales pour définir $<M^c,M^c>$. Noter que $<M^c,M^c>$ est continu !

D'après KUNITA-WATANABE [8], nous "polarisons" maintenant les "formes quadratiques" $<M,M>$ et [M,M] :

18 DEFINITION. Soient M et N deux éléments de $\underline{\underline{M}}$. On pose

(18.1) $$<M,N> = \frac{1}{2}(<M+N,M+N> - <M,M> - <N,N>)$$

l'unique processus prévisible VI tel que $<M,N>_0=M_0N_0$ et que $MN-<M,N>$ soit une martingale, et

(18.2) $$[M,N] = \frac{1}{2}([M+N,M+N] - [M,M] - [N,N]) \quad .$$

On a évidemment

(18.3) $[M,N]_t = \langle M^c,N^c\rangle_t + \Sigma_{s\leq t} \Delta M_s \Delta N_s$.

Les processus $[M,N]-\langle M,N\rangle$, $MN-[M,N]$ sont des martingales. Les deux martingales M et N sont orthogonales si et seulement si $\langle M,N\rangle$ est nul.

Les deux processus VI $\langle M,N\rangle$ et $[M,N]$ sont intéressants à des titres différents, mais c'est le second sans doute qui est le plus utile : nous en étendrons plus loin la définition à des martingales locales quelconques.

19 Le processus croissant prévisible $\langle M,M\rangle$ est uniquement caractérisé (I.14) par son potentiel X, donné par

(19.1) $X_T = E[\langle M,M\rangle_\infty - \langle M,M\rangle_T | \underline{\underline{F}}_T] = E[M^2_\infty | \underline{\underline{F}}_T] - M^2_T$

avec la convention $X_{0-} = E[M^2_\infty | \underline{\underline{F}}_0]$. Le processus croissant $[M,M]$ est caractérisé par son potentiel gauche X', donné par

(19.2) $X'_T = E[[M,M]_\infty - [M,M]_{T-} | \underline{\underline{F}}_T] = E[M^2_\infty | \underline{\underline{F}}_T] - M^2_T + \Delta M^2_T$

En effet, $[M,M]-\langle M,M\rangle$ étant une martingale, nous avons $E[[M,M]_\infty - [M,M]_T | \underline{\underline{F}}_T] = E[\langle M,M\rangle_\infty - \langle M,M\rangle_T | \underline{\underline{F}}_T] = E[M^2_\infty | \underline{\underline{F}}_T] - M^2_T$, et d'autre part $[M,M]_T - [M,M]_{T-} = \Delta M^2_T$.

20 Soit T un temps d'arrêt ; on a $\langle M,N^T\rangle = \langle M,N\rangle^T$ (arrêt à T), d'où aussitôt par (18.3) $[M,N^T] = [M,N]^T$.

En effet, d'après le théorème d'arrêt de DOOB $(MN)^T - \langle M,N\rangle^T$ est une martingale, et $M.N^T - (MN)^T$ est la martingale $E[(M_\infty - M_T)N_T | \underline{\underline{F}}_t]$, de sorte que $M.N^T - \langle M,N\rangle^T$ est une martingale. Comme $M.N^T - \langle M,N^T\rangle$ en est une par définition de $\langle M,N^T\rangle$, $\langle M,N\rangle^T - \langle M,N^T\rangle$ est constante, et il ne reste plus qu'à remarquer qu'elle est nulle en 0.

LES INEGALITES DE KUNITA-WATANABE

Soit un intervalle $[0,t]$, et soit $t^n_i = it2^{-n}$ pour $0 \leq i \leq 2^n$. C.DOLEANS a montré que l'on a, au sens de la convergence L^1

$$\langle M,N\rangle_t = \lim_n \Sigma_i E[(M_{t^n_{i+1}} - M_{t^n_i})(N_{t^n_{i+1}} - N_{t^n_i}) | \underline{\underline{F}}_{t^n_i}] + M_0 N_0$$

$$[M,N]_t = \lim_n \Sigma_i (M_{t^n_{i+1}} - M_{t^n_i})(N_{t^n_{i+1}} - N_{t^n_i}) + M_0 N_0 .$$

Nous n'aurons pas l'occasion d'utiliser ce résultat, et ne le prouverons pas. Mais il est clair sur ces expressions que ces deux processus donnent lieu à des "inégalités de Schwarz" . Nous allons démontrer celles ci maintenant, d'après KUNITA-WATANABE (noter cependant que KUNITA-WATANABE n'en donnaient dans [8] que la forme intégrée - mais la forme "trajectorielle" fait partie du folklore des martingales).

21 THEOREME. Si M et N sont deux éléments de $\underline{\underline{M}}$, H et K deux processus mesurables, on a p.s.

(KW1) $\int_0^\infty |H_s||K_s||d\langle M,N\rangle_s|] \leqq (\int_0^\infty H_s^2 d\langle M,M\rangle_s)^{1/2}(\int_0^\infty K_s^2 d\langle N,N\rangle_s)^{1/2}$

(KW2) $\int_0^\infty |H_s||K_s||d[M,N]_s|] \leqq (\int_0^\infty H_s^2 d[M,M]_s)^{1/2}(\int_0^\infty K_s^2 d[N,N]_s)^{1/2}$

22 COROLLAIRE. Si p et q sont deux exposants conjugués, on a

$$E[\int|H_s||K_s||d\langle M,N\rangle_s|] \leqq \|\sqrt{\int H_s^2 d\langle M,M\rangle_s}\|_p \|\sqrt{\int K_s^2 d\langle N,N\rangle_s}\|_q$$

et l'inégalité analogue avec des [ ].

DEMONSTRATION. Celle-ci nous a été suggérée par P. PRIOURET, qui a débarrassé le théorème d'une hypothèse inutile sur H et K.

1) Prenons s et t rationnels, s<t, et écrivons que l'on a pour tout λ rationnel $\langle M+\lambda N,M+\lambda N\rangle_t - \langle M+\lambda N,M+\lambda N\rangle_s \geqq 0$ p.s.. Il vient, avec des notations abrégées claires

$$|\langle M,N\rangle_s^t| \leqq (\langle M,M\rangle_s^t)^{1/2}(\langle N,N\rangle_s^t)^{1/2}$$

et aussi en 0 $|\Delta\langle M,N\rangle_0| = |\Delta\langle M,M\rangle_0||\Delta\langle N,N\rangle_0|$.

Prenons maintenant une subdivision finie de la droite : $0=t_0<t_1<\dots<t_{n+1}=+\infty$, des v.a. $H_0, K_0, H_{t_i}, K_{t_i}$ ($0\leqq i\leqq n$) bornées, et posons

$$H_t = H_0 I_{\{t=0\}} + \Sigma_i H_{t_i} I_{]t_i,t_{i+1}]}(t)$$

et K_t de même. Ecrivons les inégalités précédentes pour $s=t_i, t=t_{i+1}$, multiplions les par $|H_{t_i}K_{t_i}|$, sommons, et appliquons l'inégalité de Schwarz. Il vient

$$|\int H_sK_s d\langle M,N\rangle_s| \leqq |H_0K_0\Delta\langle M,N\rangle_0| + \Sigma_0^n|H_{t_i}K_{t_i}||\langle M,N\rangle_{t_i}^{t_{i+1}}|$$
$$= (H_0^2\Delta\langle M,M\rangle_0 + \Sigma H_{t_i}^2 \langle M,M\rangle_{t_i}^{t_{i+1}})^{1/2}(K_0^2\Delta\langle N,N\rangle_0 + \Sigma K_i^2\langle N,N\rangle_{t_i}^{t_{i+1}})^{1/2}$$

c'est à dire l'inégalité (KW1) dans le cas particulier de deux processus étagés continus à gauche H et K, à cela près que le signe | | est hors du symbole $\int$ au lieu d'être à l'intérieur.

2) Les processus étagés du type précédent forment une algèbre qui engendre la tribu produit sur $\mathbb{R}_+\times\Omega$. Un argument de classes monotones permet alors d'étendre l'inégalité (toujours avec le signe | | hors de l'intégrale) à deux processus mesurables H et K bornés.

3) Soit J_s un processus mesurable à valeurs dans $\{-1,1\}$ tel que $|d\langle M,N\rangle_s| = J_s d\langle M,N\rangle_s$; en appliquant le résultat précédent aux processus H_s et K_sJ_s on fait entrer le signe | | dans l'intégrale. Après quoi l'inégalité se trouve ramenée au cas positif, et la dernière extension au cas non borné se fait par troncation et convergence monotone.

Le raisonnement pour $[M,N]$ est identique.

REMARQUE. Nous verrons au chapitre V une autre majoration de $E[\int|d[M,N]_s|]$ liée à la dualité entre $\underline{\underline{H}}^1$ et $\underline{\underline{BMO}}$, et plus profonde que 22.

INTEGRALE STOCHASTIQUE DE PROCESSUS PREVISIBLES

Nous abordons maintenant la théorie de l'intégrale stochastique proprement dite, en suivant d'abord exactement la définition d'ITO. Seulement, dans la théorie relative au mouvement brownien, l'importance du caractère prévisible du processus à intégrer n'apparaissait pas.

23 Nous remarquons d'abord que l'on peut toujours définir l'intégrale d'une fonction étagée continue à gauche f définie sur $\mathbb{R}_+$

$$t_0=0<t_1\ldots<t_n<+\infty=t_{n+1} \qquad f(t)=f_i \text{ pour } t\in]t_i,t_{i+1}]$$

par rapport à une fonction g définie sur $\mathbb{R}_+$, continue à droite et pourvue de limites à gauche :

$$\int_0^\infty f dg = f(0)g(0) + \Sigma_0^n f_i(g(t_{i+1})-g(t_i))$$

$$\int_0^t f dg = \int_0^\infty f I_{[0,t]} dg = f(0)g(0) + \Sigma_0^n f_i g(t\wedge t_{i+1})-g(t\wedge t_i))$$

La fonction $\int_0^t f dg$ est continue à droite avec des limites à gauche, et son saut en t vaut $f(t)\Delta g(t)$.

Désignons maintenant par Λ l'espace des <u>processus prévisibles bornés</u> (H_t) <u>étagés</u> sur $\mathbb{R}_+$: Il existe une subdivision (t_i) comme ci-dessus telle que $H_t=h_i$ pour $t\in]t_i,t_{i+1}]$, les v.a. h_i étant $\underline{\underline{F}}_{t_i}$-mesurables bornées, et H_0 $\underline{\underline{F}}_0$-mesurable bornée.

Dans ces conditions, soit $M\in\underline{\underline{M}}$. Nous avons le lemme très facile

LEMME. <u>Le processus</u> $H\cdot M=(\int_0^t H_s dM_s)$ <u>appartient</u> à $\underline{\underline{M}}$, <u>et on a</u>

$$E[(H\cdot M)_\infty^2] = E[\int_{0-}^\infty H_s^2 d\langle M,M\rangle_s] \;(= E[\int_{0-}^\infty H_s^2 d[M,M]_s)^1.$$

et maintenant, nous avons le théorème d'ITO :

THEOREME. <u>Soit</u> $\dot{L}^2(M)$ <u>l'espace des processus prévisibles</u> H <u>tels que</u> $\|H\|_{\dot{L}^2(M)} = (E[\int H_s^2 d\langle M,M\rangle_s])^{1/2} < \infty$. <u>Alors l'application linéaire</u> $H\mapsto H.M$ <u>de</u> Λ <u>dans</u> $\underline{\underline{M}}$ <u>se prolonge de manière unique en une application linéaire continue (une isométrie) de</u> $\dot{L}^2(M)$ <u>dans</u> $\underline{\underline{M}}$, <u>encore notée</u> $H\mapsto H\cdot M$. <u>Pour tout</u> $H\in\dot{L}^2(M)$, <u>les processus</u>

(23.1) $\qquad \Delta(H\cdot M)_t \qquad$ <u>et</u> $\qquad H_t\Delta M_t$

<u>sont indistinguables</u>.

1. On rappelle que $[M,M]-\langle M,M\rangle$ est une martingale VI, et induit donc une mesure nulle sur la tribu prévisible.

DEMONSTRATION. $\dot{L}^2(M)$ (le rôle du $\bullet$ apparaîtra plus tard, quand $L^2(M)$ sera défini) est l'espace L^2 d'une certaine mesure sur la tribu prévisible. L'espace Λ est dense dans $\dot{L}^2(M)$, l'isométrie $H \mapsto H\cdot M$ de Λ dans $\underline{\underline{M}}$ se prolonge donc de manière unique en une isométrie de $\dot{L}^2(M)$ dans $\underline{\underline{M}}$. La dernière assertion résulte de l'inégalité de DOOB (n°1), et d'un argument de convergence uniforme p.s. à partir du cas étagé.

24 EXEMPLE. Si T est un temps d'arrêt, et $H = I_{[0,T]}$, $H\cdot M$ est la martingale arrêtée M^T (approcher T par une suite décroissante de temps d'arrêt étagés).

Nous suivons maintenant l'idée fondamentale de KUNITA-WATANABE, qui consiste à caractériser uniquement, non pas un opérateur de $\dot{L}^2(M)$ dans $\underline{\underline{M}}$, mais individuellement le processus $H\cdot M$.

25 THEOREME. <u>Soit</u> $H \in \dot{L}^2(M)$. <u>Alors pour tout</u> $N \in \underline{\underline{M}}$ <u>on a</u>

(25.1) $\quad E[\int_{0-}^{\infty} |H_s||d\langle M,N\rangle_s|] < \infty$ (<u>et</u> $E[\int |H_s||d[M,N]_s|] < \infty$)

<u>L'intégrale stochastique</u> $L = H\cdot M$ <u>est uniquement caractérisée, comme le seul élément de</u> $\underline{\underline{M}}$ <u>tel que, pour tout</u> $N \in \underline{\underline{M}}$

(25.2) $\quad E[L_\infty N_\infty] = E[\int_{0-}^{\infty} H_s d\langle M,N\rangle_s]$ ($= E[\int_0^{\infty} H_s d[M,N]_s$)

<u>et on a alors pour tout</u> N

(25.3) $\quad \langle L,N\rangle = H\cdot\langle M,N\rangle$, $[L,N] = H\cdot[M,N]$

(les intégrales au second membre sont des intégrales de Stieltjes).

DEMONSTRATION. Les inégalités (25.1) sont des conséquences des inégalités KW1 et KW2 (n°22). Pour montrer que L satisfait à (25.2), on remarque que la forme $H \mapsto E[(H\cdot M)_\infty N_\infty - \int_0^\infty H_s d\langle M,N\rangle_s]$ sur $\dot{L}^2(M)$ est continue (inégalité KW1), on vérifie aussitôt qu'elle est nulle sur Λ, donc sur tout $\dot{L}^2(M)$. Quant aux deux espérances de droite de (25.2), elles sont égales du fait que $[M,N]-\langle M,N\rangle$ est une martingale VI, et induit donc sur la tribu prévisible une mesure nulle. Pour établir (25.3), introduisons le processus $J_t = L_t N_t - \int_0^t H_s d\langle M,N\rangle_s$, dominé par $L^* N^*$ + $\int |H_s||d\langle M,N\rangle_s| \in L^1$. Appliquant (25.2) à la martingale arrêtée N^T, et le n°20, nous voyons que $E[J_T]=0$ pour tout temps d'arrêt T, de sorte que J est une martingale (chap.I, lemme du n°9). Mais alors $\langle L,N\rangle_t - \int_0^t H_s d\langle M,N\rangle_s$ est une martingale prévisible, nulle en 0, donc nulle, et cela nous donne la première relation (25.3). Pour établir la seconde, nous décomposons M et N en leurs parties continue et discontinue M^c, M^d et N^c, N^d, et nous remarquons que $H\cdot M^c$ est la partie continue de L : en effet, elle est continue, et $H\cdot M^d$ est orthogonale à toute martingale continue nulle en 0 (si K est une telle martingale, on a $\langle H.M^d,K\rangle = H\cdot\langle M^d,K\rangle = 0$). Alors (23.1)

$$[L,N]_t = \langle L^c,N^c\rangle_t + \Sigma_{s\leq t}\ \Delta L_s\Delta N_s = H\cdot\langle M^c,L^c\rangle_t + \Sigma_{s\leq t}H_s\Delta M_s\Delta N_s$$
$$= \int_{0}^{t} H_s d[M,N]_s$$

c'est à dire la seconde égalité (25.3).

Il reste donc un seul point à établir, le fait que (25.2) caractérise uniquement L . Or le second membre est une forme linéaire continue en N connue lorsqu'on connaît H et M, tandis que le premier membre est la forme linéaire $N\mapsto(L,N)$ associée à L par le produit scalaire de l'espace de Hilbert $\underline{\underline{M}}$.

Notons explicitement un point de la démonstration précédente, qui sera d'ailleurs contenu aussi dans un énoncé plus général au paragraphe suivant , relatif aux sous-espaces stables.

26 COROLLAIRE. Si $H\in L^2(M)$, les parties continue et purement discontinue de $H\cdot M$ sont respectivement $H\cdot M^c$ et $H\cdot M^d$.

Nous verrons plus loin que le théorème 25, caractérisant l'intégrale stochastique, permet d'en étendre la définition à des processus H optionnels , et à des processus M qui sont des martingales locales et non plus des éléments de $\underline{\underline{M}}$. Indiquons en une conséquence (dont la démonstration est laissée en exercice au lecteur).

27 THEOREME. Soient $H\in L^2(M)$, K prévisible borné, alors $(KH)\cdot M=K\cdot(H\cdot M)$.

INTEGRALES STOCHASTIQUES ET SOUS-ESPACES STABLES

28 THEOREME. Soit $\underline{\underline{S}}$ un sous-espace stable de $\underline{\underline{M}}$ (5). Alors pour tout $M\in\underline{\underline{S}}$, tout $H\in L^2(M)$, on a $H\cdot M\in\underline{\underline{S}}$.

(Inversement, comme les opérations $M\mapsto M^T$, $M\mapsto I_A M$ sont des intégrations stochastiques avec $H=I_{[[0,T]]}$,$H=I_{\mathbb{R}_+\times A}$, cette propriété entraîne la stabilité).

DEMONSTRATION. Il suffit de démontrer que $H\cdot M\in\underline{\underline{S}}^{\perp\perp}$. Or si $N\in\underline{\underline{S}}^{\perp}$ on a $M_0N_0=0$ et M et N sont orthogonales au sens des martingales (6), donc $\langle M,N\rangle=0$ (17), donc $H\cdot\langle M,N\rangle=0$, $\langle H\cdot M,N\rangle=0$, $E[(H\cdot M)_\infty N_\infty]=0$ et $H\cdot M\in\underline{\underline{S}}^{\perp\perp}$.

29 THEOREME. Soit $M\in\underline{\underline{M}}$. Le sous-espace stable engendré par M est l'ensemble des intégrales stochastiques $H\cdot M$, $H\in L^2(M)$. Si $N\in\underline{\underline{M}}$, la projection

de N sur ce sous-espace est $D\cdot M$, où D est une densité prévisible de $\langle M,N\rangle$ par rapport à $\langle M,M\rangle$.

DEMONSTRATION. Comme l'application $H\mapsto H\cdot M$ de $\dot{L}^2(M)$ dans $\underline{\underline{M}}$ est une isométrie, l'image $\underline{\underline{I}}$ est fermée, évidemment stable, et contenue dans tout espace stable contenant M d'après 28. C'est donc le sous-espace stable engendré par M.

Ecrivons $N=N'+N"$, où N' est la projection de N sur $\underline{\underline{I}}$, et $N"\in\underline{\underline{I}}^{\perp}$. On a vu dans la démonstration de 28 que $\langle M,N"\rangle=0$, donc $\langle M,N\rangle=\langle M,N'\rangle$. D'autre part, par définition de $\underline{\underline{I}}$ on peut écrire $N'=D\cdot M$, avec $D\in\dot{L}^2(M)$. Alors $\langle N',M\rangle=\langle D\cdot M,M\rangle = D\cdot\langle M,M\rangle$, et D est une densité prévisible de $\langle M,N\rangle$ par rapport à $\langle M,M\rangle$. On remarquera que si $\overline{D}$ est une seconde telle densité, on a $D=\overline{D}$ $\langle M,M\rangle$-p.p., donc $E[\int(D_s-\overline{D}_s)^2d\langle M,M\rangle_s]=0$, donc $\overline{D}\in\dot{L}^2(M)$ et $D\cdot M=\overline{D}\cdot M$.

COMMENTAIRE. Ces deux théorèmes ont des conséquences importantes en théorie des processus de Markov, en permettant des représentations de processus au moyen d'intégrales stochastiques. Il y a à ce sujet des résultats très utiles de KUNITA-WATANABE. Mais nous laisserons cela de côté pour l'instant. J'espère avoir le courage d'écrire un chapitre d'applications.

INTEGRALES STOCHASTIQUES ET INTEGRALES DE STIELTJES

Le résultat suivant est fondamental : il explique le rôle joué par les processus prévisibles en théorie de l'intégrale stochastique (cf. plus loin le n°34 au sujet des processus optionnels), et il sera à la base de la définition de l'intégrale stochastique par rapport aux martingales locales.

30 THEOREME. Soit $M\in\underline{\underline{M}}\cap\underline{\underline{W}}$, et soit H un processus prévisible tel que l'on ait à la fois $E[\int_{0}^{\infty}H_s^2d[M,M]_s] < \infty$ et $E[\int_{0}^{\infty}|H_s||dM_s|]<\infty$. Alors l'intégrale stochastique $H\cdot M$ et l'intégrale de Stieltjes stochastique $H_{\dot{s}}M$ sont égales.

DEMONSTRATION. Nous savons déjà (I.12) que $H_{\dot{s}}M$ est une martingale à V.I., donc (I.9) que pour toute martingale bornée N on a

(30.1) $\qquad E[N_\infty.(H_{\dot{s}}M)_\infty] = E[\Sigma_s H_s\Delta M_s\Delta N_s]$

D'après 15, d'autre part, M est une martingale purement discontinue, donc $[M,N]_t = \Sigma_{s\leq t}\Delta M_s\Delta N_s$ et on a , pour toute $N\in\underline{\underline{M}}$ (en particulier N bornée)

(30.2) $\qquad E[N_\infty.(H\cdot M)_\infty] = E[\int H_sd[M,N]_s] = E[\Sigma_sH_s\Delta M_s\Delta N_s]$

Comme N_∞ est une v.a. bornée arbitraire, on a $(H\cdot M)_\infty=(H_{\dot{s}}M)_\infty$, d'où $H\cdot M= H_{\dot{s}}M$ en conditionnant.

INTEGRALES STOCHASTIQUES DE PROCESSUS OPTIONNELS

Le lecteur fera sans doute bien d'omettre en première lecture le court paragraphe qui suit : en effet, cette notion d'intégrale stochastique n'a pas encore connu d'applications intéressantes, et nous verrons aussi qu'elle ne s'étend pas bien aux semimartingales (en revanche, nous l'étendrons plus loin aux martingales locales).

Quoi qu'il en soit, ces intégrales stochastiques existent. La définition en est d'une simplicité enfantine.

31 DEFINITION. Soit $M \in \underline{\underline{M}}$. On note $L^2(M)$ l'espace des processus optionnels H tels que $\|H\|_{L^2(M)} = (E[\int_{[0,\infty[} H_s^2 d[M,M]_s])^{1/2} < \infty$.

$\dot{L}^2(M)$ est le sous-espace de $L^2(M)$ constitué par les processus prévisibles.

32 DEFINITION. Soit $H \in L^2(M)$. On désigne par $H \cdot M = (\int_{0-}^t H_s dM_s)_{t \in \mathbb{R}_+}$ l'unique élément L de $\underline{\underline{M}}$ tel que

(32.1) pour tout $N \in \underline{\underline{M}}$, $E[L_\infty N_\infty] = E[\int_{0-}^\infty H_s d[M,N]_s]$.

En effet, d'après l'inégalité KW2 (21), $E[\int |H_s||d[M,N]_s|] < \infty$, et le côté droit de (32.1) est une forme linéaire continue sur l'espace de Hilbert $\underline{\underline{M}}$. D'après (25.2), cela étend la définition de l'intégrale stochastique prévisible.

33 En arrêtant N à un temps d'arrêt T arbitraire on vérifie , comme au n°I.9, que

(33.1) pour toute $N \in \underline{\underline{M}}$, $L_t N_t - \int_{0-}^t H_s d[M,N]_s$ est une martingale (dominée dans L^1 par $L^* N^* + \int_0^\infty |H_s||d[M,N]_s|$)

34 Nous allons calculer explicitement $H \cdot M$

1) Si M est une martingale indépendante de t, $M_t = M_0$, alors $(H \cdot M)_t = H_0 M$. la vérification est immédiate.

2) Si M est continue, choisissons H' prévisible tel que pour presque tout ω $\{t : H_t(\omega) \neq H'_t(\omega)\}$ soit dénombrable ([D]V.T19, p.101, [P]IV.66). On vérifie alors aussitôt que $H' \in \dot{L}^2(M)$, et que $L = H' \cdot M$ satisfait à (32.1). Donc $H \cdot M = H' \cdot M$, et dans ce cas l'intégrale stochastique optionnelle ne représente rien de nouveau.

3) Supposons que $M \in \underline{\underline{M}}[T]$ (n°8), où T est totalement inaccessible. Je dis que l'intégrale stochastique $L = H \cdot M$ appartient aussi à $\underline{\underline{M}}[T]$, et qu'elle est égale à $\overset{c}{A}$, où A est le processus V.I. $H_T \Delta M_T I_{\{t \geq T\}}$ ($H_T \Delta M_T \in L^2$ puisque $H \in L^2(M)$, et $\overset{c}{A}$ appartient à $\underline{\underline{M}}$ d'après le 1) du n°9-10). Nous savons en effet que $\overset{c}{A} \in \underline{\underline{M}}[T]$ (n°9-10, 2)), que $\Delta \overset{c}{A}_T = H_T \Delta M_T$, et que (10.1) pour tout $N \in \underline{\underline{M}}$

$$E[\overset{c}{A}_\infty N_\infty] = E[H_T \Delta M_T \Delta N_T]$$

ce qui équivaut à (32.1), car $[\overset{c}{A},N]_t = \Delta \overset{c}{A}_T \Delta N_T I_{\{t \geq T\}}$.

Noter que dans les trois cas qui précèdent, on a

(34.1) $\Delta(H{\bullet}M)_t = H_t \Delta M_t$ (processus indistinguables)

(34.2) $[H{\bullet}M,N] = H{\bullet}[M,N]$

(34.3) $E[(H{\bullet}M)^2_\infty] = E[\int H^2_s d[M,M]_s]$

Les choses bizarres se passent dans le cas suivant :

4) Supposons que $M\in \underline{\underline{M}}[T]$, où T partout >0 est <u>prévisible</u> . Je dis que $L=H{\bullet}M$ appartient à $\underline{\underline{M}}[T]$ et est égale à $\overset{c}{A}$, où A est défini comme au 3) précédent. Mais il y a ici une différence, car $\Delta\overset{c}{A}_T = H_T\Delta M_T - E[H_T\Delta M_T|\underline{\underline{F}}_{T-}]$ Alors si $N\in\underline{\underline{M}}$

(34.4) $$E[\overset{c}{A}_\infty N_\infty] = E[\Delta\overset{c}{A}_T\Delta N_T] = E[H_T\Delta M_T\Delta N_T] - E[\,E[H_T\Delta M_T|\underline{\underline{F}}_{T-}]\Delta N_T]$$
$$= E[H_T\Delta M_T\Delta N_T] = E[\int_0^\infty H_s d[M,N]_s]$$

c'est à dire (32.1). Mais on peut affirmer (34.1) et (34.2) seulement si $E[H_T\Delta M_T|\underline{\underline{F}}_{T-}]=0$, en particulier si H est prévisible... ou M=0. De même

(34.5) $$E[(H{\bullet}M)^2_\infty] = E[\Delta\overset{c}{A}{}^2_T] = E[(H_T\Delta M_T - E[H_T\Delta M_T|\underline{\underline{F}}_{T-}])^2] \leq E[H^2_T\Delta M^2_T]$$
$$= E[\int H^2_s d[M,M]_s]$$

5) Nous passons maintenant au cas général : soit $M\in\underline{\underline{M}}$, que nous décomposons M à la manière des n[os]11-12

(34.6) $$M = M_0 + M^c + \Sigma_n M^n \quad (M^n = \overset{c}{B}{}^n, \text{ où } \Delta M_{T_n} I_{\{t\geq T_n\}} \text{ est noté } B^n)$$

les T_n étant des temps d'arrêt partout >0, à graphes disjoints, dont chacun est soit totalement inaccessible , soit prévisible.

Soit $H\in L^2(M)$, alors $H\in L^2(M^c)$, $L^2(M^n)$, puisque $[M,M]=M_0^2+[M^c,M^c] + \Sigma_n[M^n,M^n]$; les intégrales stochastiques $H{\bullet}M_0$, $H{\bullet}M^c$, $H{\bullet}M^n$ ont été définies plus haut, et nous avons vu qu'elles sont toutes orthogonales (elles appartiennent aux espaces stables orthogonaux $\underline{\underline{M}}[0]$, $\underline{\underline{M}}^c$, $\underline{\underline{M}}[T_n]$). D'après (34.3) et (34.5), la série $H{\bullet}M_0 + H{\bullet}M^c + \Sigma_n H{\bullet}M^n$ converge dans $\underline{\underline{M}}$, et si nous notons L sa somme, il est facile de voir que (32.1) est satisfaite (argument de convergence dominée au second membre).

Nous allons maintenant donner des énoncés formels de quelques uns des résultats obtenus :

35 THEOREME. <u>Si</u> $M\in\underline{\underline{M}}$ <u>admet la décomposition orthogonale</u> (34.6), <u>et</u> $H\in L^2(M)$, <u>alors</u> $L=H{\bullet}M$ <u>admet la décomposition orthogonale</u>

(35.1) $$H{\bullet}M = H_0 M_0 + H{\bullet}M^c + \Sigma_n H{\bullet}M^n$$

<u>On a</u>

(35.2) $$E[L^2_\infty] \leq E[\int H^2_s d[M,M]_s$$

avec l'égalité si et seulement si $E[H_T \Delta M_T | \underline{\underline{F}}_{T-}]=0$ pour tout temps prévisible T partout >0. Cette condition est aussi équivalente à chacune des deux suivantes

(35.3) les processus ΔL_t et $H_t \Delta M_t$ sont indistinguables

(35.4) pour tout $N \in \underline{\underline{M}}$ on a $[L,N] = H \cdot [M,N]$

DEMONSTRATION. a) Nous avons vu la décomposition orthogonale (35.1) au n°34, ainsi que l'inégalité (35.2), qui est une égalité si et seulement si $E[H_{T_n} \Delta M_{T_n} | \underline{\underline{F}}_{T_n-}]=0$ pour tout n tel que T_n soit prévisible. Comme la condition d'égalité dans (35.2) est indépendante de la suite (T_n) choisie, et comme n'importe quel temps prévisible T partout >0 peut être pris comme temps d'arrêt T_0 d'une telle suite, cela nous donne la condition $E[H_T \Delta M_T | \underline{\underline{F}}_{T-}]=0$ (exprimant que la projection prévisible du processus $(H_t \Delta M_t)$ est nulle sur $]0,\infty[\times\Omega$).

Cette condition est satisfaite si (35.3) l'est, car $E[\Delta L_T | \underline{\underline{F}}_{T-}]=0$ pour toute martingale $L \in \underline{\underline{M}}$. Enfin, (35.4) entraîne l'égalité (35.2), car si (35.4) a lieu, en prenant N=L , puis N=M

$$E[L_\infty^2]=E[[L,L]_\infty] = E[\int_{0-}^{\infty} H_s d[M,L]_s] = E[\int_{0-}^{\infty} H_s^2 d[M,M]_s].$$

36 On dit qu'une martingale M est quasi-continue à gauche si $\Delta M_T=0$ p.s. pour tout temps prévisible T>0 . Il arrive assez fréquemment que la famille de tribus $(\underline{\underline{F}}_t)$ soit telle que toutes les martingales soient quasi-continues à gauche, ce qui revient à dire que $\underline{\underline{F}}_T=\underline{\underline{F}}_{T-}$ pour tout temps prévisible T (la famille est alors dite quasi-continue à gauche, ou sans temps de discontinuité, et tout temps accessible est prévisible. Nous n'aurons pas besoin de ces résultats pour l'instant ([D]III,D38, p. 57, T51, p.62, T42 p.112). Lorsque M est quasi-continue à gauche, toute la pathologie de l'intégrale stochastique optionnelle disparaît. Il faut noter en particulier l'associativité $(HK)\cdot M = H\cdot(K\cdot M)=K\cdot(H\cdot M)$.

37 **UN EXEMPLE. M. PRATELLI et C. YOEURP ont calculé l'intégrale**

(37.1) $\int_0^t \Delta M_s dM_s = [M,M]_t - \langle M,M\rangle_t$ **$M \in \underline{\underline{M}}$, nulle en 0, $\Delta M \in L^2(M)$**

qui, compte tenu de la formule classique $2\int_0^t M_{s-} dM_s$ (III.9) permet de calculer $\int M_s dM_s$. Noter par exemple la jolie formule

(37.2) $\int_0^t (M_s + M_{s-}) dM_s = M_t^2 - \langle M,M\rangle_t$

Le principe de la démonstration de (37.1) est simple : les deux membres sont des sommes compensées de sauts, et ils ont les même sauts aux temps prévisibles ou totalement inaccessibles. Mais on est gêné pour traiter (37.1) dans $\underline{\underline{M}}$, car ΔM n'appartient pas nécessairement à $L^2(M)$. On y reviendra au n°V.21.

Université de Strasbourg
Séminaire de Probabilités 1974/75

UN COURS SUR LES INTEGRALES STOCHASTIQUES

(P.A.Meyer)

CHAPITRE III : LA FORMULE DU CHANGEMENT DE VARIABLES forme préliminaire

Nous allons interrompre ici l'ordre logique du cours, pour des raisons pédagogiques : ayant développé une théorie de l'intégration, nous voulons nous en servir pour faire des calculs avant de passer à une théorie plus générale. Nous y perdrons en pureté (nous serons amenés à poser des définitions provisoires, nous serons gênés par des restrictions d'intégrabilité inutiles...) mais nous ne commettrons tout de même aucun crime : la démonstration de la vraie formule du changement de variables passe obligatoirement par la réduction au cas traité dans ce chapitre.

DEFINITION DE DIVERS ESPACES DE PROCESSUS

Rappelons les espaces déjà définis :

$\underline{\underline{V}}$ espace des processus (adaptés) à variation finie sur tout intervalle compact $[0,t]$.

$\underline{\underline{W}}$ espace des martingales à variation intégrable.

$\underline{\underline{M}}$ espace des martingales de carré intégrable.

Nous y ajouterons ici :

$\underline{\underline{A}}$ espace des processus (adaptés) à variation intégrable ($\underline{\underline{W}}\subset\underline{\underline{A}}\subset\underline{\underline{V}}$), muni de la norme $\|\ \|_V$ de la variation totale.

et nous poserons la définition provisoire suivante

1 DEFINITION. Un processus $X=(X_t)$ est une semimartingale au sens restreint (abrégé en : semimartingale (r)) s'il appartient à l'espace $\underline{\underline{S}}=\underline{\underline{M}}+\underline{\underline{A}}$.

La vraie définition des semimartingales sera donnée au chapitre IV. La présence d'un $_0$: $\underline{\underline{M}}_0,\underline{\underline{A}}_0,\underline{\underline{S}}_0...$ sert à désigner un espace de processus nuls à l'instant 0.

X appartient à $\underline{\underline{S}}$ si et seulement s'il admet une décomposition

(1.1) $$X_t = X_0 + M_t + A_t \quad , \ X_0 \in L^1(\underline{\underline{F}}_0),\ M \in \underline{\underline{M}}_0\ ,\ A \in \underline{\underline{A}}_0$$

Mais cette décomposition n'est pas unique. Quels en sont les éléments intrinsèques ? Les résultats des chapitres I-II donnent aussitôt

2 THEOREME. Dans (1.1), la partie continue M^c de M est indépendante de la décomposition, et sera appelée la partie martingale continue de X, et notée X^c. On posera

(2.1) $$[X,X]_t = \langle X^c,X^c\rangle_t + \Sigma_{s\leq t}\Delta X_s^2 \quad (\text{ y compris } \Delta X_0^2=X_0^2\ )$$

Soit H un processus prévisible borné. Le processus

(2.2) $$H_0X_0 + \int_0^t H_s dM_s + \int_0^t H_s dA_s$$ (intégrales respectivement dans $\underline{\underline{M}}$ et de Stieltjes)

ne dépend pas de la décomposition (1.1), et appartient à $\underline{\underline{S}}$. Nous le noterons H•X.

DEMONSTRATION. Nous considérons deux décompositions analogues

$$X = X_0+M+A = X_0+\bar{M}+\bar{A} ,$$

nous avons alors $M-\bar{M} = \bar{A}-A \in \underline{\underline{M}}_0 \cap \underline{\underline{W}}_0$. Il résulte de II.15 que $M-\bar{M}$ n'a pas de partie martingale continue, donc que $M^c=\bar{M}^c$. Il résulte de II.30 que $H\cdot(M-\bar{M})$ est égale à l'intégrale de Stieltjes $H \underset{s}{:} (\bar{A}-A)$. C'est tout.

REMARQUES. 1) X admet une décomposition (1.1) canonique, où $A\in\underline{\underline{A}}_0$ est prévisible, mais nous ne nous en servirons pas.

2) L'inégalité $\Delta X_s^2 \leqq 2(\Delta M_s^2+\Delta A_s^2)$ prouve que [X,X] est un processus croissant à valeurs finies sur $[0,\infty]$.

LA FORMULE DU CHANGEMENT DE VARIABLES

Nous en donnons un énoncé complet, et nous passerons le reste du chapitre à le démontrer - la principale difficulté tenant au cas des martingales continues.

3 THEOREME. Soit X une semimartingale (r), et soit F une fonction sur $\mathbb{R}$, deux fois continûment dérivable, admettant des dérivées bornées des deux premiers ordres. On a alors deux processus indistinguables

(3.1) $$F\circ X_t = F\circ X_0 + \int_0^t F'\circ X_{s-} dX_s + \frac{1}{2}\int_0^t F''\circ X_{s-} d\langle X^c,X^c\rangle_s + \Sigma_{0<s\leqq t} (F\circ X_s - F\circ X_{s-} - F'\circ X_{s-}\Delta X_s)$$

où la première intégrale au second membre est celle d'un processus prévisible borné par rapport à X, et où la série est p.s. absolument convergente sur $[0,+\infty]$.

La convergence absolue résulte aussitôt de la formule de Taylor : si C est une borne de $|F''|$

$$\Sigma_s |F\circ X_s - F\circ X_{s-} - F'\circ X_{s-}\Delta X_s| \leqq \frac{C^2}{2}\Sigma_s \Delta X_s^2$$

Nous verrons plus tard que la condition que les dérivées de F soient bornées est trop forte, et tient à une définition trop restrictive de l'intégrale stochastique. Par exemple, $F(t)=t^2$ est exclue !

Dans la formule (3.1), nous avons écrit $\int F''\circ X_{s-} d\langle X^c,X^c\rangle_s$ pour l'esthétique, car $\langle X^c,X^c\rangle$ est continu, et l'intégrale précédente est égale à $\int F''\circ X_s d\langle X^c,X^c\rangle_s$. Le lecteur préférera peut être aussi écrire la somme des deux derniers termes de (3.1) sous la forme suivante

$$\frac{1}{2}\int_0^t F''\circ X_{s-}d[X,X]_s + \Sigma_{0<s\leqq t}(F\circ X_s - F\circ X_{s-} - F'\circ X_{s-}\Delta X_s - \frac{1}{2}F''\circ X_{s-}\Delta X_s^2)$$

l'intérêt étant ici que la partie martingale continue $<X^c,X^c>$ dépend de la loi P sur Ω, tandis que la variation quadratique $[X,X]$ n'en dépend pas . Nous reviendrons plus tard sur tout cela.

Passons à la démonstration. Nous commençons par réduire le problème.

4 LEMME. Si la formule est vraie pour des semimartingales (r) $Y=Y_0+N+B$, où Y_0 parcourt un ensemble dense dans L^1, N un ensemble dense dans $\underline{\underline{M}}_0$, B un ensemble dense dans $\underline{\underline{A}}_0$, alors elle est vraie en toute généralité.

DEMONSTRATION. Choisissons des semimartingales $Y^n=Y_0^n+N^n+B^n$ pour lesquelles la formule soit vraie, et telles que, étant donnée $X=X_0+M+A$, on ait

$$\Sigma_n \|Y_0^n-X_0\|_1 < \infty \ , \ \Sigma_n\|N_\infty^n-M_\infty\|_2 < \infty \ , \ \Sigma_n\|B^n-A\|_v < \infty \quad .$$

La première inégalité entraîne que $Y_0^n \to X_0$ p.s. et dans L^1. La seconde, d'après l'inégalité de DOOB, entraîne que $(N^n-M)^* \to 0$ p.s., d'où la convergence p.s. des trajectoires de N^n vers celles de M, et en particulier la convergence des limites à gauche. Noter aussi que $N^{n*} \leqq M^* + \Sigma_k(M-N^k)^*$ est dominé dans L^2.

Nous comparons alors les termes de l'égalité (3.1) écrite pour Y^n, aux termes correspondants relatifs à X.

1) Il est évident que $F\circ Y_t^n \to F\circ X_t$, $F\circ Y_0^n \to F\circ X_0$ p.s., donc en mesure.

2) Soit $I_1=\int_0^t F'\circ Y_{s-}^n dN_s^n - \int_0^t F'\circ X_{s-}dM_s$. Nous allons montrer que $I_1\to 0$ dans L^2 , donc en mesure. Pour cela, nous écrivons $I_1=I_2+I_3$

$$I_2=\int_0^t (F'\circ Y_{s-}^n - F'\circ X_{s-})dM_s \quad , \quad I_3 = \int_0^t F'\circ Y_{s-}^n d(N_s^n-M_s)$$

On majore $\|I_3\|_2^2$ par $C^2E[(N_s^n-M_s)_\infty^2]$, où C borne $|F'|$, de sorte que $I_3\to 0$

On a $\|I_2\|_2^2 = E[\int_0^t (F'\circ Y_{s-}^n - F'\circ X_{s-})^2 d<M,M>_s]$, qui tend vers 0 par convergence dominée (dominée par $4C^2<M,M>_\infty$).

3) Soit $I_4=\int_0^t F'\circ Y_{s-}^n dB_s^n - \int_0^t F'\circ X_{s-}dA_s$. Nous allons montrer que $I_4\to 0$ dans L^1, donc en mesure. Pour cela, nous écrivons $I_4=I_5+I_6$

$$I_5=\int_0^t (F'\circ Y_{s-}^n - F'\circ X_{s-})dA_s \quad , \quad I_6 = \int_0^t F'\circ Y_{s-}^n d(B_s^n-A_s)$$

On majore $\|I_6\|_1$ par $CE[\int|dB_s^n-dA_s|]$, qui tend vers 0

On a $\|I_5\|_1 \leqq E[\int|\ldots||dA_s|]$, qui tend vers 0 par convergence dominée (dominée par $2C\int|dA_s|$).

4) Soit $I_7 = \int_0^t F''\circ Y_{s-}^n d<Y_s^{nc},Y_s^{nc}> - \int_0^t F''\circ X_s d<X^c,X^c>_s$. Le raisonnement est le même qu'en 3) si nous savons montrer que $E[\int|d<Y^{nc},Y^{nc}>_s - d<X^c,X^c>_s|]$ $\to 0$. Or cela vaut aussi $E[\int|d<Y^{nc}+X^c,Y^{nc}-X^c>_s|]$, et d'après l'iné-

galité KW1 c'est majoré par $\|Y^{nc}+X^c\|_{\underline{\underline{M}}}\|Y^{nc}-X^c\|_{\underline{\underline{M}}}$. Mais nous avons par définition $Y^{nc}=N^{nc}$, $X^c=M^c$, et $N^n \to M$ dans $\underline{\underline{M}}$, donc $N^{nc}\to M^c$ d'après la continuité des projections. D'où la conclusion.

5) Soit $I_8 = \Sigma_{s\leqq t}\ ((F\circ Y^n_s - F\circ Y^n_{s-} - F'\circ Y^n_{s-}\Delta Y^n_s) - (F\circ X_s - F\circ X_{s-} - F'\circ X_{s-}\Delta X_s))$.
La somme est en réalité étendue à une réunion dénombrable de graphes de temps d'arrêt T_n. Nous allons démontrer que I_8 tend p.s. vers 0, donc aussi en mesure. Comme chaque terme de la somme tend vers 0, et que l'on a domination par $2C(\Delta Y^{n2}_s+\Delta X^2_s)$ - où cette fois C borne $\|F''\|$ - il nous suffit de démontrer que $\sup_n \Sigma_s \Delta Y^{n2}_s$ est p.s. fini.

Il suffit de démontrer cela séparément pour $\sup_n \Sigma_s \Delta B^{n2}_s$ et $\sup_n \Sigma_s \Delta N^{n2}_s$, et cela revient à $\sup_n \Sigma_s \Delta(A-B^n)^2_s$, $\sup_n \Sigma_s \Delta(M-N^n)^2_s$.

Pour la première somme, on majore par $(\sup_n \Sigma_s|\Delta(A-B^n)_s|)^2$, et on remarque que $\Sigma_n\Sigma_s|\Delta(A-B^n)|_s$ a une espérance finie, donc est finie p.s..
Pour la seconde, on remarque de même que $\Sigma_n\Sigma_s\ \Delta(M-N^n)^2_s$ a une espérance finie.

Ayant montré la convergence en mesure de tous les termes de l'égalité (3.1) relative aux Y^n, vers le terme correspondant de (3.1) relative à X, on voit que (3.1) passe à la limite, et le lemme est établi.

REMARQUE. Dans l'approximation de X par les Y^n qui sera effectivement utilisée par la suite, la discussion des parties 4) et 5) se simplifie. Mais il me semble qu'on gagne en clarté à énoncer formellement le lemme, en dehors de tout procédé particulier d'approximation.

5 Nous décrivons maintenant l'approximation utilisée.

Nous choisissons une suite de temps d'arrêt T_n à graphes disjoints, partout >0, soit prévisibles soit totalement inaccessibles (note N12, p.21) portant tous les sauts de M et A. Nous posons

(5.1) $$K^n_t=\Delta M_{T_n} I_{\{t\geqq T_n\}} \qquad C^n_t=\Delta A_{T_n} I_{\{t\geqq T_n\}}$$

Alors nous avons

$$M=M^c+\Sigma_n \tilde{K}^n \text{ dans } \underline{\underline{M}}\ ,\ A=A^c+\Sigma_n C^n \text{ dans } \underline{\underline{A}}$$

Notre première approximation va consister à remplacer Σ_n par $\Sigma_{n\leqq N}$ dans chacune des deux sommes, où N est assez grand. Autrement, dit, à nous ramener au cas de martingales et de processus croissants ayant des sauts uniquement en N temps d'arrêt $T_1 \ldots T_N$.

Seulement, les martingales $\overset{c}{K}^1,\dots,\overset{c}{K}^N$ sont aussi des processus VI, et nous pouvons oublier que ce sont des martingales, en les faisant entrer dans la partie VI. Autrement dit, nous pouvons nous ramener à la situation suivante :

(5.2) $X = X_0+M+A$
$M\in\underline{M}_0$ est une martingale continue
$A\in\underline{A}_0$ possède au plus N sauts

Nous rangerons ces N sauts dans leur ordre naturel : $0<R_1\leqq\dots\leqq R_N\leqq+\infty$. Une seconde approximation commode consiste à remplacer M,A,X_0 par

$$\bar{M}_t = M_{t\wedge S} \quad , \bar{A}_t = A_{t\wedge S} \quad , \bar{X}_0 = X_0 \cdot I_{\{|X_0|\leq k\}}$$

où S est le temps d'arrêt $\inf\{ t : |M_t|\geqq k \text{ ou } \int_0^t |dA_s|\geqq k \}$. Si k est assez grand, $\bar{M}$ et $\bar{A}$ sont très près de M et de A respectivement, et de plus , la martingale $\bar{M}$ est continue bornée, et la variation totale du processus VI continu $\bar{A}^c$ est bornée. Ainsi, grâce au lemme,

(5.3) Dans (5.2) on peut supposer de plus M bornée, $\int_0^\infty |dA_s^c|$ bornée et X_0 bornée.

6 Nous faisons une réduction supplémentaire : supposons la formule établie lorsque A est continu (et $\int_0^\infty |dA_s|$ bornée) en plus des hypothèses précédentes, et déduisons en le cas général. Nous nous appuyons sur la remarque suivante

LEMME. Les deux membres de (3.1) ont les mêmes sauts.

En effet, le saut du côté droit à l'instant t vaut , comme $<X^c,X^c>$ est continu ,

$$F'\circ X_{t-}\Delta X_t + (F\circ X_t - F\circ X_{t-} - F'\circ X_{t-}\Delta X_t)$$

et c'est aussi le saut du côté gauche.

Reprenons alors la situation (5.2)-(5.3). Introduisons la semimartingale auxiliaire, continue

$$\bar{X}_t = X_0+M+A^c$$

Nous avons $X_t=\bar{X}_t$ sur $[[0,R_1[[$, donc $X_{t-}=\bar{X}_{t-}$ sur $[[0,R_1]]$, et aussi $\int_0^t F'\circ X_{s-}dM_s = \int_0^t F'\circ\bar{X}_{s-}dM_s$ sur $[[0,R_1]]$. Sur $[[0,R_1[[$ nous avons $\int_0^t F'\circ X_{s-}dA_s = \int_0^t F'\circ\bar{X}_{s-}dA_s^c$ (il s'agit d'intégrales de Stieltjes ordinaires). Les autres termes pour les deux semimartingales sont égaux, X et $\bar{X}$ ayant même partie martingale continue, sur l'intervalle $[[0,R_1[[$. La formule du changement de variables, supposée vraie pour $\bar{X}$ sur $[[0,\infty[[$, est donc vraie pour X sur $[[0,R_1[[$. Mais les deux membres ont le même saut en R_1 d'après le lemme, et la formule est donc vraie sur $[[0,R_1]]$.

Mais alors, en décalant, le même raisonnement permet d'avoir l'égalité sur $[[R_1,R_2]]$, et ainsi de suite jusqu'à $[[R_N,+\infty]]$. Le théorème sera donc complètement établi.

LA FORMULE D'ITO : DEMONSTRATION POUR LE CAS CONTINU

7 Nous écrivons $X=X_0+M+A$: $|X_0|\leqq K$, $M\in\underline{\underline{M}}_0$ continue bornée par K , $A\in\underline{\underline{A}}_0$ continu avec $\int_0^\infty|dA_s|\leqq K$, et nous voulons établir la formule d'ITO

$$(7.1)\quad F(X_t)-F(X_0) = \int_0^t F'(X_s)dM_s + \int_0^t F'(X_s)dA_s + \frac{1}{2}\int_0^t F''(X_s)d\langle M,M\rangle_s$$
$$= I_1 + I_2 + \frac{1}{2} I_3$$

Le processus X prend ses valeurs dans l'intervalle $[-3K,+3K]$. Nous désignons par C une constante majorant $|F'|,|F''|$ sur cet intervalle, et nous écrivons la formule de Taylor pour deux points de $[-3K,+3K]$

$$(7.2)\qquad F(b)-F(a) = (b-a)F'(a) + \frac{1}{2}(b-a)^2F''(a) + r(a,b)$$

où d'après la continuité uniforme de F" sur l'intervalle

$$(7.3)\qquad |r(a,b)| \leqq \varepsilon(|b-a|).(b-a)^2$$ $\varepsilon(t)$ fonction croissante de t, $\varepsilon(t)\to 0$ lorsque $t\to 0$

Nous considérons maintenant une subdivision (t_i) de l'intervalle $[0,t]$. Bien que notée avec des t et non des T, il s'agira d'une subdivision <u>aléatoire</u> ainsi définie : $a>0$ étant choisi , $t_0=0$ et

$$t_{i+1} = t\wedge(t_i+a)\wedge\inf\{s>t_i : |M_s-M_{t_i}|>a \text{ ou } |A_s-A_{t_i}|>a\}$$

ainsi, lorsque $a\to 0$, le pas de la subdivision $\sup_i(t_{i+1}-t_i)\leqq a$ tend vers 0 uniformément, et la v.a. $\sup_i |M_{t_{i+1}}-M_{t_i}|\leqq a$ tend vers 0 uniformément. Plus précisément, l'oscillation du processus X sur chaque intervalle $[[t_i,t_{i+1}]]$ est majorée par 4a. Nous écrivons

$$(7.4)\quad F(X_t)-F(X_0) = \Sigma_i[F(X_{t_{i+1}})-F(X_{t_i})]$$
$$= \Sigma_i F'(X_{t_i})(X_{t_{i+1}}-X_{t_i}) + \frac{1}{2}\Sigma_i F''(X_{t_i})(X_{t_{i+1}}-X_{t_i})^2 + \Sigma_i r(X_{t_i},X_{t_{i+1}})$$
$$= S_1 + \frac{1}{2}S_2 + R$$

et nous allons montrer successivement que S_1 tend vers I_1+I_2 en mesure, que S_2 tend vers I_3 en mesure, que R tend vers 0 en mesure, lorsque $a\to 0$. Cela achèvera la démonstration.

ETUDE DE S_1 . Nous coupons la somme en deux

$$U_1 = \Sigma_i \, F'(X_{t_i})(M_{t_{i+1}}-M_{t_i}) \qquad U_2 = \Sigma_i \, F'(X_{t_i})(A_{t_{i+1}}-A_{t_i})$$

et nous montrons que $U_1 \to I_1$ dans L^2 , $U_2 \to I_2$ dans L^1 lorsque $a \to 0$.
<u>Première somme</u> : Nous écrivons $\int_0^t = \Sigma_i \int_{t_i}^{t_{i+1}}$, puis en utilisant l'orthogonalité des différents termes de la somme

$$\|U_1-I_1\|_2^2 = \Sigma_i \| \int_{t_i}^{t_{i+1}} (F'(X_s)-F'(X_{t_i}))dM_s\|_2^2$$
$$= E[\Sigma_i \int_{t_i}^{t_{i+1}} (F'(X_s)-F'(X_{t_i}))^2 d\langle M,M\rangle_s]$$
$$\leq E[\{\sup_i \sup_{s\in[t_i,t_{i+1}]}(F'(X_s)-F'(X_{t_i})^2\}.\langle M,M\rangle_t]$$

Le sup entre { } converge uniformément vers 0 sur Ω, $\langle M,M\rangle_t$ est intégrable, d'où le résultat annoncé plus haut.

<u>Seconde somme</u>. Raisonnement analogue, plus simple : nous majorons directement $|U_2- I_2|$ par

$$\Sigma_i \int_{t_i}^{t_{i+1}} |F'(X_s)-F'(X_{t_i})||dA_s|$$

qui se majore encore par $\{\sup_i \sup_{s\in..}|\ |\}.\int_0^t |dA_s|$ et on conclut comme ci-dessus.

ETUDE DE S_2. Nous coupons la somme en trois

$$V_1 = \Sigma_i \, F''\circ X_{t_i}(A_{t_{i+1}}-A_{t_i})^2 \quad , \; V_2 = 2\Sigma_i \, F''\circ X_{t_i}(A_{t_{i+1}}-A_{t_i})(M_{t_{i+1}}-M_{t_i})$$

$$V_3 = \Sigma_i \, F''(X_{t_i})(M_{t_{i+1}}-M_{t_i})^2$$

Nous montrons que V_1 et V_2 tendent vers 0 p.s. et dans L^1 , et que $V_3 \to I_3$ en mesure .
Traitons par exemple V_1 : nous la majorons par C. $\sup_i|A_{t_{i+1}}-A_{t_i}|.\int_0^t|dA_s|$.
Le $\sup_i$ est majoré par a, d'où aussitôt la conclusion.

L'étude de V_3 est plus délicate. Nous aurons besoin de savoir que $\langle M,M\rangle_\infty \in L^2$, du fait que M est bornée, de sorte que la martingale $M^2-\langle M,M\rangle$ appartient à $\underline{\underline{M}}$. Pour voir cela, nous écrivons que $E[\langle M,M\rangle_\infty-\langle M,M\rangle_t|\underline{\underline{F}}_t] = E[M_\infty^2|\underline{\underline{F}}_t] - M_t^2 \leq K^2$, donc

$$E[\langle M,M\rangle_\infty^2] = 2E[\int_0^\infty (\langle M,M\rangle_\infty-\langle M,M\rangle_t)d\langle M,M\rangle_t]$$

$$(7.5) \qquad = 2E[\int_0^\infty (E[M_\infty^2|\underline{\underline{F}}_t]-M_t^2)d\langle M,M\rangle_t] \leq 2K^2E[\langle M,M\rangle_\infty] \leq 2K^4$$

Nous allons montrer que $V_3-J_3 \to 0$ dans L^2, donc en mesure, où J_3 est la somme

$$J_3 = \Sigma_i F''(X_{t_i}) \langle M,M\rangle_{t_i}^{t_{i+1}}$$

Un argument déjà utilisé montre aisément que $I_3-J_3 \to 0$ dans L^1, donc en mesure, et nous en déduirons bien que $V_3-I_3 \to 0$ en mesure, achevant ainsi l'étude de S_2.

La v.a. $\langle M,M\rangle_{t_i}^{t_{i+1}} -(M_{t_{i+1}}-M_{t_i})^2$ est orthogonale à $\underline{\underline{F}}_{t_i}$ (propriété de martingale de $\langle M,M\rangle-M^2$) et le reste après multiplication par $F''(X_{t_i})$, donc les différents termes de la somme V_3-J_3 sont orthogonaux et on a

$$\|V_3-J_3\|_2^2 = \Sigma_i E[(F''\circ X_{t_i})^2(\langle M,M\rangle_{t_i}^{t_{i+1}}-(M_{t_{i+1}}-M_{t_i})^2)^2]$$

Nous majorons $(F''\circ X_{t_i})^2$ par C^2, et pour l'autre terme nous utilisons la majoration grossière $(x-y)^2 \leqq 2(x^2+y^2)$. Nous sommes ramenés à montrer que les espérances suivantes tendent vers 0

$$E[\Sigma_i(\langle M,M\rangle_{t_i}^{t_{i+1}})^2] \quad , \quad E[\Sigma_i(M_{t_{i+1}}-M_{t_i})^4]$$

La première est semblable à la somme V_1 : nous la majorons par

$$E[(\sup_i \langle M,M\rangle_{t_i}^{t_{i+1}}).\langle M,M\rangle_t]$$

Le $\sup_i$ tend vers 0 simplement (continuité uniforme de $\langle M,M\rangle$), en restant dominé par $\langle M,M\rangle_t$; comme nous avons vu que $\langle M,M\rangle_t \in L^2$, le théorème de Lebesgue s'applique.

La seconde est majorée par

$$E[(\sup_i (M_{t_{i+1}}-M_{t_i})^2).\Sigma_i(M_{t_{i+1}}-M_{t_i})^2]$$
$$\leqq a^2E[\Sigma_i\ldots] = a^2E[M_t^2]$$

qui tend bien vers 0. C'est ici, et ici seulement, que le caractère aléatoire de la subdivision (t_i) a été utilisé, dans le fait que $|M_{t_{i+1}}-M_{t_i}| \leqq a$ identiquement. Sans cela, on a besoin de raisonnements plus compliqués.

ETUDE DE R. Conformément à (7.3), nous majorons R par

$$\Sigma_i(X_{t_{i+1}}-X_{t_i})^2\varepsilon(|X_{t_{i+1}}-X_{t_i}|) \leqq 2\varepsilon(2a).\Sigma_i((A_{t_{i+1}}-A_{t_i})^2+(M_{t_{i+1}}-M_{t_i})^2)$$

$E[\Sigma_i(M_{t_{i+1}}-M_{t_i})^2]=E[M_t^2]$ reste fixe, $E[\Sigma_i(A_{t_{i+1}}-A_{t_i})^2] \leqq aE[\Sigma_i|A_{t_{i+1}}-A_{t_i}|]$ reste borné, $\varepsilon(2a)$ tend vers 0 avec a, et la démonstration est finie.

Il est bon de jeter un regard en arrière : la démonstration est elle vraiment compliquée ? Dans une première étape, **au n°4**, nous nous sommes débarrassés des sauts pour n'en laisser qu'un nombre fini. Au n°6, nous nous sommes ramenés au cas continu. Au n°7, nous avons traité ce dernier cas, où se présentent les difficultés tenant au fait qu' une

martingale continue n'est pas un processus à variation finie, mais a en quelque sorte une "variation finie d'ordre 2". Tout cela a pris du temps - et cependant il n'y a rien de réellement difficile : on a été tout droit, en utilisant comme seul outil la formule de Taylor à l'ordre 2, ajoutée aux résultats élémentaires sur les martingales.
Au chapitre IV, nous étendrons la formule à une classe de processus plus générale, mais sans grand effort.

8 La formule de changement de variables admet l'extension suivante à n dimensions : si $X^1,\dots,X^n$ sont n semi-martingales (r), si F est une fonction sur $\mathbb{R}^n$, deux fois continûment différentiable, avec des dérivées partielles bornées du premier et du second ordre, notées D_iF, D_iD_jF, on a l'identité

$$F(X_t^1,\dots,X_t^n) = F(X_0^1,\dots,X_0^n) + \sum_i \int_0^t D_iF(X_{s-}^1,\dots,X_{s-}^n)dX_s^i +$$

$$(8.1) \qquad + \frac{1}{2}\sum_{i,j}\int_0^t D_iD_jF(X_{s-}^1,\dots,X_{s-}^n)d\langle X^{ic},X^{jc}\rangle_s$$

$$+ \Sigma_s\left(F(X_s^1,\dots X_s^n)-F(X_{s-}^1,\dots,X_{s-}^n)-\Sigma_i D_iF(X_{s-}^1,\dots X_{s-}^n)\Delta X_s^i\right)$$

La démonstration est exactement la même, avec des notations plus lourdes.

9 EXEMPLE D'APPLICATIONS. Si M est une martingale bornée, il suffit évidemment que F soit continûment dérivable à l'ordre 2, sans que l'on ait à exiger des dérivées bornées. On peut alors appliquer le résultat à $F(t)=t^2$, et obtenir

$$(9.1) \qquad M_t^2 = M_0^2 + 2\int_0^t M_{s-}dM_s + \langle M^c,M^c\rangle_s + \Sigma_{0<s\leqq t}\,\Delta M_s^2$$

ou encore la formule bien connue (on l'étendra plus tard aux martingales locales, sans aucune restriction)

$$(9.2) \qquad 2\int_0^t M_{s-}dM_s = M_t^2 - [M,M]_t$$

et en polarisant, la formule d'intégration par parties, qui sera aussi étendue plus loin

$$d(M_sN_s) = M_{s-}dN_s + N_{s-}dM_s + d[M,N]_s$$

Cette formule est vraie plus généralement pour les semi-martingales (r) bornées, en posant (cf. (2.1)) $[X,Y]_t = \langle X^c,Y^c\rangle_t + \Sigma_{s\leqq t}\,\Delta X_s\Delta Y_s$. Elle contient en particulier la formule d'intégration par parties pour les processus croissants déterministes !
Nous reprendrons cela plus tard.

APPLICATION AU MOUVEMENT BROWNIEN ET AU PROCESSUS DE POISSON

Nous reproduisons maintenant la magnifique démonstration, due à KUNITA-WATANABE [8], du théorème de LEVY caractérisant le mouvement brownien, et du théorème analogue relatif au processus de Poisson. DELLACHERIE a remarqué ([15],[16]) que ces théorèmes sont étroitement liés au théorème de SKOROKHOD sur la représentation de martingales au moyen d'intégrales stochastiques. Ici, nous allons donner une démonstration commune des deux théorèmes, après quoi nous dirons quelques mots de la démonstration de DELLACHERIE.

10 THEOREME. Soit (B_t) une martingale à trajectoires continues de la famille $(\underline{\underline{F}}_t)$, telle que B_t^2-t soit une martingale. Alors (B_t) est un mouvement brownien : pour tout couple (s,t) tel que $s<t$, B_t-B_s est gaussienne centrée de variance $t-s$, indépendante de $\underline{\underline{F}}_s$.

Soit $(\underline{\underline{G}}_t)$ la famille de tribus naturelle de (B_t), rendue continue à droite[1] et complétée. Toute v.a. $X\in L^2(\underline{\underline{G}}_\infty)$ admet une représentation comme intégrale stochastique

(10.1) $X=E[X|\underline{\underline{G}}_0]+\int_0^\infty H_s dB_s$ où H est prévisible/$(\underline{\underline{G}}_t)$ et $E[\int H_s^2 ds]<\infty$

et l'on a

(10.2) $E[X|\underline{\underline{G}}_t] = E[X|\underline{\underline{F}}_t]$ p.s. pour tout t .

DEMONSTRATION. Tout tient dans le calcul suivant. Soit $X\in L^2(\underline{\underline{F}}_\infty)$, et soit X_t la martingale $E[X|\underline{\underline{F}}_t]$. Supposons que le produit X_tB_t soit une martingale. Alors, pour tout $u\in\mathbb{R}$, pour tout couple (s,t) tel que $s<t$

(10.3) $E[e^{iu(B_t-B_s)}X_t|\underline{\underline{F}}_s] = X_s e^{-(t-s)u^2/2}$

Pour démontrer cela, nous simplifions les notations en nous ramenant, par décalage, au cas où $\boxed{s=0,\ B_0=0}$ (poser pour $u\geq 0$: $\underline{\underline{F}}'_u=\underline{\underline{F}}_{s+u}$, $X'_u=X_{s+u}$, $B'_u=B_{s+u}-B_s$, $t'=t-s$, et appliquer le cas particulier à ces tribus et processus). Le changement de notation étant fait, écrivons la formule du changement de variables entre les instants 0 et t, avec la fonction deux fois dérivable $F(x)=e^{iux}$

(10.4) $e^{iuB_t} = 1 + iu\int_0^t e^{iuB_s}dB_s - \frac{u^2}{2}\int_0^t e^{iuB_s} ds$

puisque $\langle B,B\rangle_s=s$. Soit $A\in\underline{\underline{F}}_0$, et soit

$$j(s) = \int_A e^{iuB_s} X_s P$$

Multiplions (10.4) par X_t , intégrons sur A, et regardons. Du côté gauche, nous trouvons $j(t)$. Du côté droit, nous trouvons successivement : $\int_A X_t P = \int_A X_0 P$. Puis 0 : en effet, X est orthogonale à B, donc à

1. En fait, l'adjonction des ens. P-négligeables rend la famille c.à d..

toute intégrale stochastique de B , donc $\int_A X_t P \int_0^t e^{iuB_s} dB_s = 0$. Enfin $\int_A X_t P \int_0^t e^{iuB_s} ds = \int_0^t j(s)ds$. Donc

$$j(t) = \int_A X_0 P \quad - \frac{u^2}{2} \int_0^t j(s)ds$$

équation différentielle qui se résout aisément

$$j(t) = (\int_A X_0 P)\, e^{-tu^2/2}$$

qui équivaut à $E[e^{iuB_t} X_t | \underline{\underline{F}}_0] = X_0 e^{-tu^2/2}$, la formule cherchée.

1) Prenons X=1. La formule s'écrit alors (après décalage de s)

$$E[e^{iu(B_t-B_s)} | \underline{\underline{F}}_s] = e^{-(t-s)u^2/2}$$

qui nous dit que la loi conditionnelle de (B_t-B_s) connaissant $\underline{\underline{F}}_s$ est une loi fixe, gaussienne centrée de variance t-s. Cela nous donne la première assertion.

Pour la seconde, nous pouvons nous restreindre à la famille $(\underline{\underline{G}}_t)$, et supposer que $X_0=E[X|\underline{\underline{G}}_0]=0$. Soit (Y_t) la projection de la martingale (X_t) sur (B_t) - il y a ici une minuscule difficulté, due au fait que (B_t) n'est de carré intégrable que sur tout intervalle compact, et n' appartient pas à $\underline{\underline{M}}$, mais elle se lève très facilement . D'après II.29, (Y_t) est une intégrale stochastique H•B . Quitte à remplacer X_t par X_t-Y_t, nous pouvons supposer que (X_t) <u>est orthogonale à</u> (B_t). Il s'agit alors de montrer que $X=X_\infty=0$.

D'après (10.3) nous avons, quels que soient $t_1<t_2 \ldots <t_n$, $u_1 \ldots u_n \in \mathbb{R}$

(10.5) $$E[e^{iu_1B_{t_1}} e^{iu_2(B_{t_2}-B_{t_1})} \ldots . e^{iu_n(B_{t_n}-B_{t_{n-1}})} X_\infty]$$
$$= E[X_0 e^{-t_1u_1^2/2} \ldots e^{-(t_n-t_{n-1})u_n^2/2}] = 0$$

Soit μ la mesure bornée X.P sur $\underline{\underline{G}}_\infty$: la mesure image de μ par le vecteur aléatoire $(B_{t_1}, B_{t_2}-B_{t_1}, \ldots, B_{t_n}-B_{t_{n-1}})$ est nulle, puisque sa transformée de Fourier est nulle. Il en est de même de la mesure image de μ par $(B_{t_1}, B_{t_2}, \ldots, B_{t_n})$ puis, par limites projectives, de μ elle même. Cela entraîne que X=0 P-p.s. Si le lecteur n'aime pas raisonner sur des mesures signées, il pourra séparer μ en μ^+ et μ^- et montrer que $\mu^+=\mu^-$!

Enfin, pour la troisième assertion, soit (Z_t) une version continue à droite de la martingale $E[X|\underline{\underline{G}}_t]$. Comme elle s'écrit comme intégrale stochastique (10.1), et que (B_t) est une martingale de $(\underline{\underline{F}}_t)$, (Z_t) est aussi une martingale de $(\underline{\underline{F}}_t)$, bornée dans L^2 : donc elle admet une limite à l'infini Z_∞ dans L^2 et p.s., et $Z_t=E[Z_\infty | \underline{\underline{F}}_t]$. Mais comme X est $\underline{\underline{G}}_\infty$-mesurable on a d'après le théorème de convergence appliqué dans $(\underline{\underline{G}}_t)$ que $Z_\infty=X$, et cela donne (10.2).

11 Le théorème admet une extension à $\mathbb{R}^n$, qui se démontre de la même manière : si $(B_t)=(B_t^1,\dots,B_t^n)$ est une martingale vectorielle à valeurs dans $\mathbb{R}^n$, à trajectoires continues, et si l'on a $\langle B^i,B^j\rangle_t=\delta^{ij}t$, alors (B_t) est un mouvement brownien à n dimensions, et les martingales (X_t) de carré intégrable, de la famille naturelle $(\underline{\underline{G}}_t)$ de (B_t), sont des sommes d'intégrales stochastiques $\Sigma_1^n \int_0^t H_s^i dB_s^i$. Seules les notations sont plus lourdes.

L'application au processus de Poisson est en substance beaucoup plus triviale : le calcul différentiel stochastique qui y intervient est celui des martingales V.I. Nous en donnons deux formes.

12 THEOREME. <u>Soit</u> (P_t) <u>un processus croissant</u> (<u>adapté à la famille</u> $(\underline{\underline{F}}_t)$) <u>purement discontinu, dont tous les sauts sont égaux à</u> +1. <u>On désigne par</u> $S_1,\dots,S_n$ .. <u>les instants de sauts successifs. Si le processus</u> $Q_t = P_t-t$ <u>est une martingale,</u> (P_t) <u>est un processus de Poisson : les v.a.</u> S_1, $S_2-S_1,\dots S_n-S_{n-1}$ <u>sont exponentielles de paramètre</u> 1, <u>indépendantes respectivement de</u> $\underline{\underline{F}}_0,\underline{\underline{F}}_{S_1},\dots,\underline{\underline{F}}_{S_{n-1}}$.

<u>Soit</u> $(\underline{\underline{G}}_t)$ <u>la famille de tribus naturelle de</u> (P_t), <u>rendue continue à droite et complétée</u>[1] . <u>Toute v.a.</u> $X\varepsilon L^2(\underline{\underline{G}}_\infty)$ <u>admet une représentation comme intégrale stochastique</u>

(12.1) $X = E[X|\underline{\underline{G}}_0] + \int_0^\infty H_s dQ_s$, <u>où</u> H <u>est prévisible</u>/$(\underline{\underline{G}}_t)$ <u>et</u> $E[\int H_s^2 ds]<\infty$.

<u>et l'on a</u>

(12.2) $E[X|\underline{\underline{G}}_t] = E[X|\underline{\underline{F}}_t]$ <u>p.s. pour tout</u> t.

13 VARIANTE. <u>Soit</u> (Q_t) <u>une martingale telle que</u> $E[Q_t^2]<\infty$ <u>pour tout</u> t, <u>purement discontinue en tant que martingale, dont tous les sauts sont égaux à</u> +1. <u>Si</u> Q_t^2-t <u>est une martingale,</u> $P_t=Q_t+t$ <u>est un processus de Poisson</u>.

14 VARIANTE. <u>Soit</u> S <u>un temps d'arrêt de</u>$(\underline{\underline{F}}_t)$. <u>Si le processus</u> $I_{\{t\geq S\}}-t\wedge S$ <u>est une martingale, on a pour tout</u> t

(14.1) $P\{S\geq t+u|\underline{\underline{F}}_t\} = e^{-u}I_{\{S\geq t\}}$.

DEMONSTRATION. Nous donnerons moins de détails que pour le cas brownien. Nous laisserons entièrement de côté la variante 14, et supposerons $Q_0=P_0=0$. Ramenons d'abord à 12 la variante 13. Comme (Q_t) est purement discontinue en tant que martingale

$$E[[Q,Q]_t] = E[Q_t^2]<\infty \quad , [Q,Q]_t = \Sigma_{s\leq t} \Delta Q_s^2 = \Sigma_{s\leq t} \Delta Q_s$$

1. En fait, l'adjonction des ens. P-négligeables rend la famille c.à d..

puisque tous les sauts sont égaux à +1. $P_t = \Sigma_{s\leq t} \Delta Q_s$ est un processus croissant, et l'intégrabilité de $[Q,Q]_t$ entraîne celle de P_t . Comme [1] Q est la somme compensée de ses sauts, $Q=P-\tilde{P}$. Comme $P=[Q,Q]$ et $[Q,Q]_t-t = (Q_t^2-t)+([Q,Q]_t-Q_t^2)$ est une martingale, on a $\tilde{P}_t=t$, d'où finalement $Q_t=P_t-t$.

Passons à la démonstration de 12. Nous écrivons la formule du changement de variables entre les instants 0 et $S=S_1$, pour la martingale Q et la fonction $F(x)=e^{iux}$:

$$e^{iuQ_S} = 1 + iu\int_0^S e^{iuQ_{r-}}dQ_r + 0 + (e^{iuQ_S} - e^{iuQ_{S-}} - iue^{iuQ_{S-}}\Delta Q_S)$$

puisqu'il n'y a pas de partie continue et qu'il y a un seul saut entre 0 et S compris. A vrai dire, ce calcul n'est pas absolument rigoureux, du fait que Q n'est pas de carré intégrable sur $\mathbb{R}_+$ entier, et que S n'est pas borné, mais la justification est facile (appliquer à $S\wedge n$ et passer à la limite) et nous ne voulons pas donner les détails. On a $\Delta Q_S=1$, $Q_{S-}= -S$, il reste donc

$$0 = 1 + iu\int_0^S e^{iuQ_{r-}}dQ_r -(1+iu)e^{-iuS}$$

Prenons une espérance conditionnelle par rapport à $\underline{\underline{F}}_0$, il vient que $E[e^{-iuS}|\underline{\underline{F}}_0]=1/(1+iu)$, donc S est indépendante de $\underline{\underline{F}}_0$ avec une loi exponentielle de paramètre 1. Par décalage, S_n-S_{n-1} est indépendante de $\underline{\underline{F}}_{n-1}$ avec une loi exponentielle de paramètre 1, et (P_t) est bien un processus de Poisson.

Sachant cela, nous pouvons vérifier que $(Q_{t\wedge S})$ appartient à $\underline{\underline{M}}$, et mettre dans le calcul la martingale (X_t) orthogonale à (Q_t), et voir

$$E[e^{iuS}X_\infty|\underline{\underline{F}}_0] = X_0/(1+iu) \qquad E[e^{iu(S_n-S_{n-1})}X_\infty|\underline{\underline{F}}_{S_{n-1}}]=X_{S_{n-1}}/(1+iu)$$

et finalement

$$E[e^{iu_1S_1}e^{iu_2(S_2-S_1)}..e^{iu_n(S_n-S_{n-1})}X]=E[X_0]/(1+iu_1)...(1+iu_n)$$

qui est nul si $E[X_0]=0$. Comme la tribu $\underline{\underline{G}}_\infty$ est engendrée par les v.a. $S_1,\dots,S_n-S_{n-1}\dots$ aux ensembles de mesure nulle près, on en déduit comme pour 10 que si X est $\underline{\underline{G}}_\infty$ -mesurable et $E[X_0]=0$, alors X est nulle, ce qui entraîne (12.1) et (12.2) comme au n°10.

15 Indiquons maintenant, en suivant DELLACHERIE, le rapport direct entre le théorème d'unicité en loi (caractérisation des lois du mouvement brownien et du processus de Poisson) et le théorème de représentation des martingales comme intégrales stochastiques. Traitons le cas du mouvement brownien, qui est plus simple. Nous pouvons prendre pour Ω

1.Ecrire la décomposition du n°II.11, et constater qu'elle converge en $\| \ \|_v$.

l'espace des applications continues de $\mathbb{R}_+$ dans $\mathbb{R}$, avec ses applications coordonnées B_t et ses tribus naturelles $\underline{\underline{F}}_t$. Soit (X_t) une martingale <u>bornée</u> ($|X_t| \leq M$) orthogonale à (B_t), telle que $X_0=0$, et soit Q la loi de probabilité $(1+\frac{X_\infty}{2M}).P$, équivalente à P. Comme (X_t) est orthogonale à (B_t), elle est aussi orthogonale à toute intégrale stochastique de (B_t), donc à la martingale (B_t^2-t). On vérifie alors aussitôt que

- B_t est une martingale de carré intégrable <u>pour la loi</u> Q ,
- B_t^2-t est une martingale <u>pour la loi</u> Q

Mais alors, (B_t) est un mouvement brownien pour la loi Q, et comme B_0 a la même loi pour Q et pour P, on a Q=P, donc $X_\infty=0$.

Cela ne suffit pas à montrer le théorème de représentation : il faudrait savoir que toute martingale <u>de carré intégrable</u>, orthogonale à (B_t), est nulle. DELLACHERIE explique dans [16] comment on peut ramener cela au cas borné avec un minimum de travail.

Une démonstration analogue vaut pour le processus de Poisson compensé (Q_t), mais il est moins évident que Q_t^2-t soit une intégrale stochastique de (Q_t), et le passage du cas borné au cas des martingales de carré intégrable n'est pas aussi facile.

POLYNOMES D'HERMITE ET MARTINGALES BROWNIENNES

16 Nous allons profiter des calculs précédents pour indiquer un résultat amusant sur le mouvement brownien. Plaçons nous par exemple à deux dimensions. La formule (10.3) - avec X=1 - nous dit que le processus

$$\exp(iu_1B_t^1+iu_2B_t^2+\tfrac{1}{2}|u|^2t) \qquad (|u|^2=u_1^2+u_2^2)$$

est une martingale . Autrement dit, si s<t, $A\in\underline{\underline{F}}_s$, on a

$$(16.1) \quad \int_A \exp(iu_1B_t^1+iu_2B_t^2+\tfrac{1}{2}t|u|^2).P=\int_A\exp(iu_1B_s^1+iu_2B_s^2+\tfrac{1}{2}s|u|^2).P$$

Les deux membres sont des fonctions indéfiniment différentiables de u_1,u_2, et ont les mêmes dérivées de tous ordres en 0. Pour calculer celles-ci, nous partons de la série génératrice des polynômes d'HERMITE

$$(16.2) \quad \exp(u_1x_1+u_2x_2-\tfrac{1}{2}|u|^2) = \Sigma_{n,m}\frac{u_1^n\,u_2^m}{n!\,m!}H_{nm}(x_1,x_2)$$

que nous transformons en

$$(16.3) \quad \exp(iu_1x_1+iu_2x_2-\tfrac{1}{2}t|u|^2)=\Sigma\frac{i^{n+m}t^{(n+m)/2}u_1^nu_2^m}{n!m!}H_{nm}(\frac{x_1}{\sqrt{t}},\frac{x_2}{\sqrt{t}})$$

Portant cela dans (16.1), nous voyons que pour tout (n,m) le processus $t^{(n+m)/2}H_{nm}(B_t^1/\sqrt{t},B_t^2/\sqrt{t})$ est une martingale.

Université de Strasbourg
Séminaire de Probabilités 1974/75

UN COURS SUR LES INTEGRALES STOCHASTIQUES
(P.A. Meyer)

CHAPITRE IV . MARTINGALES LOCALES
CHANGEMENT DE VARIABLES, FORMULES EXPONENTIELLES

Dans ce chapitre, en introduisant la notion de martingale locale (ITO et WATANABE [11]) puis celle de semimartingale, nous donnons au calcul sur les intégrales stochastiques toute la souplesse nécessaire. Nous étendons la formule du changement de variables, et en donnons des applications aux "formules exponentielles" . Cependant, nous nous limitons ici à l'intégration d'une classe restreinte de processus : les processus prévisibles localement bornés. Au chapitre V, nous traiterons plus en détails la théorie de l'intégrale stochastique par rapport aux martingales locales (et non plus par rapport aux semimartingales), en utilisant les espaces $\underline{\underline{H}}^1$ et $\underline{\underline{BMO}}$.

MARTINGALES LOCALES

1 DEFINITION. Soit M un processus adapté, nul en 0. On dit que M est une martingale locale s'il existe des temps d'arrêt $T_n \uparrow +\infty$ tels que les processus arrêtés M^{T_n} soient des martingales uniformément intégrables.

On dit que M est localement dans $\underline{\underline{M}}$ (localement de carré intégrable) si l'on peut choisir les T_n de telle sorte que M^{T_n} soit de carré intégrable pour tout n.

Si M n'est pas nulle en 0, on dit que M est une martingale locale (est localement dans $\underline{\underline{M}}$) si $M-M_0$ possède cette propriété.

2 REMARQUES. a) Une martingale locale est un processus à trajectoires continues à droite et pourvues de limites à gauche.

b) M est une martingale locale si et seulement s'il existe des $T_n \uparrow \infty$ tels que les processus $M^{T_n} I_{\{T_n > 0\}}$ soient des martingales uniformément intégrables.

3 NOTATIONS. L'espace des martingales locales (nous verrons dans un instant que c'en est un !) est noté $\underline{\underline{L}}$. L'espace des martingales locales nulles en 0 est noté $\underline{\underline{L}}_0$. L'espace des martingales locales localement de carré intégrable est noté $\underline{\underline{M}}_{loc}$.

Soit H un processus adapté nul en 0. Nous dirons qu'un temps d'arrêt S réduit H si H^S est une martingale uniformément intégrable.

Nous énonçons maintenant quelques propriétés simples des martingales locales : le lecteur énoncera les résultats analogues pour $\underline{\underline{M}}_{loc}$.

4 a) Si le temps d'arrêt T réduit H, et S est un temps d'arrêt tel que $S \leq T$, alors S réduit H.

b) La somme de deux martingales locales est une martingale locale (on se ramène à $\underline{\underline{L}}_0$. Si les $S_n \uparrow +\infty$ réduisent M, si les $T_n \uparrow +\infty$ réduisent N, alors les $S_n \wedge T_n$ réduisent M+N).

c) <u>Soit</u> M <u>une martingale locale nulle en</u> 0. <u>Alors un temps d'arrêt</u> S <u>réduit</u> M <u>si et seulement si le processus</u> M^S <u>appartient à la classe</u> (D). On rappelle qu'un processus H appartient à la classe (D) si et seulement si toutes les v.a. H_T , où T est un temps d'arrêt fini, sont uniformément intégrables.

DEMONSTRATION. Si S réduit M, M^S est une martingale uniformément intégrable, donc appartient à la classe (D) (résultat cité dans [D],V.T9, p.98, avec renvoi à la première édition de [P], V.T19). Inversement, soient des $T_n \uparrow \infty$ réduisant M. Soit s<t. Alors $M_{s\wedge S\wedge T_n} = E[M_{t\wedge S\wedge T_n} | \underline{\underline{F}}_s]$ puisque $M^{S\wedge T_n} = (M^{T_n})^S$ est une martingale. Grâce à l'intégrabilité uniforme on peut faire tendre n vers $+\infty$, ce qui donne $E[M_{s\wedge S}] = E[M_{t\wedge S} | \underline{\underline{F}}_s]$, donc M^S est une martingale.

d) <u>Si</u> M <u>est une martingale locale nulle en</u> 0, <u>si</u> S <u>et</u> T <u>réduisent</u> M, <u>alors</u> $S\vee T$ <u>réduit</u> M.

En effet, le processus $|M^{S\vee T}|$ majoré par $|M^S|+|M^T|$ appartient à la classe (D).

e) <u>Soit</u> M <u>un processus quelconque</u>. <u>S'il existe des temps d'arrêt</u> $T_n \uparrow \infty$ <u>tels que les</u> M^{T_n} <u>soient des martingales locales</u>, M <u>est une martingale locale</u>.

DEMONSTRATION. On se ramène au cas où $M_0=0$. Pour chaque n soient des $R_{nm} \uparrow \infty$ réduisant M^{T_n} , et soit $S_{nm} = R_{nm} \wedge T_n \uparrow T_n$. Rangeons les S_{nm} en une seule suite S_k et posons $H_k = S_1 \vee \ldots \vee S_k \uparrow \infty$. Il suffit de voir que les H_k réduisent M. Or en revenant aux notations à deux indices, soit $S_1 = S_{n_1 m_1}, \ldots, S_k = S_{n_k m_k}$, et soit $r = n_1 \vee \ldots \vee n_k$. $S_{n_i m_i}$ réduit $M^{T_{n_i}}$; or $M^{T_{n_i}}$ et M^{T_r} ont la même arrêtée à l'instant $S_{n_i m_i}$, donc $S_{n_i m_i}$ réduit M^{T_r} . D'après d) il en est de même de H_k . Comme M et M^{T_r} ont même arrêtée à l'instant H_k, H_k réduit M.

4bis Avant de passer à des propriétés plus fines des martingales locales, on va indiquer la raison pour laquelle celles-ci ont été introduites par ITO et WATANABE dans [11]. Considérons une surmartingale positive (X_t). Il est bien connu que la limite $X_\infty = \lim_t X_t$ existe et est finie, de sorte que les temps d'arrêt

$$T_n = \inf \{t : X_t \geqq n\}$$

tendent p.s. vers $+\infty$ avec n - **il est même vrai que pour presque tout** ω on a $T_n(\omega)=+\infty$ pour n grand. D'après le théorème d'arrêt de DOOB, la v.a. X_{T_n} est intégrable, de sorte que la surmartingale arrêtée X^{T_n} est dominée par la v.a. $n \vee X_{T_n}$, et admet donc une décomposition de DOOB

$$X_{t\wedge T_n} = M_t^n - A_t^n$$

où (A_t^n) est un processus croissant intégrable prévisible nul en 0, (M_t^n) une martingale uniformément intégrable. D'après l'unicité de la décomposition, il existe un processus M, un processus A tels que l'on ait pour tout n $M_t^n = M_{t\wedge T_n}$, $A_t^n = A_{t\wedge T_n}$

On vérifie aussitôt que A est un processus croissant, prévisible, et l'inégalité $E[A_\infty] = \lim_n E[A_\infty^n] \leqq E[X_0]$ montre que A est intégrable. Quant à M, c'est une martingale locale d'après la définition 1. Il n'y a aucune difficulté à prouver l'unicité d'une telle décomposition.

On voit donc que la notion de martingale locale s'introduit de manière parfaitement naturelle, et toute la suite ne fera que confirmer cela : c'est la "bonne" extension de la notion de martingale.

REDUCTION FORTE : UN LEMME FONDAMENTAL

On va maintenant établir un résultat concernant la structure des martingales locales, qui va permettre de les ramener aux deux éléments avec lesquels on a travaillé jusqu'à maintenant : martingales de carré intégrable, processus VI. Ce lemme (8 ci-dessous) est lié à la "décomposition de GUNDY" des martingales discrètes.

5 DEFINITION. Soit M une martingale locale nulle en 0. On dit que le temps d'arrêt T réduit fortement M si T réduit M et si la martingale $E[|M_T| \,|\, \underline{\underline{F}}_s]$ est bornée sur $[\![0,T[\![$.

Alors, si $S \leqq T$, et si l'on note (Y_s) la martingale $E[|M_T| \,|\, \underline{\underline{F}}_s]$, on a $E[|M_S| \,|\, \underline{\underline{F}}_s] \leqq Y_{S\wedge s}$, et on peut en déduire que S réduit fortement M.

6 LEMME. Si S et T réduisent fortement M, il en est de même de $S\vee T$.

DEMONSTRATION. $S\vee T$ réduit M. Il suffit de montrer que $I_{\{t<T\}} E[|M_{S\vee T}| \,|\, \underline{\underline{F}}_t]$

est une martingale bornée (remplacer T par S et ajouter). Or c'est majoré par

$$E[|M_T|\,|\underline{\underline{F}}_t]I_{\{t<T\}} + E[|M_S|I_{\{S>T\}}|\underline{\underline{F}}_t]I_{\{t<T\}}$$

Le premier terme est borné (T réduit fortement M). Le second vaut

$$E[|M_S|I_{\{t<T<S\}}|\underline{\underline{F}}_t] \leqq E[|M_S|I_{\{t<S\}}|\underline{\underline{F}}_t] \quad \text{qui est borné.}$$

7 LEMME. Si M est une martingale locale nulle en 0, il existe des temps d'arrêt $T_n\uparrow\infty$ réduisant fortement M.

DEMONSTRATION. Nous utiliserons la remarque suivante, qui devrait être classique : si S et T sont deux temps d'arrêt, $E[.|\underline{\underline{F}}_T|\underline{\underline{F}}_S]=E[.|\underline{\underline{F}}_{S\wedge T}]$ (en terme d'arrêt, cela revient à $(X^T)^S=X^{S\wedge T}$).

On prend des $R_n\uparrow\infty$, réduisant M. Puis on pose

$$S_{nm} = R_n \wedge \inf\{t : E[|M_{R_n}|\,|\underline{\underline{F}}_t] \geqq m\}$$

On les range en une seule suite S_n , et on prend $T_n=S_1\vee\ldots\vee S_n$. D'après le lemme précédent, il suffit de montrer que S_{nm} réduit fortement M , ou encore - en enlevant les indices - que $E[|M_S|\,|\underline{\underline{F}}_t]$ est bornée sur $[\![0,S[\![$.

Or soit (Y_t) la martingale $E[|M_R|\,|\underline{\underline{F}}_t]$, bornée sur $[\![0,S[\![$ par la constante m. On a $E[|M_S|I_{\{t<S\}}|\underline{\underline{F}}_t] = E[|E[M_R I_{\{t<S\}}|\underline{\underline{F}}_S]\,|\,\underline{\underline{F}}_t] \leqq$ $E[E[|M_R|I_{\{t<S\}}|\underline{\underline{F}}_S|\underline{\underline{F}}_t] = E[|M_R|I_{\{t<S\}}|\underline{\underline{F}}_{S\wedge t}] = Y_{S\wedge t}I_{\{t<S\}} = Y_t I_{\{t<S\}} \leqq m$.

8 THEOREME. Soit M une martingale locale. Alors il existe des temps d'arrêt $T_n\uparrow\infty$ tels que la martingale arrêtée M^{T_n} puisse s'écrire (de manière non unique)

(8.1) $$M_0 + U^n + V^n$$

où U^n appartient à $\underline{\underline{M}}_0$ (est de carré intégrable), et V^n à $\underline{\underline{W}}_0$ (est à variation intégrable), U^n et V^n étant aussi arrêtées à T^n.

DEMONSTRATION. Compte tenu de ce qui précède, il suffit de prouver que si M est une martingale locale nulle en 0 , et T réduit fortement M , alors M^T admet une décomposition $M^T=U+V$ du type précédent.

Par définition , $|M_T|$ (éventuellement prolongé par sa limite sur $\{T=\infty\}$) est intégrable, et la martingale $E[|M_T|\,|\underline{\underline{F}}_t]$ est bornée sur $[\![0,T[\![$ par une constante K. Nous pouvons aussi supposer que $M=M^T$.

Posons $C_t=M_T I_{\{t\geqq T\}}=M_t I_{\{t\geqq T\}}$

$X_t=M_t I_{\{t<T\}}$

C est un processus à variation intégrable, soit $\tilde{C}$ sa compensatrice prévisible. Nous posons $V=C-\tilde{C}$, martingale à variation intégrable (la norme variation de V est au plus $2E[|M_T|]$), et $U=X+\tilde{C}$. C'est U qu'il faut étudier.

Nous introduisons les divers processus suivants (et les processus analogues avec des - au lieu de +)

$$\overset{+}{M}_t = E[M_T^+|\underline{\underline{F}}_t] \ , \ C_t^+=M_T^+ I_{\{t\geq T\}} \ , \ \overset{+}{X}_t=M_t^+ I_{\{t<T\}} \ , \ \overset{+}{U}_t = \overset{+}{X}_t+\tilde{C}_t^+$$

Le processus $\overset{+}{X}$ est une surmartingale bornée positive, le processus $\overset{+}{U}$ une martingale, donc $\tilde{C}^+$ est le processus croissant intégrable prévisible engendrant la partie potentiel de $\overset{+}{X}$, qui est elle aussi bornée par K. Nous allons montrer qu'alors $E[(\tilde{C}_\infty^+)^2]\leq 2K^2$ (cf. le début de la démonstration de II.10). Pour alléger les notations, nous écrirons x_t, c_t au lieu de $\overset{+}{X}_t$, $\tilde{C}_t^+$. Nous avons (intégration par parties)

$$c_\infty^2 = \int_{0-}^{\infty} [(c_\infty-c_s)+(c_\infty-c_{s-})]dc_s \leq 2\int_{0-}^{\infty}(c_\infty-c_{s-})dc_s$$

Prenons une espérance. Comme (c_t) est prévisible, on peut remplacer le processus $(c_\infty-c_{s-})$ par sa projection prévisible. Comme on a $x_T=E[c_\infty-c_T|\underline{\underline{F}}_T]$ pour tout temps d'arrêt T, on a aussi $x_{T-}=E[c_\infty-c_{T-}|\underline{\underline{F}}_{T-}]$ pour tout temps prévisible T (utiliser une suite annonçant T). Donc la projection prévisible en question est le processus (x_{t-}) et on a

$$E[c_\infty^2] \leq 2E[\int x_{s-}dc_s] \leq 2KE[\int dc_s] = 2KE[x_0] = 2K^2 \ .$$

REMARQUES. La martingale U a de bien meilleures propriétés que l'appartenance à $\underline{\underline{M}}$: on verra plus loin (n°V.5) qu'elle appartient à l'espace $\underline{\underline{BMO}}$.

L'inégalité que nous venons d'utiliser est la seule inégalité sur les martingales et surmartingales que nous utilisons dans ce cours, et qui ne figure pas dans le livre de DOOB. Les inégalités plus récentes seront établies au chap.V, par les méthodes de GARSIA, mais il est bon de souligner que la théorie de l'intégrale stochastique repose, en fin de compte, sur des résultats plutôt élémentaires.

APPLICATIONS

9 Soit M une martingale locale, que nous supposons d'abord nulle en O. Si T est un temps d'arrêt qui réduit fortement M, $M^T\in\underline{\underline{M}}_0+\underline{\underline{W}}_0$ est une 'semimartingale au sens restreint" (n°III.1), et nous pouvons lui appliquer les résultats du chap.III - en particulier, définir les processus

$(M^T)^c$, partie martingale continue de M^T

$[M^T,M^T]_t = <(M^T)^c,(M^T)^c>_t + \Sigma_{s\leq t\wedge T} \Delta M_s^2$

Si maintenant S et T réduisent tous deux fortement M, les processus que l'on vient de construire coïncident jusqu'à l'instant $S\wedge T$. Faisant tendre S et T vers l'infini, on en déduit sans peine que

THEOREME. *Si* M *est une martingale locale nulle en* 0, *il existe une martingale locale continue* M^c *nulle en* 0, *la* partie continue de M, *telle que pour tout t.d'a.* T *réduisant fortement* M *on ait*

(9.1) $\qquad (M^c)^T = (M^T)^c$

On désigne par $<M^c,M^c>$ *l'unique processus croissant continu nul en* 0 *tel que l'on ait*

(9.2) $\qquad <M^c,M^c>_{t\wedge T} = < (M^T)^c,(M^T)^c>_t$

pour tout T *réduisant fortement* M. *On désigne par* [M,M] *le processus croissant* (*fini pour* t *fini*)

(9.3) $\qquad [M,M]_t = <M^c,M^c>_t + \Sigma_{s\leq t} \Delta M_s^2$

et [M,N] *se définit par polarisation. Si* M *n'est pas nulle en* 0, *soit* $\overline{M}_t=M_t-M_0$; *on pose* $M_t^c=\overline{M}_t^c$, $[M,M]_t= [\overline{M},\overline{M}]_t+M_0^2$ (de même pour [M,N]).

10 REMARQUES. L'inégalité KW2 (II.21) s'étend aussitôt aux martingales locales par arrêt.

On peut définir $<M,M>$ pour une martingale locale M localement de carré intégrable. Nous verrons plus loin (j'espère) que l'on a dans certains cas avantage à définir $<M,N>$ sans supposer l'existence de $<M,M>$ et $<N,N>$.

PROCESSUS A VARIATION LOCALEMENT INTEGRABLE

11 DEFINITION. *On dit qu'un processus* A *est un processus à variation localement intégrable s'il est à VF* (*adapté*) *et s'il existe des t.d'a.* $T_n\uparrow\infty$ *tels que* $E[\int_{]0,T_n]}|dA_s|] < \infty$ *pour tout* n.

L'espace des processus à variation localement intégrable est noté $\underline{\underline{A}}_{loc}$ ($\underline{\underline{A}}$ était, rappelons le, l'espace des processus à variation intégrable).

Rien n'est exigé quant à l'intégrabilité de A_0.

Si l'on sait à l'avance que A est un processus à VF, on dira souvent " A est localement intégrable" pour " A est à variation localement intégrable".

12 THEOREME. a) <u>Tout</u> $A\in\underline{\underline{V}}$ <u>prévisible, ou à sauts bornés, est localement intégrable.</u>

b) <u>Si</u> $A\in\underline{\underline{V}}$ <u>est localement intégrable, il existe un processus</u> $\tilde{A}\in\underline{\underline{V}}$ <u>prévisible unique tel que le processus</u> $\overset{c}{A}=A-\tilde{A}$ <u>soit une martingale locale nulle en</u> 0. <u>On dit que</u> $\tilde{A}$ <u>est le</u> compensateur <u>de</u> A, $\overset{c}{A}$ <u>le</u> compensé <u>de</u> A.

c) <u>Tout</u> $A\in\underline{\underline{V}}$ <u>qui est aussi une martingale locale est localement intégrable.</u>

DEMONSTRATION. a) On se ramène aussitôt au cas où $A_0=0$. On vérifie comme au n°I.4 que si A est prévisible, le processus $\int_0^t |dA_s|$ est prévisible. Soit alors

$$S_k = \inf \{ t : \int_0^t |dA_s| \geqq k \}$$

Comme A_0 est nul, S_k est partout >0, et il est prévisible (N9, p.9). Soit (S_{km}) une suite annonçant S_k. La variation de A sur $[[0,S_{km}]]$ est $\leqq k$, donc intégrable, et pour obtenir une suite $T_n\uparrow\infty$ satisfaisant à la définition 12 il suffit de prendre $T_n=\sup_{k\leqq n,m\leqq n} S_{km}$.

Le cas des processus à sauts bornés est immédiat : prendre $T_n=S_n$. Démontrons maintenant c). On se ramène au cas où $A_0=0$. Soit $R_n\uparrow\infty$ une suite de t.d'a. réduisant fortement la martingale locale A. Soit $S_n=\inf\{ t : \int_0^t |dA_s|\geqq n \}$, et soit $T_n=R_n\wedge S_n$. Il nous suffit de montrer que $E[\int_{[0,T_n]}|dA_s|]<\infty$. Comme $E[\int_{[0,T_n[}|dA_s|]\leqq n$, il suffit de prouver que $E[|\Delta A_{T_n}|]<\infty$. Cela résulte de 8, T_n réduisant fortement A : A^{T_n} s'écrit U+V, $U\in\underline{\underline{M}}$, $V\in\underline{\underline{A}}$, de sorte que $\Delta U_{T_n}\in L^2$, $\Delta V_{T_n}\in L^1$.

Passons à b). On peut supposer que $A_0=0$. A étant localement intégrable, considérons des $T_n\uparrow+\infty$ tels que $E[\int_0^{T_n}|dA_s|]<\infty$; les processus à VI A^{T_n} admettent des compensateurs B^n, et on vérifie aussitôt que si n<m $B^n=(B^m)^{T_n}$, de sorte qu'il existe un processus B tel que $B^n=B^{T_n}$ pour tout n. Il n'y a aucune difficulté à vérifier que B est prévisible, que B est un processus à variation loc. intégrable, et que A-B est une martingale locale (réduite par les T_n). L'unicité résulte du lemme plus précis suivant :

13 LEMME. <u>Toute martingale locale prévisible</u> M <u>est continue. Toute martingale locale prévisible à VF est constante</u> (<u>et donc nulle si</u> $M_0=0$).

DEMONSTRATION. Par arrêt à un t.d'a. réduisant fortement M, on se ramène au cas où M est une martingale uniformément intégrable. Pour tout temps d'arrêt prévisible S on a alors $\Delta M_S = M_S - M_{S-} = M_S - E[M_S | \underline{\underline{F}}_{S-}]$ (utiliser une suite annonçant S). Or M_S est $\underline{\underline{F}}_{S-}$-mesurable puisque M est prévisible (N10, p.9), donc $\Delta M_S = 0$. M étant prévisible, on en déduit que M est continue (N11, p.9, par exemple). Si M est VF, $\int_0^t |dM_s|$ est continue, et par arrêt on peut supposer que M est VI. Mais alors M, prévisible et ayant un potentiel droit nul, est constante (I.15).

14 NOTATIONS . On notera $\underline{\underline{W}}_{loc}$ l'espace des martingales locales à VF (donc à variation localement intégrable : cf. $\underline{\underline{W}}$, espace des martingales VI).

Pour tout couple de martingales locales M,N tel que [M,N] soit loc. intégrable, on notera $\langle M,N\rangle$ la compensatrice prévisible de [M,N].

SEMIMARTINGALES

Nous pouvons maintenant donner la vraie définition des semimartingales (cf. III.1 pour la définition provisoire). Nous en donnons plus loin une forme plus facile à vérifier (n°33).

15 DEFINITION. <u>Un processus adapté</u> X <u>est une</u> semimartingale <u>s'il admet une décomposition de la forme</u>

(15.1) $X_t = X_0 + M_t + A_t$

<u>où</u> M <u>est une martingale locale nulle en</u> 0, A <u>un processus VF nul en</u> 0.

On n'impose à A aucune restriction d'intégrabilité. La décomposition n'est, bien entendu, pas unique.

EXEMPLE. Soit X un processus à accroissements indépendants (non homogène) à trajectoires continues à droite. Il est bien connu que les trajectoires de X sont alors càdlàg (cf. [3]). Soit Z_t la somme des sauts de X d'amplitude ≥ 1 entre 0 et t ; c'est un processus à VF. Il est bien connu que Y=X-Z est un processus à accroissements indépendants, admettant des moments de tous les ordres, de sorte que le processus $Y_t - E[Y_t]$ est une martingale. Ainsi, X est une semimartingale si et seulement si la fonction $t \mapsto E[Y_t]$ est à variation bornée.

16 Considérons deux décompositions du type (15.1)

$$X = X_0 + M + A = X_0 + \bar{M} + \bar{A}$$

alors $M - \bar{M} = \bar{A} - A$ appartient à $\underline{\underline{L}}_0 \cap \underline{\underline{V}}_0$, d'après 12 c) c'est un processus à variation localement intégrable. En tant que martingale locale elle est sans partie continue d'après II.15[1] donc $M^c = \bar{M}^c$. Nous poserons $M^c = X^c$, et nous l'appellerons la <u>partie martingale continue</u> de X (on devrait ajouter "locale", mais c'est trop lourd). On pose aussi

(16.1) $[X,X]_t = \langle X^c, X^c\rangle_t + \Sigma_{s \leq t} \Delta X_s^2$ (2)

1. C'est trop rapide. Voir p.75. 2. Voir aussi p.75 , et le chap.VI,n°4.

INTEGRALES STOCHASTIQUES

Notre but est d'arriver maintenant à la formule du changement de variables pour les semimartingales. A cette fin, nous définissons une notion très simple d'intégrale stochastique, d'abord par rapport aux martingales locales, puis par rapport aux semimartingales.

17 DEFINITION. Un processus optionnel (H_t) est dit localement borné s'il existe des temps d'arrêt $T_n \uparrow \infty$ et des constantes K_n tels que

(17.1) $$|H_t| I_{\{0<t\leq T_n\}} \leq K_n$$

(Quant à H_0, on exige simplement qu'il soit fini).

18 THEOREME. a) Soit M une martingale locale, et soit H un processus prévisible localement borné. Il existe alors une martingale locale $H\cdot M$ et une seule telle que l'on ait, pour toute martingale bornée N

(18.1) $$[H\cdot M,N] = H\cdot[M,N]$$

(au second membre, il s'agit d'une intégrale de Stieltjes ordinaire).

b) On a $(H\cdot M)_0 = H_0 M_0$, $(H\cdot M)^c = H\cdot M^c$, et les processus $\Delta(H\cdot M)_s$ et $H_s \Delta M_s$ sont indistinguables.

c) Si M appartient à $\underline{\underline{W}}_{loc}$, $H\cdot M$ se calcule comme une intégrale de Stieltjes sur les trajectoires.

DEMONSTRATION. a) Nous supposerons que $M_0=0$, en laissant au lecteur le soin de passer au cas général, ce qui est immédiat. Nous pouvons alors supposer également que $H_0=0$. Il existe alors des temps d'arrêt $T_n \uparrow \infty$, à la fois réduisant fortement M et tels que H^{T_n} soit un processus borné. On sait alors décomposer la martingale $M^n = M^{T_n}$ en $U^n + V^n$, où U^n appartient à $\underline{\underline{M}}_0$, V^n à $\underline{\underline{A}}_0$, et U^n, V^n sont arrêtées à T_n. On peut alors définir (III.2, b)) l'intégrale stochastique $H\cdot M^n = H\cdot U^n + H\cdot V^n$, qui est une martingale uniformément intégrable. Si $n<p$, on a par arrêt (l'arrêt étant une opération d'intégrale stochastique, si l'on veut !)

$$H\cdot M^n = (H\cdot M^p)^{T_n} \quad \text{du fait que } M^n = (M^p)^{T_n}$$

Il en résulte qu'il existe un processus $H\cdot M$ tel que pour tout n $H\cdot M^n = (H\cdot M)^{T_n}$. Il est clair que $H\cdot M$ est une martingale locale, et que l'on a (par recollement)

$$\Delta(H\cdot M)_t = H_t \Delta M_t$$

Il résulte aussi de la définition de M^c (9), et de II.26 que l'on a $H\cdot M^c = (H\cdot M)^c$. Il en résulte que l'on a , par addition

$$[H\cdot M,N]_t = [H\cdot M^c,N^c]_t + \Sigma_{s\leq t} H_s \Delta M_s \Delta N_s = (H\cdot[M,N])_t$$

pour toute martingale bornée N. Enfin, si M appartient à $\underline{\underline{W}}_{loc}$, on peut choisir les T_n de telle sorte que les martingales M^n appartiennent à $\underline{\underline{W}}$, les intégrales $H\cdot M^n$ sont alors des intégrales ordinaires (II.30), d'où c).

S'il existait deux martingales $H\cdot M$ et $H\bar{\cdot}M$ satisfaisant à (18.1), leur différence L serait une martingale locale telle que $[L,N]=0$ pour toute martingale bornée N. Nous allons montrer que cela entraîne $L=0$. Même mieux :

19 THEOREME. Soit L une martingale locale.

a) Le processus $[L,N]\in\underline{\underline{V}}$ est localement intégrable pour toute martingale bornée N. Plus précisément, si T réduit fortement L, $\int_{0+}^{T}|d[L,N]_s|$ est intégrable.

b) S'il existe des $T_n\uparrow\infty$ réduisant fortement L tels que $E[[L,N]_{T_n}]=0$ pour toute martingale bornée N, on a $L=0$.

DEMONSTRATION. Nous supposerons que $L_0=0$. Ecrivons que $L^T=U+V$, $U\in\underline{\underline{M}}_0$, $V\in\underline{\underline{W}}_0$. D'après l'inégalité KW2 (II.21), comme U et N appartiennent à $\underline{\underline{M}}$ nous avons $E[\int|d[U,N]_s|]<\infty$ et $E[\int d[U,N]_s]=E[U_\infty N_\infty]$ d'après la définition de $[U,N]$ par polarisation (et II.18). De même, V n'a pas de partie continue, de sorte que $[V,N]_t=\Sigma_{s\leq t}\Delta V_s\Delta N_s$. Comme N est bornée, V à variation intégrable, $\int|d[V,N]_s|$ est intégrable, et $E[\int d[V,N]_s]=E[V_\infty N_\infty]$ d'après I.9. Finalement, la relation $E[[L,N]_T]=0$ s'écrit $E[L_T N_\infty]=0$. Comme N_∞ est une v.a. bornée arbitraire, cela entraîne $L_T=0$, puis (comme L^T est une martingale uniformément intégrable) que $L^T=0$. D'où b). Le lecteur étendra cela au cas où $L_0\neq 0$.

REMARQUE. a) permet de définir $\langle M,N\rangle$ si M est une martingale locale, et N une martingale locale localement bornée, **comme compensatrice de [M,N].**

Nous définissons maintenant l'intégrale stochastique d'un processus prévisible localement borné par rapport à une semimartingale.

20 THEOREME. Soient $X=X_0+M+A$ une semimartingale ($M\in\underline{\underline{L}}_0$, $A\in\underline{\underline{V}}_0$) et H un processus prévisible localement borné. Le processus

(20.1) $\quad H\cdot X = H_0X_0 + H\cdot M + H\cdot A$

ne dépend pas de la décomposition choisie. $H\cdot X$ est une semimartingale et l'on a (à des processus évanescents près)

(20.2) $\quad H\cdot X^c = (H\cdot X)^c \quad , \quad H_t\Delta X_t = \Delta(H\cdot X)_t$

et, si T est un temps d'arrêt

(20.3) $\quad H\cdot X^T = (H\cdot X)^T$.

DEMONSTRATION. Considérons deux décompositions

$$X=X_0+M+A = X_0+\bar{M}+\bar{A} \quad (M,\bar{M} \in \underline{\underline{L}}_0 \ , \ A,\bar{A}\in\underline{\underline{V}}_0)$$

Alors $M-\bar{M} = \bar{A}-A$ appartient à $\underline{\underline{L}}_0$ et à $\underline{\underline{V}}_0$ (est une martingale locale à VF), donc est à variation localement intégrable (12,c)). Mais alors l'intégrale $H\cdot(M-\bar{M})$ se calcule comme une intégrale de Stieltjes (18,c)), donc $H\cdot(M-\bar{M})=H\cdot(\bar{A}-A)$. Le reste est immédiat d'après 18.

LA FORMULE DU CHANGEMENT DE VARIABLES (CAS GENERAL)

Comme au chapitre III, nous ne démontrerons que le cas des semimartingales réelles, mais nous énoncerons le théorème pour les semimartingales à valeurs dans $\mathbb{R}^n$.

21 THEOREME. Soit X un processus à valeurs dans $\mathbb{R}^n$, dont les n composantes X^i sont des semimartingales. Soit F une fonction deux fois continûment différentiable sur $\mathbb{R}^n$ (on ne suppose pas les dérivées partielles bornées). Alors le processus $F\circ X$ est une semimartingale et on a l'identité

(21.1) $$F\circ X_t = F\circ X_0 + \Sigma_i \int_{]0,t]} D^iF\circ X_{s-}dX^i_s + \tfrac{1}{2}\Sigma_{i,j}\int_0^t D^iD^jF\circ X_{s-}d\langle X^{ic},X^{jc}\rangle_s$$
$$+ \Sigma_{0<s\leq t}(F\circ X_s-F\circ X_{s-}-\Sigma_iD^iF\circ X_{s-}\Delta X^i_s)$$

DEMONSTRATION (une dimension). Nous vérifions d'abord que le côté droit de (21.1) a un sens. Le processus $F'\circ X_s$ étant continu à droite et pourvu de limites à gauche, $(F'\circ X_{s-})$ est prévisible localement borné (arrêter à $S=\inf\{t : |F'\circ X_s|\geq n\}$). De même, $F''\circ X_{s-}$. Les deux intégrales au second membre ne posent donc pas de problème. Pour tout $\omega\in\Omega$, la trajectoire $X_\cdot(\omega)$ reste sur $[0,t]$ dans un intervalle compact $[-C(t,\omega),+C(t,\omega)]$, sur lequel la dérivée seconde de F reste bornée en valeur absolue par une constante $K(t,\omega)$. Nous avons alors si $s\leq t$

$$|F\circ X_s(\omega)-F\circ X_{s-}(\omega)-F'\circ X_{s-}(\omega)\Delta X_s(\omega)|\leq \tfrac{1}{2}K(t,\omega)\Delta X^2_s(\omega)$$

Dans la décomposition $X=X_0+M+A$ ($M\in\underline{\underline{L}}_0, A\in\underline{\underline{V}}_0$), nous savons que $\Sigma_{s\leq t}\Delta M^2_s<\infty$ p.s., que $\Sigma_{s\leq t}\Delta A^2_s<\infty$ p.s.. Il en résulte que la série au second membre de (21.1) est p.s. absolument convergente.

Supposons maintenant qu'il existe un temps d'arrêt T possédant les propriétés suivantes : soit $X=X_0+M+A$, $M\in\underline{\underline{L}}_0$, $A\in\underline{\underline{V}}_0$, alors

T réduit fortement M, en particulier M est bornée sur $[[0,T[[$

$\int_{]0,T[}|dA_s|$ est bornée, X_0 est bornée sur $\{T>0\}$

M,A sont arrêtés à l'instant T .

Désignons alors par K une constante dominant $|X|$ sur $[[0,T[[$, par Y le processus

$$Y_t = X_t - \Delta X_T I_{\{t\geqq T\}} \quad (\text{ en particulier } Y_t=0 \text{ sur } \{T=0\}\ )$$

et par G une fonction deux fois dérivable, à dérivées premières et secondes <u>bornées</u>, coincidant avec F sur l'intervalle $[-K,+K]$. Le processus Y s'écrit de la manière suivante (T réduisant fortement M, on peut poser $M=U+V$, $U\in\underline{\underline{M}}_0$, $V\in\underline{\underline{W}}_0$, U et V arrêtés à l'instant T)

$$Y_t = X_0 I_{\{T>0\}} + U_t + (V_t - \Delta V_T I_{\{t\geqq T\}} + A_t - \Delta A_T I_{\{t\geqq T\}} - \Delta U_T I_{\{t\geqq T\}})$$

qui montre que Y est une semimartingale au sens restreint (III.1) : U_t est de carré intégrable, et la dernière parenthèse est un processus à variation intégrable . Nous appliquons alors la formule du changement de variables du chap.III à Y et à G . Puis, comme F et G coincident sur l'intervalle $[-K,+K]$, où Y prend ses valeurs, nous remplaçons G par F. Ainsi, écrivant $Y=Y_0+M+B$, où $B_t=A_t-\Delta X_T I_{\{t\geqq T>0\}}$

$$F\circ Y_t = F\circ Y_0 + \int_0^t F'\circ Y_{s-}dM_s + \int_0^t F'\circ Y_{s-}dB_s + \frac{1}{2}\int_0^t F''\circ Y_{s-}d\langle M^c,M^c\rangle_s + \Sigma_{s\leqq t}\cdots$$

Les processus X et Y coïncident sur l'intervalle $[[0,T[[$, donc X_- et Y_- sont égaux sur $[[0,T]]$ (pourvu que T soit >0). Comme M est arrêtée à l'instant T et nulle en 0, on a pour tout processus prévisible H

$$H\cdot M = H'\cdot M \ , \text{ où } H'_t = H_t I_{\{0<t\leqq T\}}$$

et par conséquent $\int_0^t F'\circ Y_{s-}dM_s = \int_0^t F'\circ X_{s-}dM_s$ pour tout t

De même, mais plus simplement, on a $\int_0^t F''\circ Y_{s-}d\langle M^c,M^c\rangle_s = \int_0^t F''\circ X_{s-}d\langle M^c,M^c\rangle_s$.
D'autre part, B et A coincident sur l'intervalle $[[0,T[[$, et les propriétés de l'intervalle de Stieltjes ordinaire entraînent que

$$\int_0^t F'\circ Y_{s-}dB_s = \int_0^t F'\circ X_{s-}dA_s \text{ pour } t<T \ .$$

Par conséquent, nous obtenons que $\overline{\text{pour } t<T}$

$$F\circ X_t = F\circ X_0 + \int_0^t F'\circ X_{s-}dX_s + \frac{1}{2}\int_0^t F''\circ X_{s-}d\langle X^c,X^c\rangle_s + \Sigma_{0<s\leqq t}\cdots$$

Seulement, nous avons vérifié au n°III.6 que les deux membres de (21.1) ont les mêmes sauts : **ils sont** donc égaux, non seulement sur $[[0,T[[$, mais sur $[[0,T]]$ (sur $\{T=0\}$ tout est évident). Comme ils sont tous deux arrêtés à l'instant T, l'identité (21.1) est établie sur toute la droite, pour les semimartingales du type particulier considéré. Il faut bien remarquer que toutes les difficultés ont été résolues au chap.III : on n'a fait ici que de petits déplacements de processus croissants du côté des martingales à celui des processus VF, dans les décompositions.

Il reste à ramener le cas général au cas particulier qui vient d'être traité ici. Pour cela, nous choisissons des temps d'arrêt $R_n\uparrow+\infty$, réduisant fortement M. Nous posons aussi

$S_n = \inf \{ t : \int_0^t |dA_s| \geqq n \}$

$U_n = 0$ si $|X_0|>n$, $+\infty$ sinon

$T_n=R_n \wedge S_n \wedge U_n$

Les temps d'arrêt T_n croissent vers $+\infty$, et la semimartingale X^{T_n} satisfait aux hypothèses de la première partie de la démonstration. La formule du changement de variables est donc vraie pour X^{T_n}. Cela revient à dire qu'elle est vraie pour X si $t \leqq T_n$, d'où le théorème lorsque $n \to +\infty$.

Le corollaire suivant peut se démontrer directement (mais ce n'est pas très facile).

22 COROLLAIRE. Pour toute martingale locale M, le processus $M_t^2-[M,M]_t = 2\int_0^t M_{s-} dM_s$ est une martingale locale nulle en 0.

On a aussi la formule générale d'intégration par parties

23 COROLLAIRE. Pour tout couple X,Y de semimartingales, le produit XY est une semimartingale, et l'on a

(23.1) $d(XY)_t = X_{t-}dY_t + Y_{t-}dX_t + d[X,Y]_t$

ou plus explicitement

$$X_tY_t = \int_{]0,t]} X_{s-}dY_s + \int_{]0,t]} Y_{s-}dX_s + [X,Y]_t$$

et, si X est un processus à variation finie

(23.2) $d(XY)_t = X_{t-}dY_t + Y_t dX_t$. Voir aussi le n°38 .

(En effet, si X est à VF $<X^c,Y^c>=0$, $[X,Y]_t=\Sigma_{s\leqq t}\Delta X_s \Delta Y_s$, et $d[X,Y]_t= \Delta Y_t . dX_t$, de sorte que $Y_{t-}dX_t+d[X,Y]_t=Y_t dX_t$).

L'EXPONENTIELLE D'UNE SEMIMARTINGALE

Nous illustrons l'emploi du changement de variables en résolvant, dans l'ensemble des semimartingales, l'"équation différentielle" $\frac{dZ}{Z_-}=X$. La théorie est due à C. DOLEANS-DADE, avec ici quelques allègements dus à Chantha YOEURP. Voir aussi le n°36 ci-dessous.

24 Nous commençons par rappeler quelques résultats élémentaires sur les fonctions à variation bornée sur $\mathbb{R}$. Dans les quelques formules qui suivent, a(t), b(t)... sont des fonctions à variation bornée, continues à droite, pouvant présenter un saut en 0 : on convient que a(0-)=0, a(t)= 0 pour t<0, de sorte que la masse en 0 est a(0). On a la formule (23.2) d'intégration par parties

(24.1) $a(t)b(t)=\int_{[0,t]} a(s-)db(s) + \int_{[0,t]} b(s)da(s)$

et la formule du changement de variables (l'hypothèse que F est deux fois différentiable est ici trop forte, du moins pour la seconde formule

$$(24.2)\quad F(a(t))=F(0)+\int_{[0,t]}F'(a(s-))da(s)+ +\Sigma_{0\leqq s\leqq t}F(a(s))-F(a(s-))-F'(a(s-))\Delta a(s)$$

$$=\int_0^t F'(a(s))da^c(s)+\Sigma_{0\leqq s\leqq t}F(a(s))-F(a(s-))$$

où a^c est la partie continue de la fonction à variation bornée a. Comme application de (24.1) ou (24.2), nous notons que si a est une fonction croissante

$$(24.3)\qquad d(a(t))^n \geqq na(t)^{n-1}da(t)$$

et nous en déduisons le lemme suivant

LEMME. Soit a(t) une fonction à variation bornée. Il existe au plus une solution de l'équation

$$(24.4)\qquad z(t)-z(0-)=\int_{[0,t]}z(s-)da(s)$$

localement bornée sur $[0,\infty[$.

DEMONSTRATION. Considérant la différence de deux solutions, nous nous ramenons à prouver que 0 est la seule solution de (24.4) telle que $z(0-)=0$. Sous cette condition, **la masse de a en 0 n'intervient pas**, et nous pouvons supposer que $a(0-)=0$. Soit $b(t)=\int_0^t|da(s)|$, et soit $K=\sup_{s\leqq t}|z(s)|$. Nous avons successivement si $0\leqq r\leqq t$

$$|z(r)|=|\int_0^r z(s-)da(s)|\leqq\int_0^r|z(s-)|db(s)\leqq Kb(r)$$

$$|z(r)|\leqq\int_0^r|z(s-)|db(s)\leqq K\int_0^r b(r-)db(r)\leqq K\frac{b^2(r)}{2}$$

$$|z(r)|\leqq\int_0^r|z(s-)|db(s)\leqq\frac{K}{2}\int_0^r b^2(r-)db(r)\leqq K\frac{b^3(r)}{3!}$$

etc (on utilise à chaque fois (24.3)). Pour finir, comme $b^n(t)/n!$ tend vers 0, on a que z est nulle.

Ces lemmes étant établis, nous prouvons :

25 THEOREME. Soit X une semimartingale. Il existe une semimartingale Z et une seule telle que

$$(25.1)\qquad Z_t=Z_{0-}+\int_{[0,t]}Z_{s-}dX_s\quad \text{pour } t\geqq 0 \qquad (X_{0-}=0 \text{ par convention})$$

Elle est donnée par la formule

$$(25.2)\qquad Z_t=Z_{0-}\exp(X_t-\tfrac{1}{2}\langle X^c,X^c\rangle_t)\prod_{0\leqq s\leqq t}(1+\Delta X_s)e^{-\Delta X_s}\quad (t\geqq 0)$$

où le produit infini est p.s. absolument convergent.

NOTATION. On écrit $Z=Z_{0-}\mathcal{E}(X)$. Le cas le plus familier est celui où $X_0=0$, $Z_{0-}=Z_0$; l'équation s'écrit alors $Z_t=Z_0+\int_0^t Z_{s-}dX_s$.

DEMONSTRATION. 1) Nous allons d'abord prouver que le processus (Z_t) défini par (25.2) existe, est une semimartingale, et satisfait à (25.1). A cet effet, nous commençons par l'existence, qui se ramène évidemment à celle du produit infini. Nous prendrons $Z_{0-}=1$ pour simplifier.

LEMME. <u>Le produit infini est p.s. absolument convergent, et le processus</u>

(25.3) $$V_t = \prod_{s\leq t} (1+\Delta X_s)e^{-\Delta X_s} \qquad (V_{0-}=1)$$

<u>est à variation finie, purement discontinu.</u>

DEMONSTRATION. Le produit d'un nombre fini de fonctions à variation finie purement discontinues est encore du même type (formule d'intégration par parties). Nous écartons alors les sauts tels que $|\Delta X_s|\geq 1/2$, qui sont en nombre fini sur tout intervalle fini, et nous sommes ramenés à démontrer le même résultat pour

$$V'_t = \prod_{s\leq t}(1+\Delta X_s I_{\{|\Delta X_s|<1/2\}})e^{-\Delta X_s I_{\{\ \}}}$$

Mais nous avons alors $\log V'_t = \Sigma_{s\leq t} (\log(1+\Delta X_s I_{\{\}})-\Delta X_s I_{\{\}})$, série absolument convergente puisque $\Sigma_{s\leq t} \Delta X_s^2$ converge, et $\log V'_t$ est un processus à variation finie purement discontinu. Il en est alors de même, d'après (24.2), de $V'_t= e^{\log V'_t}$.

2) Posons $K_t=X_t-\frac{1}{2}<X^c,X^c>_t$, et soit $F(x,y)=e^x y$; on a $Z_t=F(K_t,V_t)$, de sorte que Z est une semimartingale. Appliquons la formule du changement de variables

$$Z_t-Z_{0-} = \underbrace{\int_{[0}^{t]} Z_{s-}dK_s}_{I_1} + \underbrace{\int_{[0}^{t]} e^{K_{s-}} dV_s}_{I_2} + \underbrace{\frac{1}{2}\int_0^t Z_{s-}d<K^c,K^c>_s}_{I_3}$$
$$+ \underbrace{\Sigma_{0\leq s\leq t} (Z_s-Z_{s-}-Z_{s-}\Delta K_s -e^{K_{s-}}\Delta V_s)}_{I_4} \ (*)$$

Dans I_1 , nous remplaçons dK_s par $dX_s - \frac{1}{2}d<X^c,X^c>_s$, et dans I_3 nous remplaçons K^c par X^c. Il y a une simplification et il reste simplement

$$\int_{[0}^{t]} Z_{s-}dX_s \quad .$$

Dans I_2 , nous utilisons le lemme, pour dire que V étant à V.F. purement discontinu, I_2 vaut $\Sigma_{0\leq s\leq t} e^{K_{s-}}\Delta V_s$.

Dans I_4 , nous remarquons que $Z_s=Z_{s-}(1+\Delta X_s)$, $Z_{s-}\Delta K_s = Z_{s-}\Delta X_s$, et il y a simplification avec I_2.

(*) La formule est légèrement différente de la formule usuelle en raison du Z(0-) au premier membre.

3) Pour établir l'unicité, nous désignons par $\overline{Z}_t$ une solution de (25.1) telle que $\overline{Z}_{0-}=1$, nous posons $\overline{V}_t = e^{-K_t}\overline{Z}_t$, de sorte que (avec la même fonction F que ci-dessus) $\overline{V}_t = F(-K_t,\overline{Z}_t)$, et nous appliquons la formule du changement de variables. Nous avons $\overline{V}_{0-}=1$ et

$$\overline{V}_t-\overline{V}_{0-} = \int_{[0}^{t]} -\overline{V}_{s-}dK_s + \int_{[0}^{t]} e^{-K_{s-}}d\overline{Z}_s + \frac{1}{2}\int_0^t \overline{V}_s d\langle K^c,K^c\rangle_s$$
$$-\int_0^t e^{-K_s}d\langle K^c,\overline{Z}^c\rangle + \Sigma_0^t(\overline{V}_s-\overline{V}_{s-}+\overline{V}_{s-}\Delta K_s-e^{-K_{s-}}\Delta\overline{Z}_s)$$
$$= I_1+I_2+I_3+I_4+I_5$$

Maintenant, nous écrivons que $d\overline{Z}_s= \overline{Z}_{s-}dX_s$, $dK_s=dX_s- \frac{1}{2}d\langle X^c,X^c\rangle_s$, $K^c=X^c$. Aussi $d\langle K^c,\overline{Z}^c\rangle_s = d\langle X^c,\overline{Z}^c\rangle_s = \overline{Z}_{s-}d\langle X^c,X^c\rangle_s$. La somme I_1+I_2 s'écrit $\int-\overline{V}_{s-}dK_s +\int e^{-K_{s-}}\overline{Z}_{s-}dX_s = \int-\overline{V}_{s-}dX_s+ \frac{1}{2}\int\overline{V}_{s-}d\langle X^c,X^c\rangle_s +\int\overline{V}_{s-}dX_s$. Deux termes disparaissent, et $I_1+I_2+I_3 = 2I_3$. D'autre part, $I_4 = -\int e^{-K_s}\overline{Z}_{s-}d\langle X^c,X^c\rangle_s = -\int\overline{V}_s d\langle X^c,X^c\rangle_s = -2I_3$. Reste donc seulement I_5 . Nous avons $\Delta\overline{Z}_s = \overline{Z}_{s-}\Delta X_s$, $\Delta K_s = \Delta X_s$, donc il reste seulement

$$\overline{V}_t-\overline{V}_{0-} = \Sigma_{0\leq s\leq t}\, \Delta\overline{V}_s$$

série absolument convergente (ce qui exprime que $\overline{V}$ est un processus à V.F. purement discontinu). Nous avons $\overline{V}_s = e^{-K_s}\overline{Z}_s$, donc $\overline{V}_s = e^{-K_{s-}}. e^{-\Delta X_s}\overline{Z}_{s-}(1+\Delta X_s)= \overline{V}_{s-}e^{-\Delta X_s}(1+\Delta X_s)$, enfin $\Delta\overline{V}_s = \overline{V}_{s-}((1+\Delta X_s)e^{-\Delta X_s}-1)$. Introduisons le processus à V.F. purement discontinu

$$A_t = \Sigma_{0\leq s\leq t}(e^{-\Delta X_s}(1+\Delta X_s)-1)$$

(la série étant absolument convergente p.s.), nous avons alors que

$$\overline{V}_t-\overline{V}_{0-} = \int_{[0}^{t]} \overline{V}_{s-}dA_s \qquad \overline{V}_{0-} =1$$

d'après le lemme 24 cela caractérise uniquement $\overline{V}$, et donc $\overline{Z}=\overline{V}e^K$ est aussi unique.

La propriété fondamentale d'une exponentielle est évidemment sa multiplicativité : celle-ci n'a pas toujours lieu, mais[1]

26 THEOREME. <u>Si</u> X <u>et</u> Y <u>sont des semimartingales et</u> $[X,Y]=0$, <u>alors</u> $\mathcal{E}(X+Y)=\mathcal{E}(X)\mathcal{E}(Y)$.
En effet, $[X,Y]=0$ veut dire que X et Y n'ont pas de sauts communs, et que $\langle X^c,Y^c\rangle=0$, i.e. $\langle (X+Y)^c,(X+Y)^c\rangle = \langle X^c,X^c\rangle+\langle Y^c+Y^c\rangle$.

1.YOR vient de découvrir la jolie formule $\mathcal{E}(X)\mathcal{E}(Y)=\mathcal{E}(X+Y+[X,Y])$.

L'essentiel du chapitre est dit. Il reste à présent diverses questions à traiter, dont les liens sont assez lâches. Nous allons d'abord énoncer un théorème assez simple et frappant sur les intégrales stochastiques de processus prévisibles. Puis définir une sous-classe importante de la classe des semimartingales, celle des <u>semimartingales spéciales</u>, dont nous donnerons diverses applications. Ensuite, nous définirons une autre exponentielle, qui apparaît en liaison avec les problèmes de décomposition multiplicative des surmartingales positives. Enfin, nous donnerons en appendice divers résultats qui sont tous plus ou moins liés à la théorie - jusqu'à présent peu développée - des intégrales stochastiques multiples.

Il n'est pas recommandé de lire cela à la suite. Il pourrait être raisonnable, par exemple, de lire la définition des semimartingales spéciales (31-32) et de passer au chapitre V.

CARACTERE LOCAL DE L'INTEGRALE STOCHASTIQUE

Dans le cas discret, tout processus (X_n) est à VF, et l'intégrale stochastique d'un processus prévisible (H_n) (H_0 $\underline{\underline{F}}_0$-mesurable, H_n $\underline{\underline{F}}_{n-1}$-mesurable pour $n\geqq 1$) est le processus

$$(H\cdot X)_n = H_0X_0+H_1(X_1-X_0)+\ldots+H_n(X_n-X_{n-1})$$

Si l'on connaît les trajectoires $X_\bullet(\omega)$, $H_\bullet(\omega)$, on sait donc calculer la trajectoire $(H\cdot X)_\bullet(\omega)$. Il n'est pas évident que l'on puisse démontrer une propriété analogue dans le cas continu. Il en est pourtant ainsi :

27 THEOREME. <u>Soient</u> X <u>et</u> $\bar{X}$ <u>deux semimartingales</u>, H <u>et</u> $\bar{H}$ <u>deux processus prévisibles localement bornés</u>, I <u>et</u> $\bar{I}$ <u>les processus</u> $H\cdot X$ <u>et</u> $\bar{H}\cdot\bar{X}$. <u>Alors</u>

(27.1) <u>Sur l'ensemble</u> $C=\{\omega : H_\bullet(\omega)=\bar{H}_\bullet(\omega),\ X_\bullet(\omega)=\bar{X}_\bullet(\omega)\}$ <u>on a p.s.</u> $I_\bullet(\omega)=\bar{I}_\bullet(\omega)$.

DEMONSTRATION. Il suffit de traiter séparément les cas où $X=\bar{X}$, et où $H=\bar{H}$.

1) Supposons $H=\bar{H}$, et montrons que $H\cdot X$ et $H\cdot\bar{X}$ sont indistinguables sur l'ensemble $C=\{X_\bullet=\bar{X}_\bullet\}$. On peut se borner au cas où $H_0=0$.

Nous pouvons d'abord restreindre l'espace à $\{X_0=\bar{X}_0\}$, puis nous ramener au cas où $X_0=\bar{X}_0=0$. Nous décomposons $X=M+A$, $\bar{X}=\bar{M}+\bar{A}$ ($M,\bar{M}\in\underline{\underline{L}}_0$, $A,\bar{A}\in\underline{\underline{V}}_0$, et il s'agit de savoir si $H\cdot(M-\bar{M})=H\cdot(\bar{A}-A)$ sur l'ensemble $C = \{M-\bar{M}=\bar{A}-A\}$. Notons N la martingale locale $M-\bar{M}$, B le processus à VF $\bar{A}-A$, de sorte que $C=\{N_\bullet=B_\bullet\}$. Soit T un temps d'arrêt réduisant fortement N; il nous suffit de démontrer que $H\cdot N^T=H\cdot B^T$ sur C. Quitte à diminuer T, on peut supposer aussi que H - qui est localement borné par hypothèse- est borné sur $[[0,T]]$. Comme on a $I_{]]T,\infty[[}\cdot N^T = I_{]]T,\infty[[}\cdot B^T = 0$, on peut remplacer H par $HI_{[[0,T]]}$, et on peut donc supposer H borné partout. D'autre part, N^T peut s'écrire U+V ($U\in\underline{\underline{M}}_0$, $V\in\underline{\underline{W}}_0$), et il suffit de montrer que $H\cdot U = H\cdot(B-V)$ sur C. On utilise pour cela un raisonnement par classes monotones à partir des processus prévisibles élémentaires, pour lesquels la propriété est évidente.

2) Supposons $X=\bar{X}$, et montrons que $H\cdot X$ et $\bar{H}\cdot X$ sont indistinguables sur l'ensemble $C=\{H_.=\bar{H}_.\}$.

La propriété est évidente pour les éléments de $\underline{\underline{V}}$. On se ramène donc au cas où X est une martingale locale, que l'on peut supposer nulle en 0. Soit T un temps d'arrêt réduisant fortement X : il suffit de montrer que $H\cdot X^T=\bar{H}\cdot X^T$ sur C . Décomposant X^T en U+V ($U\in\underline{\underline{M}}_0$, $V\in\underline{\underline{W}}_0$) on se ramène à l'égalité $H\cdot U=\bar{H}\cdot U$. On peut aussi supposer H et $\bar{H}$ bornés comme ci-dessus. Finalement, posant $K=H-\bar{H}$, on est ramené à prouver que

<u>si</u> $U\in\underline{\underline{M}}_0$, <u>si</u> K <u>est prévisible borné</u>, $L=K\cdot U$ <u>est nulle sur</u> $\{\omega : K_.(\omega)=0\}$

ou encore, si l'on se rappelle que $\langle L,L\rangle=K^2\cdot\langle U,U\rangle$, que $L\in\underline{\underline{M}}_0$ <u>est nulle sur l'ensemble</u> $J=\{\langle L,L\rangle_\infty=0\}$.

Soit $T_n = \inf\{t : \langle L,L\rangle_t \geq \frac{1}{n}\}$. Ces temps d'arrêt décroissent vers $T_\infty = \inf\{t : \langle L,L\rangle_t>0\}$, ils sont >0 partout, égaux à $+\infty$ sur J . D'autre part, T_n est prévisible en tant que début d'un ensemble prévisible fermé à droite (N9, p.9). Par conséquent on a ($L_s^2-\langle L,L\rangle_s$ étant une martingale uniformément intégrable nulle en 0)

$$E[L^2_{T_n-}] = E[\langle L,L\rangle_{T_n-}] \leq 1/n$$

puis pour tout t

$$(L_t^2-\langle L,L\rangle_t)I_{\{t<T_n\}} = E[(L^2_{T_n-}-\langle L,L\rangle_{T_n-})|\underline{\underline{F}}_t]I_{\{t<T_n\}}$$

d'où $$E[L_t^2 I_{\{t<T_n\}}] \leq \frac{2}{n}$$

et finalement $E[L_t^2 I_{\{t<T_\infty\}}]=0$, donc L_t est nulle sur $[[0,T_\infty[[$ - en particulier, $L_.$ est nulle sur J.

28 Voici un raffinement du théorème 27, partie 1. Soient X et $\bar{X}$ deux semimartingales, H un processus prévisible localement borné, T un temps d'arrêt, et C l'ensemble

$$\{\omega : X_t(\omega) = \bar{X}_t(\omega) \text{ pour } 0\leq t<T(\omega)\}$$

alors on a p.s. sur C $(H\cdot X)_t(\omega) = (H\cdot\bar{X})_t(\omega)$ pour tout $t<T(\omega)$. Si l'on avait mis $0\leq t\leq T(\omega)$ dans la définition de C, le résultat se réduirait à 27 appliqué à X^T et $\bar{X}^T$, mais ici il faut faire plus attention.

Soit $Y=XI_{[[0,T[[}$, $\bar{Y}=\bar{X}I_{[[0,T[[}$; nous pouvons alors écrire $X^T=Y+V$, $\bar{X}^T=\bar{Y}+\bar{V}$, où V et $\bar{V}$ sont nuls avant T, constants après T, et sont à VF. D'après 27, nous avons $H\cdot Y_{\cdot}=H\cdot\bar{Y}_{\cdot}$ sur C. D'autre part, $H\cdot V$ et $H\cdot\bar{V}$ sont des intégrales de Stieltjes, donc nulles sur $[[0,T[[$ où V et $\bar{V}$ sont nuls. Par différence on voit que $(H\cdot X^T)_t(\omega)$, $(H\cdot\bar{X}^T)_t(\omega)$ sont égales pour $\omega\in C$, $t<T(\omega)$, et on conclut en remarquant que $H\cdot X^T=(H\cdot X)^T$, $H\cdot\bar{X}^T=(H\cdot\bar{X})^T$.

On a un raffinement analogue pour la partie 2. Soient X une semimartingale, H et $\bar{H}$ deux processus prévisibles localement bornés, T un temps d'arrêt, et C l'ensemble

$$\{\omega : H_t(\omega)=\bar{H}_t(\omega) \text{ pour } 0\leqq t<T(\omega)\}$$

alors on a p.s. sur C $(H\cdot X)_t(\omega)=(\bar{H}\cdot X)_t(\omega)$ pour tout $t<T(\omega)$. Ici encore, on peut se ramener par arrêt au cas où H et $\bar{H}$ sont bornés, supposer que $H_0=0$. Puis se ramener au cas où X est une martingale locale, puis par arrêt à un t.d'a. réduisant fortement X, au cas où $X=U\in\underline{\underline{M}}_0$. Finalement, en posant $K=H-\bar{H}$, $L=K\cdot U$ comme dans la démonstration de 27, à montrer que <u>si</u> $\langle L,L\rangle_t(\omega)=0$ <u>pour</u> $t<T(\omega)$, <u>alors</u> $L_t(\omega)=0$ <u>pour</u> $t<T(\omega)$ $(L\in\underline{\underline{M}}_0)$. Or nous avons vu dans la démonstration de 27 que L est nulle sur $[[0,T_\infty[[$, et la relation $\langle L,L\rangle_t(\omega)=0$ pour $t<T(\omega)$ entraîne $T(\omega)\leqq T_\infty(\omega)$.

29 Les raisonnements précédents entraînent une autre conséquence intéressante. Soit X une semimartingale, et soit H un processus prévisible localement borné. Soit C l'ensemble des ω tels que $X_{\cdot}(\omega)$ soit une fonction à variation finie - comme la variation peut se calculer avec des subdivisions finies appartenant aux rationnels, C est mesurable. Alors

<u>Pour presque tout</u> $\omega\in C$, <u>la trajectoire</u> $(H\cdot X)_{\cdot}(\omega)$ <u>est donnée par l'intégrale de Stieltjes</u> $\int_0^t H_s(\omega)dX_s(\omega)$.

Cela "localise" le théorème 18, c). Pour voir cela, on se ramène aussitôt par décomposition de X au cas où X est une martingale locale nulle en 0 ; par arrêt, au cas où $H_0=0$, où H est borné ; par arrêt à un t.d'a. réduisant fortement X, au cas où X est de carré intégrable. Et alors, il ne reste plus qu'à utiliser un argument de classe monotone à partir du cas des processus prévisibles élémentaires, pour lesquels le résultat est évident - le passage à la limite reposant sur l'inégalité de DOOB.

SEMIMARTINGALES SPECIALES

30 Notre point de départ va être la remarque suivante, qui sera exploitée systématiquement au chapitre V.

Soit M une martingale locale nulle en 0, et soit T un temps d'arrêt réduisant fortement M. Alors (8) M^T peut s'écrire U+V, où U appartient à $\underline{\underline{M}}$, et V est à variation intégrable. Nous avons d'après l'inégalité KW2 étendue aux martingales locales (10)

$$([M,M]_T)^{1/2} = [M^T,M^T]_\infty^{1/2} \leqq [U,U]_\infty^{1/2} + [V,V]_\infty^{1/2}$$

Comme U est de carré intégrable, $[U,U]_\infty^{1/2}$ appartient à L^2 , donc à L^1. D'autre part, V est à variation intégrable, donc dépourvue de partie continue (II.15, III.2,...), donc $[V,V]_\infty^{1/2} = (\Sigma_s\, \Delta V_s^2)^{1/2} \leqq \Sigma_s |\Delta V_s| \in L^1$. Nous avons **prouvé**

(30.1) . *Pour toute martingale locale* M , *le processus croissant* $[M,M]_t^{1/2}$ *est localement intégrable* .

31 DEFINITION. *Une semimartingale* X *est dite* spéciale *s'il existe une décomposition*

(31.1) $$X_t = X_0 + M_t + A_t \qquad (M \in \underline{\underline{L}}_0\ ,\ A \in \underline{\underline{V}}_0\ )$$

pour laquelle le processus A *est à variation localement intégrable*.

32 THEOREME. *Les conditions suivantes sont équivalentes*

a) X *est spéciale*.

b) *Pour toute décomposition* (31.1), A *est à variation localement intégrable*.

c) *Il existe une décomposition* (31.1) *pour laquelle* A *est prévisible*.

d) *Le processus croissant* $(\Sigma_{0<s\leqq t}\, \Delta X_s^2)^{1/2}$ *est localement intégrable*.

De plus, si ces conditions sont satisfaites, la décomposition c) *est unique : on l'appellera la* décomposition canonique *de la semimartingale spéciale* X.

DEMONSTRATION. Nous procéderons suivant l'ordre c)=>a)=>d)=>b)=>c).

[c)=>a)] . C'est le n°12, a) : tout processus à variation finie prévisible est localement intégrable.

[a)=>d)] . On écrit que si $X = X_0 + M + A$, $(\Sigma \Delta X_s^2)^{1/2} \leqq (\Sigma \Delta M_s^2)^{1/2} + (\Sigma \Delta A_s^2)^{1/2} \leqq [M,M]^{1/2} + \Sigma |\Delta A_s| \leqq [M,M]^{1/2} + \int |dA_s|$ est localement intégrable si A est localement intégrable ((30.1)), donc si X est spéciale.

[d)=>b)] . On a de même $(\Sigma \Delta A_s^2)^{1/2} \leqq (\Sigma \Delta X_s^2)^{1/2} + [M,M]^{1/2}$, donc si d) est satisfaite, le premier membre est un processus croissant localement intégrable. Soit $R_n = \inf\{t : \int_0^t |dA_s| \geqq n\}$; soient des $S_n \uparrow +\infty$ tels que

$E[(\Sigma_{s\leq S_n}\Delta A_s^2)^{1/2}]<\infty$. Alors si $T_n=R_n\wedge S_n$ on a $E[|\Delta A_{T_n}|]<\infty$, donc $E[\int_0^{T_n}|dA_s|] \leq n+E[|\Delta A_{T_n}|] < \infty$.

b)=>c) . Soit $X=X_0+M+A$, où A est localement intégrable, et soit $\tilde{A}$ la compensatrice prévisible de A. Alors $X=X_0+(M+A-\tilde{A})+\tilde{A}$, la parenthèse est une martingale locale, et $\tilde{A}$ est prévisible.

Prouvons l'unicité de la décomposition canonique : soit $X=X_0+M+A=X_0+\overline{M}+\overline{A}$, où A et $\overline{A}$ sont prévisibles. Alors $A-\overline{A} = \overline{M}-M$. Posons $N=\overline{M}-M$, **et appliquons le lemme 13 : une martingale locale à VF prévisible, nulle en 0, est nulle. D'où aussitôt la conclusion.**

Nous allons utiliser d'abord la notion de semimartingale spéciale pour donner des semimartingales une définition équivalente, mais plus facile à vérifier. Voir aussi la note p.68.

33 THEOREME. Soit X un processus. Supposons qu'il existe des temps d'arrêt T_n tels que $\sup_n T_n = +\infty$, et que pour chaque n le processus arrêté X^{T_n} soit une semimartingale. Alors X est une semimartingale.

DEMONSTRATION. a) Supposons que X^S et X^T soient des semimartingales. Alors $X^{S\vee T}= X^S+I_{]\!]S\wedge T,T]\!]}\cdot X^T$ est une semimartingale (la notation des intégrales stochastiques recouvre ici quelque chose de bien trivial !)

b) Cela permet de se ramener au cas où la suite T_n tend vers + ∞ en croissant. Nous remarquons alors que le processus X a des trajectoires continues à droite et pourvues de limites à gauche. Par conséquent, le processus

$$V_t = \Sigma_{0<s\leq t,|\Delta X_s|\geq 1} \Delta X_s$$

est à variation finie sur tout intervalle fini. Nous posons Y=X-V. Il nous suffit de montrer que Y est une semimartingale. Quitte à remplacer Y par $Y-X_0$, nous pouvons supposer que $Y_0=0$.

Pour tout n, le processus Y^{T_n} est une semimartingale à sauts bornés, donc spéciale (32,d) , donc admet une décomposition unique en

$$Y^{T_n} = M^n + A^n$$

où M^n est une martingale locale, nulle en 0, et A^n un processus à variation localement intégrable nul en 0, et prévisible. Mais alors l'unicité entraîne que les A^n se recollent bien en un processus prévisible A à variation loc. int. , les M^n se recollent en une martingale locale (4,e)) M, et alors $X=X_0+V+A+M$ est bien une semimartingale.

34 Le théorème précédent va nous servir à vérifier un résultat très intéressant, dû à N.KAZAMAKI : <u>la notion de semimartingale est préservée par les changements de temps</u>.

Nous appellerons <u>changement de temps</u> une famille $(R_t)_{t\geq 0}$ de temps d'arrêt de la famille $(\underline{\underline{F}}_t)$, telle que pour tout $\omega\in\Omega$ la fonction $R_{\cdot}(\omega)$ soit croissante et continue à droite. Nous supposerons de plus ici que chaque R_t est <u>fini</u> (hypothèse que l'on ne fait pas toujours, en théorie des processus de Markov, par exemple). La famille de tribus $\bar{\underline{\underline{F}}}_t=\underline{\underline{F}}_{R_t}$ satisfait alors aux conditions habituelles ([D], III.T34, p.54). Si (X_t) est un processus adapté à $(\underline{\underline{F}}_t)$ et continu à droite, le processus transformé $\bar{X}_t=X_{R_t}$ est encore continu à droite, et adapté à la famille $(\bar{\underline{\underline{F}}}_t)$ ([D], III.T20, p.50). Le changement de temps transforme donc les processus optionnels en processus optionnels, mais on ne peut rien dire en général sur les processus prévisibles. En particulier, si T est un temps d'arrêt de $(\underline{\underline{F}}_t)$ et si X est le processus $I_{[[T,\infty[[}$, on a $\bar{X} = I_{[[\bar{T},\infty[[}$, où $\bar{T}=\inf\{u : R_u\geq T\}$; $\bar{T}$ est donc un temps d'arrêt de $(\bar{\underline{\underline{F}}}_t)$.

Il est clair que si (A_t) est un processus croissant, $(\bar{A}_t)=(A_{R_t})$ en est un aussi. Tout processus à VF étant différence de deux processus croissants, le résultat énoncé au début est équivalent au suivant : <u>pour toute martingale locale</u> M, <u>le processus transformé</u> $(\bar{M}_t)=(M_{R_t})$ <u>est une semimartingale</u>. D'après le théorème d'arrêt de DOOB, si M est une martingale uniformément intégrable, $\bar{M}$ est une martingale uniformément intégrable : on s'attend donc plutôt à ce que $\bar{M}$ soit une martingale locale, mais ce n'est pas toujours vrai[1].

Soit (T_n) une suite de t.d'a. réduisant M. Le processus $M^n_t=M_{t\wedge T_n}$ est une martingale uniformément intégrable, et le processus $\bar{M}^n_t$ obtenu par changement de temps à partir de M^n est donc une martingale de la famille $(\bar{F}_t)$. Seulement, les processus $\bar{M}^n$ ne sont pas nécessairement des processus arrêtés du processus $\bar{M}$ transformé de M, si le changement de temps "saute" par dessus la valeur T_n. On peut tout de même dire ceci : <u>introduisons les temps d'arrêt</u> $\bar{T}_n=\inf\{u : R_u\geq T_n\}$; les R_u étant finis, on

1. Les raisons en apparaîtront bien dans le cas discret. On montre facilement qu'un processus (X_n) adapté à $(\underline{\underline{F}}_n)$ est une martingale locale si et seulement si $|X_n|.P$ est σ-finie sur $\underline{\underline{F}}_{n-1}$ pour tout $n\geq 1$, et $E[X_n|\underline{\underline{F}}_{n-1}]=X_{n-1}$. Il est facile avec ce critère de fabriquer un exemple où $|X_n|.P$ n'est σ-finie sur $\underline{\underline{F}}_{n-2}$ pour aucun n. Mais alors le processus X_{2n} n'est pas une martingale locale par rapport à la famille $(\underline{\underline{F}}_{2n})$, de sorte que le changement de temps $n\mapsto 2n$, vraiment le plus anodin, ne préserve pas les martingales locales.

a $\lim_n \overline{T}_n=+\infty$. D'autre part, la relation $t<\overline{T}_n$ entraîne $R_t<T_n$, donc $\overline{M}^n_t = M^n_{R_t} = M_{R_t\wedge T_n} = M_{R_t} = \overline{M}_t = \overline{M}_{t\wedge\overline{T}_n}$. Ainsi le processus transformé $\overline{M}$ possède la propriété suivante :

(34.1) <u>Il existe des t.d'a.</u> $\overline{T}_n\uparrow+\infty$ <u>et des martingales uniformément intégrables</u> $\overline{M}^n$ <u>tels que</u> $\overline{M}=\overline{M}^n$ <u>sur l'intervalle ouvert</u> $[[0,\overline{T}_n[[$.(*)

Compte tenu de 33, $\overline{M}$ est alors une semimartingale : en effet, sur l'intervalle fermé $[[0,\overline{T}_n]]$ $\overline{M}$ coincide avec un processus de la forme $\overline{M}^n+U^n$, où $U^n_t = (\overline{M}_{\overline{T}_n}-\overline{M}^n_{\overline{T}_n})I_{\{t\geq\overline{T}_n\}}$ est un processus à VF. Cela démontre ce que nous voulions.

KAZAMAKI a étudié dans [17] les processus satisfaisant à (34.1), sous le nom de "weak martingales" . Il a montré aussi que les changements de temps <u>continus</u> préservent les martingales locales et les processus prévisibles, donc les semimartingales spéciales.

35 Nous allons maintenant résoudre une autre "équation différentielle stochastique" ressemblant à celle du n°25. Soit X une <u>semimartingale spéciale</u>, que nous supposerons <u>nulle en</u> 0 pour simplifier, et dont nous désignerons par X=M+A la décomposition canonique. Soient T_n des temps d'arrêt croissant vers $+\infty$, réduisant fortement la martingale locale M, et tels que $E[\int_0^{T_n}|dA_s|]<\infty$ pour tout n . Il est immédiat que le processus arrêté X^{T_n} est alors dominé par une v.a. intégrable, il admet donc une <u>projection prévisible</u>. Ces projections prévisibles se "recollent" bien en un processus prévisible, que nous appellerons la <u>projection prévisible de la semimartingale spéciale</u> X, et que nous noterons $\dot{X}$. Le calcul en est immédiat : on sait que la projection prévisible d'une martingale uniformément intégrable (M_t) telle que $M_0=0$ est égale à (M_{t-}), et cela passe aux martingales locales. Donc

(35.1) $$\dot{X}_t = M_{t-}+A_t = X_{t-}+\Delta A_t$$

Noter que c'est un processus localement borné, et nous pouvons nous proposer de résoudre l'équation différentielle stochastique $dZ_t=\dot{Z}_t dX_t$ dans l'ensemble des semimartingales spéciales. Le théorème suivant est dû à Ch.YOEURP (avec une démonstration simplifiée par K.A. YEN). J'en donne une démonstration complète, bien que le travail de YOEURP doive sans doute paraître dans le même volume du séminaire que ce cours.

(*). Cet argument permet d'améliorer 33 : si X coïncide sur chaque intervalle <u>ouvert</u> $[[0,T[[$ avec une semimartingale, X est une semimart^{ale}.

36 THEOREME. Soit X=M+A la décomposition canonique d'une semimartingale spéciale nulle en 0. On suppose que le processus $1-\Delta A_t$ ne s'annule jamais. Il existe alors une semimartingale spéciale Z et une seule telle que

$$(36.1) \qquad Z_t = 1 + \int_0^t \dot{Z}_s dX_s$$

On la note $Z=\mathcal{E}^{\bullet}(X)$. Elle est égale à l'exponentielle ordinaire $\mathcal{E}(Y)$, où Y est la semimartingale spéciale nulle en 0

$$(36.2) \qquad Y_t = \int_0^t \frac{dX_s}{1-\Delta A_s}$$

intégrale stochastique qui a un sens, car le processus $1/1-\Delta A_t$ est prévisible et localement borné.

(On donnera au n°37 une expression explicite de $\mathcal{E}^{\bullet}(X)$).

DEMONSTRATION. Prouvons d'abord que $1/1-\Delta A_t$ est localement borné. Soit $H_n = \{ t : |1-\Delta A_t| \leqq 1/n+1 \}$; c'est un ensemble prévisible dont les coupes n'ont aucun point d'accumulation dans $\mathbb{R}_+$, car $(t,\omega)\in H_n \Rightarrow |\Delta A_t(\omega)| \geqq 1/2$. Les H_n décroissent, leur intersection est vide puisque $1-\Delta A_t$ ne s'annule jamais, leurs débuts T_n tendent donc vers $+\infty$. D'autre part, d'après la note N9 p.9, les T_n sont des temps d'arrêt prévisibles. En considérant des temps d'arrêt S_{nm} annonçant T_n, on voit que $1/1-\Delta A_t$ est localement borné, et cela entraîne la possibilité de définir Y (qui est évidemment spéciale).

Soit Z une solution - spéciale par hypothèse - de (36.1). Z admet la décomposition canonique (on rappelle que si Z est spéciale, $\dot{Z}$ est localement borné)

$$Z_t = 1 + \int_0^t \dot{Z}_s dM_s + \int_0^t \dot{Z}_s dA_s = 1 + N_t + B_t$$

Alors ((35.1)) $\dot{Z}_t = Z_{t-} + \Delta B_t = Z_{t-} + \dot{Z}_t \Delta A_t$, donc $\dot{Z}_t = Z_{t-} / 1-\Delta A_t$, et (36.1) s'écrit

$$Z_t = 1 + \int_0^t \frac{Z_{s-}}{1-\Delta A_s} dX_s = 1 + \int_0^t Z_{s-} dY_s$$

d'où l'unique possibilité $Z=\mathcal{E}(Y)$.

Inversement, $Z=\mathcal{E}(Y)$ satisfait elle à (36.1) ? Comme Y est spéciale, $Z=1+Z_-\cdot Y$ est spéciale, et Z admet la décomposition canonique

$$Z_t = 1 + \int_0^t \frac{Z_{s-}}{1-\Delta A_s} dM_s + \int_0^t \frac{Z_{s-}}{1-\Delta A_s} dA_s = 1 + \overline{N}_t + \overline{B}_t \ .$$

Alors $\dot{Z}_t = Z_{t-} + \Delta\overline{B}_t$ ((35.1)) $= Z_{t-} + Z_{t-}\Delta A_t/1-\Delta A_t = Z_{t-}/1-\Delta A_t$, de sorte que

$$Z_t = 1 + \int_0^t Z_{s-} dY_s = 1 + \int_0^t \dot{Z}_s (1-\Delta A_s) dY_s = 1 + \int_0^t \dot{Z}_s dX_s$$

et Z satisfait à (36.1).

37 THEOREME. Avec les notations du n°36, on a

(37.1) $$Z_t = \exp(X_t - \frac{1}{2}\langle X^c, X^c\rangle_t) \prod_{s\leqq t} \frac{1+\Delta M_s}{1-\Delta A_s} e^{-\Delta X_s}$$

où le produit infini est absolument convergent (ainsi $\mathcal{E}^\bullet(X)=\mathcal{E}(M)/\mathcal{E}(-A)$)

DEMONSTRATION. Posons $H=\mathcal{E}(M)$, $K=\mathcal{E}(-A)$, $L=1/K$, $Z=HL$; il nous faut vérifier que $dZ=\dot{Z}dX$: cela entraînera que $Z=\mathcal{E}^\bullet(X)$, et compte tenu de l'expression explicite de l'exponentielle $\mathcal{E}$, le lecteur en déduira (37.1) sans aucune peine.

Nous commençons par remarquer que K et L sont des processus à VF, et que la relation KL=1, avec la formule usuelle d'intégration par parties (24.1), nous donne

$$0=d(KL) = K_-dL + LdK$$

mais par définition de l'exponentielle $\mathcal{E}$, $dK=-K_-dA$: nous en déduisons que L est solution de l'équation différentielle $dL/L = dA$, avec la condition initiale $L_0=1$.

Ensuite, nous utilisons le fait que L est un processus à VF prévisible (vérification facile sur la relation $K=\mathcal{E}(-A)$). Alors, la formule d'intégration par parties donnée ci-dessous au n°38 nous donne

$$dZ = H_-dL + LdH \quad \text{ou} \quad Z_t = 1 + \int_0^t L_s dH_s + \int_0^t H_{s-}dL_s$$

ce qui nous donne la décomposition canonique de Z. Rappelons que $\dot{Z}$ est la projection prévisible de $Z=HL$; comme la projection prévisible de H est H_- , et L est prévisible localement borné, on a $\dot{Z}=H_-L$. Alors

$$\frac{dZ}{\dot{Z}} = \frac{dZ}{H_-L} = \frac{dL}{L} + \frac{dH}{H_-} = dA + dM = dX$$

la relation cherchée.

Voici la formule d'intégration par parties[1] dont nous avons eu besoin, sous une forme un peu plus générale. Ci dessus, X=L, Y=H

38 THEOREME. Soient X un processus à VF prévisible, Y une semimartingale. Alors

(38.1) $$d(XY) = XdY + Y_-dX$$

(lorsque X est à VF non prévisible, XdY n'a pas de sens, et on doit se contenter de (23.2) : $d(XY)=X_-dY+YdX$).

DEMONSTRATION. Nous décomposons $Y = Y_0+N+B$, où N appartient à $\underline{\underline{L}}_0$, B à $\underline{\underline{V}}_0$. La vérification pour Y_0 et B étant triviale ((24.1)), nous pouvons nous borner à regarder N. Par arrêt à un temps d'arrêt T qui réduit fortement N , nous pouvons supposer que N=U+V, où U est de carré intégrable, V à variation intégrable. L'intégrale stochastique par rapport à V étant une intégrale de Stieltjes, on retombe à nouveau sur la formule d'intégration par parties usuelle, et il suffit de regarder U.

1. Due à C. YOEURP.

Nous avons vu au n°I.3 que le processus croissant $J_t=\int_0^t |dX_s|$ est prévisible. D'après N9, p.9, le temps d'arrêt $T_n = \inf\{t^0: J_t \geqq n\}$ est prévisible. Quitte à remplacer le processus VF (X_t) par $(X_{t\wedge T_{nm}})$, où la suite (T_{nm}) annonce T_n , on peut se ramener au cas où le processus VF (X_t) est tel que $\int_0^\infty |dX_s|$ soit une variable aléatoire bornée. Nous décomposons ensuite X comme au n°I.4, formule (4.1)

$$X_t = X_t^c + \Sigma_n \lambda_n I_{\{t \geqq \tau_n\}} = X_t^c + \Sigma_n X_t^n$$

où X^c est à VF continu, où les λ_n sont des constantes telles que $\Sigma_n|\lambda_n| <\infty$, et les τ_n des temps d'arrêt prévisibles tels que $\tau_0=0$. L'intégrale stochastique $X \cdot U$ se décompose alors en $X^c \cdot U + \Sigma_n X^n \cdot U$, série convergente dans $\underline{\underline{M}}$, et il suffit de démontrer la formule pour X^c et les X^n. Pour X^c, elle se réduit à (23.2). Posons $X^n/\lambda_n = W= I_{\{t \geqq S\}}$, où $S=\tau_n$ est prévisible. La formule à établir est

$$d(WU) = WdU + U\_dW$$

Comme nous avons aussi $d(WU)= W\_dU+U\_dW+d[W,U]$, tout revient à montrer que l'intégrale stochastique $(W-W\_)\cdot U$ est égale à $[W,U]$. Or

$$[W,U]_t = \Delta U_S I_{\{t \geqq S\}} \quad ;$$

d'autre part, soit (S_k) une suite annonçant S ; $W-W\_$ est l'indicatrice du graphe $[[S]]$, donc la limite de $I_{[[0,S]]} - I_{[[0,S_k]]}$, donc

$$I_{[[S]]} \cdot U = \lim_k U^S - U^{S_k} = (U_S - U_{S-}) I_{[[S,\infty[[} .$$

Le théorème est établi.

DECOMPOSITION MULTIPLICATIVE DES SURMARTINGALES POSITIVES

Il est tout naturel de se demander si toute surmartingale positive X peut être représentée comme un produit d'une martingale positive et d'un processus décroissant positif. La solution de ce problème, dans le cas où la famille de tribus est quasi-continue à gauche, est due à ITO-WATANABE [11], et C.DOLEANS a montré comment, dans ce cas, la décomposition multiplicative peut se rattacher à l'exponentielle $\mathcal{E}$. Le cas général a été traité dans [18], mais cet article est si obscur que même son auteur ne peut le relire, et l'a cru faux. Nous allons nous borner ici au cas plus simple où (la famille de tribus étant quelconque), X ne s'annule jamais . Nous suivons une démonstration de YOEURP, et nous renvoyons au travail de YOEURP[1] pour le cas général où X peut s'annuler.

1. Dans ce volume.

39 THEOREME. <u>Soit</u> X <u>une surmartingale positive qui ne s'annule jamais. Alors</u> X <u>admet une décomposition unique de la forme</u> $X_t = X_0 L_t D_t$, <u>où</u> L <u>est une martingale locale positive telle que</u> $L_0=1$, D <u>un processus décroissant prévisible positif tel que</u> $D_0=1$.

DEMONSTRATION. Nous pouvons évidemment supposer que $X_0=1$.

Nous avons vu au n° 4bis que X admet une décomposition unique de la forme $X=M-A$, où M est une martingale locale, A un processus croissant prévisible nul en 0. X est donc une semimartingale spéciale (32), et nous pouvons considérer sa projection prévisible $\dot{X} = M_- - A$[1]. L'essentiel de la démonstration est contenu dans le lemme suivant, dû à YOEURP :

LEMME. <u>Le processus prévisible</u> $1/\dot{X}$ <u>est localement borné</u>.

Nous remarquons d'abord que, la surmartingale positive X étant nulle à partir du temps d'arrêt $\inf \{t : X_{t-}=0\}$ (voir la première édition de [P], VI.T15), le processus X_- ne s'annule jamais ; le processus $1/X_-$ est alors fini et continu à gauche, donc localement borné. Nous écrivons alors $1/\dot{X} = (1/X_-)/(\dot{X}/X_-)$, ce qui nous ramène à montrer que le processus $\dot{X}/X_-$ est localement borné inférieurement. Comme $X=M-A$, la seconde formule (35.1) montre que $\dot{X}/X_- = 1-\Delta A/X_-$. Posons $C_t = \Sigma_{s \leqq t} \Delta A_s/X_{s-}$; C est un processus croissant prévisible, à valeurs finies puisque $1/X_-$ est localement borné, donc l'ensemble $\{ s : \Delta C_s \geqq 1-1/n\}$ n'a aucun point d'accumulation à distance finie ; comme il est prévisible, son début T_n est prévisible (N9, p.9). Prenant une suite T_{nm} annonçant T_n, on voit que $1-\Delta A_t/X_{t-} \geqq 1/n$ pour $t \leqq T_{nm}$, le résultat désiré.

Nous pouvons alors définir la semimartingale spéciale nulle en 0

(39.1) $$Y_t = \int_0^t \frac{dX_s}{\dot{X}_s}$$

dont la décomposition canonique est

(39.2) $$Y_t = N_t + B_t = \int_0^t \frac{dM_s}{\dot{X}_s} - \int_0^t \frac{dA_s}{\dot{X}_s}$$

Nous avons $\Delta B_t \leqq 0$ pour tout t, donc $1-\Delta B_t$ ne s'annule jamais , et nous pouvons appliquer 36 et 37 : X étant solution de $X_t = 1+\int_0^t \dot{X}_s dY_s$, on a $X = \mathcal{E}^{\bullet}(Y) = \mathcal{E}(N)/\mathcal{E}(-B)$. D'autre part, $\mathcal{E}(N)=L$ est une martingale locale. Calculons $D=1/\mathcal{E}(-B)$ en nous rappelant que, en tout temps prévisible T, $\Delta A_T = X_{T-} - E[X_T | \underline{\underline{F}}_{T-}] \leqq X_{T-}$, et $\Delta B_T = -\Delta A_T / E[X_T | \underline{\underline{F}}_{T-}] = -\Delta A_T/\dot{X}_T$

$$D_t = e^{-B_t} \prod_{0<s \leqq t} \frac{1}{1-\Delta B_s} e^{-\Delta B_s} = e^{-B^c_t} \prod_{0<s \leqq t} (1-\Delta B_s)^{-1}$$

$$\overset{(2)}{=} \exp\left(-\int_0^t \frac{dA^c_s}{X_s}\right) \prod_{0<s \leqq t} \left(1-\frac{\Delta A_s}{X_{s-}}\right) = \exp(\quad) \prod \frac{X_{s-}}{\dot{X}_s}$$

1. Evidemment positive. 2. $\Delta A_s = X_{s-} - \dot{X}_s$, donc $\left(1+\frac{\Delta A_s}{\dot{X}_s}\right)^{-1} = 1-\frac{\Delta A_s}{X_{s-}}$

C'est la première expression de la dernière ligne (où A^c est la partie continue du processus croissant A, et où l'on a écrit X_s au lieu de $\dot{X}_s$, l'intégrale étant la même) qui montre que D est un processus décroissant prévisible. Cela prouve l'existence de la décomposition multiplicative.

Quant à l'unicité, supposons que X=LD , L martingale locale égale à 1 en 0, D processus décroissant prévisible égal à 1 en 0. Alors $\dot{X}=L_-D$ par projection prévisible. Puis $dY = dX/\dot{X} = (DdL+L_-dD)/L_-D$ d'après la formule d'intégration par parties du n°38, et finalement

(39.3) $$dY = \frac{dX}{\dot{X}} = \frac{dL}{L_-} + \frac{dD}{D}$$

Comme la décomposition canonique de Y , Y=N+B , est unique, nous avons

(39.4) $$\frac{dL}{L_-} = dN \text{ , donc } Y=\mathcal{E}(N) \quad , \quad \frac{dD}{D} = dB \text{ , donc } D=1/\mathcal{E}(-B)$$

Le lecteur écrira les expressions explicites de N et D pour son propre usage : elles sont utiles.

DEVELOPPEMENT DE L'EXPONENTIELLE

40 Nous allons démontrer ici une formule de KAILATH-SEGALL [19], liée aux calculs faits sur le mouvement brownien au n°III.16.

Soit X une semimartingale. Nous convenons comme d'habitude que $X_{0-}=0$ et nous définissons par récurrence les semimartingales

(40.1) $$P_t^0 = 1 \text{ , } P_t^1 = X_t \text{ .....} \qquad P_t^n = \int_{[0,t]} P_{s-}^{n-1}dX_s \qquad (P_{0-}^n=0)$$

En abrégé, $dP^n=P_-^{n-1}dX$. Lorsque X est une fonction certaine continue, P^n est égale à $X^n/n!$; les P^n sont donc des "puissances symboliques", de là la lettre P. Elles sont liées à la formule exponentielle par la propriété suivante : posons

(40.2) $$E^\lambda = (1+\lambda X_0)\mathcal{E}(\lambda X)\text{, où } \lambda \text{ est un paramètre complexe}$$

et par récurrence

(40.3) $$F_t^{\lambda,0} = E_t^\lambda \quad , \quad F_t^{\lambda,n} = \int_{[0,t]} F_{s-}^{\lambda,n-1}dX_s \qquad (F_{0-}^{\lambda,n} = 0)$$

Si l'on fait la convention que $E_{0-}^\lambda=1$, E^λ satisfait à l'égalité

(40.4) $$E_t^\lambda = 1 + \lambda\int_{[0,t]} E_{s-}^\lambda dX_s$$

et on a alors , par une récurrence facile

(40.5) $$E^\lambda = 1 + \lambda P^1 + \lambda^2P^2 ... +\lambda^nP^n + \lambda^nF^{\lambda,n}$$

de sorte que les P^n sont les coefficients de Taylor de E^λ à l'origine. On suppose d'habitude que $X_0=0$ (alors $E^\lambda=\mathcal{E}(\lambda X)$), et que X est une martingale locale (alors les P^n sont aussi des martingales locales).

Introduisons d'autre part les <u>crochets d'ordre</u> n, de la manière suivante :

(40.6) $C^1_t = X_t$, $C^2_t=[X,X]_t=\langle X^c,X^c\rangle_t+\Sigma_{s\leq t}\ \Delta X^2_s$, $C^n_t = \Sigma_{s\leq t}\ \Delta X^n_s$ $(n>2)$[1]

Notre but est de démontrer la formule de récurrence de KAILATH-SEGALL :

41 **THEOREME.** On a

(41.1) $$P^n = \frac{1}{n}[P^{n-1}C^1-P^{n-2}C^2+P^{n-3}C^3+\ldots+(-1)^{n+1}P^0C^n].$$

DEMONSTRATION. **Par récurrence :** supposons (41.1) vraie au rang n, passons au rang n+1. Multiplions par n les deux membres de (41.1), prenons une limite à gauche, et intégrons par rapport à dX :

$$nP^n_-dX = P^{n-1}_-C^1_-dX - P^{n-2}_-C^2_-dX + P^{n-3}_-C^3_-dX - \ldots$$
$$= C^1_-dP^n - C^2_-dP^{n-1} + C^3_-dP^{n-2}$$

d'après la définition des P^i. Ajoutons $P^n_-dX = P^n_-dC^1$, il vient

$$(n+1)dP^{n+1} = (P^n_-dC^1+C^1_-dP^n) - C^2_-dP^{n-1} + C^3_-dP^{n-2}\ldots$$
$$= d(P^nC^1)-d[P^n,C^1] - C^2_-dP^{n-1} + C^3_-dP^{n-2}\ldots$$

Or $P^n = P^{n-1}_-.X$, $C^1 = X$, donc $[P^n,C^1]= P^{n-1}_-.[X,X]= P^{n-1}_-.C^2$ d'après la définition de C^2. Ainsi $d[P^n,C^1] = P^{n-1}_-dC^2$ et

$$(n+1)dP^{n+1} = d(P^nC^1) -(P^{n-1}_-dC^2+C^2_-dP^{n-1}) + C^3_-dP^{n-2}\ldots$$
$$= d(P^nC^1) - d(P^{n-1}C^2) + d[P^{n-1},C^2] + C^3_-dP^{n-2}$$

C^2 est un processus à variation bornée, donc le crochet se réduit à $\Sigma\ \Delta P^{n-1}_s\Delta C^2_s = \Sigma\ (P^{n-2}_{s-}\Delta X_s)(\Delta X^2_s)$ et finalement $d[P^{n-1},C^2]=P^{n-2}_-dC^3$, et le télescopage continue.

Nous renvoyons à [19] pour le cas des semimartingales vectorielles.

42 Exemples

a) Martingales locales continues. Si X est une martingale locale continue nulle en 0, **posons** $A_t=\langle X,X\rangle_t$, et écrivons (41.1), **qui se réduit à**

(42.1) $$P^n = \frac{1}{n}[XP^{n-1}-AP^{n-2}] \quad (P^1=X,\ P^2=\frac{1}{2}(X^2-A))$$

Rappelons la formule de récurrence des polynômes d'Hermite

(42.2) $$H_n(x) = \frac{1}{n}(xH_{n-1}(x)-H_{n-2}(x)) \quad (H_1=x\ ,\ H_2=\frac{1}{2}(x^2-1))$$

Alors il est clair que

(42.3) $$P^n = A^{n/2}H_n(X/\sqrt{A})$$

car le second membre satisfait à la formule (42.1), et a les bonnes valeurs au départ. **On rapprochera cela de III.16.**

b) Processus ponctuels . Soit (N_t) un processus croissant, **admettant** des sauts égaux à 1, constant entre ces sauts, **nul en** 0. N est alors localement intégrable, et admet donc un compensateur prévisible A_t. Nous supposerons ici A continu, ce qui revient à dire que les sauts de

1. **La sommation exclut s=0 pour n=2, et l'inclut pour n>2.**

N sont totalement inaccessibles. Soit X la martingale locale N-A : elle est purement discontinue, donc $[X,X]_t=\Sigma_{s\leq t}\Delta X_s^2 = \Sigma_{s\leq t}\Delta N_s^2 = N_t$. De même, tous les crochets d'ordre supérieur $= C_t^n$ sont $=$ égaux à N_t pour $n\geq 2$, et la formule (41.1) prend la forme

$$P^n = \frac{1}{n}\,[P^{n-1}(N-A)-P^{n-2}N+P^{n-3}N\ldots + (-1)^{n+1}P^0_0N] \tag{42.4}$$

$$= \frac{1}{n}\,[P^{n-1}X - P^{n-2}(X+A)+ P^{n-3}(X+A)+\ldots+(-1)^{n+1}P^0(X+A)]$$

Il existe des polynômes de degré n (appelés polynômes de CHARLIER par KAILATH-SEGALL), $C_n(x,y)$, satisfaisant à la relation de récurrence

$$C_n = \frac{1}{n}[\,xC_{n-1}-(x+y)(C_{n-2}-C_{n-3}+C_{n-4}\ldots+(-1)^nC_0]\ ,\ C_0=1$$

et on voit que dans ce cas $P_t^n = C_n(X_t,A_t)$. Par exemple, $C_2(x,y) = \frac{1}{2}(x^2-x-y)$, et $P_t^2= \frac{1}{2}(X_t^2-X_t-A_t)=\frac{1}{2}(X_t^2-[X,X]_t)$ comme d'habitude.

c) <u>Relations d'orthogonalité</u>. Supposons que X soit une martingale telle que $\langle X,X\rangle_t=t$, nulle en 0 , et que X_t admette des moments de tous les ordres pour tout $t<\infty$. Nous verrons au chapitre V qu'alors $[X,X]_t$ admet aussi des moments de tous les ordres. Il est alors facile de démontrer le même résultat pour tous les C_n , et pour tous les P^n grâce à (41.1). La relation $P^n=P^{n-1}_-\cdot X$ nous donne alors

$$E[P_t^iP_t^j] = E[\int_0^t P_s^{i-1}P_s^{j-1}d\langle X,X\rangle_s\ ] = \int_0^t E[P_s^{i-1}P_s^{j-1}]ds$$

d'où l'on déduit aussitôt que $E[P_t^iP_t^j] = 0$ si $i\neq j$, $E[(P_t^i)^2]= t^i/i!$. Nous reviendrons dans l'appendice sur les martingales telles que $\langle X,X\rangle_t=t$.

Correction à la p.53. Le raisonnement est trop rapide : pour montrer qu'une martingale locale M appartenant à $\underline{\underline{L}}_0\cap\underline{\underline{V}}_0$ est sans partie continue, on regarde T qui la réduit fortement, et tel aussi que la variation de M^T soit intégrable (12.c)). On écrit $M^T=U+V$ ($U\in\underline{\underline{M}}_0$, V à variation intégrable) et <u>alors</u> $U\in\underline{\underline{M}}_0\cap\underline{\underline{W}}$ est sans partie continue d'après II.15, et M elle même est sans partie continue d'après 9.

Complément à la p.53. Il faut noter que l'inégalité de KUNITA-WATANABE s'applique au crochet de semimartingales [X,Y]. La démonstration de II.21 exige seulement que le crochet soit une fonction bilinéaire et positive.

APPENDICE AU CHAPITRE IV
NOTIONS SUR LES INTEGRALES MULTIPLES

Les physiciens emploient de temps en temps, de manière plus ou moins formelle , des intégrales multiples du type

$$\int f(t_1,\dots,t_n)dX_{t_1}\dots dX_{t_n}$$

où f dépend parfois de ω, et X est un processus plus ou moins concret. De telles intégrales, lorsque f est une fonction certaine et X est le mouvement brownien, sont presque aussi anciennes que les intégrales stochastiques "simples", puisqu'elles remontent à WIENER. La théorie générale n'en est pas faite. Elle est liée à celle des processus à temps n-dimensionnel, qui commence tout juste à se préciser un peu, avec les travaux de CAIROLI et WALSH, WONG et ZAKAI... Je voudrais ici donner quelques principes pour la construction des intégrales multiples.

Tout d'abord, il est clair qu'on ne restreint pas la généralité en considérant uniquement des intégrales prises sur le domaine $0\leqq t_1, 0\leqq t_2, \dots 0\leqq t_n$. Dans la suite, les t_i seront toujours supposés positifs.

La première idée, pour définir l'intégrale multiple, consiste à la considérer comme une intégrale itérée. Seulement, même lorsque f au départ est une fonction certaine, la première intégration partielle suffit à faire apparaître une fonction de $t_1,\dots,t_{n-1}$, et ω. Comme on ne sait intégrer par rapport à dX que des fonctions aléatoires prévisibles, il se pose un problème d'adaptation. Celui-ci (c'est l'idée d'ITO dans sa définition des intégrales stochastiques multiples browniennes) est facile à résoudre si l'on se borne à intégrer sur l'ensemble $0\leqq t_1<t_2\dots<t_n$, et sur les ensembles qui s'en déduisent par permutation des t_i . Mais on laisse ainsi échapper des ensembles " diagonaux" de dimension $<n$. Faut il négliger ces ensembles "dégénérés" ? Nous allons voir que la formule (41.1) donne des indications intéressantes sur cette question.

L'appendice est divisé en trois parties. D'abord, nous interprétons la formule (41.1) en termes d'intégrales multiples. Puis, nous en déduisons quelques principes de définition d'intégrales multiples très générales, mais sans aller loin dans la théorie. Enfin, nous poussons un peu plus loin la théorie de l'intégrale multiple étendue à l'ensemble $0<t_1\dots<t_n$, lorsque X est une martingale telle que $\langle X,X\rangle_t=t$ (intégrales multiples d'ITO).

Cet appendice est certainement destiné à se démoder très rapidement. Du moins, je l'espère !

INTERPRETATION DE LA RELATION (41.1)

43 Nous supposons ici que la semimartingale X de la formule (41.1) est un processus à variation finie (en fait, tout ce qui suit se ramène au cas où X est une fonction certaine, à variation bornée). Nous nous éviterons aussi de regarder ce qui se passe en 0 en supposant que $X_0=0$. Nous pouvons écrire

(43.1) $P_t^1 = \int_0^t dX_u \;,\; P_t^2=\int_0^t dX_{u_2}\int_0^{u_2-}dX_{u_1} \;,\; \dots\; P_t^n = \int_0^t dX_{u_n}\dots\int_0^{u_2-} dX_{u_1}$

Ces intégrales itérées peuvent s'interpréter comme des intégrales multiples. Ecrivons (41.1) pour n=2 :

(43.2) $2P_t^2 = P_t^1C_t^1 - C_t^2$

Regardons le premier terme du côté droit : $P^1=C^1=X$, donc c'est l'intégrale de la mesure $dX_{u_1}dX_{u_2}$ sur l'ensemble $\{0<u_1\leqq t,\ 0<u_2\leqq t\}$, que nous coupons en trois morceaux (en sous-entendant la positivité des u_i)

$\{ u_1<u_2\leqq t \}$, $\{ u_2<u_1\leqq t \}$, $\{ u_2=u_1\leqq t \}$

Les intégrales sur les deux premiers morceaux se calculent comme intégrales itérées, et valent toutes deux $2P_t^2$, c'est à dire le côté gauche de (43.2). La troisième intégrale est donc " en trop" , il faut la retrancher. D'après le théorème de Fubini, elle vaut $\Sigma_{s\leqq t}\ \Delta X_s^2$, qui est bien égale à C_t^2.

Passons au cas où n=3. La formule s'écrit

$$3P_t^3 = P_t^2X_t - P_t^1C_t^1 + C_t^3$$

considérons le premier terme du côté droit : il correspond à une intégration par rapport à la mesure $dX_{u_1}dX_{u_2}dX_{u_3}$ sur le domaine $\{u_1<u_2\leqq t,\ u_3\leqq t\}$ (positivité toujours sous-entendue) ; domaine qui se coupe en 5 :

$\{u_3<u_1<u_2\}$, $\{u_1<u_3<u_2\}$, $\{u_1<u_2<u_3\}$

$\{u_3=u_1<u_2\}$, $\{u_1<u_2=u_3\}$

les trois intégrales de la première ligne sont égales , et se calculent comme des intégrales itérées : leur somme vaut $3P_t^3$, c'est à dire le côté gauche. Les deux autres sont "en trop".

Le second terme du côté droit correspond à une intégration sur $\{u_1\leqq t\ ,\ u_2=u_3\leqq t\}$, domaine qui se coupe en trois

$\{u_1<u_2=u_3\}$, $\{u_2=u_3<u_1\}$, $\{u_1=u_2=u_3\}$

Les deux premières intégrales , affectées du coefficient -1, se télescopent avec les deux intégrales "en trop" précédentes. Quant à C_t^3 =

$\Sigma_{s\leq t} \Delta X_s^3$, c'est justement d'après le théorème de Fubini l'intégrale de $dX_{u_1}dX_{u_2}dX_{u_3}$ sur la diagonale $\{u_1=u_2=u_3\}$, d'où la disparition de la dernière intégrale.

Ainsi, lorsque X est un processus à variation finie, la formule de KAILATH-SEGALL (41.1) peut se démontrer par des arguments combinatoires, à partir de la théorie de l'intégrale multiple. Nous allons maintenant procéder en sens inverse : la validité de la formule (41.1) donne des indications sur la manière de définir l'intégrale multiple par rapport à une semimartingale, de telle sorte que les arguments combinatoires mentionnés ci-dessus s'appliquent.

PROBLEMES LIES A LA DEFINITION DE L'INTEGRALE MULTIPLE

44 La première remarque que l'on peut faire est celle ci : dans le cas de l'intégrale multiple ordinaire, nous savons ce qu'est une mesure sur $\mathbb{R}_+^n$. Ici, l'analogue serait une théorie de l'intégrale multiple du type $\int f(u_1,\dots,u_n)dX_{u_1,\dots,u_n}$ - étendue, comme on l'a dit au début, à l'ensemble $0\leq u_1,\dots,0\leq u_n$ - par rapport à une " semimartingale à temps n-dimensionnel" . Mais pour l'instant on n'a qu'une idée imprécise de ce que doivent être de tels processus, et on se bornera à considérer des intégrales multiples par rapport à des " mesures produit"

(44.1) $$\int f(u_1,\dots,u_n)dX^1_{u_1}\dots dX^n_{u_n}$$

où les X^i sont des semimartingales réelles, et f une fonction borélienne sur $\mathbb{R}_+^n$ - donc une fonction certaine . On peut évidemment supposer les X^i nulles en 0.

Nous commencerons par illustrer les difficultés dans le cas de l'intégrale double. On peut alors partager l'intégrale en trois

$$\int_{u_1<u_2} f(u_1,u_2)dX^1_{u_1}dX^2_{u_2} + \int_{u_2<u_1} f(u_1,u_2)dX^1_{u_1}dX^2_{u_2} + \int_{\{u_2=u_1\}} f(u_1,u_2)dX^1_{u_1}dX^2_{u_2}$$

Les deux premiers morceaux ne diffèrent que par l'échange de u_1 et u_2. Nous étudierons plus loin dans l'appendice des intégrales de ce type - par rapport à des martingales particulières - et nous nous bornerons ici au principe de définition. L'idée naturelle consiste à les considérer comme des intégrales itérées. Le premier morceau par exemple s'écrira

(44.2) $$\int_0^\infty dX^2_{u_2} \int_0^{u_2-} f(u_1,u_2)dX^1_{u_1}$$

à prendre au sens suivant : pour u_2 fixé, on peut définir un processus

$$F_+(u_2,t,\omega) = \int_0^t f(u_1,u_2)dX^1_{u_1}(\omega)$$

qui est - sous réserve de conditions d'intégrabilité convenables sur f - une semimartingale, pourvue de limites à gauche

$$\int_0^{t-} f(u_1,u_2)dX^1_{u_1}(\omega) = F_+(u_2,t-,\omega) \text{ , notées } F_-(u_2,t,\omega)$$

Seulement, F_+ n'est pas vraiment un processus, mais une classe de processus indistinguables, pour chaque u_2. Le problème consiste à choisir pour chaque u_2 une version de ce processus, de telle sorte que

$$(v,(t,\omega)) \longmapsto F_-(v,t,\omega)$$

soit mesurable par rapport à la tribu produit $\underline{\underline{B}}(\mathbb{R}_+)\times\mathcal{P}$ (la tribu prévisible). Alors le processus

$$F(v,\omega) = \int_0^{v-} f(u_1,v)dX^1_{u_1}(\omega) \quad = F_-(v,v,\omega)$$

sera prévisible, et l'on pourra - sous des conditions d'intégrabilité à préciser - définir

$$\int_0^\infty dX^2_{u_2} \int_0^{u_2-} f(u_1,u_2)dX^1_{u_1} = \int_0^\infty F(v,.)dX^2_v(.)$$

à condition toutefois de savoir montrer que cette intégrale stochastique ne dépend pas du choix accompli précédemment. Il reste donc beaucoup de points techniques obscurs[1]. Cependant, l'étude du choix de bonnes versions a été commencée par Catherine DOLEANS dans [20].

Maintenant, le dernier morceau : si l'on veut que la formule (41.1) puisse s'interpréter comme un résultat sur les intégrales multiples, <u>il faut</u> poser

$$(44.3) \qquad \int_{\{u_1=u_2\}} f(u_1,u_2)dX^1_{u_1}dX^2_{u_2} = \int_0^\infty f(v,v)d[X^1,X^2]_v$$

Sauf erreur de ma part, WIENER et ITO ont négligé ce terme dans leur définition de l'intégrale stochastique double par rapport au mouvement brownien. (NB : M.ZAKAI m'a dit que la méthode de WIENER en tient compte).

Passons aux intégrales d'ordre supérieur. Une intégrale triple

$$\int f(u_1,u_2,u_3)dX^1_{u_1}dX^2_{u_2}dX^3_{u_3}$$

se décompose en

- six intégrales du type $\int_{\{u_1<u_2<u_3\}}$, à interpréter comme des intégrales itérées.
- trois intégrales du type $\int_{\{u_1=u_2<u_3\}}$, à interpréter comme intégrales

---

1. Cependant, si $f(u_1,u_2)$ est une somme de produits $a(u_1)b(u_2)$, il n'y a aucune difficulté de mesurabilité, et l'on peut souvent procéder par complétion à partir de ce cas. C'est ainsi qu'on fera plus loin.

itérées $\int dX^3_{u_3} \int_0^{u_3-} f(v,v,u_3)\, d[X^1,X^2]_v$.

- trois intégrales du type $\int_{\{u_1<u_2=u_3\}}$, à interpréter comme $\int d[X^2,X^3]_v \int_0^{v-} f(u_1,v,v)dX^1_{u_1}$.
- une intégrale $\int_{\{u_1=u_2=u_3\}}$, à interpréter comme $\Sigma_v f(v,v,v)\Delta X^1_v \Delta X^2_v \Delta X^3_v$.

Pour n>3, on voit apparaître des dégénérescences plus compliquées, que la formule (41.1) ne semble pas éclairer, par exemple pour n=4 $\int_{\{u_1=u_2<u_3=u_4\}}$. Il me semble clair que l'intégrale correspondante est $\int_{\{v<w\}} f(v,v,w,w)d[X^1,X^2]_v d[X^3,X^4]_w$, la règle générale étant la suivante : une dégénérescence simple $\{u_i=u_j\}$ fait apparaître le crochet d'ordre 2 $[X^i,X^j]$, qui comporte en plus de $\Sigma_v\ \Delta X^i \Delta X^j$ la contribution $\langle X^{ic},X^{jc}\rangle$ des martingales continues. Une dégénérescence d'ordre plus élevé $\{u_i=u_j\ldots=u_\ell\}$ fait apparaître $\Sigma_v\ \Delta X^i_v \Delta X^j_v \ldots \Delta X^\ell_v$, sans contribution des martingales continues.

On n'a jamais éprouvé le besoin, jusqu'à maintenant, de considérer des intégrales multiples aussi générales, et il n'est pas utile de pousser plus loin ces remarques. Il vaut sans doute mieux étudier plus en détail un cas particulier, qui comprend les intégrales multiples par rapport au mouvement brownien. On va restreindre à la fois les processus par rapport auxquels on intègre, et l'ensemble d'intégration, mais en revanche on va intégrer des fonctions $f(u_1,\ldots,u_n,\omega)$ aléatoires, et non plus certaines. La classe de fonctions aléatoires qu'on va savoir intégrer semble intéressante du point de vue de la théorie générale des processus.

I.S. MULTIPLES PAR RAPPORT A CERTAINES MARTINGALES

45 NOTATIONS. C_n désigne le cône $\{0<u_1<u_2\ldots<u_n\}$ dans $\mathbb{R}^n$; $C_n(t)$ et $C_n(t-)$ sont les ensembles $C_n\cap\{u_n\leq t\}$, $C_n\cap\{u_n<t\}$ respectivement. μ_n est la restriction à C_n de la mesure de Lebesgue sur $\mathbb{R}^n$.

(M_t) est une martingale nulle en 0, localement de carré intégrable, telle que $\langle M,M\rangle_t = t$.

Il semble que la théorie s'étende sans peine au cas où $\langle M,M\rangle_t=F(t)$ (fonction certaine) ou bien où $d\langle M,M\rangle$ est une mesure aléatoire majorée par dt. Mais nous ne cherchons pas la généralité.

Pour éviter une accumulation de difficultés, nous allons intégrer d'abord des fonctions certaines sur C_n . Nous désignons par $\underline{\underline{H}}$ le sous-espace de $L^2(C_n,\mu_n)$ consitué par les combinaisons linéaires finies d'indicatrices de rectangles <u>contenus dans</u> C_n, semi-ouverts du type (46.1) ci-dessous ; $\underline{\underline{H}}$ est évidemment dense dans L^2.

46 Soit **A** un rectangle contenu dans C_n, de la forme

(46.1) $\quad A=]a_1,b_1]\times]a_2,b_2]\ldots\times]a_n,b_n] \quad (a_1\leqq b_1\leqq a_2\leqq b_2\ldots\leqq a_n\leqq b_n)$

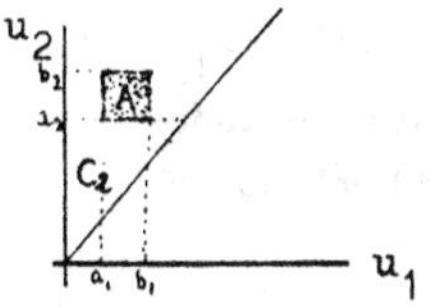

Il y a évidemment une seule manière raisonnable de définir l'intégrale multiple $S_A=\int_A dM_{u_1}\ldots dM_{u_n}$; c'est de poser

(46.2) $\quad S_A = (M_{b_1}-M_{a_1})(M_{b_2}-M_{a_2})\ldots(M_{b_n}-M_{a_n})$

L'application $A\mapsto S_A$ se prolonge évidemment, par linéarité, en une application $f\mapsto S_f$ sur $\underline{\underline{H}}$. Soit $\bar{A}=]\bar{a}_1,\bar{b}_1]\times..\times]\bar{a}_n,\bar{b}_n]$ un second rectangle du même type. Nous allons prouver le résultat suivant, en soulignant qu'<u>on ne postule pas l'existence de moments d'ordre</u> >2 .

LEMME. <u>On a</u>

(46.3) $\quad E[S_A^2] = E[(M_{b_1}-M_{a_1})^2\ldots(M_{b_n}-M_{a_n})^2] = \int_A \mu_n$

<u>de sorte que</u> S_A <u>appartient à</u> L^2, <u>et alors</u>

(46.4) $\quad E[S_A S_{\bar{A}}] = \int_{A\cap\bar{A}} \mu_n$.

DEMONSTRATION. Pour établir la première formule, on écrit

$$E[\{k_1\wedge(M_{b_1}-M_{a_1})^2\}\ldots\{k_{n-1}\wedge(M_{b_{n-1}}-M_{a_{n-1}})^2\}(M_{b_n}-M_{a_n})^2] =$$

$$=(b_n-a_n)E[\{k_1\wedge(\quad)^2\}\ldots\{k_{n-1}\wedge(\quad)^2\}]$$

après quoi on fait tendre k_{n-1} vers $+\infty$, et on recommence jusqu'à obtenir $E[S_A^2] = (b_n-a_n)\ldots(b_1-a_1)$, c'est à dire (46.3). Pour établir (46.4), on coupe les rectangles en petits morceaux pour se ramener à la situation suivante : pour tout i , les intervalles $]a_i,b_i]$ et $]\bar{a}_i,\bar{b}_i]$ sont, ou bien égaux, ou bien disjoints. S'ils sont égaux pour tout i, la formule se réduit à (46.3). Sinon, soit j le plus grand des i tels qu'ils soient disjoints, et supposons pour fixer les idées que $a_j\leqq b_j\leqq \bar{a}_j\leqq\bar{b}_j$. Soit $t\in[b_j,\bar{a}_j]$. La fonction $S_A S_{\bar{A}}$ est alors le produit des deux fonctions f et g suivantes

$$f = \prod_{k\leqq j} (M_{b_k}-M_{a_k})(M_{\bar{b}_k}-M_{\bar{a}_k}) \cdot (M_{b_j}-M_{a_j})$$

$$g = (M_{\bar{b}_j} - M_{\bar{a}_j}) . \prod_{k>j} (M_{b_k} - M_{a_k})^2$$

Nous vérifions d'abord, par troncation comme plus haut, que $E[|g|] =$ $= \prod_{k>j} (b_k - a_k).E[|M_{\bar{b}_j} - M_{\bar{a}_j}|] < +\infty$, ce qui entraîne l'existence de $E[g|\underline{\underline{F}}_t]$, puis que $E[g|\underline{\underline{F}}_t] = E[g|\underline{\underline{F}}_{\bar{a}_j}|\underline{\underline{F}}_t] = \prod_{k>j}(b_k-a_k).E[M_{\bar{b}_j} - M_{\bar{a}_j}|\underline{\underline{F}}_{\bar{a}_j}|\underline{\underline{F}}_t] = 0$. Nous en déduisons alors, comme f est finie et $\underline{\underline{F}}_t$-mesurable, que $E[gfI_{\{|f|\leq m\}}]$ $= E[E[g|\underline{\underline{F}}_t].fI_{\{|f|\leq m\}}] = 0$. Lorsque $m \to +\infty$, on peut appliquer le théorème de Lebesgue avec domination par $|S_A S_{\bar{A}}|$ intégrable, et il vient que $E[S_A S_{\bar{A}}]=0$, c'est à dire (46.4) puisque A et $\bar{A}$ sont disjoints.

47 Ce qui vient d'être prouvé revient à dire que l'application $f \mapsto S_f$ est une isométrie de $\underline{\underline{H}} \subset L^2(C_n, \mu_n)$ dans $L^2(\Omega)$. Comme $\underline{\underline{H}}$ est dense, nous pouvons définir pour $f \in L^2(C_n, \mu_n)$ l'intégrale stochastique multiple

(47.1) $$S_f = \int_{C_n} f(u_1, \ldots, u_n) dM_{u_1} \ldots dM_{u_n} \quad .$$

Il y a plus : posons

(47.2) $$M_t^f = \int_{C_n(t)} f(u_1, \ldots, u_n) dM_{u_1} \ldots dM_{u_n}$$

($C_n(t) = C_n \cap \{u_n \leq t\}$ a été défini au n°45). Un passage à la limite facile à partir du cas de $\underline{\underline{H}}$ montre que, si f est nulle sur $C_n(t)$, $E[S_f|\underline{\underline{F}}_t]=0$. On en déduit que

$$E[S_f - M_t^f|\underline{\underline{F}}_t] = E[\int_{C_n \setminus C_n(t)} f \;|\underline{\underline{F}}_t] = 0$$

de sorte que M^f est une martingale de carré intégrable. Nous prouvons maintenant un résultat classique, dû à WIENER dans le cas du mouvement brownien

48 THEOREME. <u>Soient</u> $f \in L^2(C_n)$, $g \in L^2(C_m)$, $m \neq n$. <u>Alors</u> S_f <u>et</u> S_g <u>sont orthogonales</u> .

(Les martingales M^f et M^g sont <u>faiblement</u> orthogonales).

DEMONSTRATION. Il suffit de montrer que si A est un rectangle $\prod_{i\leq n}]a_i, b_i]$, $\bar{A}$ un rectangle $\prod_{i\leq m}]\bar{a}_i, \bar{b}_i]$, alors $E[S_A S_{\bar{A}}]=0$. En coupant les rectangles en petits bouts, on peut supposer que les intervalles $]a_i, b_i]$ et $]\bar{a}_j, \bar{b}_j]$ sont, ou égaux, ou disjoints . Le produit $S_A S_{\bar{A}}$ s'écrit alors sous la forme $\prod (M_{d_i} - M_{c_i})^{\alpha_i}$, où les c_i, d_i sont tels que $c_1 \leq d_1 \leq c_2 \leq d_2 \ldots$, où les exposants α_i sont égaux à 1 ou 2 suivant que le facteur figure dans S_A ou $S_{\bar{A}}$ seulement, ou dans les deux. Comme $m \neq n$, l'un au moins des α_i est égal à 1, et on voit alors comme dans la démonstration de 46 que $E[S_A S_{\overline{A}}]=0$.

PROCESSUS PREVISIBLES SUR C_n

Nous voudrions maintenant arriver à calculer les intégrales multiples comme des intégrales itérées. Pour cela, il faut savoir intégrer des fonctions $f(u_1,\dots,u_n,\omega)$, prévisibles en un sens convenable.

48 DEFINITION. <u>La tribu</u> prévisible $\mathcal{P}_n$ <u>sur</u> $C_n\times\Omega$ <u>est engendrée par les ensembles</u> (<u>dits</u> prévisibles élémentaires) <u>de la forme</u> $A\times B$, <u>où</u> A <u>est un rectangle</u> $]a_1,b_1]\times\dots\times]a_n,b_n]$ $(a_1\leq b_1\leq a_2\dots\leq a_n\leq b_n)$ <u>contenu dans</u> C_n, <u>et où</u> B <u>appartient à</u> $\underline{\underline{F}}_{a_1}$.

Il n'y a ici, contrairement à la définition usuelle à une dimension, aucune spécification concernant 0 : en effet, les coordonnées des points de C_n sont strictement positives ($C_1=]0,\infty[$).

Comme d'habitude, une fonction $f(t_1,\dots,t_n,\omega)$ est dite <u>prévisible</u> si elle est $\mathcal{P}_n$-mesurable. Nous désignerons par $\underline{\underline{H}}'$ l'espace des combinaisons linéaires d'indicatrices d'ensembles prévisibles élémentaires. Il est ~~facile~~ impossible de vérifier que les réunions finies d'ensembles prévisibles élémentaires disjoints forment une algèbre de Boole qui engendre $\mathcal{P}_n$: $\underline{\underline{H}}'$ est donc dense dans $L^2(\mathcal{P}_n,\overline{\mu}_n)$, où $\overline{\mu}_n$ est la mesure $\mu_n\otimes P$.

voir p.86

Reprenons les notations de l'énoncé, et posons $f=I_{A\times B}$, puis

(48.1) $$S_f = I_B.(M_{b_1}-M_{a_1})\dots(M_{b_n}-M_{a_n}) .$$

L'application $f\longmapsto S_f$ se prolonge à $\underline{\underline{H}}'$ par linéarité, et on vérifie exactement comme au n°46 que c'est alors une isométrie de $\underline{\underline{H}}'\subset L^2(\mathcal{P}_n,\overline{\mu}_n)$ dans $L^2(\Omega)$, que l'on peut alors prolonger. En langage clair, si f est une fonction prévisible de carré intégrable par rapport à $\overline{\mu}_n$

(48.2) $$E[S_f^2]=E[(\int f(t_1,\dots,t_n,\omega)dM_{t_1}\dots dM_{t_n})^2] = E[\int_{C_n} f^2(t_1,\dots,t_n,\omega)dt_1\dots dt_n]$$

et de plus si f est nulle sur $C_n(t)\times\Omega$

(48.3) $$E[\int f dM_{t_1}\dots dM_{t_n} | \underline{\underline{F}}_t] = 0$$

d'où la possibilité de définir les martingales M_t^f comme pour les fonctions certaines. Nous désignerons respectivement par

(48.4) $$\int_{C_n(t)} f dM_{t_1}\dots dM_{t_n} \quad \text{et} \quad \int_{C_n(t-)} f dM_{t_1}\dots dM_{t_n}$$

la version continue à droite de M^f, et le processus de ses limites à gauche. Le théorème 48 (orthogonalité des intégrales stochastiques d'ordres différents) s'étend sans modification.

Nous allons maintenant illustrer sur un exemple le calcul d'intégrales multiples comme intégrales itérées. L'exemple n'étant pleinement significatif qu'à partir de la dimension 4, les notations seront un peu lourdes. C_2 désignera l'ensemble $\{(t_1,t_2) : 0<t_1<t_2\}$, $\overline{C}_2$ l'ensemble $\{(t_3,t_4) : 0<t_3<t_4\}$. Il faut remarquer que l'ordre des intégrations joue ici un rôle : nous intégrons d'abord par rapport à (t_1,t_2) (les plus petites variables) , (t_3,t_4) étant fixées. Est ce qu'on pourrait donner un sens à l'intégrale de manière à fixer (t_2,t_4) et intégrer en (t_1,t_3), par exemple ? J'avoue ne pas avoir regardé.

49 THEOREME. Soit $f(t_1,t_2,t_3,t_4,\omega)$ une fonction prévisible sur $C_4\times\Omega$, telle que

$$E[\int f^2(u_1,u_2,u_3,u_4,.)du_1du_2du_3du_4] < \infty \ .$$

a) Pour tout (t_3,t_4), la fonction $f(.,.,t_3,t_4,.)$ est prévisible sur $C_2\times\Omega$. L'ensemble N des (t_3,t_4) tels que

$$E[\int f^2(u_1,u_2,t_3,t_4,.)du_1du_2] < \infty$$

est borélien dans $\overline{C}_2$, et négligeable pour la mesure dt_3dt_4 .

b) Il existe des fonctions $g(t_3,t_4,\omega)$, $\overline{f}(t_3,t_4,\omega)$, respectivement mesurable sur $\overline{C}_2\times\Omega$, prévisible sur $\overline{C}_2\times\Omega$, telles que pour presque tout $(t_3,t_4)\notin N$ on ait

$$(49.1) \qquad g(t_3,t_4,\omega) = \int_{C_2} f(u_1,u_2,t_3,t_4,\omega)dM_{u_1}(\omega)dM_{u_2}(\omega) \text{ p.s.}$$

$$(49.2) \qquad \overline{f}(t_3,t_4,.)=E[g(t_3,t_4,.)|\underline{\underline{F}}_{t_3-}] = \int_{C_2(t_3-)} f(u_1,u_2,t_3,t_4,.)dM_{u_1}dM_{u_2} \text{ p.s.}$$

c) On a alors $E[\int_{\overline{C}_2} \overline{f}(t_3,t_4,.)dt_3dt_4] < \infty$, et

$$(49.3) \qquad \int_{C_4} f dM_{u_1}dM_{u_2}dM_{u_3}dM_{u_4} = \int_{\overline{C}_2} \overline{f} dM_{u_3}dM_{u_4} \ .$$

DEMONSTRATION. La première assertion de a) se démontre par classes monotones à partir des fonctions prévisibles élémentaires, et la seconde résulte aussitôt du théorème de Fubini.

Pour établir b), traitons le cas où f est une fonction prévisible élémentaire : f s'écrit $I_A(t_1,t_2).I_{\overline{A}}(t_3,t_4)I_B(\omega)$, où $A=]a_1,b_1]\times]a_2,b_2]$, $\overline{A} =]a_3,b_3]\times]a_4,b_4]$, avec $a_1\leqq b_1\leqq a_2\ldots\leqq b_4$ et $B\in\underline{\underline{F}}_{a_1}$. Nous avons alors

$$\int_{C_4} fdM_{u_1}dM_{u_2}dM_{u_3}dM_{u_4} = I_B(M_{b_1}-M_{a_1})\ldots(M_{b_4}-M_{a_4})$$

$$g(t_3,t_4,\omega) =[(M_{b_1}-M_{a_1})(M_{b_2}-M_{a_2})I_B]I_{\overline{A}}(t_3,t_4)$$

Notons U le crochet : nous avons $E[U|\underline{\underline{F}}_t]=U$ pour $t\geqq a_3$, donc $E[U|\underline{\underline{F}}_{t-}]=U$ (version continue à gauche de la martingale) pour $t>a_3$, donc

$$\overline{f}(t_3,t_4,\omega)= E[U|\underline{\underline{F}}_{t-}]I_{\overline{A}}(t_3,t_4)|_{t=t_3} = UI_{\overline{A}}(t_3,t_4) = g(t_3,t_4,\omega)$$

car $I_{\overline{A}}(t_3,t_4)\neq 0 \Rightarrow t_3>a_3$. Comme U est $\underline{\underline{F}}_{a_3}$-mesurable, cette fonction est prévisible élémentaire sur $\overline{C}_2$. Enfin, on vérifie aussitôt que

$$\int_{\overline{C}_2} \overline{f}dM_{u_3}dM_{u_4} = U(M_{b_3}-M_{a_3})(M_{b_4}-M_{a_4})$$

et cela est égal à l'intégrale quadruple calculée plus haut. Le cas élémentaire est donc vérifié.

Soit ensuite f prévisible ; supposons qu'il existe des f_n prévisibles, des $g_n,\overline{f}_n$ associés aux f_n et satisfaisant à (49.1), (49.2) et (49.3), et que f_n converge vers f dans $L^2(P_n,\overline{\mu}_n)$. Quitte à extraire une sous-suite, nous pouvons supposer que

(49.4) $\Sigma_n \left(E[\int_{C_4} (f_n-f_{n+1})^2 du_1du_2du_3du_4]\right)^{1/2} < +\infty$

Posons alors

$g(t_3,t_4,\omega) = \lim_n g_n(t_3,t_4,\omega)$ si cette limite existe, 0 sinon,

$\overline{f}(t_3,t_4,\omega) = \lim_n \overline{f}_n(t_3,t_4,\omega)$ '''''''''''''''''''''''''''''''

et montrons que ces fonctions satisfont à (49.1), (49.2) et (49.3). Il est clair d'abord qu'elles possèdent les propriétés de mesurabilité requises. Ensuite, soit N' la réunion de N et de l'ensemble des (t_3,t_4) tels que $\Sigma_n(E[\int_{C_2} (f_n(u_1,u_2,t_3,t_4,.)-f_{n+1}(u_1,u_2,t_3,t_4,.))^2du_1du_2])^{1/2}= \infty$; N' est négligeable d'après (49.4) et le théorème de Fubini, et pour $(t_3,t_4)\notin N'$ on a

$$\Sigma_n \|g_n(t_3,t_4,.)-g_{n+1}(t_3,t_4,.)\|_{L^2(\Omega)} < +\infty$$

et le même résultat avec $\overline{f}_n$ au lieu de g_n pour presque tout (t_3,t_4), car on a pour presque tout (t_3,t_4)

$$\overline{f}_n(t_3,t_4,.) = E[g_n(t_3,t_4,.)|\underline{\underline{F}}_{t_3-}] \quad \text{pour tout n}$$

et l'espérance conditionnelle diminue la norme L^2. Alors, pour presque tout (t_3,t_4), $g_n(t_3,t_4,.)$ et $\overline{f}_n(t_3,t_4,.)$ convergent vers $g(t_3,t_4,.)$ et $\overline{f}(t_3,t_4,.)$ respectivement, p.s. et dans L^2 , et (49.1), (49.2) et (49.3) passent alors à la limite sans aucune peine.

Par un argument de convergence à partir des fonctions prévisibles élémentaires, on établit alors aisément qu'il existe pour toute f prévisible, des fonctions $g,\overline{f}$ satisfaisant à 49.1,2,3.

Mais en fait l'énoncé, sous une forme un peu cachée, dit un peu plus que cela : il dit (c) : on a alors) que (49.3) est satisfaite dès que (49.1) et (49.2) le sont pour presque tout (t_3,t_4). A cet effet, considérons un second couple $(g',\overline{f}')$ satisfaisant à (49.1) et (49.2). On a alors pour presque tout (t_3,t_4) $g(t_3,t_4,.)=g'(t_3,t_4,.)$ p.s., donc $\overline{f}(t_3,t_4,.)=\overline{f}'(t_3,t_4,.)$ p.s.. On a alors $E[\int(\overline{f}-\overline{f}')^2du_3du_4]=0$, donc $E[(\int_{C_2}(\overline{f}-\overline{f}')dM_{u_3}dM_{u_4})^2]=0$, et finalement la relation (49.3) établie pour $\overline{f}$ est également vraie pour $\overline{f}'$.

REMARQUE. D'habitude, on construit la fonction prévisible $\overline{f}$ de la manière suivante : on construit d'abord une version $g(t_3,t_4,\omega)$ de $\int f dM_{u_1}dM_{u_2}$, mesurable en (t_3,t_4,ω). Puis une version càdlàg de la martingale $g(t,t_3,t_4,.)=E[g(t_3,t_4,.)|\underline{\underline{F}}_t]$, mesurable en (t,t_3,t_4,ω) . Puis le processus $g\_(t,t_3,t_4,.) = g(t-,t_3,t_4,.)$, et enfin on prend $\overline{f}(t_3,t_4,\omega) = g\_(t_3,t_3,t_4,\omega)$. Nous n'insisterons pas là dessus.

EXEMPLE. Il résulte aussitôt de la formule de récurrence (40.1) que les "puissances symboliques" P^n sont des intégrales multiples

(50.1) $$P_t^n = \int_{C_n(t)} dM_{u_1}\dots dM_{u_n}$$

Dans le cas où (M_t) est le mouvement brownien, on peut montrer (c'est un résultat ancien, dû à WIENER) que les espaces orthogonaux d'intégrales stochastiques de fonctions <u>certaines</u>

$$\underline{\underline{H}}_n = \{ \int_{C_n} f(u_1,\dots,u_n)dM_{u_1}\dots dM_{u_n} \ , \ f\in L^2(C_n,\mu_n) \}$$

engendrent tout $L^2(\Omega)$. Une démonstration[1] de ce fait (un peu sommaire) figure dans le séminaire V, p.280-281 : elle repose sur la formule (50.1), et la formule (42.3) suivant laquelle $P_t^n=t^{n/2}H_n(M_t/\sqrt{t})$, de sorte qu'on sait exprimer tout polynôme en M_t comme combinaison linéaire d'intégrales stochastiques multiples. Nous renvoyons le lecteur au séminaire V (LN volume 191) pour plus de détails.

---

1. La définition des i.s. dans cet exposé n'est pas correcte (p.279, ligne 7 du bas, le processus considéré n'est pas continu).

CORRECTION A LA PAGE 83. Le complémentaire d'un ensemble prévisible élémentaire n'est pas une réunion <u>finie</u> d'ensembles prévisibles élémentaires disjoints, mais une réunion dénombrable de tels ensembles, et les conséquences sont les mêmes.

Université de Strasbourg
Séminaire de Probabilités 1974/75

UN COURS SUR LES INTEGRALES STOCHASTIQUES

(P.A. Meyer)

CHAPITRE V . LES ESPACES $\underline{\underline{H}}^1$ ET $\underline{\underline{BMO}}$

Nous revenons ici à la théorie de l'intégrale stochastique par rapport aux martingales locales, abordée au chapitre IV, mais avec un esprit très différent. Nous n'avions défini alors que l'intégrale stochastique de processus prévisibles localement bornés (mais, en revanche, nous intégrions par rapport à une semimartingale quelconque). Ici, nous allons considérer une martingale locale M, et dire exactement pour quels processus prévisibles H - non localement bornés - on peut définir de manière raisonnable l'intégrale stochastique H•M. Nous allons aussi définir un espace de martingales uniformément intégrables qui contient à la fois l'espace $\underline{\underline{M}}$ des martingales de carré intégrable, l'espace $\underline{\underline{W}}$ des martingales à variation intégrable, et qui est admirablement adapté à la théorie de l'intégrale stochastique des processus prévisibles, et même optionnels. Cet espace est l'espace $\underline{\underline{H}}^1$, son dual est l'espace $\underline{\underline{BMO}}$ (les lettres signifient "bounded mean oscillation", mais cette terminologie est empruntée à l'analyse, et ne suggère rien en théorie des martingales, aussi parle t'on des espaces " achun" et " béhèmeau" sans s'arrêter au sens des initiales). L'inégalité qui permet de les mettre en dualité est une forme de l'inégalité de KUNITA-WATANABE (II.21), mais plus profonde que celle-ci, que l'on appelle l'inégalité de FEFFERMAN. On peut même dire que c'est la plus importante de toute la théorie, si l'on considère son caractère élémentaire, et le fait que GARSIA a su en déduire les inégalités difficiles de BURKHOLDER, DAVIS, GUNDY, etc.

De l'histoire de cette théorie, je ne dirai que ce que je sais : $\underline{\underline{H}}^1$ et $\underline{\underline{BMO}}$ ont été inventés pour les besoins de l'analyse : le H de $\underline{\underline{H}}^1$ signifie sans doute HARDY , le cas de la dimension 1(*) a été étudié par HARDY, LITTLEWOOD..., le cas général surtout par STEIN ; $\underline{\underline{BMO}}$ semble avoir été introduit par JOHN et NIREMBERG (en dimension 1), la dualité entre $\underline{\underline{H}}^1$ et $\underline{\underline{BMO}}$ découverte par FEFFERMAN, l'étude approfondie de la dualité à plusieurs dimensions étant due à FEFFERMAN et STEIN. Quant à l'analogie avec les martingales, elle s'est développée au long d'une série d'articles, souvent non publiés, circulant entre BURKHOLDER, GARSIA, GUNDY, HERZ, STEIN... dont je ne connais qu'une petite partie.

(*) En analyse, $\underline{\underline{H}}^1$, $\underline{\underline{BMO}}$ sont des espaces de fonctions mesurables sur $\mathbb{R}^n$, ou sur la sphère.

I. L'INEGALITE DE FEFFERMAN

L'ESPACE $\underline{\underline{\underline{BMO}}}$

1 Soit M une martingale de carré intégrable. Nous rappelons la formule II.(19.2), qui donne le potentiel gauche du processus croissant [M,M]. Pour tout temps d'arrêt T

(1.1) $E[[M,M]_\infty|\underline{\underline{F}}_T]-[M,M]_{T-} = E[M_\infty^2|\underline{\underline{F}}_T]-M_T^2+\Delta M_T^2 = E[(M_\infty-M_{T-})^2|\underline{\underline{F}}_T]$

DEFINITION. <u>Soit</u> M <u>une martingale locale</u>. <u>On dit que</u> M <u>appartient à</u> $\underline{\underline{\underline{BMO}}}$ <u>si</u> M <u>est de carré intégrable, et s'il existe une constante</u> c <u>telle que l'on ait, pour tout temps d'arrêt</u> T

(1.2) $\qquad E[(M_\infty-M_{T-})^2|\underline{\underline{F}}_T] \leq c^2$ <u>p.s.</u>

<u>La plus petite constante possédant cette propriété est appelée la norme</u> $\underline{\underline{\underline{BMO}}}$ <u>de</u> M , <u>et notée</u> $\|M\|_{\underline{\underline{\underline{BMO}}}}$. <u>S'il n'existe pas de telle constante, ou si</u> M <u>n'est pas de carré intégrable, on convient que</u> $\|M\|_{\underline{\underline{\underline{BMO}}}} = +\infty$.

2 REMARQUES. a) c^2 majore $E[M_\infty^2|\underline{\underline{F}}_0]$ (rappelons la convention $M_{0-}=0$), donc $\|M\|_2 \leq \|M\|_{\underline{\underline{\underline{BMO}}}}$. En particulier $\|M\|_{\underline{\underline{\underline{BMO}}}}=0 \Rightarrow M=0$.

La possibilité de remplacer T par T_A , $A\in\underline{\underline{F}}_T$ (N7, p.8) montre que (1.2) équivaut à

(2.1) $\qquad E[(M_\infty-M_{T-})^2] \leq c^2P\{T<\infty\}$ pour tout temps d'arrêt T

donc

(2.2) $\qquad \|M\|_{\underline{\underline{\underline{BMO}}}} = \sup_T \dfrac{E[(M_\infty-M_{T-})^2]}{P\{T<\infty\}}$

ce qui montre que $\|\ \|_{\underline{\underline{\underline{BMO}}}}$ est une semi-norme, puisque c'est un sup de semi-normes quadratiques. Nous verrons plus tard que $\underline{\underline{\underline{BMO}}}$ est complet.

Noter l'interprétation de (2.1) : sur $\Omega'=\{T<\infty\}$ considérons les tribus induites $\underline{\underline{F}}'_t$, la loi induite renormalisée $P'=\frac{1}{P(\Omega')}P|_{\Omega'}$, et la martingale $M'_t=M_{T+t}-M_{T-}|_{\Omega'}$. Alors (2.1) signifie que la norme de M' dans L^2 est bornée par c, quel que soit le temps d'arrêt T. Etant donnée la fréquence de telles opérations de translation en théorie des martingales, on voit le caractère parfaitement naturel de la norme $\underline{\underline{\underline{BMO}}}$.

b) Compte tenu du théorème de section (N11, p.9) des ensembles optionnels, on voit que (1.2) exprime en fait que le <u>processus</u> $E[[M,M]_\infty|\underline{\underline{F}}_t] -[M,M]_{t-}=E[M_\infty^2|\underline{\underline{F}}_t]-M_t^2+\Delta M_t^2$, projection optionnelle du processus $(M_\infty-M_{t-})^2$, est majoré par c^2 aux ensembles évanescents près.

c) M appartient à $\underline{\underline{\underline{BMO}}}$ si et seulement si les <u>sauts</u> de M (y compris le saut M_0 en 0) sont <u>uniformément bornés</u> , et si le processus

(2.3) $\qquad E[[M,M]_\infty|\underline{\underline{F}}_t] - [M,M]_t = E[\langle M,M\rangle_\infty|\underline{\underline{F}}_t] - \langle M,M\rangle_t$

$$= E[M_\infty^2|\underline{\underline{F}}_t] - M_t^2$$

qui est continu à droite, est uniformément borné. Par exemple, le mouvement brownien arrêté à N fini appartient à $\underline{\underline{\underline{BMO}}}$, puisqu'il est continu, et que le crochet $<,>$ associé est égal à $N\wedge t$.

d) Si H est une variable aléatoire intégrable, on dit assez souvent que H appartient à BMO (ou, dans le langage oral[1] " est BMO ") si la martingale $H_t=E[H|\underline{\underline{F}}_t]$ appartient à BMO , et on définit $\|H\|_{BMO}$ comme la norme de cette martingale. Cet usage est illustré dans l'énoncé 4 .

EXEMPLES DE MARTINGALES APPARTENANT A BMO

Le premier exemple est évident .

3 THEOREME. Si (M_t) est une martingale bornée, on a $\|M\|_{BMO} \leq \sqrt{5}\|M_\infty\|_{L^\infty}$[2]

DEMONSTRATION. Si c majore M_∞ on a

$$E[M_\infty^2|\underline{\underline{F}}_t] - M_t^2 + \Delta M_t^2 \leq c^2 + (2c)^2 = 5c^2 .$$

On en déduit aussitôt des exemples de martingales qui appartiennent à BMO sans être bornées : soit H un processus prévisible majoré par 1 en module, et soit $N=H\cdot M$; alors $[N,N]_\infty - [N,N]_{T-} \leq [M,M]_\infty - [M,M]_{T-}$, et on a aussi $\|N\|_{BMO} \leq c\sqrt{5}$.

Le second exemple est particulièrement important . C'est sous cette forme que l'on rencontre le plus souvent BMO .

4 THEOREME. a) Soit (A_t) un processus croissant (adapté) dont le potentiel gauche est majoré par une constante c. Alors $\|A_\infty\|_{BMO} \leq c\sqrt{3}$.

b) Soit (A_t) un processus croissant prévisible, nul en 0, dont le potentiel (X_t) est majoré par une constante c. Alors $\|A_\infty\|_{BMO} \leq 2c\sqrt{3}$.

DEMONSTRATION. Le cas prévisible se ramène au cas adapté : soit (Y_t) le potentiel gauche du processus croissant prévisible (A_t) : (Y_t) est projection bien-mesurable de $(A_\infty - A_{t-})$, (X_t) projection bien-mesurable de $(A_\infty - A_t)$, donc $Y_t = X_t + \Delta A_t$. Le saut ΔA_T en T prévisible est égal à $-E[\Delta X_T|\underline{\underline{F}}_T]$ (I.17), donc $\Delta A_T \leq c$ (comme X_T et X_{T-} sont tous deux compris entre 0 et c, leur différence est au plus c), et comme (A_t) est prévisible on a identiquement $\Delta A_t \leq c$, donc $Y_t \leq 2c$, et b).

Prouvons donc a). Soit M_t la martingale $E[A_\infty|\underline{\underline{F}}_t] = X_t + A_{t-}$. Nous avons $M_\infty - M_{T-} = (A_\infty - A_{T-}) - X_{T-}$ pour tout temps d'arrêt T, et aussi

$$E[(M_\infty - M_{T-})^2|\underline{\underline{F}}_T] = E[(A_\infty - A_{T-})^2|\underline{\underline{F}}_T] + X_{T-}^2 - 2X_{T-}E[A_\infty - A_{T-}|\underline{\underline{F}}_T]$$
$$\leq E[(A_\infty - A_{T-})^2|\underline{\underline{F}}_T] + X_{T-}^2 \leq E[\ ] + c^2$$

D'autre part, on a pour toute fonction croissante a(t) (a(0-)=0)

$$a(\infty)^2 = \int_{[0,\infty[} [(a(\infty)-a(s))+(a(\infty)-a(s-))]da(s)$$
$$\leq 2\int_{[0,\infty[} (a(\infty)-a(s-))da(s) \qquad (\text{cf. IV.24 }).$$

---

1. On ne dit pas qu'une variable aléatoire est"béhèmelle".
2. $E[(M_\infty - M_{T-})^2|\underline{\underline{F}}_T] < (2c)^2$, on peut donc prendre 2 au lieu de $\sqrt{5}$

$$(A_\infty - A_{T-})^2 \leqq 2 \int_{[T,\infty[} (A_\infty - A_{s-})dA_s$$

Nous prenons une espérance, en remarquant que la projection optionnelle du processus $(A_\infty - A_{s-})$ est (X_s), et que la mesure dA_s commute à la projection optionnelle (I.3). Ainsi

$$E[(A_\infty - A_{T-})^2] \leqq 2E[\int_{[T,\infty[} X_s dA_s\,] \leqq 2cE[A_\infty - A_{T-}] = 2cE[X_T]$$
$$\leqq 2c^2 P\{T<\infty\}$$

Remplaçant T par T_B (N7, p.8) où B parcourt $\underline{\underline{F}}_T$, il vient que $E[(A_\infty - A_{T-})^2 | \underline{\underline{F}}_T] \leqq 2c^2$, l'inégalité désirée.

5 REMARQUES. a) Le théorème 4 s'étend aux processus croissants présentant un saut à l'infini. La méthode consiste à utiliser une bijection croissante φ de $[0,1]$ sur $[0,\infty]$, à poser $A'_t = A_{\varphi(t)}$ pour $t\leqq 1$, $A'_t = A_\infty$ pour $t>1$, à définir les $\underline{\underline{F}}'_t$ de manière analogue, et à appliquer le th.4.

b) En réalité , on a pour le cas prévisible la même constante , sans nécessité de doublement : il suffit de suivre la même méthode que pour le cas optionnel, en remarquant que la projection prévisible du processus $(A_\infty - A_{s-})$ est alors le processus (X_{s-}). Pour plus de détails, voir la démonstration du th. IV.8.

c) En se reportant à la démonstration du théorème IV.8, on verra la propriété suivante : si M est une martingale locale nulle en 0, si T est un temps d'arrêt qui réduit fortement M, alors M^T peut s'écrire U+V, où V est à variation intégrable, et U appartient à $\underline{\underline{BMO}}$.

Le troisième exemple (emprunté à GARSIA, et qui servira plus loin dans la démonstration de l'inégalité de DAVIS) montre comment on peut construire des martingales de $\underline{\underline{BMO}}$ au moyen d'intégrales stochastiques. Noter qu'il contient le premier exemple (B=1).

6 THEOREME. Soient H une martingale locale, B un processus croissant (adapté ; on ne suppose pas $B_{0-}=0$). Si le processus $(|H_t B_t|)$ est borné par 1 , la martingale locale $L=B_- \cdot H$ appartient à $\underline{\underline{BMO}}$, avec $\|L\|_{\underline{\underline{BMO}}} \leqq \sqrt{6}$

DEMONSTRATION. Quitte à arrêter H à un temps d'arrêt S qui réduit à la fois les martingales locales H et $M=H^2-[H,H]$, nous supposerons qu'elles sont toutes deux uniformément intégrables. Après quoi, il restera à faire tendre S vers l'infini, passage à la limite simple que nous laisserons au lecteur.

Nous allons montrer, d'une part que les sauts ΔL_t sont uniformément bornés, et d'autre part que le potentiel $E[[L,L]_\infty - [L,L]_t | \underline{\underline{F}}_t]$ est borné, et nous appliquerons alors la remarque 2 c).

Tout d'abord les sauts : nous avons $|\Delta L_t| = |B_{t-}(H_t-H_{t-})| \leq |B_{t-}H_{t-}|+$ $|B_{t-}H_t| \leq |B_{t-}H_{t-}|+|B_tH_t| \leq 2$.

Passons au potentiel. Nous avons $[L,L] = B_-^2\cdot[H,H]$, donc

$$[L,L]_\infty-[L,L]_t = \int_t^\infty B_{s-}^2 d[H,H]_s = \int_t^\infty ([H,H]_\infty-[H,H]_s)dB_s^2 + \\ + ([H,H]_\infty-[H,H]_t)B_t^2$$

Noter que $[H,H]_\infty$ est finie, car la martingale $H_t^2-[H,H]_t=M_t$ est uniformément intégrable ; on a aussi $[H,H]_\infty-[H,H]_s = H_\infty^2 - H_s^2 -(M_\infty-M_s)$, donc $E[[H,H]_\infty-[H,H]_T|\underline{\underline{F}}_T] = E[H_\infty^2|\underline{\underline{F}}_T]-H_T^2$ pour tout temps d'arrêt T – ceci n'est pas absolument évident, car H n'est pas supposée de carré intégrable ! Alors, comme dB_s^2 commute à la projection optionnelle

$$E[\int_t^\infty([H,H]_\infty-[H,H]_s)dB_s^2|\underline{\underline{F}}_t]\leq E[\int_t^\infty H_\infty^2\, dB_s^2|\underline{\underline{F}}_t] \leq E[H_\infty^2 B_\omega^2|\underline{\underline{F}}_t] \leq 1$$

$$E[([H,H]_\infty-[H,H]_t)B_t^2|\underline{\underline{F}}_t] = B_t^2(E[H_\infty^2|\underline{\underline{F}}_t]-H_t^2) \leq E[H_\infty^2 B_\infty^2|\underline{\underline{F}}_t] \leq 1$$

Cela achève la démonstration ($2^2+1+1=6$). GARSIA dans le cas discret indique 5 au lieu de 6, mais j'ai perdu mon exemplaire de son livre et je ne sais pas comment il fait. De toute façon, ce n'est pas grave !

REMARQUE. On utilise plus souvent le corollaire suivant : soit U un processus prévisible, tel qu'il existe un processus croissant (B_t) tel que $|U|\leq B_-$ et $|HB|\leq 1$. Alors l'intégrale stochastique $U\cdot H$ appartient à $\underline{\underline{BMO}}$, etc. Voir la remarque suivant l'exemple du n°3.

Nous reviendrons plus loin sur les propriétés de $\underline{\underline{BMO}}$ – en particulier, nous montrerons que les éléments de $\underline{\underline{BMO}}$ sont bornés, non seulement dans L^2, mais dans tous les L^p (n°V.27).

L'ESPACE $\underline{\underline{H}}^1$

7 DEFINITION. Soit M une martingale locale. On pose $\|M\|_{\underline{\underline{H}}^1} = E[\sqrt{[M,M]_\infty}]$, et on dit que M appartient à $\underline{\underline{H}}^1$ si $\|M\|_{\underline{\underline{H}}^1} < \infty$.

8 REMARQUES. a) $\|M\|_{\underline{\underline{H}}^1}$ est une seminorme : l'homogénéité est évidente, et la sous-additivité se ramène à $[M+N,M+N]^{1/2}\leq [M,M]^{1/2}+[N,N]^{1/2}$, soit encore à $[M,N]\leq [M,M]^{1/2}[N,N]^{1/2}$ (inégalités KW). La relation $\|M\|_{\underline{\underline{H}}^1}=0$ entraîne que M n'a pas de sauts (y compris le saut M_0 en 0), elle est donc continue, donc localement de carré intégrable, et on vérifie alors aussitôt que M=0.

Nous verrons plus loin que M appartient à $\underline{\underline{H}}^1$ si et seulement si $M^*= \sup_t|M_t|$ appartient à L^1, et que la norme $\underline{\underline{H}}^1$ est équivalente à $\|M^*\|_{L^1}$; il en résultera aussitôt que $\underline{\underline{H}}^1$ est complet.

b) Nous avons $E[\sqrt{[M,M]_\infty}] \leq (E[[M,M]_\infty])^{1/2}$, donc $\underline{\underline{M}}\subset\underline{\underline{H}}^1$, avec une norme plus forte. De même, si M est une martingale locale à VI, nous avons $[M,M]_\infty = \Sigma_s \Delta M_s^2 \leqq (\Sigma_s|\Delta M_s|)^2$, donc $\|M\|_{\underline{\underline{H}}^1} \leqq \|M\|_{\underline{\underline{V}}}$, et $\underline{\underline{W}} \subset \underline{\underline{H}}^1$ avec une norme plus forte.

L'INEGALITE DE FEFFERMAN[1]

9 Sous sa forme usuelle, c'est le résultat suivant : soient M et N deux martingales locales. Alors

(9.1) $$E[\int_{[0,\infty[} |d[M,N]_s|] \leqq c\, \|M\|_{\underline{\underline{H}}^1} \|N\|_{\underline{\underline{BMO}}}$$

où c est une constante dont la valeur importe peu ($c=\sqrt{2}$ convient). Cette inégalité ressemble aux inégalités de KUNITA-WATANABE du chapitre II, n°22, mais elle n'existe que sous forme intégrale, alors que les inégalités KW s'obtenaient en appliquant l'inégalité de HÖLDER aux inégalités du n°21, vraies pour presque toute trajectoire.

Nous allons montrer en fait une inégalité plus générale, dont nous aurons besoin par la suite. (9.1) correspond au cas où U=1 .

THEOREME. Soient M et N deux martingales locales, U un processus optionnel. Alors

(9.2) $$E[\int_{[0,\infty[} |U_s||d[M,N]_s|] \leqq cE[(\int_{[0,\infty[} U_s^2 d[M,M]_s)^{1/2}]\|N\|_{\underline{\underline{BMO}}} \quad (c=\sqrt{2})$$

DEMONSTRATION. Posons $C_t=\int_0^t U_s^2 d[M,M]_s$, et introduisons les deux processus optionnels positifs H et K définis par

$$H_t^2 = U_t^2/\sqrt{C_t} + \sqrt{C_{t-}} \qquad , \quad K_t^2=\sqrt{C_t}$$

Nous avons les propriétés

- $H_t^2 d[M,M]_t = dC_t/\sqrt{C_t}+\sqrt{C_{t-}} = d\sqrt{C_t}$ (intégration par parties)
- $H_t^2K_t^2 \geqq \frac{1}{2}U_t^2$ presque partout pour la mesure $d[M,M]_t$, donc aussi pour la mesure $|d[M,N]_t|$, absolument continue par rapport à $d[M,M]_t$.

Appliquons l'inégalité de KUNITA-WATANABE :

$$\frac{1}{\sqrt{2}}E[\int|U_s||d[M,N]_s|] \leqq E[\int H_sK_s|d[M,N]_s|] \leqq \sqrt{E_1}\,\sqrt{E_2}$$

où $E_1 = E[\int_{[0,\infty[} H_s^2 d[M,M]_s]$, $E_2=E[\int_{[0,\infty[} K_s^2 d[N,N]_s]$

Calculons d'abord E_1 : comme $H_s^2 d[M,M]_s = d\sqrt{C_t}$, c'est $E[\sqrt{C_\infty}-\sqrt{C_{0-}}]$ et

$$E_1 = E[(\int_{[0,\infty[} U_s^2 d[M,M]_s)^{1/2}] \text{ par définition de } C_t$$

Pour calculer E_2 , intégrons par parties : (K_t^2) est un processus croissant, donc

$$\int_{[0,\infty[} K_s^2 d[N,N]_s = \int_{[0,\infty[} ([N,N]_\infty-[N,N]_{s-})dK_s^2$$

Intégrons : la mesure dK_s^2 commute avec la projection optionnelle, et la projection optionnelle du processus $([N,N]_\infty-[N,N]_{s-})$ est majorée

1. Première extension au cas continu : GETOOR-SHARPE [25].

par $\|N\|^2_{BMO}$ par définition de BMO (2,b)). Donc

$$E_2 \leq \|N\|^2_{BMO} . E[\int_0^\infty dK_s^2] = \|N\|^2_{BMO} E[\sqrt{C_\infty}] = \|N\|^2_{BMO} . E_1$$

. Ainsi $\sqrt{E_1}\sqrt{E_2} \leq E_1\|N\|_{BMO}$, et c'est tout juste (9.2).

APPLICATION A LA DUALITE ENTRE H^1 ET BMO

Nous allons déduire de l'inégalité de FEFFERMAN trois types de conséquences :

- le " théorème de FEFFERMAN" sur la dualité entre H^1 et BMO (pour les martingales, démontré indépendamment par HERZ, GARSIA, FEFFERMAN-STEIN).
- La possibilité de définir les intégrales stochastiques par rapport aux martingales locales, pour des processus prévisibles ou optionnels non localement bornés (§ II de ce chapitre).
- D'après GARSIA, les principales inégalités de la théorie des martingales (§ III de ce chapitre).

10 Nous commençons par la partie facile du théorème de dualité. Si M appartient à H^1, N à BMO , la variable aléatoire $\int_{[0,\infty[} |d[M,N]_s|$ est intégrable, donc p.s. finie, donc $\int_{[0,\infty[} d[M,N]_s$ existe et est intégrable. Nous pouvons donc définir sur $H^1 \times BMO$ la forme bilinéaire

(10.1) $C(M,N) = E[\int_{[0,\infty[} d[M,N]_s] = E[[M,N]_\infty]$

Lorsque M est de carré intégrable, cela vaut $E[M_\infty N_\infty]$. Lorsque M appartient à H^1, M est uniformément intégrable (nous verrons cela plus loin), mais on n'a pas nécessairement $E[[M,N]_\infty]=E[M_\infty N_\infty]$, le produit au second membre pouvant n'être pas intégrable.

L'inégalité de FEFFERMAN affirme que la forme linéaire C(.,N) est continue pour la topologie de H^1 . Si l'on a C(.,N)=0 , comme $BMO \subset M \subset H^1$ on a C(N,N)=0, donc N=0. Ainsi, BMO se plonge dans le dual de H^1. Et nous avons la partie plus délicate :

11 THEOREME. Toute forme linéaire continue φ sur H^1 est de la forme C(.,N), où N appartient à BMO .

DEMONSTRATION. Nous supposerons que $\|\varphi\|=1$. Comme $M \subset H^1$ avec une norme plus grande, φ induit sur M une forme linéaire de norme ≤ 1, et il existe donc une martingale de carré intégrable N telle que

(11.1) pour $M \in M$, $\varphi(M) = E[M_\infty N_\infty]$

Nous allons montrer que N appartient à BMO . Bornons d'abord les sauts de N . Soit T un temps d'arrêt, soit prévisible, soit totalement inaccessible[1], et soit U une variable aléatoire bornée , F_T-mesurable, telle que $\|U\|_{L^1} \leq 1$. Soit M la martingale compensée du processus $UI_{\{t \geq T\}}$.

1. Nous supposons T partout > 0 , laissant au lecteur l'étude en 0.

M est à VI , avec $\|M\|_v \leqq 2\|U\|_{L^1} \leqq 2$, donc (8,b)) $\|M\|_{\underline{\underline{H}}^1} \leqq 2$. D'autre part, comme U est bornée, M est de carré intégrable (II.9), donc $\varphi(M)=E[M_\infty N_\infty]$, et toujours d'après II.9 cela vaut $E[\Delta M_T \Delta N_T]$. Ainsi dans le cas totalement inaccessible $\Delta M_T = U$, et

$|E[U\Delta N_T]| = |\varphi(M)| \leq 2$, et en passant au sup sur U $\|\Delta N_T\|_{L^\infty} \leqq 2$.

Dans le cas prévisible, $\Delta M_T = U - E[U|\underline{\underline{F}}_{T-}]$, mais ΔN_T est orthogonale à $\underline{\underline{F}}_{T-}$, et on a encore $E[\Delta M_T \Delta N_T]=E[U\Delta N_T]$, avec la même conclusion.

Nous montrons ensuite que $E[[N,N]_\infty - [N,N]_T | \underline{\underline{F}}_T] \leq 1$ pour tout temps d'arrêt T. Posons $Z = [N,N]_\infty - [N,N]_T$; comme d'habitude, il suffit de montrer que $E[Z] \leqq P\{T<\infty\}$ pour tout T, et d'appliquer ce résultat aux T_A $(A\in\underline{\underline{F}}_T)$. Or soit M la martingale $N-N^T$; comme N^T est l'intégrale stochastique $I_{[[0,T]]} \cdot N$, M est l'intégrale stochastique $D \cdot N$, où $D = I_{]]T,\infty[[}$. Donc $[M,N]=D\cdot[N,N]$, tandis que $[M,M]=D^2\cdot[N,N]$, et comme $D^2=D$ on a $[M,M]_\infty = [M,N]_\infty = Z$, et $\|M\|_{\underline{\underline{H}}^1} = E[\sqrt{Z}]$. Or Z est nulle sur $\{T=\infty\}$, donc $E[\sqrt{Z}] \leqq (E[Z])^{1/2}(P\{T<\infty\})^{1/2}$.

Nous avons alors d'une part

$$E[M_\infty N_\infty] = E[[M,N]_\infty] = E[Z]$$

et d'autre part

$$|E[M_\infty N_\infty]| = |\varphi(M)| \leqq \|M\|_{\underline{\underline{H}}^1} = E[\sqrt{Z}] \leqq E[Z]^{1/2} (P\{T<\infty\})^{1/2}$$

d'où finalement l'inégalité $E[Z] \leq P\{T<\infty\}$, le résultat cherché. En mettant tout ensemble, il vient que

(11.2) $$\|\varphi\| \leqq 1 \Rightarrow \|N\|_{\underline{\underline{BMO}}} \leqq \sqrt{5}$$

La démonstration n'est pas tout à fait finie : les formes linéaires φ et C(.,N) coïncident sur $\underline{\underline{M}}$, mais coïncident elles sur $\underline{\underline{H}}^1$? Cela résulte aussitôt du lemme suivant

12 THEOREME. <u>$\underline{\underline{M}}$ est dense dans $\underline{\underline{H}}^1$</u> .

DEMONSTRATION. Soit M une martingale locale qui appartient à $\underline{\underline{H}}^1$, et soit T_n une suite de temps d'arrêt réduisant fortement M, qui tend en croissant vers $+\infty$. On vérifie aussitôt sur la définition de $\underline{\underline{H}}^1$ que les martingales arrêtées M^{T_n} convergent vers M dans $\underline{\underline{H}}^1$. D'autre part, (*) M^T (omettons l'indice n !) s'écrit U+V, où U appartient à $\underline{\underline{M}}$, et V est la compensée de $M_T I_{\{t \geq T\}}$; M_T est intégrable, approchons la dans L^1 par des variables aléatoires $\underline{\underline{F}}_T$-mesurables bornées m_k , et notons V^k la compensée de $m_k I_{\{t \geq T\}}$; la martingale V^k appartient à $\underline{\underline{M}}$ (V.4*),et converge vers V en norme $\| \ \|_v$, plus forte que la norme $\underline{\underline{H}}^1$. En définitive, M est bien approchée dans $\underline{\underline{H}}^1$ par des éléments de $\underline{\underline{M}}$.

(*) Même à $\underline{\underline{BMO}}$

13 COROLLAIRE. <u>Les martingales bornées sont denses dans $\underline{\underline{H}}^1$</u>.

En effet, elles sont denses dans $\underline{\underline{M}}$, pour une norme plus forte que celle de $\underline{\underline{H}}^1$.

14 COROLLAIRE. <u>Toute martingale locale</u> $M\in\underline{\underline{H}}^1$ <u>est uniformément intégrable</u>, <u>et on a</u> $\|M_\infty\|_{L^1} \leq c\|M\|_{\underline{\underline{H}}^1}$ (on verra bien mieux plus loin).

DEMONSTRATION. Supposons d'abord $M\in\underline{\underline{M}}$, et soit N une martingale bornée. L'inégalité de FEFFERMAN nous donne, compte tenu du fait que $E[[M,N]_\infty]$ $=E[M_\infty N_\infty]$ et du n°3 (la constante c varie de place en place)

$$|E[M_\infty N_\infty]| \leq c\|M\|_{\underline{\underline{H}}^1}\|N\|_{\underline{\underline{BMO}}} \leq c\|M\|_{\underline{\underline{H}}^1}\|N_\infty\|_{L^\infty}$$

Donc $\|M_\infty\|_{L^1} \leq c\|M\|_{\underline{\underline{H}}^1}$, et le complété de $\underline{\underline{M}}$ pour la norme $\underline{\underline{H}}^1$ - c'est à dire $\underline{\underline{H}}^1$ lui-même - est contenu dans le complété de $\underline{\underline{M}}$ pour la norme $M\mapsto\|M_\infty\|_{L^1}$, c'est à dire l'espace des martingales uniformément intégrables (remarquer que la relation $M_t=E[M_\infty|\underline{\underline{F}}_t]$ passe bien à la limite dans cette complétion !).

II. INTEGRALES STOCHASTIQUES DANS $\underline{\underline{H}}^1$

Ce paragraphe ne se suffit pas entièrement à lui même : nous allons admettre, en effet, que $\underline{\underline{H}}^1$ <u>est complet</u> , ce qui résultera plus loin de l'inégalité de DAVIS (c'est à dire, indirectement, de l'inégalité de FEFFERMAN). L'inégalité (9.2) interviendra aussi, directement, dans la construction de l'intégrale stochastique pour les processus optionnels.

15 Posons d'abord le problème. Etant donnés un processus prévisible H, une martingale locale M, nous désirons définir une intégrale stochastique H•M possédant des propriétés raisonnables. Nous exigerons d'abord que H•M <u>soit une martingale locale</u> , que $(H\cdot M)_0=H_0M_0$ - ce qui nous ramène au cas où $M_0=0$. Ensuite, nous exigeons que

(15.1) $[H\cdot M,H\cdot M] = H^2\cdot[M,M]$

et cela impose tout de suite une limitation au processus prévisible H. En effet, soit T un temps d'arrêt réduisant fortement la martingale locale $L=H\cdot M$ - nulle en 0 puisque $M_0=0$. L^T s'écrit U+V, $U\in\underline{\underline{M}}_0\subset\underline{\underline{H}}^1$, $V\in\underline{\underline{W}}_0\subset\underline{\underline{H}}^1$, donc $L^T\in\underline{\underline{H}}^1$, et $E[\sqrt{[L,L]_T}]<\infty$. Autrement dit

On ne peut se poser raisonnablement le problème de la construction de l'intégrale stochastique H•M , dans la classe des martingales locales, que pour des processus H tels que le processus croissant $(\int_{0+}^t H_s^2 d[M,M]_s)^{1/2}$ soit localement intégrable.

Sous cette condition, on peut effectivement construire une intégrale stochastique parfaitement satisfaisante. Nous supposons que $M_0=0$ dans l'énoncé suivant, laissant au lecteur le soin d'ajouter le terme H_0M_0 à l'intégrale stochastique si cette condition n'est pas satisfaite.

16 THEOREME. <u>Soit</u> M <u>une martingale locale nulle en</u> 0, <u>et soit</u> H <u>un processus prévisible tel que le processus croissant</u>

(16.1) $\left(\int_0^t H_s^2 d[M,M]_s\right)^{1/2}$

<u>soit localement intégrable</u>. <u>Alors</u>

a) <u>Pour toute martingale locale</u> N, <u>le processus croissant</u> $\int_0^t |H_s||d[M,N]_s|$ <u>est à valeurs finies pour</u> $t<\infty$.

b) <u>Il existe une martingale locale</u> $L=H\cdot M$ <u>telle que l'on ait, pour toute martingale locale</u> N

(16.2) $[L,N] = H\cdot[M,N]$

<u>et cette relation, écrite seulement pour les martingales bornées</u> N, <u>caractérise uniquement</u> L.

c) <u>Les processus</u> ΔL_t <u>et</u> $H_t \Delta M_t$ <u>sont indistinguables, et on a</u> $(H\cdot M)^c = H\cdot M^c$.

DEMONSTRATION. Nous commençons par l'unicité, que nous déduirons du lemme suivant, qui reservira.

16a LEMME. <u>Soit</u> J <u>une martingale locale nulle en</u> 0 . <u>Si</u> $[J,N]$ <u>est une martingale locale pour toute martingale bornée</u> N, <u>on a</u> $J=0$.

En effet, si T réduit cette martingale locale on a $E[[J,N]_T] = E[[J,N]_0]=0$. On applique alors le théorème IV.19, b).

Pour en déduire l'unicité, on considère deux martingales locales L et $\bar{L}$ satisfaisant à (16.2), et on pose $J=L-\bar{L}$; alors $[J,N]=0$ pour toute martingale bornée N, et on applique le lemme.

Pour établir l'existence, <u>nous allons supposer d'abord que</u> $\left(\int_0^\infty H_s^2 d[M,M]_s\right)^{1/2}$ <u>est intégrable</u>. Soit (H_t^n) le processus obtenu en tronquant (H_t) à n ; comme H^n est borné, nous pouvons définir la martingale locale $H^n\cdot M = L_n$. On remarque que $H^n\cdot M \in \underline{\underline{H}}^1$ et que

$$\| H^n\cdot M - H^k\cdot M \|_{\underline{\underline{H}}^1} = E[(\int (H_s^n - H_s^k)^2 d[M,M]_s)^{1/2}]$$

qui tend vers 0 lorsque n et k tendent vers l'infini, par convergence dominée. Les $H^n\cdot M$ forment donc une suite de Cauchy dans $\underline{\underline{H}}^1$. Comme nous avons admis que $\underline{\underline{H}}^1$ est complet, nous pouvons affirmer que $H^n\cdot M = L_n$ converge dans $\underline{\underline{H}}^1$ vers une martingale locale L.

Prouvons que $[L,L] = H^2\cdot[M,M]$. Cela résulte aussitôt du fait que $[L_n,L_n] = H_n^2\cdot[M,M]$, du fait que $H_n^2 \uparrow H^2$, et du lemme suivant :

16b LEMME. <u>Si</u> $L_n \to L$ <u>dans</u> $\underline{\underline{H}}^1$, $\sqrt{[L_n,L_n]_T} \to \sqrt{[L,L]_T}$ <u>dans</u> L^1 <u>pour tout</u> T.

DEMONSTRATION. Cela résulte de l'inégalité triangulaire

$$\left|\sqrt{[L,L]_T} - \sqrt{[L_n,L_n]_T}\right| \leq \sqrt{[L-L_n,L-L_n]_T} \leq \sqrt{[L-L_n,L-L_n]_\infty}$$

qui se ramène à l'inégalité de KUNITA-WATANABE.

Ensuite, vérifions la propriété a) de l'énoncé, et (16.2). a) résulte de l'inégalité de KUNITA-WATANABE

$$\int_0^t |H_s||d[M,N]_s| \leqq (\int_0^t H_s^2 d[M,M]_s)^{1/2}([N,N]_t)^{1/2}$$

et entraîne à son tour, par convergence dominée, que $\int_0^t H_s^n d[M,N]_s$ tend vers $\int_0^t H_s d[M,N]_s$ pour tout t. Dans la relation (16.2) $[L_n,N] = H^n \cdot [M,N]$ écrite à l'instant t, il y a donc convergence p.s. du second membre vers $H\cdot[M,N]$. Du côté gauche, nous avons

$$|[L-L_n,N]_t| \leqq ([L-L_n,L-L_n]_t)^{1/2}([N,N]_t)^{1/2}$$
$$= (\int_0^t (H_s-H_s^n)^2 d[M,M]_s)^{1/2}([N,N]_t)^{1/2}$$

qui tend aussi vers 0 par convergence dominée.

Vérifions c). Comme L_n converge vers L dans $\underline{\underline{H}}^1$, donc dans l'espace des martingales uniformément intégrables, 14 entraîne que, pour une suite extraite, L_n converge p.s. uniformément vers L [nous verrons plus loin que le sup de L_n-L converge en fait vers 0 dans L^1], donc la relation $\Delta(H^n\cdot M)=H^n\Delta M$ passe bien à la limite. Il est clair que si M est continue, $H\cdot M$ est continue. Si M est purement discontinue, il en est de même de $H^n\cdot M$, et L_nN est une martingale locale pour toute N continue bornée. Comme L_n est une martingale uniformément intégrable, donc appartient à la classe (D), et N est bornée, L_nN appartient à la classe (D), donc L_nN est une vraie martingale. En tout instant t, elle converge dans L^1 vers LN, qui est donc une martingale, et il en résulte que L est purement discontinue. D'où la relation $H\cdot M^c=(H\cdot M)^c$.

Il nous reste à nous affranchir de l'hypothèse auxiliaire d'intégrabilité. C'est tout simple : nous choisissons des $T_n \uparrow +\infty$ tels que $E[(\int_0^{T_n} H_s^2 d[M,M]_s)^{1/2}] < \infty$, et nous appliquons le résultat précédent aux processus $HI_{[[0,T_n]]}$. D'après l'unicité les intégrales stochastiques ainsi construites se recollent bien... le lecteur regardera les détails.

INTEGRALES STOCHASTIQUES DE PROCESSUS OPTIONNELS

17 Nous nous proposons ici, étant donnés une martingale locale M nulle en 0, et un processus optionnel H satisfaisant à la propriété

(17.1) <u>le processus croissant</u> $(\int_0^t H_s^2 d[M,M]_s)^{1/2}$ <u>est localement intégrable</u> ,

de définir une intégrale stochastique $H\cdot M$ qui généralise celle du n° II.32. Rappelons que celle-ci était définie pour $M\in\underline{\underline{M}}$, et H optionnel tel que $E[\int_0^\infty H_s^2 d[M,M]_s]<\infty$, par la propriété

(17.2) $\qquad E[[H\cdot M,N]_\infty]=E[\int_0^\infty H_s d[M,N]_s]$ pour tout $N\in\underline{\underline{M}}$.

Nous adoptons une présentation de M. PRATELLI, en démontrant d'abord le lemme

18 LEMME. Si M appartient à $\underline{\underline{M}}$, si $E[\int_0^\infty H_s^2 d[M,M]_s] < \infty$, on a

(18.1) $\qquad \|H\cdot M\|_{\underline{\underline{H}}^1} \leq cE[(\int_0^\infty H_s^2 d[M,M]_s)^{1/2}]$

DEMONSTRATION. Nous appliquons au second membre de (17.2) l'inégalité de FEFFERMAN (la constante c change de place en place)

$$|E[\int H_s d[M,N]_s]| \leq E[\int |H_s||d[M,N]_s|] \leq cE[(\int H_s^2 d[M,M]_s)^{1/2}].\|N\|_{\underline{\underline{BMO}}}$$

Après quoi on fait parcourir à N la boule unité de $\underline{\underline{BMO}} \subset \underline{\underline{M}}$. D'après le théorème de dualité, $\sup_N E[[H\cdot M,N]_\infty] \geq c\|H\cdot M\|_{\underline{\underline{H}}^1}$, et le lemme est établi.

19 THEOREME. Soit M une martingale locale nulle en 0,(*) et soit H un processus optionnel tel que le processus croissant

(19.1) $\qquad (\int_0^t H_s^2 d[M,M]_s)^{1/2}$

soit localement intégrable. Il existe alors une martingale locale $H\cdot M=L$ et une seule telle que, pour toute martingale N bornée (ou seulement localement bornée) le processus

(19.2) $\qquad [L,N]_t - \int_0^t H_s d[M,N]_s$

soit une martingale locale nulle en 0. On a

(19.3) $\qquad (H\cdot M)^T = H\cdot M^T$ pour tout temps d'arrêt T

(19.4) $\qquad \|H\cdot M\|_{\underline{\underline{H}}^1} \leq cE[(\int_0^\infty H_s^2 d[M,M]_s)^{1/2}]$

DEMONSTRATION. Nous commençons par une remarque sur l'énoncé : on peut y remplacer les martingales bornées N par les martingales de $\underline{\underline{BMO}}$, mais le gain de généralité n'est qu'apparent : en effet, toute martingale de $\underline{\underline{BMO}}$ est à sauts bornés, donc localement bornée. Cela vaut la peine d'être dit d'une autre manière : les martingales localement bornées et localement dans $\underline{\underline{BMO}}$ sont les mêmes. L'unicité résulte de 16a .

1) Nous commençons par le cas où M appartient à $\underline{\underline{H}}^1$, et où H est borné par une constante h. D'après 18, l'application $M\mapsto H\cdot M$ définie sur $\underline{\underline{M}}$ satisfait à

(19.5) $\qquad \|H\cdot M\|_{\underline{\underline{H}}^1} \leq cE[h([M,M]_\infty)^{1/2}] = ch\|M\|_{\underline{\underline{H}}^1}$

Comme $\underline{\underline{M}}$ est dense dans $\underline{\underline{H}}^1$, elle se prolonge de manière unique en une application continue de $\underline{\underline{H}}^1$ dans $\underline{\underline{H}}^1$.

(*)Cette condition ne figure dans l'énoncé que par paresse.

Soit $M\in\underline{\underline{H}}^1$, et soit (M^n) une suite d'éléments de $\underline{\underline{M}}$ qui converge vers M dans $\underline{\underline{H}}^1$. Posons $L^n=H\cdot M^n$. Nous avons si N est bornée

$$|\int_0^\infty H_s d[M,N]_s - \int_0^\infty H_s d[M^n,N]_s| \leq \int_0^\infty |H_s||d[M-M^n,N]_s|$$

dont l'espérance est majorée par

(19.6) $\quad cE[(\int H_s^2 d[M-M^n,M-M^n]_s)^{1/2}]\|N\|_{\underline{\underline{BMO}}} \leq c\|M-M^n\|_{\underline{\underline{H}}^1}\|N\|_{\underline{\underline{BMO}}}$

qui tend vers 0 lorsque $n\to\infty$. D'autre part

$$E[|[L-L^n,N]_\infty|] \leq c\|L-L^n\|_{\underline{\underline{H}}^1}\|N\|_{\underline{\underline{BMO}}}$$

qui tend aussi vers 0. Ainsi, dans la relation (17.2)

$$E[[L^n,N]_\infty] = E[\int_0^\infty H_s d[M^n,N]_s]$$

nous avons convergence L^1 des deux côtés, et nous obtenons

$$E[[L,N]_\infty] = E[\int_0^\infty H_s d[M,N]_s]$$

Comme au chapitre II , en remplacant N par N^T , nous voyons que $[L,N]_t - \int_0^t H_s d[M,N]_s$ est une martingale uniformément intégrable, nulle en 0. Et la démonstration du lemme 18 nous donne (19.4). Quant à (19.3), cela résulte de la même propriété dans $\underline{\underline{M}}$, par passage à la limite.

2) Maintenant, nous passons au cas où M appartient à $\underline{\underline{H}}^1$, et H est un processus optionnel <u>tel que</u> $(\int_0^\infty H_s^2 d[M,M]_s)^{1/2}$ <u>soit intégrable</u>. Nous désignons par H^n le processus optionnel borné obtenu en tronquant H à n, et par L^n l'intégrale stochastique $H^n\cdot M$. D'après (19.4), les L^n forment une suite de Cauchy dans $\underline{\underline{H}}^1$, qui converge donc vers une martingale $H\cdot M=L$. Nous avons comme ci-dessus que

$$E[|[L-L^n,N]_\infty|] \to 0 \qquad (\text{ N bornée })$$

et d'autre part

$$E[|\int H_s d[M,N]_s - \int H_s^n d[M,N]_s|] \leq E[\int |H_s-H_s^n||d[M,N]_s|]$$

tend vers 0 par convergence dominée. D'où à nouveau par passage à la limite $E[[L,N]_\infty] = E[\int H_s d[M,N]_s]$, d'où (19.2) - la martingale étant en fait uniformément intégrable - et à nouveau l'inégalité (19.4) comme dans la démonstration de 18, par l'inégalité de FEFFERMAN. (19.3) est évidente.

3) Finalement, si M est une martingale locale, si H satisfait seulement à la condition d'intégrabilité locale, on considère des temps d'arrêt T réduisant fortement M (donc $M^T\in\underline{\underline{H}}^1$) et tels que $E[(\int_0^T H_s^2 d[M,M]_s)^{1/2}]<\infty$. On sait alors définir $H\cdot M^T$ d'après 2), et on vérifie que ces intégrales stochastiques se recollent bien . Nous laissons les détails au lecteur.

20 REMARQUE. Nous avons vu dans la démonstration le fait suivant, qui mérite peut être d'être souligné : si $M \in \underline{\underline{H}}^1$, si $E[(\int_0^\infty H_s^2 d[M,M]_s)^{1/2}] < \infty$, et si $N \in \underline{\underline{BMO}}$, on a $H \cdot M \in \underline{\underline{H}}^1$ et

(20.1) $$E[[H \cdot M, N]_\infty] = E[\int_0^\infty H_s d[M,N]_s]$$

la martingale (19.2) étant uniformément intégrable.

De plus, on peut montrer par convergence dans $\underline{\underline{H}}^1$, les faits suivants

- Si M est continue, H•M est continue. Si M est une somme compensée de sauts, (20.1) appliquée avec N continue bornée montre que H•M est une somme compensée de sauts.
- Si T est un temps totalement inaccessible, $\Delta(H \cdot M)_T = H_T \Delta M_T$.
- Si T est un temps prévisible, $\Delta(H \cdot M)_T = H_T \Delta M_T - E[H_T \Delta M_T | \underline{\underline{F}}_{T-}]$. –

UN EXEMPLE D'INTEGRALE OPTIONNELLE

Nous allons tenir notre promesse du n°II.37 en calculant l'intégrale stochastique $\int_0^t M_s dM_s$. Comme nous savons calculer $\int_0^t M_{s-} dM_s$, tout revient à regarder $\int_0^t \Delta M_s dM_s$. Nous montrons, d'après M.PRATELLI et C.YOEURP :

21 THEOREME. Si (et seulement si) la martingale locale M nulle en 0 est localement de carré intégrable, le processus croissant

(21.1) $$(\int_0^t \Delta M_s^2 d[M,M]_s)^{1/2} = (\sum_{s \leq t} \Delta M_s^4)^{1/2}$$

est localement intégrable, et l'on a alors

(21.2) $$\int_0^t \Delta M_s dM_s = [M,M]_t - \langle M,M \rangle_t$$

DEMONSTRATION. Nous ne chercherons pas à prouver la parenthèse, qui ne présente pas d'intérêt. L'intégrabilité locale de (21.1) résulte de l'inégalité $(\Sigma \Delta M_s^4)^{1/2} \leq \Sigma \Delta M_s^2$. Pour démontrer (21.2), nous pouvons supposer que M est de carré intégrable, et alors $\Delta M \cdot M$ appartient à $\underline{\underline{H}}^1$. Comme l'égalité (21.2) est triviale lorsque M est continue, nous pouvons supposer que c'est une somme compensée de sauts. Les deux membres de (21.2) sont alors des sommes compensées de sauts, nulles en 0, il suffit de vérifier qu'elles ont les mêmes sauts. On regarde en T prévisible partout >0, en T totalement inaccessible, d'après 20 ci-dessus. Les détails sont laissés au lecteur.

22 Nous conclurons ce paragraphe sur la remarque suivante (qui n'a rien à voir avec l'intégrale stochastique) : si M est une martingale locale, M est localement dans $\underline{\underline{H}}^1$, donc le processus $\int_0^{\cdot} |d[M,N]_s|$ est localement

intégrable, d'après l'inégalité de FEFFERMAN, pour toute martingale locale N localement bornée (= localement dans $\underline{\underline{BMO}}$, cf. 19). Cela permet de définir le crochet oblique $\langle M,N\rangle$, compensateur de $[M,N]$. Voir à ce sujet le travail de YOEURP.

III. INEGALITES

Notre but dans ce paragraphe est assez modeste. Nous voulons démontrer d'après GARSIA (étendu au cas continu par CHOU) que l'inégalité de FEFFERMAN entraîne l'inégalité de DAVIS, avec comme corollaire le fait (utilisé au paragraphe précédent) que $\underline{\underline{H}}^1$ est complet. Puis établir les inégalités de BURKHOLDER classiques, afin de pouvoir dire quand une intégrale stochastique est bornée dans L^p - là encore, nous suivrons GARSIA et CHOU. Nous n'essaierons pas d'entrer dans la théorie moderne des inégalités de martingales, pour laquelle on consultera le livre de GARSIA, et les articles cités dans la bibliographie.

UN LEMME SUR LES PROCESSUS CROISSANTS

GARSIA donne de ce lemme ([21],[24]) une démonstration sans temps d'arrêt, que l'on trouvera en temps continu dans CHOU [26]. Nous préférons rétablir les temps d'arrêt, et ajouter une variante due à STROOCK, qui paraît intéressante ([27]).

23 THEOREME. Soient (A_t) un processus croissant (pouvant présenter un saut à l'infini) et Y une v.a. positive intégrable. On suppose soit que

(23.1) $\quad E[A_\infty|\underline{\underline{F}}_T] - A_{T-} \leq E[Y|\underline{\underline{F}}_T]$ p.s. pour tout t.d'a. T ,

soit que A est prévisible nul en 0, et que

(23.2) $\quad E[A_\infty|\underline{\underline{F}}_T] - A_T \leq E[Y|\underline{\underline{F}}_T]$ p.s.

On a alors pour tout $\lambda>0$

(23.3) $$\int_{\{A_\infty\geq\lambda\}}(A_\infty-\lambda)P \leq \int_{\{A_\infty\geq\lambda\}} YP$$

Soit φ une fonction croissante et continue à droite sur $\mathbb{R}_+$, et soit $\Phi(\lambda)=\int_0^\lambda \varphi(t)dt$. On a alors

(23.4) $\quad E[\Phi(A_\infty)] \leq E[\varphi(A_\infty)Y]$

DEMONSTRATION. La forme (23.4) est celle de GARSIA. Elle contient (23.3) lorsque $\varphi=I_{[\lambda,\infty[}$, $\Phi(t)=(t-\lambda)^+$. Inversement, (23.3) entraîne (23.4) en intégrant par rapport à la mesure $d\varphi$.

Plaçons nous dans le cas (23.1) et désignons par T le t.d'a. $\inf\{t : A_t \geqq \lambda\}$: nous avons $A_{T-} \leqq \lambda$, et $\{A_\infty \geqq \lambda\} = \{T<\infty\} \cup \{T=\infty, A_\infty \geqq \lambda\}$ (ne pas oublier le saut à l'infini !) appartient à $\underline{\underline{F}}_T$. Donc

$$\int_{\{A_\infty \geqq \lambda\}} (A_\infty - \lambda)P \leqq \int_{\{\ \}} (A_\infty - A_{T-})P \leqq \int_{\{\ \}} YP$$

c'est à dire (23.3). Dans le cas (23.2), on peut affirmer que T est prévisible, soit par la note N9, p.9, soit parce que $I_{[[T,\infty[[} = \{(t,\omega) : A_t(\omega) \geqq \lambda\}$ et que A est prévisible. Utilisant une suite qui annonce T, on vérifie que $E[A_\infty - A_{T-} | \underline{\underline{F}}_{T-}] \leqq E[Y|\underline{\underline{F}}_{T-}]$, et on a $\{A_\infty \geqq \lambda\} \in \underline{\underline{F}}_{T-}$. D'où la même chaîne d'inégalités que ci-dessus.

Maintenant, nous citons un résultat purement analytique, qui a été démontré indépendamment par NEVEU [28], et par GARSIA (voir par exemple la démonstration de GARSIA présentée par CHOU dans le Sém.IX, p.206-212 , et celle de NEVEU p.205 de [28]).

Nous dirons que la fonction convexe croissante Φ est à croissance modérée si $\Phi(2t) \leqq c\Phi(t)$.

24 THEOREME. <u>Soient</u> U <u>et</u> V <u>deux v.a. positives telles que</u>

(24.1) $$\int_{\{U \geqq \lambda\}} (U-\lambda)P \leqq \int_{\{U \geqq \lambda\}} VP$$

<u>On a alors</u>

(24.2) $$\| U \|_{L^p} \leqq p \| V \|_{L^p} \quad \underline{\text{pour}}\ 1 \leqq p < \infty$$

(24.3) $$E[\Phi(U)] \leqq CE[\Phi(V)]$$

<u>si</u> Φ <u>est à croissance modérée</u>, C <u>dépendant uniquement de la constante</u> c <u>précédant l'énoncé</u>. <u>Enfin</u>, <u>si</u> V <u>est majorée par une constante</u> $\gamma<1$

(24.4) $$E[e^U] \leqq \frac{1}{1-\gamma}$$

25 Voici des exemples d'application du lemme de GARSIA.

a) (B_t) est un processus croissant non adapté, (A_t) sa projection duale optionnelle ($E[B_\infty - B_{T-} | \underline{\underline{F}}_T] = E[A_\infty - A_{T-} | \underline{\underline{F}}_T]$; on prend $Y=B_\infty$. De même pour la projection duale prévisible (A prévisible, $E[B_\infty - B_T | \underline{\underline{F}}_T] = E[A_\infty - A_T | \underline{\underline{F}}_T]$).

L'inégalité (24.3) est alors due à BURKHOLDER-DAVIS-GUNDY.

b) (X_t) est une surmartingale de la classe (D), positive, et A le processus croissant prévisible qui l'engendre ; on prend $Y=X^* = \sup_t X_t$.

c) Nous déduirons plus loin de ce lemme l'inégalité de DAVIS pour les martingales, et les inégalités de BURKHOLDER.

UNE VARIANTE DU LEMME 23

Cette variante est due à STROOCK [27], et je la trouve jolie.

26 THEOREME. Soit $(X_t)_{t\leqq+\infty}$ un processus adapté à trajectoires càdlàg, et soit Y une v.a. positive intégrable. Supposons que l'on ait (avec la convention $X_{0-}=0$)

(26.1) $E[|X_\infty - X_{T-}||\underline{\underline{F}}_T] \leq E[Y|\underline{\underline{F}}_T]$ p.s. pour tout t.d'a. T.

Soit $X^* = \sup_t |X_t|$. On a alors pour tout $\lambda>0$

(26.2) $\lambda P\{X^* \geqq 2\lambda\} \leqq 2 \int_{\{X^*\geqq\lambda\}} YP$

DEMONSTRATION. Soient $S=\inf\{t : |X_t|\geqq\lambda\}$, $T=\inf\{t : |X_t|\geqq 2\lambda\}$. On a $|X_{S-}|\leqq\lambda$ et

$$P\{X^*\geqq 2\lambda\} = P\{|X_T|\geqq 2\lambda\} \leqq P\{|X_S|\geqq\lambda,\ |X_T-X_{S-}|\geqq\lambda\}$$
$$\leqq \frac{1}{\lambda}\int_{\{|X_S|\geqq\lambda\}} |X_T-X_{S-}|P$$

Comme $\{|X_S|\geqq\lambda\}$ appartient à $\underline{\underline{F}}_S$ et $\underline{\underline{F}}_T$, nous majorons $|X_T-X_{S-}|$ par $|X_\infty -X_{S-}| + |X_\infty -X_T|$, et nous écrivons

$$\int_{\{\ \}} |X_\infty -X_{S-}|P \leqq \int_{\{\ \}} YP$$

pour l'autre terme, nous avons $X_T = \lim_n X_{(T+\frac{1}{n})-}$, et nous appliquons le lemme de Fatou.

27 Cette inégalité n'est pas aussi puissante que (23.3), mais elle permet (par le raisonnement qui conduit à l'inégalité de DOOB classique) de montrer que $\|X^*\|_p \leqq c\|Y\|_p$ pour $1<p<\infty$.

D'autre part, la démonstration peut donner un peu plus. STROOCK remarque que l'on a en fait

(27.1) $\mu P\{X^*\geqq \lambda+\mu\} \leqq 2 \int_{\{X^*\geqq\lambda\}} YP$

(la démonstration ci-dessus correspond à $\mu=\lambda$). Supposons que Y soit bornée par une constante r. Alors une récurrence immédiate donne, en prenant μ constante égale à 4r

(27.2) $P\{X^*\geqq 4rn\} \leqq 2^{-n+1}$

d'où il résulte que $E[\exp(\lambda X^*)]<\infty$ pour $\lambda>0$ assez petit. Par exemple, tout cela s'applique au cas où X est une martingale $\underline{\underline{BMO}}$[1] (pour la dernière inégalité, due à JOHN-NIREMBERG, il est possible d'avoir des résultats plus précis au moyen des formules exponentielles, mais nous n'insisterons pas).

1. L'espace des martingales X telles que $E[|X_\omega -X_{T-}||\underline{\underline{F}}_T]$ soit borné uniformément en T contient évidemment $\underline{\underline{BMO}}$, et en fait coïncide avec lui.

L'INEGALITE DE DAVIS : PREMIERE MOITIE

28 Nous commençons par renforcer l'inégalité de FEFFERMAN de la manière suivante : soient M et N deux martingales locales, T un temps d'arrêt. Soit $\Omega'=\{T<\infty\}$, muni de la loi $P'=\frac{1}{P(\Omega')}P|_{\Omega'}$, de la famille de tribus $\underline{\underline{F}}'_t=\underline{\underline{F}}_{T+t}$, et des deux martingales locales $M'_t=M_{T+t}-M_{T-}$, $N'_t=N_{T+t}-N_{T-}$. On vérifie sans peine que

$[M',M']_t = [M,M]_{T+t} - [M,M]_{T-}$, et de même pour N'.

On en tire

$$\|M'\|_{\underline{\underline{H}}^1} = E[\sqrt{[M,M]_\infty-[M,M]_{T-}}]/P\{T<\infty\}$$

$$\|N'\|_{\underline{\underline{BMO}}} \leq \|N\|_{\underline{\underline{BMO}}}$$

L'inégalité de FEFFERMAN nous donne alors

$$E[\int_{[T,\infty[}|d[M,N]_s|]\leq cE[\sqrt{[M,M]_\infty-[M,M]_{T-}}]\|N\|_{\underline{\underline{BMO}}}$$

qui, si l'on remplace T par T_A ($A\in\underline{\underline{F}}_T$), nous donne la forme conditionnelle

$$(28.1)\quad E[\int_{[T,\infty[}|d[M,N]_s|\,|\underline{\underline{F}}_T] \leq cE[\sqrt{[M,M]_\infty-[M,M]_{T-}}|\underline{\underline{F}}_T]\|N\|_{\underline{\underline{BMO}}}$$

Nous posons maintenant

$$(28.2)\quad M^*_t(\omega) = \sup_{s\leq t}|M_s(\omega)|\ ,\quad M^*=M^*_\infty$$

Voici la première moitié de l'inégalité de DAVIS [29], avec sa forme conditionnelle due à GARSIA :

29 THEOREME. <u>On a</u>

$$(29.1)\quad E[M^*] \leq cE[\sqrt{[M,M]_\infty}] = c\|M\|_{\underline{\underline{H}}^1}$$

<u>et, pour tout temps d'arrêt</u> T

$$(29.2)\quad E[M^*_\infty-M^*_{T-}|\underline{\underline{F}}_T] \leq cE[\sqrt{[M,M]_\infty-[M,M]_{T-}}|\underline{\underline{F}}_T] \leq cE[\sqrt{[M,M]_\infty}|\underline{\underline{F}}_T]$$

DEMONSTRATION. Soit S une v.a. <u>quelconque</u> à valeurs positives, non nécessairement un temps d'arrêt, et soit B_t le processus à VI non adapté $\mathrm{sgn}(M_S)I_{\{t\geq S\}}$. Soit (A_t) la projection duale optionnelle de (B_t). On a pour tout temps d'arrêt T $E[\int_{[T,\infty[}|dA_s|\,|\underline{\underline{F}}_T] \leq E[\int_{[T,\infty[}|dB_s|\,|\underline{\underline{F}}_T] \leq 1$. Donc, d'après 4a), la martingale $N=E[A_\infty|\underline{\underline{F}}_t]$ appartient à $\underline{\underline{BMO}}$ avec une norme majorée par une constante c indépendante de S ($c=2\sqrt{2}$ par ex.).

Supposons d'abord que M soit de carré intégrable. Nous avons alors

$$\begin{aligned} E[|M_S|] = E[\int M_s dB_s] &= E[\int M_s dA_s] \text{ (déf. de la proj. optionnelle)}\\ &= E[M_\infty A_\infty] \text{ (parce que A est adapté)}\\ &= E[M_\infty N_\infty]=E[\int d[M,N]_s] \text{ (mart. de carré intégr.)}\\ &\leq c\|M\|_{\underline{\underline{H}}^1}\|N\|_{\underline{\underline{BMO}}} \leq c\|M\|_{\underline{\underline{H}}^1} \end{aligned}$$

la constante c variant, comme d'habitude, de place en place. Nous appliquons cela en prenant pour S

$$S(\omega) = \inf\{\ t : |M_t(\omega)|\geq M^*(\omega)-\varepsilon\}$$

de sorte que $|M_S| \geq M^*-\varepsilon$ p.s., et il vient que $E[M^*] \leq c\|M\|_{\underline{\underline{H}}^1}$, du moins lorsque M est de carré intégrable. Pour passer au cas général, nous considérons $M \in \underline{\underline{H}}^1$, des $M^n \in \underline{\underline{M}}$ qui convergent vers M dans $\underline{\underline{H}}^1$ (n°12). D'après 14 et l'inégalité de DOOB, quitte à extraire une suite, on peut supposer que les trajectoires $M^n_{\bullet}(\omega)$ convergent p.s. uniformément vers $M_{\bullet}(\omega)$, donc M^{n*} converge p.s. vers M^*. On applique alors le lemme de Fatou et on a (29.1).

Pour en déduire (29.2), on pose $\Omega'=\{T<\infty\}$, avec les tribus $\underline{\underline{F}}'_t = \underline{\underline{F}}_{T+t}|_{\Omega'}$, la loi $P' = \frac{1}{P(\Omega')} P|_{\Omega'}$, la martingale $M'_t = M_{T+t}-M_{T-}$, de sorte que $[M',M']_t=[M,M]_{T+t}-[M,M]_{T-}$. Alors $E'[M'^*] \leq c\|M'\|_{\underline{\underline{H}}^1}$ d'après (29.1). Mais d'autre part $M^* \leq M^*_{T-} + M'^*$, donc

$$E[M^*_\infty - M^*_{T-}] \leq cE[\sqrt{[M,M]_\infty - [M,M]_{T-}}\ ]$$

et en remplaçant T par T_A ($A \in \underline{\underline{F}}_T$) on a l'inégalité (29.2).

En appliquant à (29.2) le lemme de GARSIA 23, et les inégalités analytiques 24, on obtient la première moitié des inégalités de BURKHOLDER, DAVIS et GUNDY [30].

30 THEOREME. <u>Si</u> Φ <u>est une fonction convexe à croissance modérée, on a</u>

(30.1) $$E[\Phi(M^*)] \leq cE[\Phi(\sqrt{[M,M]_\infty})]\ .$$

L'INEGALITE DE DAVIS : SECONDE MOITIE

31 THEOREME. <u>On a</u>

(31.1) $$E[\sqrt{[M,M]_\infty}\ ] \leq cE[M^*]$$

<u>et, pour tout temps d'arrêt</u> T

(31.2) $$E[\sqrt{[M,M]_\infty - [M,M]_{T-}}\ |\underline{\underline{F}}_T] \leq cE[M^*|\underline{\underline{F}}_T]$$

DEMONSTRATION. Nous ne dirons rien sur (31.2), qui se déduit de (31.1) par un conditionnement analogue à celui du n°29, mais plus simple.

Pour établir (31.1), quitte à désintégrer P relativement à la v.a. M_0, nous pouvons supposer que M_0 est une constante a, et quitte à remplacer M par $M+\varepsilon$ ($\varepsilon \to 0$) si $a=0$, nous pouvons supposer $a \neq 0$. Alors nous avons $M^* \geq |a|$, donc $1/M^*$ est bornée. Nous écrivons

(31.3) $$E[[M,M]^{1/2}_\infty\ ] \leq (E[M^*])^{1/2}\ (E[\ \frac{[M,M]_\infty}{M^*}\ ])^{1/2}$$

Appliquons maintenant le n°4 à la martingale $H_t=E[\ \frac{1}{M^*}|\underline{\underline{F}}_t]$, au processus croissant $B_t=M^*_t$: la martingale locale $B_-\cdot H$ a une norme $\underline{\underline{BMO}}$ majorée par une constante c ($\sqrt{6}$?), et il en est de même de $M_-\cdot H$ puisque $|M_-| \leq B_-$. Posons $L=M_-\cdot H$. Nous avons d'après l'inégalité de FEFFERMAN

(31.4) $E[\int|d[M,L]_s|] \leq c\|M\|_{\underline{\underline{H}}^1}\|L\|_{\underline{\underline{BMO}}} \leq c\|M\|_{\underline{\underline{H}}^1}$

Mais $[M,L] = [M,M_-\cdot H] = M_-\cdot[M,H] = [M_-\cdot M,H]$. Notons K la martingale locale $2M_-\cdot M = M^2-[M,M]$, et supposons pour commencer que M et K appartiennent toutes deux à $\underline{\underline{H}}^1$. La formule précédente entraîne que, pour tout temps d'arrêt S

(31.5) $|E[[K,H]_S]| = |2E[[M,L]_S]| \leq c\|M\|_{\underline{\underline{H}}^1}$

Si S réduit la martingale locale KH - [K,H], cela s'écrit simplement $|E[K_S H_S]| \leq c\|M\|_{\underline{\underline{H}}^1}$. Or H est bornée, K dans $\underline{\underline{H}}^1$; faisant tendre S vers l'infini il vient

$$|E[K_\infty H_\infty]| = |E[\frac{M_\infty^2-[M,M]_\infty}{M^*}]| \leq c\|M\|_{\underline{\underline{H}}^1}$$

Nous remarquons maintenant que $M_\infty^2/M^* \leq M^*$, donc

(31.6) $E[\frac{[M,M]_\infty}{M^*}] \leq E[M^*] + c\|M\|_{\underline{\underline{H}}^1}$

Posons, pour alléger les notations , $A=\|M\|_{\underline{\underline{H}}^1}$, $B=E[M^*]$; (31.3) s'écrit, compte tenu de (31.6)

$$A \leq \sqrt{B}\sqrt{B+cA}$$

d'où nous pouvons tirer , sous l'hypothèse soulignée plus haut (qui implique en particulier que $A<\infty$!) que $A=\|M\|_{\underline{\underline{H}}^1}$ est bornée dès que $B=E[M^*] \leq 1$. Pour passer au cas général, nous prenons M telle que $E[M^*]\leq 1$, et nous appliquons le résultat précédent à M^T , où T réduit fortement les deux martingales locales M et $K=2M_-\cdot M$, après quoi nous faisons tendre T vers l'infini.

En appliquant à (31.2) le lemme de GARSIA 23, et les inégalités analytiques 24, on obtient la seconde moitié des inégalités de BURKHOLDER, DAVIS et GUNDY

32 THEOREME. Si Φ est une fonction convexe à croissance modérée, on a

(32.1) $$E[\Phi(\sqrt{[M,M]_\infty})] \leq cE[\Phi(M^*)]$$

D'autre part, nous avons une autre caractérisation de $\underline{\underline{H}}^1$:

33 THEOREME. Les normes $\|M\|_{\underline{\underline{H}}^1}$ et $\|M^*\|_{L^1}$ sont équivalentes. En particulier, $\underline{\underline{H}}^1$ est complet.

LES ESPACES $\underline{\underline{H}}^p$, p>1

Nous allons dire un mot de ces espaces, qui sont assez banaux - bien moins intéressants que $\underline{\underline{H}}^1$ (en fait, la mode en analyse et en théorie des martingales semble se tourner vers les espaces $\underline{\underline{H}}^p$, p<1, qui ne sont pas des espaces de Banach).

34 DEFINITION. Si M est une martingale locale, on pose $\|M\|_{\underline{\underline{H}}^p}=\|\sqrt{[M,M]_\infty}\|_{L^p}$, et on désigne par $\underline{\underline{H}}^p$ l'ensemble des M tels que $\|M\|_{\underline{\underline{H}}^p}<\infty$.

Le lecteur vérifiera que $\|\ \|_{\underline{\underline{H}}^p}$ est bien une norme pour $1\leq p\leq\infty$.

$\underline{\underline{H}}^\infty$ n'est guère intéressant. $\underline{\underline{H}}^1$ a déjà été vu, quant à $\underline{\underline{H}}^p$ pour $1<p<\infty$, son sort est réglé par les inégalités de BURKHOLDER et de DOOB :

35 THEOREME. Les normes $\|M\|_{\underline{\underline{H}}^p}$ et $\|M^*\|_{L^p}$ sont équivalentes pour $1<p<\infty$.

$\underline{\underline{H}}^p$ est identique à l'espace des martingales bornées dans L^p, avec une norme équivalente à la norme $M\mapsto\|M_\infty\|_{L^p}$.

Soit q l'exposant conjugué de p. L'inégalité qui correspond à l'inégalité de FEFFERMAN - mais qui est bien moins profonde - est l'inégalité II.22, que nous recopions :

36 THEOREME. Si M et N sont deux martingales locales

(36.1) $\qquad E[\int|d[M,N]_s|] \leq \|M\|_{\underline{\underline{H}}^p}\|N\|_{\underline{\underline{H}}^q}$

37 COROLLAIRE. Si M appartient à $\underline{\underline{H}}^p$, N à $\underline{\underline{H}}^q$, la martingale locale K=MN-[M,N] appartient à $\underline{\underline{H}}^1$.

En effet, K^* est dominé par $M^*N^*+\int_0^\infty|d[M,N]_s| \in L^1$.

Le dual de $\underline{\underline{H}}^p$ est évidemment $\underline{\underline{H}}^q$, la forme bilinéaire qui les met en dualité étant $(M,N)\mapsto E[M_\infty N_\infty]=E[[M,N]_\infty]$.

Nous conclurons ce chapitre sur une remarque de M.PRATELLI, qui a un intérêt évident : elle permet de reconnaître quand une intégrale stochastique optionnelle est bornée dans L^p.

38 THEOREME. Soit M une martingale locale, et soit H un processus optionnel tel que $E[(\int H_s^2 d[M,M]_s)^{p/2}]<\infty$. Alors $H\cdot M$ appartient à $\underline{\underline{H}}^p$.

DEMONSTRATION. On écrit l'inégalité de KUNITA-WATANABE

$$E[\int|H_s||d[M,N]_s|] \leq (E[(\int H_s^2 d[M,M]_s)^{p/2}])^{1/p}\|N\|_{\underline{\underline{H}}^q}$$

Prenons N bornée, posons L=H•M, et désignons par K le premier facteur du second membre. Par définition de l'intégrale stochastique optionnelle, [L,N]-H•[M,N] est une martingale locale, donc aussi LN-H•[M,N].

Si T réduit celle-ci, nous avons

$$|E[L_T N_T]| \leq K\|N\|_{\underline{\underline{H}}^q} \leq cK\|N_\infty\|_{L^q}$$

Faisant parcourir à N_∞ un ensemble dense dans la boule unité de $L^q(\underline{\underline{F}}_T)$ nous voyons que $\|L_T\|_{L^p} \leq cK$, après quoi nous faisons tendre T vers l'infini.

39 REMARQUE. Nous avons vu le même résultat pour p=1 au n°20.
Il est tout naturel de se poser alors la même question pour $\underline{\underline{BMO}}$: si M appartient à $\underline{\underline{BMO}}$, et si H est un processus optionnel borné par 1, a t'on $\|H\cdot M\|_{BMO} \leq c\|M\|_{BMO}$? C'est évident si H est prévisible.

Tout d'abord, on a $\overline{\overline{M}}\underline{\underline{cM}}$, donc le calcul des sauts de H•M qui figure au n°II.34 nous donne, si l'on pose H•M=L

$$\Delta L_T = H_T\Delta M_T \text{ si T est totalement inaccessible}$$
$$= H_T\Delta M_T - E[H_T\Delta M_T|\underline{\underline{F}}_{T-}] \text{ si T est prévisible partout >0}$$

montre que H•M est à sauts bornés.

D'autre part, la relation (35.2) du th. II.35 se conditionne en

$$E[(L_\infty - L_T)^2|\underline{\underline{F}}_T] \leq E[\int_{]T,\infty[} H_s^2 d[M,M]_s|\underline{\underline{F}}_T]$$
$$\leq E[[M,M]_\infty - [M,M]_T|\underline{\underline{F}}_T]$$

d'où en définitive, si $\|M\|_{\underline{\underline{BMO}}} \leq 1$, l'inégalité $\|L\|_{\underline{\underline{BMO}}} \leq \sqrt{5}$.

Université de Strasbourg
Séminaire de Probabilités 1975/76

UN COURS SUR LES INTEGRALES STOCHASTIQUES

(P.A. Meyer)

CHAPITRE VI . COMPLEMENTS AUX CHAPITRES I-V

Ce chapitre contient une série de résultats en désordre, liés aux sujets traités pendant l'année 1974/75.

I. L'EXISTENCE DE [M,M] ET L'INTEGRALE DE STRATONOVITCH

L'intégrale de STRATONOVITCH est une intégrale stochastique définie pour certaines classes de processus à trajectoires continues, et qui a l'avantage d'obéir à la formule du changement de variables ordinaire, celle du calcul différentiel, et non à la formule d'ITO. Pour présenter cela, nous commençons par quelques remarques sur les semimartingales continues.

1 Soit X une semimartingale continue, nulle en 0 . D'après IV.32 d), X est une semimartingale spéciale ; soit X=M+A sa décomposition canonique. Il existe des temps d'arrêt T tels que $\int_0^T |dA_s| \in L^1$, et que X soit bornée sur $[[0,T]]$. Posons $X^T=\bar{X}$, $M^T=\bar{M}$, $A^T=\bar{A}$; la martingale $\bar{M}$ est uniformément intégrable et l'on a pour tout temps d'arrêt S $\Delta\bar{X}_S=0$.

Si S est totalement inaccessible, comme $\bar{A}$ est prévisible, on a $\Delta\bar{A}_S=0$, donc $\Delta\bar{M}_S=0$ aussi.

Si S est prévisible, on a $E[\Delta\bar{M}_S|\underline{\underline{F}}_{S-}]=0$, donc $E[\Delta\bar{A}_S|\underline{\underline{F}}_{S-}]=0$. Comme $\bar{A}$ est prévisible, cela entraîne $\Delta\bar{A}_S=0$, puis $\Delta\bar{M}_S=0$.

Ainsi, $\bar{M}$ et $\bar{A}$ sont continus. et en faisant tendre T vers l'infini on voit que M et A sont continus. Ainsi, nous avons établi <u>Toute semimartingale continue nulle en 0 admet une décomposition en une martingale locale continue et un processus VF continu</u>.
(L'extension aux processus non nuls en 0 est bien claire ! $X=X_0+M+A$).

2 Soient H et X deux semimartingales continues. Définissons l'intégrale de STRATONOVITCH $\mathop{S}_0^t H_u dX_u$ par

$$(2.1)\qquad \mathop{S}_0^t H_u dX_u = \int_0^t H_u dX_u + \tfrac{1}{2}\langle H^c,X^c\rangle_t$$

où H^c,X^c sont, comme d'habitude, les parties <u>martingales continues</u> de H et X. Alors que l'intégrale stochastique ordinaire est limite en probabilité de sommes $\Sigma_i H_{t_i}(X_{t_{i+1}}-X_{t_i})$ sur des subdivisions de [0,t], l'intégrale de STRATONOVITCH est limite de sommes de la forme $\Sigma_i H_{s_i}(X_{t_{i+1}}-X_{t_i})$, avec $s_i = \frac{1}{2}(t_i+t_{i+1})$, ainsi que d'intégrales de la forme $\int_0^t H_s^n dX_s^n$, intégrales de Stieltjes relatives aux lignes polygonales obtenues par interpolation linéaire de H et X entre les instants t_i^n de la n-ième subdivision dyadique. Surtout, l'intégrale de STRATONOVITCH possède une formule de changement de variables intéressante. Considérons une fonction f de classe $\underline{\underline{C}}^3$ sur $\mathbb{R}$ (l'extension au cas vectoriel est possible). Le processus $f'(X_t)$ est une semimartingale continue pour t>0, que nous noterons H_t. Décomposant X en X_0+M+A, avec $M=X^c$, nous avons d'après la formule d'ITO

$$H_t = H_0 + \int_0^t f''(X_s)dM_s + [\int_0^t f''(X_s)dA_s + \frac{1}{2}\int_0^t f'''(X_s)d\langle M,M\rangle_s]$$

d'où la partie martingale continue H^c, égale à la première intégrale stochastique, et aussi

$$\langle H^c,M\rangle_t = \int_0^t f''(X_s)d\langle M,M\rangle_s$$

Par conséquent, d'après la formule d'ITO

$$(2.2)\quad \mathop{S}_0^t f'(X_s)dX_s = \int_0^t f'(X_s)dX_s + \frac{1}{2}\int_0^t f''(X_s)d\langle M,M\rangle_s = f(X_t)-f(X_0)$$

et l'on voit que l'intégrale de STRATONOVITCH obéit à la formule du changement de variables ordinaire, non à celle d'ITO. L'ennui, c'est que nous avons dû supposer f de classe $\underline{\underline{C}}^3$ pour que $f'(X_s)$ soit une semimartingale. Notre but maintenant va être de donner un sens à l'intégrale $\mathop{S}_0^t H_s dX_s$ pour une classe de processus H plus large que celle des semimartingales, et contenant les processus obtenus par l'opération de fonctions de classe $\underline{\underline{C}}^1$ sur les semimartingales : cela donnera un sens à la partie gauche de (2.2) pour une fonction f de classe $\underline{\underline{C}}^2$, et nous étendrons alors la validité de (2.2).

Auparavant, nous allons poser le problème de manière plus générale, en sortant du cas continu : nous n'avons défini le processus croissant [X,X] que pour des semimartingales ; peut on le définir pour des classes plus larges de processus ? Cela nous amène aux théorèmes d'approximation de Catherine DOLEANS-DADE, et à diverses questions intéressantes.

APPROXIMATION DE [X,X] AU MOYEN DE SUBDIVISIONS

3 THEOREME. Soit X=M+A une semimartingale, telle que la martingale M appartienne à $\underline{\underline{M}}$, que le processus A soit à V.I., nul en 0, et tel que $\int_0^\infty |dA_s| \in L^2$. Les variables aléatoires

(3.1) $$S_\tau(X) = X_0^2 + \Sigma_i (X_{t_{i+1}} - X_{t_i})^2$$

associées aux différentes subdivisions finies de l'intervalle $[0,t]$ $\tau=(0=t_0<t_1\ldots<t_{n+1}=t\leq+\infty)$ sont uniformément intégrables, et convergent vers $[X,X]_t$ dans L^1 lorsque le pas[1] de la subdivision tend vers 0.

DEMONSTRATION. a) Intégrabilité uniforme. Nous écrivons que $S_\tau(X) \leq 2(S_\tau(M)+S_\tau(A))$. Il n'y a aucun problème pour $S_\tau(A)$, majorée par $(\int_{0-}^{\infty}|dA_s|)^2 \in L^1$. Regardons $S_\tau(M)$. Nous allons montrer que pour tout $\varepsilon>0$, les $S_\tau(M)$ sont majorées par des v.a. de la forme H+K, où K est contenu dans la boule de rayon ε de L^1, H restant borné dans L^2. L'intégrabilité uniforme des $S_\tau(M)$ en résultera.

Pour cela, nous désignons par U_t la martingale $E[M_\infty I_{\{|M_\infty|\leq\lambda\}}|\underline{\underline{F}}_t]$, et posons V=M-U. Nous avons $S_\tau(M) \leq 2(S_\tau(U)+S_\tau(V))$. Nous avons
$$2E[S_\tau(V)] = 2E[V_\infty^2] = 2\int_{\{|M_\infty|>\lambda\}} M_\infty^2 P$$
qui est $\leq \varepsilon$ si λ est choisi assez grand. Ce choix étant fait, évaluons $E[(S_\tau(U))^2]$: c'est (en convenant que $U_0^2 = (U_{t_{i+1}}-U_{t_i})^2$ pour i=-1)
$$E[\Sigma_i(U_{t_{i+1}}-U_{t_i})^4 + 2\Sigma_i(U_{t_{i+1}}-U_{t_i})^2\Sigma_{j>i}(U_{t_{j+1}}-U_{t_j})^2]$$
Dans le premier Σ_i, puisque U est majorée en valeur absolue par λ, nous majorons $(\ )^4$ par $(2\lambda)^2(\ )^2$. Dans le second Σ_i, nous remplaçons Σ_j par $(U_t-U_{t_{i+1}})^2$, qui a la même espérance conditionnelle par rapport à $\underline{\underline{F}}_{t_{i+1}}$, puis nous majorons cela à nouveau par $(2\lambda)^2$. Reste donc
$$E[(S_\tau(U))^2] \leq (4\lambda^2+8\lambda^2)E[\Sigma_i(U_{t_{i+1}}-U_{t_i})^2] = 12\lambda^2 E[U_\infty^2] \leq 12\lambda^4$$
qui est bien borné indépendamment de τ.

Noter qu'on aurait pu remplacer les subdivisions par des t_i, par des subdivisions déterminées par des temps d'arrêt T_i.

b) Convergence dans L^1. Nous coupons M en deux : d'une part N, formée de la partie continue et des n premiers termes de la somme compensée des sauts, et d'autre part Q, reste de la somme compensée des sauts. Ainsi
$$X = M+A = N+Q+A \quad , \text{ et nous posons } Y= N+A$$
Nous allons montrer que $[X,X]_t-[Y,Y]_t$ et $S_\tau(X)-S_\tau(Y)$ sont petits dans L^1 si n est grand (uniformément en τ), puis que $S_\tau(Y)-[Y,Y]_t$ est petit dans L^1 si le pas de τ est assez petit.

1. Si $t=+\infty$, le pas de la subdivision doit être défini raisonnablement.

Pour le premier terme, nous écrivons $X=Y+Q$, donc $[X,X]=[Y,Y]+[2Y+Q,Q]$, donc[1] $E[|[X,X]_t-[Y,Y]_t|] = E[|[2Y+Q,Q]_t|] \leqq (E[[2Y+Q,2Y+Q]_t])^{1/2} (E[[Q,Q]_t])^{1/2}$. Le dernier terme vaut $\|Q\|$, petit pour n grand. Dans l'autre , nous écrivons $2Y+Q= 2X-Q$, et nous majorons $[2X-Q,2X-Q]$ par $2([2X,2X]+[Q,Q])$. Le premier terme reste donc borné, et $E[|[\,]-[\,]|]\rightarrow 0$.

Pour $|S_\tau(X)-S_\tau(Y)|$, le raisonnement est exactement le même, avec de moins bonnes notations : après tout, $S_\tau(X)$ n'est rien d'autre que le crochet $[,]$ de X considérée sur l'ensemble de temps discret τ !

Maintenant, regardons $Y = N+A$: nous avons le droit de faire passer les n sauts compensés du côté du processus VI, autrement dit, de supposer que N est <u>continue</u>. Nous écrivons alors (toujours avec la même convention relative à 0) :

$$S_\tau(Y) = S_\tau(N) + S_\tau(A) + 2\Sigma_i (N_{t_{i+1}}-N_{t_i})(A_{t_{i+1}}-A_{t_i})$$

$S_\tau(A)$ converge <u>p.s.</u> vers $\Sigma_{s\leqq t}\ \Delta A_s^2 = \Sigma_{s\leqq t}\ \Delta Y_s^2$: il s'agit ici d'un résultat sur les fonctions à variation bornée, que nous laissons au lecteur. Le dernier terme est majoré en valeur absolue par $\sup_i |N_{t_{i+1}}-N_{t_i}|.\int_0^t |dA_s|$: il tend vers 0 <u>p.s.</u> (donc en Prob.) d'après la continuité uniforme des trajectoires de N sur $[0,t]$. Reste donc à montrer que $S_\tau(N)$ converge en probabilité vers $[N,N]_t$ - car, compte tenu de l'intégrabilité uniforme établie en a), la convergence en probabilité équivaut à la convergence L^1.

<u>Commençons par le cas où</u> N <u>est bornée par une constante</u> λ . Nous avons alors, en utilisant le fait que $N_t^2-[N,N]_t$ est une martingale

$$E[(S_\tau(N)-[N,N]_t)^2] = E[(S_\tau(N)-\Sigma_i\ [N,N]_{t_i}^{t_{i+1}})^2]$$

$$= E[\ \Sigma_i\ ((N_{t_{i+1}}-N_{t_i})^2-[N,N]_{t_i}^{t_{i+1}})^2\ ]$$

que nous développons : $E[\Sigma_i\ (N_{t_{i+1}}-N_{t_i})^4]$ est majoré par $E[\ \sup_i\ (N_{t_{i+1}}-N_{t_i})^2.\ \Sigma_i(N_{t_{i+1}}-N_{t_i})^2]$. Le $\sup_i$ tend p.s. vers 0 en restant borné par $4\lambda^2$, tandis que le Σ_i <u>reste borné dans</u> L^2, comme on l'a vu dans la démonstration de a). On applique alors l'inégalité de Schwarz.

De même, nous majorons $\Sigma_i([N,N]_{t_i}^{t_{i+1}})^2$ par $\sup_i\ [N,N]_{t_i}^{t_{i+1}}\ .\ [N,N]_t$. $[N,N]_t$ appartient à L^2 d'après la formule

$$E[[N,N]_\infty^2\ ] = 2E[\int([N,N]_\infty-[N,N]_t)d[N,N]_t]= 2E[\int(N_\infty-N_t)^2 d[N,N]_t]$$
$$\leqq 8\lambda^2 E[[N,N]_\infty\ ]$$

1.L'inégalité de KUNITA-WATANABE s'applique aux semimartingales !

tandis que le $\sup_i$ tend vers 0 d'après la continuité uniforme des trajectoires de $[N,N]$, en restant dominé par $[N,N]_\infty \in L^2$. Après quoi on applique l'inégalité de Schwarz.

Enfin, le terme mixte se majore par $\sup_i (N_{t_{i+1}}-N_{t_i})^2.[N,N]_t$, et se traite de même.

Pour nous affranchir de la condition sur N, introduisons le temps d'arrêt

$$T = \inf \{ s : |N_s| \geqq \lambda \}$$

et choisissons λ assez grand pour que $P\{T<t\}<\varepsilon$; sur l'ensemble $\{T=t\}$ nous avons $S_\tau(N)=S_\tau(N^T)$, $[N,N]_t=[N^T,N^T]_t$, donc

$$P\{|S_\tau(N)-[N,N]_t|>\varepsilon\} \leqq P\{T<t\} + \frac{1}{\varepsilon^2}\int_{\{T=t\}}(S_\tau(N)-[N,N]_t)^2 P$$

est $<\varepsilon$ dès que le pas de la subdivision est assez petit.

4 THEOREME[1]. Soit X une semimartingale. Avec les mêmes notations que ci-dessus, on peut affirmer que $S_\tau(X)$ converge vers $[X,X]_t$ en probabilité lorsque le pas de la subdivision τ de $[0,t]$ tend vers 0 , pour $0<t<\infty$.

DEMONSTRATION. Nous pouvons supposer que $X_0=0$.

$$R = \inf \{ s : |\Delta X_s| \geqq \lambda \}$$

et choisissons λ assez grand pour que $P\{R<t\}<\varepsilon$. Soit Y la semimartingale $X_s I_{\{s<R\}}+X_{R-}I_{\{s\geqq R\}}$; on a $[X,X]_t=[Y,Y]_t$, $S_\tau(X)=S_\tau(Y)$ sur un ensemble de probabilité voisine de 1, donc il suffit de prouver le théorème pour Y. Soit Y=M+A la décomposition canonique de la semimartingale spéciale Y, et soit $V_s=\int_0^s|dA_u|$; choisissons μ assez grand pour que $P\{S\leqq t\}<\varepsilon$, où

$$S = \inf \{ s : V_s \geqq \mu \}$$

est un temps d'arrêt prévisible (N9, p.9). Soit (S_n) une suite annonçant S, et soit n assez grand pour que $P\{S_n \leqq t\}<\varepsilon$. Choisissons ν assez grand pour que $P\{T\leqq t\}\leqq\varepsilon$, où

$$T=S_n \wedge \inf \{s : |M_s| \geqq \nu\}$$

Le processus A^T a une variation totale bornée par μ. Donc ses sauts sont aussi bornés par μ, et comme les sauts de Y sont bornés par λ, les sauts de M^T sont bornés par $\lambda+\mu$. Comme M est bornée par ν sur $[\![0,T[\![$, M^T est bornée par $\lambda+\mu+\nu$. Donc le théorème 3 s'applique à $Z=Y^T=M^T+A^T$, et on conclut en remarquant que $[X,X]_t=[Z,Z]_t$, $S_\tau(X)=S_\tau(Z)$ sauf sur un ensemble de probabilité au plus 2ε.

Maintenant, pour quels processus X peut on établir un résultat analogue au théorème 3 ? au théorème 4 ? Le point important est ici le fait que ces classes sont beaucoup plus riches que celle des semimartingales : d'une manière imprécise, elles sont stables par les

1.Un résultat très proche vient d'être démontré par D.LEPINGLE.

opérations $\underline{\underline{C}}^1$, alors que la classe des semimartingales est stable par les opérations $\underline{\underline{C}}^2$. Précisément :

5 THEOREME. Soient $X=(X^1,\dots,X^d)$ une semimartingale à valeurs dans $\mathbb{R}^d$, f une fonction de classe $\underline{\underline{C}}^1$ sur $\mathbb{R}^d$, Y le processus réel

(5.1) $\qquad f\circ X = f(X^1,\dots,X^d)$.

Alors, avec les notations du th.3, pour tout t fini $S_\tau(Y)$ converge en probabilité vers la v.a.

(5.2) $\qquad [Y,Y]_t = \Sigma_{ij} \int_0^t D_if(X_s)D_jf(X_s)d\langle X^{ic},X^{jc}\rangle_s + \Sigma_{s\leq t}\, \Delta Y_s^2$

Si les X^i satisfont aux hypothèses du théorème 3, et si les dérivées de f sont bornées sur $\mathbb{R}^d$, la convergence a lieu dans L^1.

DEMONSTRATION. Nous pouvons supposer que $X_0=0$. Ensuite, par un argument presque identique à celui du théorème 4, nous pouvons nous ramener au cas où X est une semimartingale vectorielle bornée, dont les composantes satisfont aux hypothèses du th.3. Comme X est bornée, nous pouvons nous ramener au cas où $f\in\underline{\underline{C}}^1$ est à support compact. Nous pouvons alors trouver des régularisées $f_n\in\underline{\underline{C}}^2$, dont les dérivées du premier ordre convergent vers les dérivées correspondantes de f, uniformément sur $\mathbb{R}^d$, en restant bornées sur tout $\mathbb{R}^d$. Les f_n sont donc lipschitziennes de rapport K indépendant de n, tandis que les $f_{nm}=f_n-f_m$ sont lipschitziennes de rapport ε_{nm} tendant vers 0 lorsque n,m tendent vers $+\infty$.

Pour simplifier les notations, nous supposerons que d=1.

Nous avons d'abord

(5.3) $\qquad S_\tau(f_n\circ X) \leq K^2 S_\tau(X)$

D'après le th.3, les v.a. $S_\tau(f_n\circ X)$ sont toutes uniformément intégrables, et la convergence en probabilité équivaut à la convergence dans L^1.

Nous avons ensuite, comme $f_n=f_m+f_{nm}$

(5.4) $$|S_\tau(f_n\circ X)-S_\tau(f_m\circ X)| \leq S_\tau(f_{nm}\circ X)+ 2\sqrt{S_\tau(f_m\circ X)}\sqrt{S_\tau(f_{nm}\circ X)}$$
$$\leq (\varepsilon_{nm}^2+2K\varepsilon_{nm})S_\tau(X)$$

d'où il résulte que, pour n et m assez grands, l'espérance du premier membre est petite indépendamment de τ . De même, comme $f_n\circ X$ et $f_m\circ X$ sont des semimartingales, leurs crochets [,] existent, et sont la limite en probabilité des $S_\tau(f_n\circ X)$, $S_\tau(f_m\circ X)$ relatives à des subdivisions de [0,t]. On peut donc passer à la limite sur (5.4). Plus généralement, sur un intervalle [s,t], s<t

$$|[f_n\circ X,f_n\circ X]_s^t-[f_m\circ X,f_m\circ X]_s^t| \leq (\varepsilon_{nm}^2+2K\varepsilon_{nm})[X,X]_s^t$$

d'où en coupant [0,t] en petits bouts et en sommant

(5.5) $\int_0^t |d[f_n\circ X,f_n\circ X]_s - d[f_m\circ X,f_m\circ X]_s| \leqq (\varepsilon_{nm}^2+2K\varepsilon_{nm})[X,X]_t$

d'où une suite de Cauchy en norme variation. Comme f_n est de classe $\underline{\underline{C}}^2$, la formule d'ITO nous dit que la partie martingale continue de $f_n\circ X$ est $\int_0^t f_n'\circ X_s dX_s^c$, d'où

$$[f_n\circ X,f_n\circ X]_t = \int_0^t (f_n'\circ X_s)^2 d\langle X^c,X^c\rangle_s + \Sigma_{s\leqq t}\ \Delta(f_n\circ X)_s^2$$

et la convergence en norme variation permet d'identifier la limite comme la v.a. (5.1). Maintenant, le reste est facile :

$$E[|S_\tau(f\circ X)-[Y,Y]_t|] \leqq E[|S_\tau(f\circ X)-S_\tau(f_n\circ X)|]+E[|[Y,Y]_t-[f_n\circ X,f_n\circ X]_t|]$$
$$+E[|S_\tau(f_n\circ X)-[f_n\circ X,f_n\circ X]_t|]$$

On choisit d'abord n grand , pour rendre la somme des deux premiers termes au second membre petite, indépendamment de τ ((5.4) et (5.5)), après quoi on prend le pas de τ assez petit pour rendre petit le dernier terme.

La dernière phrase de l'énoncé provient de l'intégrabilité uniforme des $S_\tau(f\circ X)$ si f est lipschitzienne (même argument que pour (5.3)).

6 REMARQUE. L'ensemble des processus Y du type considéré en 5 est un espace vectoriel (il n'en aurait pas été de même si l'on s'était borné à la dimension d=1). On peut donc "polariser" le théorème 5 pour définir [Y,Y'] pour tout couple de processus représentables sous la forme (5.1).

La principale conséquence du th.5 est le fait que le processus (5.2) ne dépend que du processus Y lui-même, non de la représentation $f\circ X$ choisie.

7 Nous pouvons maintenant définir en toute généralité l'intégrale de STRATONOVITCH. Soit $\mathfrak{S}$ l'espace des processus Y admettant une représentation de la forme (5.1). Si H appartient à $\mathfrak{S}$, si X est une semimartingale, posons

(7.1) $$\mathop{S}_0^t H_{u-}dX_u = \int_0^t H_{u-}dX_u + \tfrac{1}{2}[H,X^c]_t$$

Si f est une fonction de classe $\underline{\underline{C}}^2$(nous restons en dimension d=1 pour simplifier), nous avons

(7.2) $$f(X_t)-f(X_0) = \mathop{S}_0^t f'(X_{s-})dX_s + \Sigma_{s\leqq t}\ (f(X_s)-f(X_{s-})-f'(X_{s-})\Delta X_s)$$

c'est à dire la même formule que lorsque X est un processus à VF. En effet, si nous remplaçons l'intégrale de STRATONOVITCH $\mathop{S}_0^t f'(X_{s-})dX_s$

par sa valeur (7.1), puis $[f'\circ X, X^c]_t$ par sa valeur tirée de (5.2), soit $\int_0^t f''(X_s)d\langle X^c, X^c\rangle_s$, nous retombons simplement sur la formule d'ITO. Ce n'est évidemment qu'une petite astuce de notation, le résultat d'ordre mathématique étant le théorème 5.

$\S_0^t H_{u-}dX_u$ ne s'interprète plus comme limite de sommes de la forme $\Sigma_i H_{s_i}(X_{t_{i+1}}-X_{t_i})$, avec $s_i=\frac{1}{2}(t_i+t_{i+1})$: ce résultat n'est vrai (et assez facile) que pour des semimartingales <u>continues</u> ; je le laisserai de côté. En revanche, ce que l'on peut toujours démontrer, c'est que, bien sûr

$$\Sigma_i H_{t_i}(X_{t_{i+1}}-X_{t_i}) \text{ converge en P. vers } \int_0^t H_{u-}dX_u$$

et d'après le théorème 5

$$\Sigma_i(H_{t_{i+1}}-H_{t_i})(X_{t_{i+1}}-X_{t_i}) \text{ converge vers } [H,X]_t$$

(pour simplifier, on prend $X_0=0$). Alors

(7.3) $\Sigma_i H_{t_{i+1}}(X_{t_{i+1}}-X_{t_i})$ converge en P. vers $\int_0^t H_{u-}dX_u + [H,X]_t$

C'est dans un cours de KUNITA (diffusions et contrôle, Paris, 1973/74) que j'ai vu mentionnée l'intégrale de STRATONOVITCH, dans le cas des martingales (ou semimartingales) continues. On y trouvera des détails supplémentaires, par exemple le résultat d'approximation omis ci-dessus.

Il me semble qu'il y a beaucoup à dire sur la théorie de la "variation quadratique" [M,M] pour des processus M qui ne sont pas des semimartingales - théorie liée à celle de l'énergie. Le sujet a été abordé par BROSAMLER, mais on sait peu de choses en général.

II. FONCTIONS CONVEXES ET SEMIMARTINGALES

Lorsque X est une semimartingale à valeurs dans $\mathbb{R}^d$, f une fonction $\underline{\underline{C}}^2$ sur $\mathbb{R}^d$, la formule d'ITO nous dit que $f\circ X$ est une semimartingale. Y a t'il d'autres fonctions que les fonctions $\underline{\underline{C}}^2$ qui opèrent sur la classe des semimartingales ? En voici un exemple, raisonnablement proche de la classe $\underline{\underline{C}}^2$.

8 THEOREME. <u>Soient</u> X <u>une semimartingale à valeurs dans</u> $\mathbb{R}^d$, f <u>une fonction convexe sur</u> $\mathbb{R}^d$. <u>Alors</u> $f\circ X$ <u>est une semimartingale</u>.

DEMONSTRATION. Nous allons traiter uniquement le cas réel, mais le lecteur se convaincra aisément que seules les notations se compliquent en dimension $d>1$.

Nous commençons par traiter le cas où $X=M+A$, où M est une martingale (non nécessairement nulle en 0) bornée par une constante C, et A un processus VI nul en 0, tel que $\int_0^\infty |dA_s| \leqq C$. Alors X prend ses valeurs dans l'intervalle $[-2C,+2C]$, et le processus $f\circ X$ est borné. Soit K une constante de Lipschitz de f sur l'intervalle $[-2C,+2C]$ (si $d>1$, voir le n° 16). Nous prouvons :

<u>Le processus</u> $(f\circ X_t + K\int_0^t |dA_u|) = Y_t$ <u>est une sousmartingale</u>.

Ainsi, $f\circ X$ est la différence de deux sousmartingales, c'est une semimartingale.

Pour prouver cela, nous écrivons si $s<t$

$$E[Y_t-Y_s|\underline{\underline{F}}_s] = E[f(M_t+A_t)-f(M_t+A_s)+K\int_s^t |dA_u|\,|\underline{\underline{F}}_s] + E[f(M_t+A_s)|\underline{\underline{F}}_s] - f(M_s+A_s)$$

Comme M_t, A_t, A_s appartiennent à l'intervalle $[-C,C]$, nous avons

$$|f(M_t+A_t)-f(M_t+A_s)| \leqq K|A_t-A_s| \leqq K\int_s^t |dA_u|$$

de sorte que la première espérance conditionnelle est positive. Quant à la différence $E[f(M_t+A_s)|\underline{\underline{F}}_s]-f(M_s+A_s)$, elle est positive d'après l'inégalité de Jensen, M étant une martingale.

Maintenant, nous étendons le résultat en supposant que <u>les sauts de</u> X <u>sont bornés par une constante</u> λ (y compris le saut X_0 en 0). Alors X est spéciale, et admet une décomposition $X=N+B$, où le processus VF B est prévisible, nul en 0.

$$S = \inf \{ t : \int_0^t |dB_s| \geqq \mu \}$$

qui est prévisible (N9, p.9), et soit S_n une suite annonçant S ; soit

$$T = S_n \wedge \inf \{t : |N_t| \geqq \nu \}$$

Le processus $B^T=A$ a une variation totale bornée par μ, donc son saut en T est borné par μ, et comme le saut de X en T est borné par λ, celui de N est borné par $\lambda+\mu$. Comme N est bornée par ν sur $]\!]0,T[\![$, N^T est bornée par $\lambda+\mu+\nu$, et finalement le résultat précédent s'applique à X^T avec $C=\lambda+\mu+\nu$. D'autre part, si μ,ν,n sont pris assez grands, T est arbitrairement grand, et il en résulte que $f\circ X$ est une semimartingale.

Enfin, passons au cas général : soit $R_n = \inf\{t : |\Delta X_t|>n\}$; X coïncide sur $[\![0,R_n[\![$ avec une semimartingale à sauts bornés, donc $f\circ X$ coïncide sur $[\![0,R_n[\![$ avec une semimartingale. En ajoutant un processus sautant seulement en R_n , on a la même chose sur $[\![0,R_n]\!]$, et on conclut par le th.IV.33.

9 La conséquence la plus importante est évidemment le fait que, si X est une semimartingale, $|X|$ en est une aussi . Par conséquent

<u>si</u> X <u>et</u> Y <u>sont des semimartingales</u>, $X\wedge Y$ <u>et</u> $X\vee Y$ <u>en sont aussi</u>.

D'autre part, on peut améliorer un peu le théorème 5, grâce à ce résultat - mais la classe de fonctions que l'on obtient ainsi ne s' explicite bien qu'en dimension 1 .

10 THEOREME. <u>Soit</u> X <u>une semimartingale réelle</u>, <u>et soit</u> f <u>une fonction sur</u> $\mathbb{R}$, <u>primitive d'une fonction càdlàg</u> $\varphi=D_+f$. <u>Soit</u> $Y=f\circ X$. <u>Alors</u>, <u>avec les notations du th.3</u>, <u>pour tout</u> t <u>fini</u> $S_\tau(Y)$ <u>converge en probabilité vers</u>

(10.1) $$\int_0^t \varphi^2\circ X_s d\langle X^c,X^c\rangle_s + \Sigma_{s\leqq t}\, \Delta Y_s^2 \, .$$

DEMONSTRATION. Nous allons procéder comme dans la démonstration du théorème 5. Nous nous ramenons au cas où X est bornée. Nous pouvons alors supposer que f est une fonction à support compact. La fonction càdlàg φ est donc nulle hors d'un intervalle $[-C,+C]$, et d'intégrale nulle puisque c'est une dérivée. Nous approchons uniformément φ par des fonctions étagées continues à droite φ_n , à support dans $[-C,+C]$ et d'intégrale nulle. Les φ_n ont alors des primitives à support compact f_n qui convergent uniformément vers f, et les f_n sont linéaires par morceaux, donc différences de fonctions convexes. Les processus $f_n\circ X$ sont alors des semimartingales, et le raisonnement du théorème 5 nous dit exactement ceci : <u>si le th.10 est vrai pour chaque</u> f_n , <u>il est vrai aussi pour</u> f.

Nous allons démontrer qu'il est vrai pour toute fonction f_n, par une méthode qui aboutit à redémontrer le théorème 8, de manière moins élémentaire, mais qui par ailleurs fournit des informations intéressantes, malheureusement, en dimension d=1 seulement [(1)].

11 Nous continuons à supposer, pour simplifier, que X est une surmartingale bornée, à valeurs dans $[-C,+C]$ - nous pouvons même, au départ, supposer que X=M+A, où M est une martingale bornée, A un processus VF nul en 0, prévisible, à variation totale bornée (cf. la démonstration du théorème 8).

---

(1) Je sais peu de choses sur les propriétés de différentiabilité des fonctions convexes de plusieurs variables, et cela me gêne dans les n^{os} qui suivent.

Nous allons établir une formule du changement de variables pour une fonction <u>convexe</u> f sur $\mathbb{R}$. Malheureusement, il n'y a pas une cohérence parfaite entre les calculs ci-dessous et les notations de l'énoncé 10 : φ désignait la dérivée à droite de f, tandis que f' est maintenant la dérivée <u>à gauche</u> de f. Ce n'est pas grave !

Soit $f_n(t) = n\int_{-\infty}^{+\infty} f(t+s)j(ns)ds$, où j est une fonction positive $\underline{\underline{C}}^{\infty}$, à support compact contenu dans l'intervalle $]-\infty,0]$, d'intégrale 1. Alors f_n est convexe de classe $\underline{\underline{C}}^2$, et lorsque $n\to\infty$ f'_n tend en croissant vers f'. Ecrivons la formule du changement de variables pour f_n

$$(11.1)\quad f_n(X_t) = f_n(X_0) + \int_{0+}^{t} f'_n\circ X_{s-}dX_s + A_t^n$$

$$A_t^n = \Sigma_{0<s\leq t}(f_n\circ X_s - f_n\circ X_{s-} - f'_n\circ X_{s-}\Delta X_s) + \frac{1}{2}\int_0^t f''_n\circ X_s d\langle X^c,X^c\rangle_s$$

Nous remarquons que (A_t^n) est un processus <u>croissant</u>, en raison de la convexité de f, et nous faisons tendre n vers l'infini. En vertu des hypothèses faites sur X, $f_n(X_t), f_n(X_0), \int_0^t f'_n\circ X_{s-}dX_s$ convergent dans L^2 vers $f(X_t)$, $f(X_0)$, $\int_0^t f'(X_{s-})dX_s$, donc A_t^n converge dans L^2 vers une v.a. A_t. Comme (A_s^n) était un processus croissant, (A_s) peut aussi se régulariser en un processus croissant continu à droite. Ainsi

$$(11.2)\qquad f(X_t) = f(X_0) + \int_{0+}^{t} f'\circ X_{s-}dX_s + A_t$$

Maintenant, comparons les sauts des deux membres. En 0, l'intégrale stochastique s'annule, $f(X_t)-f(X_0)$ aussi, donc $A_0=0$. En t, le saut de $f(X_t)$ est $f(X_t)-f(X_{t-})$, le saut de l'intégrale stochastique est $f'(X_{t-})\Delta X_t$, donc le saut de A est $f(X_t) - f(X_{t-}) - f'(X_{t-})\Delta X_t$ et nous avons la formule du changement de variables pour fonctions convexes

$$(11.3)\qquad f(X_t)=f(X_0) + \int_{0+}^{t} f'(X_{s-})dX_s + \Sigma_{0<s\leq t}(f(X_s)-f(X_{s-})-f'(X_{s-})\Delta X_s) + C_t^f$$

<u>où C^f est un processus croissant continu</u>. Nous allons continuer à discuter cette formule, mais auparavant, achevons la démonstration de 10.

Tout d'abord, (11.3) redémontre l'essentiel du th.8, à savoir que $f\circ X$ est une semimartingale lorsque f est une fonction convexe, ou une différence de fonctions convexes. Mais de plus, il nous donne la partie martingale continue de $f\circ X = Y$ dans ce cas : c'est $\int_0^t f'(X_{s-})d\langle X^c,X^c\rangle_s$. Alors $[Y,Y]_t = \int_0^t (f'(X_{s-})^2 d\langle X^c,X^c\rangle_s + \Sigma_s \Delta Y_s^2$, et comme $\langle X^c,X^c\rangle$ est continue, cela équivaut à (10.1). Le théorème 10 étant vrai pour les f_n, différences de fonctions convexes, il est vrai pour f.

12 Revenons à la formule (11.3). Nous commençons par remarquer qu'elle s'étend - par un argument d'arrêt déjà employé à plusieurs reprises - à une semimartingale X <u>quelconque</u>. Notre but va être d'étendre à X la formule de TANAKA relative au mouvement brownien :

$$B_t^+ = B_0^+ + \int_0^t I_{\{B_s>0\}} dB_s + \frac{1}{2}L_t^0$$

où L_t^0 est le <u>temps local</u> en 0 - il est bien connu que le temps local ne croît que sur l'ensemble des zéros de (B_t).

A cet effet, nous écrivons (11.3) pour les fonctions $f(t)=t^+$, $f(t)=t^-$, en notant C^+ et C^- les processus croissants correspondants. Par exemple, si $f(t)=t^+$, $f'(t)=I_{]0,\infty[}$

- si $X_{s-}>0$, $f(X_s)-f(X_{s-})-f'(X_{s-})\Delta X_s = X_s^+-X_{s-}-(X_s-X_{s-})=X_s^+-X_s=X_s^-$,
- si $X_{s-}\leqq 0$, $f(X_s)-f(X_{s-})-f'(X_{s-})\Delta X_s = X_s^+$

(il est difficile de prononcer mentalement la différence entre X_s^- et X_{s-} !). Nous pouvons donc écrire

$$(12.1)\quad X_t^+=X_0^+ + \int_{0+}^t I_{\{X_{s-}>0\}}dX_s + \Sigma_{0<s\leqq t} I_{\{X_{s-}>0\}}X_s^- + \Sigma_{0<s\leqq t} I_{\{X_{s-}\leqq 0\}}X_s^+ + C_t^+$$

De même pour $f(t)=t^-$, $f'(t)=-I_{]-\infty,0]}$

$$(12.2)\quad X_t^-=X_0^- - \int_{0+}^t I_{\{X_{s-}\leqq 0\}}dX_s + \Sigma_{0<s\leqq t} I_{\{X_{s-}>0\}}X_s^- + \Sigma_{0<s\leqq t} I_{\{X_{s-}\leqq 0\}}X_s^+ + C_t^-$$

D'où en prenant une différence

$$C_t^+-C_t^- = 0$$

et il est naturel de poser

$$(12.3)\quad C_t^+=C_t^- = \frac{1}{2}L_t^0$$

où L^0 est le processus croissant correspondant à $f(t)=|t|$.

Nous développons maintenant les conséquences assez étonnantes de la formule (12.1). Tout d'abord, regardons la somme

$$(12.4)\quad \Sigma_{0<s\leqq t}\, I_{\{X_{s-}>0\}}X_s^- + \Sigma_{0<s\leqq t} I_{\{X_{s-}\leqq 0\}}X_s^+$$

<u>Elle est p.s. finie</u>. Cela exprime que les sauts qui enjambent 0 enjambent "de peu" 0 . Ensuite, remplaçons X par -X dans la formule (12.1)

$$X_t^-=X_0^- - \int_{0+}^t I_{\{X_{s-}<0\}}dX_s + \Sigma_{0<s\leqq t} I_{\{X_{s-}<0\}}X_s^+ + \Sigma_{\{X_{s-}\geqq 0\}}X_s^- + \tilde{C}_t^+$$

($\tilde{C}^+$ est a priori distinct de C^-), et prenons une différence avec (12.2). Il vient une expression de $\int I_{\{X_{s-}=0\}}dX_s$:

$$(12.4)\quad \int_{0+}^t I_{\{X_{s-}=0\}}dX_s = \Sigma_{0<s\leqq t} I_{\{X_{s-}=0\}}\Delta X_s + C_t^- - \tilde{C}_t^+$$

le second membre étant un processus à variation finie (i.e., la série est absolument convergente). Le côté droit n'a pas de partie martingale continue, donc il en est de même du côté gauche, autrement dit

(12.5) $$\int_0^t I_{\{X_{s-}=0\}} d\langle X^c,X^c\rangle_s = 0$$

Par exemple, si $(X_t)=(B_t)$, le mouvement brownien, on retrouve le fait que l'ensemble des zéros de (B_t) est négligeable pour la mesure de Lebesgue. Mais on démontre mieux : soit (Y_t) n'importe quelle martingale orthogonale au mouvement brownien, ou même n'importe quelle semi-martingale dont la partie continue est orthogonale à (B_t). Alors l'ensemble $\{t : B_t=Y_t\}$ est négligeable pour la mesure de Lebesgue. En effet, appliquons (12.5) avec $X=B-Y$, et remarquons que $\langle X^c,X^c\rangle_t = \langle B,B\rangle_t + \langle Y^c,Y^c\rangle_t$!

Maintenant, nous montrons que C^+ ressemble vraiment à un temps local, c'est à dire que dC^+ est une mesure aléatoire portée par l'ensemble $\{s : X_{s-}=X_s=0\}$.

Considérons deux rationnels u et v, u<v, et soit H_{uv} l'ensemble des ω tels que $[u,v]$ soit contenu dans $\{s : X_{s-}(\omega)\leqq 0\}$; d'après le caractère local de l'intégrale stochastique (n^{os}IV. 27-29), on a $\int_{u+}^v I_{\{X_{s-}>0\}}dX_s = 0$ p.s. sur H_{uv} . Dans la formule (12.1) relative à l'intervalle $[u,v]$, on a aussi $\Sigma_{u<s\leqq v} I_{\{X_{s-}>0\}}X_s^- = 0$, $X_u^+=0$,

$\Sigma_{u<s\leqq v} I_{\{X_{s-}\leqq 0\}}X_s^+ = X_v^+$ sur H_{uv} , d'où finalement $C_v^+-C_u^+ = 0$ sur H_{uv}.

Comme l'intérieur de l'ensemble $\{X_{s-}\leqq 0\}$ est la réunion des intervalles $[u,v]$ à extrémités rationnelles qu'il contient, nous voyons que

dC_t^+ ne charge pas l'intérieur de $\{X_{s-}\leqq 0\}$

En particulier, il ne charge pas l'intérieur de $\{X_{s-}<0\}$, qui est un ensemble ouvert à gauche, et ne diffère de son intérieur que par un ensemble dénombrable (que dC^+ ne charge pas non plus). Ainsi

dC^+ ne charge pas $\{X_{s-}<0\}$

De la même manière, soit K_{uv} l'ensemble des ω tels que $[u,v]$ soit contenu dans $\{s : X_{s-}(\omega)>0\}$. Sur K_{uv} on a p.s. $\int_{u+}^v I_{\{X_{s-}>0\}}dX_s = X_v-X_u$, on a $X_u^+ = X_u$, $\Sigma_{u<s\leqq v} I_{\{X_{s-}\leqq 0\}}X_s^+ = 0$, $\Sigma_{u<s\leqq v} I_{\{X_{s-}>0\}}X_s^- = X_v^-$, d'où à nouveau $C_v^+-C_u^+ = 0$ p.s.. Ainsi

dC^+ ne charge pas l'intérieur de $\{X_{s-}>0\}$ (et donc ne charge pas $\{X_{s-}>0\}$, qui en diffère par un ensemble dénombrable) .

Pour finir, dC^+ est porté(e) par $\{X_{s-}=0\}$ - et même, par cet ensemble privé de son intérieur. Comme dC^+ ne charge pas les ensembles dénombrables, on peut remplacer cet ensemble par $\{X_{s-}=X_s=0\}$ si l'on veut.

13 Nous avons défini L_t^0 , le " temps local en 0" , qui intervient dans la formule du changement de variables relative à $f(t)=|t|$. Il est clair que l'on peut définir de même le "temps local en a" , relatif à $f(t)=|t-a|$. Il est moins clair que l'on peut choisir des versions de ces "temps locaux" qui dépendent mesurablement du triplet (a,t,ω) : cela résultera du théorème de C.DOLEANS-DADE sur les intégrales stochastiques dépendant d'un paramètre, qu'on verra plus loin (je l'espère). Un tel choix étant fait, on peut en principe calculer tous les processus croissants C_t^f de la formule (11.3). Soit en effet la mesure positive $\mu = \frac{1}{2}f''$ (dérivée seconde de f au sens des distributions) . Je dis qu'on a alors

(13.1) $$C_t^f = \int_{-\infty}^{+\infty} L_t^a \,\mu(da) .$$

Pourquoi cette intégrale a t'elle un sens ? Parce qu'en réalité, pour t et ω fixés, on a $L_t^a(\omega)=0$ pour a assez grand, le temps local ne commençant à croître qu'à partir du premier instant où $X_s(\omega)=a$, et la trajectoire étant bornée sur $[0,t]$.

Le principe de la démonstration est tout à fait simple. En vertu du caractère local de l'intégrale stochastique, on a le résultat suivant : si l'on a deux semimartingales X et $\tilde{X}$, sur l'ensemble des ω tels que $X_.(\omega)=\tilde{X}_.(\omega)$ sur $[0,t]$, tous les temps locaux $L_.^a(\omega)$ et $\tilde{L}_.^a(\omega)$ sont égaux sur $[0,t]$ (nous omettons les détails). On peut alors se ramener au cas où X est bornée, à valeurs dans un intervalle compact J. On peut alors écrire <u>dans J</u>

$$f(t) = \alpha+\beta t + \int_J |t-x|\mu(dx) \;\; = \alpha+\beta t + g(t)$$

et on a simultanément

$$\int L_t^a \,\mu(da) = \int_J L_t^a \,\mu(da) \quad \text{puisque } L^a=0 \text{ pour } a\notin J$$

et d'autre part $C^f=C^g$, car $f\circ X$ et $g\circ X$ ne diffèrent que d'un processus de la forme $\alpha+\beta X$, pour lequel aucun terme continu à variation bornée n'est nécessaire. On est donc ramené au cas où μ est à support compact, la fonction convexe étant de la forme $f(t)=\int|t-x|\mu(dx)$ - c'est alors simplement le théorème de Fubini.

14 La formule (13.1) a une conséquence importante : lorsque $f(t)=t^2$, on a $C^f = \langle X^c,X^c \rangle$, d'où la formule

(14.1) $$\langle X^c,X^c \rangle_t = \int_{-\infty}^{+\infty} L_t^a \,da \quad \text{p.s. sur } \Omega$$

il s'agit ici d'une identité entre mesures : donc si $h(s,\omega)$ est une fonction positive, mesurable du couple, on a

(14.2) $\int_0^{\infty} h(s,\omega)d\langle X^c,X^c\rangle_s(\omega) = \int_{-\infty}^{+\infty} da \int_0^{\infty} h(s,\omega)dL_s^a(\omega)$

en particulier, prenons $h(s,\omega)= I_{[0,t]}(s)j(X_s(\omega))$, où j est mesurable positive sur $\mathbb{R}$. Il vient

$$\int_0^t j(X_s(\omega))d\langle X^c,X^c\rangle_s(\omega) = \int_{-\infty}^{+\infty} da \int_0^t j(X_s(\omega))dL_s^a(\omega)$$

et comme $dL_{\cdot}^a(\omega)$ est portée par l'ensemble $\{ s : X_s(\omega)=a \}$, on a simplement

(14.3) $\int_0^t j(X_s(\omega))d\langle X^c,X^c\rangle_s(\omega) = \int_{-\infty}^{+\infty} L_t^a(\omega)j(a)da$

ce qui s'énonce ainsi : pour presque tout ω, l'image de la mesure $d\langle X^c,X^c\rangle_s(\omega)$ sur $[0,t]$ par l'application $s\mapsto X_s(\omega)$ est une mesure sur $\mathbb{R}$ absolument continue par rapport à la mesure de Lebesgue, dont la densité est $L_t^a(\omega)$.

Cette interprétation du temps local comme densité d'occupation est bien connue dans le cas du mouvement brownien, où $\langle X^c,X^c\rangle_t=t$. Mais si l'on prend $X_t=B_t-a(t)$, par exemple, où $a(t)$ est une fonction à variation bornée et B_t est un mouvement brownien, on a encore $\langle X^c,X^c\rangle_t=t$, d'où le même résultat. Si $a(t)=\int_0^t h(s)ds$, où $\int_0^t h^2(s)ds<\infty$, alors la loi de (X_t) est absolument continue par rapport à celle de (B_t), avec une densité calculable explicitement (nous verrons cela plus tard, j'espère) : il n'y a donc pas lieu de s'étonner , puisque les " p.s. sur Ω " sont les mêmes pour les deux mesures. Mais si $a(t)$ n'est pas de cette forme, il y a lieu de s'étonner !

15 Revenons aux formules (12.1) et (12.2), que nous écrirons

(15.1) $X_t^+ = X_0^+ + \int_{0+}^t I_{\{X_{s-}>0\}}dX_s + G_t$

$$X_t^- = X_0^- - \int_{0+}^t I_{\{X_{s-}\leqq 0\}}dX_s + G_t$$

où G est le processus croissant $\Sigma_{0<s\leqq t}(I_{\{X_{s-}>0\}}X_s^- + I_{\{X_{s-}\leqq 0\}}X_s^+)+C_t^+$. Supposons que X s'écrive X_0+M+A, où M appartient à $\underline{\underline{H}}^1$ et $M_0=0$, où A est à variation intégrable, prévisible, avec $A_0=0$. Alors les premiers membres sont intégrables, les intégrales stochastiques aussi, et donc G_t aussi : G_t admet donc un compensateur prévisible, que nous noterons $\frac{1}{2}\Lambda_t^0$, et nous introduirons de manière analogue le processus croissant prévisible Λ_t^a pour tout $a\in\mathbb{R}$. Ainsi, nous pouvons écrire

(15.2) $|X_t-a| = |X_0-a| + \int_{0+}^t \mathrm{sgn}(X_{s-}-a)dX_s + \Lambda_t^a$ + martingale

Avec les hypothèses ci-dessus, on a $E[\Lambda_t^a] < \infty$. Il faut noter que Λ_t^a n'est pas défini de manière absolument intrinsèque : on a pris de manière assez arbitraire que sgn(0)=-1 (continuité à gauche) ; si l'on avait convenu par exemple de prendre pour f' la demi-somme des dérivées à droite et à gauche de f, les formules du changement de variables précédentes seraient restées vraies (à condition de modifier simultanément la définition dans l'intégrale stochastique et dans les sauts !), on aurait eu sgn(0)=0 , et l'intégrale stochastique aurait été modifiée d'un multiple de $\int_{0+}^t I_{\{X_{s-}=a\}}dX_s$; le terme $\int_{0+}^t I_{\{\ \}}dM_s$ est une martingale, et n'aurait rien changé, mais Λ_t^a aurait été modifié d'un multiple de $\int_0^t I_{\{X_{s-}=a\}}dA_s$.

Admettons qu'il existe des versions de Λ_t^a dépendant mesurablement de (t,a,ω), et supposons que M soit une martingale de carré intégrable, que A ait une variation totale de carré intégrable, et que $X_0 \in L^2$.
Si $H \in \underline{\underline{F}}_0$, on a

$$\int_H |X_t-a|P = \int_H |X_0-a|P + \int_H P \int_{0+}^t \mathrm{sgn}(X_{s-}-a)dX_s + \int_H \Lambda_t^a P$$

intégrons en a, d'abord de -C à C en nous appuyant sur les formules

$$\int_{-C}^C |t-a|da = t^2 \text{ pour } |t| \leqq C \ , \quad 2C|t|-C^2 \text{ pour } |t| \geqq C$$

$$\int_{-C}^C \mathrm{sgn}(t-a)da = 2t \text{ pour } |t| \leqq C \ , \quad 2C\mathrm{sgn}(t) \text{ pour } |t| \geqq C$$

puis faisons tendre C vers $+\infty$. Il vient

$$\int_H X_t^2 P = \int_H \left(X_0^2 + \int_{0+}^t 2X_{s-}dX_s + \int_{-\infty}^{+\infty} \Lambda_t^a da \right)P$$

ou encore, avec un peu plus d'effort (décalage en $s \in \mathbb{R}_+$)

$$X_t^2 = X_0^2 + 2\int_{0+}^t X_{s-}dX_s + \int_{-\infty}^{+\infty} \Lambda_t^a da + \text{martingale}$$

que nous comparons à

$$X_t^2 = X_0^2 + 2\int_{0+}^t X_{s-}dX_s + \int_{0+}^t d[X,X]_s$$

pour déduire que, si $\langle X,X\rangle$ désigne la compensatrice prévisible de $[X,X]$, on a

(15.3) $$\langle X,X\rangle_t = X_0^2 + \int_{-\infty}^{+\infty} \Lambda_t^a da$$

Ce qui est amusant dans cette formule, c'est que <u>toute</u> semimartingale spéciale admet des arrêtées satisfaisant aux hypothèses initiales du n°15, et que l'on peut donc définir par recollement des processus prévisibles Λ_t^a , tandis que $\langle X,X\rangle$ n'a de sens que pour des semimartingales spéciales "localement de carré intégrable".

Lorsque X ne possède pas de partie martingale continue, la formule (14.1) montre que les temps locaux L_t^a ne servent à rien, et il est tentant de les remplacer par les Λ_t^a . On est donc amené à se demander si Λ_t^a - à supposer qu'il soit continu, c'est à dire que les sauts de X soient totalement inaccessibles - est porté par l'ensemble $\{s:X_s=a\}$. S'il en est ainsi, $\langle X,X\rangle$ sera également continu, et on pourra interpréter Λ_t^a comme densité de la mesure image de $d\langle X,X\rangle$ sur $[0,t]$ par la trajectoire, à la manière du n°14.

Il est impossible de donner une réponse générale à cette question - après tout, en théorie des processus de Markov, il faut bien supposer que les points ne sont pas polaires, et on ne possède pas de critère général pour cela . En voici cependant l'interprétation probabiliste. Pour tout $r\geqq 0$, posons

$$T_r = \inf \{ s\geqq r : X_s=a \}$$

Le processus croissant G^a (formule (15.1)) ne charge pas l'intervalle ouvert $]]r,T_r[[$. Si l'on sait affirmer qu'il ne charge pas l'intervalle $]]r,T_r]]$, qui est prévisible, on saura aussi que sa projection duale prévisible $\frac{1}{2}\Lambda^a$ ne charge pas $]]r,T_r]]$, et en faisant parcourir à r l'ensemble des rationnels, que Λ^a (supposé continu) est porté par l'ensemble $\{ s : X_s=a \}$. Maintenant, G^a charge l'intervalle $]]r, T_r]]$ si et seulement si, par exemple, $X_r(\omega)<a$ et la trajectoire $X_.(\omega)$ pénètre par un saut dans la demi-droite ouverte $]a,\infty[$. Pour beaucoup de processus à accroissements indépendants, on sait qu'un tel comportement est impossible. Voir par ex. dans le séminaire V l'exposé de BRETAGNOLLE sur les travaux de KESTEN.

16 Il est très vraisemblable que la formule (11.3) admet une bonne extension aux dimensions d>1, mais je ne sais pas le prouver. Je vais me borner à des résultats fragmentaires.

Peut être est il utile de prouver ici le résultat, nécessaire au th.8 en dimension d, suivant lequel une fonction convexe sur $\mathbb{R}^d$ est lipschitzienne sur tout compact. Soit B une boule fermée de $\mathbb{R}^d$, et soit un nombre $m < \inf_{x\in B} f(x)$. D'après le th. de Hahn-Banach, f est égale sur B à l'enveloppe supérieure des fonctions affines h telles que $m\leqq h\leqq f$ sur B . Ces fonctions affines forment un compact dans l'espace (localement compact) de toutes les fonctions affines sur $\mathbb{R}^d$, leurs pentes sont bornées, elles admettent donc une même constante de Lipschitz K, et leur sup est aussi lipschitzien de rapport K.

Dans des cas concrets, il est assez facile d'étendre en dimension d>1 la méthode et le résultat du n°11. Par exemple, soit $\varphi(t)$ une fonction convexe symétrique de classe $\underline{\underline{C}}^2$ sur $\mathbb{R}$, telle que $\varphi(t)=t$ pour $|t|\geq 1$. En approchant la fonction $f(x)=|x|$ par $f_n(x)=\varphi(n|x|)/n$, on aboutit à une formule du changement de variables pour le module d'une semimartingale vectorielle. Je ne peux pas en dire plus...

III. SUR CERTAINES PROPRIETES D'INTEGRABILITE UNIFORME

Voici l'origine du problème que l'on va traiter ici.

Considérons la forme la plus classique de l'inégalité de DOOB : X désignant une martingale, soit U_a^b le nombre des montées (upcrossings) de X au dessus de]a,b[jusqu'à l'instant t. Il est bien connu que $(b-a)E[U_a^b]$ est une quantité bornée. Nous nous étions posé il y a six ans au moins, DELLACHERIE et moi, le problème de rechercher la limite de $\varepsilon U_a^{a+\varepsilon}$ lorsque $\varepsilon\to 0$ (dans le cas où X est le mouvement brownien, cette limite existe p.s., et est liée au temps local de a). L'idée naturelle consistant à utiliser la topologie faible de L^1, nous nous étions demandé si les v.a. $(b-a)U_a^b$ sont uniformément intégrables. Et le résultat de ce paragraphe est une réponse affirmative à cette question, sous des conditions très larges. Mais le problème ne constitue qu'un prétexte pour l'étude de l'intégrabilité uniforme de certaines parties de l'espace $\underline{\underline{H}}^1$.

17 Reprenons la démonstration classique de l'inégalité de DOOB. Posons

$$T_1 = \inf \{ s : X_s \leq a \} \wedge t$$
$$T_2 = \inf \{ s>T_1 : X_s \geq b \} \wedge t$$
$$T_3 = \inf \{ s>T_2 : X_s \leq a \} \wedge t$$

et ainsi de suite. Considérons la variable aléatoire

$$H_a^b = (X_{T_2}-X_{T_1}) + (X_{T_4}-X_{T_3}) + \dots \qquad \text{(termes pairs)}$$

Pour chaque ω, cette somme ne comporte qu'un nombre fini de termes non nuls, dont les premiers correspondent aux montées de $X_.(\omega)$ par dessus l'intervalle]a,b[, tandis que le dernier vaut $(X_t-X_L)I_A$, où L est le dernier des $T_{2k-1} < t$, et A est l'événement " la trajectoire ne remonte plus au dessus de b entre L et t ". On a donc $(b-a)U_a^b + (X_t-X_L)I_A \leq H_a^b$, donc comme $X_L\leq a$

$$(b-a)U_a^b \leq H_a^b + (X_L-X_t)I_A \leq \begin{cases} H_a^b + (a-X_t)^+ \\ H_a^b + 2X_t^* \end{cases}$$

(Dans tout ce paragraphe, on emploiera la notation X_t^* pour noter $\sup_{s\leqq t}|X_s|$, et X^* pour X_∞^*). La première majoration est traditionnelle (inégalité de DOOB), la seconde plus brutale élimine complètement le rôle de a et b dans le problème d'intégrabilité uniforme, dès que X_t^* est intégrable, et le ramène à un problème sur les intégrales stochastiques. En effet, on peut écrire

$$H_a^b = \int_0^t J_s dX_s \text{ , où } J=I_{]T_1,T_2]}+I_{]T_3,T_4]}+\dots \text{ est prévisible, compris entre 0 et 1 .}$$

On est donc amené à se poser le problème suivant, beaucoup plus intéressant que le problème initial ; t y est supposé <u>fini</u> :

(18.1) <u>Pour quelles semimartingales</u> X <u>peut on affirmer que toutes les intégrales stochastiques</u> $\int_0^t J_s dX_s$, <u>où</u> J <u>est prévisible et</u> $|J|\leqq 1$, <u>forment un ensemble uniformément intégrable</u> ?

La réponse est tout à fait simple :

18 THEOREME. X <u>possède la propriété</u> (18.1) <u>si et seulement si la semimartingale arrêtée</u> X^t <u>s'écrit</u> X^t=M+A, <u>où</u> M <u>appartient à</u> $\underline{\underline{H}}^1$ <u>et</u> A <u>est un processus à variation intégrable</u>.

<u>De plus, on obtient la même classe de processus en remplaçant dans</u> (18.1) " <u>uniformément intégrable</u>" <u>par</u> " <u>borné dans</u> L^1" .

DEMONSTRATION. Quitte à remplacer X par X^t, nous pouvons remplacer $\int_0^t$ par $\int_0^\infty$. D'autre part, en prenant $J_s=0$ pour s>0, on voit que X_0 doit être intégrable, et on se ramène au cas où X_0=0.

La propriété (18.1), ou sa forme affaiblie, entraîne que X est <u>spéciale</u>. Nous utilisons le critère IV.32, d) . Soit le temps d'arrêt

$$T = \inf\{\, s : |X_s|\geqq n\} \wedge \inf\{\, s : \Sigma_{r\leqq s} \Delta X_r^2 \geqq n \,\}$$

Prenant $J=I_{[0,T]}$, nous avons que $X_T\in L^1$, donc $\Delta X_T \in L^1$, donc $(\Sigma_{r\leqq T} \Delta X_r^2)^{1/2} \in L^1$, et X est spéciale.

Ecrivons alors X=M+A, où M est une martingale locale nulle en 0 et A un processus VF prévisible nul en 0. Soit (D_s)une densité prévisible de la mesure dA_s par rapport à $|dA_s|$, prenant les valeurs +1 et -1. Soit $J=I_{[0,S]}D$, où S réduit fortement la martingale M. Alors $\int_0^\infty J_s dX_s = \int_0^\infty J_s dM_s^S + \int_0^S |dA_s|$. En intégrant, et en notant que le premier terme au second membre a une espérance nulle, tandis que le premier membre est borné dans L^1 , on voit (lorsque $S\uparrow\infty$) que A <u>est à variation intégrable</u>. Mais alors, il est clair que les v.a. $\int_0^\infty J_s dA_s$

sont uniformément intégrables, et par conséquent il en est de même des $\int_0^\infty J_s dM_s$. Prenant $J=I_{[0,R]}$, où R est un temps d'arrêt, on voit que la martingale locale M appartient à la classe (D), donc est une vraie martingale uniformément intégrable.

Reste à voir qu'elle appartient à $\underline{\underline{H}}^1$. A cet effet, désignons par τ une subdivision finie (t_i) de $[0,\infty]$, et désignons par $(\varepsilon_k(w))$ une suite de v.a. indépendantes , définies sur un espace auxiliaire $(W,\underline{\underline{G}},\mu)$, prenant les valeurs ± 1 avec probabilité 1/2 (fonctions de RADEMACHER). D'après la propriété (18.1), il existe une constante K telle que l'on ait, pour tout w

$$\int_\Omega |\varepsilon_0(w)(M_{t_1}(\omega)-M_{t_0}(\omega))+..+\varepsilon_{n-1}(w)(M_\infty(\omega)-M_{t_{n-1}}(\omega)|P(d\omega)\leqq K$$

Intégrons en w , ce qui revient à intégrer sur $W\times\Omega$ par rapport à $\mu\otimes P$, et intervertissons :

(18.2) $\int P(d\omega)\int\mu(dw)|\varepsilon_0(w)(\ )+\ \varepsilon_{n-1}(w)(\ )|\ \leqq K$

Maintenant, il existe un lemme classique, le lemme de KHINTCHINE, qui dit ceci : quels que soient les nombres a_i

$$\int\mu(dw)|a_0\varepsilon_0(w)+...+a_{n-1}\varepsilon_{n-1}(w)| \sim (\Sigma_{0\leqq i<n}\ a_n^2\ )^{1/2}$$

en ce sens que le rapport des deux membres est borné inférieurement et supérieurement par deux constantes >0, <u>indépendantes de n</u> . Appliquant ce résultat à (18.2), nous voyons que (notation S_τ : n°3)

$$E[\sqrt{S_\tau(M)}]\leqq\ cK\qquad \text{où c est une constante}$$

et maintenant nous appliquons le n°4, et le lemme de Fatou, pour en déduire que $E[\sqrt{[M,M]_\infty}\ ]\leqq cK$, de sorte que M appartient à $\underline{\underline{H}}^1$.

La réciproque est sans doute plus intéressante. Si X=M+A, où M appartient à $\underline{\underline{H}}^1$ et A est à variation intégrable, les v.a. $\int_0^\infty J_s dA_s$ ($|J|\leqq 1$) sont toutes majorées par $\int_0^\infty |dA_s|\in L^1$. Il nous suffit donc de montrer que toutes les v.a. $\int_0^\infty J_s dM_s$ sont uniformément intégrables. Nous allons montrer mieux : les v.a. $(J\cdot M)^*$ sont uniformément intégrables. Nous en donnerons une démonstration rapide par un théorème marteau-pilon, et le principe d'une démonstration élémentaire.

Rappelons le lemme de LA VALLEE POUSSIN (Probabilités et Potentiels, 1e éd. n° II.22 , 2e éd. , même numéro). Une famille de v.a. positives Z_i est uniformément intégrable si et seulement s'il existe une fonction Φ sur $\mathbb{R}_+$, convexe, croissante, telle que $\Phi(0)=0$, que $\lim_{t\to\infty}\Phi'(t)=+\infty$, et que $\sup_i E[\Phi(Z_i)]<\infty$. Quitte à remplacer Φ

par $\int_0^t \Phi'(s)\wedge s\, ds$, nous pouvons supposer que Φ est à croissance modérée. Appliquons ce résultat à l'ensemble constitué par la seule variable intégrable $\sqrt{[M,M]_\infty}$, et posons $J\cdot M=N$. Comme nous avons $[N,N]\leq [M,M]$, nous avons aussi $E[\Phi(\sqrt{[N,N]_\infty}] \leq E[\Phi(\sqrt{[M,M]_\infty})]$. Par conséquent, d'après l'inégalité de BURKHOLDER-DAVIS-GUNDY (IV.30)

$$E[\Phi(N^*)] \leq cE[\Phi(\sqrt{[M,M]_\infty})] \text{ indépendamment de } J$$

et les v.a. N^* sont uniformément intégrables.

Pour éviter l'emploi du lemme de L-V.P., on peut procéder ainsi. On part de IV.29.2 (inégalité de DAVIS, moitié facile)

$$E[N^*_\infty - N^*_{T-}|\underline{\underline{F}}_{T-}] \leq cE[\sqrt{[N,N]_\infty-[N,N]_{T-}}|\underline{\underline{F}}_T] \leq cE[\sqrt{[M,M]_\infty-[M,M]_{T-}}|\underline{\underline{F}}_T]$$

Prenant $T = \inf \{ s : N^*_s>\lambda\}$ ($= \inf \{ s : |N_s|>\lambda\}$!), on a $N^*_{T-}\leq\lambda$ et par conséquent , comme $\{T<\infty\} = \{N^*_\infty>\lambda\}$

$$\int_{\{N^*_\infty>\lambda\}}(N^*_\infty-\lambda)P \leq \int_{\{N^*_\infty>\lambda\}} c\sqrt{[M,M]_\infty}\, P$$

Sur $\{N^*_\infty>2\lambda\}$ on a $N^*_\infty-\lambda \geq N^*_\infty/2$, donc

$$\int_{\{N^*_\infty>2\lambda\}} N^*_\infty P \leq 2c\int_{\{N^*_\infty>\lambda\}}\sqrt{[\,]}P$$

D'autre part , $E[N^*_\infty]\leq cE[\sqrt{[\,]}]$, donc $P\{N^*_\infty>\lambda\}$ tend vers 0 lorsque $\lambda\to\infty$ uniformément en N (ou J), et l'intégrabilité uniforme en découle.

19 Nous revenons maintenant au problème posé au début du paragraphe. Il résulte immédiatement de la discussion du n°15 que <u>si</u> X <u>satisfait aux conditions du th.18</u>, <u>toutes les v.a.</u> $(b-a)U^b_a$ <u>sont uniformément intégrables</u> (majorer le reste R^b_a par $2X^*\in L^1$).

Soit maintenant X une semimartingale quelconque, que nous écrivons $X=X_c+M+A$ (M est une martingale locale nulle en 0, A est à VF nul en 0). Il existe des temps d'arrêt T_n tendant vers $+\infty$ tels que

- X_0 soit intégrable sur $\{T_n>0\}$
- T_n réduise fortement M (donc M^{T_n} appartienne à $\underline{\underline{H}}^1$)
- $\int_0^{T_n-}|dA_s|$ soit intégrable

Désignons par U^{ab}_t (il faut bien laisser de la place pour t !) le nombre de montées de X sur]a,b[, jusqu'à l'instant t compris : ce sont des processus croissants continus à droite, nuls en 0, et le résultat précédent nous dit que

<u>pour tout</u> n, <u>les v.a.</u> $(b-a)U^{ab}_{T_n-}$ <u>sont uniformément intégrables</u>

(appliquer le théorème à la semimartingale $Y_t=X_0I_{\{T>0\}}+M_t^T + A_tI_{\{t<T\}} + A_{T-}I_{\{t\geqq T\}}$). Comme on a $U^{ab}_{T_n} \leqq U^{ab}_{T_n-} + 1$, on a le même résultat sur les intervalles $[0,T_n]$ fermés, à condition que b-a reste borné.

20 Nous apportons maintenant un complément au théorème 18.

THEOREME. <u>Soit</u> X <u>une semimartingale</u>. <u>Supposons que pour tout processus prévisible</u> J <u>tel que</u> $|J|\leqq 1$ <u>la v.a.</u> $\int_0^t J_s dX_s$ <u>soit intégrable</u>. <u>Alors l'ensemble de toutes ces v.a. est borné dans</u> L^1 (et alors, d'après 18, X satisfait à (18.1), et l'ensemble de toutes ces v.a. est uniformément intégrable).

21 COROLLAIRE. <u>Soit</u> M <u>une martingale uniformément intégrable</u>, <u>mais n'appartenant pas à</u> $\underline{\underline{H}}^1$. <u>Il existe alors un processus prévisible</u> J <u>tel que</u> $|J|\leqq 1$, <u>et que</u> $(J.M)_\infty \notin L^1$.

En effet, si M est uniformément intégrable, on peut appliquer le résultat précédent à la (semi)martingale X définie par

$$X_s = M_{s/1-s} \text{ si } 0\leqq s<1 \quad , \ X_s=M_\infty \text{ si } s\geq 1$$

de manière à se ramener à un intervalle de temps fini (bien entendu, il faut effectuer ce changement de temps sur les tribus aussi). On construit alors un processus prévisible $\bar{J}$ par rapport à la nouvelle famille de tribus tel que $(\bar{J}\cdot X)_1 \notin L^1$, et on pose $J_t = \bar{J}_{t/1+t}$. Alors on a $(J\cdot M)_\infty = (\bar{J}\cdot X)_1$, car $\bar{J}\cdot X$ et X sont continues au point 1.

DEMONSTRATION DU TH.20. La condition de l'énoncé entraîne que X_0 $(=(I_{\{0\}}\cdot X)_t)$ est intégrable. On peut donc se ramener au cas où $X_0=0$. Puis, en arrêtant X à t, nous pouvons nous ramener au cas où toutes les intégrales stochastiques $\int_0^\infty J_s dX_s$ existent et sont intégrables. Comme dans la démonstration de 18 (début), nous voyons que X est spéciale, et considérons sa décomposition canonique X=M+A (M martingale locale nulle en 0, A prévisible à VF nul en 0).

Soit (T_n) une suite croissante de temps d'arrêt, tendant vers $+\infty$, telle que les v.a. $\int_0^{T_n} |dA_s|$ soient intégrables et que les T_n réduisent fortement M. Soit $\underline{\underline{P}}$ l'espace de Banach des processus prévisibles, muni de la norme de la convergence uniforme. Si des $J^k \in \underline{\underline{P}}$ convergent dans $\underline{\underline{P}}$ vers J, les intégrales stochastiques $\int_0^\infty J_s^k dX_s$ convergent en probabilité vers $\int_0^\infty J_s dX_s$. Pour le voir, on remarque que $\int_0^\infty = \int_0^t$, que l'ensemble $\{T_n<t\}$ a une probabilité petite pour n grand, et que sur $\{T_n \geq t\}$ les intégrales stochastiques coïncident avec les intégrales par rapport à X^{T_n}, pour lesquelles on a convergence dans L^1. Il en résulte que la fonction réelle positive F sur $\underline{\underline{P}}$

$$F(J) = E[\,|\int_0^\infty J_s dX_s|\,]$$

est semi-continue inférieurement sur $\underline{\underline{P}}$ (lemme de Fatou). Notre hypothèse sur X signifie que cette fonction est <u>finie</u> sur $\underline{\underline{P}}$. D'après le théorème de Baire, l'un des fermés $\{ J : F(J) \leq n \}$ a un point intérieur, ce qui signifie que l'application linéaire $J \mapsto \int_0^\infty J_s dX_s$ de $\underline{\underline{P}}$ dans L^1 admet un point de continuité. Elle est alors bornée, et le théorème est établi.

IV. SUR LE THEOREME DE GIRSANOV[1]

22 Nous conservons toutes les notations précédentes, et considérons une seconde loi de probabilité Q , <u>équivalente</u> à P . La famille de tribus $(\underline{\underline{F}}_t)$ satisfait alors aux conditions habituelles par rapport à Q aussi bien qu'à P, les ensembles évanescents, les tribus optionnelle et prévisible sont les mêmes pour Q et pour P. Soit M la martingale/P

(22.1) $$M_t = E_P[M_\infty | \underline{\underline{F}}_t]$$

où M_∞ est une densité de Q par rapport à P sur $\underline{\underline{F}}_\infty$. Alors, pour tout temps d'arrêt T, M_T est une densité de Q par rapport à P sur $\underline{\underline{F}}_T$. La martingale M est positive, uniformément intégrable. Il est bien connu qu'une martingale positive (ou même une surmartingale positive) M garde la valeur 0 à partir de l'instant $\inf \{ t : M_t=0 \text{ ou } M_{t-}=0 \}$ (cf. probabilités et potentiels, VI.T15). Comme Q et P sont équivalentes, M_∞ est P-p.s. strictement positive, donc pour P-presque tout ω la fonction $M_.(\omega)$ est bornée inférieurement sur $[0,\infty]$ par un nombre >0 (elle est aussi bornée supérieurement par un nombre fini, mais c'est plus banal). Nous dirons que M est la <u>martingale fondamentale</u>.

Un processus càdlàg X est une martingale/Q si et seulement si le processus XM est une martingale/P. Il en résulte aussitôt que X est une martingale locale/Q si et seulement si XM est une martingale locale/P. Cela va nous permettre de démontrer sans peine le théorème suivant, cas particulier d'un résultat qui semble avoir été établi indépendamment par divers auteurs (sous des hypothèses variables

1. Ce paragraphe résulte de discussions avec C.DELLACHERIE et C,YOEURP.

d'"équivalence locale" de mesures : je pense que le résultat le plus complet est dû à JACOD).

23 THEOREME. X <u>est une semimartingale</u>/Q <u>si et seulement si</u> X <u>est une semimartingale</u>/P.

DEMONSTRATION. Il suffit évidemment de montrer que toute martingale locale/Q X est une semimartingale/P. Or XM est une martingale locale/P , que nous noterons Y. Autrement dit, il suffit de montrer que si Y est une martingale locale/P, $\frac{Y}{M}$ est une semimartingale/P. Ou encore, que 1/M est une semimartingale/P. Il n'est pas <u>tout à fait</u> évident que la formule du changement de variables puisse s'appliquer à la fonction F(t)=1/t, qui n'est pas de classe $\underline{\underline{C}}^2$ sur la droite, mais on peut l'établir par l'argument de localisation de IV.21 (qui nous a permis de supprimer l'hypothèse que les dérivées de F étaient bornées sur $\mathbb{R}$). Un autre argument simple est le suivant. Soit

$$T_n = \inf \{ t : M_t \leq 1/n \}$$

et soit $N_t^n = M_t I_{\{t<T_n\}} + M_{T_n-} I_{\{t \geq T_n\}}$. Alors N^n est une semimartingale/P bornée inférieurement, et il est immédiat que $1/N^n$ est une semimartingale/P. Comme les T_n tendent vers $+\infty$, on peut appliquer le théorème IV.33 : 1/M coïncide sur l'intervalle ouvert $[[0,T_n[[$ avec la semimartingale $1/N^n$, elle coïncide donc sur l'intervalle <u>fermé</u> $[[0,T_n]]$ avec une semimartingale, et c'est une semimartingale/P.

24 Soit X une martingale locale/P . Pouvons nous faire apparaître <u>explicitement</u> X comme une semimartingale/Q , c'est à dire déterminer un processus à VF A tel que X-A soit une martingale locale/Q , ou M(X-A) une martingale locale/P ? Une telle décomposition fait l'objet du théorème de GIRSANOV, établi en toute généralité dans le travail de YOEURP, auquel nous renverrons. En voici un énoncé. Introduisons la martingale locale/P

(24.1) $$L_t = \int_0^t \frac{dM_s}{M_{s-}} \quad \text{de sorte que } M = M_0 \mathcal{E}(L).$$

Alors, <u>si le crochet oblique</u> $\langle X,L\rangle$ <u>existe</u>, $X-\langle X,L\rangle$ est une martingale locale/Q, $M(X-\langle X,L\rangle)$ une martingale locale/P. Mais que peut on dire si le crochet oblique n'existe pas ?

THEOREME. <u>Soit</u> X <u>une martingale locale</u>/P. <u>Alors</u> X-B <u>est une martingale locale</u>/Q, <u>où</u>

(24.2) $$B_t = \int_0^t \frac{d[X,M]_s}{M_s} = \int_0^t \frac{M_{s-}}{M_s} d[X,L]_s$$

X <u>est une semimartingale spéciale</u>/Q, <u>i.e. il existe</u> A <u>prévisible tel que</u> X-A <u>soit une martingale locale</u>/Q, <u>si et seulement si</u> $\langle X,L\rangle$ <u>existe</u>, <u>et alors</u> $A=\langle X,L\rangle$ <u>à un processus constant près</u>.

DEMONSTRATION. Il s'agit de trouver B tel que M(X-B) soit une martingale locale/P . Dans la formule d'intégration par parties suivante, les différentielles soulignées d'un $\underline{\underline{}}$ sont celles de martingales locales/P

$$\underline{\underline{d(M(X-B))_s}} = \underline{\underline{(X-B)_{s-}dM_s}} + \underline{\underline{M_{s-}dX_s}} - M_{s-}dB_s + d[M,X-B]_s$$

Nous décomposons le dernier terme en deux : $d[M,X]_s - d[M,B]_s$, et nous remarquons - comme B est un processus VF - que $d[M,B]_s$ se réduit à $\Delta M_s \Delta B_s \varepsilon_s$, ou encore à $\Delta M_s dB_s$, qui se regroupe avec le terme en $M_{s-}dB_s$. Finalement, la propriété qui caractérise B est

(24.3) $\quad d[M,X]_s - M_s dB_s = \underline{\underline{dY_s}}$ où Y est une martingale locale/P

Le plus simple est de prendre Y=0, ce qui donne pour B la valeur (24.2). Supposons maintenant que B soit prévisible. Alors YOEURP a montré (cela revient à la formule d'intégration par parties IV.38) que [M,B] est une martingale locale, de sorte que l'on peut souligner d'un $\underline{\underline{}}$ d[M,B] dans la formule de départ, et qu'il reste simplement

(24.3) $\quad d[M,X]_s - M_{s-}dB_s = \underline{\underline{dY_s}}$

ce qui exprime 1) que [M,X] admet une compensatrice prévisible, donc que $\langle M,X\rangle$ existe, 2) d'après l'unicité, que $M_{s-}dB_s = d\langle M,X\rangle_s$ sauf en 0 - on n'a pas l'unicité complète, car on n'impose pas à Y_0 une valeur déterminée. Ces deux conditions équivalent à l'existence de $\langle L,X\rangle$, et au fait que $B=\langle L,X\rangle$ à la valeur en 0 près.

25 Nous allons maintenant appliquer les résultats obtenus sur la variation quadratique des semimartingales (n°4). Soit X une semimartingale (inutile de préciser si la mesure est P ou Q : cela revient au même). Puisque - avec les notations de 4 - $S_\tau(X)$ converge en probabilité à la fois pour P et Q lorsque le pas de la subdivision τ tend vers 0, la limite $[X,X]_t$ est la même pour P et Q. Mais d'autre part, les parties martingale continue/P (notée X^c) et martingale continue/Q (notée $\tilde{X}^c$) ne sont pas les mêmes, en général, pour P et Q, et nous avons

$$[X,X]_t = \langle X^c,X^c\rangle_t + \Sigma_{s\leq t}\,\Delta X_s^2 = \langle \tilde{X}^c,\tilde{X}^c\rangle_t + \Sigma_{s\leq t}\,\Delta X_s^2$$

d'où une première conséquence : $\langle X^c,X^c\rangle = \langle \tilde{X}^c,\tilde{X}^c\rangle$. <u>En particulier, si</u> $X^c=0$, <u>nous avons aussi</u> $\tilde{X}^c=0$.

Maintenant, écrivons $X=X^c+Y$, où Y est sans partie martingale continue/P. Nous avons aussi $X=(X^c-\langle L,X^c\rangle)+(Y+\langle L,X^c\rangle)$. Le premier terme est une martingale continue/Q, le second une semimartingale sans partie martingale continue/Q. Autrement dit, nous avons prouvé :

La partie martingale continue $\tilde{X}^c$ de la semimartingale X pour la loi Q est égale à $X^c-\langle L,X^c\rangle$.

Nous allons maintenant établir un théorème simple et utile, cas particulier de résultats beaucoup plus généraux de Cath. DOLEANS-DADE, que j'espère que l'on verra plus loin.

26 THEOREME. Soit H un processus prévisible localement borné, et soit X une semimartingale (inutile de préciser si /P ou /Q). Alors les intégrales stochastiques $H_P^{\bullet}X$ et $H_Q^{\bullet}X$ prises au sens de P et Q sont égales.

DEMONSTRATION. Il suffit de traiter le cas où X est une martingale locale/P. Soit $Y=H_P^{\bullet}X$. Alors $Y-\frac{1}{M}\cdot[Y,M]$ est une martingale locale/Q d'après 24 : notons la $\tilde{Y}$. Comme $Y=H_P^{\bullet}X$, nous avons $[Y,M]=H\cdot[X,M]$, et nous avons pour toute semimartingale/P , notée U :

$$[\tilde{Y},U]_t=[Y-\frac{H}{M}\cdot[X,M],U]_t=[Y,U]_t-\Sigma_{s\leq t}\frac{H_s}{M_s}\Delta X_s\Delta M_s\Delta U_s$$

$$=(H\cdot[X-\frac{1}{M}\cdot[X,M],U])_t=(H\cdot[\tilde{X},U])_t \quad (\text{car } [Y,U]=H\cdot[X,U]),$$

en désignant par $\tilde{X}$ la martingale locale/Q $X-\frac{1}{M}\cdot[X,M]$. Prenant pour U une martingale locale/Q , nous obtenons la relation caractérisant l'intégrale stochastique $H_Q^{\bullet}\tilde{X}$: ainsi $H_Q^{\bullet}\tilde{X}=\tilde{Y}$, puis comme $X=\tilde{X}+\frac{1}{M}\cdot[X,M]$

$$H_Q^{\bullet}X=H_Q^{\bullet}\tilde{X}+\frac{H}{M}\cdot[X,M]=\tilde{Y}+\frac{H}{M}\cdot[X,M]=H_P^{\bullet}X \quad .$$

V. REPRESENTATIONS DES FONCTIONS $\underline{\underline{\underline{BMO}}}$

Notre but dans ce paragraphe est l'extension au cas continu d'un magnifique théorème de GARSIA concernant BMO en temps discret : il s'agit de montrer que le "modèle" d'élément de BMO donné au n°V.2 est en fait l'élément de BMO le plus général (ce n'est pas tout à fait exact, car il y a deux modèles légèrement différents : voir l'énoncé précis). Mais nous faisons de nombreuses digressions autour de cette idée. La méthode utilisée est celle de GARSIA.

Nous commençons par un résultat d'analyse fonctionnelle, plutôt amusant (le lecteur regardera le cas particulier où Ω est réduit à un point !). Nous considérons un espace mesurable $(\Omega,\underline{\underline{F}})$, et désignons par $\mathcal{K}$ l'espace des processus mesurables (X_t), bornés, dont toutes les trajectoires $X_{\cdot}(\omega)$ sont càdlàg. sur $[0,\infty]$: un processus $X\in\mathcal{K}$ est donc une fonction sur $[0,\infty[\times\Omega$, mais la limite à gauche $X_{\infty-}$ existe à l'infini, et nous conviendrons toujours que $X_{0-}=X_{\infty}=0$. Nous posons $X^*(\omega)=\sup_t|X_t(\omega)|$.

27 THEOREME. <u>Soit</u> H <u>une forme linéaire sur</u> $\mathcal{K}$ <u>possédant la propriété suivante</u>

(27.1) <u>Si des</u> $X^n\in\mathcal{K}^+$ <u>convergent vers</u> 0 <u>en restant uniformément bornés, et si</u> $X^{n*}\to 0$ <u>sur</u> Ω, <u>alors</u> $H(X^n)\to 0$.

<u>Alors il existe deux mesures bornées</u> α <u>et</u> β <u>sur</u> $[0,\infty]\times\Omega$ <u>telles que</u>

(27.2) $$H(X) = \int X_s(\omega)\alpha(ds,d\omega) + \int X_{s-}(\omega)\beta(ds,d\omega)$$

<u>Il y a unicité si l'on impose à</u> β <u>de ne pas charger</u> $\{0\}\times\Omega$, <u>à</u> α <u>de ne pas charger</u> $\{\infty\}\times\Omega$, <u>et à</u> β <u>d'être portée par une réunion dénombrable de graphes de v.a. positives</u>.

DEMONSTRATION. Par un raisonnement familier, nous allons montrer d'abord que H est différence de deux formes linéaires positives.

Posons pour tout $X\in\mathcal{K}^+$ $H^+(X)=\sup_{0\leqq Y\leqq X} H(Y)$. Cette quantité est finie, car sinon il existerait des Y^n positifs tels que $Y^n\leqq X$, $H(Y^n)\geqq n$, et les $X^n=Y^n/n$ contrediraient (27.1). On a évidemment $H^+(tX)=tH^+(X)$ $(t\geqq 0)$, et d'autre part $H^+(X+X')=H^+(X)+H^+(Y')$ (raisonnement familier : tout $Z\in\mathcal{K}^+$ majoré par $X+X'$ peut s'écrire $Y+Y'$, où $0\leqq Y\leqq X$, $0\leqq Y'\leqq X'$) . Enfin, H^+ satisfait à (27.1) : sinon, il existerait des $X^n\in\mathcal{K}^+$ tels que $X^{n*}\to 0$ P-p.s., et que $H^+(X^n)$ reste $\geqq\varepsilon$, et l'on pourrait trouver des Y^n tels que $0\leqq Y^n\leqq X^n$ et $H(Y^n)$ reste $\geqq\varepsilon/2$, ce qui contredirait (27.1). H^+ se prolonge alors à $\mathcal{K}=\mathcal{K}^+-\mathcal{K}^+$ en une forme linéaire positive, on a que $H^+-H=H^-$ est une forme linéaire positive qui satisfait à (27.1). On pose $|H|=H^++H^-$, et on rappelle que (par un raisonnement classique)

$$|H|(X) = \sup_{|Y|\leqq X} H(Y) \quad \text{si } X\in\mathcal{K}^+$$

Considérons l'ensemble W formé des éléments de $[0,\infty]\times\Omega\times\{+,-\}$ qui sont, ou de la forme $(t,\omega,+)$ avec $0\leqq t<\infty$, ou de la forme $(t,\omega,-)$ avec $0<t\leqq\infty$. Si C est une partie de $[0,\infty]\times\Omega$, nous notons C_+ la partie de W formée des $(t,\omega,+)$ tels que $0\leqq t<\infty$, $(t,\omega)\in C$, et C_- l'ensemble des $(t,\omega,-)$ tels que $0<t\leqq\infty$, $(t,\omega)\in C$. De même, si c est une fonction

sur $[0,\infty]\times\Omega$, c_+ est définie sur W par $c_+(t,\omega,-)=0$, $c_+(t,\omega,+)=c(t,\omega)$, et c_- par $c_-(t,\omega,+)=0$, $c_-(t,\omega,-)=c(t,\omega)$ - c'est le prolongement aux fonctions de la notion précédente pour les ensembles. Enfin, si X est un processus appartenant à $\mathcal{K}$, nous lui associons la fonction $\overline{X}$ sur W définie par

$$\overline{X}(t,\omega,+)= X_t(\omega) \quad , \quad \overline{X}(t,\omega,-) = X_{t-}(\omega)$$

(cela explique pourquoi nous avons des notations en + et - !). Nous désignons par $\overline{\mathcal{K}}$ l'ensemble des $\overline{X}$, $X\in\mathcal{K}$, et par $\underline{\underline{W}}$ la tribu engendrée sur W par $\overline{\mathcal{K}}$. Il est clair que $\overline{\mathcal{K}}$ est un espace vectoriel, stable pour les opérations $\wedge$ et $\vee$, contenant les constantes, et que $X\mapsto\overline{X}$ est une bijection de $\mathcal{K}$ sur $\overline{\mathcal{K}}$. Nous pouvons donc définir une forme linéaire $\overline{H}$ sur $\overline{\mathcal{K}}$ par la relation $\overline{H}(\overline{X})=H(X)$. Nous démontrons :

27a LEMME. Il existe une mesure bornée (signée) ν unique sur $(W,\underline{\underline{W}})$ telle que $H(X)=\nu(\overline{X})$ pour tout $X\in\mathcal{K}$. La mesure associée à la forme linéaire $|H|$ est alors égale à $|\nu|$.

Pour prouver l'existence, nous pouvons supposer H positive (nous en déduirons l'existence pour H quelconque par différence, et l'unicité est une conséquence familière du théorème des classes monotones : deux mesures bornées égales sur $\overline{\mathcal{K}}$ réticulé sont égales sur la tribu engendrée). Tout revient à prouver que si H est positive et satisfait à (27.1), alors $\overline{H}$ satisfait à la condition de DANIELL : si des $\overline{X}^n\in\overline{\mathcal{K}}$ tendent vers 0 en décroissant, alors $\overline{H}(\overline{X}^n)\to 0$. Introduisant les X^n correspondants, et utilisant (27.1), il nous suffit de montrer que $X^{n*}\to 0$. Or soit $\omega\in\Omega$ et $K_n(\omega)=\{t\in[0,\infty] : X_t^n(\omega)\geq\varepsilon \text{ ou } X_{t-}^n(\omega)\geq\varepsilon\}$; les $K_n(\omega)$ sont des compacts qui décroissent, et la condition $\lim_n \overline{X}^n=0$ entraîne que l'intersection des $K_n(\omega)$ est vide, donc $K_n(\omega)=\emptyset$ pour n assez grand, quel que soit ε, et cela signifie que $X^{n*}(\omega)\to 0$.

La dernière phrase de l'énoncé se lit ainsi : si ν est une mesure sur la tribu $\underline{\underline{W}}$ engendrée par $\overline{\mathcal{K}}$ réticulé, alors pour toute $f\in\overline{\mathcal{K}}^+$ on a $|\nu|(f) = \sup_{g\in\overline{\mathcal{K}},\,|g|\leq f}\nu(g)$. Ce résultat devrait figurer dans tous les bons traités d'intégration, mais il ne figure même pas dans les mauvais.

Notre problème consiste maintenant à ramener ν sur $[0,\infty]\times\Omega$. A cet effet, nous faisons les remarques suivantes.

a) Soit S une fonction $\underline{\underline{F}}$-mesurable positive, et soit [S] son graphe. Alors $[S]_+$ et $[S]_-$ appartiennent à $\underline{\underline{W}}$. En effet, soit X l'indicatrice de $[S,S+\varepsilon[$; X appartient à $\mathcal{K}$, $\overline{X}$ est l'indicatrice de $[S,S+\varepsilon[_+\cup\,]S,S+\varepsilon]_-$, qui appartient donc à $\underline{\underline{W}}$, après quoi on passe à l'intersection sur $\varepsilon=1/n$ et il vient que $[S]_+\in\underline{\underline{W}}$. On traite l'autre cas en regardant $[(S-\varepsilon)^+,S[$.

b) Si C est une partie mesurable de $[0,\infty]\times\Omega$, alors $C_+\cup C_-\in\underline{\underline{W}}$. Pour voir cela, il est plus simple de montrer que si c est mesurable, alors c_++c_- est $\overline{K}$-mesurable. En effet, il suffit de vérifier cela pour des fonctions c qui engendrent la tribu $\underline{\underline{B}}([0,\infty])\times\underline{\underline{F}}$, et nous choisissons les processus mesurables X <u>à trajectoires continues</u> . Alors $X_++X_-=\overline{X}$, et c'est évident.

27b LEMME. <u>Il existe trois mesures</u> $\mu_+,\mu_-,\hat{\mu}$ <u>sur</u> $[0,\infty]\times\Omega$, <u>possédant les propriétés suivantes</u>

1) μ_+ <u>est portée par</u> $[0,\infty[\times\Omega$, <u>et par une réunion dénombrable de graphes. Pour tout graphe</u> $[S]$ <u>on a</u> $\mu_+([S])=\nu([S]_+)$.

2) μ_- <u>est portée par</u> $]0,\infty]\times\Omega$, <u>et par une réunion dénombrable de graphes. Pour tout graphe</u> $[S]$ <u>on a</u> $\mu_-([S])=\nu([S]_-)$.

3) $\hat{\mu}$ <u>ne charge aucun graphe</u>.

4) <u>Pour tout X∈K, on a</u>

$$H(X)=\int X_t(\omega)\mu_+(dt,d\omega)+\int X_t(\omega)\hat{\mu}(dt,d\omega)+\int X_{t-}(\omega)\mu_-(dt,d\omega) \tag{27.3}$$

<u>De plus, ces mesures sont uniques, et les trois mesures associées à la forme linéaire</u> $|H|$ <u>sont</u> $|\mu_+|,|\mu_-|,|\hat{\mu}|$.

Construisons par exemple μ_+ . Considérons une **suite** (S_n) de v.a. telle que la mesure de $G_+=\bigcup_n[S_n]_+$ pour la mesure $|\nu|$ soit <u>maximale</u>. Quitte à remplacer S_n par $+\infty$ sur $\bigcup_{i<n}\{S_i=S_n\}$, on peut supposer que les graphes $[S_n]$ sont disjoints dans $[0,\infty[\times\Omega$. Nous posons $\nu_+=I_{G_+}\cdot\nu$.

Puisque ν_+ est portée par $G_+\subset([0,\infty]\times\Omega)_+$, ce dernier ensemble est ν_+-mesurable et porte ν_+ . Pour tout C mesurable dans $[0,\infty]\times\Omega$, C_+ est l'intersection de $C_+\cup C_-$ avec un ensemble portant ν_+ , et nous pouvons définir une mesure μ_+ en posant

$$\mu_+(C)=\nu_+(C_+\cup C_-)=\nu_+(C_+) \quad .$$

On vérifie aussitôt que μ_+ est portée par la réunion des $[S_n]$ et satisfait à 1), en raison du caractère maximal de G_+ . La construction de μ_- et ν_- est exactement semblable. Nous posons enfin

$$\hat{\nu}=\nu-\nu_+-\nu_- \quad , \quad \hat{\mu}(C)=\hat{\nu}(C_+\cup C_-) \ .$$

Vérifions (27.3). Le seul point délicat est celui des notations.

Notons u la fonction $(t,\omega)\mapsto X_t(\omega)$, v la fonction $(t,\omega)\mapsto X_{t-}(\omega)$.
Alors $\bar{X} = u_+ + v_-$ et nous avons

$$H(X) = \nu(\bar{X}) = (\nu_+ + \hat{\nu} + \nu_-)(u_+ + v_-)$$

Nous développons : $\nu_+(u_+ + v_-) = \nu_+(u_+) = \mu_+(u)$. De même, $\nu_-(u_+ + v_-) = \mu_-(v)$. Enfin , u et v ne diffèrent que sur une réunion dénombrable de graphes, et $\hat{\nu}$ <u>ne charge aucun graphe</u> $[S]_-$, donc $\hat{\nu}(v_-) = \hat{\nu}(u_-)$ et l'on a $\hat{\nu}(u_+ + v_-) = \hat{\nu}(u_+ + u_-) = \hat{\mu}(u)$. Ainsi $H(X) = \mu_+(u) + \hat{\mu}(u) + \mu_-(v)$, et c'est (27.3). Il ne reste plus qu'à poser $\alpha = \mu_+ + \hat{\mu}$, $\beta = \mu_-$ pour avoir (27.2).

<u>Remarque</u>. Seule la phrase soulignée ci-dessus a servi : il importe peu que $\hat{\nu}$ charge des graphes $[S]_+$. La décomposition au moyen de μ_+ n'a donc servi à rien, il suffit d'isoler μ_- .

Achevons la démonstration du lemme, et donc du théorème. Nous laisserons de côté l'unicité. Quant à la dernière phrase, il suffit de remarquer que la décomposition de H en deux formes H^+ et H^- correspond à celle de ν en les mesures étrangères ν^+ et ν^-, et que les couples de mesures (μ_+^+, μ_+^-) , (μ_-^+, μ_-^-) , $(\hat{\mu}^+, \hat{\mu}^-)$ sont des couples de mesures positives étrangères, fournissant ainsi les décompositions canoniques de $\mu_+, \mu_-, \hat{\mu}$.

REMARQUE. Cette démonstration est en substance celle par laquelle Catherine Doléans établit l'existence de la décomposition des surmartingales. Voir le n°30.

L'application à $\underline{\underline{BMO}}$ repose sur le corollaire suivant, dans lequel $(\Omega, \underline{\underline{F}})$ est à nouveau muni d'une loi de probabilité P.

28 THEOREME. <u>Supposons que la forme linéaire</u> H <u>du n°27 satisfasse à la condition</u>

(28.1) $$|H(X)| \leq cE[X^*] \quad \underline{\text{si}}\ X \in \mathcal{K}$$

<u>Elle admet alors la représentation</u>

(28.2) $$H(X) = \int_{[0,\infty[} X_t dA_t + \int_{]0,\infty]} X_{t-} dB_t$$

<u>où</u> A <u>et</u> B <u>sont deux processus à variation intégrables non adaptés</u>, A <u>non nécessairement nul en</u> 0, B <u>nul en</u> 0 <u>et pouvant sauter à l'infini</u>, <u>purement discontinu</u>, A <u>et</u> B <u>étant de plus tels que</u>

(28.3) $$\int_{[0,\infty]} |dA_s| + |dB_s| \leq c \quad P\text{-}\underline{\text{p.s.}}$$

DEMONSTRATION. Commençons par le cas où H est positive. Alors (28.1) entraîne (27.1), et H admet la représentation (27.2). De plus, si U est un élément P-négligeable de $\underline{\underline{F}}$, $X_t(\omega)=I_U(\omega)$ définit un processus càdlàg. tel que $X^*=0$ P-p.s., donc H(X)=0, et l'on voit que α et β ne chargent pas les ensembles évanescents, d'où la représentation (28.2) d'après le chap.I, n°2. Enfin, si $X_t(\omega)=U(\omega)$ est un processus càdlàg. constant en t, on a $X^*=|U|$, et la relation (28.1) s'écrit $E[(A_\infty+B_\infty)U] \leqq cE[U]$ si $U\geqq 0$ est bornée, d'où (28.3).

Si H n'est pas positive, nous écrivons que pour $X\in\mathcal{K}^+$

$$|H|(X) = \sup_Y H(Y) \quad \text{Y parcourant l'ensemble des éléments de } \mathcal{K} \text{ majorés par X en valeur absolue}$$

Alors $|H|(X) \leqq c.\sup_Y E[Y^*] = cE[X^*]$. Il en résulte à nouveau que $|\alpha|$ et $|\beta|$ ne chargent pas les ensembles P-évanescents, d'où les représentations (28.2) pour H et |H|, les processus associés à |H| étant $\int_0^t |dA_s|$ et $\int_0^t |dB_s|$. Il ne reste plus qu'à appliquer le cas précédent, à la forme linéaire positive |H|.

Voici le théorème de GARSIA, étendu au cas continu :

29 THEOREME. Soit M une martingale telle que $\|M\|_{\underline{\underline{BMO}}} \leqq 1$. Il existe alors un processus à variation intégrable adapté (J_t), tel que

(29.1) $$E[\int_{[T,\infty[} |dJ_s| \,|\underline{\underline{F}}_T] \leqq c \text{ pour tout t.d'a. T .}$$

et un processus à variation intégrable prévisible (K_t), nul en 0, pouvant sauter à l'infini, tel que

(29.2) $$E[\int_{]T,\infty]} |dK_s| \,|\underline{\underline{F}}_T] \leqq c ,$$

tels que l'on ait

(29.3) $$M_\infty = J_\infty + K_\infty$$

DEMONSTRATION. Définissons une forme linéaire H sur l'espace des martingales bornées en posant

$$H(X) = E[X_\infty M_\infty] \quad \text{si X est une martingale bornée}$$

Comme M a une norme $\underline{\underline{BMO}} \leq 1$, que $\underline{\underline{BMO}}$ est le dual de $\underline{\underline{H}}^1$, et que $\underline{\underline{H}}^1$ peut être défini par la norme $E[X^*]$ (V.33), on a $|H(X)| \leqq cE[X^*]$.

Grâce au théorème de HAHN-BANACH, nous savons que H est prolongeable à $\mathcal{K}$ suivant une forme linéaire satisfaisant à la même inégalité, que nous noterons encore H, et qui admet une représentation donnée par le théorème 28. Alors, avec les notations de ce théorème, nous avons pour toute martingale X bornée

$$E[X_\infty M_\infty] = E[\int_{[0,\infty[} X_s dA_s + \int_{]0,\infty]} X_{s-} dB_s]$$

Soient respectivement J la projection duale optionnelle de A, K la projection duale prévisible de B. Comme les variations totales de A et de B sont bornées par c , nous avons (29.1) et (29.2). D'autre part, la formule précédente s'écrit

$$E[X_\infty M_\infty] = E[\int_{[0,\infty[} X_s dJ_s + \int_{]0,\infty]} X_{s-} dK_s] = E[X_\infty J_\infty + X_\infty K_\infty]$$

d'où (29.3), X_∞ étant une v.a. bornée arbitraire.

REMARQUE. Dans le cas discret, X_{n-} est la valeur de X à l'instant n-1, de sorte qu'on peut faire entrer le second terme dans le premier, à l'exception de l'intégrale portant sur $\{\infty\}$. Ainsi, on peut réduire B à son " saut à l'infini", et la condition (29.2) exprime simplement que ce saut est borné. Ainsi, dans le cas discret, K_∞ peut être pris simplement égal à une v.a. bornée. On obtient alors la forme indiquée par GARSIA dans [21], th.II.4.1, p.48 (1).

Nous nous engageons maintenant dans des digressions au sujet du théorème 27, après quoi nous reviendrons au problème de représentation de $\underline{\underline{BMO}}$.

APPLICATION A LA DECOMPOSITION DES SURMARTINGALES

Nous allons regarder de près la méthode qui nous a conduit aux théorèmes 27 et 28, et l'utiliser à d'autres fins que la représentation de $\underline{\underline{BMO}}$: elle permet en effet de démontrer rapidement des théorèmes de décomposition des surmartingales.

30 Nous fixons d'abord nos notations. Nous désignons par X une <u>surmartingale forte optionnelle</u>, positive et appartenant à la classe (D). Autrement dit, X est un processus optionnel positif, satisfaisant à l'inégalité des surmartingales pour les temps d'arrêt

si $S \leqq T$, $X_S \geqq E[X_T | \underline{\underline{F}}_S]$ p.s. (avec la convention $X_\infty = 0$)

et telle que toutes les v.a. X_S, où S parcourt l'ensemble des temps d'arrêt, soient <u>uniformément intégrables</u>. Soulignons que ces hypothèses n'impliquent aucune espèce de propriété de continuité de X, ni que X soit un potentiel au sens usuel de ce terme.

---

(1) J'en profite pour remercier R.CAIROLI, grâce à qui j'ai maintenant un exemplaire de [21] (cf. p.91).

Une variante de cette définition est celle des surmartingales fortes prévisibles , processus prévisibles positifs $(X_t)_{t\in\bar{\mathbb{R}}_+}$, satisfaisant à $X_S \geq E[X_T | \underline{\underline{F}}_{S-}]$ (avec la convention $X_\infty = 0$) si S et T sont deux temps d'arrêt prévisibles tels que $S \leq T$. Ces processus sont assez peu utilisés, et c'est malheureusement à eux que s'applique directement la méthode du théorème 27. Pour traiter les surmartingales fortes optionnelles, il faut travailler sur les processus càglàd., non càdlàg. Cela va nous obliger à de nouvelles notations.

Nous désignons par $\mathcal{K}_0$ l'espace des processus càdlàg. prévisibles élémentaires , i.e. l'espace vectoriel engendré par les processus $I_{[S,T[}$ sur $[0,\infty[\times\Omega$, où S et T sont deux temps prévisibles tels que $S \leq T$ - je devrais écrire $[\![S,T[\![$, mais c'est trop compliqué. De même , $\mathcal{L}_0$ sera l'espace vectoriel engendré par les processus càglàd. prévisibles élémentaires sur $[0,\infty]\times\Omega$, c'est à dire par les $I_{\{0\}\times A}$ $(A\in\underline{\underline{F}}_0)$ et les $I_{]S,T]}$, où S et T sont deux temps d'arrêt tels que $S \leq T$ (noter, pour la mémoire, que $\mathcal{K}$ est l'initiale de $\mathcal{K}$àdlàg et $\mathcal{L}$ celle de $\mathcal{L}$àdcàg !) Un élément U de $\mathcal{L}_0$ s'écrit de manière unique

(30.1) $U = a_0 I_{\{0\}\times A} + \Sigma_{j=1}^n a_j I_{]S_j,T_j]}$

où n est fini, $a_0,\ldots,a_n$ sont des constantes, A appartient à $\underline{\underline{F}}_0$, les S_i, T_i sont des temps d'arrêt tels que $S_1 \leq T_1 \leq S_2 \ldots \leq S_n \leq T_n$, avec $0 < S_1$, $S_i < T_i$ sur $\{S_i < \infty\}$. Nous définissons alors une forme linéaire H sur $\mathcal{L}_0$ en posant

(30.2) $H(U) = a_0 \int_A X_0 P + \Sigma_j a_j E[X_{S_j} - X_{T_j}]$

H est manifestement positive. Nous voulons démontrer d'abord

30a LEMME. Il existe deux mesures positives α et β sur $[0,\infty]\times\Omega$, ne chargeant pas les ensembles évanescents, telles que pour $U\in\mathcal{L}_0$

(30.3) $H(U) = \int_{[0,\infty[\times\Omega} U_{t+}(\omega)\alpha(dt,d\omega) + \int_{]0,\infty]\times\Omega} U_t(\omega)\beta(dt,d\omega)$

Il y a pour cela deux méthodes : l'une est celle de C.DOLEANS-DADE, l'autre passe par les espaces d'ORLICZ, et elles sont toutes deux assez intéressantes.

31 PREMIERE METHODE. Nous reprenons la démonstration de 27, en munissant $[0,\infty]\times\Omega$ de la tribu prévisible $\underline{\underline{P}}$. Nous dédoublons l'espace comme au n°27, et munissons W de la tribu $\underline{\underline{W}}$ engendrée par les fonctions $\bar{U}$, où

$U \in \mathcal{L}_0$ et

$$\overline{U}(t,\omega,+) = U_{t+}(\omega) \quad , \overline{U}(t,\omega,-)= U_t(\omega).$$

Nous vérifions comme aux pages 136 et 137 que

a) Si S est un temps d'arrêt , $[S]_+$ appartient à $\underline{\underline{W}}$ ($U=I_{]S,S+\varepsilon]}$ appartient à $\mathcal{L}_0$, donc $[S,S+\varepsilon[_+ \cup]S,S+\varepsilon]_-$ appartient à $\underline{\underline{W}}$, et on passe à l'intersection en ε), et si S est un temps d'arrêt prévisible, $[S]_-$ appartient à $\underline{\underline{W}}$ (si S_n est une suite annonçant S, $U=I_{]S_n,S]}$ appartient à $\mathcal{L}_0$ et on raisonne comme ci-dessus).

b) Si C est un ensemble prévisible, $C_+ \cup C_-$ appartient à $\underline{\underline{W}}$. Il suffit de le vérifier pour des générateurs de la tribu prévisible. Pour ceux de la forme $C=\{0\}\times A$ ($A\in\underline{\underline{F}}_0$) on a $C_+\cup C_- = [S]_+$, où S est le temps d'arrêt qui vaut 0 sur A, $+\infty$ sur A^c, et b) résulte de a). Pour ceux de la forme $C=]0,S]$, on a $C_+\cup C_- =]0,S]_+ \cup]0,S]_- = ([0,S[_+ \cup]0,S]_-) \cup [S]_+ \setminus [0]_+$, et on applique à nouveau a).

Nous construisons ensuite une mesure ν sur W représentant H : $H(U)=\nu(\overline{U})$ pour $U\in\mathcal{L}_0$, à la manière du lemme 27a, p.136 . Comme tout est positif, il suffit de vérifier la condition (27.1) sous la forme

<u>si des processus</u> $U^n \in \mathcal{L}_0$ <u>tendent en décroissant vers</u> 0, <u>de telle sorte que</u> $U^{n*} \to 0$, <u>alors</u> $H(U^n) \to 0$,

qui suffit à entraîner la condition de DANIELL sur W. Pour voir cela, nous pouvons supposer tous les U^n bornés par 1. Posons $S_n = \inf \{ t : U^n_t > \varepsilon \}$: le fait que les U^{n*} tendent vers 0 signifie que pour tout ε les S_n croissent vers $+\infty$, et que <u>pour tout</u> ω $S_n(\omega)=+\infty$ <u>pour</u> n <u>grand</u>

Nous avons d'autre part $U^n \leqq \varepsilon$ sur $[0,S_n]$ par continuité à gauche, donc

$$H(U^n) \leqq \varepsilon H(1) + H(I_{]S_n,\infty]}) = \varepsilon H(1)+E[X_{S_n}]$$

Et maintenant $E[X_{S_n}] \to 0$ par l'intégrabilité uniforme des X_{S_n} . Le reste de la démonstration se poursuit comme au n°27. La mesure μ_- se définit sur la tribu prévisible, mais il y a une nuance intéressante :

la tribu optionnelle est engendrée par la tribu prévisible et les graphes [S] de temps d'arrêt. Ayant formé $\nu'=\nu-\nu_-$, qui ne charge aucun graphe $[S]_-$, où S est prévisible, nous remarquons que toute réunion dénombrable de graphes $[S_n]_-$, où les S_n sont des t.d'a. <u>quelconques</u> , est intérieurement ν'-négligeable. Nous pouvons alors étendre ν' en une mes. $\overline{\nu}'$ pour laquelle les graphes $[S]_-$ sont négligeables. Mais alors, $C_+\cup C_-$ est $\overline{\nu}'$-mesurable pour C <u>optionnel</u> , et les mesures μ_+, $\hat{\mu}$ se trouvent définies sur la tribu optionnelle. Ainsi :

il existe deux mesures positives bornées α (sur la tribu optionnelle, ne chargeant pas $\{\infty\}\times\Omega$) β (sur la tribu prévisible, portée par une réunion dénombrable de graphes prévisibles, ne chargeant pas $\{0\}\times\Omega$) telles que pour $U\in\mathcal{L}_0$

$$H(U) = \int_{[0,\infty[\times\Omega} U_{t+}(\omega)\alpha(dt,d\omega) + \int_{]0,\infty]\times\Omega} U_t(\omega)\beta(dt,d\omega)$$

et il y a d'ailleurs unicité. Ces mesures ne chargeant pas les ensembles évanescents, nous pouvons les étendre à la tribu $\underline{\underline{B}}([0,\infty])\times\underline{\underline{F}}$ en deux mesures - encore notées α et β - dont la première est compatible avec la projection optionnelle, la seconde compatible avec la projection prévisible. Notant A et B les deux processus croissants continus à droite correspondants, le premier optionnel, le second prévisible, nous avons pour $U\in\mathcal{L}_0$

$$(31.1)\quad H(U) = E[\int_{[0,\infty[} U_{t+}(\omega)dA_t(\omega) + \int_{]0,\infty]} U_t(\omega)dB_t(\omega)]$$

soit, en prenant $U=I_{]T,\infty]}$

$$(31.2)\qquad E[X_T] = E[(A_\infty+B_\infty)-A_{T-}-B_T]$$

puis, en remplaçant T par T_H , $H\in\underline{\underline{F}}_T$

$$(31.3)\qquad X_T = E[A_\infty+B_\infty|\underline{\underline{F}}_T] - A_{T-} - B_T$$

ou

$$(31.4)\qquad X_t = M_t - A_{t-} - B_t$$

M martingale c.à.d. unif. intégrable
A processus croissant c.à.d. adapté
B processus croissant c.à.d. prévisible purement discontinu

C'est la décomposition de MERTENS. Exactement de la même manière, mais un peu plus aisément, on obtient la décomposition des surmartingales fortes prévisibles

$$(31.5)\qquad X_t = M_{t-} - A_t - B_{t-}$$

M martingale c.à.d. unif. intégrable
A processus croissant c.à.d. prévis.
B processus croissant c.à.d. prévis. purement discontinu

Personne n'a encore rencontré ces surmartingales là !

32 SECONDE METHODE. Elle consiste à éviter les raisonnements "analogues" à ceux du th.27, mais plus ou moins délicats, en se ramenant directement à 27 par une application du théorème de HAHN-BANACH. Nous utiliserons les résultats sur les espaces d'ORLICZ présentés dans NEVEU, <u>martingales à temps discret</u>, p.193-200.

Nous utilisons le lemme de la VALLEE-POUSSIN (Probabilités et potentiel, chap.II, n°22 : toutes les variables aléatoires X_T , où T est un temps d'arrêt arbitraire, étant uniformément intégrables, il existe une fonction de YOUNG Φ sur $\mathbb{R}_+$ (fonction convexe, croissante, telle que $\Phi(0)=0$ et $\lim_{t\to\infty} \Phi(t)/t = +\infty$) telle que

(32.1) $\sup_T E[\Phi\circ X_T] \leq 1$.

Rappelons que, pour toute v.a. f , $\|f\|_\Phi = \inf\{ a : E[\Phi(\frac{|f|}{a})]\leq 1\} \leq +\infty$ est la norme dans l'espace d'ORLICZ L^Φ. Ainsi, (32.1) s'écrit aussi $\sup_T \|X_T\|_\Phi \leq 1$. Nous désignons par Ψ la fonction convexe conjuguée de Φ, et rappelons l'inégalité $E[|fg|] \leq 2\|f\|_\Phi \|g\|_\Psi$. D'autre part, nous désignons par a(t) une fonction de YOUNG sur $\mathbb{R}_+$, telle que

(32.2) $\int_1^{+\infty} \frac{dt}{a(t)} < +\infty$

par exemple, $a(t)=t^{1+\varepsilon}$, et nous posons $\Gamma=\Psi\circ a$, qui est encore une fonction de YOUNG. Quitte à remplacer $\Phi(t)$ par un multiple de $\Phi(t)+t$ satisfaisant encore à (32.1), nous pouvons supposer Φ (et donc Ψ) strictement croissante, ce qui simplifie la démonstration du lemme suivant (les notations sont celles de 31).

32a LEMME. H <u>est bornée sur l'ensemble des</u> $U\in\mathcal{L}_0$ <u>tels que</u> $\|U\|_\Gamma \leq 1$.

DEMONSTRATION. Nous pouvons nous borner aux U positifs. Pour tout t>0, nous désignons par S_t le temps d'arrêt

(32.3) $S_t = \inf \{ s : U_s>t \}$

de sorte que (la continuité à gauche de U à l'infini est utilisée ici)

(32.4) $\{S_t<\infty \} = \{ U^*>t \}$

Regardons la forme (30.1) de U : l'ensemble $\{(s,\omega) : U_s(\omega)>t\}$ est réunion de certains des ensembles $\{0\}\times A$, $]S_j,T_j]$, et il en résulte que son indicatrice appartient à $\mathcal{L}_0$. Il est alors immédiat de vérifier que

(32.5) $H(U) = \int_0^\infty H(I_{\{U>t\}})dt \leq \int_0^\infty dt \int X_{S_t} P$

Nous reviendrons sur cette formule dans une autre digression. Pour l'instant, nous coupons l'intégrale en $\int_0^1 dt \int X_{S_t} P$, que nous majorons par $E[X_0]$, et $\int_1^\infty$. Dans ce second terme , nous écrivons

$$E[X_{S_t}] = E[X_{S_t} I_{\{U^*>t\}}] \leq 2\|X_{S_t}\|_\Phi \|I_{\{U^*>t\}}\|_\Psi$$

En définitive, compte tenu de (32.1), il nous suffit de montrer que $\int_1^{\infty} \| I_{\{U^*>t\}} \|_{\Psi}\, dt$ est borné. Or la définition de $\| \ \|_{\Psi}$ rappelée plus haut montre que

$$(32.6) \qquad \| I_{\{U^*>t\}} \|_{\Psi} = \frac{1}{\Psi^{-1}\left(\frac{1}{P\{U^*>t\}}\right)}$$

où Ψ^{-1} est la fonction réciproque de Ψ, strictement croissante. Par hypothèse, nous avons $E[\Gamma\circ U^*] \leqq 1$, donc $P\{U^*>t\} \leqq \frac{1}{\Gamma(t)}$, d'où successivement : $1/P\{\ \} \geqq \Gamma(t)$, $\Psi^{-1}(1/P\{\ \}) \geqq \Psi^{-1}(\Gamma(t)) = a(t)$, et enfin

$$(32.7) \qquad \| I_{\{U^*>t\}} \| \leqq \frac{1}{a(t)}$$

et l'hypothèse (32.2) est juste ce qu'il nous faut. Le lemme 32a est prouvé.

Maintenant, la fin de la démonstration est très simple par la seconde méthode. Désignant par $\mathcal{L}$ l'espace de tous les processus càglàd. (non adaptés), nous prolongeons la forme linéaire H sur $\mathcal{L}_0$, bornée pour la norme $U \mapsto \| U^* \|_{\Gamma}$, en une forme linéaire sur $\mathcal{L}$ de même norme - encore notée H . Il est <u>immédiat</u> que cette forme satisfait à (27.1), d'où l'existence de deux mesures α_0 et β_0 telles que sur $\mathcal{L}$

$$(32.8) \quad H(U) = \int_{[0,\infty[\times\Omega} U_{s+}(\omega)\alpha_0(ds,d\omega) + \int_{]0,\infty]\times\Omega} U_s(\omega)\beta_0(ds,d\omega)$$

c'est à dire, le lemme 30a. Pour aboutir à (31.1), qui est notre but, nous prenons les projections optionnelle α de α_0 , prévisible β de β_0 , et les processus croissants associés.

33 Mais la seconde méthode donne aussi des inégalités intéressantes. Introduisons le processus décroissant <u>non adapté</u>

$$(33.1) \qquad D_t = (A^o_{\infty} + B^o_{\infty}) - A^o_{t-} - B^o_t$$

- qui n'est d'ailleurs continu, ni à droite, ni à gauche - où A^o_t et B^o_t sont les processus croissants non adaptés associés aux mesures α_0 et β_0. Ce processus décroissant admet X comme projection optionnelle. D'autre part, en prenant pour U dans (32.8) un processus constamment égal à une v.a. positive u, nous obtenons que

$E[D_0 u] \leqq c\|u\|_{\Gamma}$, où c est la norme de la forme linéaire H

et cela entraîne que D_0 est dans l'espace d'ORLICZ associé à la fonction de YOUNG conjuguée de Γ, qui est "à peine moins bonne" que Φ. On peut avoir des résultats plus plaisants en raisonnant directement sur X, au lieu du "module d'intégrabilité" Φ .

Soit Y une v.a. intégrable, telle que le processus X soit majoré par la martingale continue à droite $E[Y|\underline{\underline{F}}_t]$ - il existe toujours de telles v.a., par exemple la v.a. $A^o_\infty + B^o_\infty$, ou $A_\infty + B_\infty$, construite précédemment. Reprenons maintenant la formule (32.5), en l'écrivant

(33.2) $H(U) \leqq E[\int_0^\infty X_{S_t} dt]$

Nous avons $S_t = \inf\{s : U_s > t\} = \inf\{s : U^*_s > t\}$, où U^*_s s'obtient en rendant continu à droite le processus $\sup_{r<s} U_r$. Alors il est bien connu que l'on a aussi

(33.3) $H(U) \leqq E[\int_0^\infty X_{S_t} dt] = E[\int_0^\infty X_s dU^*_s] \leqq E[\int_0^\infty Y_s dU^*_s]$

$$= E[\int_0^\infty Y dU^*_s] = E[YU^*]$$

Maintenant, l'application $U \mapsto E[YU^*]$ est une norme sur $\mathcal{L}$, et la forme linéaire H sur $\mathcal{L}_0$ a une norme au plus égale à 1. Elle se prolonge donc en une forme linéaire sur $\mathcal{L}$ de norme au plus égale à 1, qui satisfait à (27.1), d'où deux mesures - nous les noterons encore α_0 et β_0 , pour ne pas encore avoir de nouvelles notations - et nous introduirons les processus croissants non adaptés correspondants A^o et B^o, et le processus décroissant (D_t) de (33.1). L'inégalité (33.3) appliquée à un processus U constamment égal à u nous donne

(33.4) $E[u(A^o_\infty + B^o_\infty)] \leqq E[Yu]$

et cela entraîne $A^o_\infty + B^o_\infty \leqq Y$ p.s.. Nous avons démontré le théorème suivant, conjecturé par GARSIA, démontré dans le séminaire VIII, p. 310, par une méthode entièrement différente[1]:

34 THEOREME. <u>Soit</u> X <u>une surmartingale forte optionnelle</u>, <u>majorée par une martingale continue à droite</u> $E[Y|\underline{\underline{F}}_t]$. <u>Alors</u> X <u>est projection optionnelle d'un processus décroissant non adapté</u> (D_t) <u>majoré par</u> Y.

Par exemple, si X^* est intégrable, on peut prendre $Y=X^*$.

---

1. L'emploi d'une formule exponentielle un peu mystérieuse (explicite). Seul le cas des surmartingales continues à droite est traité dans le séminaire VIII. Voir dans ce volume p.503-504.

35 Ce théorème, et le théorème de représentation de $\underline{\underline{BMO}}$ que nous avons vu, permettent d'envisager la dualité entre $\underline{\underline{H}}^1$ et $\underline{\underline{BMO}}$ d'une manière un peu différente. Nous savons que si M appartient à $\underline{\underline{H}}^1$, N à $\underline{\underline{BMO}}$, le produit $M_\infty N_\infty$ n'est pas nécessairement intégrable, et il s'agit de donner un sens au symbole "$E[M_\infty N_\infty]$" . La méthode employée plus haut consistait à l'interpréter comme $E[[M,N]_\infty]$ (V.10). Ici, on procède ainsi : on écrit N_∞ comme $A_\infty+B_\infty$, où A est un processus à VI optionnel (sans saut à l'infini) et B un processus croissant prévisible (nul en 0, pouvant sauter à l'infini). Si M est une martingale bornée, on a

(35.1) $$E[M_\infty N_\infty] = E[M_\infty(A_\infty+B_\infty)]=E[\int_{[0,\infty[} M_s dA_s + \int_{]0,\infty]} M_{s-}dB_s]$$

Soit maintenant un processus à VI non adapté A° (ne sautant pas à l'infini) admettant A comme projection duale optionnelle, et soit B° non adapté (nul en 0) admettant B comme projection duale prévisible. Nous avons alors aussi

(35.2) $$E[M_\infty N_\infty] = E[\int_{[0,\infty[} M_s dA^\circ_s + \int_{]0,\infty]} M_{s-}dB^\circ_s]$$

Mais cette expression peut avoir un sens sans que le premier membre en ait un. Par exemple, si $E[M^*(\int_{[0,\infty]}|dA^\circ_s|+|dB^\circ_s|)] < \infty$. On peut affirmer l'existence de deux tels processus A° et B°, si la surmartingale forte

(35.3) $$X_t = E[\int_{[T,\infty[}|dA_s|+\int_{]T,\infty]}|dB_s||\underline{\underline{F}}_T]$$

est majorée par une martingale $E[Y|\underline{\underline{F}}_t]$, où $E[M^*Y]<\infty$ - car alors on peut trouver A° et B° tels que la somme de leurs variations totales soit $\leq$ Y. C'est précisément ce qui arrive lorsque M appartient à $\underline{\underline{H}}^1$ ($M^*\in L^1$) et N à $\underline{\underline{BMO}}$ (Y=Cte), et un passage à la limite sur (35.2) à partir du cas où M est de carré intégrable - ou même bornée- montre que l'on obtient ainsi la bonne forme bilinéaire sur $\underline{\underline{H}}^1\times\underline{\underline{BMO}}$.

UNE REMARQUE SUR LES THEOREMES 18-20

36 Nous allons conclure ce paragraphe en indiquant comment les théorèmes 18 et 20 conduisent "presque" à une seconde représentation des éléments de $\underline{\underline{BMO}}$. Bien que les essais dans cette direction aient été infructueux, ils ne me semblent pas dépourvus d'intérêt.

Nous désignons par $\underline{\underline{P}}$ l'espace des processus prévisibles bornés J, avec la norme $\beta(J) = \sup\text{ess } J^*$ (nous voulons éviter la notation $\|\,\|_\infty$, car nous aurons aussi des v.a. L_∞ un peu partout). De même, si L est une martingale bornée, $\beta(L)$ sera $\sup\text{ess } L^*$ ($= \|L_\infty\|_\infty$! Illustration de ce que nous voulons éviter). **Soit** $M \in \underline{\underline{H}}^1$; alors nous avons pour toute martingale $N=J\cdot M$ où $\beta(J) \leqq 1$, $[N,N]_\infty \leqq [M,M]_\infty$, donc $\|N\|_{\underline{\underline{H}}^1} \leqq \|M\|_{\underline{\underline{H}}^1}$, et finalement , la norme $\underline{\underline{H}}^1$ étant plus forte que la norme L^1,

(36.1) $$\sup_{\beta(J)\leqq 1} \|(J.M)_\infty\|_1 \leqq c\|M\|_{\underline{\underline{H}}^1}$$

ou encore

(36.2) $$\sup_{\substack{\beta(J)\leqq 1\\ \beta(L)\leqq 1}} |E[(J\cdot M)_\infty L_\infty]| \leqq c\|M\|_{\underline{\underline{H}}^1}$$

Mais inversement, le côté gauche de (36.2) ou (36.1) est une norme <u>équivalente</u> à la norme $\underline{\underline{H}}^1$. Pour le voir, il suffit de reprendre le raisonnement de 18, en regardant seulement les J de la forme $I_{[\![0]\!]} + \Sigma_i\, \varepsilon_i(w) I_{]\!]t_i,t_{i+1}]\!]}$ relatifs aux subdivisions dyadiques de la droite, avec des ε_i aléatoires, et en appliquant le lemme de KHINTCHINE .

Soit maintenant K l'ensemble des martingales de la forme J·L, J parcourant la boule unité $\{J : \beta(J)\leqq 1\}$, et de même L la boule unité $\{L : \beta(L)\leqq 1\}$. On a pour toute martingale $M\in\underline{\underline{H}}^1$

(36.3) $$\|M\|_{\underline{\underline{H}}^1} \leqq c \sup_{\substack{\beta(J)\leqq 1\\ \beta(L)\leqq 1}} E[(J.M)_\infty L_\infty] = c \sup_{\cdots} E[M_\infty (J.L)_\infty] = c \sup_{N\in K} E[M_\infty N_\infty]$$

Les | | ont été enlevées à dessein ! Soit alors B une martingale telle que $\|B\|_{\underline{\underline{BMO}}} \leqq 1$. Pour toute martingale $M\in\underline{\underline{M}}$ nous avons, en désignant par (,) le produit scalaire dans l'espace de Hilbert $\underline{\underline{M}}$

$$|(B,M)|=|E[B_\infty M_\infty]| \leqq c\|B\|_{\underline{\underline{BMO}}}\|M\|_{\underline{\underline{H}}^1} \leqq c \sup_{N\in K} (M,N)$$

ici la constante c varie de place en place. Cela signifie qu'un demi-espace de $\underline{\underline{M}}$ qui contient K (il est de la forme $\{ U\in\underline{\underline{M}} : (U,M)\leqq 1 \}$, avec $\sup_{N\in K} (N,M) \leqq 1$ contient la martingale B/c . Autrement dit

Tout élément de BMO de norme $\leq 1/c$ appartient à l'enveloppe convexe fermée de K dans M .

On voit donc qu'en un certain sens les intégrales stochastiques de processus bornés par rapport à des martingales bornées sont bien des modèles d'éléments de BMO suffisamment généraux. Mais K n'est pas un ensemble compact dans M (semble t'il), et on ne peut déduire du résultat précédent une représentation des éléments de BMO au moyen d' une mesure sur K.

FIN DU COURS POUR L'ANNEE 1974-1975

Au cours d'un voyage à Paris (Janvier 1976), j'ai appris que des résultats voisins de ceux des n°s 27-29 (représentation de BMO) avaient été exposés l'an dernier par C. HERZ dans un cours de 3e cycle sur BMO , et d'autre part que des résultats de convergence de sommes de carrés vers la variation quadratique pour les semimartingales avaient été obtenus par M. LENGLART.

ESPACES DE PROCESSUS

MARTINGALES

$\underline{\underline{M}}$, martingales de carré intégrable

$\underline{\underline{M}}_0$, martingales .. nulles en 0

$\underline{\underline{M}}_{loc}$, martingales localement de carré intégrable

$\underline{\underline{L}}$, martingales locales

$\underline{\underline{L}}_0$, ... nulles en 0

PROCESSUS A VARIATION FINIE

$\underline{\underline{V}}$, processus à variation finie

$\underline{\underline{V}}_0$, processus ... nuls en 0

$\underline{\underline{A}}$, processus à variation intégrable

$\underline{\underline{A}}_0$, processus... nuls en 0

$\underline{\underline{A}}_{loc}$, processus à variation loc. intégrable

$\underline{\underline{W}}$, martingales à variation intégrable

$\underline{\underline{W}}_{loc}$, martingales locales à variation loc. intégrable

INDEX

On n'a fait aucun effort pour classer les termes de cet index : ils y figurent par ordre d'entrée en scène. Le chap.VI n'y figure pas.

INDEX (suite)

INDEX (suite)

BIBLIOGRAPHIE.

Les articles sont numérotés dans l'ordre où ils sont cités pour la première fois.

[1]. Catherine DOLEANS-DADE et P.A.MEYER. Intégrales stochastiques par rapport aux martingales locales. Séminaire de Pr. IV, Lecture Notes n°124, 1970.

[2], aussi noté [D]. C. DELLACHERIE. Capacités et processus stochastiques. Ergebnisse der M. 67, Springer 1972.

[3]. J.L.DOOB. Stochastic processes. Wiley 1953.

[4]. K.ITO. Stochastic integral. Proc. Imp. Acad. Tokyo. 20, 1944.

[5]. K.ITO. Multiple Wiener integral. J. Math. Soc. Japan, 3, 1951.

[6]. K.ITO. Complex multiple Wiener Integral. Jap.J.M. 22, 1952.

[7]. H.P.McKEAN. Stochastic Integrals. Academic Press 1969.

[8]. H. KUNITA et S.WATANABE. On square integrable martingales. Nagoya Math.J. 30, 1967.

[9]. A. CORNEA et G. LICEA.

[10]. P.A.MEYER. Intégrales stochastiques I,II,III,IV. Séminaires de Pr.I, Lecture Notes n°39, 1967.

[11]. K.ITO et S.WATANABE. Transformation of Markov processes by multiplicative functionals. Ann. Inst. Fourier 15, 1965.

[12]. Catherine DOLEANS-DADE. Quelques applications de la formule de changement de variables pour les semimartingales. Z. fur W. 16,1970.

[13], aussi noté [P]. C.DELLACHERIE et P.A.MEYER. Probabilités et Potentiels, 2e édition, chapitres I-IV. Hermann 1975.

[14]. M. RAO. On decomposition theorems of Meyer. Math. Scand. 24, 1969.

[15]. C.DELLACHERIE. Intégrales stochastiques par rapport aux processus de Wiener et de Poisson. Séminaire de Pr. VIII, Lect. Notes 381, 1974.

[16]. C.DELLACHERIE. Correction à "intégrales stochastiques par rapport." Séminaire de Prob. IX, Lect. Notes 465, 1975.

[17]. N.KAZAMAKI. Changes of time, stochastic integrals and weak martingales. Z fur W-theorie, 22, 1972, p.25-32.

[18]. P.A.MEYER. Multiplicative decompositions of positive supermartingales. Dans : Markoff processes and potential theory, edited by J. Chover, Wiley 1967.

[19].A.SEGALL et T. KAILATH. Orthogonal functionals of independent increments processes. To appear, IEEE Trans. on IT.

[20]. Cath. DOLEANS-DADE. Intégrales stochastiques dépendant d'un paramètre. Bull. Inst. Stat. Univ. Paris., 16, 1967, p.23-34

BIBLIOGRAPHIE (suite)

[21]. A.GARSIA. Martingale Inequalities. Seminar Notes on Recent Progress. Benjamin 1973.

[22]. C.S. HERZ. Bounded mean oscillation and regulated martingales. Trans. Amer. Math. Soc. 193, 1974, p.199-215.

[23]. D.L.BURKHCLDER. Distribution functioh inequalities for martingales. Annals of Prob. 1, 1973, p.19-42.

[24]. A.GARSIA. On a convex function inequality for martingales. Ann. of Prob. 1, 1973, p.171-174.

[25]. R.K. GETOOR et M.J.SHARPE. Conformal martingales. Invent. Math. 16, 1972, p.271-308.

[26]. C.S. CHOU. Les méthodes de Garsia en théorie des martingales. Extension au cas continu. Sém. Prob. Strasbg.IX, Lect.N. vol. 465.

[27]. D.W.STROOCK. Applications of Fefferman-Stein type interpolation to probability theory and analysis. Comm.Pure Appld.M. 26, 1973.

[28]. J.NEVEU. Martingales à temps discret. Masson, Paris, 1972.

[29]. B.DAVIS. On the integrability of the martingale square function. Israel J. M. 8, 1970, 187-190.

[30]. D.BURKHOLDER, B.DAVIS et R.GUNDY. Integral inequalities for convex functions of operators on martingales. Proc. 6th Berkeley Symp. 2, 1972, p.223-240.

Université de Strasbourg 1975/76
Séminaire de Probabilités

SUR QUELQUES APPROXIMATIONS D'INTEGRALES STOCHASTIQUES.

par

Marc YOR

INTRODUCTION :

On développe ci-dessous quelques procédés d'approximation de certaines intégrales stochastiques, qui englobent en particulier l'approximation de Stratonovitch, et l'approximation à l'aide d'intégrales de Riemann ([4],[5]). On obtient en conséquence une généralisation de la formule de Ito. Ces résultats étendent ceux de la première partie de [5].

1. CADRE GENERAL ET PRELIMINAIRES.

Soit $(\Omega,\mathcal{F},P)$ espace de probabilité complet, muni d'une filtration $(\mathcal{F}_t, t \geq 0)$ de sous-tribus de $\mathcal{F}$, vérifiant les conditions habituelles. $\underline{\underline{S}}_c$ est l'ensemble des semi-martingales locales continues. D'après [2] (chapitre VI) tout processus $X \in \underline{\underline{S}}_c$ se décompose de façon unique en $X_o + M + A$ où M (resp A) est une martingale locale continue (resp : un processus à variation bornée, continu), ces deux processus étant de plus nuls en 0 (on dit que $X = X_o + M + A$ est la décomposition canonique de X). On note $|A|$ le processus $\int_o^{\cdot} |dA_s|$.

Soit $t \in \mathbb{R}_+$. On appelle suite standard de subdivisions de $[0,t]$ toute suite $\tau_n = (0 = t_o^n < t_1^n < \ldots < t_{p_n}^n = t)$ de subdivisions de plus en plus fines dont le pas $\phi(\tau_n) = \sup |t^n_{i+1} - t^n_i|$ décroit vers 0 lorsque $(n \to \infty)$.

Le lemme suivant sera très utile par la suite :

LEMME. - Soient $t \in \mathbb{R}_+$, et $0 < \lambda \leq 1$.

$(\tau_n, n \in \mathbb{N})$ une suite de subdivisions standard de $[0,t]$ que l'on pointe par $t_i^\lambda = t_i + \lambda(t_{i+1} - t_i)$

$X = X_o + M + A$, $Y = Y_o + N + B$

les décompositions canoniques de deux semi-martingales continues telles que $M, |A|, N, |B|$ soient des processus bornés. On note $\langle X,Y \rangle = \langle M,N \rangle = U$ et $(f(u,\omega), u \geq 0)$ un processus $\mathcal{F}_u$ adapté, continu, et borné.

Alors,

1) la suite $\sup\limits_{\lambda \in [0,1]} E\left[\left(\sum\limits_{\tau_n} f(t_i)(X_{t_i^\lambda} - X_{t_i})(Y_{t_i^\lambda} - Y_{t_i}) - \sum\limits_{\tau_n} f(t_i)(U_{t_i^\lambda} - U_{t_i})\right)^2\right]$

converge vers 0 lorsque $n \to \infty$.

2) si $\lambda = 1$, ou si U - en tant que mesure aléatoire sur $\mathbb{R}_+$ - est presque sûrement absolument continu par rapport à la mesure de Lebesgue, on a :

$$\sum_{\tau_n} f(t_i)(X_{t_i^\lambda} - X_{t_i})(Y_{t_i^\lambda} - Y_{t_i}) \xrightarrow[L^2(\Omega,\mathcal{F},P)]{(n \to \infty)} \lambda \int_o^t f(s)\,dU_s$$

uniformément en $\lambda \in [0,1]$.

Démonstration : On montre facilement qu'il suffit de démontrer le lemme lorsque $X = Y = M$.

Rappelons que si $s < t$, $E^{\mathcal{F}_s}((M_t - M_s)^2) = E^{\mathcal{F}_s}(U_t - U_s)$.

D'autre part ,

$$E\Big[\Big\{\sum_{\tau_n} f(t_i)\big((M_{t_i^\lambda}-M_{t_i})^2 - E^{\mathcal{F}_{t_i}}(M_{t_i^\lambda}-M_{t_i})^2\big)\Big\}^2\Big]$$

$$= E\Big[\sum_{\tau_n} f(t_i)^2\big((M_{t_i^\lambda}-M_{t_i})^2 - E^{\mathcal{F}_{t_i}}(M_{t_i^\lambda}-M_{t_i})^2\big)^2\Big]$$

$$\le 2\|f\|_\infty^2 \; E\Big[\sum_{\tau_n} (M_{t_i^\lambda}-M_{t_i})^4\Big]$$

$$\le 2\|f\|_\infty^2 \; E\Big[\sum_{\tau_n} (M_{t_{i+1}}-M_{t_i})^4\Big] \quad (\text{car } M_{t_i^\lambda}-M_{t_i} = E(M_{t_{i+1}}-M_{t_i}|\mathcal{F}_{t_i^\lambda}))$$

et cette dernière expression converge vers 0, à l'aide du théorème de convergence dominé, car $\sum_{\tau_n}(M_{t_{i+1}}-M_{t_i})^4 \le \sup_{\tau_n}(M_{t_{i+1}}-M_{t_i})^2 \times \Big[\sum_{\tau_n}(M_{t_{i+1}}-M_{t_i})^2\Big]$.

Il est ensuite facile de montrer que

$$\sup_{\lambda\in[0,1]} E\Big[\sum_{\tau_n} f(t_i)\big((U_{t_i^\lambda}-U_{t_i}) - E^{\mathcal{F}_{t_i}}(U_{t_i^\lambda}-U_{t_i})\big)^2\Big]$$

converge vers 0 lorsque $n\to\infty$, et la première partie du lemme est démontrée.

Si $\lambda = 1$, 2) est immédiat, le processus f étant continu.

Sinon, on déduit 2) de l'hypothèse d'absolue continuité, et des remarques suivantes : . si a est une fonction continue sur $[0,t]$,

$$\Big|\sum_{\tau_n}\int_{t_i}^{t_i^\lambda} a(s)ds - \sum_{\tau_n} a(t_i)\lambda(t_{i+1}-t_i)\Big| \le \sum_{\tau_n}\int_{t_i}^{t_i^\lambda}|a(s)-a(t_i)|ds \xrightarrow[(n\to\infty)]{} 0$$

et donc $\displaystyle\sum_{\tau_n}\int_{t_i}^{t_i^\lambda} a(s)ds \xrightarrow[(n\to\infty)]{} \lambda\int_0^t a(s)ds$ uniformément en λ.

. les fonctions continues étant denses dans $L^1([0,t],ds)$, le même résultat est vrai pour $a\in L^1([0,t],ds)$ □

Soit μ mesure de probabilité sur $([0,1],\mathcal{B}[0,1])$, $f\in\mathcal{B}(\mathbb{R})$, et τ subdivision de $[0,t]$.

Si X et Y sont deux semi-martingales continues, on considère les sommes suivantes :

$$^+S^\mu_\tau = \sum_\tau \int_0^1 f(X_{t_i} + s(X_{t_{i+1}} - X_{t_i}))d\mu(s)\ (Y_{t_{i+1}} - Y_{t_i})$$

$$(^+S_\mu)_\tau = \sum_\tau \int_0^1 f(X_{t_i + s(t_{i+1}-t_i)})d\mu(s)(Y_{t_{i+1}} - Y_{t_i})$$

(on pourrait, pour désigner ces expressions, appeler la première (resp : seconde) somme μ. "approximation" spatiale (resp : temporelle) de $\int_0^t f(X_s)dY_s$ le long de τ) . On étudie, au paragraphe 2, la convergence de $^+S^\mu_{\tau_n}$, où $(^+S_\mu)_{\tau_n}$ lorsque (τ_n) est une suite de subdivisions standard de $[0,t]$, et $n\to\infty$.

2. RESULTATS DE CONVERGENCE.

Notons $\mu_1 = \int_0^1 \lambda d\mu(\lambda)$.

THEOREME 1. - <u>Soient</u> X , $Y \in \underline{\underline{S}}_c$, $f \in C^1(\mathbb{R})$, <u>et</u> (τ_n) <u>suite de subdivisions standard de</u> $[0,t]$. <u>Alors,</u>

1) $$^+S^\mu_{\tau_n} \xrightarrow[(P)]{(n\to\infty)} \mu.\int_0^t f(X_s)dY_s = \int_0^t f(X_s)dY_s + \mu_1 \int_0^t f'(X_s)d\langle X,Y\rangle_s$$

2) <u>si la mesure</u> $d_s\langle X,Y\rangle_s(\omega)$ <u>est presque sûrement absolument continue par rapport à la mesure de Lebesgue,</u>

$$(^+S_\mu)_{\tau_n} \xrightarrow[(P)]{(n\to\infty)} \mu.\int_0^t f(X_s)dY_s .$$

<u>Démonstration</u> : Soient $X = X_0 + M + A$, $Y = Y_0 + N + B$ les décompositions canoniques de X et Y (A et B sont les processus prévisibles à variation bornée).

Dans les deux cas, on peut supposer que Y est une martingale locale, car $\sum_{\tau_n} \int_0^1 f(X_{t_i} + s(X_{t_{i+1}} - X_{t_i}))d\mu(s)(B_{t_{i+1}} - B_{t_i})$ converge presque sûrement vers $\int_0^t f(X_s)dB_s$ (et de même pour les μ. approximations temporelles).

– De plus, il suffit de montrer que les convergences ont lieu dans L^2, lorsque $M, |A|, Y$ sont bornées, et f est une fonction de classe C^1, bornée, ainsi que sa dérivée. En effet, soit $T_p = \mathrm{Inf}(t | \; |M_t| \wedge |A|_t \wedge |Y_t| \geq p)$, et $f_p \in C^1(R)$, $f_p \equiv f$ sur $[-p,+p]$, $f_p \equiv 0$ hors de $[-p-1,p+1]$.

Alors, en remplaçant la notation $({}^+S_\mu)_\tau$ par $({}^+S_\mu)_\tau(f)$, on a, pour $\alpha > 0$,

$$P[|({}^+S_\mu)_{\tau_n}(f) - \mu.\int_0^t f(X_s)dY_s| > \alpha]$$

$$\leq P[T_p \leq t] + \frac{1}{\alpha}(E\{({}^+S_\mu)_{\tau_n}(f_p) - \mu.\int_0^t f_p(X_s)dY_s\}^2)^{\frac{1}{2}} ,$$

et les temps d'arrêt (T_p) croissent P ps vers $+\infty$.

– Soient donc $M, |A|, Y$ bornés et $f \in C_b^1(R)$. On a :

$${}^+S^\mu_{\tau_n} = \sum_{\tau_n} f(X_{t_i})(Y_{t_{i+1}} - Y_{t_i})$$

$$+ \sum_{\tau_n} \int_0^1 d\mu(\lambda)\{f(X_{t_i} + \lambda(X_{t_{i+1}} - X_{t_i})) - f(X_{t_i})\}(Y_{t_{i+1}} - Y_{t_i}) .$$

Le premier terme converge dans L^2 vers $\int_0^t f(X_s)dY_s$.

Ecrivons le second comme

$$\sum_{\tau_n} \int_0^1 \lambda d\mu(\lambda) \int_0^1 ds\, f'[X_{t_i} + \lambda s(X_{t_{i+1}} - X_{t_i})](X_{t_{i+1}} - X_{t_i})(Y_{t_{i+1}} - Y_{t_i})$$

$$= \mu_1 \sum_{\tau_n} f'(X_{t_i})(X_{t_{i+1}} - X_{t_i})(Y_{t_{i+1}} - Y_{t_i}) + J_{\tau_n} .$$

D'après le lemme, le premier terme converge dans L^2 vers $\mu_1 \int_0^t f'(X_s)d\langle X,Y\rangle_s$.

D'autre part, on a, en posant

$$F'_{\tau_n}(\omega) = \sup_{t_i \in \tau_n} \sup_{u \in [0,1]} |f'(X_{t_i}+u(X_{t_{i+1}}-X_{t_i}))-f'(X_{t_i})|$$

et $U = X+Y$, $V = X-Y$:

$$|J_{\tau_n}| \leq F'_{\tau_n} \sum_{\tau_n} |(X_{t_{i+1}}-X_{t_i})(Y_{t_{i+1}}-Y_{t_i})|$$

$$\leq \frac{1}{4} F'_{\tau_n} \sum_{\tau_n} [(U_{t_{i+1}}-U_{t_i})^2 + (V_{t_{i+1}}-V_{t_i})^2] .$$

D'après la convergence vers 0 , lorsque $n \to \infty$, de F'_{τ_n} , et le lemme, on a donc :

$$J_{\tau_n} \xrightarrow[L^2]{n \to \infty} 0$$

– Sous les mêmes conditions, décomposons également $({}^+S_\mu)_{\tau_n}$:

$$({}^+S_\mu)_{\tau_n} = \sum_{\tau_n} f(X_{t_i})(Y_{t_{i+1}}-Y_{t_i})$$

$$+ \sum_{\tau_n} \int_0^1 d\mu(\lambda) f'(X_{t_i})(X_{t_i^\lambda}-X_{t_i})(Y_{t_{i+1}}-Y_{t_i})$$

$$+ \sum_{\tau_n} \int_0^1 d\mu(\lambda) \int_0^1 ds[f'(X_{t_i}+s(X_{t_i^\lambda}-X_{t_i})) - f'(X_{t_i})](X_{t_i^\lambda}-X_{t_i})(Y_{t_{i+1}}-Y_{t_i}) .$$

Le premier terme converge dans L^2 vers $\int_0^t f(X_s)dY_s$.

Le second se décompose en : $I'_{\tau_n} + J'_{\tau_n}$, où :

$$I'_{\tau_n} = \sum_{\tau_n} \int_0^1 d\mu(\lambda) f'(X_{t_i})(X_{t_i^\lambda}-X_{t_i})(Y_{t_i^\lambda}-Y_{t_i})$$

$$J'_{\tau_n} = \sum_{\tau_n} \int_0^1 d\mu(\lambda) f'(X_{t_i})(X_{t_i^\lambda}-X_{t_i})(Y_{t_{i+1}}-Y_{t_i^\lambda}) .$$

D'après l'hypothèse d'absolue continuité, et la seconde partie du lemme, on a :

$$E[(I'_{\tau_n} - \mu_1 \int_o^t f'(X_s) d<X,Y>_s)^2]$$

$$\leq \int_o^1 d\mu(\lambda) E(\sum_{\tau_n} f'(X_{t_i})(X_{t_i^\lambda} - X_{t_i})(Y_{t_i^\lambda} - Y_{t_i}) - \lambda \int_o^t f'(X_s) d<X,Y>_s)^2$$

expression convergeant vers 0 , lorsque $n\to\infty$. D'autre part,

$$E[(J'_{\tau_n})^2] \leq \int_o^1 d\mu(\lambda) \sum_{\tau_n} E[f'(X_{t_i})^2 (X_{t_i^\lambda} - X_{t_i})^2 (<Y,Y>_{t_{i+1}} - <Y,Y>_{t_i})]$$

expression qui converge vers 0 , d'après la continuité de X .
Enfin, la convergence vers 0 dans L^2 du troisème terme qui intervient dans le développement de $({}^+S_\mu)_{\tau_n}$ se montre de même que pour J_{τ_n} précédemment □

Remarquons ici que si $\mu = \varepsilon_o$, $\mu.\int_o^t f(X_s)dY_s$ est l'intégrale d'Ito, si $\mu = \varepsilon_{\frac{1}{2}}$, $\mu.\int_o^t f(X_s)dY_s$ est l'intégrale de Stratonovitch, obtenue par limite de $({}^+S_{\varepsilon_{\frac{1}{2}}})_{\tau_n}$, si $d_s<X,Y>_s(\omega)$ est absolument continue. Montrons, par un contre exemple, que cette condition est nécessaire pour obtenir la limite $\varepsilon_{\frac{1}{2}}.\int_o^t (f(X_s)dY_s$, définie précédemment : en [3] (pages 48-49)[(1)] , Riesz et Nagy construisent une fonction $F:[0,1]\to[0,1]$ continue, croissante, presque partout dérivable, et telle que la dérivée $F'(x)$ - lorsqu'elle existe - soit nulle.
Voici cette construction : Soit $0<u<1$ et $\tau_n = \{t_k^n = \frac{k}{2^n} ; 0\leq k\leq 2^n\}$ la suite des subdivisions dyadiques de $[0,1]$.
Définissons $F_o(x) = x$, et pour $n\in\mathbb{N}^*$, le graphe de F_n comme la ligne brisée dont les sommets sont $(\frac{k}{2^n}, F_n(\frac{k}{2^n}))$. La suite $F_n(\frac{k}{2^n})$ est déterminée par les

(1) Cette référence m'a été fournie par J. de Sam Lazaro.

relations de récurrence :

$$F_{n+1}\left(\frac{2k}{2^{n+1}}\right) = F_n\left(\frac{k}{2^n}\right)$$

$$(0 \leq k \leq 2^n)$$

$$F_{n+1}\left(\frac{2k+1}{2^{n+1}}\right) = \frac{1-u}{2} F_n\left(\frac{k}{2^n}\right) + \frac{1+u}{2} F_n\left(\frac{k+1}{2^n}\right)$$

La suite F_n est croissante en n, et $F = \lim F_n$ vérifie les propriétés énoncées.

Revenons à l'intégrale de Stratonovitch : si B est un $(\mathcal{F}_t)$ mouvement brownien réel, posons $X_t = B_{F(t)}$; c'est une $\mathcal{F}_{F(t)}$ martingale continue, de processus croissant $F(t)$. On a l'égalité suivante :

$$\sum_{\tau_n} X_{\frac{t_{i+1}+t_i}{2}} (X_{t_{i+1}} - X_{t_i}) = \sum_{\tau_n} X_{t_i}(X_{t_{i+1}} - X_{t_i}) + \sum_{\tau_n} (X_{\frac{t_{i+1}+t_i}{2}} - X_{t_i})^2$$

$$+ \sum_{\tau_n} (X_{\frac{t_{i+1}+t_i}{2}} - X_{t_i})(X_{t_{i+1}} - X_{\frac{t_{i+1}+t_i}{2}}) .$$

Dans le membre de droite, le premier terme converge dans L^2 vers $\int_0^1 X_s dX_s$, le second a, d'après la première partie du lemme, même limite que

$$\sum_{\tau_n} (F(\frac{t_{i+1}+t_i}{2}) - F(t_i)) = \frac{1+u}{2} \sum_{\tau_n} F(t_{i+1}) - F(t_i)$$

$$= \frac{1+u}{2} F(1) = \frac{1+u}{2}$$

d'après les relations de récurrence vérifiées par (F_n) sur les dyadiques.

Enfin, le troisième terme converge vers 0 dans L^2 ; ainsi la limite dans L^2 de $\sum_{\tau_n} X_{\frac{t_{i+1}+t_i}{2}} (X_{t_{i+1}} - X_{t_i})$ est $\int_0^1 X_s dX_s + \frac{1+u}{2} \langle X,X \rangle_1$, expression différente de $\varepsilon_{\frac{1}{2}} \cdot \int_0^1 X_s dX_s$, puisque $u \neq 0$.

Signalons également que les approximations $({}^{+}S^{\mu})_{\tau_n}$ sont utilisées en

[4] et [5] lorsque μ est la mesure de Lebesgue sur [0,1].

Faisons une seconde remarque : il est naturel d'écrire ${}^{+}S^{\mu}_{\tau} = \int_0^t H_s^{\mu,\tau}\, dY_s$ (et une notation analogue pour $({}^{+}S_{\mu})_{\tau})$, où :

$$H_s^{\mu,\tau} = \sum_{\tau} \int_0^1 f(X_{t_i} + u(X_{t_{i+1}} - X_{t_i}))d\mu(u) 1_{]t_i,t_{i+1}]}(s) .$$

Le processus $H^{\mu,\tau}$ n'est pas adapté à $(\mathcal{F}_t)$ (les approximations ${}^{+}S^{\mu}$ sont en avance, ou avancées), ce qui crée les quelques difficultés rencontrées auparavant. Par contre, si l'on définit les approximations retardées

$${}^{-}S^{\mu}_{\tau} = \sum_{\tau} \int_0^1 d\mu(s) f(X_{t_i} + s(X_{t_{i-1}} - X_{t_i}))(Y_{t_{i+1}} - Y_{t_i}) ,$$

on obtient aisément la convergence en probabilité de ${}^{-}S^{\mu}_{\tau_n}$ (ou $({}^{-}S_{\mu})_{\tau_n}$) vers $\int_0^t f(X_s)dY_s$.

3. UNE EXTENSION DE LA FORMULE D'ITO.

La partie 1) du théorème 1 s'étend aisément au cas où les semi-martingales continues X et Y sont à valeurs dans $\mathbb{R}^d$, ce qui permet d'obtenir la généralisation suivante de la formule d'Ito (pour les semi-martingales continues) :

THEOREME 2. - Soit $\pi = \sum_{i=1}^{d} f_i(x_1,\ldots,x_d)dx_i$ une forme différentielle fermée de classe C^1 sur U ouvert de $\mathbb{R}^d$, et X semi-martingale continue à valeurs dans U (c'est-à-dire $P[\exists\, t , X_t \notin U] = 0$) .

On a alors l'égalité :

$$(*) \qquad \int_{X_{(o,t)}(\omega)} \pi = \int_0^t \sum_{i=1}^{d} f_i(X_s)dX_s^i + \frac{1}{2} \sum_{i,j} \int_0^t \frac{\partial f_i}{\partial x_j}(X_s)d<X^i,X^j>_s ,$$

où $X_{(o,t)}(\omega)$ désigne le chemin continu $(X_s(\omega), 0 \le s \le t)$.

Remarque : rappelons que si $\gamma:[0,1]\to U$ est un chemin seulement supposé continu, $\int_\gamma \pi$ est défini par $\hat\pi(\gamma(1))-\hat\pi(\gamma(0))$, où $\hat\pi$ désigne une primitive continue de π le long d'une chaîne formée de boules recouvrant le graphe de γ . En particulier, si π est une forme exacte dans U , $\hat\pi$ désigne une primitive de π dans U .

Démonstration : La formule (*) découle du théorème 1, et de :

$$\int_{X_{(o,t)}(\omega)} \pi = \lim_{n\to\infty} p.s \sum_{\tau_n} \int_o^1 \sum_{j=1}^d f_j(X_{t_i}+s(X_{t_{i+1}}-X_{t_i}))ds(X^j_{t_{i+1}}-X^j_{t_i})$$

où (τ_n) est une suite de subdivisions standard de $[0,t]$ □

En particulier, si $Z=X+iY$ est une martingale locale conforme continue, à valeurs dans U ouvert de $\mathbb{C}$ ([1]) (c'est-à-dire : $<X,X>=<Y,Y>$ et $<X,Y>=0$) et si $f:U\to\mathbb{C}$ est une fonction holomorphe, on a :

$$\int_{Z_{(o,t)}(\omega)} f(z)dz = \int_o^t f(Z_s)dZ_s \,(ps) \; .$$

Cette égalité a été obtenue directement à l'aide de la formule d'Ito usuelle pour $f(z)=\frac{1}{z}$ et $U=\mathbb{C}\setminus\{0\}$ si $P(Z_o=0)=0$ par R. Getoor et M. Sharpe en [1].

REFERENCES

[1] R. GETOOR et M. SHARPE — Conformal martingales. Inventiones Mathematicae (16) (271-308) - 1972.

[2] P.A. MEYER — Un cours sur les intégrales stochastiques. Séminaire de Probabilités X.

[3] F. RIESZ et B. NAGY — Leçons d'analyse fonctionnelle. Gauthier-Villars.

[4] E. WONG et M. ZAKAI — Riemann-Stieltjes approximations of stochastic integrals. Z. Wahr. 12(87-97) (1969).

[5] M. YOR — Formule de Cauchy relative à certains lacets browniens. (à paraître au Bulletin de la S.M.F)

UNIVERSITE DE PARIS VI
Laboratoire de Probabilités
2, Place Jussieu - Tour 56
75230 PARIS CEDEX 05

Université de Strasbourg
Séminaire de Probabilités 1975

SUR LES INTEGRALES STOCHASTIQUES OPTIONNELLES ET UNE SUITE REMARQUABLE DE FORMULES EXPONENTIELLES

par Marc YOR

INTRODUCTION

L'origine de ce travail a été la remarque suivante : si X est une martingale locale quasi continue à gauche, et dont les sauts sont uniformément bornés, on peut associer à X au moins deux formules exponentielles intéressantes, à savoir l'exponentielle de C. Doléans

$$E(X)_t = \exp \{ X_t - \frac{1}{2}<X^c,X^c>_t \} \prod_{s\leq t} (1+\Delta X_s)e^{-\Delta X_s}$$

et une seconde exponentielle

$$E_\infty(X)_t = \exp \{ X_t - \frac{1}{2}<X^c,X^c>_t - \int \nu_t(dx)(e^x-1-x) \}$$

ν étant la " mesure de Lévy" de X, c'est à dire la projection (duale !) prévisible de la mesure $\eta(dt\times dx)=\sum_{s>0} I_{\{\Delta X_s\neq 0\}}\varepsilon_s(dt)\varepsilon_{\Delta X_s}(dx)$.

On construit ci-dessous une suite de martingales locales $E_n(X)$ telle que $E_1(X)=E(X)$ et, au moins formellement, $E_n(X) \xrightarrow[n\to\infty]{} E_\infty(X)$. De plus, ces martingales locales permettent de caractériser le processus croissant $<X^c,X^c>$ et la mesure prévisible ν .

On donne également une nouvelle expression de la formule d'Ito associée à X - sous une condition d'intégrabilité - où intervient de manière naturelle une intégrale stochastique optionnelle.

NOTATIONS.

Les notations utilisées sont principalement celles du " Cours sur les intégrales stochastiques" de P.A.Meyer, qui figure dans ce volume (référence [5] de la bibliographie). En particulier, on considère les espaces $\underline{\underline{M}}$ (martingales de carré intégrable), $\underline{\underline{W}}$ (martingales à variation intégrable), $\underline{\underline{L}}$ (martingales locales), $\underline{\underline{V}}$ (processus à variation finie)... définis à partir d'un espace probabilisé complet $(\Omega,\underline{\underline{F}},P)$, complet, muni d'une famille croissante $(\underline{\underline{F}}_t)_{t\geq 0}$ de sous-tribus de $\underline{\underline{F}}$, vérifiant les conditions habituelles.

On dit que X vérifie localement la propriété (P) (le long de la suite (T_n)) s'il existe une suite (T_n) de temps d'arrêt, $T_n \uparrow \infty$ p.s., telle que pour tout n $X^{T_n} = X_{.\wedge T_n}$ vérifie (P). Ainsi un processus X est dit localement borné dans L^p s'il existe des $T_n \uparrow \infty$ p.s. et tels que

$$\sup_{0 \leq s < \infty} E[\, |X_{s\wedge T_n}|^p \,] < \infty$$

Par exemple, $\underline{\underline{M}}_{loc}$ est l'espace des martingales locales, localement de carré intégrable. Enfin, la notation suivante permet de simplifier de nombreuses égalités entre semi-martingales : si X et Y sont adaptés, on dit qu'ils sont <u>associés</u> si $X-Y \in \underline{\underline{L}}$, et on note $X \equiv Y$ ($\underline{\underline{L}}$) (X est <u>congru</u> à Y modulo $\underline{\underline{L}}$) , ou simplement $X \equiv Y$.

1. UN LEMME FONDAMENTAL ET QUELQUES CONSEQUENCES

1.1. Les intégrales stochastiques optionnelles apparaîtront très souvent dans tout le travail. Montrons tout d'abord que l'extension de l'intégrale stochastique aux intégrands optionnels faite en [5] est "maximale".

Rappelons l'inégalité générale de Kunita-Watanabe obtenue en [5] : si H et K sont deux processus $\underline{\underline{F}} \otimes \underline{\underline{B}}(\mathbb{R}_+)$-mesurables, et $M,N \in \underline{\underline{M}}$, on a

$$\int_0^\infty |H_s||K_s||d[M,N]|_s \leq \left(\int_0^\infty H_s^2 d[M,M]_s\right)^{1/2} \left(\int_0^\infty K_s^2 d[N,N]_s\right)^{1/2} \text{ p.s.}$$

En particulier, si H est un processus <u>mesurable</u> vérifiant $E(\int_0^\infty H_s^2 d[M,M]_s) < \infty$, l'application $N \longrightarrow E(\int_0^\infty H_s d[M,N]_s)$ est continue sur $(\underline{\underline{M}}, \|\cdot\|_2)$, et donc il existe une unique martingale de carré intégrable, notée H.M, telle que

$$\forall N \in \underline{\underline{M}} , \; E(\, [(H\cdot M),N]_\infty \,) = E(\, \int_0^\infty H_s \, d[M,N]_s \,)$$

Pour continuer, nous énonçons le lemme suivant :

<u>Lemme 1</u> . L'application de projection optionnelle $H \longrightarrow {}^1H$ définie sur les processus mesurables bornés se prolonge de façon unique en une application linéaire contractante de $(L_m^2(M), {}_M\|\cdot\|_2)$ dans $(L_o^2(M), {}_M\|\cdot\|_2)$, où

$L^2_m(M) = \{ H \text{ mesurable} : {}_M\|H\|_2^2 = E(\int_0^\infty H_s^2 \, d[M,M]_s) < \infty \}$

$L^2_o(M) = \{ H \text{ optionnel} : {}_M\|H\|_2^2 < \infty \}$

On note encore $H \longrightarrow {}^1H$ ce prolongement.

Démonstration . Soit H un processus mesurable borné. On a pour tout temps d'arrêt T

$$({}^1H_T)^2 I_{\{T<\infty\}} = (E[H_T I_{\{T<\infty\}} | \underline{\underline{F}}_T])^2 \leq E[H_T^2 I_{\{T<\infty\}} | \underline{\underline{F}}_T] = {}^1(H^2)_T I_{\{T<\infty\}}$$

D'après le théorème de section optionnel, on a donc $({}^1H)^2 \leq {}^1(H^2)$ sauf sur un ensemble évanescent, et donc ${}_M\|{}^1H\|_2 \leq {}_M\|H\|_2$. Les processus mesurables bornés sont denses dans $L^2_m(M)$, et le lemme est démontré.

Proposition 1 . Soit $H \in L^2_m(M)$. Alors $H{\cdot}M = {}^1H \cdot M$.

Démonstration . D'après l'inégalité de Kunita-Watanabe, l'application $H \longrightarrow H{\cdot}M$ définie sur $L^2_m(M)$, à valeurs dans $\underline{\underline{M}}$, est continue (et même contractante). Il en est de même de $H \longrightarrow {}^1H{\cdot}M$, à l'aide du lemme 1. Il suffit donc de montrer que $H{\cdot}M = {}^1H{\cdot}M$ pour H mesurable, borné. Or soit $N \in \underline{\underline{M}}$. Nous avons par définition de $H{\cdot}M$

$$E([H{\cdot}M,N]_\infty) = E(\int_0^\infty H_s d[M,N]_s) = E(\int_0^\infty {}^1H_s d[M,N]_s)$$

car le processus à variation intégrable [M,N] est optionnel. Or ceci est l'égalité caractéristique de l'intégrale stochastique optionnelle ${}^1H{\cdot}M$ ([5], chap.II, déf. 32).

On est ainsi ramené à la théorie de l'intégrale stochastique optionnelle de [5], II·31-35 pour $\underline{\underline{M}}$, et V.19 pour $\underline{\underline{L}}$.

1.2. Comme cela apparaîtra dans la suite dans diverses applications, le lemme suivant permet de résoudre de nombreuses questions liées à la théorie des intégrales stochastiques. Il est dû à Ch. Yoeurp et figure, avec démonstration, dans son article [8] dans ce volume.

Lemme fondamental . Soit $A \in \underline{\underline{V}}$ prévisible, et soit $M \in \underline{\underline{M}}$. Alors $[A,M] = \Delta A{\cdot}M$. En particulier, [A,M] est une martingale locale.

1.3. Voici deux premières applications de ce lemme fondamental. On commence par une nouvelle démonstration de la formule de M. Pratelli et Ch. Yoeurp ([5], II.37 et V.21).

<u>Proposition 2</u> . Soit $M \in \underline{\underline{M}}_{loc}$. Alors l'intégrale $\Delta M \cdot M$ et le processus $\langle M,M\rangle$ sont bien définis et

(1) $$\Delta M \cdot M = [M,M] - \langle M,M\rangle .$$

<u>Démonstration</u>. On renvoie à [5], V.21 pour le début de la proposition. Pour démontrer (1), on peut évidemment supposer $M^c=0$. Par la caractérisation des intégrales stochastiques optionnelles, il suffit de vérifier que pour toute martingale N bornée

$$[\ [M,M]-\langle N,N\rangle\ ,\ N\ ]\ \equiv \Delta M\cdot[M,N] \qquad (\underline{\underline{L}})$$

Or le membre de gauche est égal à

$$\Sigma_{s\leq .}\ (\Delta M_s)^2\Delta N_s - [\langle M,M\rangle,N] \equiv \Sigma_{s\leq .}\ (\Delta M_s)^2\Delta N_s = \Sigma_{s\leq .}\Delta M_s\Delta[M,N]_s$$

d'après le lemme fondamental. Cela démontre la proposition.

La proposition suivante montre que l'intégrale stochastique optionnelle H•M est la compensée de l'intégrale de Stieltjes H*M (1), lorsque celle-ci existe. L'énoncé est implicite dans la construction de [5], II.34, mais n'est explicité nulle part dans [5].

<u>Proposition 3</u> . Soient $M \in \underline{\underline{W}}_{loc}$, H un processus optionnel tel que $\int_0^{\cdot} |H_s||dM_s|$ soit localement intégrable. Alors $\left(\int_0^{\cdot} H_s^2\, d[M,M]_s \right)^{1/2}$ l'est aussi, et l'on a

(2) $$H\cdot M = H*M - (H*M)^3$$

(on rappelle que $(\ )^3$ désigne la projection duale prévisible).

<u>Démonstration</u> . M appartenant à $\underline{\underline{W}}_{loc}$ n'a pas de partie martingale continue, de sorte que la première phrase de l'énoncé se réduit à l'inégalité $\Sigma_{s\leq t}\ H_s^2\Delta M_s^2 \leq (\ \Sigma_{s\leq t}\ |H_s||\Delta M_s|)^2$. Vérifions que $H*M-(H*M)^3$ satisfait à la propriété caractéristique de l'intégrale stochastique optionnelle, c'est à dire que pour toute martingale bornée N

$$[H*M-(H*M)^3,N] \equiv H.[M,N]^{(1)} \quad (\underline{\underline{L}})$$

Or les deux membres diffèrent par $-[(H*M)^3,M]$, et le lemme fondamental s'applique encore.

---

(1). Nous employons la notation * au lieu de • pour les intégrales de Stieltjes, <u>seulement</u> lorsqu'il y a risque de confusion.

2. DIFFERENTES EXPONENTIELLES DE SEMI-MARTINGALES

2.1. Rappelons tout d'abord, pour notation et référence par la suite, le théorème suivant dû à C. Doléans, qui est valable pour tout X appartenant à l'espace $\underline{\underline{S}}_0$ des semi-martingales nulles en 0.

Théorème 1 . Soit $X \in \underline{\underline{S}}_0$. Il existe alors une et une seule semi-martingale $\Lambda = \mathcal{E}(X)$ solution de

$$(e_X) \qquad \Lambda_t = 1 + \int_{]0,t]} \Lambda_{s-} dX_s \ .$$

Elle est donnée par la formule

$$(3) \qquad \mathcal{E}(X)_t = \exp\{ X_t - \tfrac{1}{2} < X^c, X^c >_t \} \prod_{s \leq t} (1+\Delta X_s) e^{-\Delta X_s} \ .$$

La propriété fondamentale d'une exponentielle est sa multiplicativité. Etudions cette propriété pour $\mathcal{E}$.

Proposition 4. Pour $X, Y \in \underline{\underline{S}}_0$ on a

$$(4) \qquad \mathcal{E}(X)\mathcal{E}(Y) = \mathcal{E}(X+Y+[X,Y]) \ .$$

Démonstration . On peut obtenir la formule (4) par calcul direct à partir de la formule (3). On préfère ici appliquer la formule d'Ito à $U_t V_t$, où $U=\mathcal{E}(X)$, $V=\mathcal{E}(Y)$, ce qui revient à la formule d'intégration par parties $d(UV) = U_- dV + V_- dU + d[U,V]$. Ici on a $dV=V_- dY$, $dU=U_- dX$, $d[U,V] = U_- V_- d[X,Y]$, donc

$$d(UV) = U_- V_- dY + U_- V_- dX + U_- V_- d[X,Y]$$

et UV est donc l'unique solution de $(e_{X+Y+[X,Y]})$, d'où (4).

La proposition 4 permet de définir naturellement l'application bilinéaire $\{\ ,\ \}$ sur $\underline{\underline{S}}_0 \times \underline{\underline{S}}_0$ par

$$\{X,Y\} = X + Y + [X,Y]$$

Une notation d'opération telle que $X \perp Y$ serait d'ailleurs appropriée, car l'opération ainsi définie est associative :

$$X \perp Y \perp Z = X + Y + Z + [X,Y] + [Y,Z] + [Z,X] + \Sigma_{s \leq \cdot} \Delta X_s \Delta Y_s \Delta Z_s \ .$$

On explicite dans la proposition suivante la suite $X^{(n)}$ d'éléments de $\underline{\underline{S}}_0$ déterminée par la relation de récurrence $X^{(1)}=X \in \underline{\underline{S}}_0$, $X^{(n)} = \{ X, X^{(n-1)} \}$ (les puissances de X pour l'opération $\perp$).

Proposition 5 . Pour tout $X \in \underline{\underline{S}}_0$ et $n \geq 1$, $n \in \mathbb{N}$, on a

(5) $$X^{(n)} = nX + \frac{n(n-1)}{2}\langle X^c, X^c\rangle + \Sigma_{s\leq .} P_n(\Delta X_s) \quad \text{où } P_n(x) = (1+x)^n - 1 - nx \ .$$

Démonstration . Elle se fait par une succession de récurrences faciles. Nous commençons par vérifier la conséquence suivante de (5)

$$\Delta X^{(n)} = Q_n(\Delta X) \quad \text{où } Q_n(x) = (1+x)^n - 1$$

En effet, la formule $X^{(n)} = X + X^{(n-1)} + [X, X^{(n-1)}]$ nous donne la relation de récurrence $Q_n(x) = x + Q_{n-1}(x) + xQ_{n-1}(x)$ avec $Q_1(x) = x$, qui conduit bien à l'expression ci-dessus.

Nous posons ensuite $Y^{(n)} = [X, X^{(n)}]$. La formule $X^{(n)} = X + X^{(n-1)} + [X, X^{(n-1)}]$ nous donne

$$Y^{(n)} = [X,X] + Y^{(n-1)} + \Sigma_{s\leq .} \Delta X_s^2 \Delta X_s^{(n-1)}$$

$$= Y^{(n-1)} + \langle X^c, X^c\rangle + \Sigma_{s\leq .} R_n(\Delta X_s)$$

où $R_n(x) = x^2(1+Q_{n-1}(x)) = x^2(1+x)^{n-1}$. La solution de cette équation de récurrence est

$$Y^{(n)} = n\langle X^c, X^c\rangle + \Sigma_{s\leq .} T_n(\Delta X_s) \quad \text{où } T_n(x) = x\{(1+x)^n - 1\}$$

car $T_n - T_{n-1} = R_n$. La relation de récurrence sur $X^{(n)}$ devient alors $X^{(n)} = X + X^{(n-1)} + Y^{(n-1)}$, soit

$$X^{(n)} = X^{(n-1)} + X + (n-1)\langle X^c, X^c\rangle + \Sigma_{s\leq .} T_{n-1}(\Delta X_s)$$

dont la solution est (5) , car $P_{n-1} + T_{n-1} = T_n$.

2.2. On donne maintenant une autre démonstration de la forme explicite de la solution d'une équation différentielle stochastique posée et résolue par Ch. Yoeurp ([8] et [5]).

Soit X une semi-martingale spéciale ([5], IV.31), dont la décomposition canonique est $X = X_0 + M + A$ ($M \in \underline{\underline{L}}_0$, $A \in \underline{\underline{V}}_0$ et prévisible[1]). On note $\dot{X} = X_0 + M_- + A$ la projection prévisible de X. D'après [8] ou [5], si le processus $1-\Delta A$ ne s'annule pas, il existe une unique semi-martingale spéciale $\Lambda = \dot{E}(X)$, solution de

$$(\dot{e}_X) \qquad \Lambda_t = 1 + \int_{]0,t]} \dot{\Lambda}_s dX_s$$

donnée par $\dot{E}(X) = E(Y)$, où $Y_t = \int_{]0,t]} \frac{dX_s}{1-\Delta A_s}$.

1. En réalité, X_0 n'intervient pas.

Proposition 6 . $\overset{+}{\mathcal{E}}(X) = \frac{\mathcal{E}(M)}{\mathcal{E}(-A)}$

Démonstration . Avec les notations précédentes, il s'agit de montrer $\mathcal{E}(Y)\mathcal{E}(-A)=\mathcal{E}(M)$. D'après la proposition 4, cela revient à $Y-A-[Y,A] = M$. Or par définition de Y

$$dY - dA - d[Y,A] = \frac{dM+dA}{1-\Delta A} - dA - \frac{d[M,A]+d[A,A]}{1-\Delta A}$$

Nous remplaçons $d[A,A]$ par $\Delta A dA$, et $d[M,A]$ par $\Delta A dM$ (lemme fondamental). Il reste

$$\frac{dM}{1-\Delta A} + \frac{dA}{1-\Delta A} - dA - dM\frac{\Delta A}{1-\Delta A} - dA\frac{\Delta A}{1-\Delta A} = dM$$

Comme tous les processus sont nuls en 0, la proposition est établie.

2.3. L'existence des intégrales stochastiques optionnelles permet de poser le problème de la résolution de l'équation stochastique

$$(\overset{+}{e}_X) \qquad dZ_s = Z_s dX_s \ .$$

On le résoudra ci-dessous dans une sous-classe de l'espace des semi-martingales spéciales , formée des semi-martingales spéciales X admettant une décomposition canonique $X=X_0+M+A$, où la martingale locale M est quasi-continue à gauche. Nous dirons pour abréger qu'une telle semi-martingale est très spéciale. Il faudra aussi imposer une condition d'intégrabilité.

Proposition 7 . Soit $X = X_0+M+A$ la décomposition canonique d'une semi-martingale très spéciale[1] On suppose que $1-\Delta X$ ne s'annule jamais,[2] et que le processus croissant $\left(\Sigma_{s\leq t}\frac{1}{(1-\Delta M_s)^2} I_{\{|1-\Delta M_s|<1/2\}}\right)^{1/2}$ est localement intégrable. Alors il existe une et une seule semimartingale Z telle que (les i.s. ci-dessous aient un sens et que) l'on ait

$$(\overset{+}{e}_X) \qquad Z_t = 1 + \int_{]0,t]} Z_s dX_s \quad (= 1 + \int_{]0,t]} Z_s dM_s + \int_{]0,t]} Z_s dA_s) \ .$$

Cette solution est $\overset{+}{\mathcal{E}}(X)=\mathcal{E}(\overset{+}{X})$, où $\overset{+}{X}_t = \int_{]0,t]}\frac{dX_s}{1-\Delta X_s} = \int_{]0,t]}\frac{dM_s}{1-\Delta M_s} + \int_{]0,t]}\frac{dA_s}{1-\Delta A_s}$. De plus, $\overset{+}{X}$ et Z sont très spéciales.[3]

Démonstration . Nous commençons par quelques remarques sur la condition d'intégrabilité imposée. D'abord, A n'a que des sauts prévisibles, M que des sauts totalement inaccessibles, donc la condition que $1-\Delta X$ ne s'annule pas signifie que $1-\Delta M$ et $1-\Delta A$ ne s'annulent pas. Ensuite,

1. En réalité, X_0 n'intervient pas. 2. Cela entraîne que $1-\Delta X_t(\omega)$ est borné inférieurement par un nombre >0 sur tout intervalle compact (ne pas confondre cela avec "localement borné inf^t" au sens des t.d'arrêt). 3.Ce théorème a été démontré indépendamment par Ch.Yoeurp (non publié)

il revient au même de dire que le processus croissant de l'énoncé est localement intégrable, ou que le processus croissant

$$\left(\Sigma_{s\leqq t} \frac{\Delta M_s^2}{(1-\Delta M_s)^2} I_{\{|1-\Delta M_s|<1/2\}} \right)^{1/2}$$

est localement intégrable. Mais d'autre part, nous savons que $(\Sigma_{s\leqq t} \Delta M_s^2)^{1/2}$ est localement intégrable, donc le processus croissant

$$\left(\Sigma_{s\leqq t} \frac{\Delta M_s^2}{(1-\Delta M_s)^2} I_{\{|\ |\geqq 1/2\}} \right)^{1/2}$$

est toujours localement intégrable, et l'intégrabilité locale de l'énoncé équivaut à celle du processus croissant

$$\alpha_t = \left(\Sigma_{s\leqq t} \frac{\Delta M_s^2}{(1-\Delta M_s)^2} \right)^{1/2}$$

- d'où il résulte en particulier que $I_{\{|\ |<1/2\}}$ aurait pu être remplacé par $I_{\{|\ |<\varepsilon\}}$ pour n'importe quel $\varepsilon\in]0,1[$. Une autre remarque, qui interviendra par la suite : le processus croissant

$$\beta_t = \Sigma_{s\leqq t} \frac{\Delta M_s^2}{|1-\Delta M_s|} \quad \text{(fini : note 2 page précédente)}$$

est localement intégrable, si la condition de l'énoncé est satisfaite . En effet, choisissons des temps d'arrêt $T_n \uparrow +\infty$, réduisant fortement la martingale locale M, et tels que $\beta_{T_n-} \leqq n$, $\alpha_{T_n} \in L^1$. Montrons que $\beta_{T_n} \in L^1$, ce qui revient à dire que $\Delta\beta_{T_n} = \Delta M_{T_n}^2/|1-\Delta M_{T_n}|$ est intégrable. Comme T_n réduit fortement M, ΔM_{T_n} est intégrable, donc $\Delta\beta_{T_n} I_{\{|1-\Delta M_{T_n}|\geqq 1/2\}}$ est intégrable. D'autre part, on a

$$\frac{|\Delta M_{T_n}|}{|1-\Delta M_{T_n}|} \leqq \alpha_{T_n} \in L^1$$

et le côté gauche majore $\frac{2}{3} |\Delta\beta_{T_n}| I_{\{|1-\Delta M_{T_n}|\leqq 1/2\}}$ (car $|\Delta M_{T_n}|^2 I_{\{\}} \leqq \frac{3}{2}|\Delta M_{T_n}|$). On pourra comparer ce raisonnement à celui de [5] , IV. n°32 .

Par un raisonnement tout à fait analogue, mais plus simple, on démontre que la condition de l'énoncé est équivalente à l'intégrabilité locale du processus croissant à valeurs finies

$$\delta_t = \Sigma_{s \leqq t} \frac{1}{|1-\Delta M_s|} I_{\{|1-\Delta M_s| < 1/2\}}$$

Enfin, une dernière remarque : dans ces conditions d'intégrabilité, on peut partout faire disparaître la décomposition[1], en remplaçant M par X . En effet, les processus croissants analogues relatifs aux sauts prévisibles de X, par exemple

$$\left(\Sigma_{s \leqq t} \frac{1}{(1-\Delta A_t)^2} I_{\{|1-\Delta A_t| \leqq 1/2\}} \right)^{1/2}$$

sont prévisibles à valeurs finies, donc toujours localement intégrables.

Passons à la démonstration proprement dite. Vérifions d'abord que l'on peut définir $\overset{+}{X}$. L'intégrale de Stieltjes $\int_0^t \frac{dA_s}{1-\Delta X_s}$ est bien définie, car la fonction $|1-\Delta X_s(\omega)|$ est bornée inférieurement sur tout intervalle compact. D'autre part, $1-\Delta M$ n'est $\neq 0$ qu'en des temps totalement inaccessibles, donc $1-\Delta M = 1$ p.p. pour la mesure dA, et $\int_0^t \frac{dA_s}{1-\Delta X_s} = \int_0^t \frac{dA_s}{1-\Delta A_s}$, ce qui montre que ce processus à variation finie est prévisible.

En ce qui concerne l'intégrale stochastique optionnelle $\int_0^t \frac{dM_s}{1-\Delta X_s}$, nous remarquons de même que $1-\Delta A$ n'est $\neq 1$ qu'en des temps d'arrêt prévisibles, donc que $1-\Delta A = 1$ p.p. pour la mesure d[M,M]. L'intégrale stochastique est donc égale à $\int_0^t \frac{dM_s}{1-\Delta M_s}$. Pour vérifier que celle-ci a un sens, il nous faut examiner si le processus croissant $\left(\int \frac{d[M,M]_s}{(1-\Delta M_s)^2}\right)^{1/2}$ est localement intégrable. Comme $1-\Delta M_s$ ne diffère de 1 que pour des s en infinité dénombrable , il n'y a aucune difficulté quant à l'intégrale relative à $<M^c,M^c>$, et il suffit de voir si

$$\left(\Sigma_{s \leqq t} \frac{\Delta M_s^2}{(1-\Delta M_s)^2} \right)^{1/2}$$

est localement intégrable. Nous avons vu plus haut que c'est bien le cas. Ainsi $\overset{+}{X}$ est bien définie, et il apparaît sur sa décomposition que c'est une semi-martingale très spéciale.

---

1. Désormais, nous supposons que $X_0=0$.

Pour prouver l'unicité, nous remarquons que ($\overset{+}{e}_X$) entraîne, comme X est très spéciale ([5], II.35 et V.20) que $\Delta Z_t = Z_t \Delta X_t$, et donc que $Z_t = Z_{t-}/(1-\Delta X_t)$. D'autre part, si H est prévisible localement borné, K optionnel tel que l'intégrale K•X (= K•M+K•A) ait un sens , l'intégrale optionnelle (HK)•X a un sens et l'on a (HK)•X=H•(K•X). Ici, prenant $H=Z_-$, $K=1/1-\Delta X$,($\overset{+}{e}_X$) devient

$$(*)\qquad Z_t = 1+\int_{]0,t]} Z_{s-}\frac{dX_s}{1-\Delta X_s} = 1+\int_{]0,t]} Z_{s-}d\overset{+}{X}_s$$

dont nous savons que la seule solution est $E(\overset{+}{X})$. Inversement, soit $Z=E(\overset{+}{X})$, montrons qu'elle satisfait à ($\overset{+}{e}_X$) . Nous avons $\Delta Z_t = Z_{t-}\Delta\overset{+}{X}_t$, donc - à nouveau grâce au caractère très spécial de X - $\Delta Z_t = Z_{t-}\Delta X_t/1-\Delta X_t$, et enfin $Z_{t-} = Z_t(1-\Delta X_t)$. Ainsi

$$Z_t = 1+\int_{]0,t]} Z_{s-}(\frac{1}{1-\Delta X_s}dX_s) = 1+\int_{]0,t]}\frac{Z_{s-}}{1-\Delta X_s}dX_s$$

$$= 1+\int_{]0,t]} Z_s dX_s$$

de sorte que Z satisfait à ($\overset{+}{e}_X$).

Donnons maintenant une forme plus explicite de $\overset{+}{E}(X)$.

<u>Proposition 8</u> . Sous les hypothèses de la proposition 7, on a

$$\overset{+}{E}(X) = \frac{\exp(-\gamma - \langle X^c, X^c\rangle)}{E(-X)}$$

où γ est la projection prévisible duale de $\Sigma_{s\leqq t}\frac{\Delta M_s^2}{1-\Delta M_s}$.

<u>Démonstration</u> . Nous savons que γ existe (étude du processus croissant β dans la démonstration précédente). Comme M est quasi-continue à gauche, γ est continu, et la formule s'écrit

$$\overset{+}{E}(X)E(-X) = E(-\gamma - \langle X^c, X^c\rangle)$$

Comme $\overset{+}{E}(X)=E(\overset{+}{X})$, cette formule s'écrit, d'après la prop.4

$$\overset{+}{X} - X - [X,\overset{+}{X}] = -\gamma - \langle X^c, X^c\rangle$$

Nous remplaçons X par M+A , $\overset{+}{X}$ par $\frac{1}{1-\Delta M}\cdot M + \frac{1}{1-\Delta A}\cdot A$, de sorte que $\overset{+}{X}-X = \frac{\Delta M}{1-\Delta M}\cdot M + \frac{\Delta A}{1-\Delta A}\cdot A$. Quant à $[X,\overset{+}{X}]$, nous avons vu que $\overset{+}{X}{}^c = X^c$, et que $\Delta\overset{+}{X} = \frac{\Delta X}{1-\Delta X} = \frac{\Delta M}{1-\Delta M} + \frac{\Delta A}{1-\Delta A}$. Ainsi, comme [M,A]=0

$$\overset{+}{X} - X - [X,\overset{+}{X}] = (\frac{\Delta M}{1-\Delta M}\cdot M - \Sigma_{s\leqq\cdot}\frac{\Delta M_s^2}{1-\Delta M_s}) - (\frac{\Delta A}{1-\Delta A}\cdot A - \Sigma_{s\leqq\cdot}\frac{\Delta A_s^2}{1-\Delta A_s}) - \langle X^c, X^c\rangle$$

La seconde parenthèse est nulle, car c'est un processus à variation finie purement discontinu dont les sauts sont nuls. Il reste seulement à vérifier que

$$\frac{\Delta M}{1-\Delta M}\cdot M = \Sigma_{s\leqq\cdot} \frac{\Delta M_s^2}{1-\Delta M_s} - Y$$

Or les deux membres sont des martingales locales sans partie continue, qui ont les mêmes sauts.

3. MESURE DE LEVY ET FORMULE D'ITO POUR UNE MARTINGALE LOCALE QUASI--CONTINUE A GAUCHE.

3.1. Contrairement à ce qui se passe pour les processus de Markov, la notion de "mesure de Lévy" d'une martingale locale n'a été utilisée que très rarement (voir cependant [2] et [3]).

Nous avons tout d'abord besoin de quelques généralités sur les mesures aléatoires.

Soit $(E,\mathcal{E})$ un espace mesurable lusinien. On note $\tilde{\Omega} = \Omega\times[0,\infty[\times E$ et $\tilde{\mathcal{P}} = \mathcal{P}\otimes\mathcal{E}$ ($\mathcal{P}$ est la tribu prévisible sur $\Omega\times[0,\infty[$), ainsi que $\tilde{E} =]0,\infty[\times E$ et $\tilde{\mathcal{E}} = B(]0,\infty[)\otimes\mathcal{E}$.

On appelle <u>mesure aléatoire</u> tout noyau positif $\eta(\omega\ ;\ dt\times dx)$ de $(\Omega,\underline{\underline{F}})$ dans $(\tilde{E},\tilde{\mathcal{E}})$. Une mesure aléatoire η est dite <u>prévisible</u> si, pour tout $Y\in\tilde{\mathcal{P}}_+$ le processus ηY suivant est prévisible

$$(\eta Y)_t(\omega) = \int_{]0,t]}\int_E Y(\omega,s,x)\eta(\omega\ ;\ ds,dx)\ .$$

D'après [1] (lemme 2.2) on a la

<u>Proposition 9</u> . Soit η mesure aléatoire telle que la mesure M_η définie sur $(\tilde{\Omega},\tilde{\mathcal{P}})$ par

$$\forall\ Y\in\tilde{\mathcal{P}}_+ \quad M_\eta(Y) = E[\int_{\tilde{E}} Y(.,t,x)\eta(.;dt,dx)]$$

soit σ-finie. Il existe alors une unique mesure prévisible, notée η^3, telle que

$$\forall\ Y\in\tilde{\mathcal{P}}_+,\ E[\int_{\tilde{E}} Y(.,t,x)\eta(.;dt,dx)] = E[\int_{\tilde{E}} Y(.,t,x)\eta^3(.;dt,dx)]$$

Nous appliquons ce résultat dans la situation suivante : $E=\mathbb{R}\setminus\{0\}=\mathbb{R}^*$, X est une martingale locale réelle, et

$$\eta(\omega\ ;\ dt\times dx) = \Sigma_{s>0}\ I_{\{\Delta X_s(\omega)\neq 0\}}\ \varepsilon_s(dt)\varepsilon_{\Delta X_s(\omega)}(dx)$$

Pour pouvoir appliquer la proposition 9, on établit le

<u>Lemme 2</u> . La mesure M_η est σ-finie.

Démonstration . Le processus croissant $\Sigma_{s\leq t}(\Delta X_s^2\wedge 1) \leq [X,X]_t$ est à valeurs finies et à sauts bornés par 1. Il est donc localement intégrable. Cela signifie qu'il existe des temps d'arrêt $T_n\uparrow+\infty$, des constantes $a_n>0$, tels que la fonction

$$H(\omega,s,x) = \Sigma_n \; a_n 1_{]0,T_n]}(s,\omega)\; x^2\wedge 1$$

soit M_η-intégrable. Comme H est strictement positive sur $\tilde{\Omega}$, M_η est σ-finie. □

On appelle mesure de Lévy de X, et on note $\nu(\omega, ds\times dx)$, la mesure prévisible η^3. Elle interviendra pour nous de la manière suivante : si $f(s,x)$ est une fonction positive sur $\mathbb{R}_+\times\mathbb{R}^*$, la projection duale prévisible du processus croissant $\Sigma_{s\leq t} f(s,\Delta X_s)I_{\{\Delta X_s\neq 0\}}$ est le processus croissant $\int_{]0,t]\times\mathbb{R}^*} \nu(ds\times dx)f(s,x)$. On passe de là au cas des fonctions f, non nécessairement positives, telles que le processus $\Sigma_{s\leq t} |f(s,\Delta X_s)|I_{\{\Delta X_s\neq 0\}}$ soit localement intégrable. On note pour $f \in \underline{\underline{B}}_+(\mathbb{R})$ $\nu_t(.,f) = \int_{\mathbb{R}_+\times\mathbb{R}^*} \nu(.,ds\times dx)I_{]0,t]}(s)f(x)$.

3.2. Voici, à l'aide de la mesure ν - sous des hypothèses convenables - une nouvelle écriture de la formule d'Ito.

Théorème 2 . Soit X martingale locale quasi-continue à gauche, et f fonction de classe C^2 telle que le processus $\Sigma_{s\leq t} |f(X_s)-f(X_{s-})-f'(X_{s-})\Delta X_s|$ soit localement intégrable. Alors,

$$(6)\quad f(X_t) = f(X_0) + \int_{]0,t]} \delta f(X_{s-},X_s)dX_s + \frac{1}{2}\int_0^t f''(X_s)d\langle X^c,X^c\rangle_s$$
$$+ \int_{]0,t]\times\mathbb{R}^*} \nu(ds\times dx)[f(X_{s-}+x)-f(X_{s-})-f'(X_{s-})x\;]$$

où ν est la mesure de Lévy de X, et $\delta f(x,y)= \frac{f(y)-f(x)}{y-x}$ si $y\neq x$, et $f'(x)$ si $y=x$.

Démonstration . On écrit la formule d'Ito usuelle, dans laquelle le dernier terme est

$$S(f)_t = \Sigma_{s\leq t} \{ f(X_s)-f(X_{s-})-f'(X_{s-})\Delta X_s \} .$$

D'après l'hypothèse d'intégrabilité que l'on vient de faire, S(f) admet pour projection duale prévisible le processus suivant, continu du fait que X est quasi-continue à gauche

$$S(f)^3_t = \int_{]0,t]\times\mathbb{R}^*} \nu(ds\times dx)[f(X_{s-}+x)-f(X_{s-})-f'(X_{s-})x]$$

Le processus $\overset{c}{S}(f) = S(f)-S(f)^3$ est donc une martingale locale, somme compensée de sauts. De plus

$$\Delta\overset{c}{S}(f)_s = (f(X_s)-f(X_{s-})-f'(X_{s-})\Delta X_s)I_{\{\Delta X_s\neq 0\}}$$
$$= \left(\frac{f(X_s)\ f(X_{s-})}{\Delta X_s} - f'(X_{s-})\right)I_{\{\Delta X_s\neq 0\}}\Delta X_s$$

D'autre part, on a

$$\left(\int_{]0,t]} \left[\frac{f(X_s)-f(X_{s-})}{\Delta X_s} - f'(X_{s-})\right]^2 I_{\{\Delta X_s\neq 0\}} d[X,X]_s \right)^{1/2} =$$
$$= \left(\Sigma_{s\leqq t} \left[\frac{f(X_s)-f(X_{s-})}{\Delta X_s} - f'(X_{s-})\right]^2 I_{\{\Delta X_s\neq 0\}}\ \Delta X_s^2 \right)^{1/2} \leqq$$
$$\leqq \quad \Sigma_{s\leqq t} |f(X_s)-f(X_{s-})-f'(X_{s-})\Delta X_s|$$

qui est un processus localement intégrable par hypothèse. L'intégrale stochastique

$$M^f_t = \int_{]0,t]} \left(\frac{f(X_s)-f(X_{s-})}{\Delta X_s} -f'(X_{s-})\right)I_{\{\Delta X_s\neq 0\}}dX_s$$

est donc bien définie. De plus, l'intégrale relative à X^c est nulle, donc M^f est une somme compensée de sauts. Comme M^f et $\overset{c}{S}(f)$ ont les mêmes sauts, elles sont égales. Ajoutant alors M^f à l'intégrale stochastique qui figure dans la formule d'Ito usuelle, on obtient

$$M^f_t + \int_{]0,t]} f'(X_{s-})dX_s = \int_{]0,t]} \delta f(X_{s-},X_s)dX_s$$

et le théorème est établi.

Remarquons que, dans le cadre des martingales quasi-continues à gauche, la formule d'Ito que l'on vient d'obtenir étend la formule de Pratelli et Yoeurp rappelée dans la proposition 2. En effet, X appartient à $\underline{\underline{M}}_{loc}$ si et seulement si $f(x)=x^2$ vérifie la condition du théorème 1, et on peut écrire la proposition 2

$$X^2_t = X^2_0 + \int_{]0,t]} (X_{s-}+X_s)dX_s + \langle X,X\rangle_t$$

Or $\langle X,X\rangle_t = \langle X^c,X^c\rangle_t + \langle X^d,X^d\rangle_t$, et $\langle X^d,X^d\rangle_t = \int \nu_t(dx)x^2$.

4. UNE SUITE REMARQUABLE DE FORMULES EXPONENTIELLES

4.1. Rappelons tout d'abord l'extension du théorème de Girsanov obtenue par J. Van Schuppen et E. Wong en [7] :

Soient U et X deux martingales locales nulles en 0 telles que [U,X] soit localement intégrable, ce qui est équivalent , d'après [8], à supposer l'existence de $\langle U,X\rangle$. Supposons de plus $1+\Delta U \geqq 0$, de sorte que la martingale locale $\mathcal{E}(U)$ est positive, et soit T un temps d'arrêt tel que $\mathcal{E}(U)^T$ soit uniformément intégrable. On définit la probabilité P_U^T sur $(\Omega,\underline{\underline{F}}_T)$ par $dP_U^T = \mathcal{E}(U)_T dP|_{\underline{\underline{F}}_T}$. Alors, d'après [7], ${}^U X = X-\langle X,U\rangle$ arrêtée à T est une P_U^T-martingale locale. Ou encore (sans arrêt à T), $\mathcal{E}(X)^U X$ est une P-martingale locale ([8]), variante pour laquelle la condition $1+\Delta U \geqq 0$ n'est plus nécessaire. Le point clé de la démonstration est encore le lemme fondamental.

Il en est de même pour la variante que nous proposons maintenant[1]

Proposition 10 . Soient U et X deux martingales locales nulles en 0 telles que [U,X] soit localement intégrables. Alors $\mathcal{E}({}^U X)\mathcal{E}(U)$ est une martingale locale.

Démonstration . $\mathcal{E}({}^U X)\mathcal{E}(U) = \mathcal{E}({}^U X+U+[{}^U X,U])$. Il suffit donc de démontrer que

$${}^U X+U+[{}^U X,U] = X-\langle X,U\rangle + U + [X,U] - [\langle X,U\rangle,U]$$

est une martingale locale. Or X,U, $[X,U]-\langle X,U\rangle$ sont des martingales locales, et $[\langle X,U\rangle,U]$ est une martingale locale d'après le lemme fondamental.

4.2. Soit X martingale locale nulle en 0 et quasi-continue à gauche.

La proposition précédente va permettre d'obtenir de façon naturelle une suite de formules exponentielles associées à X.

Supposons tout d'abord que X soit localement de carré intégrable. En remplaçant dans la proposition précédente X et U par $\frac{1}{2}X$, on obtient

1. Elle contient, au moins formellement, les autres résultats. En effet, remplaçant X par tX on a que $\mathcal{E}(t{}^U X)\mathcal{E}(U)$ est une martingale locale, et tous les coefficients du développement de Taylor en t sont des martingales locales ; ${}^U X\mathcal{E}(U)$ est le premier.

$$E_2(X) = \mathcal{E}(\tfrac{1}{2}X - \tfrac{1}{4}\langle X,X\rangle)\mathcal{E}(\tfrac{1}{2}X) \in \underline{\underline{L}}$$

Comme X est quasi-continue à gauche, $\langle X,X\rangle$ est continu, $[\langle X,X\rangle,X] = 0$, et la proposition 4 nous donne

$$E_2(X) = \mathcal{E}(\tfrac{1}{2}X)\mathcal{E}(-\tfrac{1}{4}\langle X,X\rangle)\mathcal{E}(\tfrac{1}{2}X) = \mathcal{E}(\tfrac{1}{2}X)^2\exp(-\tfrac{1}{4}\langle X,X\rangle)$$

Plus généralement, nous allons calculer un processus prévisible $A^{(n)}$ (continu) tel que

$$E_n(X) = \mathcal{E}(\tfrac{1}{n}X)^n \exp(-A^{(n)}) \in \underline{\underline{L}}$$

Le calcul est fait dans l'énoncé suivant, avec des notations un peu différentes.

Théorème 3 . Soit X martingale locale nulle en 0 et quasi-continue à gauche. Soit $\lambda \geq 2$. On suppose que $1+\Delta X$ est un processus ≥ 0 (restriction inutile si λ est entier) et que X est localement bornée dans L^λ. Alors si l'on pose

(7) $$A_t = \frac{\lambda(\lambda-1)}{2}\langle X^c,X^c\rangle_t + \int_{\mathbb{R}} \nu_t(dx)\{(1+x)^\lambda - 1 - \lambda x\}$$

le processus

$$\Lambda_t = \mathcal{E}(X)^\lambda \exp(-A)$$

est une martingale locale.

Démonstration . Nous vérifions d'abord que A_t est fini, et continu. Nous traiterons le cas où $\lambda=n$ est entier, sans l'hypothèse de positivité de $1+\Delta X$, ce qui est un peu plus délicat. Il s'agit de vérifier que le processus croissant quasi - continu à gauche

$$\Sigma_{s\leq t} \,|(1+\Delta X_s)^n - 1 - n\Delta X_s|$$

est localement intégrable . Nous le coupons en deux morceaux, l'un relatif aux s tels que $|\Delta X_s|<1$, pour lequel on a une majoration de la forme $c\Sigma_{s\leq t} \Delta X_s^2 I_{\{|\Delta X_s|<1\}}$, processus localement intégrable , et l'autre, relatif aux s tels que $|\Delta X_s|>1$. Pour ce second processus, nous utilisons une majoration de la forme

$$c\Sigma_{s\leq t} |\Delta X_s|^n \leq c\Sigma_{s<t} |\Delta X_s|^n + c2^n \sup_{s\leq t} |X_s|^n$$

le premier terme au second membre est un processus croissant localement borné, car fini et continu à gauche, et le second terme un processus croissant localement intégrable, d'après l'inégalité de Doob.

Revenant à λ quelconque, nous écrivons la formule d'Ito pour $F(E(X),A)$ où $F(u,v)= u^\lambda e^{-v}$. Il vient après quelques calculs

$$\Lambda_t = 1 + \lambda\int_{]0,t]} \Lambda_{s-}dX_s - \int_{]0,t]}\Lambda_{s-}dA_s + \frac{\lambda(\lambda-1)}{2}\int_0^t \Lambda_s d\langle X^c,X^c\rangle_s$$

$$+ \Sigma_{s\leqq t} \{\Lambda_s-\Lambda_{s-}-\lambda\Lambda_{s-}\Delta X_s\} ,$$

(on a tenu compte ici de la continuité de A, mais non de son expression explicite (7)). On a $\Lambda_s=\Lambda_{s-}(1+\Delta X_s)^\lambda$, donc la dernière somme s' écrit $\Sigma_{s\leqq t} \Lambda_{s-}((1+\Delta X_s)^\lambda-1-\lambda\Delta X_s)$, qui est une intégrale stochastique par rapport au processus $C_t= \Sigma_{s\leqq t}((1+\Delta X_s)^\lambda-1-\lambda\Delta X_s)$, localement intégrable par hypothèse. Il reste donc

$$\Lambda_t \underset{(\underline{\underline{L}})}{\equiv} \int_{]0,t]} \Lambda_{s-}\left(\frac{\lambda(\lambda-1)}{2} d\langle X^c,X^c\rangle_s + dC_s - dA_s \right)$$

et si l'on remplace maintenant A par sa valeur (7), la parenthèse est une martingale locale , car $\int\nu_t(dx)\{(1+x)^\lambda-1-\lambda x\}$ est la projection duale prévisible de C.

<u>Remarques</u> . a) Si $1+\Delta X \geq 0$ (i.e. si E(X) est positive), on peut étendre ce résultat à toutes les valeurs de $\lambda > 1$. Cela exige un passage à la limite pour vérifier la validité de la formule d'Ito utilisée ci-dessus, car $u^\lambda e^{-v}$ n'est plus de classe C^2, et il faut considérer $(u+\varepsilon)^\lambda e^{-v}$, et faire tendre ε vers 0.

Si $\lambda>1$, et $1+\Delta X$ ne s'annule pas, un calcul analogue donne la compensation multiplicative de $|E(X)|^\lambda$.

b) Le processus A est <u>unique</u> si $1+\Delta X$ ne s'annule pas. En effet, soit $Y=E(X)^\lambda$, et soit $B=\exp(-A)$. Notons les propriétés : Y est une semimartingale, et Y et Y_- ne s'annulent jamais (le produit infini de E(X) est absolument convergent et sans facteur nul) ; B est un processus à variation finie prévisible, $B_0=1$, B et B_- ne s'annulent jamais ; YB est une martingale locale. Y <u>étant donnée</u>, <u>cela caractérise uniquement</u> B. En effet, d'après la formule d'intégration par parties de Yoeurp ([5], V.38 : c'est une autre forme du lemme fondamental) $d(YB)=BdY+Y_-dB$, donc $\frac{dY}{Y_-} + \frac{dB}{B}$ est la différentielle d'une martingale locale. Cela caractérise uniquement le processus à variation finie prévisible $C_t= \int_{]0,t]} \frac{dB_s}{B_s}$, puis on a $B=1/E(-C)$. Voir le chapitre de [8] sur les décompositions multiplicatives.

c) Considérons la martingale locale

$$\hat{X}_t^{(\lambda)} = \lambda X_t + \Sigma_{s\leq t} \{(1+\Delta X_s)^\lambda - 1 - \lambda\Delta X_s\} - \int \nu_t(dx)\{(1+x)^\lambda - 1 - \lambda x\}$$

Nous avons vu au cours de la démonstration que $\Lambda_t = 1 + \int_{]0,t]} \Lambda_{s-} d\hat{X}_s^\lambda$, donc $\Lambda = \mathcal{E}(\hat{X}^{(\lambda)})$.

Revenons alors aux notations précédant l'énoncé du théorème 3. Le processus

$$A_t^{(n)} = \frac{1}{2}(1-\frac{1}{n})\langle X^c, X^c\rangle_t + \int \nu_t(dx)\{(1+\frac{x}{n})^n - 1 - x\}$$

est l'unique processus prévisible à variation finie tel que

$$E_n(X) = E(\frac{1}{n}X)^n \exp(-A^{(n)})$$
$$= \exp\{X_t - \frac{1}{2}\langle X^c, X^c\rangle - \int \nu\ (dx)[(1+\frac{x}{n})^n - 1 - x]\} \prod_{s\leq .}(1+\frac{\Delta X_s}{n})^n e^{-\Delta X_s}$$

soit une martingale locale. De plus, nous avons vu que $E_n(X) = \mathcal{E}(\hat{X}^n)$, avec

$$\hat{X}_t^n = X_t + \Sigma_{s\leq t} Q_n(\Delta X_s) - \int \nu_t(dx) Q_n(x) \quad \text{où } Q_n(x) = (1+\frac{x}{n})^n - 1 - x$$
$$= X_t + \int_0^t U_n(\Delta X_s) dX_s \quad \text{où } U_n(x) = \frac{Q_n(x)}{x} \text{ si } x\neq 0 \text{ , } 0 \text{ si } x=0$$

Lorsque $n\to\infty$, $Q_n(x)$ tend vers $e^x - 1 - x$, et on a de même le théorème suivant :

Théorème 4 . Soit X martingale locale quasi-continue à gauche, telle que le processus $\Sigma_{s\leq t} |e^{\Delta X_s} - 1 - \Delta X_s|$ soit localement intégrable (condition qui est en particulier réalisée si les sauts de X sont uniformément bornés). Le processus $A_t^{(\infty)} = \int \nu_t(dx)(e^x - 1 - x)$ est l'unique processus prévisible, à variation finie tel que

$$E_\infty(X) = \exp\{ X - \frac{1}{2}\langle X^c, X^c\rangle - A^{(\infty)}\}$$

soit une martingale locale.

La démonstration est identique à celle du théorème 3. On a $E_\infty(X) = \mathcal{E}(\hat{X}^\infty)$, avec

$$\hat{X}_t^\infty = X_t + \Sigma_{s\leq t} (e^{\Delta X_s} - 1 - \Delta X_s) - \int \nu_t(dx)(e^x - 1 - x)$$
$$= X_t + \int_{]0,t]} f(\Delta X_s) dX_s \quad \text{où } f(x) = \frac{e^x - 1 - x}{x}, \ f(0)=0 .$$

L'application E_∞ a été utilisée en [4] et [6] pour la résolution du problème des martingales lié aux opérateurs intégro-différentiels qui sont générateurs infinitésimaux de processus de Markov sur $\mathbb{R}^n$. Toutes les applications E_i (i=n ou ∞) sont des "exponentielles", en ce sens que si X et Y sont quasi-continues à gauche et $[X,Y]=0$ on a $E_i(X+Y)=E_i(X)E_i(Y)$.

4.3. On peut maintenant caractériser de plusieurs manières le processus croissant $<X^c,X^c>$ et la mesure aléatoire $\nu(ds\times dx)$ d'une martingale locale quasi-continue à gauche, dont on supposera en général les sauts uniformément bornés.

Caractérisons tout d'abord le processus $<X^c,X^c>$.

Théorème 5 . Soit X martingale locale telle que $1+\Delta X$ ne s'annule jamais. $A = <X^c,X^c>$ est l'unique processus croissant prévisible tel que

$$\Lambda^1(X,A) = \exp\{X_t - \tfrac{1}{2}A_t\}\prod_{s\leq t}(1+\Delta X_s)e^{-\Delta X_s} \in \underline{\underline{L}}$$

Démonstration . Si Y est la semimartingale $\exp(X_t)\prod(\quad)$, le produit infini est absolument convergent et aucun de ses facteurs n'est nul, donc Y_- ne s'annule jamais. On applique alors le principe général d'unicité des décompositions multiplicatives , remarque b) suivant le théorème 3.

On caractérise maintenant la mesure de Lévy ν .

Théorème 6 . Soit X martingale locale quasi-continue à gauche telle que $|\Delta X|\leq 1$. La mesure de Lévy $\nu(ds\times dx)$ est caractérisée par les propriétés suivantes

- elle est prévisible , portée par $]0,\infty[\,\times\,([-1,+1]\setminus\{0\})$,
- le processus $\int\nu_t(dx)x^2$ est à valeurs finies,
- pour tout entier n, $2\leq n<\infty$

$$\Lambda^n(X,\nu)=\exp\{X_t - \tfrac{1}{2}<X^c,X^c>_t - \int\nu_t(dx)Q_n(x)\}\prod_{s\leq t}(1+\tfrac{1}{n}\Delta X_s)^n e^{-\Delta X_s}$$

est une martingale locale, où $Q_n(x)=(1+\frac{x}{n})^n-1-x$.

Démonstration . Soit $\bar{\nu}(\omega\,;\,ds\times dx)$ une seconde mesure aléatoire prévisible possédant les mêmes propriétés. Nous définissons de manière évidente $\bar{\nu}_t(\omega,dx)$ et $\Lambda^n(X,\bar{\nu})$. Nous introduisons la semimartingale $Y^n= \exp\{X_t - \frac{1}{2}<X^c,X^c>_t\}\prod_{s\leq t}(1+\frac{1}{n}\Delta X_s)^n e^{-\Delta X_s}$, et les processus à variation finie prévisibles $B^n_t=\exp(-\int\nu_t(dx)Q_n(x))$, et $\bar{B}^n_t$ de même. Comme Y^nB^n et $Y^n\bar{B}^n$ sont des martingales locales, le principe général d'unicité (remarque b) suivant le th.3) entraîne que $B^n=\bar{B}^n$, ou encore $\int\nu_t(dx)Q_n(x)=\int\bar{\nu}_t(dx)Q_n(x)$ pour tout n, donc par combinaison linéaire $\int\nu_t(dx)x^n = \int\bar{\nu}_t(dx)x^n$ pour tout $n\geq 2$, puis par le théorème de Weierstrass $\int\nu_t(dx)x^2f(x) = \int\bar{\nu}_t(dx)x^2f(x)$ pour toute f continue sur $[-1,1]$.

Donc les mesures $\nu_t(dx)x^2$ et $\bar{\nu}_t(dx)x^2$ sont égales, et comme $\nu_t(dx)$ $\bar{\nu}_t(dx)$ ne chargent pas 0, elles sont aussi égales. On en déduit aisément l'égalité de ν et de $\bar{\nu}$ elles mêmes.

On a de même, avec l'application E_∞ , des théorèmes analogues aux précédents, permettant de caractériser $<X^c,X^c>$ et ν .

Théorème 7 . Soit X processus càdlàg., à valeurs dans $\mathbb{R}$, adapté, quasi-continu à gauche, et tel que $|\Delta X|\leqq 1$.

1) Si X est une martingale locale, la mesure de Lévy ν de X est uniquement caractérisée par les propriétés suivantes :

- elle est prévisible, portée par $]0,\infty[\times([-1,1]\setminus\{0\})$,
- le processus $\int\nu_t(dx)x^2$ est à valeurs finies,
- pour tout $\alpha\in\mathbb{R}$, le processus

$$\Lambda^{(\infty)}(\alpha,X,\nu) = \exp\{\alpha X_t - \tfrac{1}{2}\alpha^2<X^c,X^c>_t - \int\nu_t(dx)(e^{\alpha x}-1-\alpha x)\}$$

est une martingale locale.

2) Supposons seulement que le processus croissant $\Sigma_{s\leqq t}\ \Delta X_s^2$ soit localement intégrable, et soit ν la projection duale prévisible[1] de la mesure aléatoire $\Sigma_u\ I_{\{\Delta X_u\neq 0\}}\varepsilon_u(ds)\varepsilon_{\Delta X_u}(dx)$. Soit A un processus croissant nul en 0, adapté et continu. Pour que X soit une martingale locale et que l'on ait $<X^c,X^c>=A$, il faut et il suffit que, pour tout $\alpha\in\mathbb{R}$

$$\Lambda^{(\infty)}(\alpha,X,A) = \exp\{\ \alpha X_t - \tfrac{1}{2}\alpha^2 A_t - \int\nu_t(dx)(e^{\alpha x}-1-\alpha x)\ \}$$

soit une martingale locale.

Démonstration . 1) La démonstration est identique à celle du théorème 6, si l'on développe $e^{\alpha x}-1-\alpha x$ en série entière.

2) Avec les hypothèses faites, $\frac{d}{d\alpha}\Lambda^{(\infty)}(\alpha,X,A)|_{\alpha=0}=X$ est une martingale locale. On montre ensuite que $A=<X^c,X^c>$ de même qu'au théorème 5.

1. Elle existe d'après la prop.9.

REFERENCES

[1]. J. Jacod. Multivariate point processes, predictable projection, Radon-Nikodym derivatives, representation of martingales. Z.f.W. 31, 1975, 235-246.

[2]. J. Jacod et J. Mémin. Caractéristiques locales et conditions de continuité absolue pour les semimartingales. A paraître.

[3]. N. El Karoui et J.P. Lepeltier. Processus de Poisson ponctuel associé à un processus ponctuel, représentation des martingales de carré intégrable quasi-continues à gauche (à paraître).

[4]. J.P. Lepeltier . Thèse de 3e Cycle, Université de Paris VI.

[5]. P.A.Meyer. Un cours sur les intégrales stochastiques. Dans ce vol.

[6]. D.W. Stroock. Diffusion processes associated with Lévy generators. Z.f.W. 32, 1975, 209-244.

[7]. J.H. Van Schuppen et E. Wong. Transformations of local martingales under a change of law. Annals of Prob. 2, 1974, p. 879-888.

[8]. Ch. Yoeurp . Décomposition des martingales locales et formules exponentielles. Dans ce volume.

PRESENTATION UNIFIEE DE CERTAINES INEGALITES DE LA THEORIE DES MARTINGALES .

E. LENGLART D. LEPINGLE M. PRATELLI

A côté des inégalités qui comme celle de Fefferman concernent simultanément plusieurs martingales, il existe dans la littérature d'abondants exemples d'inégalités du type
$E[U^p] \leq c\, E[V^p]$, où U et V désignent deux opérateurs associés à une même martingale ou sous-martingale. Leur démonstration utilise des méthodes très variées : intégration stochastique, décomposition atomique ou inégalité de Fefferman, par exemple. Nous donnons dans la première partie un ensemble de quatre lemmes d'énoncés simples et voisins, qui permettent de vérifier rapidement quel type d'inégalités on peut espérer obtenir entre deux opérateurs donnés. Les autres parties sont consacrées aux principales applications de ces quatre lemmes.

1. QUATRE LEMMES SUR LES PROCESSUS CROISSANTS.

Dans toute la suite, F désigne une fonction réelle définie sur $\mathbb{R}_+$, nulle en zéro, croissante, continue à droite, telle que

$F(x) > 0$ pour $x > 0$. Nous disons que F est <u>modérée</u> (ou <u>à croissance modérée</u>) s'il existe un scalaire $\alpha > 1$ tel que l'on ait

$$\sup_{x>0} \frac{F(\alpha x)}{F(x)} < +\infty ;$$

on voit alors que F vérifie cette relation pour tout $\alpha > 1$. Si la fonction F est concave, elle est modérée ; en effet, pour tout $\alpha > 1$,

$$\sup_{x>0} \frac{F(\alpha x)}{F(x)} \leq \alpha .$$

Si en fait

$$\sup_{x>0} \frac{F(\alpha x)}{F(x)} < \alpha$$

pour un $\alpha > 1$, on dira que F est <u>lente</u> (ou <u>à croissance lente</u>). Par contre, si F est convexe, de dérivée à droite f, pour que F soit modérée il faut et il suffit que le nombre

$$p = \sup_{x>0} \frac{x\, f(x)}{F(x)}$$

(que nous appellerons l'<u>exposant</u> de F) soit fini. En outre, si cette condition est remplie, la fonction $F(x)/x^p$ est décroissante, de sorte que l'on a pour tout $\alpha > 1$

$$\sup_{x>0} \frac{F(\alpha x)}{F(x)} \leq \alpha^p .$$

On remarquera que pour la fonction $F(x)=x^p$ (avec $p \geq 1$), l'exposant est égal à p , ce qui justifie le nom adopté. Si la fonction F modérée convexe vérifie

$$\inf_{x>0} \frac{x\, f(x)}{F(x)} > 1 ,$$

on dira dans ce cas que F est une <u>fonction d'Young</u>. On remarquera encore que la fonction F peut etre modérée (et même lente) sans être continue, ce qui n'est pas vrai si F est convexe ou concave. Dans tous les cas on posera

$$F(+\infty) = \lim_{x \mapsto \infty} F(x) .$$

On peut alors classer en cinq types les inégalités de la forme $E[U^p] \leq c\, E[V^p]$, chaque type s'étendant à une classe de fonctions F modérées :

- le type $0 < p < \infty$ à toutes les fonctions modérées,
- le type $1 < p < \infty$ aux fonctions d'Young,
- le type $1 \leq p < \infty$ aux fonctions convexes modérées,
- le type $0 < p \leq 1$ aux fonctions concaves,
- le type $0 < p < 1$ aux fonctions à croissance lente.

Nous ne parlerons pas du second type, qui concerne essentiellement l'inégalité de Doob des sous-martingales positives [6] , mais nous énoncerons un lemme pour chacun des autres types.

L'espace de probabilité filtré $(\Omega, \mathfrak{F}, (\mathfrak{F}_t), \mathbb{P})$ vérifie les conditions habituelles de [11] . Les martingales locales auront leurs trajectoires continues à droite et pourvues de limites à gauche. En revanche, un processus croissant A sera seulement une application mesurable de $\Omega \times \mathbb{R}_+$ dans $\mathbb{R}_+$, dont les trajectoires seront des fonctions croissantes de t : on posera $A_\infty = \lim_{t \mapsto \infty} A_t$. L'absence de continuité à droite allongera très légèrement les demonstrations mais on évitera ainsi d'avoir recours à deux démonstrations parallèles, une avec les processus prévisibles continus à droite, une autre avec les processus adaptés B continus à droite, où alors c'est B_- qui intervient : en effet, si B est adapté croissant, B_- est croissant prévisible (on posera $B_{0-} = 0$ pour tout processus croissant B). Voici d'ailleurs l'outil qui permet de traiter les processus croissants prévisibles non nécessairement continus à droite.

LEMME PRELIMINAIRE 1.0 Soit H une partie prévisible de $\Omega \times \mathbb{R}_+$, de début $D_H(\omega) = \inf \{ t : (t,\omega) \in H \}$. Il existe alors une suite croissante (T_n) de temps d'arrêt finis de limite D_H telle que pour tout n, $[\![T_n]\!] \cap H \cap \{\Omega \times \mathbb{R}_+^*\} = \emptyset$. De plus, $\bigcup_n \{T_n = D_H\} = \{D_H \notin H\} \cap \{D_H < \infty\}$.

DEMONSTRATION Si l'on pose $[\![T]\!] = [\![0,D_H]\!] \cap H$, alors T est un temps d'arrêt prévisible, annonçable par une suite croissante (T_n°) de temps d'arret finis. Posant $T_n = T_n^\circ \wedge T$, on obtient la suite désirée. □

Voici maintenant les quatre lemmes annoncés. Bien que leurs démonstrations ne soient pas vraiment originales, nous en donnons l'essentiel.

LEMME 1.1 Soient A et B deux processus croissants prévisibles. Supposons qu'il existe q>0, a>0, tels que pour tout couple (S,T) de temps d'arret avec S≤T , on ait

$$E\left[(A_T I_{\{T>0\}} - A_S I_{\{S>0\}})^q\right] \le a\, E\left[B_T^q I_{\{S<T\}}\right].$$

Alors, pour toute fonction F modérée, il existe c = c(a,q,F) pour lequel

$$E\left[F(A_\infty)\right] \le c\, E\left[F(B_\infty)\right].$$

DEMONSTRATION Montrons d'abord que pour tous $\beta>1$, $\delta>0$ et $\lambda>0$, on a l'inégalité de distribution

$$\mathbb{P}\left\{A_\infty \geq \beta\lambda \,,\, B_\infty < \delta\lambda\right\} \leq a\, \delta^q (\beta-1)^{-q}\, \mathbb{P}\left\{A_\infty \geqslant \lambda\right\} .$$

Il suffit pour cela, en remplaçant β par $\beta - \frac{1}{n}$, d'obténir l'inegalité

$$\mathbb{P}\left\{A_\infty > \beta\lambda \,,\, B_\infty \leq \delta\lambda\right\} \leq a\, \delta^q (\beta-1)^{-q}\, \mathbb{P}\left\{A_\infty > \lambda\right\} .$$

Soit (R_n) une suite croissante de temps d'arrêt finis de limite $R = \inf\left\{t : A_t > \lambda\right\}$, telle que pour tout n, $A_{R_n} \leq \lambda$ sur $\left\{R_n > 0\right\}$, et de même (T_m) une suite croissante de temps d'arrêt finis de limite $T = \inf\left\{t : B_t > \delta\lambda\right\}$ vérifiant $B_{T_m} \leq \delta\lambda$ sur l'ensemble $\left\{T_m > 0\right\}$ pour tout m. Alors,

$$\mathbb{P}\left\{A_\infty > \beta\lambda \,,\, B_\infty \leq \delta\lambda\right\} \leq \lim_m \mathbb{P}\left\{A_{T_m} I_{\{T_m > 0\}} > \beta\lambda\right\} .$$

Pour tout m et tout n,

$$\mathbb{P}\left\{A_{T_m} I_{\{T_m>0\}} > \beta\lambda\right\} \leq \mathbb{P}\left\{A_{T_m} I_{\{T_m>0\}} - A_{R_n\wedge T_m} I_{\{R_n\wedge T_m > 0\}} > (\beta-1)\lambda\right\}$$

$$\leq \lambda^{-q} (\beta-1)^{-q}\, \mathrm{E}\left[\left(A_{T_m} I_{\{T_m>0\}} - A_{R_n\wedge T_m} I_{\{R_n\wedge T_m>0\}}\right)^q\right]$$

$$\leq a\, \lambda^{-q} (\beta-1)^{-q}\, \mathrm{E}\left[B^q_{T_m}\, I_{\{R_n<T_m\}}\right]$$

$$\leq a\, \delta^q (\beta-1)^{-q}\, \mathbb{P}\left\{R_n < T_m\right\} .$$

Passant à la limite en n, on obtient

$$\mathbb{P}\left\{A_{T_m} I_{\{T_m>0\}} > \beta\lambda\right\} \leq a\, \delta^q (\beta-1)^{-q}\, \mathbb{P}\left\{R \leq T_m\right\}$$

$$\leq a\, \delta^q (\beta-1)^{-q}\, \mathbb{P}\left\{R < \infty\right\} ,$$

et il suffit maintenant de faire tendre m vers l'infini pour avoir l'inégalité de distribution cherchée. On termine comme en [1] : soit g une fonction telle que $F(ax) \leq g(a).F(x)$. Le théorème de Fubini nous donne

$$E[F(A_\infty)] \leq g(\beta)\, E[F(A_\infty/\beta)] \leq g(\beta) \int \mathbb{P}\{A_\infty \geq \beta\lambda\}\, dF(\lambda)$$

$$\leq g(\beta) \int [\mathbb{P}\{A_\infty \geq \beta\lambda,\ B_\infty < \delta\lambda\} + \mathbb{P}\{B_\infty \geq \delta\lambda\}]\, dF(\lambda)$$

$$\leq a\, g(\beta)\, \delta^q (\beta-1)^{-q} E[F(A_\infty)] + g(\beta)\, g(\delta^{-1})\, E[F(B_\infty)] .$$

Si δ est assez petit, on obtient finalement

$$E[F(A_\infty)] \leq g(\delta^{-1}) g(\beta) [1 - ag(\beta)\, \delta^q (\beta-1)^{-q}]^{-1} E[F(B_\infty)] . \square$$

On déduit immédiatement de ce lemme que lorsque A et B sont deux processus adaptés croissants, pour avoir la même conclusion que dans l'énoncé du lemme, il suffit de vérifier la condition

$$E[(A_{T-} - A_{S-})^q] \leq a\, E[B^q_{T-}\, I_{\{S<T\}}] ;$$

le passage aux processus prévisibles A_- et B_- nous permet en effet de retrouver immédiatement les hypothèses du lemme.

Le second lemme est connu sous le nom de Garsia-Neveu [7,12] . Ses hypothèses ressemblent à celles du lemme 1.1 quand on fixe dans celui-ci $T = +\infty$.

LEMME 1.2 Soient A un processus croissant prévisible et X une variable aléatoire positive intégrable. Si pour tout temps d'arrêt S on a

$$E[A_\infty - A_S\, I_{\{S>0\}}] \leq E[X\, I_{\{S<+\infty\}}],$$

alors pour toute fonction convexe F de dérivée à droite f

a) $E[F(A_\infty)] \leq E[A_\infty f(X)]$,

b) et si de plus $p = \sup_{x>0} x f(x) / F(x) < +\infty$,

$$E[F(A_\infty)] \leq E[F(pX)] \leq p^p E[F(X)] .$$

DEMONSTRATION Rappelons qu'il suffit de montrer que pour tout $\lambda > 0$,

$$E\left[(A_\infty - \lambda)\, I_{\{A_\infty \geq \lambda\}}\right] \leq E\left[X\, I_{\{A_\infty \geq \lambda\}}\right];$$

en effet, en intégrant ensuite en λ, on obtient a), puis b) par la méthode de Dellacherie [6] qui donne la constante optimale. Soit donc (T_m) une suite croissante de temps d'arrêt tendant vers $T = \inf\{t : A_t > \lambda\}$ telle que $A_{T_m} \leq \lambda$ sur $\{T_m > 0\}$ pour tout m ; pour $k \geq 1$ on pose

$$T_m^k = \begin{cases} T_m & \text{sur } \{T_m \leq k\} \\ +\infty & \text{sur } \{T_m > k\}. \end{cases}$$

Alors

$$E\left[(A_\infty - \lambda)\, I_{\{A_\infty \geq \lambda\}}\right] = \lim_k E\left[(A_\infty - \lambda)\, I_{\{T \leq k\}}\right]$$

$$E\left[(A_\infty - \lambda)\, I_{\{T \leq k\}}\right] = \lim_m E\left[(A_\infty - \lambda)^+\, I_{\{T_m \leq k\}}\right]$$

$$\begin{aligned} E\left[(A_\infty - \lambda)^+\, I_{\{T_m \leq k\}}\right] &\leq E\left[(A_\infty - A_{T_m}\, I_{\{T_m > 0\}})\, I_{\{T_m \leq k\}}\right] \\ &\leq E\left[A_\infty - A_{T_m^k}\, I_{\{T_m^k > 0\}}\right] \\ &\leq E\left[X\, I_{\{T_m^k < +\infty\}}\right] \\ &\leq E\left[X\, I_{\{T_m \leq k\}}\right], \end{aligned}$$

d'où le résultat en passant à la limite en m, puis en k. □

Il est clair que les inégalités du b) du lemme 1.2 sont encore valables si X n'est pas intégrable car les deux membres de droite sont alors infinis. Pour un processus A optionnel (avec $A_{0-} = 0$), la condition

$$E\left[A_\infty - A_{S-}\right] \leq E\left[X\, I_{\{S < +\infty\}}\right]$$

a les mêmes conséquences que celles indiquées dans le lemme.

Le troisième lemme vient de [1] et de [13] . Ses hypothèses sont semblables à celles du lemme 1.1 quand on fixe dans celui-ci S=0 .

LEMME 1.3 Soient X un processus positif mesurable sur $\Omega\times\mathbb{R}_+$, et B un processus croissant prévisible tels que pour tout temps d'arrêt T fini

$$E\left[X_T\, I_{\{T>0\}}\right] \leq a\, E\left[B_T\, I_{\{T>0\}}\right] .$$

Alors, pour toute fonction concave F et tout temps d'arrêt fini R,

$$E\left[F(X_R)\, I_{\{R>0\}}\right] \leq (a+1)\, E\left[F(B_R)\, I_{\{R>0\}}\right].$$

DEMONSTRATION D'après [1] , il suffit de montrer que pour tout $\lambda>0$,

$$E\left[(X_R\wedge\lambda)\, I_{\{R>0\}}\right] \leq (a+1)\, E\left[(B_R\wedge\lambda)\, I_{\{R>0\}}\right].$$

Soit (T_n) une suite de temps d'arrêt finis croissants vers $T=\inf\{t : B_t>\lambda\}$ avec $B_{T_n}\leq\lambda$ sur $\{T_n>0\}$ et $\bigcup_n \{T_n=T\} = \{B_T\leq\lambda\}\cap\{T<+\infty\}$. On a alors

$$(X_R\wedge\lambda)\, I_{\{R>0\}} \leq \underline{\lim}_n\, X_{T_n\wedge R}\, I_{\{T_n\wedge R>0\}}$$
$$+\lambda\, I_{\{R>0\}\cap\{B_R>\lambda\}} .$$

$$E\left[X_{T_n\wedge R}\, I_{\{T_n\wedge R>0\}}\right] \leq a\, E\left[B_{T_n\wedge R}\, I_{\{T_n\wedge R>0\}}\right]$$
$$\leq a\, E\left[(B_R\wedge\lambda)\, I_{\{R>0\}}\right] .$$

$$\lambda\, \mathbb{P}\{R>0,\ B_R>\lambda\} \leq E\left[(B_R\wedge\lambda)\, I_{\{R>0\}}\right]. \ \square$$

Pour le lemme 1.4 et dans toute la suite, nous utiliserons la notation suivante : si X est un processus, le processus X^* est défini par $X_t^* = \sup_{s\leq t} |X_s|$.

LEMME 1.4 <u>Soient</u> X <u>un processus positif adapté continu à droite et</u> B <u>un processus croissant prévisible tels que pour tout temps d'arrêt</u> T <u>fini</u>

$$E[X_T | \mathcal{F}_0] \leq E[B_T | \mathcal{F}_0] \quad .$$

<u>Si</u> F <u>est une fonction à croissance lente, il existe une constante</u> c <u>ne dépendant que de</u> F <u>telle que</u>

$$E\left[F(X_\infty^*)\right] \leq c\, E\left[F(B_\infty)\right].$$

DEMONSTRATION Il suffit de montrer comme en [8] l'inégalité suivante : pour tout $c>0$ et tout $d>0$,

$$\mathbb{P}\{X_\infty^* > c\} \leq \frac{1}{c} E[B_\infty \wedge d] + \mathbb{P}\{B_\infty > d\},$$

car en posant ensuite d=c et en intégrant en c, on obtient l'inégalité du lemme (voir [14]). Posons

$$T = \inf\{t : B_t > d\},$$

$$S = \inf\{t : X_t > c\},$$

et soit (T_n) une suite de temps d'arrêt finis croissant vers T tels que $B_{T_n} \leq d$ sur $\{T_n > 0\}$. Alors

$$\mathbb{P}\{X_\infty^* > c\} \leq \mathbb{P}\{X_\infty^* > c,\ B_\infty \leq d\} + \mathbb{P}\{B_\infty > d\}.$$

$$\begin{aligned}\mathbb{P}\{X_\infty^* > c,\ B_\infty \leq d\} &= \mathbb{P}\{X_\infty^* > c,\ T=\infty\}\\ &\leq \lim_n \mathbb{P}\{X_{T_n}^* > c,\ T_n > 0\}.\end{aligned}$$

$$\mathbb{P}\{X^*_{T_n} > c,\ T_n > 0\} = \mathbb{P}\{S \le T_n\ ,\ T_n > 0\}$$
$$\le c^{-1}\ E[X_{S\wedge T_n} I_{\{T_n>0\}}]$$
$$\le c^{-1}\ E[B_{S\wedge T_n} I_{\{T_n>0\}}]$$
$$\le c^{-1}\ E[B_\infty \wedge d]\ .\ \square$$

Chacun des lemmes 1.1 , 1.2 et 1.4 entraîne que, sous les mêmes hypothèses, la conclusion est encore valable si l'on remplace la valeur en $+\infty$ des processus croissants par leur valeur en un temps d'arrêt R : il suffit d'arrêter simultanément en R les processus A, B et X.

2. LES INEGALITES DE BURKHOLDER-DAVIS-GUNDY.

Si M est une martingale locale, les processus $[M,M]$ et $\langle M,M\rangle$ (ce dernier uniquement si M est localement de carré intégrable) ont été definis dans [11] . On pose par convention $M_0 = M_{0-} = [M,M]_{0-} = \langle M,M\rangle_{0-} = 0$. On dit que M <u>a ses sauts prévisiblement bornés par</u> D s'il existe un processus croissant prévisible localement borné D tel que $|\Delta M| \le D$; on peut remarquer que dans ce cas M est localement de carré intégrable. Si S et T sont deux temps d'arret, on note ${}^S M^T$ le processus défini par

$${}^S M^T_t = (\ M_{(S+t)\wedge T} - M_{S-}\ )\ I_{\{S<T\}},$$

qui est une martingale locale par rapport à la filtration $\mathcal{G}_t = \mathcal{F}_{S+t}$. On pose aussi ${}^S M = {}^S M^\infty$; on remarquera que ${}^0 M^T$ ne coïncide pas avec le processus arrêté $M^T_t = M_{T\wedge t}$ car

$$ {}^{0}M^T_t = M^T_t \, I_{\{T>0\}} \, . $$

On vérifie aisément les égalités et inégalités suivantes:

a) $M^*_{T-} - M^*_{S-} \leq ({}^SM^T)^*_\infty \leq 2\, M^*_T \, I_{\{S<T\}}$

b) $[{}^SM^T, {}^SM^T]_\infty = ([M,M]_T - [M,M]_{S-}) \, I_{\{S<T\}} \leq [M,M]_T \, I_{\{S<T\}}$

c) $<{}^SM^T, {}^SM^T>_\infty = (<M,M>_T - <M,M>_S + \Delta M^2_S) \, I_{\{S<T\}}$

d) $\Delta[M,M] \leq D^2$; $\Delta<M,M> \leq D^2$; $\Delta M^* \leq |\Delta M| \leq D$.

Par exemple, l'inégalité $\Delta<M,M> \leq D^2$ s'obtient en écrivant que si T est un temps d'arrêt totalement inaccessible, $\Delta<M,M>_T = 0$, et si T est un temps d'arrêt prévisible,

$$ \Delta<M,M>_T = E\,[\Delta M^2_T \,|\, \mathcal{F}_{T-}] \leq E\,[D^2_T \,|\, \mathcal{F}_{T-}] = D^2_T \, . $$

L'inégalité de Doob nous indique que si M est de carré intégrable

$$ E[M^{*\,2}_\infty] \leq 4\, E\,[\,[M,M]_\infty] = 4\, E\,[<M,M>_\infty] \leq 4\, E[M^{*\,2}_\infty] $$

et c'est encore vrai si M est localement de carré intégrable. En appliquant cette inégalité à ${}^SM^T$, qui est bien ici localement de carré intégrable, on obtient

$$ E\left[(M^*_{T-} - M^*_{S-})^2\right] \leq 4\, E\left[[M,M]_T \, I_{\{S<T\}}\right] $$

$$ \leq 4\, E\left[([M,M]^{1/2}_{T-} + D_T)^2 \, I_{\{S<T\}}\right] $$

$$ E\left[(M^*_{T-} - M^*_{S-})^2\right] \leq 4\, E\left[(<M,M>_T + \Delta M^2_S) \, I_{\{S<T\}}\right] $$

$$ \leq 8\, E\left[(<M,M>^{1/2}_{T-} + D_T)^2 \, I_{\{S<T\}}\right] $$

et aussi

$$ E\,[\,[M,M]_{T-} - [M,M]_{S-}] \leq E\,[({}^SM^T)^{*\,2}_\infty] \leq 2\, E\left[(M^*_{T-} + D_T)^2 \, I_{\{S<T\}}\right] $$

$$E\left[\langle M,M\rangle_{T-}-\langle M,M\rangle_{S-}\right] \le E\left[({}^{S}M^{T})^{*\,2}_{\infty}+D^2_S\, I_{\{S<T\}}\right]$$

$$\le 4\,E\left[(M^*_{T-}+D_T)^2\, I_{\{S<T\}}\right].$$

D'après le lemme 1.1, on obtient alors, pour toute fonction modérée F et toute martingale locale M à sauts prévisiblement bornés par D

$$E\left[F(M^*_\infty)\right] \le c\, E\left[F(\,[M,M]^{1/2}_\infty + D_\infty)\right]$$

$$E\left[F(M^*_\infty)\right] \le c\, E\left[F(\,\langle M,M\rangle^{1/2}_\infty + D_\infty)\right]$$

$$E\left[F(\,[M,M]^{1/2}_\infty)\right] \le c\, E\left[F(M^*_\infty + D_\infty)\right]$$

$$E\left[F(\,\langle M,M\rangle^{1/2}_\infty)\right] \le c\, E\left[F(M^*_\infty + D_\infty)\right]$$

où la constante c est indépendante de la martingale locale M.

Lorsque M est continue, on peut choisir D=C et on a ainsi obtenu les inégalités de Burkholder-Davis-Gundy des martingales continues. Lorsque M admet des sauts, il faut utiliser la décomposition de Davis (introduite en [5] et étendue au cas continu en [10]). On pose pour cela

$$S_t = \sup_{s\le t} |\Delta M_s|$$

et on décompose M en somme d'une martingale K à variation intégrable, dont l'espérance de la variation est majorée par $4\,E\left[S_\infty\right]$, et d'une martingale L dont les sauts sont prévisiblement bornés par le processus $4\,S_-$ (en posant $S_{0-}=0$). Comme $S\le 2\,M^*$ et $S\le [M,M]^{1/2}$, on déduit facilement des inégalités précédentes appliquées à L avec F(x)=x l'<u>inégalité de Da-</u>

vis

$$c^{-1}\, E[M^*_\infty] \leq E\,[[M,M]^{1/2}_\infty] \leq c\, E\,[M^*_\infty]\,.$$

En appliquant cette inégalité à ${}^S M$, il vient

$$E\,[M^*_\infty - M^*_{S-}] \leq E[{}^S M^*_\infty] \quad \leq c\, E\,[\,[{}^S M, {}^S M]^{1/2}_\infty]$$

$$\leq c\, E\,[\,[M,M]^{1/2}_\infty\, I_{\{S<+\infty\}}]\,,$$

et inversement

$$E\,[[M,M]^{1/2}_\infty - [M,M]^{1/2}_{S-}] \leq E[(\,[M,M]_\infty - [M,M]_{S-})^{1/2}]$$

$$\leq c\, E[({}^S M)^*_\infty] \leq 2c\, E\,[\,M^*_\infty\, I_{\{S<+\infty\}}]\,.$$

Il suffit alors d'utiliser le lemme 1.2 pour obtenir le résultat suivant (inégalités de Burkholder-Davis-Gundy) :

THEOREME 2.1 <u>Pour toute fonction convexe modérée</u> F, <u>il existe des constantes</u> c <u>et</u> C <u>telles que pour toute martingale locale</u> M

$$c\, E\,[F(M^*_\infty)] \leq E\,[F(\,[M,M]^{1/2}_\infty)] \leq C\, E\,[\,F(M^*_\infty)]\,.$$

REMARQUE 2.2 Dans le théorème précédent, l'hypothèse de convexité de F est essentielle : il est démontré en [3] que si F est concave, les inégalités précédentes sont fausses. En outre, on ne peut pas en général remplacer $[M,M]$ par $\langle M,M\rangle$. Nous verrons en 4.2 les relations entre $[M,M]$ et $\langle M,M\rangle$.

REMARQUE 2.3 Chevalier a démontré récemment [4] la jolie inégalité suivante : si l'on pose $S(M)_t = \max\,(M^*_t\,,\, [M,M]^{1/2}_t)$ et $I(M)_t = \min\,(M^*_t\,,\, [M,M]^{1/2}_t)$, il existe pour tout $p \geq 1$ une constante c_p telle que pour toute martingale M ,

$$E\,[\,S(M)^p_\infty\,] \leq c_p\, E\,[\,I(M)^p_\infty\,]\,.$$

On peut parvenir au même résultat avec les méthodes décrites ci-dessous. On part de l'inégalité déjà rencontrée

$$E\,[\,[M,M]^{1/2}_\infty\,] \leq c\, E\,[\,M^*_\infty + D_\infty\,]$$

où M a ses sauts prévisiblement bornés par D. On en déduit par application du lemme 1.2.a) que

$$E\,[\,[M,M]_\infty\,] \leq c\, E\,[\,[M,M]^{1/2}_\infty\,(M^*_\infty + D_\infty)\,]\,,$$

puis, en posant $X = [M,M]^{1/2}_\infty + D_\infty$, $Y = M^*_\infty + D_\infty$,

$$E\,[X^2] \leq c\, E\,[XY]\,,$$

ce qui joint à $E\,[Y^2] \leq c'\, E\,[X^2]$ entraîne que

$$\begin{aligned} E\,[\max(X^2,Y^2)] &\leq E\,[X^2] + E\,[Y^2] \leq c(1+c')\, E\,[XY] \\ &= c(1+c')\, E\,[\max(X,Y)\,\min(X,Y)] \\ &\leq c(1+c')(E\,[\max(X^2,Y^2)])^{1/2}(E\,[\min(X^2,Y^2)])^{1/2} \end{aligned}$$

d'où finalement, si M est de carré intégrable, donc $E\,[X^2] + E\,[Y^2] < \infty$,

$$E\,[S(M)^2_\infty] \leq c\, E\,[(\,I(M)_\infty + D_\infty)^2]\,,$$

et c'est encore vrai par localisation lorsque M est localement de carré intégrable. Utilisant cette inégalité pour ${}^R M^T$ et les majorations

$$S(M)_{T-} - S(M)_{R-} \leq S({}^R M^T)_\infty$$

$$I({}^R M^T)_\infty \leq 2\,(\,I(M)_{T-} + D_T\,)\, I_{\{R<T\}}$$

on obtient alors grâce au lemme 1.1

$$E\left[F(S(M)_\infty)\right] \leq c\ E\left[F(I(M)_\infty + D_\infty)\right]$$

pour toute fonction F modérée, en particulier pour F(x)=x. Là encore, la décomposition de Davis M=K+L permet d'avoir

$$E\left[S(M)_\infty\right] \leq c\ E\left[I(M)_\infty\right]$$

pour toute martingale M, et pour terminer le lemme 1.2.b) nous donne

$$E\left[F(S(M)_\infty)\right] \leq c\ E\left[F(I(M)_\infty)\right]$$

pour toute fonction F convexe modérée et toute martingale M.

3. APPLICATIONS AUX SURMARTINGALES ET SOUS-MARTINGALES.

Nous dirons que un processus positif Z est une <u>surmartingale positive</u> s'il se décompose sous la forme Z = M - A , où M est une martingale locale (positive) et A un processus croissant prévisible nul en zéro. Cette décomposition est unique, M et A convergent p.s. à l'infini dans $\mathbb{R}_+$, et on a le résultat suivant :

THEOREME 3.1 <u>Soit</u> F <u>une fonction modérée</u>. <u>Il existe une constante</u> c <u>telle que pour toute surmartingale positive</u> Z <u>de décomposition</u> Z = M - A <u>et tout temps d'arrêt</u> R, <u>on ait</u>

$$E\left[F(A_R)\right] \leq c\ E\left[F(Z^*_{R-})\right].$$

DEMONSTRATION Comme Z est optionnel, le processus croissant $B_t = \sup_{s<t} Z^R_s$ (avec B_0=0) est adapté et continu à gauche, donc prévisible. Si S et T sont deux temps d'arrêt tels que $S \leq T$ et $M^T - M_0$ soit une martingale uniformément intégrable, a-

lors

$$E\,[A_T^R - A_S^R] = E\,[M_T^R - M_S^R + Z_S^R - Z_T^R]$$

$$= E\,[Z_S^R - Z_T^R] \leq E\,[Z_S^R\, I_{\{S<T\}}]$$

$$\leq E\,[B_T\, I_{\{S<T\}}]\,.$$

Cette inégalité est encore valable dans le cas général, car on peut réduire la martingale locale $M - M_0$ par une suite croissante (T_n) tendant vers l'infini et passer à la limite dans chaque membre. Le résultat est finalement une conséquence directe du lemme 1.1 . □

On obtient par exemple l'inégalité du théorème 3.1 lorsque Z est le potentiel droit (resp. gauche) du processus croissant prévisible (resp. optionnel) A .

Voyons maintenant les sous-martingales. Nous dirons que Z est une <u>sous-martingale locale</u> si Z = M + A, où M est une martingale locale et A un processus croissant prévisible nul en zéro, la décomposition étant évidemment unique. On obtient dans ce cas les inégalités suivantes :

THEOREME 3.2 <u>Soit</u> Z <u>une sous-martingale locale de décomposition</u> Z = M + A.

1) <u>Si</u> F <u>est convexe modérée d'exposant</u> p, <u>on a</u>

$$E\,[F(A_\infty)] \leq (2p)^p\; E\,[F(Z_\infty^*)]$$

2) <u>Si</u> Z <u>est prévisible et</u> F <u>modérée, il existe</u> c <u>telle que</u>

$$E\,[F(A_\infty)] \leq c\; E\,[F(Z_\infty^*)]$$

3) <u>Si</u> Z <u>est positive,</u> M <u>est une martingale uniformément intégra-</u>

<u>ble et</u> F <u>est convexe modérée d'exposant</u> p, <u>on a</u>

$$E\left[F(Z_0 + A_\infty)\right] \leq p^p\, E\left[F(Z_\infty)\right]$$

4) <u>Si</u> Z <u>est positive continue à droite et si</u> F <u>est à croissance lente, il existe</u> c <u>telle que</u>

$$E\left[F(Z^*_\infty)\right] \leq c\, E\left[F(Z_0 + A_\infty)\right]$$

5) <u>Si</u> Z <u>est positive, converge p.s. à l'infini dans</u> $\mathbb{R}_+$, <u>et si</u> F <u>est concave</u>

$$E\left[F(Z_\infty)\right] \leq 2\, E\left[F(Z_0 + A_\infty)\right] .$$

DEMONSTRATION On peut supposer dans chacun de ces cas que $M-M_0$ est une martingale uniformément intégrable. La démonstration de 1) repose sur le lemme 1.2.b) et l'inégalité

$$E\left[A_\infty - A_S\right] = E\left[M_S - M_\infty + Z_\infty - Z_S\right]$$

$$= E\left[Z_\infty - Z_S\right] \leq 2\, E\left[Z^*_\infty\ I_{\{S<\infty\}}\right].$$

Le même lemme donne la conclusion de 3) avec cette fois l'inégalité

$$E\left[(A_\infty + Z_0) - (A_S+Z_0)I_{\{S>0\}}\right] = E\left[Z_\infty - Z_S + Z_0 I_{\{S=0\}}\right]$$

$$= E\left[Z_\infty - Z_S\, I_{\{S>0\}}\right] \leq E\left[Z_\infty I_{\{S<+\infty\}}\right]$$

Si Z est prévisible, ce qui veut dire que M est continue, alors Z^* est également prévisible, car pour $a>0$, l'ensemble $H=\{Z>a\}$ est prévisible et $\{Z^*>a\} =]\!]D_H, +\infty[\![\cup ([\![0, D_H]\!] \cap H)$. On utilise alors le lemme 1.1 et l'inégalité

$$E\left[A_T - A_S\right] = E\left[M_S - M_T + Z_T - Z_S\right] = E\left[Z_T - Z_S\right]$$

$$\leq 2\, E\left[Z^*_T\, I_{\{S<T\}}\right] .$$

On obtient 4) en utilisant le lemme 1.4 avec $X=Z$ et $B=Z_0 + A$, car si T est fini,

$$E[Z_T | \mathcal{F}_0] = E[M_T | \mathcal{F}_0] + E[A_T | \mathcal{F}_0] = E[M_0 + A_T | \mathcal{F}_0] .$$

Enfin 5) s'obtient grâce au lemme 1.3 et à l'égalité

$$E\ Z_T\ I_{\{T>0\}} = E[(M_0+A_T)\ I_{\{T>0\}}] . \quad \square$$

EXEMPLE 3.3 Considérons comme en [14] une martingale locale continue nulle en zéro M, et soit L son temps local en zéro, c'est-à-dire l'unique processus croissant continu nul en zéro tel que $|M| - L$ soit une martingale locale ($M^+ - \frac{1}{2} L$ est alors aussi une martingale locale). On a dans ce cas

1) Si F est modérée

$$E[F(L_\infty)] \leq c\ E[F(\sup_t M_t)]$$

2) Si F est modérée convexe et si M est une martingale uniformément intégrable

$$E[F(L_\infty)] \leq (2p)^p\ E[F(M^+_\infty)]$$

3) Si F est à croissance lente

$$E[F(M^*_\infty)] \leq c\ E[F(L_\infty)]$$

4) Si F est concave et si M converge p.s. à l'infini

$$E[F(|M_\infty|)] \leq 2\ E[F(L_\infty)] .$$

4. AUTRES APPLICATIONS.

Soit B un processus croissant continu à droite localement intégrable : on rappelle que la projection duale optionnelle de B est le processus croissant adapté localement intégrable continu à droite A caracterisé par la propriété suivante: pour tout processus optionnel positif X, on a

$$E\left[\int_0^\infty X_s\, dA_s\right] = E\left[\int_0^\infty X_s\, dB_s\right].$$

De façon analogue, la projection duale prévisible est le processus croissant prévisible localement intégrable continu à droite caracterisé par la meme égalité avec X prévisible positif.

THEOREME 4.1 <u>Soit B un processus croissant continu à droite localement intégrable de projection duale (optionnelle ou prévisible) A.</u>

1) <u>Si</u> F <u>est convexe d'exposant</u> p, <u>on a</u>

$$E\left[F(A_\infty)\right] \le p^p \left[E\ \ F(B_\infty)\right]$$

2) <u>Si</u> F <u>est concave, on a</u>

$$E\left[F(B_\infty)\right] \le 2\, E\left[F(A_\infty)\right].$$

DEMONSTRATION Pour tout temps d'arrêt T, le processus $X = I_{[\![T,+\infty[\![}$ est optionnel tandis que le processus $Y = I_{]\!]T,+\infty[\![\, \cup ([\![0]\!] \cap [\![T]\!])}$ et $Z=1-Y$ sont prévisibles. Si A est la projection duale optionnelle de B, alors (avec $A_{0-}=B_{0-}=0$)

$$E\left[A_\infty - A_{T-}\right] = E\left[\int_0^\infty X_s\, dA_s\right] = E\left[\int_0^\infty X_s\, dB_s\right]$$

$$= E\left[B_\infty - B_{T-}\right] \le E\left[B_\infty I_{\{T<+\infty\}}\right].$$

Si A est la projection duale prévisible de B,

$$E\left[A_\infty - A_T I_{\{T>0\}}\right] = E\left[\int_0^\infty Y_s\, dA_s\right] = E\left[\int_0^\infty Y_s\, dB_s\right]$$

$$= E\left[B_\infty - B_T I_{\{T>0\}}\right] \le E\left[B_\infty I_{T<+\infty}\right]$$

Inversement, si A est projection duale (optionnelle ou prévisible) de B,

$$E\left[A_T I_{\{T>0\}}\right] = E\left[\int_0^\infty Z_s\, dA_s\right] = E\left[\int_0^\infty Z_s\, dB_s\right]$$

$$= E\left[B_T \, I_{\{T>0\}}\right] .$$

Les lemmes 1.2 et 1.3 permettent de conclure. □

REMARQUE 4.2 Lorsque M est une martingale localement de carré intégrable, le processus $\langle M,M\rangle$ est projection duale prévisible de $[M,M]$ et le théorème précédent détermine les inégalités entre $\langle M,M\rangle$ et $[M,M]$. On ne peut obtenir mieux, comme le montre l'exemple suivant, repris de [8]. On prend pour Ω l'ensemble $[0,1]$ muni de la mesure de Lebesgue sur la tribu des ensembles mesurables au sens de Lebesgue $\mathcal{F}$. On prend pour $\mathcal{F}_t$ la tribu dégénérée si $t<1$, la tribu $\mathcal{F}$ pour $t\geq 1$. Pour tout n, soit M^n la martingale ainsi définie

- pour $t<1$, $M^n_t = 0$
- pour $t\geq 1$, $M^n_t(\omega) = (n)^{1/2}$ si $0\leq\omega\leq n^{-1}$

$$= -(n)^{1/2} \quad \text{si } n^{-1}\leq\omega\leq 2n^{-1}$$

$$= 0 \quad \text{si } \omega>2n^{-1}$$

On a alors $\langle M^n,M^n\rangle_\infty = 2$, $[M^n,M^n]_\infty = (M^{n\,*}_\infty)^2 = n\, I_{[0,2/n]}$. Pour toute fonction F

$$E\; F(\langle M^n,M^n\rangle_\infty) = E\left[F((M^{n\,*}_\infty)^2)\right] = F(2)$$

$$E\left[F([M^n,M^n]_\infty)\right] = 2\, F(n)/n .$$

On ne peut donc avoir

$$E\left[F(\langle M,M\rangle_\infty)\right] \leq c\, E\left[F([M,M]_\infty)\right]$$

si $\lim_{x\mapsto\infty} F(x)/x = 0$, ni l'inégalité inverse si $\lim_{x\mapsto\infty} F(x)/x = +\infty$.

REMARQUE 4.3 Métivier et Pellaumail [9] ont démontré l'inégalité suivante : si M est une martingale localement de carré intégrable, on a pour tout temps d'arret T

$$E\left[(M^*_{T-})^2\right] \leq 4\, E\left[\,[M,M]_{T-} + \langle M,M\rangle_{T-}\right] .$$

Le lemme 1.3 montre alors que pour toute fonction concave F, on a

$$E\left[F((M^*_{T-})^2)\right] \leq 4\, E\left[F(\,[M,M]_{T-} + \langle M,M\rangle_{T-}\,)\right] .$$

Terminos sur une application du lemme 1.4 :

PROPOSITION 4.4 <u>Soit X un processus continu à droite adapté, et supposons qu'il existe une suite</u> (T_n) <u>de temps d'arrêt croissant vers</u> $+\infty$ <u>telle que pour tout temps d'arrêt fini T,</u> $X_{T_n\wedge T}$ <u>soit intégrable et</u> $E\left[X_{T_n\wedge T} \mid \mathcal{F}_0\right] \geq 0$. <u>Soit A un processus croissant continu à droite prévisible vérifiant</u> $X \leq A$. <u>Si F est à croissance lente, il existe c tel que</u>

$$E\left[F(X^*_\infty)\right] \leq c\, E\left[F(A_\infty)\right].$$

DEMONSTRATION L'inégalité

$$E\left[A_{T_n\wedge T} - X_{T_n\wedge T} \mid \mathcal{F}_0\right] \leq E\left[A_{T_n\wedge T} \mid \mathcal{F}_0\right]$$

donne, grâce au lemme de Fatou

$$E\left[A_T - X_T \mid \mathcal{F}_0\right] \leq E\left[A_T \mid \mathcal{F}_0\right].$$

En appliquant le lemme 1.4, on obtient

$$E\left[F((A-X)^*_\infty)\right] \leq c\, E\left[F(A_\infty)\right] ,$$

et comme $F(x+y) \leq c'\,(\,F(x) + F(y)\,)$, il vient

$$E\left[F(X^*_\infty)\right] \leq c'\, E\left[F((A-X)^*_\infty) + F(A_\infty)\right]$$

$$\leq c'(1+c)\, E\left[F(A_\infty)\right] .$$

Par exemple, si Z est une sous-martingale locale prévisible continue à droite, avec $Z_0 \geq 0$, on obtient pour $p<1$

$$E\left[\sup_t |Z_t|^p\right] \leq c_p\, E\left[(\,\sup_t Z_t\,)^p\right] .$$

Cette inégalité a été démontrée pour une martingale locale continue par Burkholder [2] et dans le cas général par Yor [14].

REFERENCES

[1] D. L. BURKHOLDER. Distribution function inequalities for martingales. Ann. Prob. 1 (1973) p. 19-42

[2] D. L. BURKHOLDER. One-sided maximal functions and H^p. J. Funct. Anal. 18 (1975) p. 429-454

[3] D.L. BURKHOLDER, R. F. GUNDY. Extrapolation and interpolation of quasi-linear operators on martingales. Acta Math. 124 (1970) p. 249-304

[4] L. CHEVALIER. Un nouveau type d'inégalités pour les martingales discrètes. A paraitre in Z. Wahrscheinlichkeitstheorie verw. Gebiete

[5] B. J. DAVIS. On the integrability of the martingale square function. Israel J. of Math. 8 (1970) p. 187-190

[6] C. DELLACHERIE. Majorations de martingales et processus croissants. Sém. de Probabilités XIII , Lect. Notes in Math. Springer-Verlag 1979

[7] A. GARSIA. Martingale inequalities. Seminar notes on recent progress. Benjamin, Reading 1973

[8] E. LENGLART. Relation de domination entre deux processus. Ann. I. H. P. 13 (1977) p. 171-179

[9] M. METIVIER, J. PELLAUMAIL. Une formule de majoration pour martingales. C.R.A.S. Paris Série A, t. 275 (1977) p.685-688

[10] P. A. MEYER. Martingales and stochastic integrals I. Lect. Notes in Math. 284. Springer-Verlag 1972.

[11] P. A. MEYER. Un cours sur les intégrales stochastiques . Sém. de Probabilités X Lecture Notes in Math. 511 Springer-Verlag 1976

[12] J. NEVEU. Martingales à temps discret. Masson 1972
[13] M. PRATELLI. Sur certains espaces de martingales localement de carré intégrable. Sém. de Probabilités X. Lect. Notes in Math. 511. Springer-Verlag 1976
[14] M. YOR. Les inégalités de sous-martingales comme conséquence de la relation de domination. Stochastics - Vol 3 - 1979.

E. LENGLART
Dépt. de Mathématique. Université de Rouen.
76130 MONT SAINT AIGNAN. France

D. LEPINGLE
Dépt. de Mathématique. Université d'Orléans
45046 ORLEANS. France

M. PRATELLI
Scuola Normale Superiore
56100 PISA. Italie

Université de Strasbourg
Séminaire de Probabilités 1971/72

LE DUAL DE "H^1" EST "BMO" (CAS CONTINU)

P.A. Meyer

L'un des plus intéressants développements de la théorie des martingales ces dernières années concerne les relations avec la théorie des espaces H^p réels. Celle ci, due pour l' essentiel à FEFFERMANN et STEIN (mais motivée en partie par des résultats probabilistes de BURKHOLDER, GUNDY...) établit en particulier que le dual de l'espace H^1 est un espace de fonctions, dites " of bounded mean oscillation" (BMO). Ce résultat a réagi sur la théorie des martingales : le dual de l'espace H^1 des martingales discrètes a été déterminé, par des méthodes différentes, par STEIN, C.HERZ, A.GARSIA . Les travaux de ces auteurs ne sont pas encore publiés, et je ne les connais que par l'intermédiaire d'un article de GETOOR et SHARPE, que j'ai trouvé prodigieusement intéressant, et qui concerne surtout l'aspect <u>complexe</u> de la théorie des martingales <u>à trajectoires continues</u>. Je vais suivre ici de très près[1] les premiers paragraphes de cet article, en étendant pas à pas les résultats aux martingales continues à droite. La complexification sera laissée pour un exposé ultérieur, concernant les martingales à trajectoires continues.

Nous appelons martingales <u>presque bornées</u> , et nous notons P^{∞} , les martingales "BMO" et l'espace "BMO".

Les notations sont celles des exposés sur les intégrales stochastiques dans le volume I du Séminaire de Strasbourg, auxquels renvoient les références IS dans le texte. L'espace probabilisé $(\Omega,\underline{\underline{F}},P)$ est muni d'une famille $(\underline{\underline{F}}_t)_{t\in\mathbb{R}_+}$ satisfaisant aux conditions habituelles. Toutes les martingales (locales) sont supposées continues à droite. La notation $\underline{\underline{M}}_2$ désigne ici l'espace des martingales bornées dans L^2 et <u>nulles pour</u> t=0.

---

1. Si on se réfère à l'introduction de l'article de GETOOR-SHARPE, on voit que cela revient sans doute, pour ces questions, à suivre de près le travail inédit de GARSIA.

L'ESPACE H^1 - PROPRIETES ELEMENTAIRES

DEFINITION. On désigne par H^1 l'ensemble des martingales locales M (ou plutôt des classes de martingales locales indistinguables) telles que $M_0=0$ et que $[M,M]_\infty^{1/2} \in L^1$, et on pose $\|M\|_{(1)} = E[[M,M]_\infty^{1/2}]$.

Il est évident que $\|M\|_{(1)}=0$ entraîne M=0 (à un ensemble évanescent près...). D'autre part, $\|M\|_{(1)}$ est une semi-norme : la vérification de ce fait se ramène à celle de l'inégalité

$$|[M,N]| \leq [M,M]^{1/2}[N,N]^{1/2}$$

qui elle même résulte de l'inégalité de Schwarz, et de l'approximation discrète de [M,M] (cf. C.DOLEANS [1], et IS p.92).

Ainsi H^1 est un espace normé. Nous n'allons pas démontrer que H^1 est un espace de Banach, car nous n'aurons pas besoin de ce résultat dans la suite. C'est une conséquence facile du théorème suivant :

THEOREME 1 (DAVIS). Si M est une martingale locale nulle en 0, et M^* désigne $\sup_t |M_t|$, on a

$$\Theta E[M^*] \leq E[[M,M]_\infty^{1/2}] \leq \Theta E[M^*]$$

où, ici comme dans toute la suite , Θ désigne une constante qu'il est inutile de spécifier, et qui change de place en place.

Ce théorème n'a en fait été démontré par DAVIS que dans le cas discret, et sa démonstration n'est pas facile . Le passage du discret au continu n'est aisé que pour l'une des deux inégalités (celle de droite). D'autre part, pour les martingales à trajectoires continues, GETOOR et SHARPE donnent du théorème de DAVIS une démonstration extrêmement simple et élégante au moyen du calcul sur les intégrales stochastiques . Nous l'étendrons en appendice aux martingales continues à droite.

Nous nous proposons de déterminer le dual de l'espace normé H^1. Nous préparons le travail au moyen du lemme suivant

LEMME 1 . On a $\underline{\underline{M}}_2 \subset H^1$ avec $\|\cdot\|_{(1)} \leq \|\cdot\|_2$, et l'espace $\underline{\underline{M}}_2$ est dense dans H^1 .

DEMONSTRATION. Une martingale locale M appartient à $\underline{\underline{M}}_2$ si et seulement si $[M,M]_\infty^{1/2}$ appartient à L^2. La première phrase exprime donc simplement que $\|\cdot\|_1 \leq \|\cdot\|_2$. Pour montrer que $\underline{\underline{M}}_2$ est dense dans H^1 , nous aurons besoin des deux remarques suivantes :

a) Si $M\in H^1$, et si des temps d'arrêt T_n croissent vers $+\infty$, les martingales locales M^{T_n} obtenues par arrêt à T_n convergent vers M dans H^1 (évident par convergence dominée).

b) Soit T un temps d'arrêt, et soit S une v.a. $\underline{\underline{F}}_T$-mesurable, positive et intégrable. Soit M la martingale compensée du processus $SI_{\{t\geq T\}}$. Comme M est une somme compensée de sauts, on a $[M,M]_\infty = \sum_t \Delta M_t^2 \leq (\sum_t |\Delta M_t|)^2$, donc $\|M\|_{(1)} \leq 2\|S\|_1$. On étend aussitôt cette inégalité au cas où $S\in L^1$ sans être positive. D'autre part, si $S\in L^2(\underline{\underline{F}}_T)$, le processus croissant $A_t=SI_{\{t\geq T\}}$ est borné dans L^2, il en est donc de même du processus croissant prévisible B qui engendre le même potentiel, et de M=A-B. Ainsi $S\in L^2 \Rightarrow M\in\underline{\underline{M}}_2$.

Ces points étant établis, soit M une martingale locale appartenant à H^1 . Choisissons (IS2, p.99) des temps d'arrêt $T_n\uparrow\infty$ tels que le saut $S_n=\Delta M_{T_n}$ soit intégrable, et que M^{T_n} s'écrive U+V, U étant une martingale bornée dans tout L^p, et V étant la compensée de $S_n I_{\{t\geq T_n\}}$. Nous avons vu que V appartient à l'adhérence de $\underline{\underline{M}}_2$; il en est de même de M d'après la remarque a).

Considérons maintenant une forme linéaire continue φ sur H^1 : nous noterons $\|\varphi\|$ sa norme en tant que forme linéaire. La restriction de φ à $\underline{\underline{M}}_2$ est alors une forme linéaire continue sur $\underline{\underline{M}}_2$, avec $\|\varphi\|_2 \leq \|\varphi\|$, et φ s'écrit donc de manière unique sur $\underline{\underline{M}}_2$ comme

(1) $$M \longmapsto E[M_\infty Z_\infty] \qquad \|Z_\infty\|_2 \leq \|\varphi\|$$

où la martingale $Z=E[Z_\infty|\underline{\underline{F}}_.]$ appartient à $\underline{\underline{M}}_2$. Notre problème se trouve ainsi décomposé en deux

<u>Problème 1</u> : A quelle condition doit satisfaire Z pour que la forme (1) soit continue sur $\underline{\underline{M}}_2$ pour la norme H^1 ?

<u>Problème 2</u> : Cette condition étant supposée satisfaite, comment s'effectue le prolongement de (1) de $\underline{\underline{M}}_2$ à H^1 ?

L'ESPACE P^{∞}

DEFINITION. L'espace P^{∞} des <u>martingales presque bornées</u> est formé des martingales $M\in\underline{\underline{M}}_2$ telles qu'il existe une constante positive C^2 majorant le processus

(2) $Q_t = \Delta M_t^2 + E[M_\infty^2 | \underline{\underline{F}}_t] - M_t^2$ (version continue à droite de l'espérance conditionnelle)

à un ensemble évanescent près. La plus petite constante positive C telle que C^2 possède cette propriété est notée $\|M\|_{(\infty)}$.

Cette définition un peu bizarre est justifiée par la remarque que le processus (2) s'écrit $E[[M,M]_\infty | \underline{\underline{F}}_t]-[M,M]_{t-}$: c'est donc le potentiel (non continu à droite) engendré par le processus croissant prévisible (non continu à droite) $[M,M]_{t-}$.

Le fait que $\| \ \|_{(\infty)}$ soit une semi-norme se ramène aussitôt à la propriété suivante : si (M,N) désigne le processus $\Delta M_t \Delta N_t + E[(M_\infty - M_t)(N_\infty - N_t) | \underline{\underline{F}}_t]$, on a $(M,N)^2 \leqq (M,M)(N,N)$, ce qui est facile. Il est alors évident que P^{∞} est normé. Si $\|M\|_\infty = C$, en faisant t=0 dans (2) on trouve que $E[M_\infty^2] \leqq C^2$, donc $P^{\infty} \subset \underline{\underline{M}}_2$ avec une norme plus grande. Il est très facile d'en déduire que P^{∞} est un espace de Banach.

Noter aussi que si M est <u>bornée</u>, on a $M\in P^{\infty}$, avec $\|M\|_{(\infty)} \leqq \theta \|M\|_\infty$ ($\theta=\sqrt{5}$ par exemple).

REMARQUES SUR P^{∞}. Ces remarques justifient la terminologie " martingales presque bornées". Nous n'aurons pas à nous en servir dans la suite, et il serait fatigant de les énoncer sous forme de théorème.

a) Appliquons à $[M,M]_t$ la formule de récurrence, valable pour tout processus croissant A

$$A_\infty^p = p\int_0^\infty (A_\infty - A_{t-})dA_t^{p-1} \qquad (\text{ p entier })$$

Prenons des espérances, et appliquons le th. VII.T15 de [2] : nous pouvons remplacer $[M,M]_\infty - [M,M]_{t-}$ par Q_t , et il vient que si $\|M\|_\infty = C$

(3) $E[[M,M]_\infty^p] \leqq pC^2 E[[M,M]_\infty^{p-1}]$, donc $E[[M,M]_\infty^p] \leqq p!C^{2p}$.

et par conséquent

(4) $\exp(\lambda[M,M]_\infty) \in L^1$ si $\lambda < 1/C^2$

La même méthode donnerait les mêmes inégalités pour $\langle M,M \rangle$ au lieu de $[M,M]$.

b) Supposons $C\leqq 1$. La martingale M est alors à sauts $\leqq 1$, et un résultat plus ou moins classique de théorie des martingales (cf. par exemple dans le Sém. de Strasbourg IV, p.168) affirme que le processus

$$\exp(\lambda M_t - \varepsilon(\lambda)\langle M,M\rangle_t) \quad , \text{ où } \varepsilon(\lambda)=e^{\lambda}-1-\lambda$$

est une surmartingale pour $\lambda>0$. Mais d'après Schwarz

$$E[\ \exp(\tfrac{\lambda}{2}M_\infty)] \leqq E^{1/2}[\exp(\lambda M_\infty - \varepsilon(\lambda)\langle M,M\rangle_\infty)].$$
$$E^{1/2}[\exp(\varepsilon(\lambda)\langle M,M\rangle_t)]$$

la première espérance étant au plus 1, le premier membre est fini pour $\lambda<A$ assez petit, et la sousmartingale $e^{\lambda|M_t|}$ est bornée dans L^1 pour $\lambda<A$ (appliquer le résultat précédent à $-M$). Appliquant cela à λ' tel que $\lambda<\lambda'<A$, on voit même d'après l'inégalité de DOOB que $\exp(\lambda M^*)\in L^1$, ce qui justifie bien le terme " presque borné".

ACCOUPLEMENT ENTRE H^1 ET P^∞

Notre première étape dans la détermination du dual de H^1. va consister à exhiber une classe de formes linéaires continues sur H^1, qui s'avérera ensuite être tout le dual.

LEMME 2. <u>Soit</u> $M\in H^1$, <u>et soit</u> $N\in P^\infty$ <u>avec</u> $\|N\|_{(\infty)}=C$. <u>Alors on a</u>

(5) $$E[\int_0^\infty |d[M,N]|_s\ ] \leqq \theta C\|M\|_{(1)} \qquad (\theta=\sqrt{2}\ )$$

DEMONSTRATION. Nous écrivons la formule (IS2, p.85), où les processus H,K sont supposés bien-mesurables

$$E^2[\int_0^\infty |H_s||K_s||d[M,N]_s|] \leqq E[\int_0^\infty H_s^2 d[M,M]_s]E[\int_0^\infty K_s^2 d[M,M]_s]$$

et nous prenons $H_s=[M,M]_s^{-1/4}$, $K_s=[M,M]_s^{1/4}$. Le premier membre est aussi celui de (5), $d[M,N]$ étant absolument continue p.r. à $d[M,M]$. Nous évaluons séparément les deux termes au second membre.

<u>Premier terme</u> : la formule $dA_s^2=(A_s+A_{s-})dA_s$, vraie pour tout processus croissant A, nous donne $dA_s^2/A_s \leqq 2dA_s$. Prenant $A_s=[M,M]_s^{1/2}$ nous voyons que le premier terme est majoré par $2E[[M,M]_\infty^{1/2}]=2\|M\|_{(1)}$.

Second terme : intégrant par parties, nous l'écrivons

$$E[[M,M]_\infty^{1/2}\,[N,N]_\infty - \int_0^\infty [N,N]_{s-}d[M,M]_s^{1/2}\,]$$
$$= E[\int_0^\infty([N,N]_\infty - [N,N]_{s-})d[M,M]_s^{1/2}]$$

Raisonnant comme dans la remarque a) sur P^∞ , nous remplaçons $[N,N]_\infty - [N,N]_{s-}$ par $Q_s \leq C^2$, et le terme est majoré par $C^2\|M\|_{(1)}$

Le lemme est établi. Il nous donne aussitôt le théorème :

THEOREME 2. Si $N \in P^\infty$, et $M \in H^1$, la limite $[M,N]_\infty$ existe et est intégrable, la forme linéaire $M \mapsto E[[M,N]_\infty]$ est continue sur H^1 , de norme au plus $\Theta\|N\|_{(\infty)}$, et c'est l'unique prolongement continu à H^1 de la forme $M \mapsto E[M_\infty N_\infty]$ sur $\underline{\underline{M}}_2$.

DEMONSTRATION. Evidente. [NB. Nous allons voir dans un instant que M_∞ existe, mais le produit $M_\infty N_\infty$ n'est pas nécessairement intégrable].

REMARQUE. Soit $M \in \underline{\underline{M}}_2$, et soit Z une martingale bornée telle que $Z_0=0$. Nous avons $E[M_\infty Z_\infty] \leq \Theta\|M\|_{(1)}\,\|Z\|_{(\infty)} \leq \Theta'\|M\|_{(1)}\|Z\|_\infty$ d'où en passant au sup sur Z , $\|M_\infty\|_1 \leq \Theta'\|M\|_{H^1}$. Par complétion, nous voyons que H^1 est contenu dans l'espace des martingales M uniformément intégrables, muni de la norme $\|M_\infty\|_1$, avec une norme plus forte. Bien entendu, cela résulte du théorème de DAVIS, mais nous en avons ici une démonstration élémentaire.

DETERMINATION DU DUAL DE H^1

Nous considérons maintenant une forme linéaire continue φ sur H^1 : nous savons qu'elle s'écrit sur $\underline{\underline{M}}_2$ $M \mapsto E[M_\infty N_\infty]$ pour une martingale unique $N \in \underline{\underline{M}}_2$. Nous allons montrer que $Z \in P^\infty$, avec $\|N\|_{(\infty)} \leq \|\varphi\|$. Compte tenu du théorème 2, nous aurons à la fois déterminé le dual de H^1, et l'expression de φ sur H^1 tout entier.

L'inégalité $\|N\|_{(\infty)} \leq \|\varphi\|$ - équivalente au th.3 ci-dessous- est due à GETOOR, qui a mis sous une forme plus simple et plus élégante la démonstration initiale de cet exposé.

THEOREME. Soit $N \in \underline{\underline{M}}_2$. On a alors

(6) $$\|N\|_{(\infty)} \leq \sup_M E[M_\infty N_\infty] \text{ pour } M \in \underline{\underline{M}}_2 \;,\; \|M\|_{(1)} \leq 1 \;.$$

DEMONSTRATION. Désignons par c ce sup. Nous voulons montrer que l'on a p.s.

$$\Delta N_t^2 + E[N_t^2|\underline{\underline{F}}_t] - N_t^2 \leq c^2 \text{ identiquement en } t$$

Il nous suffit évidemment que cette inégalité ait lieu p.s. à chaque temps d'arrêt T (le théorème de section n'est pas nécessaire ici !). Or nous avons

$$\Delta N_T^2+E[N_T^2|\underline{\underline{F}}_T]-N_T^2 = E[Z|\underline{\underline{F}}_T] \text{ , où } Z=[N,N]_\infty-[N,N]_{T-} \text{ .}$$

Soit $A\in\underline{\underline{F}}_T$, avec $P(A)\neq 0$. Soit D le processus prévisible $D_t = I_A I_{\{t>T\}}$. Soit Y la martingale D·N (intégrale stochastique). Nous avons

$$[Y,N]_t = \int_0^t D_s d[N,N]_s = \int_0^t D_s^2 d[N,N]_s = [Y,Y]_t$$

et en particulier

$$[Y,N]_\infty = [Y,Y]_\infty = I_A Z$$

Une première conséquence est l'inégalité $\|Y\|_{(1)}=E[I_A\sqrt{Z}] = E[\sqrt{Z}|A]P(A)$. La définition de c comme sup nous donne alors

$$E[I_A Z] = E[[Y,N]_\infty] \leq c\|Y\|_{(1)} = cE[\sqrt{Z}|A]P(A)$$

Le premier membre vaut $E[I_A Z]=E[Z|A]P(A)$. Chassant P(A) et appliquant l'inégalité de Schwarz, nous obtenons

$$E[Z|A] \leq cE[\sqrt{Z}|A] \leq c(E[Z|A])^{1/2}$$

d'où l'on tire l'inégalité $E[Z|A]\leq c^2$ p.s., qui est précisément ce que l'on cherche. Le théorème est établi.

(Dans la rédaction précédente, on arrivait à remplir cette page).

BIBLIOGRAPHIE

Les trois articles suivants ont été rajoutés après la rédaction de cet exposé - j'ignore dans quelles revues ils paraîtront. Ils apportent des contributions importantes aux sujets traités ici.

BURKHOLDER (D.L.). Distribution function inequalities for martingales.

GARSIA (A.). The Burgess Davis inequalities via Fefferman's inequality.

HERZ (C.). Bounded mean oscillation and regulated martingales.

L'article de GETOOR et SHARPE est intitulé <u>Conformal martingales</u>, et devrait paraître aux Invent. Math.

Les références IS renvoient aux articles sur les intégrales stochastiques, dans le Séminaire de Strasbourg I (Lecture Notes in M. 39, 1967). On pourra consulter aussi

C.DOLEANS-DADE et P.A.MEYER. Intégrales stochastiques par rapport aux martingales locales . Séminaire de Strasbourg IV, Lect. Notes in M., 124, 1970.

La démonstration du théorème de DAVIS dans le cas discret (reprise et généralisée dans les travaux de BURKHOLDER, DAVIS et GUNDY) est

B.DAVIS. On the integrability of the martingale square function. Israel J. of M. 8, 1970, p. 187-190.

Enfin, les références numérotées :

[1]. C.DOLEANS-DADE. Variation quadratique des martingales continues à droite. Ann. M. Stat. 40, 1969, p.284-289.

[2]. P.A.MEYER. Probabilités et potentiels. Hermann, Paris ; Blaisdell, Boston. 1966.

APPENDICE : LE THEOREME DE DAVIS

Comme nous l'avons expliqué plus haut, GETOOR et SHARPE donnent dans leur article une très belle démonstration des inégalités de BURKHOLDER et du théorème de DAVIS dans le cas des martingales continues. En combinant leur technique avec la décomposition de DAVIS, nous allons l'étendre aux martingales continues à droite. Nous nous bornerons au théorème de DAVIS proprement dit. L'idée de DAVIS consiste à se ramener au cas d'une martingale dont les sauts sont " prévisiblement bornés" , et nous étudions d'abord ce cas.

LEMME. <u>Soit</u> M <u>une martingale telle que</u> $M_0=0$. <u>On pose</u> $A_t=[M,M]_t$, $M_t^*=\sup_{s\leq t}|M_s|$, <u>et on suppose que</u> $|\Delta M_t|\leq D_{t-}$, <u>où</u> D <u>est un processus croissant</u>. <u>On a alors</u>

$$E[A_\infty^{1/2}]\leq \Theta E[M_\infty^*+D_\infty]$$

$$E[M^*]\leq \Theta E[A_\infty^{1/2}+D_\infty]$$

(on a des résultats analogues avec <M,M> au lieu de [M,M]].

DEMONSTRATION. Nous poserons $M^* = M^*_\infty$ pour abréger. Nous noterons D_-, M^*_- les processus (D_{t-}), (M^*_{t-}). Enfin, nous supposerons dans toute la démonstration que M et D sont des processus bornés : on se ramène à ce cas par arrêt.

<u>Première inégalité</u>. On prend une constante $\varepsilon>0$, on écrit

$$A_\infty^{1/2} = A_\infty^{1/2}(\varepsilon+D_\infty+M^*)^{-1/2} \,.\, (\varepsilon+D_\infty+M^*)^{1/2}$$

On applique l'inégalité de Schwarz. Le terme après le point donne $E^{1/2}[\varepsilon+M^*+D_\infty]$. Le terme avant le point peut s'écrire

$$E^{1/2}[A_\infty(\varepsilon+D_\infty+M^*)^{-1}] \leqq E^{1/2}[\int_0^\infty(\varepsilon+D_{s-}+M^*_{s-})dA_s]$$
$$= E^{1/2}[[Y,Y]_\infty] = E^{1/2}[Y_\infty^2]$$

où Y est l'intégrale stochastique $(\varepsilon+D_-+M^*_-)^{-1/2}.M$. Calculons Y_∞ en intégrant par parties, nous obtenons

$$(\varepsilon+D_\infty+M^*)^{-1/2}M_\infty - \int M_s\, d(\varepsilon+D_s+M^*_s)^{-1/2}$$

Dans le premier terme, nous majorons $|M_\infty|$ par $\varepsilon+D_\infty+M^*$, et il nous reste seulement $(\varepsilon+D_\infty+M^*)^{1/2}$. Dans le second, nous majorons $|M_s|$ par $|M_{s-}|+|\Delta M_s| \leqq (\varepsilon+)|M^*_{s-}|+D_{s-}$. Posant $U=(\varepsilon+D_s+M^*_s)^{1/2}$ l'intégrale s'écrit alors $-\int U_-^2 d(\frac{1}{U}) = \int U_-^2 \frac{dU}{UU_-} \leqq \int dU$, et il nous reste encore $(\varepsilon+D_\infty+M^*)^{1/2}$. Ainsi

$$|Y_\infty| \leqq 2(\varepsilon+D_\infty+M^*)^{1/2}$$

nous élevons au carré, nous groupons, et il vient lorsque $\varepsilon \to 0$

$$E[A_\infty^{1/2}] \leqq 2E[D_\infty+M^*]$$

L'inégalité relative à $\langle M,M\rangle$ se démontre de manière identique.

<u>Seconde inégalité</u>. Posons $B_s=A_s+D_s^2$ (si le lecteur le désire, il peut encore ajouter un ε, qu'il fera tendre vers 0 ensuite). Soit Y la martingale locale $B_-^{-1/4}.M$. On a $[Y,Y]_\infty=\int B_{s-}^{-1/2}dA_s$, mais $B_{s-}=A_{s-}+D_s^2 \geqq A_{s-}+\Delta M_s^2 = A_s$, ainsi

$$[Y,Y]_\infty \leqq \int_0^\infty A_s^{-1/2}dA_s \leqq \int_0^\infty \frac{2dA_s}{A_s^{1/2}+A_{s-}^{1/2}} = 2A_\infty^{1/2}$$

donc Y est de carré intégrable, et d'après DOOB $E[Y^{*2}] \leqq 4E[Y_\infty^2] \leqq 8E[A_\infty^{1/2}]$. Mais nous avons aussi $M=B_-^{1/4}.Y$. Intégrons par parties :

$$|M_t| = |B_t^{1/4}Y_t - \int_0^t Y_s dB_s^{1/4}| \leqq 2Y^* B_\infty^{1/4}$$

D'après Schwarz nous avons alors

$$E[M^*] \leq 2E^{1/2}[Y^{*2}]E^{1/2}[B_\infty^{1/2}] \leq 4\sqrt{2}E[A_\infty^{1/2}+D_\infty]$$

Ce sont exactement les majorations de GETOOR-SHARPE lorsque D=0.

LA DECOMPOSITION DE DAVIS

Voici comment on la construit. On introduit le processus croissant $S_t = \sup_{s\leq t} |\Delta M_s|$. Si t est tel que $|\Delta M_t| \geq 2S_{t-}$, on a

$$|\Delta M_t|+2S_{t-} \leq 2|\Delta M_t| = 2S_t$$

donc $|\Delta M_t| \leq 2(S_t - S_{t-})$, et le processus

$$K_t^1 = \sum_{s\leq t,\ |\Delta M_s|\geq 2S_{t-}} \Delta M_s$$

a une variation totale bornée par $2S_\infty$. Soit K^2 son compensateur (K^2 est prévisible, $K=K^1-K^2$ est une martingale) : la variation totale de K^2 a une espérance au plus égale à $2E[S_\infty]$, et celle de K est au plus égale à $4E[S_\infty]$.

Posons de même $L^1=M-K^1$, privé de tous les sauts ΔM_t qui majorent $2S_{t-}$ en module, $L^2=-K^2$, et $L=L^1-L^2$ qui est une martingale (=M-K). Comme K^2 est prévisible, L et L^1 ont le même saut en T totalement inaccessible, et donc $|\Delta L_T| \leq 2S_{T-}$. Si T est prévisible, le saut de L^2 en T est l'opposé de $E[\Delta L^1|\underline{\underline{F}}_{T-}]$, puisque L^2 est prévisible et L est une martingale. Donc $|\Delta L_T^2| \leq 2.E[S_{T-}|\underline{\underline{F}}_{T-}] = 2S_{T-}$, et $|\Delta L_T| \leq 4S_{T-}$. D'après le théorème de section, on a identiquement $|\Delta L_t| \leq 4S_{t-}$.

Ainsi : M=K+L, deux martingales ; les sauts de L sont bornés par $4S_-$; l'espérance de var.totale K est au plus $4E[S_\infty]$.

Première inégalité. On écrit $E[[M,M]_\infty^{1/2}] \leq E[[L,L]_\infty^{1/2}] + E[[K,K]_\infty^{1/2}] \leq 2E[4S_\infty + L^*] + 4E[S_\infty]$. On majore L^* par M^*+K^* , K^* à nouveau par la variation totale, soit en tout $2E[M^*+8S_\infty]$, enfin S_∞, le sup des sauts, par $2M^*$. Enfin

$$E[[M,M]_\infty^{1/2}] \leq 42E[M^*]$$

Seconde inégalité . Raisonnement analogue.

Université de Strasbourg
Séminaire de Probabilités 1976/77

DECOMPOSITION ATOMIQUE DE MARTINGALES DE LA CLASSE H^1

par

A. BERNARD et B. MAISONNEUVE

§1 - INTRODUCTION.

Nous étudions dans divers cas (martingales continues, martingales "dyadiques", martingales dominées par un processus croissant continu à gauche) la décomposition d'un élément de H^1 en combinaison linéaire d'atomes. L'idée de telles décompositions provient de la lecture de l'article [1] de R. COIFMAN qui l'attribue lui-même à C. HERZ. De telles décompositions ont pour conséquence la mise en dualité de certains sous-espaces de H^1 avec des espaces de martingales "bmo", ce qui, joint à la décomposition de DAVIS, fournit une nouvelle approche, dans le cas général, de la dualité (H^1, BMO) et des inégalités de DAVIS.

La définition d'un atome est donnée dans le §3. Les §4 et 5 sont consacrés à deux cas particuliers et leur lecture n'est pas indispensable pour la suite. La décomposition en atomes est étudiée dans le §6. La décomposition de DAVIS est rappelée dans le §8. La dualité se développe dans les §7 , 9 et 10 . Le papier se termine (§11) par les inégalités de DAVIS.

§2 - NOTATIONS GENERALES.

$(\Omega,\mathcal{F},P)$ est un espace probabilisé complet, $(\mathcal{F}_t)_{t\in\mathbb{R}_+}$ une famille croissante et continue à droite de sous-tribus de $\mathcal{F}$. $\mathcal{F}_0$ contient tous les négligeables de $\mathcal{F}$ et $\mathcal{F} = \bigvee_{t\geq 0} \mathcal{F}_t$.

Toutes les martingales envisagées seront supposées relatives à $(\mathcal{F}_t)$, continues à droite, pourvues de limites à gauche et nulles en 0 . Pour tout $p \in [1,\infty]$, nous noterons $\mathcal{M}^p$ l'espace des martingales fermées par une variable de L^p . Si $X \in \mathcal{M}^1$, X_∞ désignera sa variable terminale.

Nous désignerons par $\mathcal{H}^1$ l'ensemble des martingales X telles que $X^*_\infty = \operatorname{Sup}_{s\geq 0} |X_s|$ soit intégrable. On vérifie facilement que $\mathcal{H}^1$, muni de la norme $\|X\|_{\mathcal{H}^1} = E(X^*_\infty)$, est un espace de Banach et que $\mathcal{M}^2 \subset \mathcal{H}^1 \subset \mathcal{M}^1$. Noter que la définition de $\mathcal{H}^1$ que nous avons choisie n'est pas la définition habituelle. C'est grâce à l'usage de la variable maximale X^*_∞ dans cette définition que nous pourrons effectuer des décompositions "atomiques". Nous poserons aussi, pour toute martingale X , $X^*_t = \operatorname{Sup}_{s\leq t} |X_s|$. Pour une martingale $X \in \mathcal{M}^1$ et pour $q \in [1,\infty[$, on pose :

$$\|X\|_{bmo^q} = \operatorname{Sup}\{\|X_\infty - X_T\|_q / P\{T<\infty\}^{1/q}\} \qquad (\tfrac{0}{0} = 0)$$

le Sup étant pris sur tous les temps d'arrêt T (de $(\mathcal{F}_t)$) . L'espace $bmo^q = \{X\in\mathcal{M}^1 : \|X\|_{bmo^q} < \infty\}$ est alors un espace vectoriel normé. D'après l'inégalité de Hölder on a $\|X\|_{bmo^1} \leq \|X\|_{bmo^q}$ et $bmo^q \subset bmo^1$, $\forall q\geq 1$. Les normes $\|\cdot\|_{bmo^q}$, à la différence des normes $\|\cdot\|_{BMO^q}$ obtenues en remplaçant X_T par X_{T-} dans la définition (on pose $X_{0-} = X_0 = 0$), ne sont en général pas équivalentes, comme le montre l'exemple suivant (qui sera réutilisé dans la suite) :

Un exemple : Prenons comme système de tribus sur $(\Omega,\mathcal{F},P)$

$\mathcal{F}_t$ = tribu triviale (dûment complétée) si $t < 1$

$\mathcal{F}_t = \mathcal{F}$ si $t \geq 1$.

Il est alors facile de voir que $\|X\|_{bmo^q} = \|X_\infty\|_q$, donc que $bmo = \mathcal{M}^q$ pour tout q .

§3 - MARTINGALES ATOMIQUES (ou ATOMES).

DEFINITION 1. On appelle martingale atomique (ou simplement atome) toute martingale a pour laquelle il existe un temps d'arrêt T tel que

(i) $a_t = 0$ si $t \leq T$

(ii) $|a_t| \leq \frac{1}{P\{T<\infty\}}$, $\forall t \geq 0$.

On a alors la proposition suivante.

PROPOSITION 1. Tout atome est dans la boule unité de $\mathcal{H}^1$.

Démonstration : Soit a un atome, T un temps d'arrêt associé ; on a $a^*_\infty \leq \frac{1}{P\{T<\infty\}}$ et $a^*_\infty = 0$ sur $\{T=+\infty\}$ donc $E(a^*_\infty) \leq 1$. ∎

Cette proposition admet trivialement le corollaire suivant.

COROLLAIRE 1. Pour toute suite (a^n) d'atomes, pour toute suite (λ_n) de scalaires tels que $\Sigma|\lambda_n|<\infty$, la série $\Sigma\lambda_n a^n$ est normalement convergente dans $\mathcal{H}^1$.

Nous verrons dans le paragraphe 6 quelles sont les martingales de $\mathcal{H}^1$ qui sont susceptibles d'une décomposition $\Sigma\lambda_n a^n$ du type ci-dessus. L'espace de telles martingales sera mis en dualité (partielle) avec l'espace bmo^1, résultat que suggère la proposition suivante :

PROPOSITION 2. Pour toute martingale $Y \in \mathcal{M}^1$ on a

$$1/2\,\|Y\|_{bmo^1} \leq \text{Sup}\,\{|E(a_\infty Y_\infty)|\ ;\ a \text{ atome}\} \leq \|Y\|_{bmo^1}.$$

Démonstration : Soit $Y \in \mathcal{M}^1$.

1) Soit a un atome, soit T un temps d'arrêt associé. On a $|E(a_\infty Y_\infty)| = |E(a_\infty(Y_\infty - Y_T))| \leq E[|Y_\infty - Y_T|]/P\{T<\infty\}$ d'où la deuxième inégalité.

2) Soit T un temps d'arrêt quelconque, soit Z_∞ la variable

signe $(Y_\infty - Y_T)$. Notons Z une version cad-lag de $E(Z_\infty | \mathcal{F}_t)$ et a la martingale $\frac{Z-Z^T}{2P\{T<\infty\}}$, où Z^T désigne la martingale stoppée en T . a est un atome et on a

$$E(|Y_\infty - Y_T|) = E[Z_\infty(Y_\infty - Y_T)] = E[(Z_\infty - Z_T)Y_\infty]$$

donc $1/2\, E(|Y_\infty - Y_T|)/P\{T<\infty\} = E(a_\infty Y_\infty)$; d'où la première inégalité. ∎

Les deux paragraphes suivants sont consacrés à des cas particuliers. Leur lecture n'est pas indispensable pour la suite.

§4 - DECOMPOSITION EN ATOMES DES MARTINGALES CONTINUES, RESULTATS DE GETOOR ET SHARPE.

Pour tout espace $\mathcal{E}$ de martingales, on note $\mathcal{E}_c$ l'ensemble des martingales continues de $\mathcal{E}$. $\mathcal{H}^1_c$ est un sous-espace fermé de $\mathcal{H}^1$. Par suite, si dans le corollaire 1, on suppose que les atomes a^n sont continus, alors $\sum \lambda_n a^n$ est en fait un élément de $\mathcal{H}^1_c$. Le théorème qui suit montre qu'on obtient ainsi tous les éléments de $\mathcal{H}^1_c$.

THEOREME 1.

$$\mathcal{H}^1_c = \{\sum\lambda_n a^n : a^n \text{ atomes continus, } \lambda_n \text{ scalaires, } \sum|\lambda_n| < \infty\} ,$$

plus précisément, pour tout $X \in \mathcal{H}^1_c$, il existe une suite $(a^n)_{n\geq 0}$ d'atomes continus et une suite $(\lambda_n)_{n\geq 0}$ de scalaires telles que

(i) $\forall t \geq 0$, la suite $\sum_{i=0}^{n} \lambda_i a^i_t$ converge ponctuellement vers X_t , en restant dominée en module par $2X^*_t$.

(ii) $\sum_{i=0}^{\infty} |\lambda_i| \leq 6\|X\|_{\mathcal{H}^1}$,

et la série $\sum\lambda_i a^i$ converge alors normalement vers X dans $\mathcal{H}^1$.

Démonstration : Soit $X \in \mathcal{H}^1_c$. Pour tout $p \in \mathbb{Z}$ on définit le temps d'arrêt

$$T_p = \mathrm{Inf}\{t : |X_t| > 2^p\} .$$

L'application $t \to X_t$ étant continue, $\lim\limits_{p\to+\infty} T_p = +\infty$. Par ailleurs $\lim\limits_{p\to-\infty} T_p = T = \inf\{t : X_t \neq 0\}$. Il en résulte que, si $T < t < \infty$, on a

$$X_t = \sum_{-\infty}^{+\infty} (X_{t\wedge T_{p+1}} - X_{t\wedge T_p}) ,$$

égalité qui reste vraie si $t \leq T$, puisque $X_t = 0$ pour $t \leq T$.

Posons alors

$$\mu_p = 3.2^p P\{T_p<\infty\} \quad , \quad b^p = \frac{1}{\mu_p}(X^{T_{p+1}} - X^{T_p}) .$$

On a $\sum\limits_{-\infty}^{+\infty} 2^{p-1} P\{X^*_\infty > 2^p\} \leq E(X^*_\infty)$, et, du fait que $\{T_p < \infty\} = \{X^*_\infty > 2^p\}$, il vient

$$\sum_{-\infty}^{+\infty} |\mu_p| \leq 6E(X^*_\infty) .$$

D'autre part, $b^p_t = 0$ si $t \leq T_p$, et comme $|X_{t\wedge T_p}| \leq 2^p$, il vient $b^p_t \leq \frac{1}{P\{T_p<\infty\}}$, de sorte que b^p est un atome associé à T_p . Pour obtenir des suites (a^n) , (λ_n) indexées par $\mathbb{N}$ et satisfaisant aux conditions (i) , (ii) , il reste à faire une renumérotation des b^p , μ_p . Par exemple on posera

$$a^{2k} = b^k \quad , \quad \lambda_{2k} = \mu_k \quad , \quad k = 0,1,2\ldots$$
$$a^{2k-1} = b^{-k} \quad , \quad \lambda_{2k-1} = \mu_{-k} \quad , \quad k = 1,2\ldots .$$

La série $\sum \lambda_p a^p$ converge normalement dans $\mathcal{H}^1$, d'après le corollaire 1 . Le fait qu'elle converge vers X dans $\mathcal{H}^1$ résulte de ce que la convergence dans $\mathcal{H}^1$ implique la convergence p. s. pour chaque t , à extraction de sous-suite près.

Nous allons montrer maintenant que le théorème 1 admet comme conséquences la dualité entre $\mathcal{H}^1_c$ et bmo^1_c , le fait que $bmo^1_c = bmo^2_c$, ainsi que les inégalités de DAVIS pour les martingales continues, c'est-à-dire les résultats essentiels de GETOOR et SHARPE [4] , avec une présentation totalement différente.

LEMME 1 (Inégalité de FEFFERMAN). Pour $X \in \mathcal{M}_c^\infty$, $Y \in \mathrm{bmo}_c^1$

$$|E(X_\infty Y_\infty)| \leq 6\|X\|_{\mathcal{H}^1} \|Y\|_{\mathrm{bmo}^1} .$$

Démonstration : D'après le théorème 1, X admet une décomposition $\sum \lambda_n a^n$ possédant les propriétés (i) et (ii). D'après le théorème de convergence dominée on a

$$E(X_\infty Y_\infty) = \sum \lambda_n E(a_\infty^n Y_\infty) .$$

Donc $|E(X_\infty Y_\infty)| \leq \sum |\lambda_n| \|Y\|_{\mathrm{bmo}^1}$ et le résultat. On a ici utilisé le fait que pour tout atome a, $|E(a_\infty Y_\infty)| \leq \|Y\|_{\mathrm{bmo}^1}$ (deuxième inégalité de la proposition 2). ∎

Le lemme 1 permet de plonger bmo_c^1 dans le dual de $\mathcal{H}_c^1$ (d'après le théorème 1, $\mathcal{M}_c^\infty$ est dense dans $\mathcal{H}_c^1$). L'identification du dual de $\mathcal{H}_c^1$ va alors résulter du lemme qui suit, après avoir noté qu'un élément $\ell \in (\mathcal{H}_c^1)'$ définit de manière unique un élément $Y \in \mathcal{M}_c^2$ tel que $\ell(X) = E(X_\infty Y_\infty)$ pour $X \in \mathcal{M}_c^2$.

LEMME 2. Soit $Y \in \mathcal{M}_c^2$ tel que

$$|E(X_\infty Y_\infty)| \leq C\|X\|_{\mathcal{H}^1} , \quad X \in \mathcal{M}_c^2 .$$

Alors

$$\|Y\|_{\mathrm{bmo}^2} \leq 2C$$

donc $Y \in \mathrm{bmo}_c^2$ (donc aussi $Y \in \mathrm{bmo}_c^1$).

Démonstration : Soit T un temps d'arrêt. La martingale $X = Y - Y^T$ est dans $\mathcal{M}_c^2$, donc

$$E[(Y_\infty - Y_T)^2] = E(X_\infty Y_\infty) \leq C\|X\|_{\mathcal{H}^1} .$$

Mais $X_\infty^* = 0$ si $T = \infty$, donc

$$\|X\|_{\mathcal{H}^1} \leq \|X_\infty^*\|_2 P\{T<\infty\}^{1/2} \quad \text{(inégalité de SCHWARZ)}$$

$$\leq 2\|X_\infty\|_2 P\{T<\infty\}^{1/2} \quad \text{(inégalité de DOOB)}$$

et comme $X_\infty = Y_\infty - Y_T$, il vient

$$\|Y_\infty - Y_T\|_2 \leq 2CP\{T<\infty\}^{1/2}$$

d'où le résultat. ∎

Remarque : La conjonction des lemmes 1 et 2 entraîne que $bmo_c^1 = bmo_c^2$ et que sur bmo_c^1 les normes $\|\cdot\|_{bmo_c^1}$ et $\|\cdot\|_{bmo_c^2}$ sont équivalentes, ce qui s'obtient aussi comme conséquence des inégalités de JOHN-NIRENBERG.

Enonçons maintenant le théorème de dualité obtenu après avoir posé $bmo_c = bmo_c^1 = bmo_c^2$.

THEOREME 2. Pour tout $Y \in bmo_c$, il existe une forme linéaire continue ℓ_Y et une seule, sur $\mathcal{H}_c^1$, telle que pour tout $X \in \mathcal{M}_c^\infty$, $\ell_Y(X) = E(X_\infty Y_\infty)$. L'application $Y \to \ell_Y$ ainsi définie est une bijection bi-continue de bmo_c sur $(\mathcal{H}_c^1)'$, muni de sa norme de dual.

Pour retrouver par cette présentation les résultats essentiels de GETOOR et SHARPE, il nous reste à établir les inégalités de DAVIS.

DEFINITION 2. Pour toute martingale continue X , on note $\langle X,X\rangle$ le processus croissant continu associé et on pose

$$\|X\|_{H^1} = E[\langle X,X\rangle_\infty^{1/2}] .$$

On désigne par H_c^1 l'ensemble des martingales continues telles que $\|X\|_{H^1} < \infty$.

Notons que, d'après l'inégalité de SCHWARZ, on a

$$\|X\|_{H^1} \leq E[\langle X,X\rangle_\infty]^{1/2}$$

donc $\|X\|_{H^1} \leq \|X_\infty\|_2$.

PROPOSITION 3. Tout atome continu est dans la boule unité de H_c^1.

Démonstration : Soit a un atome continu, soit T un temps d'arrêt associé. On a $E[\langle a,a\rangle_T] = E[a_T^2] = 0$. Par suite $\langle a,a\rangle_\infty = 0$ si $T = \infty$ et d'après l'inégalité de SCHWARTZ, il vient

$$\|a\|_{H^1} \leq E[\langle a,a\rangle_\infty]^{1/2} P\{T<\infty\}^{1/2}$$

mais $E[\langle a,a\rangle_\infty] = E(a_\infty^2) \le \frac{1}{P\{T<\infty\}^2} P\{T<\infty\} = \frac{1}{P\{T<\infty\}}$ d'où le résultat. ∎

PROPOSITION 4 (1ère inégalité de DAVIS). <u>Pour toute martingale continue</u>

$$\|X\|_{H^1} \le 6\|X\|_{\mathcal{H}^1} .$$

<u>Démonstration</u> : Par arrêt on se ramène au cas où X est bornée. Soit $\sum\lambda_n a^n$ une décomposition de X satisfaisant aux conditions (i) et (ii) du théorème 1. La série $\sum\lambda_n a^n$ converge vers X dans $\mathcal{M}^2$, donc aussi dans H^1 . Par suite

$$\|X\|_{H^1} \le \sum|\lambda_i|\,\|a^i\|_{H^1} \le \sum|\lambda_i| \le 6\|X\|_{\mathcal{H}^1} . \ ∎$$

PROPOSITION 5 (2e inégalité de DAVIS). <u>Pour toute martingale continue</u> X <u>on a</u>

$$\|X\|_{\mathcal{H}^1} \le 2\sqrt{2}\,\|X\|_{H^1} .$$

<u>Démonstration</u> : Nous reprenons ici sans démonstration l'inégalité de FEFFERMAN pour H_c^1 et bmo_c^2 (théorème (3.5) de [4]) :

$$|E(X_\infty, Y_\infty)| \le \sqrt{2}\,\|X\|_{H^1}\|Y\|_{bmo^2} , \ X\in\mathcal{M}_c^2 , \ Y\in\mathcal{M}_c^2 .$$

Soit maintenant $X\in\mathcal{M}_c^\infty$ et soit $\ell\in(\mathcal{H}_c^1)'$, de norme 1 , tel que $\ell(X) = \|X\|_{\mathcal{H}^1}$. D'après le théorème 2 et le lemme 2 , $\ell = \ell_Y$ avec $\|Y\|_{bmo^2} \le 2$. Il résulte de l'inégalité ci-dessus que

$$\|X\|_{\mathcal{H}^1} \le 2\sqrt{2}\,\|X\|_{H^1} . \ ∎$$

§5 - <u>MARTINGALES DYADIQUES</u>. <u>DECOMPOSITION EN ATOMES</u>. <u>DUALITE AVEC BMO</u> .

Lorsque $\mathcal{H}^1 = \mathcal{H}_c^1$ (cas brownien), il résulte du théorème 1 que toute martingale de $\mathcal{H}^1$ est décomposable en atomes. Nous allons voir que, dans le cas "dyadique" également, toute martingale de $\mathcal{H}^1$ est décomposable en atomes. Cela n'est pas vrai en général, comme nous le verrons plus loin.

Nous supposons dans ce paragraphe que $\Omega = [0,1]$, que $\mathcal{F}$ est la tribu des ensembles mesurables (au sens de LEBESGUE) de $[0,1]$ et que P est la mesure de LEBESGUE de $[0,1]$. On note $\mathcal{F}_n$ la tribu engendrée par les négligeables et les intervalles $[\frac{k}{2^n}, \frac{k+1}{2^n}[$, $k = 0,1,\dots,2^n-1$. Pour rester avec les notations des paragraphes précédents, on pose aussi $\mathcal{F}_t = \mathcal{F}_{[t]}$ pour tout $t \in \mathbf{R}_+$, de sorte qu'une martingale X est telle que $X_t = X_{[t]}$, $\forall t \geq 0$.

La notion suivante nous permettra d'adapter facilement la démonstration du théorème 1 à la situation présente (les difficultés proviennent des sauts de la martingale X : on n'a plus nécessairement $|X_{t\wedge T_p}| \leq 2^p$) .

DEFINITION 3. Pour tout temps d'arrêt discret T (c'est-à-dire ne prenant p.s. que des valeurs entières) on pose

$$\tilde{T} = \text{Ess Sup}\{S : S \text{ temps d'arrêt discret} < T \text{ p.s.}\} .$$

Le temps d'arrêt $\tilde{T}$ est appelé <u>annonceur</u> de T .

Noter que $\tilde{T} < T$ p.s. sur $\{T<\infty\}$. On peut même expliciter $\tilde{T}$ de la manière suivante. Soit G_n le plus petit ensemble de $\mathcal{F}_{n-1}$ qui contienne $\{T = n\}$. Les G_n ne sont pas nécessairement disjoints. Posons

$$G'_1 = G_1 \quad , \quad G'_2 = G_2 \backslash G_1 , \dots , G'_n = G_n \backslash G_1 \cup \dots \cup G_{n-1} .$$

Il est alors facile de vérifier que p.s.

$$\begin{aligned} \tilde{T} &= n-1 \quad \text{sur } G'_n \quad , \quad n = 1,2,\dots \\ &= +\infty \quad \text{sur } \cup G'_n . \end{aligned}$$

Il en résulte que

$$P\{\tilde{T}<\infty\} \leq \sum P(G_n) \leq 2\sum P\{T=n\} = 2P\{T<\infty\}$$

et nous avons obtenu la proposition suivante.

PROPOSITION 6. Pour tout temps d'arrêt discret T

$$P(\widetilde{T}<\infty) \leq 2P\{T<\infty\} .$$

Nous sommes maintenant en mesure de démontrer le :

THEOREME 3. Dans le cas dyadique

$$\mathcal{H}^1 = \{\sum \lambda_i a^i : a^i \text{ atomes}, \ \lambda_i \text{ scalaires}, \ \sum|\lambda_i| < \infty\}$$

plus précisément pour tout $X \in \mathcal{H}^1$ il existe une suite $(a^n)_{n\geq 0}$ d'atomes et une suite $(\lambda_n)_{n\geq 0}$ de scalaires telles que

(i) $\forall t \geq 0$, la suite $\sum_{i=0}^{n} \lambda_i a_t^i$ converge ponctuellement vers X_t , en restant dominée en module par $2X_t^*$.

(ii) $\sum_{i=0}^{\infty} |\lambda_i| \leq 12\|X\|_{\mathcal{H}^1}$,

et la série $\sum \lambda_i a^i$ converge normalement vers X dans $\mathcal{H}^1$.

Démonstration : Soit $X \in \mathcal{H}^1$; on définit la suite $(T_p)_{p\in\mathbb{Z}}$ comme pour le théorème 1. On a $\lim_{p\to+\infty} T_p = +\infty$, et aussi $\lim_{p\to+\infty} \widetilde{T}_p = +\infty$, comme on le vérifie aisément. On a donc

$$X_t = \sum_{-\infty}^{+\infty} (X_{t\wedge\widetilde{T}_{p+1}} - X_{t\wedge\widetilde{T}_p}) .$$

On a aussi $|X_{t\wedge\widetilde{T}_p}| \leq 2^p$ p.s., car $\widetilde{T}_p < T_p$ p.s. sur $\{T_p < \infty\}$. Ces éléments et la proposition 6 permettent de terminer la démonstration comme pour le théorème 1. ∎

Les méthodes du paragraphe précédent permettent de déduire du théorème 3 que, dans le cas particulier dyadique :

$$(\mathcal{H}_1)' = \text{bmo}^1 = \text{bmo}^q , \quad \forall q \in [1,\infty[.$$

Par ailleurs on vérifie facilement que $\text{bmo}^2 = \text{BMO}$.

§6 - MARTINGALES DECOMPOSABLES EN ATOMES : L'ESPACE $\mathcal{H}^1_g$.

DEFINITION 4. Soit $\mathcal{A}^1_g$ l'ensemble des processus croissants A adaptés nuls en 0, continus à gauche et tels que A_∞ soit intégrable.

Nous désignerons par $\mathcal{H}^1_g$ l'ensemble des martingales X pour lesquelles il existe $A \in \mathcal{A}^1_g$ tel que $\forall t$, $|X_t| \leq A_t$ p.s. . $\mathcal{H}^1_g$ est un sous-espace vectoriel de $\mathcal{H}^1$ et

$$\|X\|_{\mathcal{H}^1_g} = \operatorname{Inf}\{E(A_\infty) : A \in \mathcal{A}^1_g , |X_t| \leq A_t , \forall t \ \text{p.s.}\}$$

est une norme qui en fait un espace de Banach (vérification simple).

On a évidemment

$$\|X\|_{\mathcal{H}^1} \leq \|X\|_{\mathcal{H}^1_g}$$

mais en général ces deux normes ne sont pas équivalentes ; en d'autres termes $\mathcal{H}^1_g$ n'est pas nécessairement fermé dans $\mathcal{H}^1$. En effet, dans l'exemple du paragraphe 2, il est facile de voir que $\mathcal{H}^1 = \mathcal{M}^1$ et $\mathcal{H}^1_g = \mathcal{M}^\infty$. Or en général $\mathcal{M}^\infty \simeq L^\infty_o$ n'est pas fermé dans $\mathcal{M}^1 \simeq L^1_o$ (le o indique que les fonctions sont de moyenne nulle). ∎

$\mathcal{H}^1_c$ est un sous-espace de $\mathcal{H}^1_g$, car si $X \in \mathcal{H}^1_c$ le processus (X^*_t) est dans $\mathcal{A}^1_g$.

$\mathcal{M}^\infty$ est également un sous-espace de $\mathcal{H}^1_g$, car si $X \in \mathcal{M}^\infty$ $\|X_\infty\|_\infty \cdot 1_{t>0} \in \mathcal{A}^1_g$. On montre aisément, par une technique d'arrêt, que $\mathcal{M}^\infty$ est dense dans $\mathcal{H}^1_g$ (cela résultera aussi du théorème 4).

Si a est un atome et T un temps d'arrêt associé, le processus $\|a_\infty\|_\infty \cdot 1_{t>T} \in \mathcal{A}^1_g$ et majore $|a|$, donc a est dans la boule unité de $\mathcal{H}^1_g$. La proposition 1 et le corollaire 1 peuvent ainsi être améliorés en remplaçant $\mathcal{H}^1$ par $\mathcal{H}^1_g$, et on a en fait le théorème suivant :

THEOREME 4. $\mathcal{H}^1_g = \{\sum \lambda_n a^n : a^n \text{ atomes}, \lambda_n \text{ scalaires}, \sum|\lambda_n| < \infty\}$.

Plus précisément, pour toute martingale $X \in \mathcal{H}^1_g$, il existe une suite d'atomes (a^n) et une suite de scalaires (λ_n) telles que

(i) $\forall t \geq 0$, <u>la suite</u> $\sum_0^n \lambda_i a_t^i$ <u>converge ponctuellement vers</u> X_t , <u>en restant dominée en module par</u> $2X_t^*$.

(ii) $\sum_0^\infty |\lambda_i| \leq 12 \|X\|_{\mathcal{H}_g^1}$,

<u>et la série</u> $\sum \lambda_i a^i$ <u>converge normalement vers</u> X <u>dans</u> $\mathcal{H}_g^1$.

<u>Démonstration</u> : Soit $X \in \mathcal{H}_q^1$ et soit $A \in \mathcal{A}_g^1$ majorant $|X|$ et tel que $E(A_\infty) \leq 2\|X\|_{\mathcal{H}_g^1}$. On pose

$$T_p = \inf\{ t : A_t > 2^p \} \text{ , } p \in \mathbb{Z} \text{ .}$$

On a $\lim_{p\to\infty} T_p = +\infty$, $\lim_{p\to-\infty} T_p = T = \inf\{t : A_t > 0\}$ ce qui permet d'écrire

$$X_t = \sum_{-\infty}^{+\infty} (X_{t\wedge T_{p+1}} - X_{t\wedge T_p}) \text{ .}$$

On a $A_{T_p} \leq 2^p$ car le processus A est continu à <u>gauche</u>, et par suite $|X_{t\wedge T_p}| \leq 2^p$. La démonstration se termine comme pour le théorème 1, en remplaçant X_∞^* par A_∞ . ∎

§7 - <u>LE DUAL DE</u> $\mathcal{H}_q^1$ <u>ET</u> bmo^1 .

D'après l'exemple du paragraphe 2, il n'est pas question de montrer que $(\mathcal{H}_g^1)' = \mathrm{bmo}^1$! Toutefois, si nous notons $(\mathcal{H}_g^1)'_{m^1}$ le sous-espace de $(\mathcal{H}_g^1)'$ (muni de sa norme de dual) constitué des formes linéaires ℓ pour lesquelles il existe $Y \in \mathcal{M}^1$ (unique) tel que

$$\ell(X) = E(X_\infty Y_\infty) \quad , \quad \forall X \in \mathcal{M}^\infty ,$$

alors on peut énoncer le résultat suivant :

THEOREME 5. <u>Pour tout</u> $Y \in \mathrm{bmo}^1$, <u>il existe une forme linéaire continue</u> ℓ_Y , <u>et une seule</u>, <u>sur</u> $\mathcal{H}_g^1$, <u>telle que</u>

$$\ell_Y(X) = E(X_\infty Y_\infty) \quad , \quad \forall X \in \mathcal{M}^\infty .$$

<u>L'application</u> $Y \to \ell_Y$ <u>ainsi définie est une bijection bicontinue de</u> bmo^1 <u>sur</u> $(\mathcal{H}_g^1)'_{m^1}$.

Démonstration : Elle repose sur les deux lemmes suivants.

LEMME 3. Soit $Y \in bmo^1$; pour tout $X \in \mathcal{M}^\infty$ on a

$$|E(X_\infty Y_\infty)| \leq 12\|X\|_{\mathcal{H}^1_g}\|Y\|_{bmo^1} .$$

La démonstration de ce lemme est identique à celle du lemme 1, en utilisant cette fois le théorème 4. ∎

LEMME 4. Soit $\ell \in (\mathcal{H}^1_g)'_{m^1}$, représenté par $Y \in \mathcal{M}^1$. Alors $\|Y\|_{bmo^1} \leq 2\|\ell\|$.

Démonstration : D'après la première inégalité de la proposition 2 du paragraphe 3, on a $\frac{1}{2}\|Y\|_{bmo^1} \leq \|\ell\|$ (les atomes sont dans la boule unité de $\mathcal{H}^1_g$). ∎

Remarque : Dans le cas discret, c'est-à-dire lorsque $\mathcal{F}_t = \mathcal{F}_{[t]}$, $\forall t \geq 0$, on vérifie facilement que $\mathcal{H}^1_g$ s'identifie à la classe ρ définie par GARSIA ([3] page 91). L'exemple du paragraphe 2 montre qu'on n'a pas toujours $(\rho)' = bmo^1$, malgré ce qu'affirme un peu rapidement GARSIA dans [3] page 130.

§8 - DECOMPOSITION DE DAVIS : $\mathcal{H}^1 = \mathcal{H}^1_g + \mathcal{H}^1_v$.

En général $\mathcal{H}^1_g \neq \mathcal{H}^1$, comme nous l'avons vu. Toutefois la décomposition de DAVIS, étendue par MEYER au cas général (voir [5] page 145) permet d'écrire toute martingale de $\mathcal{H}^1$ comme somme d'une martingale de $\mathcal{H}^1_g$ et d'une martingale à variation intégrable, avec de bonnes conditions sur leurs normes. Ce résultat remarquable, combiné avec les résultats du §7 et du §9 nous permettra une nouvelle approche de la dualité $(\mathcal{H}^1, BMO)$, voir §10 .

Pour tout processus cad-lag adapté X on note V_X la variation totale de la trajectoire $t \to X_t$, et on dit que X est à variation intégrable si $E(V_X) < \infty$.

DEFINITION 5. On notera $\mathcal{H}_v^1$ l'ensemble des martingales X à variation intégrable et pour $X \in \mathcal{H}_v^1$ on note :

$$\|X\|_{\mathcal{H}_v'} = E(V_X) .$$

$\mathcal{H}_v^1$ est un espace vectoriel normé (complet) et on a

$$\mathcal{H}_v^1 \subset \mathcal{H}^1 \quad \text{et} \quad \|X\|_{\mathcal{H}^1} \leq \|X\|_{\mathcal{H}_v^1} .$$

THEOREME 6 (Décomposition de DAVIS). $\mathcal{H}^1 = \mathcal{H}_g^1 + \mathcal{H}_v^1$. Plus précisément pour toute martingale $X \in \mathcal{H}^1$, il existe deux martingales $Y \in \mathcal{H}_g^1$ et $Z \in \mathcal{H}_v^1$ telles que

i) $X = Y+Z$

ii) $\|Y\|_{\mathcal{H}_g^1} \leq 17\|X\|_{\mathcal{H}^1}$

iii) $\|Z\|_{\mathcal{H}_v^1} \leq 8\|X\|_{\mathcal{H}^1}$.

Démonstration : Soit $X \in \mathcal{H}^1$. Posons :

$$Q_t = \sum_{s \leq t} \Delta X_s \,.\, 1_{\{X_t^* > 2X_{t-}^*\}} .$$

On définit ainsi un processus adapté cad-lag. Du fait que $X_t^* > 2X_{t-}^*$ entraîne $X_t^* < 2(X_t^* - X_{t-}^*)$ et $(\Delta X_t) \leq 4(X_t^* - X_{t-}^*)$, il vient $V_Q \leq 4X_\infty^*$ et donc $E(V_Q) \leq 4\|X\|_{\mathcal{H}^1}$. Notons alors (Z_t) la martingale compensée de (Q_t) : $Z = Q - \tilde{Q}$, où $\tilde{Q}$ est le processus prévisible, à variation finie, nul en 0 tel que $Q - \tilde{Q}$ soit une martingale. On a $E(V_{\tilde{Q}}) \leq E(V_Q)$, donc $Z \in \mathcal{H}_v^1$ et $\|Z\|_{\mathcal{H}_v^1} \leq 8\|X\|_{\mathcal{H}^1}$.

Posons maintenant $Y = X-Z$. L'argument de MEYER ([6] page 145) convenablement adapté (la décomposition de DAVIS de MEYER n'est pas tout à fait la notre !) montre que $|\Delta Y_t| \leq 8X_{t-}^*$. Mais

$$E(Y_\infty^*) = \|Y\|_{\mathcal{H}^1} \leq \|X\|_{\mathcal{H}^1} + \|Z\|_{\mathcal{H}^1} \leq 9\|X\|_{\mathcal{H}^1} .$$

Donc de $|Y_t| \leq |Y_{t-}| + |\Delta Y_t| \leq Y_{t-}^* + 8X_{t-}^*$ on déduit que $\|Y\|_{\mathcal{H}_v^1} \leq 17\|X\|_{\mathcal{H}^1}$.∎

Remarque : La décomposition faite dans la démonstration précédente est telle que si on suppose $X \in \mathcal{M}^\infty$, alors Y et $Z \in \mathcal{M}^2$. (En effet, $X \in \mathcal{M}^\infty$ implique Q bornée, puisque $V_Q \le 4X^*_\infty$, donc $\tilde{Q}_\infty \in L^2$, et donc Z , puis $Y = X-Z$, sont dans $\mathcal{M}^2$) .

§9 - LE DUAL DE $\mathcal{H}^1_v$ ET bj .

Dans ce paragraphe, nous caractérisons une partie "raisonnable" du dual de $\mathcal{H}^1_v$, ce qui, grâce aux deux paragraphes précédentes, nous fournira la dualité $(\mathcal{H}^1, BMO)$.

DEFINITION 6. On dira qu'une martingale X est dans bj (à sauts bornés) si la quantité $\|X\|_{bj}$ définie par

$$\|X\|_{bj} = \operatorname{Sup}\{\|\Delta X_T . I_{\{0<T<\infty\}}\|_\infty \ ;\ T \text{ temps d'arrêt}\}$$

est finie. bj est un espace vectoriel, et $\|X\|_{bj}$ est une semi-norme sur cet espace vectoriel.

Nous noterons $(\mathcal{H}^1_v)'_{m^2}$ le sous-espace de $(\mathcal{H}^1_v)'$ constitué des formes linéaires ℓ pour lesquelles il existe $Y \in \mathcal{M}^2$ tel que

$$\forall X \in \mathcal{H}^1_v \cap \mathcal{M}^2 \quad , \quad \ell(X) = E(X_\infty Y_\infty) \ .$$

On a alors le théorème suivant :

THEOREME 7. <u>Pour tout</u> $Y \in bj \cap \mathcal{M}^2$, <u>il existe une forme linéaire continue unique</u> ℓ_Y <u>sur</u> $\mathcal{H}^1_v$ <u>telle que</u>

$$\forall X \in \mathcal{H}^1_v \cap \mathcal{M}^2 \quad , \quad \ell_Y(X) = E(X_\infty Y_\infty) \ .$$

<u>De plus l'application</u> $Y \to \ell_Y$ <u>a pour image</u> $(\mathcal{H}^1_v)'_{m^2}$ <u>et on a</u> :

$$\frac{1}{2}\|Y\|_{bj} \le \|\ell_Y\|_{(\mathcal{H}^1_v)'} \le \|Y\|_{bj} \ .$$

Attention : $Y \to \ell_Y$ n'est en général pas injective, de même que $\|Y\|_{bj}$ n'est en général pas une norme.

Pourtant dans le cas discret, on a injectivité, et on peut même vérifier facilement que $(\mathcal{H}_v^1)' = bj$, $\ell_Y(X)$ se définissant quelque soit Y dans bj et X dans $\mathcal{H}_v^1$ par

$$\ell_Y(X) = E(\sum_{\Delta} \Delta X_s . \Delta Y_s) .$$

D. LEPINGLE nous a signalé que ce résultat s'apparentait à un résultat de HERZ de [5] , énoncé sous la forme : "le dual de AM est BD" .

La démonstration du théorème 7 résulte immédiatement des trois lemmes suivants :

LEMME 5 $(\mathcal{H}_v^1) \cap \mathcal{M}^2$ <u>est dense dans</u> $\mathcal{H}_v^1$.

<u>Démonstration</u> : D'après MEYER [7] IV.8, il suffit de montrer que si $X \in \mathcal{H}_v^1$ et si T réduit fortement X , alors X^T peut être approchée dans $\mathcal{H}_v^1$ par une suite d'éléments de $\mathcal{H}_v^1 \cap \mathcal{M}^2$. Notons U la martingale compensée du processus X^{T^-} (défini par $X_t^{T^-} = X_t$ si $t < T$, $X_t^{T^-} = X_{T^-}$ si $t \geq T$) et V la martingale compensée du processus $(\Delta X_T).1_{t \geq T}$. On a bien sûr :

$$X = U + V .$$

Mais $U \in \mathcal{M}^2 \cap \mathcal{H}_v^1$ puisque X^{T^-} est borné et à variation intégrable. Il suffit donc d'approcher V :

Soit Z_n une suite de v.a. $\mathcal{F}_T$-mesurables bornées convergeant vers ΔX_T dans L^1 et soit V_n la compensée du processus $Z_n.1_{t \geq T}$. On a bien $V_n \in \mathcal{M}^2 \cap \mathcal{H}_v^1$ et $V_n \to V$ dans $\mathcal{H}_v^1$. ∎

LEMME 6. <u>Si</u> $X \in \mathcal{H}_v^1 \cap \mathcal{M}^2$ <u>et</u> $Y \in bj \cap \mathcal{M}^2$, <u>on a</u>

$$|E(X_\infty Y_\infty)| \leq \|X\|_{\mathcal{H}_v^1} \|Y\|_{bj} .$$

Démonstration : X étant à variation intégrable, on a

$$E(X_\infty Y_\infty) = E(\sum_t (\Delta X_t \cdot \Delta Y_t)$$

d'où le résultat.

LEMME 7. Soit $Y \in \mathcal{M}^2$ tel que

$$\forall X \in \mathcal{H}^1_V \cap \mathcal{M}^2 , \ (E(X_\infty Y_\infty)| \le \|X\|_{\mathcal{H}^1_V} .$$

Alors $Y \in bj$ et $\|Y\|_{bj} \le 2$.

Démonstration : Nous allons utiliser un argument de MEYER [7] . Il s'agit de voir que, pour tout temps d'arrêt T , $\|\Delta Y_T\|_\infty \le 2$ (rappelons que $Y_{0-} = 0)$, ou encore que

$$E(\Phi \Delta Y_T) \le 2$$

pour toute variable Φ bornée, $\mathcal{F}_T$-mesurable, telle que $\|\Phi\|_1 \le 1$. Envisageons le processus $\Phi_t = \Phi I_{t \ge T}$, puis le processus prévisible, à variation intégrable, $(\widetilde{\Phi}_t)$ tel que $X_t = \Phi_t - \widetilde{\Phi}_t$ soit une martingale (on suppose aussi que $\widetilde{\Phi}_0 = 0)$. Comme Φ est bornée, $X \in \mathcal{M}^2$. On a aussi $\|X\|_V \le 2\|\Phi\|_1$ et par suite $\|X\|_{\mathcal{H}^1} \le 2$. D'après [7] II.9, on a $E(\Delta X_T \Delta Y_T) = E(X_\infty Y_\infty)$. Si T est totalement inaccessible, $(\widetilde{\Phi}_t)$ est continu et $\Delta X_T = \Phi$, donc par hypothèse

$$|E(\Phi \Delta Y_T)| \le \|X\|_{\mathcal{H}^1} \le 2 .$$

Si T est prévisible, $\widetilde{\Phi}_t = E(\Phi | \mathcal{F}_{T-}) I_{t \ge T}$ et $\Delta X_T = \Phi - E[\Phi | \mathcal{F}_{T-}]$, et on a encore $E(\Delta X_T \Delta Y_T) = E(\Phi \Delta Y_T)$, d'où la même conclusion. ∎

§10 - LE DUAL DE $\mathcal{H}^1$ EST BMO .

DEFINITION 7. BMO est l'ensemble des $X \in \mathcal{M}^1$ telles que $\|X\|_{BMO} < \infty$, où

$$\|X\|_{BMO} = \operatorname{Sup}\{ \|X_\infty - X_{T-}\|_2 \cdot \frac{1}{P(T<\infty)^{1/2}} ; T \text{ temps d'arrêt} \} .$$

Cette définition de BMO est équivalente à celle de MEYER ([6] page 333), d'après les remarques qui suivent cette définition. Toujours d'après ces remarques on a

$$\mathrm{BMO} = \mathrm{bmo}^2 \cap \mathrm{bj}$$

$$\mathrm{Sup}\{\|X\|_{\mathrm{bmo}^2}, \|X\|_{\mathrm{bj}}\} \leq \|X\|_{\mathrm{BMO}} \leq \|X\|_{\mathrm{bmo}^2} + \|X\|_{\mathrm{bj}} .$$

THEOREME 8. Le dual de $\mathcal{H}^1$ est BMO . Plus précisément, pour tout $Y \in \mathrm{BMO}$, il existe un élément unique ℓ_Y de $(\mathcal{H}^1)'$ tel que

$$\forall X \in \mathcal{M}^\infty , \ \ell_Y(X) = E(X_\infty Y_\infty)$$

et l'application $Y \to \ell_Y$ ainsi définie est une bijection bicontinue de BMO sur $(\mathcal{H}^1)'$.

La démonstration découle immédiatement des trois lemmes suivants :

LEMME 8. $\mathcal{M}^\infty$ est dense dans $\mathcal{H}^1$.

Démonstration : On peut soit adapter l'argument de MEYER ([7], page 339) à notre définition de $\mathcal{H}^1$, soit utiliser la décomposition de DAVIS du §8 , la densité de $\mathcal{M}^\infty$ dans $\mathcal{H}^1_g$, et la densité de $\mathcal{H}^1_v \cap \mathcal{M}^2$ dans $\mathcal{H}^1_v$.

LEMME 9 (Inégalité de FEFFERMAN). Soient $X \in \mathcal{M}^\infty$, $Y \in \mathrm{BMO}$. On a :

$$|E(X_\infty Y_\infty)| \leq 212 \|X\|_{\mathcal{H}^1} \|Y\|_{\mathrm{BMO}} .$$

Démonstration : immédiate après le lemme 3, le lemme 6, le théorème 6 et la remarque qui le suit (et $12 \times 17 + 8 = 212 \ldots$) .

LEMME 10. Soit $Y \in \mathcal{M}^2$ telle que

$$\forall X \in \mathcal{M}^2 , \ |E(X_\infty Y_\infty)| \leq \|X\|_{\mathcal{H}^1} .$$

Alors $Y \in \mathrm{BMO}$ et $\|Y\|_{\mathrm{BMO}} \leq 4$.

Démonstration : On a $\|Y\|_{\mathrm{bmo}^2} \leq 2$ d'après l'argument du lemme 2, et $\|Y\|_{bj} \leq 2$ d'après le lemme 7. D'où le résultat.

§11 - INEGALITES DE DAVIS.

Avant d'en venir aux inégalités de DAVIS, rappelons la définition de MEYER de l'espace H^1 .

DEFINITION 8. Pour toute martingale X on pose

$$[X,X]_t = \langle X^c, X^c\rangle_t + \sum_{s\leq t} (\Delta X_s)^2 ,$$

où X^c désigne la partie martingale locale continue de X ,

$$\|X\|_{H^1} = E([X,X]_\infty^{1/2}) .$$

H^1 est l'espace des martingales X telles que $\|X\|_{H^1} < \infty$.

H^1 est un espace vectoriel normé, admettant $\mathcal{M}^\infty$ comme sous-espace dense ([7], V.12) . Noter que $X_t^2 - [X,X]_t$ est une martingale si $X \in \mathcal{M}^2$ et que par suite $\|X\|_{H^1} \leq \|X_\infty\|_2$, comme dans le cas continu. Noter aussi que $\|X\|_{H^1} \leq \|X\|_v$, car si $\|X\|_v < \infty$, alors $X^c = 0$ et

$$[X,X]_\infty = \sum (\Delta X_s)^2 \leq (\sum |\Delta X_s|)^2 .$$

PROPOSITION 7. <u>Tout atome est dans la boule unité de</u> H^1 .

<u>Démonstration</u> : C'est celle de la proposition 3, à condition de remplacer $\langle a,a\rangle$ par $[a,a]$. ∎

PROPOSITION 8. (1ère inégalité de DAVIS). <u>Pour toute martingale</u> X <u>on a</u>

$$\|X\|_{H^1} \leq 212 \|X\|_{\mathcal{H}^1} .$$

Démonstration : $\mathcal{M}^\infty$ étant dense dans H^1 et dans $\mathcal{H}^1$, on peut supposer que X est bornée. Soit (Y,Z) la décomposition de DAVIS de X. Y admet une décomposition atomique $\sum\lambda_i a^i$ satisfaisant aux conditions (i) et (ii) du théorème 4. D'après le théorème de convergence dominée, $\sum\lambda_i a^i$ converge vers Y dans $\mathcal{M}^2$, donc aussi dans H^1. Par suite,

$$\|Y\|_{H^1} \le \sum |\lambda_i|\,\|a^i\|_{H^1} \le \sum|\lambda_i| \le 12\|P\|_{\mathcal{H}^1_g} \le 12\times 17\,\|X\|_{\mathcal{H}^1} .$$

D'autre part

$$\|Z\|_{H^1} \le \|Z\|_{\mathcal{H}^1_v} \le 8\,\|X\|_{\mathcal{H}^1} .$$

D'où le résultat.

PROPOSITION 9. (2e inégalité de DAVIS). Pour toute martingale X on a

$$\|X\|_{\mathcal{H}^1} \le 4\sqrt{2}\,\|X\|_{H^1} .$$

Démonstration : On reprend l'inégalité de FEFFERMAN pour H^1 et BMO ([7] V.9) et on raisonne comme pour la proposition 5, en utilisant cette fois le théorème 7 et le lemme 7. ∎

REFERENCES

[1] R.R. COIFMAN - A real variable characterization of H^p . Studia Mathematica, T. LI . (1974) pp.

[2] B. DAVIS - On the integrability of the martingale square function. Israel J.M. 8, 187-190. (1970).

[3] A. GARSIA - Martingale Inequalities. Seminar Notes on Recent Progress, Benjamin (1973).

[4] R.K. GETOOR - M.J. SHARPE - Conformal martingales. Invent. Math. 16, 271-308 (1972).

[5] C. HERZ - Bounded mean oscillation and regulated martingales. Trans. Amer. Math. Soc. 193, n°6 (1974).

[6] P.A. MEYER - Le dual de "H^1" est "BMO" . Séminaire de probabilités VII, Lecture Notes in Mathematics 321, Springer (1973).

[7] P.A. MEYER - Un cours sur les intégrales stochastiques. Séminaire de Probabilités X, Lecture Notes in Mathematics 511, Springer (1976).

Septembre 1976

A. BERNARD, Institut Fourier, BP 116, 38402 ST MARTIN D'HERES

B. MAISONNEUVE, I.M.S.S. Université II, 47X - 38040 GRENOBLE Cedex.

Université de Strasbourg
Institut de Recherche Mathématique Avancée
Séminaire de Probabilités Année 1972/73

INTEGRALES STOCHASTIQUES PAR RAPPORT AUX PROCESSUS DE WIENER OU DE POISSON

C. Dellacherie

On travaille sur un espace probabilisé complet $(\Omega,\underline{\underline{F}},P)$ muni d'une famille $(\underline{\underline{F}}_t)$ vérifiant les conditions habituelles. Le but de cet exposé est de donner des démonstrations "simples" des deux théorèmes classiques suivants

THEOREME 1.- Soit (B_t) un mouvement brownien (issu de 0) par rapport à $(\underline{\underline{F}}_t)$ et soit $(\underline{\underline{B}}_t)$ sa famille de tribus naturelle dûment complétée. Alors toute v.a. Z de $L^2(\underline{\underline{B}}_\infty)$ est de la forme

$$Z = E[Z] + \int_0^\infty f_t(\omega)\, dB_t(\omega)$$

où (f_t) est un processus prévisible par rapport à $(\underline{\underline{B}}_t)$ tel que $E[\int_0^\infty f_t^2(\omega)\, dt] < +\infty$.

THEOREME 2.- Soit (N_t) un processus de Poisson par rapport à $(\underline{\underline{F}}_t)$ et soit $(\underline{\underline{N}}_t)$ sa famille de tribus naturelle dûment complétée. Alors toute v.a. Z de $L^2(\underline{\underline{N}}_\infty)$ est de la forme

$$Z = E[Z] + \int_0^\infty f_t(\omega)\, d(N_t - t)(\omega)$$

où (f_t) est un processus prévisible par rapport à $(\underline{\underline{N}}_t)$ tel que $E[\int_0^\infty f_t^2(\omega)\, dt] < +\infty$.

Les démonstrations ne vont pas faire intervenir le caractère markovien de ces processus; elles feront appel uniquement à la théorie générale des intégrales stochastiques par l'intermédiaire des deux résultats suivants

1) D'après la théorie de l'orthogonalité de Kunita-Watanabé, il suffit dans les deux cas de montrer qu'une martingale de carré intégrable par rapport à la famille de tribus naturelle, nulle en 0, et orthogonale à (B_t) dans le premier cas, à $(N_t - t)$ dans le second, est nulle. Comme de plus les martingales bornées sont denses dans l'espace des martingales de carré intégrable, on pourra supposer la martingale bornée.

2) D'après la formule de changement de variable, on sait qu'une martingale continue (B'_t), nulle à l'origine, telle que $(B_t'^2 - t)$ soit une martingale, est

un mouvement brownien, et qu'une martingale compensée de sauts (M'_t), nulle à l'origine et de sauts égaux à 1, telle que $(M'^2_t - t)$ soit une martingale, est un processus de Poisson compensé, i.e. est de la forme $(N'_t - t)$ où (N'_t) est un processus de Poisson.

DEMONSTRATION DU THEOREME 1.- Soit (X_t) une martingale bornée par rapport à $(\underline{\underline{B}}_t)$, nulle à l'origine et orthogonale à (B_t). Soit M une constante > 0 telle que $|X_t| < 2M$ pour tout t et posons $Q = (1 + \frac{X}{M}\infty).P$. La mesure Q est une loi de probabilité sur Ω, équivalente à P. D'autre part, (X_t) est orthogonale à toute intégrale stochastique par rapport à (B_t) et $(\underline{\underline{B}}_t)$, et en particulier à $(B_t^2 - t)$: les processus $(X_t.B_t)$ et $(X_t.(B_t^2 - t))$ sont des martingales par rapport à $(\underline{\underline{B}}_t)$. On en déduit que (B_t) et $(B_t^2 - t)$ sont encore des martingales par rapport à $(\underline{\underline{B}}_t)$ <u>lorsque</u> $(\Omega, \underline{\underline{F}})$ <u>est muni de la loi</u> Q. Le processus (B_t) est donc encore un mouvement brownien par rapport à $(\underline{\underline{B}}_t)$ lorsque $(\Omega, \underline{\underline{F}})$ est muni de la loi Q. Comme la loi d'un brownien (B_t) est uniquement déterminée sur la tribu engendrée par les B_t, on en conclut que Q = P sur $\underline{\underline{B}}_\infty$ et que $X_\infty = 0$. Le théorème est démontré. Il implique que toute martingale par rapport à $(\underline{\underline{B}}_t)$ est continue; on en déduit aisément des propriétés bien connues de $(\underline{\underline{B}}_t)$: $(\underline{\underline{B}}_t)$ n'a pas de temps de discontinuité et tout temps d'arrêt de $(\underline{\underline{B}}_t)$ est prévisible.

La démonstration du théorème 2 est en tout point analogue à celle du théorème 1.

Université de Strasbourg
Séminaire de Probabilités 1973/74

SUR LA REPRESENTATION DES MARTINGALES COMME INTEGRALES STOCHASTIQUES DANS LES PROCESSUS PONCTUELS [1]

par CHOU Ching-Sung et P.A. MEYER

Il y a deux cas où l'on sait que toute martingale d'une famille de tribus $(\underline{\underline{F}}_t)$ peut se représenter comme intégrale stochastique par rapport à une martingale fondamentale (q_t) : celui de la famille de tribus naturelle du mouvement brownien (B_t) [où la martingale fondamentale est le mouvement brownien lui même] , et celui de la famille de tribus naturelle du processus de Poisson (P_t) [où la martingale fondamentale est le processus de Poisson compensé P_t-t] . Nous expliquerons à la fin de l'exposé pourquoi ces processus sont, parmi les processus à accroissements indépendants et stationnaires réels, les seuls à posséder cette propriété.

Nous allons étendre ce théorème de représentation dans une autre direction en considérant, non plus des processus à accroissements indépendants et stationnaires, mais des processus ponctuels. Plus précisément, nous allons étendre à cette situation un théorème récent de M.H.A. DAVIS, suivant lequel le théorème de représentation vaut en fait pour toute martingale locale .

1. LE CAS ELEMENTAIRE

Ce cas a déjà été étudié par DELLACHERIE [2]. Nous considérons un espace probabilisé $(\Omega,\underline{\underline{F}},P)$ et une v.a. S strictement positive, mais pouvant prendre la valeur $+\infty$. Nous munissons Ω de la plus petite famille croissante de tribus $(\underline{\underline{F}}^o_t)$, continue à droite, pour laquelle S est un temps d'arrêt : un ensemble A appartient à $\underline{\underline{F}}^o_t$ si et seulement si

| $A\cap\{S\leq t\}$ est de la forme $S^{-1}(B)$, où B est borélien dans $]0,t]$
| $A\cap\{S>t\}$ est ou bien vide, ou bien $\{S>t\}$ tout entier

La caractéristique fondamentale de la situation est la loi de S, que nous définirons par sa fonction de répartition (ou "fonction de queue")

1 Cet exposé avait été d'abord conçu comme une démonstration nouvelle du théorème de DAVIS sur le processus de Poisson. La contribution de CHOU Ching Sung est le passage du cas exponentiel au cas général, lorsque $c=+\infty$, $F(\infty-) = 0$.

(1) $$F(t) = P\{S>t\}$$

fonction décroissante, continue à droite, telle que $F(0)=1$, $F(\infty)=0$ (mais $F(\infty-)$ peut être >0). Nous notons c le plus petit t tel que $F(t)=0$. Quitte à remplacer S par $S\wedge c$, qui lui est p.s. égale, nous pouvons supposer que S est partout majorée par c. Nous aurons à distinguer trois cas

i) $c=+\infty$, ii) $c<+\infty$, $F(c-)=0$, iii) $c<+\infty$, $F(c-)>0$

La nécessité d'une telle distinction mérite d'être notée dès maintenant : il existe un "changement de temps" simple - déterministe - qui ramène les problèmes sur $]0,c]$ à des problèmes sur $]0,\infty]$, mais la notion de martingale locale n'est pas invariante par changement de temps.

On se ramène très facilement à une situation canonique, dans laquelle il est possible de faire de petits dessins : Ω y est l'intervalle $]0,c]$, muni de la tribu borélienne et de la mesure $-dF$; S y est l' application identique de Ω dans $\overline{\mathbb{R}}_+$. Le graphe tracé dans le dessin ci-dessous représente, d'après DELLACHERIE [2], le modèle le plus général de temps d'arrêt T de la famille $(\underline{\underline{F}}^o_t)$.

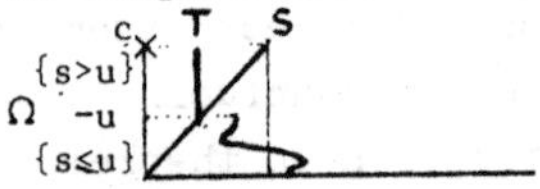

S'il existe un ω tel que $T(\omega)=u<S(\omega)$, alors $T = u$ sur l'ensemble $\{S>u\}$ tout entier , et $T\geqq S$ sur l'ensemble $\{S\leqq u\}$.

Nous pouvons écrire explicitement toutes les martingales uniformément intégrables de la famille $(\underline{\underline{F}}^o_t)$, de la manière suivante : tout élément de $L^1(\underline{\underline{F}}^o_\infty)$ peut s'écrire $H\circ S$, où H est une fonction borélienne finie sur $]0, c]$ satisfaisant à

(2) $$\int -|H(u)|dF(u) < \infty$$

La martingale $E[H\circ S|\underline{\underline{F}}^o_t]$ s'écrit alors

(3) $$M^H_t = I_{\{t<S\}}\frac{1}{F(t)}\int_{]t,\ c]} -H(u)dF(u) + I_{\{t\geqq S\}}H\circ S$$

Parmi ces martingales, nous nous intéressons particulièrement à celles qui sont nulles à l'origine. La fonction H correspondante satisfait alors, outre (2), la condition

(4) $$\int H(u)dF(u) = 0$$

et la martingale (3) s'écrit alors

(5) $$\overline{M}^H_t = I_{\{t<S\}}\frac{1}{F(t)}\int_{]0,t]} H(u)dF(u) + I_{\{t\geqq S\}}H\circ S$$

Le processus ainsi défini a un sens pour des fonctions H qui ne satisfont pas à (2), mais seulement à

(6) pour tout $t<c$, $\int_{]0,t]} |H(u)|dF(u) < +\infty$

Alors le processus $(\overline{M}_t^H)$ donné par (6) est bien défini pour tout t fini, arrêté à l'instant S, continu à droite. On peut écrire autrement la formule (6) . Sur l'espace des fonctions H satisfaisant à (6), introduisons les opérateurs $\mathcal{E}_t$ ainsi définis : si $t\geq c$, $\mathcal{E}_t H=H$. Si $0<t<c$

(7) $\mathcal{E}_t H(u) = H(u)$ pour $0<u\leq t$, $\mathcal{E}_t H(u)=\frac{1}{F(t)}\int_{]0,t]} H(u)dF(u)$ pour $u>t$

$\mathcal{E}_t H$ est, pour $t<c$, une fonction intégrable pour la mesure dF, d'intégrale nulle, constante sur l'intervalle $]t,\infty]$ et égale à H sur $]0,t]$. Cela la caractérise à une dF-équivalence près. On en déduit aussitôt que $\mathcal{E}_s\mathcal{E}_t=\mathcal{E}_{s\wedge t}$, et il est clair aussi que

(8) $$\overline{M}_t^H = \mathcal{E}_t H\circ S \ .$$

Nous pouvons maintenant énoncer notre premier résultat sur la structure des martingales locales, qui est très voisin de résultats de DELLACHERIE [2].

PROPOSITION 1. a) Toute martingale locale (M_t) telle que $M_0=0$ est une vraie martingale sur l'intervalle $[0,c[$; (M_t) est arrêtée à l'instant S , et on a p.s. $M_S=M_{S-}$ sur l'ensemble $\{S=c\}$ si $c<\infty$.

b) Dans les cas i) et ii) , toute martingale locale (M_t) telle que $M_0=0$ est de la forme $(\overline{M}_t^H)$, où H satisfait à (6), et inversement tout processus de cette forme est une martingale locale. Dans le cas iii), toute martingale locale (M_t) telle que $M_0=0$ est uniformément intégrable, et donc de la forme $(\overline{M}_t^H)$, où H satisfait à (2) et (4), et inversement ...

DEMONSTRATION. a) Nous commençons par remarquer que toute martingale uniformément intégrable (M_t) nulle en 0 est de la forme $(\overline{M}_t^H)$, avec une fonction H satisfaisant à (2) et à (4). Une telle martingale est arrêtée à l'instant S. Supposons que l'ensemble $\{S=c\}$ ait une probabilité > 0, et que $c<\infty$. On a pour tout ω tel que $S(\omega)=c$

$$\overline{M}_{c-}^H(\omega) = \frac{1}{F(c-)}\int_{]0,c[} H(u)dF(u) \ , \ \overline{M}_c^H(\omega) = H(c)$$

et ces quantités sont égales d'après (4).

Dire que (M_t) est une martingale locale revient à dire qu'il existe des temps d'arrêt finis T_n de la famille $(\underline{\underline{F}}_t^o)$ tels que $T_n(\omega)\uparrow+\infty$ p.s.

et que les processus $(M_{t\wedge T_n})$ soient des martingales uniformément intégrables [la définition usuelle concerne plutôt des temps d'arrêt de la famille complétée tendant vers $+\infty$ partout, mais c'est équivalent]. D'après ce qui vient d'être dit des martingales uniformément intégrables, (M_t) est arrêtée à l'instant S, et continue à l'instant S sur l'ensemble $\{S=c\}$ si $c<+\infty$, $F(c-)>0$.

S'il existe un n tel que $T_n \geqq S$ p.s., on a $M_t=M_{t\wedge T_n}$, donc (M_t) est une martingale uniformément intégrable. Supposons donc que l'on ait pour tout n $P\{T_n<S\}>0$. Il existe alors une constante t_n telle que $T_n\wedge S = t_n\wedge S$; comme $P\{S>t_n\}>0$, on a $t_n \leqq c$, et on a nécessairement $t_n<c$ (sans quoi on aurait $T_n \geqq S$, ce qui vient d'être exclu). Comme $T_n \uparrow \infty$, on a $\lim_n P\{S>t_n\}=0$, donc $t_n \uparrow c$. Comme (M_t) est arrêtée à l'instant S, on a $M_{t\wedge T_n} = M_{t\wedge t_n}$, et le processus $(M_t)_{t \leqq t_n}$ est une martingale uniformément intégrable. Donc (M_t) est une vraie martingale sur $[0,c[$. Les propriétés a) sont établies.

Pour établir b), nous distinguerons les trois cas, en commençant par le plus simple.

Cas iii) : $c<+\infty$, $F(c-)>0$. L'ensemble des ω tels que $S(\omega)=c$ a une mesure >0. Le fait que $T_n \uparrow +\infty$ p.s. entraîne donc qu'il existe un ω tel que $S(\omega)=c$, $T_n(\omega)>c$. Un regard au petit dessin de la 2e page montre qu'alors $T_n \geqq S$ partout. Le processus $(M_{t\wedge T_n})=(M_t)$ est alors une martingale uniformément intégrable.

Cas ii) : $c<+\infty$, $F(c-)=0$. Tout est évident si (M_t) est une martingale uniformément intégrable. Si elle ne l'est pas, nous avons vu qu'on peut écrire $T_n\wedge S = t_n\wedge S$, où $t_n<c$, $t_n\uparrow t$, et les martingales $(M_{t\wedge t_n})$ sont uniformément intégrables. Ecrivons $M_{t_n} = H_n\circ S$; H_n est intégrable par rapport à dF, d'intégrale nulle, et la propriété de martingale entraîne que $H_n = \mathcal{E}_{t_n} H_{n+1}$ p.p.. Revenant au calcul des $\mathcal{E}_t$ on voit que $H_n=H_{n+1}$ dF-p.p. sur $]0,t_n]$. Il existe donc une fonction H sur $]0,c[$, finie, telle que $H=H_n$ dF-p.p. sur $]0,t_n]$ pour tout n. Comme $F(c-)=0$, H est définie dF-p.p. ; si nous voulons qu'elle soit définie partout, nous n'avons qu'à poser $H(c)=0$. Comme $H=H_n$ sur $]0,t_n]$, (6) est satisfaite, et on a $M_t=\overline{M}_t^H$ pour $t<c$. Comme on a $S<c$ p.s., et les deux processus sont arrêtés à l'instant S, on a $M_t=\overline{M}_t^H$ pour tout t.

Cas iii) : $c=+\infty$. Le raisonnement est le même, mais plus simple, car les t_n tendent vers $+\infty$. Si $F(\infty-)>0$, la fonction H n'est pas complètement déterminée dF-p.p. par le fait que $H=H_n$ sur $]0,t_n]$, mais nous pouvons attribuer n'importe quelle valeur à $H(\infty)$ sans changer $\overline{M}_t^H$ pour t fini.

Il ne reste donc plus qu'une chose à établir : le fait que si H satisfait à l'énoncé, $(\overline{M}_t^H)$ est effectivement une martingale locale. Dans le cas iii), il s'agit d'une martingale uniformément intégrable et tout est évident. Dans le cas i), il s'agit d'une vraie martingale, et c'est aussi clair. Reste le cas ii) . Nous prenons des $t_n<c$, $t_n\uparrow c$, et nous posons

$$T_n=t_n \text{ sur } \{t_n<S\} \ , \ T_n = nc \text{ sur } \{t_n\geq S\}$$

Les temps d'arrêt T_n tendent vers $+\infty$ p.s. du fait que $F(c-)=0$. D'autre part, le processus $(\overline{M}^H_{t\wedge t_n})=(\overline{M}^H_{t\wedge T_n})$ est une martingale uniformément intégrable, et il en résulte bien que $(\overline{M}_t^H)$ est une martingale locale.

REPRESENTATIONS COMME INTEGRALES STOCHASTIQUES

Nous introduisons la fonction sur $[0,c]$, croissante et continue à droite , nulle en 0

$$(9) \qquad \varphi(t) = \int_{]0,t]} \frac{-dF(u)}{F(u-)}$$

Si $F(c-)>0$ (que c soit fini ou non), on a $\varphi(c)<\infty$. Supposons que $F(c-)=0$, de sorte que nous pouvons nous placer sur $]0,c[$. On a $\varphi(c)=+\infty$, mais je dis que la mesure $d(\varphi F)$ sur $]0,c[$ est <u>bornée</u> et de <u>masse nulle</u> .

Nous remarquons d'abord que $\varphi(0)F(0)=0$, et $\lim_{t\uparrow c} \varphi(t)F(t)=0$. En effet si $s<t$, $\varphi(t)-\varphi(s) \leqq \frac{F(s)-F(t)}{F(t)}$, donc $\varphi(t)F(t) \leqq \varphi(s)F(t)+F(s)$, d'où ce qu'on cherche en faisant tendre t vers c, puis s vers c.

Ensuite, nous remarquons que la mesure $-\varphi dF$ est bornée : en effet $\int_0^t -\varphi dF = \varphi(t)F(t)+\int_0^t F(s-)d\varphi(s) = \varphi(t)F(t)+1-F(t)$, et donc $-\varphi dF$ est une loi de probabilité. De même, $F(s-)d\varphi(s) = -dF(s)$ est une loi de probabilité. Donc $|d(\varphi(s)F(s))| \leqq -\varphi(s)dF(s)+ F(s-)d\varphi(s)$ est une mesure bornée de norme au plus 2 et de masse nulle .

Nous démontrons rapidement, d'après DELLACHERIE [2], le lemme suivant

LEMME 1. <u>Le compensateur prévisible</u>[1]<u>du processus croissant</u>

$$(10) \qquad N_t = I_{\{t\geqq S\}}$$

<u>est le processus croissant</u> $\hat{N}_t=\varphi(t\wedge S)$.

(Noter que ces deux processus peuvent charger $+\infty$).

---

1 c.à.d. l'unique processus croissant prévisible $\hat{N}_t$ tel que $N_t-\hat{N}_t$ soit une martingale.

Tout d'abord, le processus croissant $\varphi(t)$ est prévisible, puisqu'il ne dépend pas de ω , donc $(\hat{N}_t)$ est aussi prévisible par arrêt. Ensuite, nous avons $\hat{N}_\infty = \varphi(S)$

$$E[\hat{N}_\infty] = \int_{]0,c]} -\varphi(u)dF(u)$$

Nous distinguons deux cas : si $F(c-)>0$, nous savons que φ est finie sur $]0,c]$ et nous avons

$$\int_{]0,c]} -\varphi(u)dF(u) = \underbrace{F(0)\varphi(0)}_{=0}-\underbrace{F(c)\varphi(c)}_{=0} + \int_{]0,c]} F(u-)d\varphi(u)$$

Mais par définition $F(u-)d\varphi(u) = -dF(u)$, et en fin de compte l'intégrale est égale à 1. Si $F(c-)=0$, on remplace l'intégrale par $\int_{]0,c[}$, et on fait le même raisonnement sur $]0,t[$, $t<c$. On obtient le même résultat en utilisant le fait que $\varphi(t)F(t) \to 0$ lorsque $t\uparrow c$, vu au début.

Le processus croissant $(\hat{N}_t)$ est donc intégrable. On calcule alors par un raisonnement tout analogue $E[\hat{N}_\infty|\underline{\underline{F}}^\circ_t]-\hat{N}_t$, et l'on trouve que cela vaut $X_t=I_{\{t<S\}}$; c'est aussi le potentiel engendré par (N_t), et le lemme est établi.

DEFINITION. <u>La martingale</u> $q_t=N_t-\hat{N}_t$ <u>est appelée</u> martingale fondamentale.

Il est facile d'expliciter (q_t) :

(11) $q_t(\omega) = -\varphi(t)$ si $t<S(\omega)$, $q_t(\omega) = -\varphi(S(\omega))+1$ si $t\geq S(\omega)$

C'est en fait la martingale M^H_t ou $\overline{M}^H_t$ relative à la fonction $H(t)=1-\varphi(t)$, qui satisfait à (2) et (4).

Voici le principal résultat de cette première partie . Il faut noter que les intégrales stochastiques intervenant dans cette représentation sont des intégrales de Stieltjes ordinaires de processus prévisibles <u>non localement bornés</u>, et n'entrent donc pas dans la théorie générale des intégrales stochastiques. Ce qui est là dessous, c'est que dans la théorie générale les " variations totales " sont " localement L^1 " et on ne peut donc intégrer que des êtres " localement L^∞ ", tandis qu'ici la " variation totale" est " localement bornée" et on peut intégrer des êtres " localement L^1 " - mais il s'agit là, bien sûr , de considérations heuristiques.

PROPOSITION 2 . <u>Soit</u> (M_t) <u>une martingale locale telle que</u> $M_0=0$. <u>Il existe un processus prévisible</u> (h_t) <u>tel que l'on ait pour tout t fini</u>

(12) $\int_0^t |h_s||dq_s| < \infty$ <u>p.s.</u> , $M_t = \int_0^t h_s dq_s$ <u>p.s.</u> .

DEMONSTRATION. Le processus h_t que nous utiliserons sera en fait un processus <u>déterministe</u>, dépendant de t seulement et non de ω. Nous traiterons en détail l'un des trois cas, et brièvement les autres.

<u>Cas i)</u> : $c=+\infty$. Nous choisissons H telle que $M_t=\overline{M}_t^H$ et posons sur $]0,\infty[$

(13) $$h(t) = H(t)-\frac{1}{F(t)}\int_{]0,t]} H(u)dF(u).$$

Noter que (M_t) détermine H dF-p.p. sur $]0,\infty[$, puisque $M_S=H\circ S$; donc la fonction h est aussi déterminée dF-p.p.

Calculons d'abord $\overline{M}_t^H$ sur l'intervalle $[0,S(\omega)[$: nous pouvons écrire $\overline{M}_t^H = A_tB_t$, où $A_t=1/F(t)$, $B_t=\int_{]0,t]} H(u)dF(u)$. Appliquons la formule $d(A_tB_t) = B_tdA_t + A_{t-}dB_t$, il vient

$$d\overline{M}_t^H(\omega)= \frac{-dF(t)}{F(t)F(t-)}\int_{]0,t]}H(u)dF(u) + \frac{H(t)}{F(t-)}dF(t)$$

$$= -(-\int_{]0,t]}H(u)dF(u) + H(t)) d\varphi(t)$$

$$= -h(t)d\varphi(t) = h(t)dq_t(\omega) .$$

La fonction F(t-) est bornée inférieurement sur tout intervalle compact, $|H|$ est localement intégrable pour la mesure -dF, il n'y a aucune difficulté à vérifier que $\int_0^t|h(u)|d\varphi(u) < \infty$ pour tout t fini. Cela s'écrit $\int_{]0,t\wedge S[}|h(s)||dq_s| < \infty$. A l'instant S, supposé fini, h est finie, et q présente un saut fini ; on a donc la même propriété sur l'intervalle $]0,t\wedge S]$. Mais dq est nulle sur $]S,\infty[$, et on a donc $\int_{]0,t]}|h_s||dq_s| < \infty$ pour tout t fini.

Nous avons vérifié que $M_t(\omega)=\overline{M}_t^H(\omega)= \int_{]0,t]}h_sdq_s(\omega)$ pour $t<S(\omega)$.

Les deux membres étant constants sur $]S(\omega),\infty[$, il nous suffit de vérifier qu'ils présentent le même saut à l'instant S. Posons $S(\omega)=t$ et calculons :

<u>Saut du premier membre</u>

$$H(t) - \overline{M}_{t-}^H(\omega) = H(t) - \frac{1}{F(t-)}\int_{]0,t[} H(u)dF(u)$$

$$= H(t)+ \frac{H(t)(F(t)-F(t-))}{F(t-)} - \frac{1}{F(t-)}\int_{]0,t]}H(u)dF(u)$$

$$= \frac{F(t)}{F(t-)}(H(t) - \frac{1}{F(t)}\int_{]0,t]}H(u)dF(u))$$

<u>Saut du second membre</u> : il vaut $h(t)(q(t)-q(t-))$, soit

$$h(t)(1-\varphi(t)+\varphi(t-)) = (H(t)-\frac{1}{F(t)}\int_{]0,t]}H(u)dF(u))(1+ \frac{F(t)-F(t-)}{F(t-)})$$

et il y a bien égalité.

Cas ii) : $c<\infty$, $F(c-)=0$. Tous les calculs que nous avons faits sur $]0,S(\omega)]$ restent vrais du fait que $S(\omega)<c$. On a donc $\int_{]0,t\wedge S]}|h_s||dq_s| < \infty$, et on peut à nouveau remplacer $]0,t\wedge S]$ par $]0,t]$. De même, on a $M_t=\int_{]0,t]}h_s dq_s$ pour $t\leq S$, donc pour tout t puisque les deux membres sont des processus arrêtés à S. Il n'y a donc rien de nouveau.

Cas iii) : $c<\infty$, $F(c-)>0$. Comme $F(c-)>0$, la fonction $F(t-)$ est bornée inférieurement sur $[0,c]$, et H est intégrable par rapport à la mesure $-dF$. On peut alors vérifier directement que $\int_{]0,c]}|h(u)|d\varphi(u) < \infty$, et ainsi on a même $\int_{]0,\infty[}|h_s||dq_s| = \int_{]0,c]}|h_s||dq_s| < \infty$. Quant à l'égalité $M_t=\int_{]0,t]}h_s dq_s$, elle se vérifie sur $]0,S[$ comme plus haut, l'égalité des sauts se vérifie à l'instant S sur $\{S<c\}$ comme plus haut, et sur $\{S=c\}$ les deux membres ont un saut nul (prop.1). L'égalité sur $]0,S]$ s'étend à $]0,\infty[$ puisque les deux membres sont arrêtés à S.

GENERALISATIONS . 1) Sur $(\Omega,\underline{\underline{F}},P)$, donnons nous une tribu $\underline{\underline{F}}_0^o$ et une variable aléatoire $S>0$, et désignons par $\underline{\underline{F}}_t^o$ la tribu engendrée par $\underline{\underline{F}}_0^o$ et les ensembles $S^{-1}(B)$, où B est borélien dans $[0,t]$. On a alors des résultats tout à fait analogues aux précédents : on introduit la fonction de répartition conditionnelle

$$F(.,t) = P\{S>t|\underline{\underline{F}}_0\}$$

la " martingale fondamentale"

$$q_t = I_{\{t\geq S\}} + \int_{]0,S\wedge t]}\frac{dF(.,s)}{F(.,s-)}$$

et toutes les martingales locales de cette famille sont des intégrales stochastiques par rapport à la martingale fondamentale. Les démonstrations sont les mêmes que ci-dessus, mais en conditionnant partout par $\underline{\underline{F}}_0$.

2) Sur $(\Omega,\underline{\underline{F}},P)$ donnons nous une famille croissante $(\underline{\underline{F}}_t)$ de tribus, et deux temps d'arrêt U,V tels que $V\geq U$, et $V>U$ sur $\{U<\infty\}$. Introduisons la famille de tribus $\underline{\underline{G}}_t=\underline{\underline{F}}_{U+t}$, la v.a. $S=V-U$ qui est un temps d'arrêt de $(\underline{\underline{G}}_t)$ - avec la convention $\infty-\infty=\infty$ ici - et supposons que pour tout t $\underline{\underline{G}}_{t\wedge S}$ soit engendrée par $G_0=\underline{\underline{F}}_U$, et par les ensembles $\{S\in B\}$, où B est borélien dans $[0,t]$. La quantité à introduire ici est

$$F(.,t) = P\{S>t|\underline{\underline{F}}_U\}$$

Recherchons la compensatrice prévisible $\hat{N}_t$ du processus croissant $N_t = I_{\{t\geq V\}}$. Les ensembles prévisibles $]0,U]$ et $]V,\infty[$ étant dN-négligeables sont aussi $d\hat{N}$-négligeables, donc $\hat{N}_U=0$, et $\hat{N}_V=\hat{N}_\infty$. Il nous suffit donc de savoir calculer $\hat{N}_{(U+t)\wedge V}$ pour tout t, et cela se ramène à un calcul sur la famille $(\underline{\underline{G}}_{t\wedge S})$, qui est du type considéré en 1). On en déduit que si l'on pose

$$\varphi(.,t) = -\int_{]0,t]} \frac{dF(.,s)}{F(.,s-)}$$

on a $\hat{N}_t = 0$ si $t \leq U$, $\varphi(.,t-U(.))$ si $U<t\leq V$, et ensuite $\varphi(.,V(.)-U(.))$ pour $t \geq V$. Toutes les martingales locales de la famille $(\underline{\underline{F}}_t)$, nulles sur $]0,U]$ et arrêtées à V, sont des intégrales stochastiques par rapport à la martingale fondamentale $(N_t-\hat{N}_t)$. Les démonstrations se ramènent très facilement à celles de 1).

2. LE CAS DES PROCESSUS PONCTUELS

Nous considérons maintenant un espace $(\Omega,\underline{\underline{F}},P)$, et un <u>processus ponctuel</u> (N_t), c'est à dire un processus à valeurs dans $\mathbb{N}$, tel que $N_0=0$, dont les trajectoires sont croissantes et continues à droite, à sauts tous égaux à +1 . Nous désignerons par $(\underline{\underline{F}}^o_t)$ la famille de tribus naturelle du processus (N_t) : il est facile de vérifier qu'elle est continue à droite . Nous notons $T_1,T_2,\ldots$ les sauts successifs du processus (N_t), et nous posons

$$S_1=T_1 \;,\; S_n=T_n-T_{n-1} \text{ si } T_n<\infty \;,\; S_n=+\infty \text{ si } T_n=+\infty$$

La loi du processus est entièrement déterminée par les fonctions de répartition conditionnelles

$$(13) \qquad F_1(t)= P\{S_1>t\} \;,\; F_n(s_1,\ldots,s_{n-1};\, t) = P\{S_n>t\,|\,S_1=s_1,\ldots S_{n-1}=s_{n-1}\}$$

ici, $s_1,\ldots,s_{n-1}$ sont des éléments de $\overline{\mathbb{R}}_+$, et nous décidons que si l'un d'entre eux vaut $+\infty$, la loi dF_n correspondante est concentrée en $+\infty$.

Nous introduisons d'autre part les fonctions croissantes et continues à droite

$$(14) \qquad \varphi_n(s_1,\ldots,s_{n-1}\;;\;t) = \int_{]0,t]} \frac{-dF_n(s_1,\ldots,s_{n-1}\;;t\;)}{F_n(s_1,\ldots,s_{n-1};t-)}$$

et aussi

$$(15) \qquad \hat{N}_t = \varphi_1(S_1) + \varphi_2(S_1;S_2)+\ldots+\varphi_{n-1}(S_1\ldots,S_{n-2};S_{n-1}) + \varphi_n(S_1,\ldots,S_{n-1},t-T_n) \quad \text{sur } \{T_n\leq t<T_{n+1}\}$$

PROPOSITION 3. <u>Le processus</u> $(N_t-\hat{N}_t)=(q_t)$ <u>est une martingale locale</u>.

On l'appelle la martingale (locale) fondamentale.

PROPOSITION 4. <u>Pour toute martingale locale</u> (M_t) <u>de la famille</u> $(\underline{\underline{F}}_t)$, <u>nulle en</u> 0, <u>il existe un processus prévisible</u> (h_t) <u>tel que l'on ait</u>

$\int_{]0,t]} |h_s|\,|dq_s|<\infty$ <u>p.s. pour tout</u> t <u>fini</u> , $M_t=\int_{]0,t]} h_s dq_s$

DEMONSTRATION. Par arrêt à l'instant T_n, on se ramène au cas où le processus ponctuel a au plus n sauts. Le processus (N_t) est alors la somme des processus croissants $I_{\{t \geqq T_k\}}$, k=1,...,n , dont la compensatrice prévisible a été calculée plus haut, d'où le calcul de la martingale locale (ici martingale) fondamentale. Toute martingale locale se décompose en une somme finie de martingales, nulles sur $]0,T_{k-1}]$, arrêtées à T_k, et l'on a pour chacune d'elles une représentation comme intégrale stochastique d'après la généralisation 2).

APPENDICE : NOTE SUR LES PROCESSUS A ACCROISSEMENTS INDEPENDANTS

Considérons un processus $(X_t)_{t \geqq 0}$, à accroissements indépendants et stationnaires, à trajectoires continues à droite, tel que $X_0=0$. Soit $(\underline{\underline{F}}_t)$ sa famille de tribus naturelle, rendue continue à droite et complétée. Nous allons montrer que si (X_t) n'est pas un mouvement brownien ou un processus de Poisson, alors il n'existe pas dans la famille $(\underline{\underline{F}}_t)$ de "martingale fondamentale" (q_t) telle que toute martingale de carré intégrable soit une intégrale stochastique de (q_t).

En effet, la mesure de Lévy du processus n'est pas réduite à une masse ponctuelle. Il existe donc deux intervalles compacts I_1 , I_2 disjoints, chargés tous deux par la mesure de Lévy. Donc il existe dans la famille $(\underline{\underline{F}}_t)$ deux martingales de carré intégrable et d'espérance nulle, les sommes compensées des sauts de (X_t) dont l'amplitude appartient à I_1 et I_2 , sans discontinuités communes. Nous les noterons (Y_t) et (Z_t) . Nous allons supposer que ce sont toutes deux des intégrales stochastiques par rapport à (q_t), et obtenir une contradiction.

L'une au moins des deux martingales (Y_t) et (Z_t) est purement discontinue . Supposons que ce soit le cas pour (Y_t), et notons A l'ensemble des t tels que $Y_t \neq Y_{t-}$. La formule $\Delta Y_s = y_s \Delta q_s$ montre que (q_t) saute sur A . La formule $\Delta Z_s = z_s \Delta q_s$ montre que $(z_t)=0$ sur A, et comme (Y_t) est purement discontinue, $E[\int_{\mathbb{R}} |z_s| d[Y,Y]_s] = 0$. Prenant une projection prévisible, il vient $E[\int |z_s| d\langle Y,Y\rangle_s]=0$. Mais $d\langle Y,Y\rangle_s = c.ds$, et $d\langle Z,Z\rangle_s = c'.ds$, donc cela entraîne $E[\int |z_s| d\langle Z,Z\rangle_s]=0$. Comme $d\langle Z,q\rangle_s$ est absolument continue par rapport à $d\langle Z,Z\rangle_s$, on a $E[\int z_s d\langle Z,q\rangle_s] = 0$. Or cela vaut $E[\int z_s^2 d\langle q,q\rangle_s]= E[\int d\langle Z,Z\rangle_s]$. Donc Z est nulle, ce qui est absurde.

BIBLIOGRAPHIE

[1]. M.H.A. DAVIS. Detection theory of Poisson processes. Preprint, preliminary version. Imperial College, London, 1973.

[2]. C.DELLACHERIE. Un exemple de la théorie générale des processus. Séminaire de Probabilités IV, Lecture Notes vol.124, 1970, p.60.

Sur les questions traitées dans le petit appendice, il faut rappeler l'existence d'un intéressant article (ancien) d'ITO : <u>the spectral type of a process with independent increments</u> , dont la référence me manque.

Enfin, une partie des résultats présentés ici ont quelque relation avec la théorie des processus ponctuels sous la forme de

[3]. F. PAPANGELOU. Integrability of expected increments of point processes and a related random change of scale. Tr. Amer. M. Soc. 165, 1972, p. 483-506.

Université de Strasbourg
Séminaire de Probabilités 1976/77

SOUS-ESPACES DENSES DANS L^1 OU H^1 ET REPRESENTATION DES MARTINGALES

par Marc Yor
(avec J. de Sam Lazaro pour l'appendice)

<u>Introduction</u>. Les martingales relatives à un espace probabilisé filtré $\Lambda = (\Omega, \underline{\underline{F}}, (\underline{\underline{F}}_t), P)$ jouent un rôle fondamental, tant pour le calcul stochastique sur Λ que pour l'étude de certaines propriétés de Λ.

Ceci a conduit de nombreux auteurs à représenter les martingales de carré intégrable (par exemple) sur Λ comme intégrales stochastiques par rapport à certaines martingales fondamentales, principalement dans le cadre des processus de Markov (Kunita-Watanabe [1] ; voir aussi [2] et [3]) et en particulier des processus à accroissements indépendants ([4],[5],[6],[7]), ainsi que pour les processus ponctuels ([8],[9],[10], [11] ; voir [12] pour une revue des résultats connus).

En [14], Jacod et Yor ont adopté un point de vue dual : étant donné un espace filtré sans probabilité $(\Omega, \underline{\underline{F}}^\circ, (\underline{\underline{F}}^\circ_t)_{t\geq 0})$, et un ensemble $\underline{\underline{N}}$ de processus càdlàg et $\underline{\underline{F}}^\circ_t$-adaptés, ils ont caractérisé les probabilités P sur $(\Omega, \underline{\underline{F}}^\circ)$ faisant de tout processus $N \in \underline{\underline{N}}$ une P-martingale locale, et telles que $\underline{\underline{N}}$ engendre l'ensemble des $(P, \underline{\underline{F}}^\circ_t)$-martingales locales au sens des espaces stables de martingales (cf. [1] pour les martingales de carré intégrable, et [14] pour les martingales locales).

L'origine du présent travail se trouve dans une remarque de Mokobodzki, qui nous a signalé la similitude qui lui semblait exister entre le théorème principal de [14], et un théorème de R.G. Douglas ([20]) sur la caractérisation des points extrémaux de certains ensembles de mesures sur un espace mesurable abstrait $(X, \underline{\underline{X}})$. Le lien étroit qui existe entre les deux théorèmes permet d'unifier les différents problèmes de représentation des martingales, et de les rapprocher de certains problèmes d'analyse fonctionnelle.

Le paragraphe 1 est consacré à l'exposé du théorème de Douglas, et de plusieurs de ses applications.

Le paragraphe 2 contient les nouveaux résultats obtenus pour les différents problèmes de représentation des martingales.

Le paragraphe 3 est consacré à l'étude des conditions d'extrémalité dans le problème des martingales, tel qu'il a été formulé par Stroock et Varadhan.

Enfin l'appendice, rédigé avec J. de Sam Lazaro, peut être lu indépendamment du reste de l'exposé.

Nous terminons l'introduction en remerciant vivement G. Mokobodzki, dont la remarque citée plus haut joue un rôle important dans cet article.

Quelques notations et rappels.

$(\Omega,\underline{\underline{F}}^o,(\underline{\underline{F}}_t^o)_{t\geq 0})$ désigne un espace mesurable, muni d'une filtration croissante.

Si P est une probabilité sur $(\Omega,\underline{\underline{F}}^o)$, on note $\underline{\underline{F}}(P)$ la tribu $\underline{\underline{F}}^o$ P-complétée, et $(\underline{\underline{F}}(P)_t)$ la filtration $(\underline{\underline{F}}_t^o)$ rendue $\underline{\underline{F}}(P)$-complète et continue à droite. $\underline{\underline{O}}$ (resp. $\underline{\underline{P}}$) désigne la tribu optionnelle (resp. prévisible) sur $\Omega\times\mathbb{R}_+$, associée à $(\underline{\underline{F}}(P)_t)$.

On écrit souvent t.a. au lieu de $\underline{\underline{F}}(P)_t$-temps d'arrêt.

$\underline{\underline{M}}_{loc}(P)$, resp. $\underline{\underline{M}}^2(P)$, est l'ensemble des $\underline{\underline{F}}(P)_t$-martingales locales, resp. martingales de carré intégrable, pour P. On utilise également les notations classiques $\underline{\underline{M}}^c_{loc}(P)$ et $\underline{\underline{M}}^d_{loc}(P)$.

$H^1(P)$ est l'espace de Banach des P-martingales $(X_t)_{t\geq 0}$ telles que $\|X\|_{H^1} = E[\sup_{t\geq 0}|X_t|] < \infty$. L'importance de cet espace réside - au moins pour nous - dans le résultat suivant (cf. [23]) : toute martingale locale M appartient localement à $H^1(P)$, c'est à dire[1] qu'il existe une suite de t.a. T_n qui croissent P-p.s. vers $+\infty$, et tels que $M^{T_n}\in H^1(P)$ pour tout $n\in\mathbb{N}$. Voici une démonstration très simple de ce résultat : il suffit de démontrer que toute martingale uniformément intégrable M appartient localement à $H^1(P)$. Or si $T_n = \inf\{t \mid |M_t|\geq n\}$, les t.a. T_n croissent P-p.s. vers $+\infty$, et la martingale M^{T_n} appartient à $H^1(P)$. En effet, $\sup_t |M_t^{T_n}| \leq n + |M_{T_n}| 1_{\{T_n<\infty\}}$, et l'expression de droite est intégrable.

Nous utilisons encore l'identification du dual de $H^1(P)$ à l'espace BMO(P), mais nous ne nous servons que de la propriété : si $M\in$BMO(P), M est localement bornée (en effet, les sauts de M sont alors bornés ; avec les mêmes t.a. T_n , on a donc $\sup_t |M_{t\wedge T_n}| \in L^\infty(P)$).

1. Un théorème d'analyse fonctionnelle et quelques applications

1.1. Nous énonçons tout d'abord le théorème de Douglas [20], et nous donnons sa démonstration, essentiellement telle qu'elle figure en [20], ce qui nous permettra en particulier de la comparer à la démonstration du théorème 2.7, relatif à un problème de martingales.

1. Du moins si M_0 est intégrable. Sinon, il faut remplacer M^{T_n} par $M^{T_n}I_{\{T_n>0\}}$.

<u>Théorème 1.1</u> . <u>Soient</u> $(X,\underline{\underline{X}},\mu)$ <u>un espace de probabilité</u>, <u>et</u> F <u>un ensemble de fonctions réelles</u>, $\underline{\underline{X}}$<u>-mesurables et</u> μ<u>-intégrables</u>, <u>contenant la fonction</u> 1. <u>Notons</u>

$$\underline{\underline{M}}_\mu = \underline{\underline{M}}_\mu(F) = \{ \nu \in \underline{\underline{M}}^1_+(X,\underline{\underline{X}}) \mid \forall f \in F , \int|f|d\nu < \infty \text{ et } \int f d\nu = \int f d\mu \}$$

<u>Les deux assertions suivantes sont équivalentes</u>

1) μ <u>est un point extrémal de</u> $\underline{\underline{M}}_\mu$.

2) F <u>est total dans</u> $L^1(\mu)$.

<u>Remarques 1.2</u> . L'assertion 1) est clairement équivalente à

1') μ <u>est un point extrémal de</u> $\underline{\underline{M}}'_\mu = \{ \nu \in \underline{\underline{M}}_\mu \mid \nu \ll \mu \}$

On peut donc remplacer, dans l'énoncé du théorème 1.1., l'ensemble F de fonctions par un ensemble F de classes (pour l'égalité μ-p.s.) de fonctions $\underline{\underline{X}}$-mesurables et μ-intégrables.

Si l'on ne faisait pas, a priori, appartenir la fonction 1 à F, on aurait $\underline{\underline{M}}_\mu(F) = \underline{\underline{M}}_\mu(F \cup \{1\})$ puisque $\underline{\underline{M}}_\mu(F)$ est composé de lois de probabilité, mais la condition 1) entraînerait seulement que $F \cup \{1\}$ est total dans L^1.

Pour démontrer le théorème 1.1, nous aurons besoin du

<u>Lemme 1.3</u> . μ <u>est un point extrémal de</u> $\underline{\underline{M}}_\mu$ <u>si, et seulement si, la seule classe de fonctions</u> $g \in L^\infty(\underline{\underline{X}},\mu)$ <u>telle que</u> : $\forall f \in F$, $\int fg d\mu = 0$, <u>est la classe nulle</u>.

<u>Démonstration</u> : 1) Supposons que μ soit point extrémal de $\underline{\underline{M}}_\mu$. Soit $g \in L^\infty(\underline{\underline{X}},\mu)$, essentiellement bornée par la constante $k \in]0,\infty[$, telle que : $\forall f \in F$, $\int fg d\mu = 0$. Les mesures $\mu_1 = (1+\frac{g}{2k})\mu$ et $\mu_2 = (1-\frac{g}{2k})\mu$ sont des probabilités (on utilise ici le fait que $1 \in F$) et appartiennent à $\underline{\underline{M}}_\mu$. Comme on a $\mu = \frac{1}{2}(\mu_1+\mu_2)$, et que μ est point extrémal de $\underline{\underline{M}}_\mu$, on a $\mu_1=\mu_2=\mu$, d'où $g=0$ μ-p.s..

2) Inversement, supposons la seconde propriété vérifiée. Si μ admet la décomposition $\mu = \alpha\mu_1 + (1-\alpha)\mu_2$ ($\alpha \in]0,1[$, $\mu_i \in \underline{\underline{M}}_\mu$), alors $\mu_1 \leq \frac{1}{\alpha}\mu$, et donc il existe $g \in L^\infty(\underline{\underline{X}},\mu)$, $g \leq \frac{1}{\alpha}$ μ-p.s., telle que $d\mu_1 = g d\mu$; μ_1 appartenant à $\underline{\underline{M}}_\mu$, on a $\forall f \in F$ $\int fg d\mu = \int f d\mu$, ou encore $\int f(g-1)d\mu = 0$. Cela entraîne, d'après l'hypothèse, $g-1=0$ μ-p.s., et donc $\mu_1=\mu_2=\mu$. μ est donc un point extrémal de $\underline{\underline{M}}_\mu$.

<u>Démonstration du théorème 1.1</u> .

D'après le théorème de Hahn-Banach, F est total dans $L^1(\mu)$ si, et seulement si, la seule forme linéaire continue ℓ sur $L^1(\mu)$, nulle sur F, est la forme nulle. Or une telle forme ℓ se représente par

$$\forall f \in L^1(\mu) \qquad \ell(f) = \int fg d\mu \quad \text{avec } g \in L^\infty(\mu)$$

et la condition de nullité sur F s'écrit $\forall f \in F$, $\int f g d\mu = 0$. Donc, d'après le lemme 1.3 , F est total dans $L^1(\mu)$ si et seulement si μ est un point extrémal de $\underline{\underline{M}}_\mu$.

1.2 . Nous donnons maintenant des compléments, exemples et applications du théorème 1.1.

Le théorème 1.1 s'applique à la caractérisation des points extrémaux de sous-ensembles $\underline{\underline{M}}$ de $\underline{\underline{M}}_+^1(X,\underline{\underline{X}})$ définis de la façon suivante : soit F un ensemble de fonctions $\underline{\underline{X}}$-mesurables réelles, contenant la fonction 1, et soit $(c_f)_{f\in F}$ une famille de nombres réels. Notons

$$\underline{\underline{M}} = \{ \mu \in \underline{\underline{M}}_+^1(X,\underline{\underline{X}}) \mid \forall f \in F , \int |f| d\mu < \infty \text{ et } \int f d\mu = c_f \}$$

Alors on a, avec les notations du théorème 1.1, $\underline{\underline{M}} = \underline{\underline{M}}_\mu(F)$ pour tout $\mu \in \underline{\underline{M}}$, et donc μ est un point extrémal de $\underline{\underline{M}}$ si, et seulement si, F est total dans $L^1(\mu)$.

Remarquons que, si $X=\mathbb{R}$ et si F est la famille des applications $x \mapsto x^n$ ($n\in \mathbb{N}$), cette question est liée au problème classique des moments (cf. [19] par exemple).

Rappelons maintenant l'application du théorème de Douglas faite dans le livre de Alfsen [17]. Ceci constitue notre <u>premier exemple</u>.

K est un ensemble convexe compact, A(K) désigne l'ensemble des fonctions affines continues sur K. Si $\mu \in \underline{\underline{M}}_+^1(K)$, on note x_μ le barycentre de μ, caractérisé par

$$\forall a \in A(K) , \quad a(x_\mu) = \int a(x) d\mu(x)$$

$\underline{\underline{M}}_x$ est l'ensemble des mesures positives sur K, admettant pour barycentre x . Si μ est un point extrémal de $\underline{\underline{M}}_{x_\mu}$, μ est dite <u>simpliciale</u> . D'après le théorème 1.1, μ est simpliciale si, et seulement si, A(K) est dense dans $L^1(\mu)$.

Dans le cas particulier où K est un ensemble convexe compact de $\mathbb{R}^n$, un théorème de Carathéodory donne une autre caractérisation des mesures de probabilité simpliciales : $\mu \in \underline{\underline{M}}_+^1(K)$ est simpliciale si, et seulement si, son support est un ensemble fini formé de points affinement indépendants (et comporte donc au plus n+1 points). Voir par exemple [17], proposition I.6.11 . Remarquons que dans ce cas particulier, si μ est simpliciale, alors A(K) s'identifie à $L^1(\mu)$ tout entier, et même à $L^p(\mu)$ pour $1 \leq p \leq \infty$.

D'une façon générale on peut se poser le problème de savoir (avec les notations du théorème 1.1) si, lorsque μ est un point extrémal de $\underline{\underline{M}}_\mu$, et lorsque F est inclus dans $\underline{\underline{L}}^p(\mu)$ pour un p fixé , $p \in]1,\infty[$ [(1)],

1. Pour le cas $p=\infty$, voir la dernière partie de l'appendice.

alors F est total dans $L^p(\mu)$. Dans son article, Douglas fournit un contre-exemple à cette assertion, ainsi que des conditions suffisantes pour qu'elle soit vérifiée. Dans le cadre de l'étude d'Alfsen, M. Capon a montré qu'il n'en était pas toujours ainsi [18]. Nous donnons ci-dessous une proposition générale due à M. Capon, avec une démonstration différente.

Proposition 1.4 . Soient $p\in]1,\infty[$, et p' l'exposant conjugué de p. Soit $F \subset L^p(\mu)$. Les deux assertions suivantes sont équivalentes :

1) F est total dans $L^p(\mu)$.

2) Pour toute classe $g\in L^{p'}(\mu)$ vérifiant $g\geq 0$ et $\int g d\mu=1$, la probabilité $\nu=g.\mu$ est un point extrémal de $\underline{\underline{M}}_\nu$.

Démonstration : 1) => 2). Soit donc $g\in L^{p'}(\mu)$, telle que $\nu=g.\mu$ soit une probabilité. D'après le théorème 1.1, $\nu=g.\mu$ est un point extrémal de $\underline{\underline{M}}_\nu$ si, et seulement si, F est total dans $L^1(\underline{\underline{X}},\nu)$. Il suffit donc de montrer que si $h\in L^\infty(\underline{\underline{X}},\nu)$ vérifie

$$\forall f\in F \ , \ \int fh d\nu=0 \quad , \quad \text{on a } h=0 \ \nu\text{-ps.}$$

Or $\int fh d\nu = \int f(gh)d\nu$. D'après 1), comme $gh\in L^{p'}(\mu)$, on a $gh=0$ μ-ps, et donc $h=0$ ν-ps.

2) => 1). Il suffit ici de montrer que si $h\in L^{p'}(\mu)$ vérifie :

$$\forall f\in F \ , \ \int fh d\mu = 0 \quad , \quad \text{alors } h=0 \ \mu\text{-ps.}$$

Supposons que h ne soit pas nulle μ-ps. Alors, quitte à diviser h par $\int|h|d\mu$, on peut supposer que $\nu=|h|.\mu$ est une probabilité. Or si on note h^+ (resp. h^-) la partie positive (resp. négative) de h, on a

$$\forall f\in F \ , \ \int fh^+d\mu = \int fh^-d\mu \quad , \text{ donc } \nu=|h|.\mu = \tfrac{1}{2}((2h)^+.\mu+(2h^-).\mu)$$

ν est donc la demi-somme de deux probabilités de $\underline{\underline{M}}_\nu$, ce qui entraîne, d'après l'extrémalité de ν dans $\underline{\underline{M}}_\nu$, que $|h|=2h^+=2h^-$ μ-ps, donc $h=0$ μ-ps contrairement à notre hypothèse.

Notre second exemple est relatif aux images de probabilités ou, ce qui revient au même, aux restrictions de probabilités à des sous-tribus.

Soient $(X,\underline{\underline{X}})$, $(Y_i,\underline{\underline{Y}}_i)_{i\in I}$ des espaces mesurables, et pour tout i, soient $\nu_i\in\underline{\underline{M}}^1_+(Y_i,\underline{\underline{Y}}_i)$, $h_i : X \longrightarrow Y_i$ des lois et des applications $\underline{\underline{X}}|\underline{\underline{Y}}_i$-mesurables. Notons

$$\underline{\underline{M}}^{(h_i,\nu_i,i\in I)} = \{\mu\in\underline{\underline{M}}^1_+(X,\underline{\underline{X}}) \mid \forall\, i\in I \ , \ h_i(\mu)=\nu_i \}$$

Proposition 1.5. Soit $\mu \in \underline{\underline{M}}^{(h_i,\nu_i,i\in I)}$. μ est un point extrémal de $\underline{\underline{M}}^{(h_i,\nu_i,i\in I)}$ si, et seulement si, les fonctions de la forme $\sum_{j\in J} \varphi_j \circ h_j$, où J est une partie finie de I et $\varphi_j \in b(\underline{\underline{Y}}_j)$ pour tout j, sont denses dans $L^1(\mu)$.

Démonstration. Posons $F = \{ \varphi_i \circ h_i \mid \varphi_i \in b(\underline{\underline{Y}}_i),\ i\in I \}$. La propriété $h_i(\mu) = \nu_i$ est équivalente à

$$\forall\ \varphi_i \in b(\underline{\underline{Y}}_i)\ ,\quad \int \varphi_i \circ h_i d\mu = \int \varphi_i d\nu_i$$

Avec les notations du théorème 1.1, on a donc $\underline{\underline{M}}^{(h_i,\nu_i,i\in I)} = \underline{\underline{M}}_\mu$. D'après ce théorème, μ est extrémale dans $\underline{\underline{M}}^{(h_i,\nu_i,i\in I)}$ si, et seulement si, F est total dans $L^1(\mu)$. ▯

Cette proposition s'applique de façon évidente lorsque l'on considère des probabilités sur un espace produit $\prod_{t\in T}(E_t,\underline{\underline{E}}_t)$, dont les marginales sur des produits partiels $\prod_{t\in S_i}(E_t,\underline{\underline{E}}_t)$, pour une famille $(S_i, i\in I)$ de sous-ensembles de T, sont fixées.

Le cas où l'ensemble d'indices I est réduit à un élément est particulièrement important. Soit $(Y,\underline{\underline{Y}},\nu)$ un espace de probabilité, et soit $h : X \to Y$ une fonction $\underline{\underline{X}}|\underline{\underline{Y}}$-mesurable. Notons

$$\underline{\underline{M}}^{h,\nu} = \{\mu \in \underline{\underline{M}}^1_+(X,\underline{\underline{X}}) \mid h(\mu)=\nu\}$$

et $\underline{\underline{H}}$ la tribu engendrée par h. On note $\underline{\underline{X}}^\mu$ la tribu complétée de $\underline{\underline{X}}$ pour μ, et $\underline{\underline{H}}^\mu$ la tribu obtenue en ajoutant à $\underline{\underline{H}}$ les ensembles μ-négligeables.

Proposition 1.6. Soit $\mu \in \underline{\underline{M}}^{h,\nu}$. Alors μ est un point extrémal de $\underline{\underline{M}}^{h,\nu}$ si, et seulement si, $\underline{\underline{X}}^\mu = \underline{\underline{H}}^\mu$.

Démonstration. Posons $F = \{\varphi \circ h \mid \varphi \in b(\underline{\underline{Y}})\}$. D'après la proposition 1.5, μ est extrémale si, et seulement si, F (qui est un espace vectoriel) est dense dans $L^1(\mu)$. Or, si F y est dense, on a $\underline{\underline{X}}^\mu \subset \underline{\underline{H}}^\mu$, donc $\underline{\underline{X}}^\mu = \underline{\underline{H}}^\mu$.

Inversement, rappelons que toute fonction réelle $\underline{\underline{H}}$-mesurable f s'écrit sous la forme $f=\varphi \circ h$, où $\varphi : Y \to \mathbb{R}$ est une fonction $\underline{\underline{Y}}$-mesurable. Donc, si $\underline{\underline{X}}^\mu = \underline{\underline{H}}^\mu$, F est dense dans $L^1(\mu)$. ▯

Remarques. Supposons en particulier que l'on ait $X = \mathbb{R} \times Y$, h étant la projection de $\mathbb{R} \times Y$ sur Y, et $\underline{\underline{X}}$ la tribu produit. Soit p la projection sur $\mathbb{R}$. On a $\underline{\underline{X}}^\mu = \underline{\underline{H}}^\mu$ si, et seulement si, p est égale μ-ps à une fonction $\underline{\underline{H}}$-mesurable, autrement dit s'il existe une fonction réelle g sur Y telle que $x = p(x,y) = g(h(x,y)) = g(y)$ pour μ-presque tout (x,y). Cela exprime que μ est portée par le graphe de g.

Les résultats précédents, et cette dernière remarque, retrouvent sous une forme plus générale les conclusions d'un travail de Mokobodzki [21]

(avec une démonstration différente, car ce travail est antérieur à l'article [20] de Douglas[1]). Généralisons la remarque précédente :

Corollaire 1.7 (cf. [21], corollaire 2). Soit μ point extrémal de $\underline{\underline{M}}^{h,\nu}$, et soit $f : X \to \mathbb{R}$ une fonction $\underline{\underline{X}}$-mesurable.

Il existe $A \in \underline{\underline{X}}$, de μ-mesure pleine, tel que

$$\forall\, x,y \in A \;,\quad h(x)=h(y) \Rightarrow f(x)=f(y) \;.$$

Démonstration. D'après la proposition 1.6, il existe une fonction $\underline{\underline{Y}}$-mesurable $\varphi : Y \to \mathbb{R}$, telle que $f=\varphi\circ h$ μ-ps. Il suffit alors de poser $A = \{ x \mid f(x)=\varphi(h(x))\}$ pour en déduire le corollaire. ▯

Dans le cas particulier où $X=Y$, $\underline{\underline{Y}}$ étant une sous-tribu de $\underline{\underline{X}}$ et h l'application identique de X, qui est $\underline{\underline{X}}|\underline{\underline{Y}}$-mesurable, on note

$$\underline{\underline{M}}^{\underline{\underline{Y}},\nu} = \{ \mu\in\underline{\underline{M}}^1_+(X,\underline{\underline{X}}) \mid \mu|_{\underline{\underline{Y}}}=\nu\}$$

et l'on déduit de la proposition 1.6 le :

Corollaire 1.8 . Soit $\mu\in\underline{\underline{M}}^{\underline{\underline{Y}},\nu}$. Alors μ est point extrémal de $\underline{\underline{M}}^{\underline{\underline{Y}},\nu}$ si, et seulement si, $\underline{\underline{X}}^{\mu}=\underline{\underline{Y}}^{\mu}$.

Notre troisième exemple, dont l'intérêt est essentiellement pédagogique, est relatif aux systèmes dynamiques. On y voit en particulier comment varie l'ensemble des points extrémaux de $\underline{\underline{M}}_{\mu}$ (théorème 1.1) lorsque F varie.

Soient $(X,\underline{\underline{X}})$ un espace mesurable et T une bijection bimesurable de $(X,\underline{\underline{X}})$. Notons $\underline{\underline{M}}^T$ l'ensemble des probabilités sur $(X,\underline{\underline{X}})$ invariantes par T, et $\underline{\underline{I}}=\{A\in\underline{\underline{X}} \mid TA=A\}$ la tribu des ensembles T-invariants.

Proposition 1.9. Soit $\mu\in\underline{\underline{M}}^T$. μ est un point extrémal de $\underline{\underline{M}}^T$ si, et seulement si, l'ensemble $F_0\cup\{1\}$ est total dans $L^1(\mu)$, où

$$F_0 = \{ f\circ T-f \mid f\in b(\underline{\underline{X}})\} \;.$$

Démonstration. Il suffit de remarquer que $\underline{\underline{M}}^T=\{\nu\in\underline{\underline{M}}^1_+(X,\underline{\underline{X}}) \mid \forall\, \varphi\in F_0,\ \int\varphi d\nu=0\}$ $=\{\nu\in\underline{\underline{M}}^1_+(X,\underline{\underline{X}}) \mid \forall\varphi\in F_0,\ \int\varphi d\nu=\int\varphi d\mu\}$. On applique alors le théorème 1.1, avec $F=F_0\cup\{1\}$. ▯

On peut retrouver, à partir de ce résultat, l'équivalence bien connue

$$\mu\in\underline{\underline{M}}^T,\ \text{point extrémal de } \underline{\underline{M}}^T \iff \underline{\underline{I}} \text{ est } \mu\text{-triviale}$$

en remarquant que l'orthogonal de F_0 dans la dualité (L^1,L^∞) est $L^\infty(X,\underline{\underline{I}}^{\mu},\mu)$.

1. Voir aussi M.F. ERŠOV. The Choquet theorem and stochastic equations. Analysis Mathematica 1, 1975, p.259-271.

Considérons maintenant $\mu \in \underline{\underline{M}}^T$ (non nécessairement extrémale). Posons $\nu = \mu|_{\underline{\underline{I}}}$, et notons $\underline{\underline{M}}^{T,\nu} = \{\lambda \in \underline{\underline{M}}^T \mid \lambda|_{\underline{\underline{I}}} = \nu\}$. On montre aisément que $\underline{\underline{M}}^{T,\nu}$ est constitué de la seule mesure de probabilité μ (qui y est donc extrémale). Remarquons alors que, d'après le théorème 1.1, l'ensemble des fonctions $g \in b(\underline{\underline{I}})$ et $f \circ T - f$, $f \in b(\underline{\underline{X}})$ est total dans $L^1(\mu)$, d'où l'on déduit facilement le théorème ergodique «dans L^1» :

$$\forall f \in L^1(\mu) \ , \quad \frac{1}{n}(f + f \circ T + \ldots + f \circ T^n) \xrightarrow[n \to \infty]{} \mu(f|\underline{\underline{I}}) \quad \text{dans } L^1 \ .$$

1.3 Nous terminons ce paragraphe par un dernier complément au théorème de Douglas : lorsqu'on poursuit l'étude de l'extrémalité de μ dans $\underline{\underline{M}}_\mu$, il est naturel de se poser la

Question 1 : Quand a t'on $\underline{\underline{M}}_\mu = \{\mu\}$?

En fait, on ne répondra ici qu'à la

Question 1': Quand a t'on $\underline{\underline{M}}'_\mu = \{\mu\}$?

$\underline{\underline{M}}'_\mu$ étant (cf. remarques 1.2) l'ensemble des éléments de $\underline{\underline{M}}_\mu$ absolument continus par rapport à μ . Si $\underline{\underline{M}}'_\mu = \{\mu\}$, on dit que μ est infimale, terme emprunté à un article à paraître de V. Beneš (relatif au second exemple ci-dessus, et à ses applications à certains problèmes de martingales). Avant de continuer, faisons quelques remarques :

- Si μ est infimale, alors μ est extrémale dans $\underline{\underline{M}}_\mu$.
- Si l'on note $\underline{\underline{M}}''_\mu = \{ \nu \in \underline{\underline{M}}_\mu \mid \nu \simeq \mu \}$, on a $\frac{1}{2}\{\underline{\underline{M}}'_\mu + \mu\} \subset \underline{\underline{M}}''_\mu$, et toute probabilité μ telle que $\underline{\underline{M}}''_\mu = \{\mu\}$ est donc infimale. Une telle probabilité est appelée standard par Yen et Yoeurp en [32].

Autrement dit : (μ standard) <=> (μ infimale) .

- En conséquence, chaque fois que l'on parvient à caractériser les mesures μ extrémales dans $\underline{\underline{M}}_\mu$ par une condition ne faisant intervenir que la classe d'équivalence de μ - c'est le cas de la proposition 1.6 (condition $\underline{\underline{X}}^\mu = \underline{\underline{H}}^\mu$) et de la proposition 1.9 (condition de μ-trivialité de $\underline{\underline{I}}$) - on a l'équivalence

(μ extrémale dans $\underline{\underline{M}}_\mu$) <=> (μ infimale)

En effet, l'implication <= a été vue plus haut. Inversement, si μ est extrémale dans $\underline{\underline{M}}_\mu$, tous les points de l'ensemble convexe $\underline{\underline{M}}''_\mu$ sont extrémaux, ce qui n'est possible que si $\underline{\underline{M}}''_\mu = \{\mu\}$, et μ est standard, donc infimale.

Voici maintenant une caractérisation des probabilités infimales

Proposition 1.10 . Soit $F \subset L^\infty(\mu)$. Les deux assertions suivantes sont équivalentes :

1) μ <u>est infimale</u>.

2) <u>La seule fonction</u> $g\in L^1(\mu)$, <u>bornée inférieurement</u> (<u>ou</u> : <u>supérieurement</u>) <u>telle que</u> : $\forall f\in F$, $\int fg d\mu = 0$, <u>est la fonction nulle</u>[1].

En particulier, si F est faiblement dense dans $L^\infty(\mu)$, μ est infimale (mais ce résultat était évident a priori).

<u>Démonstration</u> : 1)=>2) . Soit g une fonction bornée inférieurement, telle que $\int fg d\mu=0$ pour toute $f\in F$. Il existe une constante $c>0$ telle que $g \geqq -c$, et la fonction $h=1+\frac{g}{c}$ est positive, d'intégrale 1 puisque $1\in F$. La loi $\nu=h.\mu$ appartient à $\underline{\underline{M}}'_\mu$, donc $\nu=\mu$ d'après l'hypothèse, ce qui entraîne $g=0$ μ-ps.

2)=>1) . Soit $\nu=g.\mu \in \underline{\underline{M}}'_\mu$. Alors $h=g-1 \geqq -1$ vérifie $\int fh d\mu=0$ pour toute $f\in F$. D'après 2) on a $g=1$ μ-ps, et donc μ est infimale.

<u>Remarque</u> : Signalons encore, indépendamment du caractère infimal de μ, l'équivalence des assertions suivantes (en supposant toujours $F\subset L^\infty(\mu)$)

a) La seule fonction $g\in L^1(\mu)$, orthogonale à F, est $g=0$ (autrement dit, F est faiblement dense dans $L^\infty(\mu)$).

b) Pour toute $g\in L^1_+(\mu)$ d'intégrale 1, la probabilité $\nu=g.\mu$ est extrémale dans $\underline{\underline{M}}_\nu$.

Cette équivalence se démontre en suivant pas à pas la démonstration de la proposition 1.4.

2. Applications à des problèmes de martingales.

2.1. Un problème général.

Soit $(\Omega, \underline{\underline{F}}^o, (\underline{\underline{F}}^o_t)_{t\geqq 0})$ un espace filtré, dont la filtration $(\underline{\underline{F}}^o_t)$ est continue à droite. On suppose fixé, dans ce paragraphe, un processus réel $(X_t,\ t\geqq 0)$, qui n'est pas nécessairement $\underline{\underline{F}}^o_t$-adapté .

ν désigne une fonction d'ensembles, à valeurs dans $\mathbb{R}$, définie sur les ensembles $A\times]s,t] \subset \Omega\times\mathbb{R}^*_+$, où $A\in\underline{\underline{F}}^o_{s-}$ et $0<s<t$. On note

$$\underline{\underline{M}}_\nu = \underline{\underline{M}}_\nu(X)=\{ \text{ P probabilités sur } (\Omega,\underline{\underline{F}}^o) \mid \forall t ,\ E_P[|X_t|]<\infty$$
$$\forall s<t ,\ \forall A\in\underline{\underline{F}}^o_{s-},\ \int_A (X_s-X_t)dP = \nu(A\times]s,t]) \ \}$$

1. Nous commettons l'abus de langage habituel, consistant à parler de fonctions alors qu'il s'agit de classes pour l'égalité μ-p.s..

Supposons que ν soit prolongeable en une mesure bornée $\bar{\nu}$ sur la tribu prévisible de $\Omega\times]0,\infty[$; les réunions d'ensembles disjoints de la forme $A\times]s,t]$ ci-dessus formant une algèbre de Boole qui engendre la tribu prévisible, le prolongement $\bar{\nu}$, s'il existe, est unique. Soit P une loi de probabilité ; supposons que X soit continu à droite et $\underline{\underline{F}}(P)_t$-adapté. Alors la condition $P\in\underline{\underline{M}}_\nu$ est équivalente à l'ensemble des conditions a) et b) que voici

a) X est une $(P,\underline{\underline{F}}(P)_t)$-quasimartingale, autrement dit

$$\sup_\tau \{ (\sum_{i=0}^{n-1} E[|X_{t_i}-E[X_{t_{i+1}}|F(P)_{t_i}]|] + E[|X_{t_n}|] \} < \infty$$

où $\sup_\tau$ désigne le suprémum sur les subdivisions finies de $\mathbb{R}_+$

$$\tau=(0=t_0<t_1 \ldots\ldots < t_n < \infty)$$

b) La quasi-martingale X admet une mesure de Föllmer sur la tribu prévisible de $\Omega\times]0,\infty[$, qui est égale à $\bar{\nu}$.

(Rappelons que si l'espace filtré $(\Omega,\underline{\underline{F}}^\circ,(\underline{\underline{F}}^\circ_t))$ est suffisamment "régulier" , toute $\underline{\underline{F}}(P)_t$-quasimartingale admet une mesure de Föllmer sur $\Omega\times[0,\infty]$: cf. Föllmer [22]). En particulier, si $\nu=0$ et X est $\underline{\underline{F}}(P)_t$-adapté, $P\in\underline{\underline{M}}_\nu$ signifie que X est une $(P,\underline{\underline{F}}(P)_t)$-martingale.

Nous notons $\mathcal{E}_\nu$ l'ensemble des points extrémaux de $\underline{\underline{M}}_\nu$. On déduit immédiatement du théorème 1.1 une caractérisation générale des éléments de $\mathcal{E}_\nu$ (nous ne l'énonçons pour un seul couple (X,ν) que pour des raisons de simplicité : le théorème 1.1 s'appliquerait aussi bien à la détermination des points extrémaux de $\underline{\underline{M}}=\bigcap_i \underline{\underline{M}}_{\nu_i}(X_i)$ pour une famille quelconque $(X_i,\nu_i)_{i\in I}$ de tels couples)

Théorème 2.1 . Soit $P\in\underline{\underline{M}}_\nu$. Il y a équivalence entre

1) $P\in\mathcal{E}_\nu$.

2) Les variables 1 et $1_A(X_t-X_s)$ $(s<t,\ A\in\underline{\underline{F}}^\circ_{s-})$ sont totales dans $L^1(\Omega,\underline{\underline{F}}^\circ,P)$.

2.2. Densité dans L^1 et dans H^1.

La loi P restant désormais fixée la plupart du temps, nous ne ferons apparaître P dans les notations que lorsque ce sera indispensable pour la clarté : nous écrirons donc L^1, H^1, BMO, $\underline{\underline{F}}_t$ ... pour $L^1(P),\ldots,\underline{\underline{F}}(P)_t$. On suppose dans tout ce paragraphe que la tribu $\underline{\underline{F}}_0$ est P-triviale : cette condition permet de simplifier l'exposé, et elle n'est pas difficile à lever. On suppose en outre que $\underline{\underline{F}}=\bigvee_t \underline{\underline{F}}_t$.

Il est naturel d'associer à toute $f\in L^1$ la martingale uniformément intégrable $\tilde{f}_t=E[f|\underline{\underline{F}}_t]$ (supposée cadlag comme toutes les martingales ou martingales locales que l'on rencontrera par la suite). L'identification de f à $\tilde{f}$ nous permet d'identifier l'espace L^1 à l'espace de toutes les martingales uniformément intégrables M , muni de la norme $\|M\|_1=E[|M_\infty|]$. Lorsque nous considérerons ainsi L^1 comme un espace de martingales, nous le noterons $\mathfrak{L}^1$ ($\mathfrak{L}^1(P)$ si nécessaire). Grâce à cette identification des fonctions intégrables à des martingales, nous allons donner une version du théorème de Douglas en termes de densité dans un espace de martingales, qui sera l'espace H^1.

Si $\underline{\underline{N}}$ est un ensemble de P-martingales locales, on définit $\mathcal{L}^1(\underline{\underline{N}})$ (ou $\mathcal{L}^1(\underline{\underline{N}},P)$ s'il y a risque de confusion) comme le plus petit sous-espace vectoriel fermé de H^1, stable par arrêt (i.e. $M\in\mathcal{L}^1(\underline{\underline{N}})$ et T t.a. => $M^T\in\mathcal{L}^1(\underline{\underline{N}})$) contenant les martingales N^T ($N\in\underline{\underline{N}}$, T t.a.) qui appartiennent à H^1 (+).

Lorsque $\underline{\underline{N}}$ est réduit à une seule martingale locale X, nous écrirons simplement $\mathcal{L}^1(X)$. Nous recopions la proposition 1 de [15], qui permet de caractériser $\mathcal{L}^1(X)$:

<u>Lemme 2.2.</u>. <u>Si</u> X <u>est une martingale locale</u>, <u>on a</u>

$$\mathcal{L}^1(X) = \{ \int_{[0}^{\cdot]} H_s dX_s \mid H \text{ prévisible, } E[(\int_{[0,\infty[} H_s^2 d[X,X]_s)^{1/2}]<\infty \}$$

Démonstration rapide : l'ensemble de droite est un espace vectoriel V qui contient toutes les arrêtées $X^T\in H^1$. Il est stable par arrêt. Pour montrer qu'il est fermé, on considère l'espace Γ^1des processus prévisibles H tels que $[\![H]\!] = E[(\int_{[0,\infty[} H_s^2 d[X,X]_s)^{1/2}]<\infty$, et on vérifie qu'il est complet pour la norme $[\![\;]\!]$, après quoi on remarque que $H\mapsto\int_{[0}^{\cdot} H_s dX_s$ est une isométrie de l'espace Γ^1dans H^1, dont l'image est V ; celui-ci est donc fermé. Soit (T_n) une suite de t.a. telle que $T_n\uparrow+\infty$ et $X^{T_n}\in H^1$. On vérifie que les processus de la forme $H1_{[0,T_n]}$ ($n\in\mathbb{N}$, $H=1_{A\times\{0\}}$, $A\in\underline{\underline{F}}_0$ ou bien $H=1_{A\times]s,t]}$, avec $s<t$, $A\in\underline{\underline{F}}_s$) forment un ensemble total dans Γ^1, et il en résulte sans peine que V est le plus petit espace vectoriel fermé dans H^1 , stable par arrêt et contenant les X^{T_n} .

<u>Remarque</u> . $\underline{\underline{F}}_0$ étant P-triviale, on peut distinguer deux cas : si $X_0=0$, $\mathcal{L}^1(X) = \{ \int_0^{\cdot} H_s dX_s | \ldots \}$, ces intégrales stochastiques étant nulles en 0, relatives à l'intervalle $]0,.]$. Si $X_0\neq 0$, $\mathcal{L}^1(X)=\{c+\int_0^{\cdot} H_s dX_s \mid c\in\mathbb{R},\ldots\}$, avec des intégrales stochastiques du même type.

(+) Si $\underline{\underline{F}}_0$ n'est pas triviale, il faut ajouter que $\mathcal{L}^1(\underline{\underline{N}})$ doit être stable par multiplication par 1_A , pour tout $A\in\underline{\underline{F}}_0$.

Si $\underline{\underline{N}}$ est un ensemble quelconque de martingales locales, l'espace $\mathcal{L}^1(\underline{\underline{N}})$ est caractérisé par le lemme suivant :

Lemme 2.3. $\mathcal{L}^1(\underline{\underline{N}})$ est le sous-espace vectoriel fermé dans H^1 engendré par $\cup_{X\in\underline{\underline{N}}} \mathcal{L}^1(X)$.

Démonstration . Soit $\underline{\underline{K}}$ le sous-espace vectoriel engendré par $\cup_X \mathcal{L}^1(X)$. Il est clair que $\underline{\underline{K}}$ est stable par arrêt, et il en est de même de sa fermeture $\overline{\underline{\underline{K}}}$, car l'opération d'arrêt est une contraction de H^1. $\overline{\underline{\underline{K}}}$ possède donc toutes les propriétés exigées par la définition de $\mathcal{L}^1(\underline{\underline{N}})$, et tout sous-espace vectoriel fermé de H^1 vérifiant ces propriétés contient $\overline{\underline{\underline{K}}}$. D'où : $\overline{\underline{\underline{K}}} = \mathcal{L}^1(\underline{\underline{N}})$.

Remarque . Cette théorie des espaces stables dans H^1 est bien entendu calquée, mutatis mutandis, sur la théorie classique des espaces stables dans $\underline{\underline{M}}^2$, due à Kunita-Watanabe [1]. Celle-ci sera utilisée plus loin[1]. De même que nous avons défini $\mathcal{L}^1(\underline{\underline{N}})$, le sous-espace stable engendré dans H^1 par une famille de martingales locales, nous pouvons définir $\mathcal{L}^2(\underline{\underline{N}})$ comme le sous-espace stable engendré dans $\underline{\underline{M}}^2$ par une famille de martingales localement de carré intégrable : c'est le sous-espace stable (au sens de Kunita-Watanabe) engendré par les N^T ($N\in\underline{\underline{N}}$, T t.a. tel que $N^T\in\underline{\underline{M}}^2$) (auxquelles on doit ajouter les martingales $1_A N_0$, $A\in\underline{\underline{F}}_0$,$N\in\underline{\underline{N}}$, $\int_A N_0^2 dP<\infty$ si $\underline{\underline{F}}_0$ n'est pas P-triviale).

Rappelons que, si l'on identifie une martingale uniformément intégrable X à sa variable aléatoire terminale X_∞ , on a pour $1<p<\infty$

$$\|X_\infty\|^p_{L^p} = E[|X_\infty|^p] \leqq \|X\|^p_{H^p} = E[\sup_t |X_t|^p] \leqq \left(\frac{p}{p-1}\right)^p E[|X_\infty|^p]$$

où la dernière relation est l'inégalité de Doob, de sorte que $\tilde{L}^p$ (i.e. L^p considéré comme espace de martingales) s'identifie à H^p avec une norme équivalente. Si p=1, on a seulement $H^1 \subset \tilde{L}^1$, avec $\|X_\infty\|_{L^1} \leqq \|X\|_{H^1} \leqq +\infty$ pour toute martingale uniformément intégrable X.

Le théorème suivant remédie partiellement à cela. Je remercie J.M. Bismut, pour une remarque qui m'a permis d'améliorer une version antérieure de ce théorème.

Fixons d'abord les notations. Soit A un ensemble de martingales uniformément intégrables . Nous désignons par Φ le sous ensemble de H^1

$$\Phi = \Phi(A) = \{ Y^T \mid Y\in A \text{ , T t.a. tel que } Y^T\in H^1 \}$$

(autrement dit, Φ est l'intersection de H^1 et du stabilisé de l'ensemble A

1. Dans la seconde partie de l'appendice.

pour l'arrêt). Nous désignons par Ψ l'enveloppe convexe de Φ , par $\overline{\Phi}$ la fermeture faible de Φ dans H^1 (autrement dit, pour la topologie $\sigma(H^1,BMO)$), et par $\overline{\Psi}$ la fermeture de Ψ dans H^1 : comme Ψ est convexe, il est inutile de spécifier s'il s'agit de la fermeture faible ou forte, en vertu du théorème de Hahn-Banach. Noter que $\overline{\Phi}$ et $\overline{\Psi}$ sont stables par arrêt. La trivialité de $\underline{\underline{F}}_0$ n'est pas utilisée dans l'énoncé suivant.

Théorème 2.4. Soit Y une martingale uniformément intégrable. Supposons que des martingales $Y^n \in A$[1] convergent vers Y dans $\tilde{L}^1$, ou même seulement pour la topologie faible $\sigma(\tilde{L}^1,\tilde{L}^\infty)$.

Alors, pour tout t.a. T tel que $Y^T \in H^1$, on a $Y^T \in \overline{\Phi}$.

Corollaire 2.5.1. Pour tout t.a. T tel que $Y^T \in H^1$, Y^T appartient à l'adhérence forte de l'enveloppe convexe Ψ de Φ[2].

Démonstration. Le corollaire résulte immédiatement du théorème, et des remarques précédant l'énoncé.

Pour établir le théorème, nous pouvons nous ramener au cas où Y appartient à H^1, avec $T=\infty$: admettons le résultat sous ces hypothèses, et étendons le à la situation de l'énoncé. Les opérateurs d'espérance conditionnelle étant continus dans L^1, nous pouvons appliquer le théorème aux martingales arrêtées $(Y^n)^T$, Y^T , les variables terminales $(Y^n)^T_\infty = E[Y^n_\infty | \underline{\underline{F}}_T]$ convergeant (faiblement dans L^1) vers $E[Y_\infty | \underline{\underline{F}}_T]=Y^T_\infty$. Comme $Y^T \in H^1$ par hypothèse, le cas particulier du théorème que nous avons admis nous dit que Y^T appartient à la fermeture faible de l'ensemble Φ relatif à la suite $(Y^n)^T$, qui est plus petit que l'ensemble Φ initial.

Nous pouvons aussi nous ramener au cas où les Y^n appartiennent à H^1, de la manière suivante : pour tout n, il existe une suite de t.a. $S^n_k \uparrow \infty$ telle que $(Y^n)^{S^n_k} \in H^1$. Posons $(Y^n)^{S^n_k} = Z^n$, en choisissant $k=k_n$ assez grand pour que $\|Y^n_\infty - Z^n_\infty\|_{L^1} = \|Y^n_\infty - E[Y^n_\infty | \underline{\underline{F}}_{S^n_k}]\|_{L^1} \leq 1/n$ (la possibilité d'un tel choix résulte du théorème de convergence des martingales). Alors nous avons $Z^n \in H^1$ pour tout n , Z^n_∞ converge faiblement dans L^1 vers Y_∞ , car on a pour $g \in L^\infty$

$$|\int Z^n_\infty g\, dP - \int Y_\infty g\, dP| \leq \|Z^n_\infty - Y^n_\infty\|_{L^1} \|g\|_{L^\infty} + |\int Y^n_\infty g\, dP - \int Y_\infty g\, dP|$$

et enfin, l'ensemble Φ relatif à la suite (Z^n) est contenu dans l'ensemble Φ initial.

1. On identifie comme d'habitude les martingales Y^n,Y à leurs variables terminales Y^n_∞ , Y_∞ ; cette hypothèse signifie simplement que Y appartient à l'adhérence forte (faible) de A dans L^1. 2. Une application de ce résultat à un problème de contrôle sera publiée ailleurs.

Ces réductions étant faites, que signifie l'énoncé ? Nous mettons H^1 et BMO en dualité par la forme bilinéaire $(L,M) \mapsto E[[L,M]_\infty]$, et il nous faut montrer :

Pour toute suite finie $U^1,\dots,U^d$ d'éléments de BMO, et tout $\varepsilon>0$ il existe un $n\in\mathbb{N}$ et un temps d'arrêt T tels que

$$\forall\ i=1,\dots,d \quad |E[[(Y^n)^T,U^i]_\infty] - E[[Y,U^i]_\infty]| < \varepsilon .$$

Nous prenons pour T un temps d'arrêt de la forme

$$T = \inf\{\ t : |U_t^1|+\dots+|U_t^d| \geqq k\ \}$$

où k est choisi assez grand pour que l'on ait pour $i=1,\dots,d$

$$E[\int_{]T,\infty]} |d[Y,U^i]_s|\ ] < \varepsilon/2$$

C'est possible, car le processus $[Y,U^i]$ est à variation intégrable, Y appartenant à H^1 et U^i à BMO (inégalité de Fefferman). Ce choix étant fait, nous pouvons remplacer à $\varepsilon/2$ près $E[[Y,U^i]_\infty]$ par $E[[Y,U^i]_T] = E[[Y,(U^i)^T]_\infty]$, et il nous suffit de prouver que (T restant fixé)

$$\text{lorsque } n\to\infty \quad E[[(Y^n)^T,U^i]_\infty] = E[[Y^n,(U^i)^T]_\infty] \longrightarrow E[[Y,(U^i)^T]_\infty]$$

pour $i=1,\dots,d$. Or la martingale U^i appartient à BMO , et ses sauts (y compris le " saut en 0" U_0^i) sont donc bornés. Comme elle est bornée sur $[0,T[$, elle l'est aussi sur $[0,T]$, et la martingale $(U^i)^T$ est bornée. La martingale locale $[Y^n,(U^i)^T] - Y^n(U^i)^T$ appartient donc à la classe (D) - elle appartient en fait à H^1 - et nous avons

$$E[[Y^n,(U^i)^T]_\infty] = E[Y_\infty^n U_T^i] \ , \text{ et de même } E[[Y,(U^i)^T]_\infty] = E[Y_\infty U_T^i]$$

Finalement, U_T^i appartenant à L^∞, on se trouve ramené à l'hypothèse : Y_∞^n converge vers Y_∞ pour $\sigma(L^1,L^\infty)$. ▯

Voici des conséquences importantes du théorème 2.4 :

Corollaire 2.5.2. Soit M une martingale locale. Soient $(Y_t^n),(Y_t)$ des martingales uniformément intégrables telles que Y_∞^n converge vers Y_∞ faiblement dans L^1. Si les Y^n admettent des représentations comme intégrales stochastiques prévisibles par rapport à M

$$Y_t^n = \int_0^t \varphi_s^n\, dM_s$$

il existe un processus prévisible φ tel que $Y_t=\int_0^t \varphi_s\, dM_s$.

Autrement dit : $\tilde{L}^1\cap\mathcal{L}^1_{loc}(M)$ est fermé dans $\tilde{L}^1$

Démonstration : Avec les notations du théorème 2.4, tout élément de Ψ admet une représentation comme i.s. prévisible par rapport à M, autrement dit appartient à $\mathcal{L}^1(M)$. D'après le lemme 2.2, il en est de même de tout élément de $\overline{\mathbb{Y}}$. D'après le théorème 2.4, Y appartient localement à $\overline{\mathbb{Y}}$, et le corollaire en résulte immédiatement.

Une démonstration presque identique donne le résultat suivant, qui s'énoncerait, pour des martingales localement de carré intégrable, en termes de continuité absolue de crochets obliques $\langle Y,Y\rangle$ par rapport à A.

Corollaire 2.5.3. Les notations Y^n,Y ayant le même sens que dans le corollaire précédent, soit A un processus croissant prévisible, et supposons que, pour tout n, Y^n possède la propriété suivante :

pour tout processus prévisible $\varphi \geqq 0$ tel que $\int_0^{\cdot} \varphi_s dA_s = 0$, on a $\int_0^{\cdot} \varphi_s dY_s^n = 0$.

Alors, Y possède la même propriété.

Démonstration. Il suffit de vérifier cela lorsque φ est borné. La propriété passe alors aussitôt des Y^n à $\mathbb{Y}$, puis à $\overline{\mathbb{Y}}$, puis à Y par le théorème 2.4. Le caractère prévisible de A intervient dans les applications, mais n'a pas été utilisé.

On compare maintenant les ensembles totaux dans $\tilde{L}^1$ et dans H^1:

Théorème 2.6. 1) Soit U un ensemble de martingales uniformément intégrables, stable par arrêt. Alors les propriétés suivantes sont équivalentes

a) U est total dans $\tilde{L}^1$.

b) $U \cap H^1$ est total dans H^1.

c) $\mathcal{L}^1(U) = H^1$.

2) Soit $U \subset \tilde{L}^1$ tel que $\mathcal{L}^1(U) = H^1$ (U n'est pas nécessairement stable par arrêt). Alors l'ensemble des variables de la forme $1_A X_0$ ($A \in \underline{\underline{F}}_0$, $X \in U$) et $1_A(X_t - X_s)$ ($0 < s < t$, $A \in \underline{\underline{F}}_{s-}$, $X \in U$) est total dans L^1 .

Démonstration. Il est évident que b)=>a), puisque H^1 est dense dans $\tilde{L}^1$, et que b)=>c), puisque $\mathcal{L}^1(U)$ est fermé et contient $U \cap H^1$. Pour voir que a)=>b), nous remarquons d'abord que $U \cap H^1$ est dense dans U pour la topologie de $\tilde{L}^1$ (c'est immédiat par arrêt), de sorte que nous pouvons supposer $U \subset H^1$ sans perdre de généralité. Soit V le sous-espace engendré par U. D'après a), pour toute martingale $Y \in H^1$ il existe des martingales $Y^n \in V$ convergeant vers Y dans $\tilde{L}^1$. D'après le corollaire 2.5.1, il existe des martingales Z^n, combinaisons convexes d'arrêtées des Y^n, qui convergent vers Y dans H^1. On conclut en remarquant que les Z^n appartiennent encore à V. Nous rejetons à la fin l'implication c)=>a), pour laquelle la trivialité de $\underline{\underline{F}}_0$ est nécessaire.

Passons au 2), <u>en supposant d'abord</u> $U\subset H^1$. Nous identifions systématiquement ici les martingales uniformément intégrables et leurs variables terminales. D'après les lemmes 2.3 et 2.2, les variables de la forme

(*) $\int_{[0,\infty[} \varphi_s dX_s$ où X parcourt U

φ l'espace $\Gamma(X)$ des processus prévisibles tels que $E[(\int_{[0,\infty[} \varphi_s^2 d[X,X]_s)^{1/2}] < \infty$

forment un ensemble total dans H^1. D'autre part, les processus du type

$$\varphi = 1_{A\times\{0\}} \ (A\in\underline{\underline{F}}_0) \quad \text{et} \quad \varphi = 1_{A\times]s,t]} \ (s<t,\ A\in\underline{\underline{F}}_{s-})$$

forment un ensemble dense dans $\Gamma(X)$, d'où la possibilité de considérer seulement des variables (*) associées à de tels processus, et un ensemble total dans H^1 formé des variables

$$1_A X_0 \ (A\in\underline{\underline{F}}_0, X\in U) \quad \text{et} \quad 1_A(X_t - X_s) \ (0<s<t,\ A\in\underline{\underline{F}}_{s-},\ X\in U).$$

(Mais $\underline{\underline{F}}_0$ est P-triviale : les variables du premier type sont simplement les constantes) . On conclut en remarquant que H^1 est dense dans L^1 (immédiat par arrêt).

Passons au cas où $U\subset L^1$. Soit V l'ensemble des arrêtées X^T ($X\in U$, T t.a.) qui appartiennent à H^1. On a $\mathcal{L}^1(V)=\mathcal{L}^1(U)=H^1$, et le résultat précédent nous donne un ensemble total dans L^1, formé de variables

$$1_A X_0 \ (A\in\underline{\underline{F}}_0,\ X\in U) \quad \text{et} \quad 1_A(X_t^T - X_s^T) \ (s<t,\ A\in\underline{\underline{F}}_{s-},\ X\in U,\ T \text{ t.a.})$$

Nous obtenons encore un ensemble total en restreignant T à être <u>borné</u> (remplacer T par $T\wedge n$, et faire tendre n vers l'infini). Nous pouvons aussi remplacer T par $T\vee s$. Finalement, soit T_n la n-ième approximation dyadique de T ; lorsque $n\to\infty$ $1_A(X_t^{T_n} - X_s^{T_n})$ converge dans L^1 vers $1_A(X_t^T - X_s^T)$, et l'on vérifie sans peine que $1_A(X_t^{T_n} - X_s^{T_n})$ est combinaison linéaire finie de variables $1_B(X_v - X_u)$ ($u<v$, $B\in\underline{\underline{F}}_u$).

Reste l'implication c)=>a) du 1). Nous continuons à identifier les martingales à leurs variables terminales. La stabilité de U par arrêt s'interprète alors comme stabilité par les opérateurs $E[\,|\underline{\underline{F}}_T]$. En particulier, prenant pour T un t.a. de la forme $1_A \cdot s + 1_{A^c}\cdot\infty$ ($A\in\underline{\underline{F}}_{s-}$) , nous voyons que

$$X\in U \Rightarrow 1_A X_s + 1_{A^c} X \in U \quad \text{pour } A\in\underline{\underline{F}}_{s-}$$

Remplaçant s par t>s sans changer A, et prenant une différence, nous voyons que

$$X\in U \Rightarrow 1_A(X_t - X_s)\in U$$

D'autre part, si $\mathcal{L}^1(U)=H^1$, il existe au moins un $X\in U$ tel que $X_0\neq 0$, donc par arrêt à 0, $\underline{\underline{F}}_0$ étant P-triviale, nous voyons que U contient une constante non nulle. Finalement, compte tenu de la partie 2), nous voyons que U contient un ensemble total dans L^1, et l'on a bien que c)=>a). ▯

Remarque. Si $\underline{\underline{F}}_0$ n'était pas triviale, il faudrait dans la partie 1) ajouter la stabilité de U par la multiplication par 1_A ($A\in\underline{\underline{F}}_0$), seulement pour l'implication c)=>a). La partie 2) est rédigée de manière à s'étendre sans modification.

On peut noter d'autre part que la conclusion de la partie 2) est vraie dès que U est un ensemble de vraies martingales (non nécessairement uniformément intégrables) : il suffit d'appliquer la partie 2) à l'ensemble des martingales arrêtées X^n ($X\in U$, $n\in\mathbb{N}$).

2.3. La propriété de représentation prévisible.

Revenons à l'énoncé du théorème 2.1, en supposant que X est adapté à $(\underline{\underline{F}}_t^o)$, que $\nu=0$ (donc que X est une vraie martingale), et que P est extrémale. On vérifie immédiatement que $\underline{\underline{F}}_0^o$ est P-triviale. La condition 2) du théorème 2.1 entraîne que $\mathcal{L}^1(1,X)$ est dense dans $\tilde{L}^1$; comme il est stable par arrêt, le théorème 2.6 nous dit que $\mathcal{L}^1(1,X)=H^1$, et ceci revient à une propriété de représentation prévisible : tout élément de H^1 peut s'écrire sous la forme $c+\int_0^{\cdot}\varphi_s dX_s$, avec φ prévisible tel que $E[(\int_0^\infty \varphi_s^2 d[X,X]_s)^{1/2}]<\infty$. Ainsi, grâce au théorème de Douglas et au théorème 2.4 ou 2.6, nous avons déduit de l'extrémalité de P une propriété de représentation prévisible. Nous allons développer cette remarque.

Soit $\underline{\underline{N}}$ un ensemble de processus cadlag adaptés à $(\underline{\underline{F}}_t^o)$. On note

- $\underline{\underline{M}}_{\underline{\underline{N}}}$ l'ensemble des probabilités P sur $(\Omega,\underline{\underline{F}}^o)$, telles que tout $X\in\underline{\underline{N}}$ soit une $(\underline{\underline{F}}(P)_t,P)$-martingale locale ,
- $\mathcal{E}_{\underline{\underline{N}}}$ l'ensemble des points extrémaux de l'ensemble $\underline{\underline{M}}_{\underline{\underline{N}}}$.

Quelques remarques évidentes : d'abord , $\underline{\underline{M}}_{\underline{\underline{N}}}$ n'est pas nécessairement convexe, mais cela n'interdit pas de parler de ses points extrémaux. On ne change pas $\underline{\underline{M}}_{\underline{\underline{N}}}$ si l'on stabilise $\underline{\underline{N}}$ pour l'arrêt, et pour la multiplication par 1_A ($A\in\underline{\underline{F}}_0$). Enfin, la tribu $\underline{\underline{F}}_0$ est P-triviale pour tout $P\in\mathcal{E}_{\underline{\underline{N}}}$.

Le théorème suivant complète le théorème 1.5 de [14], où figure l'équivalence 1) <=> 2).

Théorème 2.7. Soit $P\in\underline{\underline{M}}_{\underline{\underline{N}}}$. Les assertions suivantes sont équivalentes

1) $P\in\mathcal{E}_{\underline{\underline{N}}}$.

2) $\underline{\underline{F}}_0$ est P-triviale, et $\mathcal{L}^1(\underline{\underline{N}}\cup\{1\},P)=H^1(P)$.

Si en outre tout élément de $\underline{\underline{N}}$ est une vraie martingale pour P, ces

<u>assertions sont aussi équivalentes à</u>

3) <u>Les variables</u> 1 <u>et</u> $1_A(X_t-X_s)$ ($\alpha<s<t$, $A\in\underline{\underline{F}}^o_{s-}$, $X\in\underline{\underline{N}}$) <u>sont totales dans</u> $L^1(\underline{\underline{F}}^o,P)$.

<u>Remarque</u>. Soit $\hat{\underline{\underline{N}}}$ le stabilisé de $\underline{\underline{N}}\cup\{1\}$ pour l'arrêt aux t.a. bornés de la famille $(\underline{\underline{F}}^o_t)$. Nous verrons aussi que 1) est équivalente à

4) $\underline{\underline{F}}_0$ <u>est</u> P-<u>triviale, et</u> $\hat{\underline{\underline{N}}}\cap\tilde{L}^1(P)$ <u>est total dans</u> $\tilde{L}^1(P)$.

<u>Démonstration</u>. Compte tenu des résultats obtenus plus haut, nous n'avons pas besoin de nous référer à [14]. Nous pouvons supposer que $1\in\underline{\underline{N}}$.

Il résulte de la remarque qui suit le théorème 2.6 que 2)=>3), si $\underline{\underline{N}}$ se compose de vraies P-martingales. Dans tous les cas, 2) entraîne que $\hat{\underline{\underline{N}}}\cap H^1(P)$ est total dans $H^1(P)$, donc a fortiori dans $\tilde{L}^1(P)$ (th. 2.6, b)) et a fortiori 4) , et il est clair aussi que 3)=>4) si $\underline{\underline{N}}$ se compose de vraies martingales. Enfin, 4)=>2) : c'est l'implication a)=>c) de 2.6.

Pour examiner l'équivalence avec 1), nous allons remplacer $\underline{\underline{N}}$ par un autre ensemble $\underline{\underline{L}}$: à toute martingale locale $X\in\underline{\underline{N}}$, nous associons une suite croissante (T_k) de temps d'arrêt de la famille $(\underline{\underline{F}}^o_t)$, telle que

$T_k\uparrow+\infty$ P-p.s., et que $X^{T_k}1_{\{T_k>0\}}$ soit une vraie martingale pour P

(si X est déjà une vraie martingale pour P, nous prenons $T_k=+\infty$). Alors $\underline{\underline{L}}$ est l'ensemble des processus X^{T_k} ainsi construits. Posons

$$\underline{\underline{M}}^!_{\underline{\underline{L}}} = \{ Q \text{ probabilités sur } (\Omega,\underline{\underline{F}}^o) \mid \forall X\in\underline{\underline{L}} , X \text{ est une } Q\text{-martingale}\}$$

On a $P\in\underline{\underline{M}}^!_{\underline{\underline{L}}}$ par construction. D'autre part, d'après le théorème 2.1 avec $\nu=0$, étendu (sans aucune difficulté) au cas où X est remplacé par un ensemble $\underline{\underline{L}}$ de processus, nous avons

(P extrémal dans $\underline{\underline{M}}^!_{\underline{\underline{L}}}$) <=> (les v.a. 1 et $1_A(X_t-X_s)$, $A\in\underline{\underline{F}}_s$, $s<t$, $X\in\underline{\underline{L}}$ forment un ensemble total dans $L^1(P)$)

qui est la condition 3) pour $\underline{\underline{L}}$, et équivaut à 2) d'après la première partie, car $\mathcal{L}^1(\underline{\underline{N}},P)=\mathcal{L}^1(\underline{\underline{L}},P)$. Il nous reste seulement à vérifier (cf [15])

(P non extrémal dans $\underline{\underline{M}}^!_{\underline{\underline{L}}}$) $\Longleftrightarrow$ (P non extrémal dans $\underline{\underline{M}}_{\underline{\underline{N}}}$)

1) Supposons que P admette une représentation $rQ+(1-r)Q'$, avec $0<r<1$, $Q\in\underline{\underline{M}}^!_{\underline{\underline{L}}}$, $Q'\in\underline{\underline{M}}^!_{\underline{\underline{L}}}$, $Q\neq Q'$. Pour $X\in\underline{\underline{N}}$, les temps d'arrêt T_k associés plus haut à X tendent vers $+\infty$ P-p.s., donc p.s. pour Q et Q', donc X est une martingale locale pour Q et Q', ces mesures appartiennent à $\underline{\underline{M}}_{\underline{\underline{N}}}$, et P n'est pas extrémal dans $\underline{\underline{M}}_{\underline{\underline{N}}}$. C'est l'implication => .

2) Inversement , supposons que $P=rQ+(1-r)Q'$, $Q\in\underline{\underline{M}}_{\underline{\underline{N}}}$,$Q'\in\underline{\underline{M}}_{\underline{\underline{N}}}$, $Q\neq Q'$. Toute $X\in\underline{\underline{L}}$ est une martingale locale pour Q et Q'. Le processus $(X_s)_{s\leq t}$ appartient à la classe (D) pour t fini relativement à P, donc aussi

relativement à Q et Q'. Donc X est une vraie martingale pour Q et Q', et P est non extrémale dans $\underline{\underline{M}}_L^1$. C'est l'implication <= . ▯

<u>Remarques</u> . a) En [14], il est montré que si $\underline{\underline{N}}$ est constitué d'un nombre fini de processus, il y a identité entre points extrémaux et points infimaux dans $\underline{\underline{M}}_{\underline{\underline{N}}}$. Cette question reste ouverte lorsque $\underline{\underline{N}}$ est infini.

b) Le théorème 2.7 est en fait une extension du théorème de Douglas (th. 1.1.). En effet, avec les notations du théorème 1.1, introduisons la filtration

$$\underline{\underline{F}}_t^o = \{X,\emptyset\} \text{ pour } 0\leq t<1 \quad , \quad \underline{\underline{F}}_t^o=\underline{\underline{X}} \text{ pour } t\geq 1$$

et associons à toute v.a. $f\in L^1(X,\underline{\underline{X}},\mu)$ le processus adapté

$$\tilde{f}_t = \int f d\mu \text{ si } 0\leq t<1 \ , \quad \tilde{f}_t = f \text{ si } t\geq 1$$

Le processus $(\tilde{f}_t)$ est une λ-martingale (ou même simplement une λ-martingale locale) si et seulement si f est λ-intégrable et $\int fd\lambda=\int fd\mu$. D'autre part, le sous-espace engendré par les variables 1 et $1_{A_s}(\tilde{f}_t-\tilde{f}_s)$ est le même que le sous-espace engendré par 1 et f. Il suffit donc d'appliquer le théorème 2.7 en prenant $\underline{\underline{N}}=\{\tilde{f},\ f\in F\}$.

Quant aux démonstrations des deux théorèmes, elles reposent toutes deux sur le théorème de Hahn-Banach et la connaissance explicite d'un dual : $(L^1)'=L^\infty$ pour le théorème 1.1, $(H^1)'$=BMO pour le théorème 2.7.

Nous nous restreignons maintenant au cas où $\underline{\underline{N}}$ est réduit à <u>un</u> processus réel X . D'après le lemme 2.2, si $P\in\underline{\underline{M}}_{\{X\}}$, P est point extrémal de $\underline{\underline{M}}_{\{X\}}$ si et seulement si

(1) <u>toute martingale locale</u> M <u>peut s'écrire</u> $M_t=c+\int_0^t H_s dX_s$, <u>avec</u> $c\in\mathbb{R}$, H <u>prévisible tel que</u> $(\int_0^\cdot H_s^2 d[X,X]_s)^{1/2}$ <u>soit localement intégrable</u>.

Si X vérifie cette propriété, on dit que X a la <u>propriété de représentation prévisible</u> (en abrégé : (RP)) par rapport à la filtration $(\underline{\underline{F}}_t)=(\underline{\underline{F}}(P)_t)$.

On déduit aisément de cette caractérisation des résultats de densité dans L^p pour $1\leq p<\infty$, résolvant ici par l'affirmative la question générale qui précède la proposition 1.4.

<u>Proposition 2.8</u>. <u>Soit</u> $1\leq p<\infty$. <u>Soient</u> X <u>un processus cadlag réel</u> $\underline{\underline{F}}_t^o$-<u>adapté</u>, <u>et</u> $P\in\underline{\underline{M}}_{\{X\}}$ <u>tel que</u> : $\forall\ t\geq 0,\ E[|X_t|^p] < \infty$. <u>Les deux propriétés suivantes sont équivalentes</u>

1) $P\in\mathcal{E}_{\{X\}}$.

2) <u>Les variables</u> 1 <u>et</u> $1_A(X_t-X_s)$ ($s<t,\ A\in\underline{\underline{F}}_s^o$) <u>sont totales dans</u> L^p.

Démonstration. Le résultat est déjà connu pour p=1 (théorème 2.1 avec $\nu=0$, ou théorème 2.7). Supposons donc $p>1$.

2)=>1). L^p est dense dans L^1, donc les variables de l'énoncé sont totales dans L^1, et on est ramené à la situation connue.

1)=>2) . Soit $Y\in L^p$. D'après (1), la martingale $\tilde{Y}_t=E[Y|\underline{\underline{F}}(P)_t]$ admet une représentation prévisible

$$\tilde{Y}_t = c + \int_0^t \varphi_s dX_s$$

D'après l'inégalité de Doob, cette martingale appartient à H^p. L'inégalité de Burkholder-Davis-Gundy entraîne alors que φ appartient à l'espace $\Gamma^p(X)$ des processus prévisibles H tels que

$$\|H\|_p = E[(\int_0^\infty H_s^2 d[X,X])^{p/2}]^{1/p} < \infty$$

Les processus prévisibles étagés $H = \Sigma_1^n \lambda_i 1_{A_i\times]s_i,s_{i+1}]}$ ($s_i<s_{i+1}$, $\lambda_i\in\mathbb{R}$, $A_i\in\underline{\underline{F}}^o_{s_i}$) étant denses dans $\Gamma^p(X)$, choisissons une suite φ^n de tels processus qui converge vers φ , et posons $Y_t^n = c+\int_0^t \varphi_s^n dX_s$. Les martingales (Y_t^n) convergent dans H^p vers $(\tilde{Y}_t)$, donc leurs variables terminales convergent dans L^p vers $\tilde{Y}_\infty=Y$. Il reste seulement à remarquer que Y_∞^n appartient à l'espace vectoriel engendré par les variables du 2).

La suite du paragraphe est consacrée à l'étude de la propriété de représentation prévisible (RP). Nous supposons dans tout ce paragraphe que la filtration $\underline{\underline{F}}_t=\underline{\underline{F}}(P)_t$ est quasi-continue à gauche. En fait, nous commençons par réduire le problème, en remarquant que pour la propriété (RP), les parties martingale continue et somme compensée de sauts de X jouent des rôles très différents, ainsi d'ailleurs que les espaces $\underline{\underline{M}}^c_{loc}$ et $\underline{\underline{M}}^d_{loc}$.

Nous cherchons d'abord à représenter les martingales purement discontinues comme intégrales stochastiques (en abrégé : i.s.) par rapport à une martingale locale fondamentale $M\in\underline{\underline{M}}^d_{loc}$ (on appliquera cela à $M=X^d$ si la propriété (RP) est réalisée). Cette question est étudiée dans les deux propositions suivantes , la première concernant des i.s. optionnelles, la seconde des i.s. prévisibles.

Proposition 2.9. Soit $M\in\underline{\underline{M}}^d_{loc}$. Les trois assertions suivantes sont équivalentes (sous l'hypothèse de trivialité de $\underline{\underline{F}}_0$).

1) Toute martingale locale $L\in\underline{\underline{M}}^d_{loc}$ peut se représenter comme intégrale stochastique optionnelle

$$L_t = c + \int_0^t H_s dM_s \qquad (c\in\mathbb{R},\ H\in\underline{\underline{O}})$$

où le processus $(\int_0^t H_s^2 d[M,M]_s)^{1/2}$ est localement intégrable.

1') Même énoncé en remplaçant martingale locale par martingale bornée

2) Le graphe de tout t.a. totalement inaccessible est contenu, à un ensemble évanescent près , dans l'ensemble $I=\{(s,\omega) \mid \Delta M_s(\omega)\neq 0\}$[1].

Remarque. La martingale locale M étant quasi-continue à gauche, l'ensemble $I=\{\Delta M\neq 0\}$[1] est toujours (indépendamment de tout théorème de représentation) une réunion dénombrable de graphes de t.a. totalement inaccessibles.

Démonstration. Il est clair que 1)=>1'). Pour vérifier que 1')=>1), nous remarquons a) que les martingales bornées forment un ensemble dense dans H^1, donc (l'application $N\mapsto N^d$ étant une contraction de H^1) que les martingales bornées sommes compensées de sauts forment un ensemble dense dans H^{1d} . b) Que l'ensemble des martingales $L\in H^1$ admettant la représentation de l'énoncé est fermé dans H^1 (cf. démonstration du lemme 2.2 , en remplaçant "prévisible" par "optionnel" ; la propriété d'isométrie est préservée pour les processus optionnels, parce que la famille $(\underline{\underline{F}}_t)$ est quasi-continue à gauche). Cet ensemble est donc H^{1d} tout entier. c) Que l'on passe immédiatement de H^{1d} à $\underline{\underline{M}}^d_{loc}$ par arrêt.

Montrons que 1)=>2). Soit(A_t) le processus croissant $I_{\{T\leqq t\}}$ associé à T, t.a. totalement inaccessible, et soit (B_t) sa projection duale prévisible. La martingale uniformément intégrable C=A-B vérifie $\{\Delta C\neq 0\}=[[T]]$. Or par hypothèse il existe un processus optionnel H tel que

$$C_t = \int_0^t H_s dM_s \qquad \text{(sans addition de constante, car } C_0=0)$$

D'où $1=\Delta C_T=H_T\Delta M_T$ sur $\{T<\infty\}$, et finalement $[[T]]\subset I$.

Enfin, montrons que 2)=>1). Soit $L\in\underline{\underline{M}}^d_{loc}$. D'après l'hypothèse, on sait que $\{\Delta M=0\}\subset\{\Delta L=0\}$ à un ensemble évanescent près. On peut donc écrire

$$\Delta L = H\Delta M \quad \text{, où H est le processus optionnel } \frac{\Delta L}{\Delta M}1_{\{\Delta M\neq 0\}}$$

Le processus $(\int_0^t H_s^2 d[M,M]_s)^{1/2} = (\sum_{s\leqq t}(\Delta L_s)^2)^{1/2}$ étant localement intégrable, la martingale locale $K_t=\int_0^t H_s dM_s$ est bien définie. Comme $\underline{\underline{F}}_0$ est P-triviale, L_0 est p.s. égale à une constante c, et les martingales locales L et c+K sont des sommes compensées de sauts ayant même valeur initiale et mêmes sauts, et sont donc indistinguables. ▯

1. Contrairement à l'habitude, nous ne tenons pas compte ici du "saut en 0" $\Delta M_0=M_0$, qui n'est évidemment pas totalement inaccessible. Si $\underline{\underline{F}}_0$ n'était pas triviale, c devrait être remplacée par une variable $\underline{\underline{F}}_0$-mesurable quelconque.

<u>Proposition 2.9'. On utilise les notations de la proposition 2.9. Les trois assertions suivantes sont équivalentes</u>

1)
1') <u>mêmes énoncés respectifs qu'en 2.9, en remplaçant</u> optionnel <u>par</u> prévisible.

2) <u>Le graphe de tout t.a. totalement inaccessible est contenu dans</u> I, <u>et de plus</u> $\underline{\underline{O}}=\underline{\underline{P}}\vee\sigma(I)$.

<u>De plus, si ces propriétés sont vérifiées on a, pour tout t.a.</u> T, <u>l'égalité</u> $\underline{\underline{F}}_{T-}=\underline{\underline{F}}_T$.

<u>Remarque</u>. Le dernier résultat de cette proposition affirme que les tribus $\underline{\underline{F}}_{T-}$ sont aussi grandes que possible (i.e. égales à $\underline{\underline{F}}_T$) ; ceci est encore clairement une propriété d'extrémalité à rapprocher de la proposition 1.6.

<u>Démonstration</u>. L'équivalence 1)<=>1') figure explicitement en [14] (proposition 1.2, p. 87). Par ailleurs, la démonstration donnée plus haut s'étend sans autre changement que le remplacement de "optionnel" par "prévisible".

Montrons que 1)=>2). La première partie de 2) provient de la proposition précédente. D'autre part, considérons le processus croissant $Q_t^n = \sum_{s\leq t}(\Delta M_s^2)1_{\{|\Delta M_s|\leq n\}}$; il est à valeurs finies, et à sauts bornés par n^2, donc il est localement intégrable, et admet une projection duale prévisible que l'on note A^n. D'après l'hypothèse il existe f^n prévisible tel que

$$Q_t^n - A_t^n = \int_0^t f_s^n dM_s$$

et donc

$$\Delta M^2 1_{\{|\Delta M|\leq n\}} = f^n\Delta M \quad \text{ou} \quad \Delta M\, 1_{\{|\Delta M|\leq n\}} = f^n 1_{\{\Delta M\neq 0\}} .$$

Posons $f = \underline{\lim}\, f^n$ si cette limite inférieure est finie, et 0 sinon ; f est prévisible, et nous avons $\Delta M = f\, 1_{\{\Delta M\neq 0\}}$.

Soit ensuite L une martingale de carré intégrable ; la partie somme compensée de sauts de L admettant une représentation de la forme $\int_0^{\cdot} g_s dM_s$ avec un processus prévisible g, on a $\Delta L = g\Delta M = gf\, 1_{\{\Delta M\neq 0\}} = gf.1_I$.

La tribu $\underline{\underline{O}}$ est engendrée, aux processus évanescents près, par les projections optionnelles des processus mesurables de la forme $X_t(\omega)= a(t)b(\omega)$ (a borélienne sur $\mathbb{R}$, $b\in L^2$), autrement dit par les processus de la forme $a(t)L_t(\omega)$, où L est une martingale de carré intégrable. Les processus de la forme a(t), ou $L_{t-}(\omega)$, et les processus évanescents, étant prévisibles, on voit que $\underline{\underline{O}}$ est engendrée par $\underline{\underline{P}}$ et par les processus ΔL , où L est une martingale de carré intégrable. La relation $\Delta L= gf1_I$ vue plus haut montre que $\underline{\underline{O}}$ est engendrée par $\underline{\underline{P}}$ et 1_I .

Montrons que 2)=>1). D'après la première partie de 2) et la proposition 2.9, toute martingale locale $L\in\underline{\underline{M}}^d_{loc}$ admet une représentation comme intégrale optionnelle

$$L_t = c + \int_0^t H_s dM_s$$

Puisque $\underline{\underline{O}}$ est engendrée par $\underline{\underline{P}}$ et 1_I , il existe un processus prévisible K tel que K=H sur $I=\{\Delta M\neq 0\}$; M étant une somme compensée de sauts, on a alors $\int_0^{\cdot} H_s dM_s = \int_0^{\cdot} K_s dM_s$, car ces deux martingales locales sont des sommes compensées de sauts ayant les mêmes sauts, et nulles en 0. D'où la représentation $L_t = c + \int_0^t K_s dM_s$ de L comme i.s. prévisible.

Enfin, soit T un temps d'arrêt. D'après [27], chap. III, T41, il existe un élément A de $\underline{\underline{F}}_{T-}$, contenu dans $\{T<\infty\}$, tel que T_A soit totalement inaccessible et T_{A^c} accessible (donc prévisible, puisque la filtration est quasi-continue à gauche). Le graphe de T_A passe alors dans I, celui de T_{A^c} dans I^c.

La tribu $\underline{\underline{F}}_T$ (resp. $\underline{\underline{F}}_{T-}$) est engendrée, rappelons le, par les variables H_T , où $(H_t)_{0\leq t\leq\infty}$ est un processus optionnel (resp. prévisible). Si l'on a $\underline{\underline{O}}=\underline{\underline{P}}\vee\sigma(I)$, il existe pour tout processus optionnel H deux processus prévisibles K et L tels que $H=K1_I + L1_{I^c}$; ici nous aurons donc

$$H_T = 1_A K_T + 1_{A^c} L_T$$

donc H_T est $\underline{\underline{F}}_{T-}$-mesurable, et $\underline{\underline{F}}_T=\underline{\underline{F}}_{T-}$. □

Revenons à la propriété (RP) par rapport à X , et décomposons X en sa partie continue X^c , et sa partie somme compensée de sauts $M=X^d$.Toute martingale locale somme compensée de sauts se représente comme intégrale stochastique prévisible par rapport à M, et l'on peut donc appliquer à M la proposition 2.9'. De même, toute martingale locale continue peut être représentée comme i.s. par rapport à X^c. Mais on ne possède pas dans le cas général (c'est à dire, lorsque X^c est distincte de X) de résultats intéressants découlant de cette dernière propriété (là encore, les parties martingale continue, et somme compensée de sauts, jouent des rôles très différents).

Nous terminons ce paragraphe par quelques remarques sur les démonstrations traditionnelles de la propriété (RP) pour le mouvement brownien, que nous allons présenter sous une forme un peu plus générale. Donnons nous comme plus haut $(\Omega,\underline{\underline{F}}^o_t,\ldots)$ et <u>deux</u> processus continus X et A adaptés à $(\underline{\underline{F}}^o_t)$, tous deux nuls en 0 pour fixer les idées, le second étant croissant. Désignons par $\underline{\underline{N}}$ la famille des processus

$$Y_t^\lambda = \exp(\lambda X_t - \frac{\lambda^2}{2} A_t) \qquad (\lambda \in \mathbb{R})$$

Soit P une loi sur Ω. Rappelons que les deux propriétés suivantes sont équivalentes

i) $\forall\ \lambda \in \mathbb{R}$, Y^λ est une P-martingale locale (autrement dit, $P \in \underline{\underline{M}}_N$)

ii) X est une P-martingale locale et $A = \langle X,X \rangle$ (autrement dit, A et X étant continus, $P \in \underline{\underline{M}}_{(X,X^2-A)}$)

Autre remarque : soit $P \in \underline{\underline{M}}_X$, et soit $Q \in \underline{\underline{M}}_X$ tel que $Q \ll P$. Comme X est continu, il n'y a pas lieu de distinguer $\langle X,X \rangle$ et $[X,X]$, donc la propriété ($A = \langle X,X \rangle$ sous P), qui signifie que certaines sommes de carrés convergent en probabilité vers A, entraîne ($A = \langle X,X \rangle$ sous Q). Autrement dit, avec les notations introduites en 1.2,

Si $P \in \underline{\underline{M}}_{(X,X^2-A)}$, on a $\underline{\underline{M}}_X^! = \{Q \in \underline{\underline{M}}_X \mid Q \ll P\} \subset \underline{\underline{M}}_{(X,X^2-A)}$

Dans ces conditions, on a les équivalences suivantes

Proposition 2.10 . Avec les notations ci-dessus, soit $P \in \underline{\underline{M}}_{(X,X^2-A)}$. Les propriétés suivantes sont équivalentes

1) X possède la propriété (RP) sous P .

2) P est point extrémal de $\underline{\underline{M}}_X$.

3) P est point extrémal de $\underline{\underline{M}}_{(X,X^2-A)} = \underline{\underline{M}}_N$.

Démonstration . Nous savons que 1)<=>2) (th. 2.7 et lemme 2.2). Il est évident que 2)=>3), car $\underline{\underline{M}}_{(X,X^2-A)} \subset \underline{\underline{M}}_X$. Inversement, on a $\underline{\underline{M}}_X^! \subset \underline{\underline{M}}_{(X,X^2-A)}$, donc 3) entraîne que P est extrémal dans $\underline{\underline{M}}_X^!$, donc dans $\underline{\underline{M}}_X$ (remarque 1.2). ▯

Dans le cas du mouvement brownien, où $A_t \equiv t$, on sait que la loi brownienne est le seul élément de $\underline{\underline{M}}_{(X,X^2-A)}$ (lorsque Ω est l'espace de toutes les applications continues avec sa filtration naturelle). Alors 3) est satisfaite et la propriété (RP) du mouvement brownien en découle.

Une autre méthode pour prouver la propriété (RP) pour le mouvement brownien X est de montrer (c'est facile !) que les variables

$$U^{\lambda,\sigma} = \exp(\Sigma_{i=1}^n \lambda_i (X_{s_{i+1}} - X_{s_i}) - \frac{1}{2} \Sigma_{i=1}^n \lambda_i^2 (s_{i+1} - s_i))$$

($n \in \mathbb{N}$, $\lambda_i \in \mathbb{R}$, $\sigma = (s_1, \ldots, s_{n+1})$ avec $s_1 < s_2 \ldots < s_{n+1}$) sont totales dans L^2 (ou seulement dans L^1 d'après le corollaire 2. .2) et peuvent s'écrire comme intégrales stochastiques par rapport à X. De façon générale, pour établir la propriété (RP) de X sous une loi $P \in \underline{\underline{M}}_{(X,X^2-A)}$, telle que les Y^λ soient de vraies martingales, une méthode générale (aussi voisine que possible de la méthode précédente pour le mouvement brownien) consiste à prouver 3) en cherchant un ensemble total dans $L^1(\underline{\underline{F}}_\infty^o, P)$ formé de variables de la forme 1 et $H_s(Y_t^\lambda - Y_s^\lambda)$ ($\lambda \in \mathbb{R}$, $s < t$, H_s $\underline{\underline{F}}_s^o$-mesurable). On établit alors 3) par le théorème 2.7, et 1) en résulte comme ci-dessus.

3. Le cas markovien et le problème des martingales[1]

3.1 Avant d'aborder les questions de représentation de martingales qui se posent dans le cadre markovien, faisons quelques rappels et préliminaires.

En [1], Kunita et Watanabe ont établi le résultat très important suivant, concernant les martingales relatives à la filtration naturelle d'un processus de Markov.

Soit $(\Omega, \underline{\underline{F}}, (\underline{\underline{F}}_t), X_t, (P_x)_{x\in E})$ un processus de Markov droit à valeurs dans un espace l.c.d. E , $(\underline{\underline{F}}_t)$ désignant la filtration naturelle de X convenablement complétée et rendue continue à droite. Soit $(R_p)_{p>0}$ la résolvante correspondante. Pour toute fonction univ. mesurable bornée g , la fonction $h=R_p g$ appartient au domaine du générateur infinitésimal L du processus, et on a $Lh=ph-g$. D'où les martingales suivantes

$$K_t^{p,g} = E[\int_0^\infty e^{-ps}g(X_s)ds|\underline{\underline{F}}_t] = e^{-pt}h(X_t) + \int_0^t e^{-ps}g(X_s)ds$$

$$C_t^h = \int_0^t e^{ps}dK_t^{p,g} = h(X_t)-h(X_0)- \int_0^t (ph-g)(X_s)ds$$

Les $K^{p,g}$ sont de carré intégrable, et les C^h de carré intégrable sur tout intervalle compact. Le résultat de Kunita-Watanabe affirme que les C^h engendrent $\underline{\underline{M}}_0^2(P_\mu)$ au sens des martingales de carré intégrable, pour toute loi initiale μ : toute martingale de $\underline{\underline{M}}^2(P_\mu)$, nulle en 0 et orthogonale aux martingales C^h, est nulle.

En fait, l'ensemble des $h=R_p g$ (g universellement mesurable bornée) ne dépend pas de $p>0$: on peut donc se borner à un $p>0$ fixé. Puis, pour chaque loi initiale μ, on voit qu'on peut se limiter aux g boréliennes . Enfin, un argument de classes monotones montre qu'on engendre le même sous-espace stable en faisant parcourir à g un ensemble G de fonctions boréliennes bornées, stable par produit, et engendrant la tribu borélienne.

On dit que le processus de Markov admet un <u>opérateur carré du champ</u> si, pour toute martingale C^h , le crochet oblique $\langle C^h,C^h\rangle_t$ est absolument continu par rapport à la mesure dt (et on peut alors écrire, d'après le théorème de Motoo $\langle C^h,C^h\rangle_t = \int_0^t f(X_s)ds$, où f est une fonction[2] positive sur E ; l'application qui à h associe f est une forme quadratique sur le domaine du générateur, que l'on appelle carré du champ). D'après le résultat de Kunita-Watanabe rappelé ci-dessus, pour toute loi P_μ et toute martingale M de carré intégrable nulle en 0, le crochet $\langle M,M\rangle$ satisfait alors à $d\langle M,M\rangle_t \ll dt$.

1. Ce paragraphe a été modifié après des discussions avec P.A.Meyer.
2. f est définie à un ensemble de potentiel nul près.

Le problème se pose donc de calculer le crochet $\langle C^h,C^h\rangle$. Plutôt que de reprendre cette question dans le cadre des processus de Markov, nous en présentons une version relative à un espace $(\Omega,\underline{\underline{F}},(\underline{\underline{F}}_t),P)$ général (voir aussi [26], où le même point de vue est adopté).

De quoi s'agit-il ? Soit Φ un processus croissant prévisible, nul en 0, à valeurs finies. On considère l'ensemble S_Φ des semi-martingales Z localement bornées (donc spéciales), admettant une décomposition canonique $Z=Z_0+M+A$ ($M\in\underline{\underline{M}}_{loc}$ nulle en 0, $A\in\underline{\underline{V}}_p$ nul en 0) telle que $dA_t \ll d\Phi_t$. Z étant localement bornée ainsi que A (car $A\in\underline{\underline{V}}_p$), M l'est aussi, et en particulier $\langle M,M\rangle$ existe.

<u>Lemme 3.1</u> . 1) <u>Soit</u> $Z\in S_\Phi$. <u>Alors</u> $Z^2\in S_\Phi$ <u>si et seulement si</u> (avec les notations ci-dessus) <u>on a</u> $d\langle M,M\rangle_t \ll d\Phi_t$.

2) S_Φ <u>est une algèbre si et seulement si</u>, <u>pour toute martingale locale nulle en 0</u> $M\in M^2_{loc}$ <u>on a</u> $d\langle M,M\rangle_t \ll d\Phi_t$.

<u>Démonstration</u>. 1) Notons $X\equiv Y$ la relation d'équivalence "X-Y est une martingale locale nulle en 0". On se ramène aussitôt au cas où $Z_0=0$, et on écrit Z=M+A comme ci-dessus. Alors

$$Z^2 = (M+A)^2 \equiv \langle M,M\rangle + 2MA + A^2$$

Or on a $A^2=\int_0^{\cdot}(A+A_-)dA$, et $MA\equiv\int_0^{\cdot}M_-dA$ d'après un lemme dû à Ch. Yoeurp (voir [23]). Mais alors $Z^2 \equiv \langle M,M\rangle + \int_0^{\cdot}(2M_-+A+A_-)dA$, qui est absolument continu par rapport à Φ si et seulement si $d\langle M,M\rangle_t \ll d\Phi_t$.

2) Soit M une martingale bornée nulle en 0 ; on a $M\in S_\Phi$, donc $M^2\in S_\Phi$ si S_Φ est une algèbre, donc $d\langle M,M\rangle_t \ll d\Phi_t$. On passe de là par densité aux martingales de carré intégrable, puis aux martingales locales localement de carré intégrable par localisation.

Dans le cas des processus de Markov, on applique ainsi ce lemme : soit h appartenant au domaine du générateur L du processus. Prenons $\Phi_t=t$. Alors la semi-martingale $h(X_t) = h(X_0) + C^h_t + \int_0^t Lh(X_s)ds$ appartient à S_Φ, et elle est bornée. On a donc $d\langle C^h,C^h\rangle_t \ll d\Phi_t$ si et seulement si la semi-martingale $h^2(X_t)$ appartient à S_Φ . Il est évident que cette condition est satisfaite si h^2 appartient au domaine de L, et cela nous suffira pour la suite.

<u>Remarques</u>. Revenons à la situation générale. Il est peut être intéressant de mettre ces résultats sous une forme où les crochets obliques n'interviennent pas.

i) Disons qu'un processus prévisible H est Φ-<u>négligeable</u> si $\int_0^\infty |H_s|d\Phi_s = 0$ p.s.. Disons qu'une semi-martingale Z est Φ-a.c.p. (absolument continue sur les prévisibles) si l'intégrale stochastique $H\cdot Z = \int_0^{\cdot} H_s dZ_s$ (0 est exclu du domaine d'intégration) est nulle pour tout processus prévisible borné Φ-négligeable H. Cela ne dit rien sur Z_0.

Lemme 3.2. Les propriétés suivantes sont équivalentes

0) S_Φ est une algèbre.

1) Pour toute martingale bornée M, nulle en 0, on a $d\langle M,M\rangle_t \ll d\Phi_t$.

2) Pour toute martingale M de carré intégrable nulle en 0, $d\langle M,M\rangle_t \ll d\Phi_t$.

3) Toute martingale de carré intégrable est Φ-a.c.p..

4) Toute martingale locale est Φ-a.c.p..

5) Pour toute martingale locale M, [M,M] est Φ-a.c.p..

Démonstration. Nous savons que 0)<=>2) (lemme 3.1). Il est clair que 4)=>3)=>2)=>1). Supposons 1) satisfaite. et soit H prévisible borné Φ-négligeable. L'ensemble des martingales locales M telles que $H\cdot M=0$ contient les martingales bornées, puis par densité tout H^1, puis toutes les martingales locales par localisation, Enfin 4)<=>5), car $(\int_0^{\cdot} H_s dM_s=0) \Leftrightarrow (\int_0^{\cdot} H_s^2 d[M,M]_s=0)$.

La définition de S_Φ est aussi encombrée de restrictions que l'on peut lever. Désignons par $\hat{S}_\Phi$ l'ensemble des semi-martingales Z telles que

pour tout processus prévisible borné Φ-négligeable H,
$H\cdot Z$ soit une martingale locale.

Alors une semi-martingale spéciale $Z=Z_0+M+A$ ($M\in\underline{\underline{M}}_{loc}$, $A\in\underline{\underline{V}}_p$) appartient à $\hat{S}_\Phi$ si et seulement si $dA_t \ll d\Phi_t$. De plus

Lemme 3.3. Les conditions équivalentes 0-5 sont encore équivalentes à

6) $\hat{S}_\Phi$ est une algèbre.

7) Pour toute $Z\in\hat{S}_\Phi$, le processus [Z,Z] est Φ-a.c.p..

8) Toute $Z\in\hat{S}_\Phi$ est Φ-a.c.p..

Démonstration : 5) => 6). En effet, soit $Z\in\hat{S}_\Phi$ et soit H prévisible borné Φ-négligeable. Le processus $I=1_{\{H\neq 0\}}$ est prévisible borné Φ-négligeable, donc $I\cdot Z$ est une martingale locale, donc $[I\cdot Z,I\cdot Z]$ est Φ-a.c.p. d'après 5), et $H\cdot[Z,Z] = H\cdot[I\cdot Z,I\cdot Z]=0$. Puis on écrit $Z^2=2Z_-\cdot Z+[Z,Z]$, donc $H\cdot Z^2= 2H\cdot(Z_-\cdot Z)=2Z_-\cdot(H\cdot Z)$, qui est une martingale locale, et on a $Z^2\in\hat{S}_\Phi$.

6)=>7) : Soit $Z\in\hat{S}_\Phi$, et soit H prévisible borné positif et Φ-négligeable. Comme $Z^2\in\hat{S}_\Phi$, $H\cdot Z^2= 2H\cdot(Z_-\cdot Z)+H\cdot[Z,Z]$ est une martingale locale. Il en est de même pour $H\cdot(Z_-\cdot Z)=Z_-\cdot(H\cdot Z)$, et, par différence, de $H\cdot[Z,Z]$. Par conséquent, $H\cdot[Z,Z]$ est constant sur $[0,\infty[$, et [Z,Z] est Φ-a.c.p..

7)=>8) : Soit $Z\in\hat{S}_\Phi$ et soit H prévisible borné Φ-négligeable. Comme [Z,Z] est croissant, $|H|\cdot[Z,Z]$ ne peut être une martingale locale que si $|H|\cdot[Z,Z]=0$, et alors aussi $H^2\cdot[Z,Z]=0$. La martingale locale $H\cdot Z$ satisfait alors à $[H\cdot Z,H\cdot Z]=0$, elle est donc nulle, et Z est Φ-a.c.p..

Enfin, 8) entraîne évidemment 4), car les martingales locales appartiennent à $\hat{S}_\Phi$.

Remarques - Il y a encore une dernière propriété équivalente que l'on peut noter

9) Toute $Z\in S_\Phi$ est Φ-a.c.p..

En effet, si $Z=Z_0+M+A$ (décomposition canonique) appartient à S_Φ , A est Φ-a.c.p. par définition, et on voit que 4)=>9). Inversement, 9)=>1), car les martingales bornées appartiennent à S_Φ .

- Il est peut être intéressant de noter que l'ensemble des semi-martingales Φ-a.c.p. est toujours une algèbre . En effet, si Z est Φ-a.c.p., on a pour tout processus H prévisible borné Φ-négligeable

$$H\cdot Z=0,\text{ donc } [H.Z,H\cdot Z]=0,\text{ donc } H^2\cdot[Z,Z]=0,\text{ donc } |H|\cdot[Z,Z]=0$$

et finalement $H.[Z,Z]=0$. On écrit alors comme plus haut $H\cdot Z^2= 2Z_-\cdot(H\cdot Z)+H\cdot[Z,Z]$, donc $H\cdot Z^2=0$, et Z^2 est Φ-a.c.p. .

ii) Montrons que les propriétés équivalentes 0)-9) sont préservées par changement de mesure. Soient P et Q deux lois de probabilité équivalentes ; la propriété Φ-a.c.p. a alors le même sens sous P et sous Q. Supposons que les propriétés 0)-9) aient lieu sous Q, et soit Z une P-martingale bornée. Soit N la P-martingale fondamentale, cadlag et telle que $N_t = \frac{dQ}{dP}|\underline{\underline{F}}_t$ pour tout t ; d'après le théorème de Girsanov, $Z'= Z-\frac{1}{N_-}\cdot\langle Z,N\rangle$ est une Q-martingale locale. Z' est alors Φ-a.c.p. d'après la propriété 4). Mais alors, si H est prévisible borné Φ-négligeable, la décomposition canonique (sous P) de $H\cdot Z'$ doit être nulle, et comme cette décomposition s'écrit $H\cdot Z' = H\cdot Z - \frac{H}{N_-}\cdot\langle Z,N\rangle$, on a $H\cdot Z=0$. Cela signifie que Z est Φ-a.c.p. .

3.2 Nous revenons maintenant au point de vue adopté dans le paragraphe 2, en étudiant les solutions extrémales du "problème des martingales" sur $\mathbb{R}^n$. Nous désignons par Ω (ou Ω_d, Ω_c si la précision est nécessaire) l'ensemble des fonctions continues à droite et limitées à gauche (continues dans le cas de Ω_c) de $\mathbb{R}_+$ dans $\mathbb{R}^n$, par X le processus canonique défini sur Ω, et par $\underline{\underline{F}}_t^o$ la famille de tribus naturelle de X, rendue continue à droite. Soit L un opérateur linéaire de $\underline{\underline{C}}_c^\infty(\mathbb{R}^n)$ dans $\underline{\underline{C}}_b(\mathbb{R}^n)$. On note $\underline{\underline{S}}_x(L)$ l'ensemble des lois P sur $(\Omega,\underline{\underline{F}}_\infty^o)$ telles que $P\{X_0=x\}=1$ et que

$$\forall f\in\underline{\underline{C}}_c^\infty\ ,\ C_t^f = f(X_t)-f(X_0) - \int_0^t Lf(X_s)ds \text{ soit une P-martingale.}$$

$\underline{\underline{S}}_x(L)$ est un ensemble convexe, et nous désignerons par $\mathcal{E}_x(L)$ l'ensemble de ses points extrémaux. Le théorème 2.7 nous donne le critère suivant :

<u>Théorème 3.4</u> . <u>Soit</u> $P\in\underline{\underline{S}}_x(L)$. <u>Alors</u> $P\in\mathcal{E}_x(L)$ <u>si et seulement si</u> $\underline{\underline{F}}_0$ <u>est P-triviale, et si les variables</u> 1 <u>et</u> $1_A(C^f_t-C^f_s)$ $(A\in\underline{\underline{F}}^o_{s-}$, $f\in\underline{\underline{C}}^\infty_c$, $s<t)$ <u>sont totales dans</u> $L^1(\underline{\underline{F}}^o_\infty,P)$.

Maintenant, nous remarquons que $\underline{\underline{C}}^\infty_c$ est une algèbre . Par conséquent pour toute loi $P\in\underline{\underline{S}}_x(L)$, et toute $f\in\underline{\underline{C}}^\infty_c$, $<C^f,C^f>$ est absolument continue par rapport à $\Phi_t=t$, et nous pouvons même reprendre le calcul fait plus haut, et obtenir

$$<C^f,C^f>_t = \int_0^t \Gamma(f,f)(X_s)ds \quad \text{en posant } \Gamma(f,g)=L(fg)-fLg-gLf \; (f,g\in\underline{\underline{C}}^\infty_c)$$

Cela nous montre tout de suite que l'opérateur L ne peut être arbitraire : si $\underline{\underline{S}}_x(L)$ est non vide, la fonction continue $\Gamma(f,f)$ doit être positive en x. Donc si $\underline{\underline{S}}_x(L)$ est non vide pour tout x, L doit satisfaire à la condition de "type positif"

$$\text{pour tout } f\in\underline{\underline{C}}^\infty_c,\ \Gamma(f,f)= L(f^2)-2fLf \geqq 0$$

Supposons maintenant que P soit extrémale . Soit $M=1_A(C^f_t-C^f_s)$ $(s<t$, $A\in\underline{\underline{F}}^o_{s-}$). La martingale $E[M|\underline{\underline{F}}_u]= M_u$ vaut $1_A(C^f_{t\wedge u}-C^f_s)1_{\{s\leq u\}}$, d'où l'on tire $d<M,M>_u = 1_A d<C^f,C^f>_u 1_{\{s\leqq u\leqq t\}} \ll du$. Appliquant alors le corollaire 2.5.3 et le caractère total dans L^1 des variables considérées, on voit que les conditions équivalentes 0-5 du lemme 3.2 sont satisfaites. Ainsi

<u>Corollaire 3.5.1</u>. <u>Si</u> $P\in\mathcal{E}_x(L)$, <u>et si</u> M <u>est une</u> P-<u>martingale de carré intégrable, on a</u> $d<M,M>_t \ll dt$.

3.3. Nous considérons maintenant un processus de Markov, solution du problème des martingales : c'est à dire une famille de mesures $(P_x)_{x\in\mathbb{R}^n}$ telle que $P_x\in\underline{\underline{S}}_x(L)$ pour tout x, et que $(\Omega, \underline{\underline{F}}^o_t , X_t, (P_x))$ soit un processus de Markov droit. Nous désignons par (P_t), (R_p) le semi-groupe et la résolvante correspondants, par $(\underline{\underline{F}}_t)$ la famille de tribus complétée pour toutes les lois P_μ , usuelle en théorie des processus de Markov.

Soit $f\in\underline{\underline{C}}^\infty_c$; comme C^f est une martingale pour toute loi P_x , nous avons

$$E_x[C^f_t]=E_x[C^f_0]=0 \quad , \text{ soit } \quad P_tf(x)-f(x) = \int_0^t P_sLf(x)ds$$

et comme $Lf\in\underline{\underline{C}}_b$, cela signifie que le domaine du générateur infinitésimal (faible) du processus contient $\underline{\underline{C}}^\infty_c$, et que le générateur coïncide avec L sur $\underline{\underline{C}}^\infty_c$.

Notons la conséquence suivante du corollaire 3.5.1 :

<u>Corollaire 3.5.2</u> . <u>Si</u> $P_x\in\mathcal{E}_x(L)$ <u>pour tout</u> x (<u>en particulier s'il y a unicité du problème des martingales</u> : $\underline{\underline{S}}_x(L)=\{P_x\}$ <u>pour tout</u> x), <u>le processus admet un opérateur carré du champ</u>.

D'autre part, toutes les solutions du problème des martingales possèdent la propriété suivante :

Lemme 3.6.1 . Soit $P\in\underline{\underline{S}}_x(L)$, et soit T un t.a. prévisible. On a

$$P\{0<T<\infty, X_T\neq X_{T-}\} = 0$$

Autrement dit, les sauts de X sont totalement inaccessibles.

Démonstration . Le "autrement dit" est un résultat bien connu de théorie générale des processus. Quitte à remplacer T par $(T\wedge n)\vee 1/n$, on peut supposer T strictement positif et borné. Soit $f\in\underline{\underline{C}}_c^\infty$; la semi-martingale $f\circ X_t$ s'écrit $f\circ X_0+C_t^f + \int_0^t Lf(X_s)ds$; C^f étant une martingale, et le dernier processus étant continu, on voit que $E[f(X_T)|\underline{\underline{F}}_{T-}] = (f(X))_{T-} = f(X_{T-})$ puisque f est continue. D'où pour toute fonction g $E[g(X_{T-})f(X_T)] = E[g(X_{T-})f(X_{T-})]$, et cela entraîne que la loi du couple (X_{T-},X_T) est portée par la diagonale.

On en déduit, pour les processus de Markov, solutions du problème de martingales, les propriétés :

Lemme 3.6.2 . 1) La famille de tribus $(\underline{\underline{F}}_t)$ est quasi-continue à gauche.
2) Pour tout x et toute $g\in\underline{\underline{C}}_c^\infty(\mathbb{R}^n\setminus\{x\})$ posons $\Lambda(x,g)=Lg(x)$. Alors $\Lambda(x,.)$ est une mesure de Radon positive sur $\mathbb{R}^n\setminus\{x\}$ (que nous considérerons souvent comme une mesure positive, non de Radon, sur $\mathbb{R}^n$, ne chargeant pas $\{x\}$). L'application $x\mapsto\Lambda(x,.)$ est un noyau (noyau de Lévy). Si f est une fonction positive borélienne sur $\mathbb{R}^n\times\mathbb{R}^n$, nulle sur la diagonale, la projection duale prévisible de la mesure aléatoire $\Sigma_{s>0} f(X_{s-},X_s)\varepsilon_s$ est la mesure aléatoire $\Lambda(X_s,f)ds$, où $\Lambda(x,f)=\int\Lambda(x,dy)f(x,y)$.

Signalons tout de suite un piège : nous n'avons pas affirmé que les seuls temps d'arrêt totalement inaccessibles étaient les temps de sauts de X, de sorte que le système de Lévy ci-dessus ne nous permet pas de compenser toutes les mesures aléatoires ponctuelles à sauts totalement inaccessibles.

Démonstration . 1) Il s'agit de montrer que pour tout temps prévisible T, que l'on peut supposer borné comme ci-dessus, on a $\underline{\underline{F}}_{T-}=\underline{\underline{F}}_T$. Or $X_T= X_{T-}$ p.s. est $\underline{\underline{F}}_{T-}$-mesurable, en vertu du lemme précédent. La propriété de Markov forte entraîne alors que $E[U|\underline{\underline{F}}_T]=E[U|\underline{\underline{F}}_{T-}]$ p.s. pour toute variable U, donc $\underline{\underline{F}}_{T-}=\underline{\underline{F}}_T$ aux ensembles négligeables près.

2) est essentiellement un résultat classique d'Ikeda-S.Watanabe (cf. J.M. Kyoto, 1962 [1]). Si $g\in\underline{\underline{C}}_c^\infty(\mathbb{R}^n\setminus\{x\})$, on a $Lg(x)=\lim_{t\to 0}\frac{1}{t}P_tg(x)\geqq 0$, d'où l'existence de la mesure positive $\Lambda(x,.)$. Pour montrer que Λ est un

1. Voir aussi le séminaire de Strasbourg I, p. 160.

noyau , on considère des fonctions $g_n(x,y)$ de classe $\underline{\underline{C}}^{\infty}$ sur $\mathbb{R}^n \times \mathbb{R}^n$, nulles au voisinage de la diagonale, et croissant vers 1 hors de la diagonale. Alors si $f \in \underline{\underline{C}}_c^{\infty}$ est positive, on a pour tout x

$$\Lambda(x,f) = \lim_n \int \Lambda(x,dy) g_n(x,y) f(y) = \lim_n L(fg_n(x,.))$$

qui est bien borélienne (en fait, on peut montrer que $\Lambda(.,f)$ est s.c.i. si f est continue positive). Nous ne donnerons pas le reste de la démonstration, qui est trop long .

Remarque. Si $f \in \underline{\underline{C}}_c^{\infty}$ est positive et nulle en x, il existe des $f_n \in \underline{\underline{C}}_c^{\infty}$ nuls au voisinage de x et positifs, croissant vers f. On a alors $Lf(x) \geq Lf_n(x) = \Lambda(x,f_n)$, donc $Lf(x) \geq \Lambda(x,f)$. En particulier

$$\int \Lambda(x,dy)(g(y)-g(x))^2 < \infty \quad \text{pour toute } g \in \underline{\underline{C}}_c^{\infty}$$

On peut pousser cette discussion beaucoup plus loin : J.P. Roth [30] a montré que les opérateurs $L : \underline{\underline{C}}_c^{\infty}(\mathbb{R}^n) \hookrightarrow \underline{\underline{C}}_b(\mathbb{R}^n)$ tels que L1=0 et que $\underline{\underline{S}}_x(L) \neq \emptyset$ pour tout $x \in \mathbb{R}^n$ sont nécessairement de la forme

$$Lf(x) = \tfrac{1}{2}\Sigma_{i,j}\, a_{ij}(x)\frac{\partial^2 f}{\partial x_i \partial x_j}(x) + \Sigma_i\, b_i(x)\frac{\partial f}{\partial x_i}(x)$$

$$+ \int \Lambda(x,dy)\big(f(y)-f(x)-\Sigma_i h^i(y-x)\frac{\partial f}{\partial x_i}(x)\big)$$

où $h^i \in \underline{\underline{C}}_c^{\infty}$ coïncide avec la coordonnée x^i au voisinage de 0. On retrouve donc à peu de chose près les opérateurs considérés par Jacod-Yor en [14].

Le lemme suivant est analogue au précédent, mais concerne les solutions extrémales du problème de martingales au lieu des solutions markoviennes.

<u>Lemme 3.6.3</u>. <u>Soit</u> $P \in \mathcal{E}_x(L)$, <u>et soit</u> $(\underline{\underline{F}}_t)$ <u>la filtration</u> $(\underline{\underline{F}}_t^o)$ <u>rendue</u> $(\underline{\underline{F}}_{\infty}^o, P)$-<u>complète</u>.

1) <u>Pour tout t.a.</u> T, <u>on a</u> $\underline{\underline{F}}_T = \underline{\underline{F}}_{T-} \vee \sigma(X_T 1_{\{T<\infty\}})$.
2) <u>Les seuls t.a. totalement inaccessibles sont les temps de saut de</u> X.
3) <u>La tribu</u> $\underline{\underline{F}}_0$ <u>est</u> P-<u>triviale</u>.
4) <u>La filtration</u> $(\underline{\underline{F}}_t)$ <u>est quasi-continue à gauche</u>.
5) <u>Si</u> T <u>est un t.a., on a l'équivalence</u>

$$P\{X_T \neq X_{T-}\ , 0<T<\infty\}=0 \iff T \text{ est prévisible} .$$

<u>Démonstration</u> . D'après le théorème 2.7, la loi P étant extrémale, les propriétés suivantes sont satisfaites :

a) Les variables 1 et $1_A(C_v^f - C_u^f)$ ($A \in \underline{\underline{F}}_{u-}^o$, $u<v$, $f \in \underline{\underline{C}}_c^{\infty}$) sont totales dans L^1 (assertion 3) du théorème 2.7). Noter que $1_A(C_v^f - C_u^f) = U$ s'écrit aussi $\int_0^{\infty} H_s dC_s^f$, où H est le processus prévisible $1_A 1_{]u,v]}$; la martingale associée $U_t = E[U|\underline{\underline{F}}_t]$ vaut donc $\int_0^t H_s dC_s^f$.

b) $\underline{\underline{F}}_0$ est P-triviale (assertion 4) de 2.7), ce qui règle ici le 3).

Démontrons alors 1) : il suffit de prouver que pour des variables U formant un ensemble total dans $L^1(P)$, on a

$$E[U|\underline{\underline{F}}_T] \text{ est p.s. mesurable par rapport à } \underline{\underline{F}}_{T-}\vee\sigma(X_T 1_{\{T<\infty\}})$$

C'est trivial pour U=1. Lorsque U est de la forme ci-dessus, $U=\int_0^\infty H_s dC_s^f$, on a avec les mêmes notations

$$E[U|\underline{\underline{F}}_T] = U_T = U_{T-} + H_T((f(X_T)-f(X_{T-}))$$

H étant prévisible, H_T est $\underline{\underline{F}}_{T-}$-mesurable, et l'énoncé en découle.

Démontrons 5) : nous savons que si T est prévisible, $X_T=X_{T-}$ p.s. sur $\{0<T<\infty\}$. Inversement, si T possède cette propriété, toutes les martingales $U_t=E[U|\underline{\underline{F}}_t]$, où U=1 ou bien U est de la forme ci-dessus, sont continues à l'instant T. Comme ces variables U forment un ensemble total dans L^1, toutes les martingales uniformément intégrables sont continues à l'instant T. On montre alors en théorie générale des processus que T est prévisible, et que $\underline{\underline{F}}_T=\underline{\underline{F}}_{T-}$.

En particulier, cela entraîne que $\underline{\underline{F}}_T=\underline{\underline{F}}_{T-}$ pour tout temps prévisible, ce qui équivaut à 4).

Enfin, soit T un t.a. totalement inaccessible ; le t.a. $T_{\{X_T=X_{T-},T<\infty\}}$ est totalement inaccessible, et prévisible d'après 5), donc il est p.s. égal à $+\infty$, et $P\{X_T=X_{T-},\ T<\infty\}=0$. Donc T est un temps de saut de X et 2) est établie.

3.4 Dans quels cas peut on affirmer que la loi P_x appartient à $\mathcal{E}_x(L)$?

Sans pouvoir apporter de réponse, nous voudrions faire quelques remarques à ce sujet. Soit U l'ensemble des martingales C_t^f , avec $f\in\underline{\underline{C}}_c^\infty$, et soit V l'ensemble des martingales

$$C_t^h = h(X_t)- h(X_0)- \int_0^t (ph-g)(X_s)ds \quad , \ h=R_pg \ , \ g\in\underline{\underline{C}}_c^\infty .$$

D'après le théorème 2.11 et le théorème 2.7, on a $P_x\in\mathcal{E}_x(L)$ si et seulement si $\mathcal{L}^1(1,U)=H^1(P_x)$. D'après le résultat de Kunita-Watanabe rappelé en 3.1, on a toujours $\mathcal{L}^1(1,V)=H^1(P_x)$. En définitive, tout revient à prouver que $\mathcal{L}^1(V)\subset\mathcal{L}^1(U)$. Voici alors les remarques :

Remarque 1. Les propriétés suivantes sont équivalentes

i) Tout temps totalement inaccessible est un temps de saut de X.

ii) Toute somme compensée de sauts appartient localement à $\mathcal{L}^1(U)$.

Cette condition est satisfaite en particulier si $R_p(\underline{\underline{C}}_c^\infty)\subset\underline{\underline{C}}_b(\mathbb{R}^n)$.

Il nous suffit de démontrer que pour toute $h=R_pg$ ($g\in\underline{\underline{C}}_c^\infty$), la martingale $(C^h)^d$ appartient localement à $\mathcal{L}^1(U)$. Cette martingale étant de carré intégrable sur tout intervalle fini, nous la décomposons suivant le sous-espace stable (au sens de Kunita-Watanabe) engendré par U, et une martingale (M_t), nulle en 0, de carré intégrable sur tout intervalle fini, orthogonale aux C^g ($g \in \underline{\underline{C}}_c^\infty$). D'après Kunita-Watanabe[1], (M_t) est une fonctionnelle additive, et il existe une fonction borélienne m sur $\mathbb{R}^n \times \mathbb{R}^n$, nulle sur la diagonale, telle que $\Delta M_t = m(X_{t-}, X_t)$ - c'est ici qu'intervient l'absence de sauts de M autres que les sauts de X. En particulier, M étant de carré intégrable sur [0,t] pour tout t fini, on a $E[\Sigma_0^t m^2(X_{s-}, X_s)] < \infty$. Soient $g \in \underline{\underline{C}}_c^\infty$, k borélienne bornée sur $\mathbb{R}^n$, écrivons que M est orthogonale à l'intégrale stochastique $\int_0^{\cdot} k(X_{s-}) dC_s^g$; il vient que

α) $E[\Sigma_0^t |k(X_{s-})m(X_{s-}, X_s)(g(X_s)-g(X_{s-}))|] < \infty$

β) $E[\Sigma_0^t k(X_{s-})m(X_{s-}, X_s)(g(X_s)-g(X_{s-}))] = 0$

Prenons $j \in \underline{\underline{C}}_c^\infty$, et appliquons ces formules avec gj au lieu de g. Il vient en développant

$$E[\Sigma_0^t k(X_{s-})m(X_{s-}, X_s)(g(X_s)-g(X_{s-}))j(X_s) + \Sigma_0^t k(X_{s-})m(X_{s-}, X_s)(j(X_s)-j(X_{s-}))g(X_{s-})] = 0$$

Le dernier terme a une espérance nulle d'après β). Il reste donc

γ) $E[\Sigma_0^t k(X_{s-})j(X_s)m(X_{s-}, X_s)(g(X_s)-g(X_{s-}))]=0$

un raisonnement de classes monotones justifié par α) avec k=1 nous perlet de remplacer $k(X_{s-})j(X_s)$ par $u(X_{s-}, X_s)$, où u est borélienne bornée sur $\mathbb{R}^n \times \mathbb{R}^n$. Prenant $u(x,y) = \mathrm{sgn}(m(x,y)(g(x)-g(y)))$, il est immédiat de démontrer que m est nulle, et M aussi.

La démonstration de ii)=>i) est semblable à celle de l'assertion 2) du lemme 3.6.3 : si T est un t.a. totalement inaccessible, le t.a. $S = T_{\{X_T = X_{T-}, T<\infty\}}$ est aussi totalement inaccessible, et il existe donc une martingale uniformément intégrable M qui est une somme compensée de sauts, et qui admet un saut unité à l'instant S. D'après ii), M appartient à $\mathcal{L}^1(U)$, donc M est continue à l'instant S puisque $X_S = X_{S-}$. Donc S= +∞ p.s., et T est un temps de saut de X.

Enfin, si $h = R_p g$ est continue pour $g \in \underline{\underline{C}}_c^\infty$, les martingales C^h ne sautent qu'aux instants de saut de X, et d'après le résultat de Kunita-Watanabe, il en est de même de toutes les martingales. D'où la dernière assertion.

La remarque suivante est malheureusement d'une généralité insuffisante.

<u>Remarque 2</u> . <u>Supposons que</u> $R_p(\underline{\underline{C}}_c^\infty) \subset \underline{\underline{C}}^2(\mathbb{R}^n)$. <u>Alors</u> $P_x \in \mathcal{E}_x(L)$.

1. Plus exactement, d'après [31], car Kunita-Watanabe utilisaient l'hypothèse (L). Notre démonstration revient à un passage des représentations optionnelles $W*(\mu-\nu)$ aux représentations prévisibles (th. 1.7 de [14], p.92), mais avec plus de généralité (on a séparé le cas purement discontinu).

Le processus $(g\circ X_t)$ étant une semi-martingale pour tout $g\in\underline{\underline{C}}_c^\infty$, le processus X lui-même est une semi-martingale vectorielle. Mais alors la formule d'Ito entraîne que $(h\circ X_t)$ est une semi-martingale pour toute fonction de classe C^2, avec une décomposition

$$h\circ X_t = \Sigma_i \int_0^t \frac{\partial h}{\partial x_i}(X_{s-})dX_s^i + \text{termes à variation finie}$$

D'où la partie martingale continue de la semi-martingale $(h\circ X_t)$:

$$(h\circ X)_t^c = \Sigma_i \int_0^t \frac{\partial h}{\partial x_i}(X_{s-})d(X^i)_s^c$$

Si la résolvante applique $\underline{\underline{C}}_c^\infty$ dans $\underline{\underline{C}}^2$, nous pouvons appliquer cela avec $h=R_pg$ ($g\in\underline{\underline{C}}_c^\infty$) ; les semi-martingales h(X) et C^h ayant même partie martingale continue, nous voyons que $(C^h)^c$ est une somme d'intégrales stochastiques par rapport aux X^{ic}.

Or nous savons d'après la remarque précédente que toute martingale locale purement discontinue appartient localement à $\mathcal{L}^1(U)$. Soit $g\in\underline{\underline{C}}_c^\infty$; la martingale C^g appartient à U, la martingale $(C^g)^d$ appartient localement à $\mathcal{L}^1(U)$, donc $(C^g)^c$ appartient localement à $\mathcal{L}^1(U)$. Par localisation, on voit que $(X^i)^c$ appartient localement à $\mathcal{L}^1(U)$. D'après ce qui précède on a le même résultat pour $(C^h)^c$, puis après addition de $(C^h)^d$, pour C^h. Mais alors avec les notations du début on a $\mathcal{L}^1(V)\subset\mathcal{L}^1(U)$ et c'est terminé.

Notre <u>troisième remarque</u> consiste à montrer que si l'on n'a pas pour tout x $P_x\in\mathcal{E}_x(L)$, alors il y a non-unicité du problème des martingales en un sens terriblement fort : il existe une infinité de <u>processus de Markov</u> distincts, solutions du problème de martingales pour tout x. On peut rapprocher cela de la proposition 4.4 de [14], où l'on exhibe un opérateur L et une infinité de semi-groupes de Feller distincts vérifiant tous $P_x\in\mathcal{E}_x(L)$ pour tout x .

Supposons donc que $P_x\notin\mathcal{E}_x(L)$, et choisissons $h=R_pg$ ($g\in\underline{\underline{C}}_c^\infty$) telle que C^h n'appartienne pas localement à $\mathcal{L}^1(U)$ pour P_x . Distinguons deux cas.

1) $(C^h)^d$ n'appartient pas localement à $\mathcal{L}^1(U)$. Alors (remarque 1) il existe un temps terminal totalement inaccessible de la forme

$$T = \inf\{ t>0 : |(h\circ X_t)_- - h\circ X_t|>\varepsilon \ , \ X_t=X_{t-}\}$$

fini avec probabilité positive pour P_x. Soit (T_n) la suite des itérés de T, soit p_t la fonctionnelle additive qui compte les $T_n\leq t$; on a $\varepsilon^2 p_t \leq [C^h,C^h]_t$, et la fonction $E_\cdot[(C_t^h)^2]$ est bornée, donc $E_\cdot[p_t]$ est bornée, et la fonctionnelle additive M_t compensée de p_t est telle que $E_\cdot[\exp(\lambda|M_1|)]$ soit bornée pour λ assez petit, d'après l'inégalité de John-Nirenberg. On sait qu'alors la fonctionnelle multiplicative $\mathcal{E}(\lambda M)$, qui est positive si $0<\lambda<1$, est une vraie martingale d'espérance 1 sur

$[0,1]$ pour λ assez petit, mais encore >0. Par multiplicativité, on voit que c'est une vraie martingale d'espérance 1 sur $[0,\infty[$, et comme M est une somme compensée de sauts qui ne saute pas en même temps que X, M (donc $\mathcal{E}(\lambda M)$) est orthogonale aux C^g , $g\in\underline{\underline{C}}_c^\infty$. Mais alors les mesures Q_x telles que $\frac{dQx}{dP_x}\big|_{\underline{\underline{F}}_t^o} = \mathcal{E}(\lambda M)_t$ sont toutes des solutions du problème de martingales, et correspondent à des processus de Markov distincts.

2) Toute $(C^h)^d$ appartient localement à $\mathcal{L}^1(U)$. Alors on est dans le cas de la remarque 1, et il existe h telle que $(C^h)^c$ n'appartienne pas localement à $\mathcal{L}^1(U)$. Soit M la martingale fonctionnelle additive continue obtenue en retranchant à $(C^h)^c$ sa projection sur le sous-espace stable (au sens de Kunita-Watanabe) engendré par U . On a $E_{\cdot}[M_t^2]\leqq E_{\cdot}[(C^h)_t^{c2}]$ qui est bornée, et on raisonne comme plus haut, sur $\mathcal{E}(\lambda M)$.

3.5 Nous terminons ce paragraphe en dégageant une autre connexion entre la propriété (RP) et la propriété de Markov.

Soit $(X_t)_{t\geqq 0}$ un processus à valeurs dans un espace mesurable $(E,\underline{\underline{E}})$, défini sur un espace $(\Omega,\underline{\underline{F}},P)$; on désigne par $(\underline{\underline{F}}_t)$ la filtration naturelle de (X_t), rendue continue à droite et complétée, et on suppose que $\underline{\underline{F}}=\underline{\underline{F}}_\infty$, et que (X_t) vérifie la propriété de Markov simple par rapport à $(\underline{\underline{F}}_t)$, non nécessairement homogène dans le temps.

Rappelons tout d'abord la notion d'<u>ensemble plein</u> de fonctions, introduite par P.A. Meyer en [24].

<u>Définition</u>. Un ensemble F de fonctions réelles bornées $\underline{\underline{E}}$-mesurables est dit <u>plein</u> si la seule mesure bornée λ telle que

$$\forall\ f\in F\ ,\ \int f d\nu = 0$$

est la mesure nulle.

<u>Lemme 3.7</u> . <u>Si</u> F <u>est plein, et si</u> μ <u>est une probabilité sur</u> $(E,\underline{\underline{E}})$, <u>alors</u>

1) F <u>est total dans</u> $L^p(\underline{\underline{E}},\mu)$ <u>pour tout</u> p, $1\leqq p<\infty$.

2) <u>On a</u> $\sigma(F)=\underline{\underline{E}}$ <u>aux ensembles</u> μ<u>-négligeables près</u>.

<u>Démonstration</u>. La seconde assertion découle classiquement de la première. Pour montrer la première, il suffit de remarquer que si p' est l'exposant conjugué de p, l'orthogonal de F dans $L^{p'}$ est réduit à 0.

On peut maintenant énoncer le :

<u>Théorème 3.8</u> . <u>Soient</u> F <u>un ensemble plein de fonctions</u>, M <u>une martingale locale sur</u> Ω, <u>nulle en</u> 0. <u>Les propriétés suivantes sont équivalentes</u>

1) $\forall\ t\geqq 0,\ \forall f\in F\ ,\quad f(X_t) = E[f(X_t)] + \int_0^\infty H_s^f dM_s$, <u>où</u> H^f <u>est un processus prévisible tel que</u> $E[\int_0^\infty (H_s^f)^2 d[M,M]_s] < \infty$

2) <u>Même énoncé en remplaçant</u> F <u>par</u> b($\underline{\underline{E}}$).

3) M <u>vérifie la propriété</u> (RP) <u>relativement à</u> ($\underline{\underline{F}}_t$).

<u>Démonstration</u> . 1)=>2). Soit g∈b($\underline{\underline{E}}$). Si t=0, et si $\mu_0=X_0(P)$, nous avons $f=\int f d\mu_0$ μ-p.s. pour les f∈F, qui forment un ensemble total dans L^1, et $\underline{\underline{E}}$ est donc μ_0-dégénérée. Soient t>0, et μ_t la loi image $X_t(P)$. D'après le lemme 3.7 toute f∈b($\underline{\underline{E}}$) est limite dans $L^2(\mu_t)$ d'une suite d'éléments f_n de l'espace vectoriel engendré par F, admettant donc des représentations

$$f_n(X_t) = E[f_n(X_t)] + \int_0^t H_s^n dM_s$$

Les variables $f_n(X_t)$ convergent vers $f(X_t)$ dans $L^2(P)$, et on vérifie comme dans le lemme 2.2 que les H^n forment une suite de Cauchy dans l' espace $\Gamma^2(M)$ des processus prévisibles H tels que $\|H\|=E[\int_0^\infty H_s^2 d[M,M]_s]^{1/2}$ <∞ , d'où existence d'une représentation pour $f(X_t)$.

2)=>3). Il suffit de montrer que toute variable Y (bornée, $\underline{\underline{F}}$-mesurable) peut s'écrire sous la forme $Y=E[Y]+\int_0^\infty H_s dM_s$, où H est prévisible et vérifie $E[\int_0^\infty H_s^2 d[M,M]_s] < \infty$. Or les variables qui peuvent se représenter ainsi forment un espace vectoriel qui contient les constantes, stable par limite dans L^2, donc par limite simple bornée. Par application du théorème des classes monotones, il suffit donc de traiter le cas des variables $Y_n=\prod_{1\leq i\leq n} f_i(X_{t_i})$, $f_i \in b(\underline{\underline{E}})$, $t_1<t_2 \ldots <t_n$. Nous procédons par récurrence sur n . La variable $f_n(X_{t_n})$ admet une représentation $c+\int_0^\infty K_s dM_s$; on peut alors écrire

$$f_n(X_{t_n}) = E[f_n(X_{t_n})|\underline{\underline{F}}_{t_n}] = c+\int_0^{t_n} K_s dM_s$$

$$E[f_n(X_{t_n})|\underline{\underline{F}}_{t_{n-1}}] = c+\int_0^{t_{n-1}} K_s dM_s$$

D'après la propriété de Markov (noter que l'homogénéité dans le temps n'est pas nécessaire) cette dernière variable s'écrit $g(X_{t_{n-1}})$, avec g∈b($\underline{\underline{E}}$). Par différence, nous avons donc

$$f_n(X_{t_n}) = g(X_{t_{n-1}}) + \int_{t_{n-1}}^{t_n} K_s dM_s$$

Portons cette valeur dans l'expression de Y_n . Nous avons en notant Y_{n-1} le produit étendu jusqu'à n-1

$$Y_n = Y_{n-1} g(X_{t_{n-1}}) + \int_0^\infty K'_s dM_s$$

où $K'_s = Y_{n-1} K_s 1_{\{t_{n-1}<s\leq t_n\}}$ est prévisible, puisque Y_{n-1} est $\underline{\underline{F}}_{t_{n-1}}$-mesurable. Quant au premier terme, il est du même type que Y_n, mais ne fait intervenir que les instants $t_1,\ldots,t_{n-1}$, et l'hypothèse de récurrence permet de conclure.

Une variante du théorème 3.8 consiste à remplacer M par une famille $\underline{\underline{N}}$ de martingales locales, l'hypothèse étant

pour tout $f\in F$, tout $t\geq 0$, la martingale $E[f(X_t)|\underline{\underline{F}}_s]$ appartient à $\mathcal{L}^1(\underline{\underline{N}})$

et la conclusion

$$H^1((\underline{\underline{F}}_t),P) = \mathcal{L}^1(\underline{\underline{N}}).$$

Les modifications à apporter dans la démonstration précédente sont élémentaires.

Illustrons ce théorème en reprenant le problème des martingales étudié plus haut en 3.4. Notons (P_t) le semi-groupe du processus de Markov de lois $(P_x)_{x\in\mathbb{R}^n}$, et prenons comme ensemble plein $F=\underline{\underline{C}}_c^\infty$. Pour toute $f\in\underline{\underline{C}}_c^\infty$, la martingale $E[f(X_t)|\underline{\underline{F}}_s]$ vaut

$$M_s^{t,f} = P_{t-s}f(X_s) \text{ si } 0\leq s<t \text{ , } f(X_t) \text{ si } s\geq t$$

Prenons pour $\underline{\underline{N}}$ l'ensemble des martingales C^g ($g\in\underline{\underline{C}}_c^\infty$). L'extrémalité de P_x dans $\underline{\underline{S}}_x(L)$ équivaut à la condition $H^1(P_x) = \mathcal{L}^1(\underline{\underline{N}},1)$; d'après le théorème 3.8, cela équivaut encore à l'appartenance des martingales $M^{t,f}$ à $\mathcal{L}^1(\underline{\underline{N}},1)$, pour $f\in\underline{\underline{C}}_c^\infty$.

Lorsque h est une fonction sur $\mathbb{R}_+^*\times\mathbb{R}^n$ de classe $C^{1,2}$, le processus $h(s,X_s)$ est une semi-martingale d'après la formule d'Ito, et la formule d'Ito nous permet même (lorsque h est bornée, par exemple, de sorte que la semi-martingale est spéciale) d'en écrire la décomposition canonique. Explicitons en la partie martingale, qui vaut

$$\Sigma_i \int_0^s \frac{\partial}{\partial x_i} h(u,X_u)d(X^i)_u^c + W*(\mu-\nu)$$

avec les notations de [14] : μ est la mesure aléatoire sur $\mathbb{R}_+\times\mathbb{R}^n$

$$\mu(\omega \text{ ; } dt\times dx) = \Sigma_{s>0} \varepsilon_{(s,\Delta X_s(\omega))}(dt\times dx)1_{\{\Delta X_s(\omega)\neq 0\}}$$

et ν sa compensatrice prévisible, donnée par le système de Lévy Λ : $\nu(\omega \text{ ; } dt\times dx) = dt\Lambda(X_t(\omega),dx)$. D'autre part, $W(\omega,s,x)$ est la fonction mesurable sur $(\Omega\times\mathbb{R}_+^*)\times\mathbb{R}^n$, $\underline{\underline{P}}\times\underline{\underline{B}}(\mathbb{R}^n)$)

$$W(\omega,s,x) = h(s,x+X_{s-}(\omega))-h(s,X_{s-}(\omega))$$

Supposons maintenant que $(t,x)\mapsto P_tf(x)$ soit de classe $C^{1,2}$ pour $f\in\underline{\underline{C}}_c^\infty$. Appliquant cela à $h(s,x) = P_{t-s}f(x)$ pour $s\in[0,t[$, nous arrivons à écrire explicitement les martingales $M^{t,f}$. Malheureusement, les représentations que l'on écrit ainsi sont des représentations optionnelles, non prévisibles, et il reste encore un peu de travail à faire pour en déduire, à la manière de [14], l'extrémalité de P. Celle-ci se déduit plus simplement de la méthode des remarques 1-2 du 3.4 .

APPENDICE

(M. Yor et J. de Sam Lazaro)

1. Martingales homogènes et propriété (RP)

Soit $(M_t)_{t\geq 0}$ une martingale nulle en 0 (cadlag) sur un espace de probabilité filtré $(\Omega,\underline{\underline{F}},\underline{\underline{F}}_t,P)$. On dit que (M_t) est homogène si, pour tout $h\geq 0$, les processus $(M_t)_{t\geq 0}$ et $(M_t^h)=(M_{t+h}-M_h)$ ont même loi. Soulignons l'importance des martingales homogènes en théorie des flots. On se propose de déterminer toutes les martingales homogènes qui possèdent la propriété (RP) relativement à leur famille de tribus naturelle.

On peut évidemment se transporter sur l'espace Ω des applications cadlag de $\mathbb{R}_+$ dans $\mathbb{R}$, muni de ses applications coordonnées (X_t) , de sa filtration naturelle $(\underline{\underline{F}}_t^o)$ - on pose $\underline{\underline{F}}^o=\underline{\underline{F}}_\infty^o$ - et d'une loi P pour laquelle le processus X est une martingale. L'homogénéité de la martingale X signifie alors que la loi P est invariante par θ_h pour tout $h\geq 0$, où θ_h est l'application de Ω dans lui même définie par

$$\forall\ \omega\in\Omega\ ,\quad X_t(\theta_h\omega) = X_{t+h}(\omega)-X_h(\omega)$$

Enonçons le résultat :

Théorème 1. Supposons que, sous P, X soit une martingale homogène possédant la propriété (RP). Alors X est un mouvement brownien, ou la martingale compensée d'un processus de Poisson.

Démonstration. Il est bien connu que le mouvement brownien (de paramètre quelconque σ^2) et le processus de Poisson compensé (d'intensité λ quelconque) possèdent la propriété (RP). Par ailleurs, ce sont les seuls processus à accroissements indépendants, réels et centrés, pour lesquels la propriété (RP) est vérifiée. Voir à ce sujet l'appendice de [9] . Ce résultat peut également être retrouvé à partir de la représentation des martingales des processus à accroissements indépendants comme intégrales stochastiques optionnelles (cf. par exemple le paragraphe 3 de [16]). Le théorème 1 sera donc prouvé si nous montrons que X est un processus à accroissements indépendants.

Nous désignerons par $\underline{\underline{F}}_t^h$ la tribu engendrée par les variables $X_{s+h}-X_h$, $0\leq s\leq t$.

X ayant la propriété (RP), toute variable $Z\in L^2(\underline{\underline{F}}_\infty^o,P)$ admet une représentation

$$Z = E[Z] + \int_0^\infty \varphi_s dX_s \ ,\ \text{où } \varphi \text{ est prévisible, et}\quad E[\int_0^\infty \varphi_s^2 d[X,X]_s] < \infty .$$

Appliquons l'opérateur θ_h . Il est très facile de vérifier que le processus φ_s^h défini par $\varphi_s^h(\omega)=\varphi_{s-h}(\theta_h\omega)1_{\{s>h\}}$ est prévisible, et que l'on a

$$(\int_0^\infty \varphi_s dX_s)\circ\theta_h = \int_0^\infty \varphi_s^h dX_s$$

En effet, ces propriétés sont immédiates si $\varphi_t = 1_A 1_{]u,v]}(t)$ $(u<v,\ A\in \underline{\underline{F}}^{\circ}_u)$, et on passe des processus prévisibles élémentaires aux processus prévisibles φ tels que $E[\int_0^\infty \varphi_s^2 d[X,X]_s]<\infty$ par le procédé habituel, en utilisant l'invariance de P sous θ_h. On a donc finalement, le processus φ^h étant nul sur $[0,h[$

$$E[(\int_0^\infty \varphi_s dX_s)\circ\theta_h | \underline{\underline{F}}_h] = 0$$

ou encore

$$E[Z\circ\theta_h | \underline{\underline{F}}_h] = E[Z]$$

Faisant parcourir à Z une algèbre de fonctions bornées engendrant $\underline{\underline{F}}^{\circ}_\infty$, $Z\circ\theta_h$ parcourt une algèbre engendrant $\underline{\underline{F}}^h_\infty$, et par conséquent

$\underline{\underline{F}}^h_\infty$ et $\underline{\underline{F}}_h$ sont indépendantes pour tout $h>0$

ce qui entraîne en particulier que (X_t) est à accroissements indépendants.

<u>Remarque</u>. Nous n'avons pas résolu ici le problème qui se rencontre réellement en théorie des flots : celui-ci concerne en effet l'espace Ω des applications cadlag de $\mathbb{R}$ <u>tout entier</u> dans $\mathbb{R}$, nulles en 0, avec le même processus canonique (X_t), et la filtration $\underline{\underline{F}}^{\circ}_t$ définie pour $t\in\mathbb{R}$ par $\underline{\underline{F}}^{\circ}_t = \sigma(X_u - X_v,\ u\leq t,\ v\leq t)$. P étant une loi sur Ω, on dit que X est une <u>martingale</u> si $E[|X_t|] < \infty$ pour tout $t\in\mathbb{R}$, et si pour tout u et tout $t>u$ on a $E[X_t - X_u | \underline{\underline{F}}^{\circ}_u]=0$. La martingale est dite <u>homogène</u> si P est invariante par les opérateurs θ_h comme ci-dessus, mais la propriété (RP) s'écrit

| $\forall\ Z\in L^2(\underline{\underline{F}}^{\circ}_\infty)$ il existe $(\varphi_t)_{t\in\mathbb{R}}$ prévisible tel que $E[\int_{-\infty}^{+\infty} \varphi_s^2 d[X,X]_s]<\infty$
| et que $Z = E[Z] + \int_{-\infty}^{+\infty} \varphi_s dX_s$

ou encore, si l'on préfère travailler sur $[0,\infty[$

| $\forall\ Z\in L^2(\underline{\underline{F}}^{\circ}_\infty)$ il existe $(\varphi_t)_{t\geq 0}$ prévisible tel que $E[\int_0^\infty \varphi_s^2 d[X,X]_s]<\infty$
| et que $Z = E[Z|\underline{\underline{F}}^{\circ}_0] + \int_0^\infty \varphi_s dX_s$

2. <u>Existence d'une martingale totalisatrice</u>

Soit $(\Omega,\underline{\underline{F}},\underline{\underline{F}}_t,P)$ un espace de probabilité filtré vérifiant les conditions habituelles, et de plus les trois conditions suivantes

α) $\underline{\underline{F}} = \bigvee_t \underline{\underline{F}}_t$

β) $L^2(\Omega,\underline{\underline{F}},P)$ est séparable

γ) $\underline{\underline{F}}_0$ est P-triviale.

On se pose la question de savoir s'il existe une martingale $Z\in\underline{\underline{M}}^2$ qui ait la propriété (RP) par rapport à $(\underline{\underline{F}}_t)$. Une telle martingale, si elle existe, est dite <u>totalisatrice</u>, à cause de la terminologie analogue employée dans la théorie des algèbres de Von Neumann, et des liens étroits existant entre cette théorie et celle des intégrales stochastiques (voir à ce sujet Dellacherie et Stricker [29]). A l'aide des résultats de [29], l'un de nous a indiqué en [16] une condition nécessaire et suffisante pour qu'il existe une martingale totalisatrice (cf. [16], théorèmes 4 et 5). Nous allons donner ci-dessous une autre condition nécessaire et suffisante.

A toute martingale $M \in \underline{\underline{M}}^2$, on associe la mesure positive bornée sur la tribu prévisible

$$p_M(ds \times d\omega) = d\langle M,M\rangle_s(\omega)dP(\omega)$$

Si M et N sont deux éléments de $\underline{\underline{M}}^2$, on a $p_M \ll p_N$ si et seulement si, pour presque tout ω, on a $d\langle M,M\rangle_t(\omega) \ll d\langle N,N\rangle_t(\omega)$; de même les mesures p_M et p_N sont étrangères si et seulement si $d\langle M,M\rangle_t(\omega)$ et $d\langle N,N\rangle_t(\omega)$ sont étrangères sur $\mathbb{R}_+$ pour presque tout ω.

Voici nos résultats :

Proposition 2. Soient M et N $\in \underline{\underline{M}}^2$, nulles en 0 et non nulles. Les propriétés suivantes sont équivalentes

a) p_M et p_N sont étrangères

b) Les martingales M et N sont orthogonales et $\mathcal{L}^2(M,N)=\mathcal{L}^2(M+N)$.

Théorème 3. Sous les hypothèses α,β,γ les propriétés suivantes sont équivalentes :

1) Il existe une martingale totalisatrice.

2) Pour tout couple (M,N) de martingales orthogonales de $\underline{\underline{M}}^2$, les mesures p_M et p_N sont étrangères.

Remarque. D'après la proposition 2), on peut remplacer 2) par

2') M et N sont orthogonales si et seulement si p_M et p_N sont étrangères.

Démonstration de la proposition.

On utilise la notation usuelle $H\cdot M$ pour l'intégrale stochastique $\int_0^{\cdot} H_s dM_s$.

a)=> b). p_M et p_N étant étrangères, il existe un ensemble prévisible A portant p_M un ensemble prévisible B portant p_N, tels que $A \cap B = \emptyset$. On a alors $M=1_A \cdot M$, $N=1_B \cdot N$, donc $\langle M,N\rangle = 1_A 1_B \langle M,N\rangle = 0$, et M et N sont orthogonales. Alors $\mathcal{L}^2(M,N)$ est constitué des martingales de carré intégrable de la forme $H\cdot M+K\cdot N$ avec H,K prévisibles, et on a

$$H\cdot M = H1_A(M+N) \ , \ K\cdot N = K1_B(M+N) \ , \text{ d'où b)}.$$

b)=>a). D'après b), il existe H et K prévisibles tels que $M=H\cdot X$, $N=K\cdot X$ en posant $X=M+N$. Comme $\langle M,N\rangle=0$, on a $0=(HK)\cdot\langle X,X\rangle$, donc $HK=0$ p_X-p.p.. Alors l'ensemble $A=\{H\neq 0\}$ porte p_M , et A^c porte p_N .

Démonstration du théorème.

1)=>2) , d'après la démonstration précédente de b)=>a), en prenant ici pour X une martingale totalisatrice.

2)=>1) . D'après l'hypothèse β , il existe une suite (finie ou infinie) de martingales de carré intégrables X^n nulles en 0, non nulles, deux à deux orthogonales, telles que $\underline{\underline{M}}_0^2$ soit égal à $\mathcal{L}^2(X^n, n\in\mathbb{N})$. Quitte à remplacer X^n par $\lambda_n X^n$, avec des $\lambda_n \neq 0$ convenables, on peut supposer que la série $\Sigma_n X^n$ converge dans $\underline{\underline{M}}^2$ vers une martingale X. Pour montrer que X est totalisatrice, il suffit de montrer que toute martingale Y orthogonale à X est nulle. Or d'après 2), p_Y est étrangère à $p_X = \Sigma_n p_{X^n}$. Donc elle est étrangère à chaque p_{X^n} , Y est orthogonale à X^n pour tout n, et finalement Y est nulle.

3. Densité dans $L^\infty(\mu)$ pour le problème de Douglas.

3.1. Rappels

Si $(X,\underline{\underline{X}})$ est un espace mesurable, on note, en suivant Dunford et Schwartz [33] , $ba(X,\underline{\underline{X}})$ - ou simplement ba - l'espace des mesures additives bornées sur $\underline{\underline{X}}$: il est constitué des applications $\lambda : \underline{\underline{X}} \longrightarrow \mathbb{R}$, simplement additives sur $\underline{\underline{X}}$, pour lesquelles $\|\lambda\| = \sup_\tau \Sigma_{i\in I_\tau} |\lambda(A_i)|<\infty$, τ parcourant l'ensemble des partitions finies $\underline{\underline{X}}$-mesurables $\tau=(A_i)_{i\in I_\tau}$ de X .

Toute fonction f, $\underline{\underline{X}}$-mesurable bornée (on note : $f\in b(\underline{\underline{X}})$) étant limite uniforme de fonctions étagées, on définit λ(f) pour λ∈ba et $f\in b(\underline{\underline{X}})$ par linéarité et continuité, après avoir posé $\lambda(1_A)=\lambda(A)$ pour $A\in\underline{\underline{X}}$. On a bien sûr $|\lambda(f)| \leq \|f\|_\infty |\lambda|$.

Si μ est une probabilité sur $(X,\underline{\underline{X}})$, l'espace

$$ba(\mu) = \{ \lambda\in ba \mid \forall A\in\underline{\underline{X}} ,(\mu(A)=0) \Rightarrow (\lambda(A)=0)\}$$

s'identifie comme suit au dual de $L^\infty(\mu)$ ([33], p.296): si $f\in L^\infty(\mu)$, on pose $\lambda(f)=\lambda(f')$ pour toute $f'\in b(\underline{\underline{X}})$ appartenant à la classe f. Alors l'application $(\lambda,f)\mapsto\lambda(f)$, bien définie sur $ba(\mu)\times L^\infty(\mu)$, est la forme bilinéaire qui met ces deux espaces en dualité.

Enfin on a ([33], pages 98-99) , avec des notations évidentes

$$ba = (ba)^+-(ba)^+ \quad ; \quad ba(\mu) = (ba(\mu))^+-(ba(\mu))^+ .$$

3.2 Revenons maintenant au problème de Douglas (voir le paragraphe 1).

Soit F un ensemble de fonctions $\underline{\underline{X}}$-mesurables bornées (nous laissons au lecteur le cas où F est un ensemble de classes pour l'égalité μ-p.s.). Nous posons comme au paragraphe 1

$$\underline{\underline{M}}_\mu = \{ \nu \text{ probabilités sur } (X,\underline{\underline{X}}) \mid \forall f\in F \int f d\nu=\int f d\mu \}$$

Alors, il est immédiat que μ est extrémale dans $\underline{\underline{M}}_\mu$ si, et seulement si, elle l'est dans

$$\hat{\underline{\underline{M}}}_\mu = \{ \lambda \epsilon ba^+ \mid \forall f \epsilon F , \lambda(f)=\mu(f) \}$$

La proposition suivante est l'analogue de la proposition 1.4 :

<u>Proposition. Avec les notations ci-dessus, les deux assertions suivantes sont équivalentes</u>

1) F <u>est dense dans</u> $L^\infty(\mu)$.

2) <u>Toute mesure additive</u> $\lambda \epsilon (ba)^+(\mu)$ <u>est extrémale dans</u>

$$\hat{\underline{\underline{M}}}_\lambda = \{ \nu \epsilon ba^+ \mid \forall f \epsilon F , \nu(f)=\lambda(f) \} .$$

<u>Démonstration</u> . 1)=>2) . Soit $\lambda \epsilon ba^+(\mu)$, de la forme $\lambda=\alpha\lambda^1+(1-\alpha)\lambda^2$, avec $\lambda^1,\lambda^2 \epsilon \hat{\underline{\underline{M}}}_\lambda$, $\alpha \epsilon]0,1[$. Noter que λ^1 est majorée par λ/α, donc appartient à $ba^+(\mu)$, et alors, d'après 1), λ et λ^1 induisent la même forme linéaire sur $L^\infty(\mu)$. En particulier, $\lambda(A)=\lambda^1(A)$ pour tout $A \epsilon \underline{\underline{X}}$, donc $\lambda=\lambda^1=\lambda^2$, et λ est point extrémal de $\hat{\underline{\underline{M}}}_\lambda$.

2)=>1). Comme $(L^\infty(\mu))'=ba(\mu)$, il suffit de montrer que la seule $\lambda \epsilon ba(\mu)$ telle que : $\forall f \epsilon F$, $\lambda(f)=0$, est la mesure nulle. Soit λ une telle mesure additive, et soit $\lambda=\lambda^+-\lambda^-$ la décomposition de Jordan de λ ([33], pages 98-99). On a alors $|\lambda|=\lambda^++\lambda^- \epsilon (ba)^+(\mu)$ et

$$|\lambda| = \frac{2\lambda^++2\lambda^-}{2} \quad ; \; 2\lambda^+,\ 2\lambda^- \epsilon \hat{\underline{\underline{M}}}_{|\lambda|}$$

D'après l'hypothèse, on a donc : $2\lambda^+=2\lambda^-=|\lambda|$, donc $\lambda=\lambda^+-\lambda^-=0$.

BIBLIOGRAPHIE

Sur la représentation des martingales comme intégrales stochastiques

a) Processus de Markov

[1] H. Kunita, S. Watanabe : On square integrable martingales. Nagoya Math. Journal, Vol. 30, 1967, pp. 209-245.

[2] M. Motoo, S. Watanabe : On a class of additive functionals of Markov processes. J. Math. Kyoto. Univ. 4, 1965, pp. 429-469.

[3] S. Watanabe : On discontinuous additive functionals and Lévy measures of a Markov process. Japanese J. Math. 36, 1964, pp. 53-70.

b) Processus à accroissements indépendants.

Les articles sur ce sujet sont innombrables, et nous ne donnons qu'une liste restreinte. De nombreuses références figurent dans la bibliographie de [5].

[4] C. Dellacherie : Intégrales stochastiques par rapport aux processus de Wiener et de Poisson. Séminaire de probabilités VIII. Lect. Notes in Math. 381, Springer-Verlag 1974.

[5] L. Galtchouk : Représentation des martingales engendrées par un processus à accroissements indépendants (cas des martingales de carré intégrable). Ann. I.H.P. vol. XII, 1976, pp. 199-211.

[6] K. Ito : Multiple Wiener integral. J. Math. Soc. Japan, vol.2, 1951, pp. 157-169.

[7] K. Ito : Spectral type of the shift transformation of differential processes with stationary increments. T.A.M.S. 1956, pp. 253-263.

(ces deux articles contiennent en particulier la décomposition en chaos de Wiener (intégrales stochastiques multiples), qui entraîne les théorèmes de représentation des martingales comme intégrales stochastiques usuelles).

c) Processus ponctuels

[8] R. Boel, P. Varaiya, E. Wong : Martingales on jump processes. Part I, representation results. Part II, applications. SIAM J. Control 13, 5, pp. 999-1061.

[9] C.S. Chou, P.A. Meyer : sur la représentation des martingales comme intégrales stochastiques dans les processus ponctuels. Séminaire de Probabilités IX , Springer-Verlag 1974.

[10] M.H.A. Davis : The representation of martingales of jump processes SIAM J. of control, 14 , 1976.

[11] J. Jacod : Multivariate point processes : predictable projection, Radon-Nikodym derivatives, representation of martingales. Z.W. 31, 1975, pp. 235-253.

De façon générale, on peut consulter sur ce sujet, la revue

[12] P. Brémaud, J. Jacod : Processus ponctuels et martingales. A paraître dans : Adv. in Appl. Prob., 1977.

d) En relation avec les problèmes de martingales.

[13] J. Jacod : A general theorem of representation for martingales. A.M.S. Meeting (à paraître en 1977).

[14] J. Jacod, M. Yor : Etude des solutions extrémales et représentation intégrale des solutions pour certains problèmes de martingales. Z.W. 38, 1977, pp. 83-125.

[15] M. Yor : Représentation intégrale des martingales, étude des distributions extrémales. Thèse, Université P. et M. Curie, Paris 1976.

[16] M. Yor : Remarques sur la représentation des martingales comme intégrales stochastiques. Séminaire de Probabilités XI. Lecture Notes in M. n°581, Springer-Verlag 1977.

e) Sur le théorème de Douglas et les questions connexes.

[17] E.M. Alfsen : Compact convex sets and boundary integrals. Ergebn. der M. 57, Springer-Verlag, 1971.

[18] M. Capon : Densité des fonctions affines continues sur un convexe compact dans un espace L^p... Sém. Choquet (Init.An.) 1970-71.

[19] G. Choquet : Le problème des moments. Séminaire Choquet (Initiation à l'analyse), Université de Paris, 1e année, 1961-62.

[20] R.G. Douglas : On extremal measures and subspace density. Michigan Math. J. 11, 1964, pp. 644-652.

[21] G. Mokobodzki : sur des mesures qui définissent des graphes d'applications. Séminaire Brelot-Choquet-Deny , 6e année, 1962.

f) Autres références .

[22] H. Föllmer : On the representation of semi-martingales. Ann. Prob. 1, 1973, pp. 580-589.

[23] P.A. Meyer : Un cours sur les intégrales stochastiques. Séminaire de Probabilités X. Lecture Notes in M. 511, 1976.

[24] P.A. Meyer : Démonstration probabiliste de certaines inégalités de Littlewood-Paley , exposé II (l'opérateur carré du champ). Séminaire de Probabilités X, Lecture Notes in M. 511, Springer 1976.

[25] P.A. Meyer : Notes sur les intégrales stochastiques : Intégrales Hilbertiennes. Séminaire de Probabilités XI. Lecture Notes in M. 581, Springer 1977.

[26] M. Yor : Une remarque sur les formes de Dirichlet et les semi-martingales. Séminaire de Théorie du Potentiel, n°2. Lecture Notes in M. 569, 1976.

[27] C. Dellacherie : Capacités et processus stochastiques. Ergebn. der Math. 67, Springer-Verlag 1972.

[28] J. Neveu : Notes sur l'intégrale stochastique. Cours de 3e Cycle 1972. Laboratoire de Probabilités, Université P. et M. Curie, Paris.

[29] C. Dellacherie et C. Stricker : Changements de temps et intégrales stochastiques. Séminaire de Probabilités XI, Lecture Notes in M. 581, Springer-Verlag 1977.

[30] J.P. Roth : Opérateurs dissipatifs et semi-groupes dans les espaces de fonctions continues. Ann. Inst. Fourier 26-4, 1976, pp. 1-97.

[31] A. Benveniste : Application de deux théorèmes de Mokobodzki à l'étude du noyau de Lévy d'un processus de Hunt sans hypothèse (L). Séminaire de Probabilités VII, Lecture Notes in M. 321, Springer-Verlag 1973 [voir aussi les commentaires sur le travail de Benveniste, dans le même volume, exposé suivant].

[32] K.A. Yen et Ch. Yoeurp : Représentation des martingales comme intégrales stochastiques de processus optionnels. Séminaire de Probabilités X, Lecture Notes in M. 511, Springer-Verlag 1976.

[33] N. Dunford et J. Schwartz : Linear Operators, Part I. Interscience Publ. New York 1958.

J. de Sam Lazaro
UER des Sciences et Techniques
Université de Rouen
76130 Mont Saint-Aignan

Marc Yor
Laboratoire de Probabilités
Université de Paris VI
2 Place Jussieu - Tour 46
75230 Paris Cedex 05

UN CONTRE-EXEMPLE AU PROBLEME DES LAPLACIENS APPROCHES

par C. DELLACHERIE et C. DOLEANS-DADE

Soit $(\Omega,\underline{\underline{F}},P)$ un espace probabilisé complet muni d'une famille croissante de sous-tribus $(\underline{\underline{F}}_t)$ vérifiant les conditions habituelles. On sait que tout potentiel de la classe (D) (X_t) est engendré par un unique processus croissant prévisible (ou naturel) (A_t). Ce théorème a été établi par MEYER [2] en approchant (A_t) par des processus croissants (A_t^h) appelés laplaciens approchés. Plus précisément, si pour tout $h>0$ et tout $t\geq 0$ on pose

$$A_t^h = \frac{1}{h}\int_0^t E[X_s - X_{s+h}|\underline{\underline{F}}_s]\, ds$$

on a alors

$$A_t = \lim_{h\to 0} A_t^h$$

<u>la limite étant prise au sens de la topologie faible de</u> $L^1(P)$. MEYER [2] a démontré d'autre part que la convergence a lieu au sens de la topologie forte de $L^1(P)$ lorsque (A_t) est un processus croissant continu.

Le problème des laplaciens approchés est alors le suivant : est-ce que l'on a $A_t = \lim A_t^h$ au sens de la topologie forte dans le cas général ? (*)

Nous donnons ici un contre-exemple à ce problème, ainsi qu'à deux problèmes voisins (convergence forte vers A_t des approximations "discrètes" , convergence de projections prévisibles).

(*) Nous renonçons, pour des raisons évidentes, à indiquer l'intérêt d'une réponse positive à ce problème.

I DESCRIPTION DE LA SITUATION INITIALE

Nous poserons $\Omega = [0,1]$, P = la restriction de la mesure de LEBESGUE et $\underline{\underline{F}}$ = la tribu des ensembles mesurables (au sens de LEBESGUE), et nous désignerons, pour chaque entier n, par S_n la fonction en escalier associée au n-ième découpage dyadique de Ω définie par

$$S_n(\omega) = k.2^{-n} \quad \text{pour } \omega \in [k.2^{-n},(k+1).2^{-n}[\text{ et pour } k = 0,1,\dots,2^n-1$$

La fonction identité sur Ω étant désignée par S, on a alors

$$S = \lim_n S_n \qquad\qquad P\{S_n < S \text{ pour tout } n\} = 1$$

Nous allons prendre maintenant pour famille $(\underline{\underline{F}}_t)$ la plus petite famille admettant les S_n comme temps d'arrêt : S sera alors un temps d'arrêt prévisible annoncé par la suite de t.d'a. croissante (S_n).

Pour tout $t \geq 0$, nous noterons $\underline{\underline{F}}_t$ la tribu engendrée par les ensembles négligeables et par les variables aléatoires $S_1 \wedge t$, $S_2 \wedge t$, ..., $S_n \wedge t$, ... : les S_n (et donc S) sont des temps d'arrêt de $(\underline{\underline{F}}_t)$. Voici une autre description de la tribu $\underline{\underline{F}}_t$, plus constructive (cf fig. 1 de l'annexe) : aux ensembles négligeables près, la tribu $\underline{\underline{F}}_t$ est engendrée par

- les boréliens de $[0,t\wedge 1]$ (intervalle de Ω)
- les atomes égaux aux intervalles non vides de la suite

$$\{t < S_1\},\ \{S_1 \leq t < S_2\},\ \dots,\ \{S_n \leq t < S_{n+1}\},\ \dots$$

Si on a $t \geq 1$, $\underline{\underline{F}}_t$ est égale à $\underline{\underline{F}}$ et il n'y a pas d'atomes; si on a $t < 1$, les atomes constituent une partition infinie de $]t,1]$ et viennent s'accumuler en t. De cette description, on déduit facilement que la famille $(\underline{\underline{F}}_t)$ est continue à droite. Comme $\underline{\underline{F}}_0$ contient les ensembles négligeables, la famille $(\underline{\underline{F}}_t)$ vérifie alors les conditions habituelles.

Nous désignerons enfin par (A_t) le processus croissant défini par $A_t = I_{\{S \leq t\}}$ – c'est un processus croissant prévisible puisque S est un temps d'arrêt prévisible –, et par (X_t) le potentiel engendré par (A_t) : $X_t = I_{\{S > t\}}$.

Nous allons donner maintenant les trois contre-exemples annoncés. On peut les aborder dans un ordre arbitraire : nous avons choisi de les exposer dans un ordre croissant de complexité. Pour chacun d'eux, nous avons d'abord énoncé le problème dans son cadre général; ensuite nous nous plaçons dans la situation du premier paragraphe dont nous conservons les notations.

II CONVERGENCE DE PROJECTIONS PREVISIBLES

Enoncé du problème :

Soit $(\Omega,\underline{\underline{F}},P)$ un espace probabilisé complet, muni d'une famille $(\underline{\underline{F}}_t)$ vérifiant les conditions habituelles. On se donne d'autre part, pour chaque entier n, une famille $(\underline{\underline{F}}_t^n)$ vérifiant les conditions habituelles et on suppose que, pour t fixé, les tribus $\underline{\underline{F}}_t^n$ croissent avec n et engendrent $\underline{\underline{F}}_t$. Nous désignerons par $\underline{\underline{T}}$ (resp $\underline{\underline{T}}^n$) la tribu sur $\mathbb{R}_+\times\Omega$ constituée par les ensembles prévisibles relatifs à la famille $(\underline{\underline{F}}_t)$ (resp $(\underline{\underline{F}}_t^n)$) : les tribus $\underline{\underline{T}}^n$ croissent avec n, et on montre facilement qu'elles engendrent $\underline{\underline{T}}$. Soit $Z=(Z_t)$ un processus mesurable borné : on sait que Z admet une projection prévisible Z^∞ (resp Z^n) relative à $(\underline{\underline{F}}_t)$ (resp $(\underline{\underline{F}}_t^n)$) (cf MEYER [3]) : Z^∞ (resp Z^n) est l'unique processus $\underline{\underline{T}}$-mesurable (resp $\underline{\underline{T}}^n$-mesurable) tel que l'on ait

$$Z_T^\infty = E[Z_T|\underline{\underline{F}}_{T-}] \text{ p.s.} \qquad (\text{resp } Z_T^n = E[Z_T|\underline{\underline{F}}_{T-}] \text{ p.s.})$$

pour tout t.d'a. prévisible borné T de la famille $(\underline{\underline{F}}_t)$ (resp $(\underline{\underline{F}}_t^n)$), l'unioité s'entendant à l'indistinguabilité près. Le problème est alors le suivant :

" A-t-on $Z_T^\infty = \lim_n Z_T^n$ p.s. pour tout t.d'a. prévisible borné T de $(\underline{\underline{F}}_t)$? "

soit encore (d'après le théorème de section)

" A-t-on $Z^\infty = \lim_n Z^n$ à l'indistinguabilité près ? "

En un certain sens, Z^∞ (resp Z^n) est une espérance conditionnelle de Z par rapport à $\underline{\underline{T}}$ (resp $\underline{\underline{T}}^n$), et on a un problème analogue au problème de la convergence des martingales.

<u>Contre-exemple</u> :

Plaçons nous maintenant dans la situation du premier paragraphe. Pour tout t et tout n, nous désignons par $\underline{\underline{F}}_t^n$ la tribu engendrée par les ensembles négligeables et par les variables aléatoires $S_1 \wedge t$, $S_2 \wedge t$, ..., $S_n \wedge t$. Pour n fixé, la tribu $\underline{\underline{F}}_\infty^n$ est engendrée par les ensembles négligeables et par les 2^n atomes définis par la n-ième décomposition dyadique, et donc tout temps d'arrêt de la famille $(\underline{\underline{F}}_t^n)$ est p.s. une variable aléatoire étagée. D'autre part, pour t fixé, les $\underline{\underline{F}}_t^n$ croissent avec n et engendrent $\underline{\underline{F}}_t$. Soit Z l'indicatrice du graphe de S : comme S est un t.d'a. prévisible de la famille $(\underline{\underline{F}}_t)$, Z est un processus prévisible et donc on a $Z^\infty = Z$. Mais le graphe de S est disjoint (à l'indistinguabilité près) des graphes de tous les t.d'a. des familles $(\underline{\underline{F}}_t^n)$, ceux-ci étant étagés, et donc on a $Z^n = 0$ pour tout n. Par conséquent, on a

$$P\{\omega \in \Omega : \exists t \quad Z_t^\infty(\omega) = \lim_n Z_t^n(\omega)\} = 0$$

III APPROXIMATION D'UN PROCESSUS CROISSANT PAR PASSAGE DU DISCRET AU CONTINU

<u>Enoncé du problème</u> :

Soit $(\Omega, \underline{\underline{F}}, P)$ un espace probabilisé complet muni d'une famille $(\underline{\underline{F}}_t)$ vérifiant les conditions habituelles. On se donne un processus croissant intégrable prévisible $A = (A_t)$ et on désigne par $X = (X_t)$ le potentiel engendré par A :

$$X_t = E[A_\infty | \underline{\underline{F}}_t] - A_t$$

Fixons t et soit $\sigma = (t_0, t_1, \ldots, t_n)$ une subdivision de l'intervalle $[0,t]$ (nous sous-entendons que $t_0 = 0$ et que $t_n = t$). Posons

$$\begin{aligned} A_t^\sigma &= E[A_{t_1} - A_{t_0} | \underline{\underline{F}}_{t_0}] + E[A_{t_2} - A_{t_1} | \underline{\underline{F}}_{t_1}] + \ldots + E[A_{t_n} - A_{t_{n-1}} | \underline{\underline{F}}_{t_{n-1}}] \\ &= E[X_{t_0} - X_{t_1} | \underline{\underline{F}}_{t_0}] + E[X_{t_1} - X_{t_2} | \underline{\underline{F}}_{t_1}] + \ldots + E[X_{t_{n-1}} - X_{t_n} | \underline{\underline{F}}_{t_{n-1}}] \end{aligned}$$

Passons maintenant à la limite le long de l'ensemble filtrant des subdivisions de $[0,t]$. On a alors $A_t = \lim_\sigma A_t^\sigma$ au sens de la <u>topologie faible</u> de $L^1(P)$, et au sens de la topologie forte lorsque (A_t) est continu (cf DOLEANS [1]).

Le problème est alors le suivant :

"A-t-on $A_t = \lim_{\sigma} A_t^{\sigma}$ au sens de la topologie forte de L^1 en général ?"

<u>Contre-exemple</u> : (cf fig. 2 et 3 de l'annexe)

Plaçons nous maintenant dans la situation du premier paragraphe. On a ici $A_t = I_{\{S \leq t\}}$ et $X_t = I_{\{S > t\}}$. Nous allons étudier l'approximation pour t = 1 : A_1 est égal à la constante 1 et X_1 à la constante 0. Une première idée est de prendre les subdivisions syadiques de [0,1], mais cela ne donne rien car on a $A_1 = A_1^{\sigma}$ pour ces subdivisions ! Aussi nous allons les "canuler" en omettant certains points. Nous poserons

$$\sigma_1 = \{0,1/4,3/4,1\}$$

$$\sigma_2 = \{0,1/16,3/16,1/4,5/16,7/16,1/2,9/16,11/16,3/4,13/16,15/16,1\}$$

et, d'une manière générale, pour tout entier m, σ_m sera la subdivision de [0,1] constituée par les points de la forme

$$k.2^{-2m} \qquad k \in \{0,1,\dots,2^{2m}\} \qquad k \neq 2 \text{ modulo } 4$$

La parité de 2m assure que 0 et 1 appartiennent à σ_m et que σ_m est contenu dans σ_{m+1}. D'autre part, si on prolonge ces subdivisions à $\mathbb{R}_+$ par périodicité de période 1, la subdivision σ_{m+1} est homothétique de la subdivision σ_m dans l'homothétie de centre 0 et de rapport 1/4.

Nous allons montrer que, dans $L^1(P)$, la norme de $(A_1^{\sigma_m} - A_1)$ est constante et égale à 1/4, ce qui montrera qu'on ne peut avoir $A_1 = \lim_{\sigma} A_1^{\sigma}$ au sens de la topologie forte.

Par définition, si $\sigma_m = \{t_0,t_1,\dots,t_n\}$, on a

$$A_1^{\sigma_m} = \sum_{i=0}^{n-1} (I_{\{S > t_i\}} - E[I_{\{S > t_{i+1}\}} | \underline{\underline{F}}_{t_i}]) = \sum_{i=0}^{n-1} E[I_{\{t_i < S \leq t_{i+1}\}} | \underline{\underline{F}}_{t_i}]$$

Etant donnée la forme des atomes des tribus $\underline{\underline{F}}_{t_i}$ (cf paragraphe I, fig. 1 et 2 de l'annexe), on a

- si $t_{i+1} = t_i + 2^{-2m}$ (i.e. si $t_i = k.2^{-2m}$ avec $k \neq 1$ modulo 4)

$$E[I_{\{S > t_{i+1}\}} | \underline{\underline{F}}_{t_i}] = I_{\{S > t_{i+1}\}}$$

- si $t_{i+1} = t_i + 2.2^{-2m}$ (i.e. si $t_i = k.2^{-2m}$ avec $k = 1$ modulo 4)

$$E[I_{\{S > t_{i+1}\}} | \underline{\underline{F}}_{t_i}] = \frac{1}{2}.I_{\{t_i + 2^{-2m} < S \leq t_{i+1} + 2^{-2m}\}} + I_{\{S > t_{i+1} + 2^{-2m}\}}$$

D'où finalement la valeur de $A_1^{\sigma m}$, donnée par les valeurs de ses restrictions aux intervalles de la (2m)-ième décomposition dyadique de Ω :

sur l'intervalle $[k.2^{-2m},(k+1).2^{-2m}[$, $A_1^{\sigma m}$ est constante et

$= 1$ si $k = 0$ modulo 4 ou si $k = 1$ modulo 4

$= 1/2$ si $k = 2$ modulo 4

$= 3/2$ si $k = 3$ modulo 4

Par conséquent si on prolonge la définition de $A_1^{\sigma m}$ à $\mathbb{R}_+$ par périodicité de période 1, on a l'identité (cf fig. 3 de l'annexe)

$$A_1^{\sigma m+1}(\omega) = A_1^{\sigma m}(4\omega) \quad \text{pour tout } \omega \in \mathbb{R}_+$$

Ainsi, la norme de $(A_1^{\sigma m} - A_1)$ dans L^1 est constante et égale à 1/4.

IV APPROXIMATION D'UN PROCESSUS CROISSANT PAR LES LAPLACIENS APPROCHES

Enoncé du problème :

Soit $(\Omega,\underline{\underline{F}},P)$ un espace probabilisé complet muni d'une famille $(\underline{\underline{F}}_t)$ vérifiant les conditions habituelles. On se donne un processus croissant intégrable prévisible $A = (A_t)$ et on désigne par $X = (X_t)$ le potentiel engendré par A :

$$X_t = E[A_\infty | \underline{\underline{F}}_t] - A_t$$

Nous ferons l'abus de notation consistant à écrire $t \longrightarrow E[X_{t+h}|\underline{\underline{F}}_t]$ (resp $t \longrightarrow E[A_{t+h}|\underline{\underline{F}}_t]$) la surmartingale (resp sousmartingale) continue à droite qui, pour $h > 0$ donné, est p.s. égale à chaque instant t à $E[X_{t+h}|\underline{\underline{F}}_t]$ (resp $E[A_{t+h}|\underline{\underline{F}}_t]$). On sait qu'une telle surmartingale (resp sousmartingale) existe et est unique à l'indistinguabilité près.

Posons alors pour tout t et tout $h>0$

$$A_t^h = \frac{1}{h}\int_0^t (X_s - E[X_{s+h}|\underline{\underline{F}}_s])\, ds = \frac{1}{h}\int_0^t (E[A_{s+h}|\underline{\underline{F}}_s] - A_s)\, ds$$

Pour h fixé, on définit ainsi un processus croissant (A_t^h) appelé le laplacien approché d'ordre h du potentiel (X_t). On sait que, pour t fixé, l'on a $A_t = \lim_{h\to 0} A_t^h$ au sens de la <u>topologie faible</u> de $L^1(P)$, et au sens de la topologie forte lorsque (A_t) est continu (cf MEYER [2]). Le problème est alors le suivant :

"A-t-on $A_t = \lim_{h\to 0} A_t^h$ au sens de la topologie forte de L^1 en général ?"

<u>Contre-exemple</u> : (cf fig. 4 et 5 de l'annexe)

Plaçons nous maintenant dans la situation du premier paragraphe. On a ici $A_t = I_{\{S\leq t\}}$ et $X_t = I_{\{S>t\}}$. Nous allons étudier l'approximation pour $t = 1$: A_1 est égal à la constante 1 et X_1 à la constante 0. Nous allons étudier les laplaciens approchés pour $h_n = 2^{-n}$, n parcourant les entiers.

Nous allons montrer que la norme dans $L^1(P)$ de $(A_1^{h_n} - A_1)$ reste $\geq 1/16$ pour tout n, ce qui montrera qu'on ne peut avoir $A_1 = \lim_{h\to 0} A_1^h$ au sens de la topologie forte.

On pourrait calculer directement la valeur de $A_1^{h_n}$, mais celle-ci n'est pas simple et il n'y a pas non plus de relation simple entre $A_1^{h_n}$ et $A_1^{h_{n+1}}$. Aussi nous allons procéder autrement. Pour chaque n, nous allons minorer $A_1^{h_n}$ par une variable aléatoire positive B^n telle que la norme dans L^1 de $(B^n - A_1)^+$ soit constante et égale à 1/16 : il est clair que la norme de $(A_1^{h_n} - A_1)$ sera alors minorée par 1/16.

Fixons n et décomposons l'intervalle de temps [0,1] par la n-ième subdivision dyadique $\{k.2^{-n};\ k = 0,1,\dots,2^n\}$. On a

$$A_1^{h_n} = \sum_{k=0}^{2^n-1} 2^n.\int_{k.2^{-n}}^{(k+1).2^{-n}} (I_{\{S>s\}} - E[I_{\{S>s+2^{-n}\}}|\underline{\underline{F}}_s])\, ds$$

Nous allons définir la variable aléatoire B^n par ses restrictions aux intervalles de Ω découpés par la n-ième subdivision dyadique :

sur l'intervalle $[k.2^{-n},(k+1).2^{-n}[$ de Ω, nous posons

- si $k = 2$ modulo 2

  $B^n = 0$

- si $k = 1$ modulo 2

  $$B^n = 2^n.\int_{(k-1).2^{-n}}^{(k+1).2^{-n}} (I_{\{S>s\}} - E[I_{\{S>s+2^{-n}\}}|\underline{\underline{F}}_s]) \, ds$$

Il est clair que l'on a $0 \leq B^n \leq A_1^{h_n}$. D'autre part, sur l'intervalle $[k.2^{-n},(k+1).2^{-n}[$ de Ω, on a $S > s$ pour tout $s \in [(k-1).2^{-n},k.2^{-n}[$, et on a $E[I_{\{S>s+2^{-n}\}}|\underline{\underline{F}}_s] = 0$ pour tout $s \in [k.2^{-n},(k+1).2^{-n}[$ car l'ensemble $\{S > (k+1).2^{-n}\}$ appartient à la tribu $\underline{\underline{F}}_{k.2^{-n}}$. Par conséquent, si $k = 1$ modulo 2, on a sur l'intervalle $[k.2^{-n},(k+1).2^{-n}[$ de Ω

$$B^n = 2^n.\int_{(k-1).2^{-n}}^{k.2^{-n}} (1 - E[I_{\{S>s+2^{-n}\}}|\underline{\underline{F}}_s]) \, ds + 2^n.\int_{k.2^{-n}}^{(k+1).2^{-n}} I_{\{S>s\}} \, ds$$

Explicitons les valeurs de ces deux intégrales. La seconde est évidemment égale sur l'intervalle considéré à $2^n.(S - k.2^{-n})$. D'autre part, étant donnée la forme des atomes des tribus $\underline{\underline{F}}_s$ (cf paragraphe I, fig. 1 et 4 de l'annexe), la première intégrale est constante et égale à 1/2 sur l'intervalle considéré. D'où finalement le tableau des valeurs de la variable aléatoire B^n :

sur l'intervalle $[k.2^{-n},(k+1).2^{-n}[$ de Ω, B^n est égale

à 0 si $k = 2$ modulo 2

à $\frac{1}{2} + 2^n.(S - k.2^{-n})$ si $k = 1$ modulo 2

Par conséquent, si on prolonge la définition de B^n à $\mathbb{R}_+$ par périodicité de période 1, on a l'identité (cf fig. 5 de l'annexe)

$$B^{n+1}(\omega) = B^n(2\omega) \quad \text{pour tout } \omega \in \mathbb{R}_+$$

Ainsi, la norme de $(B^n - A_1)^+$ dans L^1 est constante et égale à 1/16.

BIBLIOGRAPHIE

[1] DOLEANS C. : Construction du processus croissant naturel associé à un potentiel de la classe (D) (C.R. série A, t264, p600-602, 1967)

[2] MEYER P.A. : Probabilités et Potentiel (Hermann, Paris, 1966)

[3] MEYER P.A. : Guide de la théorie générale des processus (Séminaire de Probabilités II, Lecture Notes n°51, Springer, Heidelberg 1968)

ANNEXE

On trouvera deux types de figures : a) figures 1,2,4 : nous avons représenté $\mathbb{R}_+ \times \Omega$ où Ω figure horizontalement. La même échelle est prise sur les deux axes. b) figures 3,5 : nous avons représenté des graphes de v.a. . Ω figure toujours horizontalement, mais le rapport des échelles sur les axes est égal à 4.

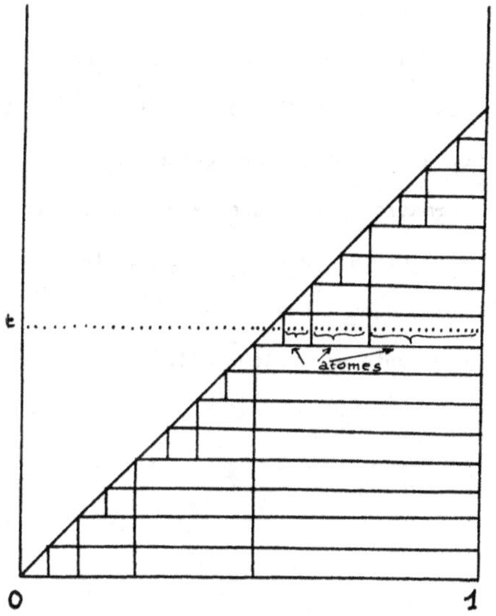

Figure 1

Nous avons représenté le graphe de S, et les graphes des S_n pour n = 1,2,3,4. On a mis ainsi en évidence la formation des atomes de $\underline{\underline{F}}_t$ obtenus par découpage de l'intervalle]t,1] de Ω par les graphes des S_n.

La figure est stable pour les homothéties de centre 0 et de rapport 2^{-n}, n entier.

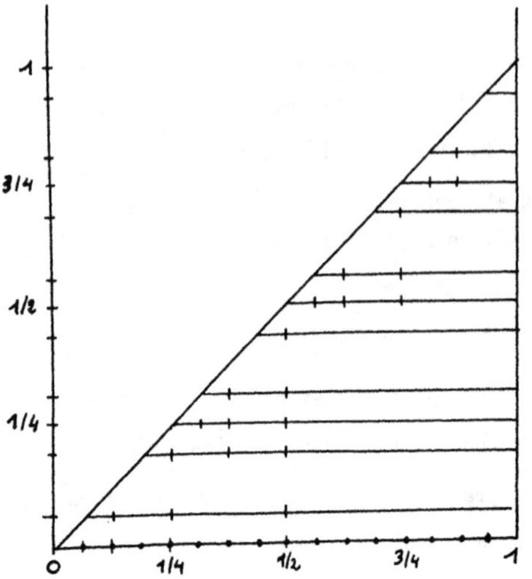

<u>Figure</u> 2 :

Nous avons représenté la 4-ième subdivision de Ω et la subdivision σ_2 de $[0,1]$, en indiquant la formation des atomes de $\underline{\underline{F}}_{t_i}$ pour les $t_i \in \sigma_2$. Apparaissent alors les deux cas possibles des valeurs de $E[S > t_{i+1} | \underline{\underline{F}}_{t_i}]$ suivant que $t_{i+1} - t_i = 1/16$ ou $2/16$.

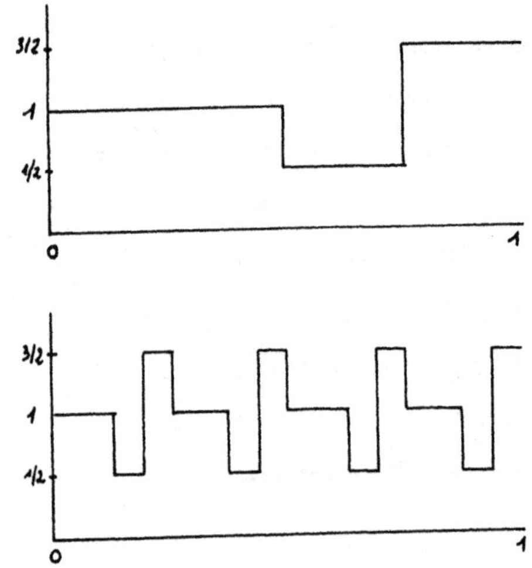

<u>Figure</u> 3 :

Nous avons représenté les graphes des variables aléatoires $A_1^{\sigma_1}$ et $A_1^{\sigma_2}$. On a mis ainsi en évidence la formation périodique de ces variables aléatoires. On voit aussi que la norme dans L^1 de $(A_1^{\sigma_n} - A_1)$ est constante et égale à 1/4.

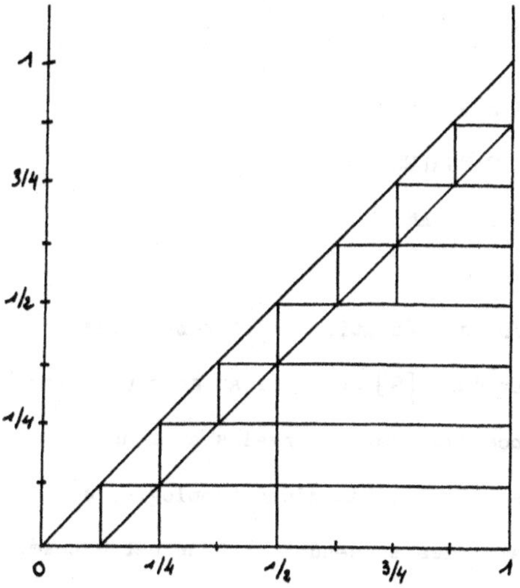

<u>Figure</u> 4 :

Nous avons représenté les graphes des S_n pour n = 1,2,3, le graphe de S et le graphe de $S - 2^{-3}$ et indiqué la formation des atomes de $\underline{\underline{F}}_t$ lorsque t parcourt les points de la 3-ième subdivision dyadique de [0,1]. On voit ainsi apparaitre la signification de la variable aléatoire B^3 et son mode de calcul.

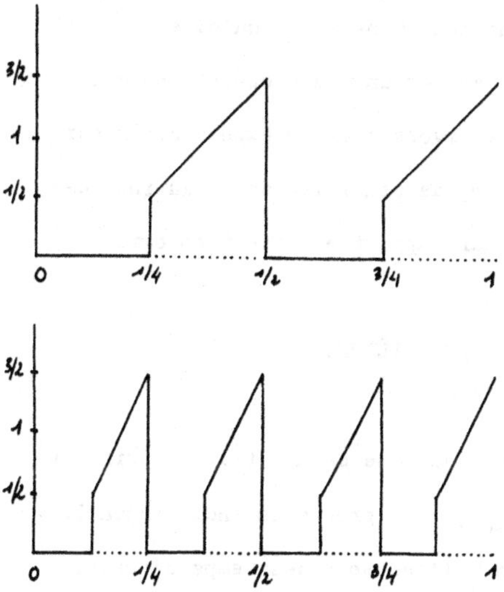

<u>Figure</u> 5 :

Nous avons représenté les graphes des variables aléatoires B^2 et B^3. On a mis ainsi en évidence la formation périodique de ces variables aléatoires. On voit aussi que la norme dans L^1 de $(B^n - A_1)$ est constante et égale à 1/16.

Université de Strasbourg
Séminaire de Probabilités

UNE TOPOLOGIE SUR L'ESPACE DES SEMIMARTINGALES

par M. EMERY

L'étude de la stabilité des solutions des équations différentielles stochastiques a conduit Protter à énoncer dans [9] un résultat de continuité des solutions par rapport à la convergence des semimartingales au sens local dans $\underline{\underline{H}}^p$. Mais cette convergence ne provient pas d'une topologie, et cela alourdit les énoncés: il faut extraire des sous-suites. Dans cet exposé, nous munirons l'espace des semimartingales d'une topologie métrisable liée aux convergences localement dans $\underline{\underline{H}}^p$, dont nous montrerons qu'elle est complète, et qu'elle est conservée par quelques-unes des opérations qui agissent sur les semimartingales. Nous réservons pour un exposé ultérieur des résultats (inspirés de ceux de Protter) de stabilité des solutions des équations différentielles stochastiques par rapport à cette topologie.

ESPACES $\underline{\underline{D}}$ ET $\underline{\underline{S}}^p$; CONVERGENCE COMPACTE EN PROBABILITE.

Tous les processus seront définis sur un même espace filtré vérifiant les conditions habituelles $(\Omega,\underline{\underline{F}},P,(\underline{\underline{F}}_t)_{t\geq 0})$; deux processus indistinguables seront considérés comme égaux. On notera $\underline{\underline{T}}$ l'ensemble des temps d'arrêt, $\underline{\underline{D}}$ l'ensemble des processus càdlàg adaptés, $\underline{\underline{SM}}$ celui des semimartingales.

DEFINITION. <u>Pour</u> $X\in\underline{\underline{D}}$, <u>on pose</u>

$$r_{cp}(X) = \sum_{n>0} 2^{-n}\, E[\,1\wedge \sup_{0\leq t\leq n}|X_t|\,] \quad ,$$

<u>et on appelle</u> distance de la convergence compacte en probabilité <u>la distance sur</u> $\underline{\underline{D}}$, <u>bornée par</u> 1, <u>donnée par</u> $d_{cp}(X,Y) = r_{cp}(X-Y)$.

Dans la suite, par abus de langage, nous désignerons aussi par $\underline{\underline{D}}$ l'espace topologique ainsi obtenu. Les instants constants n qui apparaissent dans la définition de d_{cp} peuvent être remplacés par des temps d'arrêt:

Pour qu'une suite (X^n) converge dans $\underline{\underline{D}}$ vers une limite X, il faut et il suffit qu'il existe des temps d'arrêt T_k qui croissent vers l'infini p.s. et tels que, sur chaque intervalle $[\![0,T_k[\![$, X^n tende vers X uniformément en probabilité.

Pour $X \in \underline{\underline{D}}$ et $T \in \underline{\underline{T}}$, on définit de nouveaux processus de $\underline{\underline{D}}$ par

$$X_t^* = \sup_{s \leq t} |X_s| ,$$

$$X^T = X\, I_{[\![0,T]\!]} + X_T\, I_{]\!]T,\infty[\![} \quad \text{(arrêt à T)} ,$$

$$X^{T-} = X\, I_{[\![0,T[\![} + X_{T-}\, I_{[\![T,\infty[\![} \quad \text{(arrêt à T-)} ;$$

par convention, $X_{0-} = 0$ et $X^{T-} = 0$ sur $\{T=0\}$. L'arrêtée à T ou à T- d'une semimartingale est une semimartingale. Le mot <u>localement</u> peut avoir deux sens, suivant que l'on s'intéresse à des phénomènes ayant lieu sur des intervalles stochastiques fermés ou ouverts à droite. Ici, sauf dans l'expression <u>martingale locale</u> et sauf mention du contraire, nous dirons qu'une propriété a lieu <u>localement</u> s'il existe des intervalles stochastiques $[\![0,T_n[\![$ qui croissent vers $\mathbb{R}_+ \times \Omega$ et sur lesquels la propriété a lieu. Par exemple, tout processus X de $\underline{\underline{D}}$ est localement borné (prendre $T_n = \inf\{t: |X_t| \geq n\}$). On peut même dire mieux ([2]):

LEMME 1. <u>Soit</u> (X^n) <u>une suite de processus càdlàg adaptés</u>. <u>Il existe des temps d'arrêt</u> T_m <u>qui croissent vers l'infini tels que chacun des processus</u> $(X^n)^{T_m-}$ <u>soit borné</u>.

<u>Démonstration</u>. Posons $S_k^n = \inf\{t: |X_t^n| \geq k\}$. Pour chaque n, $(S_k^n)_{k \geq 0}$ est une suite de temps d'arrêt qui croît vers l'infini. Il existe donc un entier $k(n,p)$ tel que $P(S_{k(n,p)}^n < p) < 2^{-n-p}$. Posons $T_m = \inf_{n \geq 1, p \geq m} S_{k(n,p)}^n$. Pour chaque n, T_m est majoré par $S_{k(n,m)}^n$, donc $(X^n)^{T_m-}$ est borné. D'autre part, la suite T_m est évidemment croissante. Sa limite est infinie, car

$$P(T_m < m) \leq \sum_{n \geq 1, p \geq m} P(T_{k(n,p)}^n < m)$$

$$\leq \sum_{n \geq 1, p \geq m} P(T_{k(n,p)}^n < p) \leq 2^{-m+1} . \blacksquare$$

Meyer a déduit de ce lemme le résultat suivant (qui ne sera pas utilisé dans la suite):

COROLLAIRE. Soit (X^n) une suite dans $\underline{\underline{D}}$. Il existe alors des réels strictement positifs c_n tels que la série $\Sigma c_n X_n$ (et même la série $\Sigma c_n |X_n|$) converge dans $\underline{\underline{D}}$.

Démonstration. D'après le lemme, il existe des temps T_m croissant vers l'infini et tels que, pour tout n, $a_m^n = \sup |X^n| I_{[\![0,T_m[\![}$ soit fini. Posons maintenant $c_n = 1/(2^n a_n^n)$. Pour chaque m, on a, sur $[\![0,T_m[\![$,

$$\forall n \geq m \quad c_n |X^n| \leq c_n a_m^n \leq c_n a_n^n \leq 2^{-n} ,$$

d'où, toujours sur $[\![0,T_m[\![$, la convergence uniforme de la série $\Sigma c_n |X^n|$. Il est alors clair que les limites ainsi obtenues pour chaque m se recollent en un processus $Y \in \underline{\underline{D}}$. ∎

Remarque: Une autre démonstration, moins directe mais pouvant s'étendre à $\underline{\underline{SM}}$, déduit ce résultat de ce que $\underline{\underline{D}}$ et $\underline{\underline{SM}}$ sont des e.v.t. complets (voir plus loin).

DEFINITION. Soit $1 \leq p < \infty$.

a) On appelle $\underline{\underline{S}}^p$ l'espace de Banach des processus $X \in \underline{\underline{D}}$ tels que

$$\|X\|_{\underline{\underline{S}}^p} = \|X^*_\infty\|_{L^p} < \infty .$$

b) On dit qu'une suite (X^n) de processus de $\underline{\underline{D}}$ converge localement dans $\underline{\underline{S}}^p$ vers $X \in \underline{\underline{D}}$ s'il existe des temps d'arrêt T_m qui croissent vers l'infini et tels que, pour chaque m, $\|(X^n - X)^{T_m-}\|_{\underline{\underline{S}}^p}$ tend vers zéro quand n tend vers l'infini.

Remarquons que, s'il en est ainsi, le lemme 1 permet, quitte à diminuer les T_m, de les choisir tels que, de plus, X^{T_m-} et tous les $(X^n)^{T_m-}$ soient dans $\underline{\underline{S}}^p$.

La topologie de $\underline{\underline{D}}$ est liée aux convergences localement dans $\underline{\underline{S}}^p$ par le résultat suivant, dont une démonstration figure dans [3], et qui illustre la souplesse de l'arrêt à T−.

PROPOSITION 1. Soient $1 \leq p < \infty$, (X^n) une suite dans $\underline{\underline{D}}$, X un élément de $\underline{\underline{D}}$.

a) Si la suite (X^n) converge vers X dans $\underline{\underline{D}}$, il en existe une sous-suite qui converge vers X localement dans $\underline{\underline{S}}^p$.

b) Si la suite (X^n) converge vers X localement dans $\underline{\underline{S}}^p$, elle converge vers X dans $\underline{\underline{D}}$.

Cette proposition sera d'un usage constant dans la suite: elle fournit une caractérisation de la topologie de $\underline{\underline{D}}$ parfois plus maniable que la distance d_{cp}. On peut la reformuler ainsi: Pour que X^n converge vers X dans $\underline{\underline{D}}$, il faut et il suffit que, de toute sous-suite $X^{n'}$, on puisse extraire une sous-sous-suite $X^{n''}$ qui converge vers X localement dans $\underline{\underline{S}}^p$. Elle entraîne en particulier que les convergences localement dans $\underline{\underline{S}}^p$ dépendent moins de p que l'on ne pourrait le croire: si une suite converge localement dans $\underline{\underline{S}}^p$, on peut en extraire une sous-suite qui, pour tout q fini, converge localement dans $\underline{\underline{S}}^q$ vers la même limite.

Avant d'en venir aux semimartingales, mentionnons encore deux propriétés de l'espace $\underline{\underline{D}}$. La topologie de $\underline{\underline{D}}$ ne change pas si l'on substitue à P une probabilité équivalente (car la convergence en probabilité n'en est pas affectée). Enfin, $\underline{\underline{D}}$ est complet:

PROPOSITION 2. <u>L'espace métrique</u> $(\underline{\underline{D}},d_{cp})$ <u>est complet</u>.

<u>Démonstration</u>. Soit X^n le terme général d'une série dans $\underline{\underline{D}}$ telle que la série $\sum_n r_{cp}(X^n)$ converge. Nous allons établir que $\sum_n X^n$ converge dans $\underline{\underline{D}}$. Pour tout t entier, la série $\sum_n E[1\wedge(X^n)^*_t]$ converge, donc les sommes partielles de la série $\sum_n (X^n)^*_t$ forment une suite de Cauchy pour la convergence en probabilité. On en déduit que, hors d'un ensemble évanescent, la série $\sum_n (X^n)^*$ converge vers un processus croissant $A\in\underline{\underline{D}}$. Posons $T_k = \inf\{t\geq 0: A_t\geq k\}$. La série des $(X^n)^{T_k-}$ converge, pour tout k, dans l'espace complet $\underline{\underline{S}}^1$, puisque

$$\sum_n \|(X^n)^{T_k-}\|_{\underline{\underline{S}}^1} = \sum_n \|(X^n)^*_{T_k-}\|_{L^1} = \sum_n E[(X^n)^*_{T_k-}] \leq k < \infty .$$

Soit Y^k sa somme. Les processus Y^k se recollent en un processus Y, et la convergence de $\sum_n X^n$ vers Y a lieu localement dans $\underline{\underline{S}}^1$, donc dans $\underline{\underline{D}}$. ■

ESPACE $\underline{\underline{SM}}$; CONVERGENCE DES SEMIMARTINGALES

Le but de ce paragraphe est de munir l'espace $\underline{\underline{SM}}$ des semimartingales d'une topologie qui soit en un sens compatible avec l'intégration stochastique: elle ne devra pas seulement prendre en compte les valeurs M_t prises par les semimartingales, mais aussi, en quelque sorte, les accroissements infinitésimaux dM_t.

DEFINITION. Pour $M \in \underline{\underline{SM}}$, on pose

$$r_{sm}(M) = \sup_{|X|\leq 1} r_{cp}(X\cdot M) ,$$

où le sup porte sur l'ensemble des processus prévisibles bornés par 1. On appelle topologie des semimartingales la topologie sur $\underline{\underline{SM}}$ définie par la distance bornée par 1 $d_{sm}(M,N) = r_{sm}(M-N)$.

Ici et dans la suite, le point symbolise l'intégration stochastique:

$$(X\cdot M)_t = \int_0^t X_s \, dM_s \quad .$$

Comme pour $\underline{\underline{D}}$, nous appellerons encore $\underline{\underline{SM}}$ l'espace topologique ainsi obtenu.

La topologie de $\underline{\underline{SM}}$ est très forte, plus forte encore que la topologie de la convergence compacte en probabilité (prendre X=1 dans la définition de r_{sm}). Si, par exemple, Ω ne comporte qu'un seul point, les semimartingales sont les mesures de Radon sur $\mathbb{R}_+$, et la convergence des semimartingales s'identifie à la convergence des mesures en norme sur tout compact. Remarquons cependant que pour les processus indépendants du temps, les topologies de $\underline{\underline{D}}$ et $\underline{\underline{SM}}$ s'identifient à la convergence en probabilité.

LEMME 2. La distance d_{sm} fait de $\underline{\underline{SM}}$ un espace vectoriel topologique.

Démonstration. Soient λ un réel et M une semimartingale. Si $|\lambda| \leq 1$, il est clair sur la définition de r_{sm} que $r_{sm}(\lambda M) \leq r_{sm}(M)$. On en déduit que, pour λ quelconque, $r_{sm}(\lambda M) \leq r_{sm}(|\lambda|M) \leq (1+e(\lambda))r_{sm}(M)$, où $e(\lambda)$ est la partie entière de $|\lambda|$ (utiliser l'inégalité triangulaire).

Soient maintenant (λ_n) une suite de réels et (M^n) une suite de semimartingales, de limites respectives λ et M. Il s'agit de vérifier que $\lambda_n M^n$ tend vers λM. On écrit

$$r_{sm}(\lambda_n M^n - \lambda M) \leq r_{sm}(\lambda_n(M^n - M)) + r_{sm}((\lambda_n - \lambda)M).$$

Le premier terme est majoré par $\sup_m (1+e(\lambda_m))r_{sm}(M^n - M)$, et tend donc vers zéro. Il reste à voir que, pour M fixée, $r_{sm}(\mu_n M)$ tend vers zéro si les réels μ_n tendent vers zéro. Mais si l'on avait $\overline{\lim_n}\, r_{sm}(\mu_n M) > \varepsilon > 0$, il existerait des processus prévisibles X^n bornés par 1 tels que $\overline{\lim_n}\, r_{cp}(X^n\cdot\mu_n M) > \varepsilon$, donc que $\overline{\lim_n}\, r_{cp}(\mu_n X^n\cdot M) > \varepsilon$. Or ceci est incompatible avec le lemme suivant, qui achève donc la démonstration.

SOUS-LEMME. Soit M une semimartingale. L'application linéaire $X \longmapsto X\cdot M$ est continue de l'espace des processus prévisibles bornés (muni de la convergence uniforme) dans $\underline{\underline{D}}$.

Démonstration. Nous utilisons l'espace $\underline{\underline{H}}^2$ de semimartingales (voir [6]). Il existe des temps d'arrêt T arbitrairement grands pour lesquels M^{T-} est dans $\underline{\underline{H}}^2$. On écrit l'inégalité (démontrée dans [6])

$$\|(X\cdot M)^{T-}\|_{\underline{\underline{S}}^2} = \|X\cdot(M^{T-})\|_{\underline{\underline{S}}^2} \leq 3\,\|X^*_\infty\|_{L^\infty}\,\|M^{T-}\|_{\underline{\underline{H}}^2} ,$$

et on en déduit que si des processus prévisibles X^n tendent vers zéro uniformément, les $X^n\cdot M$ tendent vers zéro localement dans $\underline{\underline{S}}^2$, donc dans $\underline{\underline{D}}$. ∎

Passons maintenant à une propriété importante de l'espace $\underline{\underline{SM}}$:

THEOREME 1. L'espace $\underline{\underline{SM}}$ est complet.

Démonstration. Soit (M^n) une suite de Cauchy pour d_{sm}. Pour tout processus X prévisible borné, $(X\cdot M^n)$ est une suite de Cauchy dans l'espace complet $\underline{\underline{D}}$. Appelons $J(X)$ sa limite, et posons $M = J(1)$.

Soit $\varepsilon > 0$. Il existe k tel que, pour $n \geq k$, $r_{sm}(M^n - M^k) < \varepsilon$; il existe $\eta \leq 1$ tel que, pour tout processus prévisible X borné par η, $r_{cp}(X\cdot M^k) < \varepsilon$ (il s'agit simplement du sous-lemme ci-dessus appliqué à la semimartingale M^k). On en déduit, toujours pour X prévisible borné par η, que, pour $n \geq k$,

$$\begin{aligned} r_{cp}(X\cdot M^n) &\leq r_{cp}(X\cdot(M^n - M^k)) + r_{cp}(X\cdot M^k) \\ &\leq r_{sm}(M^n - M^k) + r_{cp}(X\cdot M^k) < 2\varepsilon , \end{aligned}$$

d'où, à la limite, $r_{cp}(J(X)) \leq 2\varepsilon$. L'application linéaire J est continue de l'espace des processus prévisibles bornés muni de la convergence uniforme dans $\underline{\underline{D}}$; d'autre part, elle coïncide, sur les processus prévisibles élémentaires $I_{A\times]s,t]}$ (où $A \in \underline{\underline{F}}_s$), avec l'intégration stochastique par rapport à M. Un théorème de Dellacherie et Mokobodzki ([11]) permet alors d'affirmer que M est une semimartingale, et que $J(X)$ vaut $X\cdot M$ pour tout X prévisible borné.

Posons $N^n = M^n - M$. Nous savons que, pour tout X prévisible borné, $X\cdot N^n$ tend vers zéro dans $\underline{\underline{D}}$. Pour achever la démonstration, il suffit d'établir que N^n tend vers zéro dans $\underline{\underline{SM}}$, c'est-à-dire que la limite, soit $4a$, de la suite de Cauchy dans $\mathbb{R}_+$ $r_{sm}(N^n)$, est nulle. Si elle ne l'est pas, il existe un entier m tel que, pour tout $n \geq m$, $r_{sm}(N^n - N^m) < a$; on en tire

$$r_{sm}(N^m) > r_{sm}(N^n) - a ,$$

et, à la limite, $r_{sm}(N^m) \geq 3a$. Il existe alors X prévisible borné par 1 tel que $r_{cp}(X \cdot N^m) \geq r_{sm}(N^m) - a \geq 2a$. On peut maintenant écrire, pour $n \geq m$,

$$r_{cp}(X \cdot N^n) \geq r_{cp}(X \cdot N^m) - r_{cp}(X \cdot (N^m - N^n))$$
$$\geq 2a - r_{sm}(N^m - N^n) \geq 2a - a = a .$$

Ainsi, $X \cdot N^n$ ne tend pas vers zéro dans $\underline{\underline{D}}$, ce qui est absurde. ■

ESPACES $\underline{\underline{H}}^p$ DE SEMIMARTINGALES

Soit $1 \leq p < \infty$; si N est une martingale locale et A un processus à variation finie, on pose

$$j^p(N,A) = \| [N,N]_\infty^{\frac{1}{2}} + \int_0^\infty |dA_s| \|_{L^p} .$$

Rappelons que $\underline{\underline{H}}^p$ désigne l'espace des semimartingales M telles que

$$\|M\|_{\underline{\underline{H}}^p} = \inf_{M=N+A} j^p(N,A)$$

est finie (l'inf porte sur toutes les décompositions de M en une martingale locale N et un processus à variation finie A). Toute semimartingale de $\underline{\underline{H}}^p$ est spéciale. Comme nous ne nous intéressons qu'aux exposants p finis, on obtient une norme équivalente en prenant simplement $j^p(\overline{N},\overline{A})$, où $M = \overline{N} + \overline{A}$ est la décomposition canonique de M (sur tout ceci, voir [6]).

LEMME 3. <u>Soit</u> $1 \leq p < \infty$. <u>L'espace</u> $\underline{\underline{H}}^p$ <u>est un espace de Banach</u>.

<u>Démonstration</u>. D'après ce qui précède, $\|M\| = \|\overline{N}\|_{\underline{\underline{H}}^p} + \|\overline{A}\|_{\underline{\underline{A}}^p}$ est une norme équivalente à la norme $\underline{\underline{H}}^p$, où $\overline{N} + \overline{A}$ est la décomposition canonique de M et où $\underline{\underline{A}}^p$ est l'espace des processus prévisibles à variation dans L^p (muni de la norme $\|A\|_{\underline{\underline{A}}^p} = \| \int_0^\infty |dA_s| \|_{L^p}$). Il est classique que l'espace $\underline{\underline{H}}^p$ des martingales est complet. Il reste à vérifier que $\underline{\underline{A}}^p$ l'est aussi.

Lorsque p = 1, $\underline{\underline{A}}^p$ s'identifie à l'espace des P-mesures bornées sur la tribu prévisible (avec la norme des mesures), d'où le résultat. Pour p quelconque, soit (A^n) une suite dans $\underline{\underline{A}}^p$ telle que $\sum_n \|A^n\|_{\underline{\underline{A}}^p} < \infty$. La série $\sum_n A_n$ converge dans $\underline{\underline{A}}^1$ vers une limite A, et, lorsque m tend vers l'infini, la v.a. $\sum_{n\geq m} \int_0^\infty |dA_s|$, qui tend vers zéro dans L^1 en restant dominée par la v.a. de L^p $\sum_n \int_0^\infty |dA_s^n|$, tend aussi vers zéro dans L^p: $\sum_n A_n$ converge donc vers A dans $\underline{\underline{A}}^p$. ∎

On peut remarquer, avec Yor, que ce résultat est aussi une conséquence immédiate du théorème 4 de [10].

Pour énoncer la proposition 1, il a fallu donner un sens à la notion de convergence localement dans $\underline{\underline{S}}^p$. Les lignes qui suivent visent à introduire la convergence localement dans $\underline{\underline{H}}^p$, en montrant en particulier (lemme 4 b) que les deux définitions naturelles de cette convergence sont équivalentes.

DEFINITION. <u>Soit</u> $1 \leq p < \infty$, <u>et soit</u> T <u>un temps d'arrêt</u>. <u>On appelle</u> $\underline{\underline{H}}^p(T-)$ <u>l'espace des semimartingales</u> M <u>pour lesquelles</u>

$$\|M\|_{\underline{\underline{H}}^p(T-)} = \inf_{L^{T-}=M^{T-}} \|L\|_{\underline{\underline{H}}^p}$$

<u>est fini</u>, <u>où</u> <u>l</u>'inf <u>porte sur toutes les semimartingales</u> L <u>qui coincident avec</u> M <u>sur</u> $[\![0,T[\![$.

LEMME 4. <u>Soient</u> $1 \leq p < \infty$, $T \in \underline{\underline{T}}$, $M \in \underline{\underline{SM}}$. <u>Alors</u>

a) $\|M^T\|_{\underline{\underline{H}}^p} \leq \|M\|_{\underline{\underline{H}}^p}$; $\|M^{T-}\|_{\underline{\underline{H}}^p} \leq 2\,\|M\|_{\underline{\underline{H}}^p}$;

b) $\|M\|_{\underline{\underline{H}}^p(T-)} \leq \|M^{T-}\|_{\underline{\underline{H}}^p} \leq 2\,\|M\|_{\underline{\underline{H}}^p(T-)}$;

c) $\|M\|_{\underline{\underline{H}}^p(T-)} = \inf_{M=N+A} j^p(N^T, A^{T-})$.

Dans le c), l'inf porte sur les décompositions de M en une martingale locale et un processus à variation finie A; remarquer l'arrêt à T de N et à T- de A. Le b) entraîne en particulier que si $\|M\|_{\underline{\underline{H}}^p(T-)} = 0$, M est nulle sur $[\![0,T[\![$.

<u>Démonstration</u>. a) La première inégalité résulte de $j^p(N^T, A^T) \leq j^p(N,A)$; la seconde de $\|M^T - M^{T-}\|_{\underline{\underline{H}}^p} \leq j^p(0, M^T - M^{T-}) = \|\Delta M_T\|_{L^p} \leq \|M\|_{\underline{\underline{H}}^p}$.

b) La première inégalité est évidente, la seconde résulte de

$$\|M^{T-}\|_{\underline{\underline{H}}^p} = \inf_{L^{T-}=M^{T-}} \|L^{T-}\|_{\underline{\underline{H}}^p} \leq 2 \inf_{L^{T-}=M^{T-}} \|L\|_{\underline{\underline{H}}^p} .$$

c) Soit $M = N + A$ une décomposition de M, et notons Σ l'ensemble des processus de la forme $\varphi I_{[[T,\infty[[}$, où φ est une v.a. $\underline{\underline{F}}_T$-mesurable ($T$ est toujours le temps d'arrêt fixé dans l'énoncé). On peut alors écrire la suite d'égalités, dont la première est une conséquence du a):

$$\|M\|_{\underline{\underline{H}}^p(T-)} = \inf_{L^{T-}=M^{T-}} \|L^T\|_{\underline{\underline{H}}^p} = \inf_{B\in\Sigma} \|M^T + B\|_{\underline{\underline{H}}^p}$$

$$= \inf_{B\in\Sigma} \inf_{M^T=N+A} j^p(N, A+B)$$

$$= \inf_{B\in\Sigma} \inf_{M=N+A} j^p(N^T, A^T+B)$$

$$= \inf_{M=N+A} \inf_{B\in\Sigma} \| [N,N]_T^{\frac{1}{2}} + \int_0^{T-} |dA_s| + |\Delta(A+B)_T| \|_{L^p}$$

$$= \inf_{M=N+A} \| [N,N]_T^{\frac{1}{2}} + \int_0^{T-} |dA_s| \|_{L^p} \quad . \quad \blacksquare$$

L'analogue, pour les semimartingales, du lemme 1 est le résultat suivant:

LEMME 5. Soit (M^n) une suite de semimartingales. Il existe des temps d'arrêt T_k croissant vers l'infini tels que, pour tout n et tout k, $M^n \in \underline{\underline{H}}^p(T_k)$.
(Pour une analogie complète avec le lemme 1, il faudrait vérifier — et cela ne présente aucune difficulté — que c'est encore vrai pour p infini.)

Démonstration. Une conséquence du théorème de Doléans-Dade et Yen ([7]) est que toute semimartingale se décompose en une martingale locale à sauts bornés par 1 et un processus à variation finie. On choisit une telle décomposition $N^n + A^n$ de chaque semimartingale M^n, et il ne reste alors qu'à choisir (grâce au lemme 1) les T_k tels que, sur $[[0,T_k[[$, les processus $[N^n,N^n]$ et $\int_0^{\infty}|dA_s^n|$ soient tous bornés. Comme le saut en T de $[N^n,N^n]$ est borné par 1, le lemme 4 c) permet de conclure que chaque M^n est dans $\underline{\underline{H}}^p(T_k-)$. $\blacksquare$

DEFINITION. Soit $1 \leq p < \infty$. On dit qu'une suite (M^n) de semimartingales converge localement dans $\underline{\underline{H}}^p$ vers $M \in \underline{\underline{SM}}$ s'il existe des temps d'arrêt T_k croissant vers l'infini tels que, pour tout k, $\|M^n - M\|_{\underline{\underline{H}}^p(T_k-)}$ tende vers zéro.

Nous pouvons maintenant énoncer, pour les semimartingales, une propriété semblable à la proposition 1 pour les processus càdlàg:

THEOREME 2. Soient $1 \leq p < \infty$, (M^n) une suite de semimartingales, M une semimartingale.

a) Si la suite (M^n) converge vers M dans $\underline{\underline{SM}}$, il en existe une sous-suite qui converge vers M localement dans $\underline{\underline{H}}^p$.

b) Si la suite (M^n) converge vers M localement dans $\underline{\underline{H}}^p$, elle converge vers M dans $\underline{\underline{SM}}$.

Comme pour la proposition 1, les deux assertions de l'énoncé peuvent se regrouper en une condition nécessaire et suffisante de convergence dans $\underline{\underline{SM}}$.

La démonstration du théorème fait appel à deux lemmes. Le premier démontrera le théorème lorsque $\underline{\underline{SM}}$ est muni d'une autre distance; nous verrons ensuite qu'elle est équivalente à d_{sm}.

LEMME 6. Si, pour $M \in \underline{\underline{SM}}$, on pose

$$r^p(M) = \inf_{M=N+A} \left[\sup_{T \in \underline{\underline{T}}} \|\Delta N_T\|_{L^p} + r_{cp}([N,N]^{\frac{1}{2}} + \int |dA_s|) \right] ,$$

la quantité $d^p(M,N) = r^p(M-N)$ est une distance sur $\underline{\underline{SM}}$, et le théorème 2 est vrai lorsque la distance d_{sm} sur $\underline{\underline{SM}}$ y est remplacée par la distance d^p.

Démonstration.

1) La fonction r^p est à valeurs finies (et même ≤ 1). En effet, on peut (théorème de Doléans-Dade et Yen: [7]) choisir une décomposition $N+A$ de M telle que les sauts de N soient bornés par ε, et r_{cp} est bornée par 1.

2) L'inégalité triangulaire résulte facilement de

$$[N+N',N+N']^{\frac{1}{2}} \leq [N,N]^{\frac{1}{2}} + [N',N']^{\frac{1}{2}} .$$

3) Avant de finir de vérifier que d^p est une distance, montrons que si $r^p(M^n - M)$ tend vers zéro, une sous-suite $(M^{n'})$ de (M^n) tend vers zéro localement dans $\underline{\underline{S}}^p$. Grâce au lemme 5, on peut, par translation, se ramener au cas où $M=0$. Il existe alors des décompositions $N^n + A^n$ de M^n telles que

$$\sup_{T \in \underline{\underline{T}}} \|\Delta N_T^n\|_{L^p} + r_{cp}([N^n,N^n]^{\frac{1}{2}} + \int |dA_s|) \longrightarrow 0 .$$

La proposition 1 permet d'extraire une sous-suite (que nous noterons encore M^n) telle que $[N^n,N^n]^{\frac{1}{2}} + \int |dA_s^n|$ tende vers zéro localement dans $\underline{\underline{S}}^p$: pour des T arbitrairement grands, $[N^n,N^n]^{\frac{1}{2}}_{T-} + \int_0^{T-} |dA_s^n|$ tend vers zéro dans L^p.

On en déduit

$$\|M^n\|_{\underline{\underline{H}}^p(T-)} \leq \| \, [N^n,N^n]_T^{\frac{1}{2}} + \int_0^{T-} |dA_s^n| \, \|_{L^p}$$

$$\leq \| \, [N^n,N^n]_{T-}^{\frac{1}{2}} + \int_0^{T-} |dA_s^n| \, \|_{L^p} + \|\Delta N_T^n\|_{L^p} \quad ,$$

donc M^n tend vers zéro dans $\underline{\underline{H}}^p(T-)$.

4) Pour montrer que d^p est une distance, il reste à vérifier qu'elle sépare les points. Mais si $r^p(M)=0$, le point 3) ci-dessus entraîne que la suite constante $M^n=M$ converge vers zéro dans $\underline{\underline{H}}^p(T-)$ pour des T arbitrairement grands; d'où $\|M\|_{\underline{\underline{H}}^p(T-)}=0$, et $M^{T-}=0$. Donc M est nulle.

5) Pour terminer la démonstration du lemme, il reste à voir que si M^n converge vers zéro localement dans $\underline{\underline{H}}^p$, $r^p(M^n)$ tend vers zéro. Soient t un entier et ε un réel strictement positifs. Il existe un temps d'arrêt T tel que $\|M^n\|_{\underline{\underline{H}}^p(T-)} \longrightarrow 0$ et assez grand pour que $P(T \leq t) < \varepsilon$. On choisit une décomposition $N^n + A^n$ de chaque semimartingale M^n telle que $j^p((N^n)^T,(A^n)^{T-})$ tende vers zéro; par recollement, on peut aussi la supposer choisie telle que les sauts de N^n sur $]\!]T,\infty[\![$ soient bornés par $1/n$ (théorème de Doléans-Dade et Yen).

Posons maintenant

$$B^n = [(N^n)^T,(N^n)^T]^{\frac{1}{2}} + \int |d(A^n)_s^{T-}| \quad ,$$

$$C^n = [N^n,N^n]^{\frac{1}{2}} + \int |dA_s^n| \quad .$$

La suite B^n tend vers zéro dans $\underline{\underline{S}}^p$, donc $r_{cp}(B^n)$ tend vers zéro; B^n-C^n étant nul sur $[\![0,T[\![$, $r_{cp}(B^n-C^n)$ est majoré par $\varepsilon+2^{-t}$ (définition de r_{cp}), et $\overline{\lim_n}\, r_{cp}(C^n) \leq \varepsilon+2^{-t}$. D'autre part, $\sup_{S\in\underline{\underline{T}}} \|\Delta N_S^n\|_{L^p}$ tend vers zéro, car

$$\sup_{S\in\underline{\underline{T}}} \|\Delta N_S^n\|_{L^p} \leq \sup_{S\leq T} \|\Delta N_S^n\|_{L^p} + \sup_{S>T} \|\Delta N_S^n\|_{L^p}$$

$$\leq \| \, [N^n,N^n]_T^{\frac{1}{2}} \|_{L^p} + \frac{1}{n} \quad .$$

De $r^p(M^n) \leq r_{cp}(C^n) + \sup_S \|\Delta N_S^n\|_{L^p}$ (définition de r^p), on déduit alors que $\overline{\lim_n}\, r^p(M^n) \leq \varepsilon+2^{-t}$, qui est arbitrairement petit. ▬

Avant de montrer que les distances d^p et d_{sm} sont équivalentes, ce qui achèvera la démonstration du théorème 2, un second lemme est consacré à l'étude de la distance d^p.

LEMME 7. La distance d^p fait de $\underline{\underline{SM}}$ un espace vectoriel topologique complet.

Démonstration. Pour montrer que d^p fait de $\underline{\underline{SM}}$ un e.v.t. (seule la continuité de $(\lambda,M) \longrightarrow \lambda M$ n'est pas évidente), on se ramène au cas de $\underline{\underline{H}}^p$ grâce au critère de convergence établi dans le lemme 6: une suite (M^n) tend vers M pour d^p si et seulement si de toute sous-suite $M^{n'}$, on peut extraire une sous-sous-suite $M^{n''}$ qui tend vers M localement dans $\underline{\underline{H}}^p$.

Passons maintenant à la complétude. Il s'agit, étant donnée une suite de Cauchy (M^n) pour d^p, d'en extraire une sous-suite qui converge. Quitte à la remplacer par une sous-suite, on peut supposer que $r^p(M^{n+1}-M^n) \leqq 2^{-n-1}$, donc $M^{n+1}-M^n$ admet une décomposition N^n+A^n telle que, en posant

$$B^n = [N^n,N^n]^{\frac{1}{2}} + \int^{\cdot}|dA^n_s| ,$$

on ait

$$\sup_{T\in\underline{\underline{T}}} \|\Delta N^n_T\|_{L^p} \leq 2^{-n} \quad ; \quad r_{cp}(B^n) \leqq 2^{-n} .$$

La série $\sum_n B^n$ est alors convergente dans l'espace complet $\underline{\underline{D}}$, et son reste, le processus croissant $R^n = \sum_{m\geqq n} B^m$, tend vers zéro dans $\underline{\underline{D}}$. Il existe donc, d'après la proposition 1, des temps T_k croissant vers l'infini et une sous-suite $f(n)$ tels que $\lim_n \|R^{f(n)}_{T_k-}\|_{L^p} = 0$ pour tout k. Grâce au lemme 5, on peut, quitte à diminuer un peu les T_k, supposer que tous les M^n sont dans $\underline{\underline{H}}^p(T_k-)$. Le procédé diagonal de Cantor nous donne une sous-sous-suite $h(n)=g\circ f(n)$ telle que, pour tout k, $\sum_n \|R^{h(n)}_{T_k-}\|_{L^p} < \infty$.

On en tire, en omettant désormais l'indice k,

$$\sum_n \Big\| \sum_{m=h(n)+1}^{m=h(n+1)} B^m_{T-} \Big\|_{L^p} = \sum_n \|R^{h(n)}_{T-} - R^{h(n+1)}_{T-}\|_{L^p} < \infty .$$

Comme $\|\Delta N^n_T\| \leqq 2^{-n}$, on en déduit, puisque

$$\begin{aligned}\|M^{h(n+1)}-M^{h(n)}\|_{\underline{\underline{H}}^p(T-)} &\leqq j^p\Big(\sum_{h(n)+1}^{h(n+1)} (N^m)^T, \sum_{h(n)+1}^{h(n+1)} (A^m)^{T-} \Big) \\ &\leqq \Big\| \Sigma \big([N^m,N^m]^{\frac{1}{2}}_T + \int_0^{T-}|dA^m_s|\big) \Big\|_{L^p} \\ &\leqq \Big\| \Sigma \big([N^m,N^m]^{\frac{1}{2}}_{T-} + \int_0^{T-}|dA^m_s|\big) + \Sigma|\Delta N^m_T| \Big\|_{L^p} \\ &\leqq \| \Sigma B^m_{T-} \|_{L^p} + 2^{-h(n)} ,\end{aligned}$$

que la série $\sum_n \|M^{h(n+1)} - M^{h(n)}\|_{\underline{\underline{H}}^p(T-)}$ est convergente.

La sous-suite $(M^{h(n)})$ est donc de Cauchy dans $\underline{\underline{H}}^p(T-)$, et les semimartingales $(M^{h(n)})^{T-}$ forment une suite de Cauchy dans $\underline{\underline{H}}^p$. Quand T croît vers l'infini, les limites de ces suites se recollent en une même semimartingale M, et la convergence de $M^{h(n)}$ vers M a lieu localement dans $\underline{\underline{H}}^p$, donc (lemme 6) pour la distance d^p. ∎

<u>Démonstration du théorème</u> 2. (Le principe nous en a été suggéré par Dellacherie). Compte tenu du lemme 6, il ne reste qu'à vérifier que les distances d_{sm} et d^p sont équivalentes. Ces deux distances font chacune de $\underline{\underline{SM}}$ un espace vectoriel topologique complet, et elles sont plus fortes que la restriction à $\underline{\underline{SM}}$ de d_{cp} (pour d^p, cela résulte du lemme 6 et de la proposition 1, avec le fait que la norme $\underline{\underline{H}}^p$ est plus forte que la norme $\underline{\underline{S}}^p$). Soit $\delta = d^p + d_{sm}$. Toute suite de Cauchy pour δ est une suite de Cauchy pour d^p et d_{sm}, avec la même limite (car dans les deux cas, c'est la limite pour d_{cp}); elle est donc convergente pour δ, et δ fait aussi de $\underline{\underline{SM}}$ un espace vectoriel topologique complet. Le théorème du graphe fermé ([1]) permet alors d'affirmer que les distances comparables δ et d^p (respectivement δ et d_{sm}) définissent la même topologie, d'où, par transitivité, le résultat. ∎

ETUDE D'UN CONTRE-EXEMPLE

Avant de passer à l'étude des propriétés de la topologie de $\underline{\underline{SM}}$, donnons, à l'aide d'un exemple emprunté à Kazamaki ([4]), des propriétés qu'elle ne possède pas.

Soit, sur $(\Omega, \underline{\underline{F}}, P)$, (T_n) une suite indépendante de v.a. de lois exponentielles d'espérances $E[T_n] = \mu_n$; on munit Ω de la plus petite filtration qui satisfasse aux conditions habituelles et fasse de chaque T_n un temps d'arrêt. On supposera que les μ_n croissent suffisamment vite vers l'infini pour que $S_n = \inf_{m \geq n} T_m$ tende vers l'infini (ceci a lieu dès que $\sum_n 1/\mu_n < \infty$). Soient A le processus croissant défini par $A_t = t$, et M^n la martingale obtenue en compensant un saut d'amplitude $-\mu_n$ à l'instant T_n:

$$M^n = A\, I_{[\![0,T_n[\![} + (T_n - \mu_n)\, I_{[\![T_n,\infty[\![} \quad .$$

Fixons n. Sur l'intervalle $[\![0,S_n[\![$, on a, pour $m \geq n$, $M^n = A$. Les martingales M^m tendent vers le processus croissant A dans $\underline{\underline{H}}^p(S_n-)$ pour chaque n, donc aussi dans $\underline{\underline{SM}}$.

Cet exemple permet de répondre par la négative à trois questions sur l'espace $\underline{\underline{SM}}$.

1) L'espace des martingales locales n'est pas fermé dans $\underline{\underline{SM}}$. (L'espace des processus à variation finie non plus: déjà dans l'espace $\underline{\underline{H}}^2$ des martingales, des processus à variation finie peuvent tendre vers une limite qui ne l'est pas.)

2) La décomposition canonique des semimartingales spéciales n'est pas une opération continue pour la topologie des semimartingales.

3) La quantité $r(M) = \inf_{M=N+B} r_{cp}([N,N]^{\frac{1}{2}} + \int|dB_s|)$, que l'on obtient en supprimant le terme de sauts dans la définition de r^p (voir le lemme 6), et dont on pourrait se demander si elle ne définit pas la même topologie que d^p et d_{sm}, n'est pas une distance: elle en sépare pas les points. En effet, toujours avec $A_t = t$, on peut écrire

$$r(A) \leq r_{cp}(\, [M^n,M^n]^{\frac{1}{2}} + \int|d(A-M^n)_s|\,) \quad .$$

Comme les processus $[M^n,M^n]$ et $A - M^n$ sont nuls sur $[\![0,S_n[\![$, ceci entraîne $r(A) = 0$, et la fonction r ne sépare pas A de 0.

QUELQUES RESULTATS DE CONTINUITE

Un théorème de stabilité dans $\underline{\underline{SM}}$ pour les équations différentielles stochastiques, qui constitue la principale application (et justification!) de la topologie de $\underline{\underline{SM}}$, sera démontré dans un prochain exposé; nous regroupons ici d'autres énoncés en relation avec cette topologie.

Dans l'énoncé qui suit, on suppose Y borné sur des intervalles <u>fermés</u> $[\![0,T_k]\!]$ (sinon, on ne saurait pas définir les intégrales stochastiques).

PROPOSITION 3. *Soient X un processus prévisible, (X^n) une suite de processus prévisibles qui tendent vers X en restant dominés par un même processus (prévisible) Y localement borné. Alors, pour toute semimartingale M, les intégrales stochastiques $X^n \cdot M$ tendent vers $X \cdot M$ dans $\underline{\underline{SM}}$.*

Démonstration. Le processus X étant dominé par Y, $X^n - X$ est dominé par 2Y; on peut donc supposer que $X = 0$. Par arrêt (à T+), on peut supposer que Y est une constante.

Soit alors $\varepsilon > 0$. Il existe une décomposition $N + A$ de M telle que les sauts de N sont plus petits que ε/Y. On écrit alors, pour un p quelconque,

$$r^p(X^n \cdot M) \leq r_{cp}([X^n \cdot N, X^n \cdot N]^{\frac{1}{2}} + \int |X^n_s||dA_s|) + \sup_T \|X^n_T \Delta N_T\|_{L^p} .$$

Le terme de sauts est plus petit que ε; il reste à vérifier que les processus $\int (X^n_s)^2 d[N,N]_s$ et $\int |X^n_s||dA_s|$ tendent vers zéro dans $\underline{\underline{D}}$. Démontrons-le pour le premier, l'autre se traitant de manière analogue. Par arrêt (à T-), on peut supposer $[N,N]_\infty$ borné, auquel cas, par convergence dominée, les v.a. $\int_0^\infty (X^n_s)^2 \, d[N,N]_s$ convergent vers zéro dans L^1. Les processus $\int (X^n_s)^2 d[N,N]_s$ tendent donc vers zéro dans $\underline{\underline{S}}^1$, et a fortiori dans $\underline{\underline{D}}$. ∎

PROPOSITION 4. *L'application de $C^2 \times \underline{\underline{SM}}$ dans $\underline{\underline{SM}}$ qui à (f,M) fait correspondre $f \circ M$ est continue.*

Dans cet énoncé, l'espace C^2 des fonctions deux fois continûment dérivables doit être muni de la topologie de la convergence uniforme sur tout compact de la fonction et de ses dérivées jusqu'à l'ordre 2. Cette proposition, ainsi que le lemme ci-dessous, se généralisent sans difficulté au cas vectoriel.

Voici un avatar de la formule du changement de variable:

LEMME 8. *Soient f une fonction C^2, M une semimartingale. Alors*

$$f(M_t) = f(M_0) + \int_0^t f'(M_{s-}) \, dM_s + \int_0^t (\int_0^1 x f''(M_s - x\Delta M_s) \, dx) \, d[M,M]_s .$$

Démonstration. On décompose dans cette formule le processus croissant $[M,M]$ en sa partie continue $\langle M^c, M^c \rangle$ et sa partie de sauts $\Sigma \, \Delta M_s^2$. Nous laissons le lecteur vérifier que l'on retrouve ainsi le terme du second ordre et le terme de sauts de la formule usuelle. ∎

Démonstration de la proposition 4. Nous supposons que M^n tend vers M dans $\underline{\underline{SM}}$, et f_n vers f dans C^2. Nous voulons montrer que $f_n \circ M^n$ tend vers $f \circ M$ dans $\underline{\underline{SM}}$. Par identification de la limite, il suffit de le démontrer pour une sous-suite. D'autre part, la convergence dans $\underline{\underline{SM}}$ étant une notion locale, on a le droit de se restreindre à des intervalles $[\![0,T[\![$ arbitrairement grands.

Par arrêt à $T-$, nous supposons donc que M et $[M,M]$ sont bornées, et, quitte à extraire une sous-suite, que M^n tend vers M dans $\underline{\underline{H}}^2$ (et a fortiori dans $\underline{\underline{S}}^2$). Les v.a. $(M^n - M)^*_\infty$ tendent alors vers zéro dans L^2. Une nouvelle extraction de sous-suite les fait tendre vers zéro p.s. Les temps d'arrêt

$$T_k = \inf\{t \geqq 0 : \exists n \geqq k \quad |M^n_t - M_t| \geqq 1\}$$

tendent maintenant vers l'infini, et, en s'arrêtant à T_k- et en se restreignant à la sous-suite $(k,k+1,k+2,\ldots)$ de $\mathbb{N}$, on est ramené au cas où toutes les M^n sont bornées par une même constante $c = \sup|M| + 1$. En multipliant f et les f_n par une même fonction C^2 à support compact qui vaut 1 sur $[-c,c]$, on peut supposer que f, f' et f'' sont bornées et uniformément continues, et que f_n, f'_n et f''_n tendent vers f, f' et f'' uniformément sur $\mathbb{R}$.

Nous allons maintenant établir la convergence de chacun des trois termes apparaissant dans la formule du lemme 8.

1er terme: Comme f_n tend vers f uniformément et M^n_0 vers M_0 p.s., $f_n \circ M^n_0$ tend vers $f \circ M_0$ p.s. donc en probabilité.

2me terme: En remarquant que

$$|f'_n \circ M^n - f' \circ M| \leqq \sup_{\mathbb{R}} |f'_n - f'| + \sup_{\mathbb{R}} |f''| \, |M^n - M| ,$$

on obtient la convergence de $f'_n \circ M^n$ vers $f \circ M$ dans $\underline{\underline{S}}^2$, puis, grâce aux inégalités démontrées dans [6], que

$$\|f'_n \circ M^n_- \cdot M^n - f' \circ M_- \cdot M\|_{\underline{\underline{H}}^1}$$

$$\leqq \|f'_n \circ M^n - f' \circ M\|_{\underline{\underline{S}}^2} \|M^n\|_{\underline{\underline{H}}^2} + \|f' \circ M\|_{\underline{\underline{S}}^2} \|M^n - M\|_{\underline{\underline{H}}^2} .$$

Ainsi, la convergence du 2me terme a lieu dans $\underline{\underline{H}}^1$, donc dans $\underline{\underline{SM}}$.

3me terme: Posons $N^n = M^n - M$, $X^n_t = f''_n(M^n_t - x\Delta M^n_t)$, $X_t = f''(M_t - x\Delta M_t)$.

La différence à étudier,

$$\int_0^t\int_0^1 x\, X_s^n\, dx\, d[M^n,M^n]_s \ - \ \int_0^t\int_0^1 x\, X_s\, dx\, d[M,M]_s \quad ,$$

se décompose en la somme $A_t + B_t$ de deux processus à variation finie, où

$$A_t = \int_0^t\int_0^1 x\, X_s^n\, dx\, d(2[M,N^n] + [N^n,N^n])_s \quad ,$$

$$B_t = \int_0^t\int_0^1 x\, (X_s^n - X_s)\, dx\, d[M,M]_s \quad .$$

Comme f_n'' converge uniformément vers la fonction bornée f'', la variation totale de A est majorée, à une constante près, par $2\int_0^\infty |d[M,N^n]|_s + [N^n,N^n]_\infty$. Mais, N^n tendant vers zéro dans $\underline{\underline{H}}^2$, $[N^n,N^n]_\infty$ tend vers zéro dans L^1, et, $[M,M]_\infty$ étant borné, l'inégalité de Kunita-Watanabe entraîne que $\int_0^\infty |d[M,N^n]_s|$ tend vers zéro dans L^2. Par conséquent, A tend vers zéro dans $\underline{\underline{H}}^1$, donc dans $\underline{\underline{SM}}$.

Passons à B. La converge uniforme de f_n'' vers la fonction uniformément continue et bornée f'' implique que, pour ω, x et s fixés, $X_s^n(\omega)$ tend vers $X_s(\omega)$ en restant borné (rappelons que $(M^n - M)_\infty^*$ tend vers zéro p.s.). Par convergence dominée, $[M,M]$ étant borné,

$$E\left[\int_0^\infty\int_0^1 x\, |X_s^n - X_s|\, dx\, d[M,M]_s\right]$$

tend vers zéro; il s'ensuit que $\int_0^\infty |dB_s|$ tend vers zéro dans L^1, et B tend vers zéro dans $\underline{\underline{H}}^1$ donc dans $\underline{\underline{SM}}$. ■

Remarques. 1) Au cours de la démonstration, nous avons rencontré la continuité de l'application qui, à N, associe $[M,N]$. On vérifierait de même que $[M,N]$ et $\langle M^c,N^c\rangle$ dépendent continûment du couple (M,N), et que $[M,M]^{\frac{1}{2}}$ et $\langle M^c,M^c\rangle^{\frac{1}{2}}$ tendent vers zéro avec M. L'application linéaire $M \longmapsto M^c$ est donc continue de $\underline{\underline{SM}}$ dans $\underline{\underline{SM}}$.

2) Nous laissons le lecteur qui s'intéresserait aux intégrales multiplicatives stochastiques ([3]) démontrer que les applications qui à (f,M) associent $\int f(dM_s)$ et $\prod(1+f(dM_s))$ sont continues (f décrit l'espace des fonctions C^2 nulles en 0).

Nous allons maintenant étudier l'influence, sur la topologie de $\underline{\underline{SM}}$, de deux types de transformations qui laissent stable l'ensemble $\underline{\underline{SM}}$: les changements de temps et les changements de probabilité.

Rappelons qu'un changement de temps est un processus croissant brut C_t tel que, pour chaque t, C_t soit un temps d'arrêt. Nous noterons d'une barre l'opération de changement de temps: $\overline{X}_t = X_{C_t}$; $\overline{\underline{\underline{F}}}_t = \underline{\underline{F}}_{C_t}$; pour un temps d'arrêt T, $\overline{T} = \inf\{t: C_t \geq T\}$; $\overline{\underline{\underline{SM}}} = \underline{\underline{SM}}(\Omega,\underline{\underline{F}},P,(\overline{\underline{\underline{F}}}_t)_{t\geq 0})$; etc ...

PROPOSITION 5. <u>Soit C_t un changement de temps</u>. <u>L'application</u> $M \longmapsto \overline{M}$ <u>est continue de $\underline{\underline{SM}}$ dans $\overline{\underline{\underline{SM}}}$</u>.

<u>Démonstration</u>. On suppose que M^n converge vers M dans $\underline{\underline{SM}}$, et il s'agit, quitte à extraire une sous-suite, de vérifier que $\overline{M}^n$ converge vers $\overline{M}$ dans $\overline{\underline{\underline{SM}}}$. On peut supposer que la convergence de M^n vers M a lieu localement dans $\underline{\underline{H}}^1$: pour des temps d'arrêt T arbitrairement grands, $N^n = M^n - M$ tend vers zéro dans $\underline{\underline{H}}^1(T-)$. Le temps $\overline{T}$ tend vers l'infini avec T; en outre, en sous-entendant l'indice n,

$$(\overline{N})^{\overline{T}-} = \overline{N^{T-}} + (\overline{N}_{\overline{T}-} - N_{T-})\, I_{[\![\overline{T},\infty[\![} \quad ,$$

de sorte que

$$\|\overline{N}\|_{\overline{\underline{\underline{H}}}^1(\overline{T}-)} \leq \|\overline{N^{T-}}\|_{\overline{\underline{\underline{H}}}^1} + 2\,\|N^{T-}\|_{\underline{\underline{S}}^1} \quad .$$

Puisque la norme $\underline{\underline{S}}^1$ est contrôlée par la norme $\underline{\underline{H}}^1$, il suffit, pour conclure, d'établir l'inégalité $\|\overline{X}\|_{\overline{\underline{\underline{H}}}^1} \leq c\,\|X\|_{\underline{\underline{H}}^1}$. Mais ceci résulte facilement du fait que les changements de temps conservent les martingales uniformément intégrables et du fait que la norme $\|M\| = \inf\limits_{M=L+A} E[L^*_\infty + \int_0^\infty |dA_s|]$ est équivalente à la norme $\underline{\underline{H}}^1$. ∎

PROPOSITION 6. a) <u>La topologie de $\underline{\underline{SM}}$ ne change pas lorsqu'on remplace</u> P <u>par une probabilité équivalente</u> Q.

b) <u>Plus généralement</u>, <u>si</u> Q <u>est absolument continue par rapport à</u> P, <u>la projection canonique de $\underline{\underline{SM}}$(P) dans $\underline{\underline{SM}}$(Q)</u> (<u>qui à toute semimartingale fait correspondre elle-même</u>) <u>est continue</u>.

<u>Démonstration</u>. a) On reprend exactement la démonstration du théorème 2: les topologies de $\underline{\underline{SM}}$(P) et $\underline{\underline{SM}}$(Q) sont toutes deux plus fortes que la topologie de $\underline{\underline{D}}$ (qui est la même pour P et Q); on en déduit que la distance $d^P_{sm} + d^Q_{sm}$ est complète, d'où le résultat.

b) Quitte à remplacer P par la probabilité équivalente $\frac{P+Q}{2}$, on peut supposer $Z_\infty = \frac{dQ}{dP}$ bornée. On notera Z_t la P-martingale $E[Z_\infty|\underline{\underline{F}}_t]$, $\langle Z,Z\rangle$ le crochet prévisible de Z calculé pour P. Il existe des temps d'arrêt S qui croissent vers l'infini Q-p.s. tels que, sur $[\![0,S[\![$, $\frac{1}{Z}$ soit borné.

Soit M^n une suite de semimartingales convergeant vers zéro dans $\underline{\underline{SM}}(P)$. Nous cherchons à en extraire une sous-suite qui tende vers zéro dans $\underline{\underline{SM}}(Q)$. Quitte à remplacer M^n par une sous-suite, on peut trouver des temps d'arrêt R arbitrairement grands (pour P, donc aussi pour Q) tels que M^n tend vers zéro dans $\underline{\underline{H}}^4(R-;P)$. Les temps $T = \inf(R,S)$ sont arbitrairement grands pour Q et tels que M^n converge vers zéro dans $\underline{\underline{H}}^4(T-;P)$. Ecrivons la décomposition canonique $N^n + A^n$ de chaque $(M^n)^{T-}$ pour P.

Les v.a. $\int_0^T |dA_s^n|$ tendent vers zéro dans $L^4(P)$ donc dans $L^4(Q)$; ainsi, A^n tend vers zéro dans $\underline{\underline{H}}^4(Q)$, donc dans $\underline{\underline{SM}}(Q)$.

Pour vérifier que N^n tend aussi vers zéro dans $\underline{\underline{SM}}(Q)$, posons

$$B^n = \frac{1}{Z_-}\cdot\langle Z,N^n\rangle$$

(où le crochet est calculé pour P). Le processus B^n est à variation finie, et est, comme N^n, arrêté à T. Le théorème de Girsanov-Lenglart([5]) dit que $(N^n - B^n) + B^n$ est pour Q la décomposition canonique de N^n. L'inégalité de Kunita-Watanabe entraîne

$$\left(\int_0^T |dB_s^n|\right)^2 \leq \langle N^n,N^n\rangle_T \int_0^T \frac{1}{Z_{s-}^2}\, d\langle Z,Z\rangle_s \quad .$$

Comme N^n tend vers zéro dans $\underline{\underline{H}}^4(P)$, le premier facteur tend vers zéro dans $L^2(P)$ donc dans $L^2(Q)$; le second est borné dans $L^2(P)$, donc dans $L^2(Q)$. On en déduit que $\int_0^T |dB_s^n|$ tend vers zéro dans $L^2(Q)$, puis, à l'aide de l'inégalité

$$[N^n-B^n,N^n-B^n]_T^{\frac{1}{2}} \leq [N^n,N^n]_T^{\frac{1}{2}} + \int_0^T |dB_s^n| \quad ,$$

que N^n tend vers zéro dans $\underline{\underline{H}}^2(Q)$ donc aussi dans $\underline{\underline{SM}}$. ∎

Donnons, pour finir, une dernière propriété, qui nous sera utile dans l'étude des équations différentielles. On sait, grâce à un théorème de Jacod et Meyer ([8]), que l'ensemble des lois de probabilité, sous lesquelles un processus donné $M \in \underline{\underline{D}}$ est une semimartingale, est dénombrablement convexe.

L'énoncé suivant, dans lequel on suppose toujours donné l'espace filtré $(\Omega,\underline{\underline{F}},P,(\underline{\underline{F}}_t)_{t\geq 0})$, montre que cela s'étend à la convergence des semimartingales:

PROPOSITION 7. *Soient* (M^n) *une suite de semimartingales,* M *une semimartingale. Supposons donnée une suite* (P_k) *de probabilités telles que* $\sum_k \lambda_k P_k = P$ (*avec* $\sum_k \lambda_k = 1$), *et que, pour chaque* k, M^n *tende vers* M *dans* $\underline{\underline{SM}}(P_k)$. *Alors* M^n *tend vers* M *dans* $\underline{\underline{SM}}(P)$.

Remarque: Le théorème de Jacod-Meyer permet d'affaiblir l'hypothèse: on pourrait supposer seulement que M^n et M sont des semimartingales pour les probabilités P_k.

Démonstration. On appellera Ω_k l'événement $\{dP_k/dP>0\}$, et on notera d_k la distance d_{sm} calculée pour P_k.

Nous voulons montrer que $d_k(M^n-M)\to 0\ \forall k$ entraîne $d_{sm}(M^n-M)\to 0$. La réciproque étant vraie (proposition 6), il s'agit de vérifier que les topologies comparables définies sur $\underline{\underline{SM}}$ par les distances d_{sm} et $d=\sum_k 2^{-k}d_k$ sont les mêmes (d est bien une distance: elle sépare les points car elle est plus forte que $\sum_k d_{cp}^{P_k}$). Il suffit pour cela de vérifier que d est complète.

Soit donc N^n une suite de Cauchy pour d. Elle converge, pour chaque d_k, vers une semimartingale limite L^k. Mais, d_k étant plus forte que $d_{cp}^{P_k}$, il est clair que $L^k=L^{k'}$ sur $\Omega_k\cap\Omega_{k'}$. Le processus L qui, pour chaque k, coïncide avec L^k sur Ω_k est une semimartingale (théorème de Jacod et Meyer), et, comme $d_k(L,L^k)=0$, L est limite pour chaque d_k, donc pour d, de la suite N^n. ∎

REFERENCES

[1] N. BOURBAKI. Espaces vectoriels topologiques, chapitre 1. Hermann, Paris, 1966.

[2] Cl. DELLACHERIE. Quelques applications du lemme de Borel-Cantelli à la théorie des semimartingales. Séminaire de Probabilités XII, p.742.

[3] M. EMERY. Stabilité des solutions des équations différentielles stochastiques. Z. Wahrscheinlichkeitstheorie 41, 241-262, 1978.

[4] N.KAZAMAKI. Change of time, stochastic integrals, and weak martingales. Z. Wahrscheinlichkeitstheorie 22, 25-32, 1972.

[5] E. LENGLART. Transformation des martingales locales par changement absolument continu de probabilités. Z. Wahrscheinlichkeitstheorie 39, 65-70, 1977.

[6] P.A. MEYER. Inégalités de normes pour les intégrales stochastiques. Séminaire de Probabilités XII, p. 757.

[7] P.A. MEYER. Le théorème fondamental sur les martingales locales. Séminaire de Probabilités XI, p. 463.

[8] P.A. MEYER. Sur un théorème de C. Stricker. Séminaire de Probabilités XI, p. 482.

[9] Ph. PROTTER. $\underline{\underline{H}}^p$-Stability of solutions of stochastic differential equations. Z. Wahrscheinlichkeitstheorie 44, 337-352, 1978.

[10] M. YOR. Inégalités entre processus minces et applications. C. R. Acad. Sci. Paris, t. 286 (8 mai 1978).

[11] Théorème de Dellacherie-Mokobodzki. Dans ce volume.

IRMA (L.A. au C.N.R.S.)
7 rue René Descartes
F-67084 STRASBOURG-Cedex

Université de Strasbourg
Séminaire de Probabilités 1977/78

CARACTERISATION DES SEMIMARTINGALES, D'APRES DELLACHERIE

par P.A. Meyer

Soit $(\Omega,\underline{\underline{F}},P,(\underline{\underline{F}}_t))$ un espace probabilisé filtré satisfaisant aux conditions habituelles. Nous désignons par $\underline{\underline{B}}$ l'espace des processus <u>prévisibles élémentaires</u> : un processus $(H_t)_{t>0}$ appartient à $\underline{\underline{B}}$ si et seulement s'il peut s'écrire

(1) $$H = H_0 I_{]0,t_1]} + H_1 I_{]t_1,t_2]} + \dots + H_{n-1} I_{]t_{n-1},t_n]}$$

avec $0=t_0<t_1\dots<t_n<+\infty$, les t_i étant des rationnels dyadiques, et H_i étant pour tout i une v.a. $\underline{\underline{F}}_{t_i}$-mesurable bornée.

Soit X un processus adapté, continu à droite et nul en 0. Etant donné $H\in\underline{\underline{B}}$, la variable aléatoire

(2) $$J(H) = H_0 X_{t_1} + H_1(X_{t_2}-X_{t_1}) + \dots + H_{n-1}(X_{t_n}-X_{t_{n-1}})$$

i.e. l'intégrale stochastique évidente $\int_0^\infty H_s dX_s$, ne dépend pas de la représentation (1) choisie pour H, et J définit évidemment une application linéaire de $\underline{\underline{B}}$ dans l'espace L^0 de toutes les v.a. p.s. finies sur Ω, muni de la topologie de la convergence en probabilité (L^0 est un e.v.t. métrisable complet, non localement convexe). Notre but est de démontrer le théorème suivant, dû à Dellacherie (avec l'aide de Mokobodzki pour une étape essentielle).

THEOREME 1. <u>Supposons que</u> J <u>possède la propriété suivante</u>

(a) <u>Pour toute suite</u> (H^n) <u>d'éléments de</u> $\underline{\underline{B}}$, <u>nuls hors d'un intervalle</u> $[0,N]$ <u>fixe de</u> $\mathbb{R}_+$, <u>et convergeant uniformément vers</u> 0, <u>on a</u> $\lim_n J(H^n)=0$ <u>dans</u> L^0.

<u>Alors</u> X <u>est une semimartingale</u>.

Avant de démontrer ce théorème, nous allons le commenter. Tout d'abord, il justifie a posteriori la définition des semimartingales, et suggère une nouvelle approche «pédagogique» de toute la théorie de l'intégrale stochastique. Dellacherie a fait un premier essai dans cette direction dans l'article qu'il a envoyé aux Actes du Congrès d'Helsinki.

Ensuite, ce théorème <u>caractérise</u> les semimartingales : on a en effet, dans l'autre sens, le résultat suivant :

(b) <u>Pour toute suite</u> (H^n) <u>d'éléments de</u> $\underline{\underline{B}}$, <u>majorés en valeur absolue par une même constante</u>, <u>nuls hors d'un intervalle fixe</u> $[0,N]$, <u>et convergeant simplement vers</u> 0, <u>on a</u> $\lim_n J(H^n)=0$ dans L^0.

On notera que (b) est une propriété du type de Daniell, tandis que (a) est plutôt du type de Riesz. Rappelons rapidement comment on établit (b) : cette propriété est invariante lorsqu'on remplace P par une loi équivalente Q . D'après un théorème de Stricker ([3]), on peut choisir Q de telle sorte que X soit, sur $[0,N]$, la somme d'une martingale de carré intégrable et d'un processus croissant intégrable, pour lesquels la propriété (b) est alors évidente.

Enfin, disons que le théorème 1 a été suggéré à Dellacherie par la lecture de l'article [2] de Métivier-Pellaumail, le premier sans doute à considérer l'« horrible » espace L^0 comme un objet digne d'intérêt dans la théorie de l'intégrale stochastique. La première version du théorème utilisait une propriété du type (b) ; c'est la discussion au séminaire qui a montré que (a) suffisait, et que la démonstration était même plus simple ! On trouvera cette démonstration ci-dessous. Un peu plus tard, G. Letta lui a apporté quelques simplifications importantes . Dellacherie devait rédiger cette démonstration « définitive » , mais cela n'a pas été fait, car elle figure en détails dans le Lecture Notes à paraître de Jacod « Calcul stochastique et problèmes de martingales ». Il nous a semblé à tous deux que la première démonstration possède quelque intérêt propre, et mérite d'être publiée[1].

DEMONSTRATION DU THEOREME 1.

1) Il nous suffit de montrer que, pour tout N fini, le processus arrêté X^N est une semimartingale. Sans changer de notation, nous remplaçons donc X par X^N. L'application J est alors continue de $\underline{\underline{B}}$, muni de la norme de la convergence uniforme, dans L^0. Nous désignons par B la boule unité de $\underline{\underline{B}}$, par A l'image J(B).

2) L'énoncé du théorème 1 est invariant par changement de loi dans la classe d'équivalence de P . Sans changer de notation, nous remplaçons donc P par une loi équivalente, telle que toutes les v.a. X_t (t dyadique) soient intégrables [la possibilité d'un tel choix est facile à établir ; voir par exemple [1]]. Nous avons alors $A\subset L^1$.

Nous prenons comme système fondamental de voisinages de 0 dans L^0 les ensembles

(3) $$V_\varepsilon = \{ f : \|f\|_0<\varepsilon \} \quad \text{où } \|f\|_0 = E[|f|\wedge 1]$$

1. Par exemple, afin de mieux faire connaître le lemme de Cartier.

3) Nous allons construire une loi Q, équivalente à P, majorée par un multiple de P (de sorte que $A \subset L^1(Q)$), et telle que

(4) $$\sup_{f \in A} \int fQ = \alpha < +\infty \quad \text{(prenant } f=0\text{, on voit que } \alpha \geqq 0 \text{)}$$

Cela suffira. En effet, prenons dans l'expression (1)

$$H_i = \text{signe de } E_Q[X_{t_{i+1}} - X_{t_i} | \underline{\underline{F}}_{t_i}]$$

et prenons $f=J(H)$. Alors

$$\int fQ = E_Q[\sum_i |E_Q[X_{t_{i+1}} - X_{t_i} | \underline{\underline{F}}_{t_i}]|] \leqq \alpha \quad \text{(indépendant de la subdivision } (t_i))$$

et l'on voit que X est une <u>quasimartingale</u> pour la loi Q, donc une semimartingale pour Q, et finalement une semimartingale pour P [Plus précisément, le processus (X_t) pour t dyadique est une quasimartingale, et il faut un petit argument pour étendre cela aux t réels, grâce à la continuité à droite de X].

4) En fait, nous allons construire une version approchée de (4) : pour tout $\varepsilon>0$, une mesure $Q=Q_\varepsilon$, majorée par P, telle que $Q(\Omega) \geqq 1-\varepsilon$ et que

(5) $$\sup_{f \in A} \int fQ = \alpha_\varepsilon < +\infty$$

Nous en déduirons (4) en prenant $Q=\sum_n \lambda_n Q_{1/n}$, où les constantes $\lambda_n>0$ sont telles que $\sum \lambda_n Q_{1/n}$ soit une loi de probabilité (comme $Q_{1/n}(\Omega)> 1-1/n$, $\sum \lambda_n = \lambda < \infty$, et Q est majorée par λP) et que $\sum \lambda_n \alpha_{1/n} = \alpha < \infty$. Q est équivalente à P : en effet, écrivons $Q_{1/n}=g_n.P$, $Q=g.P$; la condition $Q_{1/n}(\Omega) \geqq 1-1/n$ entraîne $P\{g_n=0\} \leqq 1/n$ puisque $g_n \leqq 1$, et enfin $P\{g=0\}=0$. Enfin, on a pour $f \in A$, par convergence dominée relativement à P

$$\int fQ = \int fgP = \sum \lambda_n \int fg_n P \leqq \sum \lambda_n \alpha_{1/n} = \alpha$$

5) Nous fixons donc $\varepsilon>0$, et désignons par K l'ensemble des mesures positives Q, majorées par P et telles que $Q(\Omega) \geqq 1-\varepsilon$. Si nous considérons K comme une partie de L^∞ munie de la topologie faible $\sigma(L^\infty, L^1)$, K est <u>convexe et compacte</u>.

L'application J étant continue de $\underline{\underline{B}}$ dans L^0, il existe un voisinage de 0 dans $\underline{\underline{B}}$ dont l'image est contenue dans V_ε . Autrement dit, si $\alpha>0$ est assez grand, $\frac{1}{\alpha} A \subset V_\varepsilon$, soit

$$\text{pour } f \in A \text{ , on a } E[\tfrac{1}{\alpha}|f| \wedge 1] \leqq \varepsilon \quad \text{, donc } P\{|f|>\alpha\} \leqq \varepsilon$$

Prenons alors $Q_f = I_{\{|f| \leqq \alpha\}} P$. Nous avons $Q_f \in K$, et $\int fQ_f \leqq \alpha$. Identifions $f \in A$ à la fonction (affine) continue $Q \mapsto \int fQ$ sur K, et utilisons le <u>lemme de Cartier</u> que voici :

LEMME. *Soit* K *un espace compact, et soit* A *un ensemble convexe de fonctions continues sur* K. *Supposons que*

(6) *pour tout* $f \in A$ *il existe* $Q \in K$ *tel que* $f(Q) \leqq \alpha$

Alors il existe une loi de probabilité μ *sur* K *telle que*

$$\text{pour tout } f \in A \ , \quad \int f(Q)\mu(dQ) \leqq \alpha .$$

La démonstration est donnée plus loin. Ici, K est convexe compact, et toute $f \in A$ est affine continue, donc si Q est la *résultante* de μ, on a $f(Q) \leqq \alpha$ pour tout $f \in A$, et le théorème 1 est établi.

DEMONSTRATION DU LEMME. Nous prenons $\alpha=1$. Soit $\varepsilon>0$. D'après (6), la fonction constante $1+\varepsilon$ n'appartient pas à l'adhérence de l'ensemble convexe $A-\underline{\underline{C}}^+(K)$. D'après le théorème de Hahn-Banach, il existe une mesure (signée) μ_ε sur K telle que

$$(7) \qquad \sup_{f \in A,\ g \in \underline{\underline{C}}^+(K)} \mu_\varepsilon(f-g) \leqq (1+\varepsilon)\mu_\varepsilon(1)$$

Remplaçant g par tg ($t \in \mathbb{R}_+$) et faisant tendre t vers $+\infty$, on voit que $\mu_\varepsilon(g) \geqq 0$; donc μ_ε est positive. Nous pouvons alors supposer que $\mu_\varepsilon(1)=1$, et (7) nous donne, lorsque $g=0$

$$\sup_{f \in A} \mu_\varepsilon(f) \leqq 1+\varepsilon$$

Il ne reste plus qu'à prendre pour μ une valeur d'adhérence vague de μ_ε lorsque $\varepsilon \to 0$.

REFERENCES.

[1]. C. DELLACHERIE. Quelques applications du lemme de Borel-Cantelli à la théorie des semimartingales. Sém. Prob. XII, p. 742-745, Lect. Notes 649, Springer 1978.

[2]. M. METIVIER et J. PELLAUMAIL. Mesures stochastiques à valeurs dans les espaces L^0. ZfW 40, 1977, p. 101-114.

[3]. C. STRICKER. Quasimartingales, martingales locales, semimartingales et filtration naturelle. ZfW 39, 1977, p. 55-64.

CARACTERISATION D'UNE CLASSE D'ENSEMBLES CONVEXES DE L^1 OU H^1

par YAN Jia-An[1]

Le théorème de Dellacherie et Mokobodzki sur la caractérisation des semimartingales repose sur le seul résultat suivant (voir Meyer [1] ou Jacod [2])

<u>Théorème 1</u>. Soit K un sous-ensemble convexe de $L^1(\Omega,\mathcal{F},P)$. Si pour tout $\varepsilon>0$ il existe un réel $c>0$ tel que $P\{\xi>c\}\leq\varepsilon$ pour tout $\xi\in K$, il existe une variable aléatoire bornée Z, telle que $Z>0$ p.s. et que $\sup_{\xi\in K} E[Z\xi]<\infty$.

Le but de cette note est de préciser le théorème 1, et d'établir un résultat analogue dans l'espace H^1 de martingales.

Soit $(\Omega,\mathcal{F},P)$ un espace probabilisé. Nous désignerons par L^1 l'espace $L^1(\Omega,\mathcal{F},P)$, par B_+ l'ensemble des v.a. bornées $\geqq 0$ sur Ω. Pour $G\subset L^1$, $\overline{G}$ désigne l'adhérence de G dans L^1. Nous mettons alors le théorème 1 sous forme de condition nécessaire et suffisante.

<u>Théorème 2.</u> Soit K un sous-ensemble convexe de L^1 tel que $0\in K$. Les trois conditions suivantes sont équivalentes :

a) Pour tout $\eta\in L^1_+$, $\eta\neq 0$, il existe $c>0$ tel que $c\eta\notin\overline{K-B_+}$.

b) Pour tout $A\in\mathcal{F}$ tel que $P(A)>0$, il existe $c>0$ tel que $cI_A\notin\overline{K-B_+}$.

c) Il existe une v.a. bornée Z telle que $Z>0$ p.s. et $\sup_{\xi\in K} E[Z\xi]<+\infty$.

Démonstration. Il est clair que a) => b). Nous allons montrer que b)=>c), en nous inspirant beaucoup de Meyer [1]. Supposons que la condition b) soit vérifiée. Soit $A\in\mathcal{F}$ tel que $P(A)>0$. Par hypothèse il existe un réel $c>0$ tel que $cI_A\notin\overline{K-B_+}$. Comme le dual de L^1 est L^∞ et $K-B_+$ est convexe, d'après le théorème de Hahn-Banach (plus précisément, le théorème d'Ascoli-Mazur) il existe une v.a. bornée Y telle que

$$(1)\qquad \sup_{\xi\in K,\ \eta\in B_+} E[Y(\xi-\eta)] < cE[YI_A] .$$

Remplaçant η par $a\eta$ ($a\in\mathbb{R}_+$) et faisant tendre a vers $+\infty$, on voit que $Y\geqq 0$ p.s.. Appliquant (1) avec $\eta=0$, on trouve alors

$$\sup_{\xi\in K} E[Y\xi] \leqq cE[YI_A] < +\infty .$$

Soit $H = \{ Y\in B_+ : \sup_{\xi\in K} E[Y\xi] < +\infty \}$; d'après ce qui précède H n'est pas vide. Notons $\underline{\underline{C}} = \{ \{Z=0\},\ Z\in H \}$, montrons que $\underline{\underline{C}}$ est stable par intersection dénombrable. Soit (Z_n) une suite d'éléments de H . Notons

1. Institut de Recherche Mathématique, Academia Sinica, Pékin, Chine.

$c_n = \sup_{\xi\in K} E[Z_n\xi]$, $d_n = \|Z_n\|_{L^\infty}$, et posons $Z = \Sigma_n b_n Z_n$, où les $b_n > 0$ sont tels que $\Sigma_n b_n c_n < +\infty$, $\Sigma_n b_n d_n < +\infty$; il est évident que $Z\in H$ et que $\{Z=0\} = \cap_n \{Z_n=0\}$. Il existe donc $Z\in H$ tel que $P\{Z=0\} = \inf_{C\in \underline{C}} P(C)$, nous allons montrer que $Z>0$ p.s.. Supposons que $P\{Z=0\}>0$. Soit $Y\in H$ vérifiant (1) avec $A=\{Z=0\}$. Comme $0\in K$, on a $0<E[YI_A]=E[YI_{\{Z=0\}}]$, et alors la v.a. $Y+Z$ appartient à H, avec $P\{Y+Z=0\}=P\{Z=0\}-P\{Z=0,Y>0\}<P\{Z=0\}$, ce qui est absurde puisque $P\{Z=0\}$ est minimale. Donc $Z>0$ p.s. et on a démontré que b) => c).

Il nous reste à démontrer que c)=>a). Supposons que la condition a) ne soit pas satisfaite. Il existe alors $\eta\in L^1_+$, $\eta\neq 0$ tel que pour tout $n\in\mathbb{N}$ on ait $n\eta\in\overline{K-B_+}$, de sorte qu'il existe $\xi_n\in K$, $\zeta_n\in B_+$ et $\delta_n\in L^1$ tels que $n\eta = \xi_n - \zeta_n - \delta_n$, $\|\delta_n\|_{L^1} \leq 1/n$. Si Z est une v.a. bornée par 1 telle que $Z>0$ p.s. on a alors $E[Z\xi_n] \geqq nE[Z\eta] - 1/n$, donc $\sup_{\xi\in K} E[Z\xi] = +\infty$, et la condition c) n'est pas satisfaite. CQFD.

Pour voir que le théorème 2 entraîne le théorème 1, on peut se ramener par translation au cas où $0\in K$. Vérifions alors que l'hypothèse du théorème 1 entraîne la condition b) du théorème 2. Soit $A\in\mathcal{F}$ tel que $P(A)>0$. Par hypothèse il existe un réel $c>0$ tel que $P\{\xi>c\}\leq P(A)/2$ pour tout $\xi\in K$. On voit aisément que $2cI_A \notin \overline{K-B_+}$, donc la condition b) est satisfaite.

Passons au cas de H^1. Nous nous plaçons sur un espace probabilisé filtré $(\Omega,\mathcal{F},P,(\mathcal{F}_t))$ satisfaisant aux conditions habituelles. Nous ne restreignons pas la généralité en supposant que $\mathcal{F}=\mathcal{F}_{\infty-}$, ce qui nous permet d'<u>identifier</u> une martingale uniformément intégrable (M_t) à sa v.a. terminale M_∞ (ainsi I_A désigne ci-dessous la martingale $P(A|\mathcal{F}_t)$, pour $A\in\mathcal{F}$). Dans l'énoncé suivant, B_+ désigne l'ensemble des martingales positives bornées, et les adhérences sont prises dans H^1.

<u>Théorème 3</u>. Soit K un sous-ensemble convexe de H^1 contenant 0. Les trois conditions suivantes sont équivalentes :

a) Pour tout $N\in H^1_+$, $N\neq 0$, il existe un réel $c>0$ tel que $cN \notin \overline{K-B_+}$.

b) Pour tout $A\in\mathcal{F}$ tel que $P(A)>0$, il existe $c>0$ tel que $cI_A\notin \overline{K-B_+}$.

c) Il existe une martingale $Z\in BMO$, telle que $Z>0$ p.s. et que l'on ait $\sup_{\xi\in K} E[[Z,\xi]_\infty] < +\infty$.

Démonstration. Le raisonnement est tout à fait analogue à celui du théorème 2 : on applique le théorème de Hahn-Banach en utilisant le fait que le dual de H^1 est BMO, la dualité étant donnée par $<\xi,Y> = E[[\xi,Y]_\infty]$ en général (qui vaut aussi $E[\xi Y]$ si $\xi\in B_+$. Les détails sont laissés aux lecteurs.

[1]. Meyer (P.A.). Sém. Prob. XIII, p.620-623 (LN 721, Springer 1979).
[2]. Jacod (J.). Calcul stochastique et problèmes de martingales. LN 714.

COMMENTAIRES DU SEMINAIRE

1) Détails de démonstration. Au bas de la page 1, il est clair que H n'est pas vide, car $0 \in H$. Le "d'après ce qui précède" est donc inutile. Page 2, de même, le fait que $0 \in K$ entraîne que les c_n sont ≥ 0.

2) Commentaires (C. Dellacherie). a) Tout élément de L^1_+ étant limite d' une suite d'éléments de B_+, on peut remplacer $\overline{K-B_+}$ par $\overline{K-L^1_+}$ (soit dit en passant, on ne peut ni ôter l'adhérence au $K-L^1_+$, ni omettre que $0 \in K$), et la condition $\zeta \in \overline{K-L^1_+}$ peut s'écrire

$$\text{il existe des } k_n \in K \text{ tels que } (\zeta - k_n)^+ \to 0 \text{ p.s.}$$

b) La démonstration du théorème 1 par Mokobodzki permet de montrer que, étant donnée une suite (K_n) de convexes bornés en probabilité, il existe une même v.a. bornée Z, p.s. >0, telle que $\sup_{\xi \in K_n} E[Z\xi] < \infty$ pour tout n. Peut on démontrer ce résultat par la méthode de Yan ?

Réponse (P.A. Meyer) : ce résultat peut se déduire directement du théorème 1, et donc aussi bien de la démonstration de Yan que de celle de Mokobodzki ! En effet, soit pour $n \geq 0$, $m \geq 1$ un nombre $c_{nm} > 0$ tel que

$$\forall \xi \in K_n \;,\; P\{\xi > c_{nm}\} \leq \frac{1}{m} 2^{-(n+1)}$$

Choisissons des $\lambda_n > 0$ tels que, pour tout m, on ait $c_m = \Sigma_n \lambda_n c_{nm} < \infty$. Posons $L_k = \Sigma_{p \leq k} \lambda_p K_p$; nous formons ainsi une suite croissante de parties convexes de L^1, soit L leur réunion, qui est encore une partie convexe de L^1. Tout élément ξ de L est une somme (finie) $\Sigma_n \lambda_n \xi_n$, $\xi_n \in K_n$, et on a

$$P\{\xi \geq c_m\} \leq \Sigma_n P\{\xi_n \geq c_{nm}\} \leq \Sigma_n \frac{1}{m} 2^{-(n+1)} = \frac{1}{m}$$

donc L satisfait au théorème 1, et la v.a. Z construite pour L convient pour chacun des K_n (cette astuce d'enveloppe convexe non fermée est empruntée à une autre démonstration de Mokobodzki !).

NOTE ON A STOCHASTIC INTEGRAL EQUATION

by N. KAZAMAKI

In the present paper we shall consider the stochastic integral equation

$$(1) \qquad Z_t = x + \int_0^t f(Z_u)dM_u + \int_0^t g(Z_u)dU_u \, , \quad x \in R^1$$

where $M=(M_t)$, $M_0=0$, is a locally square integrable martingale and $U=(U_t)$, $U_0=0$, is a continuous increasing process.

Let $(\Omega, \underline{\underline{F}}, P)$ be a complete probability space, given an increasing right continuous family $(\underline{\underline{F}}_t)$ of sub σ - fields of $\underline{\underline{F}}$. We suppose as usual that $\underline{\underline{F}}_0$ contains all the negligible sets. By a normal change of time $A=(\underline{\underline{F}}_t, a_t)$ we means a family of stopping times of the family $(\underline{\underline{F}}_t)$, finite valued, such that for $\omega \in \Omega$ the sample function $a_.(\omega)$ is strictly increasing, $a_0(\omega)=0$, $a_\infty(\omega)=\lim_{t\to\infty} a_t(\omega)=\infty$ and continuous. We don't distinguish two processes X and Y such that for a.e $\omega \in \Omega$ $X_.(\omega)=Y_.(\omega)$. We assume that the reader knows the usual definitions.

THEOREM.- Assume that the family $(\underline{\underline{F}}_t)$ is quasi-left continuous. Then for coefficients f and g belonging to $C^1(R^1)$ and of bounded slope the equation (1) has one and only one solution.

PROOF.- From the quasi-left continuity of $(\underline{\underline{F}}_t)$, it follows that there exists a unique continuous increasing process $\langle M\rangle$ such that $M^2-\langle M\rangle$ is a local martingale. Define

$$(2) \qquad b_t=t+\langle M\rangle_t+U_t \, , \quad a_t= \inf(u; b_u>t) \, .$$

Then an easy computation shows that $A=(\underline{\underline{F}}_t, a_t)$ and $B=(\underline{\underline{F}}_{a_t}, b_t)$ are normal changes of time.

For every t, put

(3) $$Y_t = Z_{a_t}, \quad N_t = M_{a_t}, \quad V_t = U_{a_t}.$$

The process N is a square integrable martingale and V is the natural increasing process associated to N ; clearly V is, in fact, continuous. It is shown in [1] that we have

(4) $$\int_0^{a_t} f(Z_u)dM_u = \int_0^t f(Y_u)dN_u .$$

Thus , in order to show the existence of the unique solution of (1) , it suffices to consider the following stochastic integral equation

(1*) $$Y_t = x + \int_0^t f(Y_u)dN_u + \int_0^t g(Y_u)dV_u .$$

For simplicity, the proof is spelled out for $0 \leqq t \leqq 1$ only. Without loss of generality, we may assume that $\max(\|f'\|_\infty , \|g'\|_\infty) \leqq 1/2$.

Define in succession

(5) $$Y_t^0 = x$$
$$Y_t^n = x + \int_0^t f(Y_u^{n-1})dN_u + \int_0^t g(Y_u^{n-1})dV_u \quad , n=1,2,\ldots$$

Put now

$$c_t^n = f(Y_t^n)-f(Y_t^{n-1}) , \quad d_t^n = g(Y_t^n)-g(Y_t^{n-1}) .$$

As $t = b_{a_t} = a_t + \langle N\rangle_t + V_t$ by the definition of a_t , we have

$$\begin{aligned}
D_n(t) &= E[(Y_t^{n+1}- Y_t^n)^2] \\
&\leqq 2E[(\int_0^t c_u^n \, dN_u)^2 + (\int_0^t d_u^n \, dV_u)^2] \\
&\leqq 2 \left\{ E[\int_0^t (c_u^n)^2 d\langle N\rangle_u] + E[V_t \int_0^t (d_u^n)^2 dV_u] \right\} \\
&\leqq 2 \left\{ E[\int_0^t (c_u^n)^2 du] + E[\int_0^t (d_u^n)^2 du] \right\} \\
&\leqq 2(\|f'\|_\infty^2 + \|g'\|_\infty^2) \int_0^t E[(Y_u^n-Y_u^{n-1})^2] \, du \\
&\leqq \int_0^t D_{n-1}(u) \, du \leqq \text{Const.} \times t^n/n! \ .
\end{aligned}$$

Since the process $(\int_o^t c_u^n \, dN_u)$ is a martingale, the extension of Kolmogorov's inequality to martingales shows that for any $\varepsilon > 0$

$$\varepsilon^2 P(\sup_{o \leq t \leq 1} |\int_o^t c_u^n \, dN_u| \geq \varepsilon) \leq E[(\int_o^1 c_u^n \, dN_u)^2]$$
$$\leq E[\int_o^1 (c_u^n)^2 du]$$
$$\leq \|f'\|_\infty^2 \int_o^1 D_{n-1}(u) \, du$$
$$\leq \text{Const.} \times 1/n! \quad .$$

Similarly, we get by using the Schwarz inequality

$$P(\sup_{o \leq t \leq 1} |\int_o^t d_u^n \, dV_u| \geq \varepsilon) = P(\sup_{o \leq t \leq 1} [\int_o^t d_u^n dV_u]^2 \geq \varepsilon^2)$$
$$\leq P(\sup_{o \leq t \leq 1} V_t \cdot \int_o^t (d_u^n)^2 dV_u \geq \varepsilon^2)$$
$$\leq P(\int_o^1 (d_u^n)^2 du \geq \varepsilon^2)$$
$$\leq \varepsilon^{-2} E[\int_o^1 (d_u^n)^2 du]$$
$$\leq \text{Const.} \times \varepsilon^{-2}/n! \quad .$$

Thus $P(\sup_{o \leq t \leq 1} |Y_t^{n+1} - Y_t^n| \geq 2\varepsilon) \leq \text{Const.} \times \varepsilon^{-2}/n!$. Pick $\varepsilon^{-2} = (n-2)!$. Then $\varepsilon^{-2}/n!$ is the general term of a convergent sum, and so the Borel-Cantelli lemma shows that Y_t^n converges uniformly a.s for $o \leq t \leq 1$ to some random variable Y_t^* ; clearly Y_t^* is $\underline{\underline{F}}_{a_t}$ - measurable and for a.s ω the sample function $Y_\cdot^*(\omega)$ is right continuous.
Because of this, $f(Y_t^n)$ (resp. $g(Y_t^n)$) converges uniformly a.s to $f(Y_t^*)$ (resp. $g(Y_t^*)$).
According to THEOREM 10 of [1] , $\int_o^t f(Y_u^n) dN_u$ converges uniformly in probability to $\int_o^t f(Y_u^*) dN_u$, i.e for each $\varepsilon > o$, $\lim_n P(\sup_{o \leq t \leq 1} |\int_o^t f(Y_u^n) dN_u - \int_o^t f(Y_u^*) dN_u| > \varepsilon) = 0$.

Thus, for some subsequence (n_k), we get

$$(6) \qquad \lim_k \sup_{o \leq t \leq 1} |\int_o^t f(Y_u^{n_k}) \, dN_u - \int_o^t f(Y_u^*) \, dN_u| = 0 \quad \text{a.s}$$

As $\int_0^t g(Y_u^n)dV_u$ converges uniformly a.s to $\int_0^t g(Y_u^*)\, dV_u$, we have

$$(7) \qquad Y_t^* = x + \int_0^t f(Y_u^*)\, dN_u + \int_0^t g(Y_u^*)dV_u \quad .$$

This completes the proof of existence. We are now going to show its uniqueness. Let (Y_t^1) and (Y_t^2) be solutions of (1*). Then the random variable r defined by

$$r = \inf\,(t;\max_i |Y_t^i| \geqq n)\ .$$

is a stopping time of the family $(\underline{\underline{F}}_{a_t})$. We denote $Y_t^i\, I_{[t<r]}$ by $\hat{Y}_t^i$. Then for $t \leqslant r$ we have

$$\hat{Y}_t^2 - \hat{Y}_t^1 = \int_0^t [f(\hat{Y}_u^2) - f(\hat{Y}_u^1)]dN_u + \int_0^t [g(\hat{Y}_u^2) - g(\hat{Y}_u^1)]dV_u\ .$$

From the definition of r , $\hat{D}(t)=E[(\hat{Y}_t^2-\hat{Y}_t^1)^2] \leqq 4n^2 < \infty$. On the other hand , $\hat{D}(t) \leqq \int_0^t \hat{D}(u)\,du$ as in the proof of existence. Thus $\hat{D}(t) \equiv 0$, and making $n \to \infty$ we obtain the uniqueness statement. Consequently $BY^* = (Y^*_{b_t}, \underline{\underline{F}}_t)$ is the unique solution of the equation (1). Hence the theorem is established.

REFERENCE

[1] N.KAZAMAKI ; Some properties of martingale integrals , Ann.Inst.Henri Poincaré, vol.Vll, n°1, 1971.

MATHEMATICAL INSTITUTE
TÔHOKU UNIVERSITY
SENDAI, JAPAN

EQUATIONS DIFFERENTIELLES STOCHASTIQUES

(C. Doléans-Dade et P.A. Meyer)

Les auteurs remercient les organisateurs du congrès de probabilités d'Urbana (Mars 1976) au cours duquel cette note a été rédigée.

Il est bien connu qu'ITO a développé sa théorie des intégrales stochastiques browniennes afin de pouvoir résoudre des équations différentielles stochastiques du type

(1) $dX_t = a(t,X_t)dB_t + b(t,X_t)dt$

où (B_t) est le mouvement brownien. Depuis qu'on sait traiter les intégrales stochastiques par rapport à des martingales locales de types de plus en plus généraux, il a paru naturel de chercher à résoudre des équations différentielles du type

(2) $dX_t = a(t,X_t)dM_t + b(t,X_t)dA_t$

où M est une martingale locale, A un processus à variation finie (et les équations vectorielles analogues). Voir par exemple les jolis résultats de KAZAMAKI, cités dans la bibliographie. La question a aussi été étudiée par PROTTER [4]. Un théorème d'existence et d'unicité de nature tout à fait générale a été établi par C. DOLEANS-DADE, et accepté pour publication dans le Z. f.W-theorie ([1]). Nous avons appris de PROTTER qu'il était parvenu, indépendamment, à un énoncé à peu près analogue en Février 1976.

La raison d'être de la présente rédaction est la suivante : si l'on considère une équation différentielle stochastique mise sous la forme (2), et si l'on remplace la loi P par une loi Q équivalente, M cesse d'être une martingale locale , et l'équation change de forme. Le seul moyen d'éviter cela, et de mettre en évidence l'invariance de l'équation (et de ses solutions) par un tel changement de loi de probabilité, consiste à adopter systématiquement le point de vue des semimartingales. Si l'on procède ainsi, et si l'on raisonne de manière intrinsèque, on s'aperçoit que les démonstrations elles mêmes se simplifient. Ainsi, le contenu de cette note est le même que celui de l'article [1] de C. DOLEANS-DADE, mais la forme nous en semble plus satisfaisante.

L'énoncé suivant ne fait intervenir qu'une semimartingale, mais il est tout aussi facile à démontrer (à la simplicité des notations près) lorsqu'on remplace l'unique intégrale au second membre par une somme finie d'intégrales analogues, relatives à des semimartingales $M^1,\dots,M^k$ - ce qui couvre le cas d'équations différentielles de la forme (2). On peut aussi, si on le désire, traiter le cas où X,H, et les semimartingales $M^1,\dots,M^k$ sont à valeurs dans $\mathbb{R}^n$ ("systèmes" d'équations différentielles).

THEOREME. Soient $(\Omega,\underline{\underline{F}},P)$ un espace probabilisé, muni d'une filtration $(\underline{\underline{F}}_t)$ satisfaisant aux conditions habituelles ; (M_t) une semimartingale nulle en 0 ; (H_t) un processus adapté à trajectoires càdlàg.. Alors l'équation intégrale stochastique

$$(3)\qquad X_t(\omega) = H_t(\omega) + \int_0^t f(\omega,s,X_{s-}(\omega))dM_s(\omega)$$

admet une solution et une seule (X_t) qui est un processus càdlàg. adapté, lorsque la fonction $f(\omega,s,x)$ sur $\Omega\times\mathbb{R}_+\times\mathbb{R}$ satisfait aux conditions suivantes

(L_1) Pour ω,s fixés, $f(\omega,s,.)$ est lipschitzienne de rapport K .
(L_2) Pour s,x fixés, $f(.,s,x)$ est $\underline{\underline{F}}_s$-mesurable .
(L_3) Pour x,ω fixés, $f(\omega,.,x)$ est continue à gauche avec limites à droite.

Avant de démontrer cet énoncé, soulignons quelques points. D'abord, l'unicité est celle qui est de règle en théorie des processus (deux solutions sont indistinguables). Dans le même esprit, tous les ensembles négligeables appartenant à $\underline{\underline{F}}_0$, on doit considérer que deux fonctions $f(\omega,s,x)$ et $\bar{f}(\omega,s,x)$ telles que

$f(\omega,.,.) = \bar{f}(\omega,.,.)$ sauf pour des ω qui appartiennent à un ensemble P-négligeable

définissent la *même* équation différentielle, et l'on peut affaiblir légèrement (L_1) et (L_3) en permettant un ensemble négligeable de valeurs de ω pour lesquelles ces conditions ne sont pas satisfaites.

Ensuite, l'équation considérée est plus générale que les équations usuelles, de deux manières : les "conditions initiales" sont remplacées par un processus H ; la fonction f dépend des trois variables ω,s,x, et non seulement de s,x . Il faut souligner que ce gain en généralité permet de *simplifier* les démonstrations (et non de les compliquer, comme les esprits inquiets pourraient le craindre).

Enfin et surtout, quel est le sens de l'équation (3) ? Le lemme suivant est inséparable de l'énoncé, puisqu'il donne un sens à l'intégrale stochastique qui y figure.

LEMME 1 . Si X est adapté càdlàg., le processus $(s,\omega)\mapsto f(\omega,s,X_{s-}(\omega))$ est adapté, continu à gauche avec limites à droite (donc prévisible localement borné).

DEMONSTRATION. Pour t fixé, la fonction $(\omega,x)\mapsto f(\omega,t,x)$ est $\underline{\underline{F}}_t\times\underline{\underline{B}}(\mathbb{R})$-mesurable ($\underline{\underline{F}}_t$-mesurable lorsque x est fixé (L_1), continue en x pour ω fixé (L_2)). Par composition, $f(\omega,t,X_{t-}(\omega))$ est $\underline{\underline{F}}_t$-mesurable.

L'existence de limites à droite est un peu plus délicate que la continuité à gauche, aussi est-ce elle que nous établirons. D'après (L_3), nous pouvons introduire les quantités finies $f(\omega,t+,x)$, limites à droite de $f(\omega,s,x)$ lorsque $s\downarrow\downarrow t$. Nous écrivons alors pour s>t

$$|f(\omega,s,X_{s-}(\omega))-f(\omega,t+,X_t(\omega))| \leqq |f(\omega,s,X_{s-}(\omega))-f(\omega,s,X_t(\omega))| + |f(\omega,s,X_t(\omega) - f(\omega,t+,X_t(\omega))|$$

le premier terme est majoré par $K|X_{s-}(\omega)-X_t(\omega)|$, il tend vers 0 lorsque $s\downarrow\downarrow t$. Le second tend vers 0 aussi par définition de $f(\omega,t+,x)$.

Une dernière remarque avant la démonstration du théorème. L'exemple le plus simple d'équation différentielle du type (3) - et le seul qui ait vraiment été appliqué jusqu'à maintenant - est celui de l'exponentielle, où $f(\omega,s,x)=x$. Le théorème recouvre donc l'ancien théorème d'existence et d'unicité de l'exponentielle (mais il n'en donne pas la forme explicite) .

DEMONSTRATION DU THEOREME : PREMIERE ETAPE

Nous nous ramenons à une classe plus simple de semimartingales M .

LEMME 2. Supposons que pour tout K il existe un a>0 tel que l'existence et l'unicité aient lieu sous l'hypothèse supplémentaire suivante

Les sauts de la semimartingale M sont $\leqq$ a .

Alors l'existence et l'unicité ont lieu sans restriction.

Le point important est ici le fait que a a le droit de dépendre de la constante de Lipschitz K de f .

DEMONSTRATION. Soient $T_1,\ldots,T_n,\ldots$ les instants successifs auxquels ont lieu les sauts de M d'amplitude >a . Considérons la surmartingale

$$M_t^1 = M_t I_{\{t<T_1\}} + M_{T_1-} I_{\{t\geqq T_1\}}$$

dont les sauts sont $\leqq$ a. Considérons aussi le processus càdlàg. adapté $H_t^1 = H_t I_{\{t<T_1\}} + H_{T_1-} I_{\{t\geqq T_1\}}$. Alors le processus (X_t) satisfait à (3) sur l'intervalle $[0,T_1[$ si et seulement si le processus $X_t^1 = X_t I_{\{t<T_1\}}+$

$+ X_{T_1-}I_{\{t\geqq T_1\}}$ satisfait à l'équation

$$X_t^1 = H_t^1 + \int_0^t f(.,s,X_{s-}^1)dM_s^1 \qquad \text{sur } [0,\infty[$$

qui admet par hypothèse une solution et une seule. D'autre part, si (X_t) est solution de (3) sur $[0,T_1[$, nous savons aussitôt (et de manière unique) la prolonger en une solution sur $[0,T_1]$, car (3) nous donne

$$\Delta X_{T_1} = \Delta H_{T_1} + f(.,T_1, X_{T_1-})\Delta M_{T_1}$$

d'où l'existence et l'unicité de la solution de (3) sur $[0,T_1]$. On déplace alors l'origine en T_1 et on recommence sur $[T_1,T_2]$, etc.

LEMME 3. Supposons que pour tout K il existe un $b>0$ tel que l'existence et l'unicité aient lieu pour toute f de rapport K, tout H, et toute M de la forme N+A, où

- N est une martingale de carré intégrable nulle en 0, et $[N,N]_\infty \leqq b$,
- A est à variation finie prévisible nul en 0, et $\int_0^\infty |dA_s| \leqq b$

Alors l'existence et l'unicité ont lieu sans restriction.

DEMONSTRATION. Nous pouvons supposer que $b\leqq 1$. Nous allons établir l'existence et l'unicité pour toute semimartingale M dont les sauts sont majorés par $a=b/4$, nulle en 0, et nous appliquerons alors le lemme 2.

La démonstration repose sur la même idée que celle du lemme 2 : l'existence et l'unicité sont des propriétés "locales" (et il suffit même de considérer des intervalles de la forme [[). Une semimartingale M à sauts majorés par b/4 , nulle en 0, est spéciale, et admet donc une décomposition de la forme M=N+A, où N est une martingale locale, A un processus à variation finie prévisible, nuls en 0 tous deux. Les sauts de M étant majorés par b/4, on vérifie sans peine[1] que les sauts de N et A sont majorés par b/2.

Définissons des temps d'arrêt T_n par récurrence : $T_0=0$, puis

$$T_n = \inf \{ t>T_{n-1} , [N,N]_t-[N,N]_{T_{n-1}} \geqq b/2 \text{ ou } \int_{T_{n-1}}^t |dA_s| \geqq b/2 \}$$

Comme les sauts de [N,N] valent au plus $(b/2)^2 \leqq b/2$, ceux de A au plus b/2, on a aussi

1. Pour démontrer cela, on se ramène par arrêt au cas où N est uniformément intégrable, M bornée. En un temps T totalement inaccessible, on a $\Delta A_T=0$, $|\Delta M_T|=|\Delta N_T| \leqq b/4$. En un temps T prévisible on a $|\Delta N_T| = |\Delta M_T - E[\Delta M_T|\underline{\underline{F}}_{T-}]| \leqq b/2$, $|\Delta A_T| = |E[\Delta M_T|\underline{\underline{F}}_{T-}]| \leqq b/2$.

$$[N,N]_{T_n}-[N,N]_{T_{n-1}} \leqq b \quad , \quad \int_{T_{n-1}}^{T_n} |dA_s| \leqq b$$

Alors (X_t) est une solution de (3) sur $[0,T_1]$ si et seulement si l'on a sur $[0,\infty[$

$$X_t^1 = H_t^1 + \int_0^t f(.,s,X_{s-}^1)dM_s^1$$

où X^1,H^1,M^1 désignent les processus X,H,M arrêtés à T_1 . Comme M^1 admet une décomposition du type considéré dans l'énoncé, il y a existence et unicité de la solution de cette équation, puis l'on transporte l'origine en T_1 et l'on recommence sur $[T_1,T_2]$, etc.

Le nombre b sera choisi plus loin ($b < 1\wedge 1/3K^2$). Nous supposons désormais que M satisfait aux conditions de l'énoncé du lemme 2, et nous nous ramenons au cas où $H = 0$.

LEMME 4. Si le résultat d'existence et d'unicité est vrai lorsque H=0, il est vrai dans le cas général.

DEMONSTRATION . Le processus X est solution de (3) si et seulement si $\overline{X}$=X-H est solution de

$$(\overline{3}) \qquad \overline{X}_t = \int_0^t \overline{f}(.,s,\overline{X}_{s-})dM_s \quad \text{(sans processus càdlàg. } \overline{H} \text{)}$$

avec $\overline{f}(\omega,s,x)=f(\omega,s,x+H_s(\omega))$. Noter que la semimartingale est la même pour (3) et $(\overline{3})$, et que f et $\overline{f}$ ont la même constante de Lipschitz K, de sorte que les conditions du lemme 3 sont encore satisfaites.

REMARQUE. Si nous n'avions pas eu de H dans les lemmes précédents, nos "recollements" auraient été plus difficiles à exprimer ; si nous n'avions pas permis à f de dépendre de ω, nous n'aurions pu faire disparaître H à cette étape-ci.

Enfin, une dernière simplification

LEMME 5. Si le résultat d'existence et d'unicité est vrai lorsque (en plus des conditions précédentes) f satisfait à une condition du type

$$|f(\omega,s,0)| \leqq c ,$$

alors il est vrai dans le cas général .

DEMONSTRATION. Introduisons les temps d'arrêt $T_n(\omega)= \inf \{t : |f(\omega,t,0)| \geqq n\}$ et posons (en rappelant que $f(\omega,.,x)$ est continue à gauche)

$$f^n(\omega,s,x) = f(\omega,s,x)I_{\{0<s\leqq T_n(\omega)\}}$$
$$X_t^n(\omega) = X_{t\wedge T_n}(\omega) \ , \ M_t^n(\omega) = M_{t\wedge T_n}(\omega)$$

Alors X satisfait à (3) si et seulement si l'on a pour tout n

$$X_t^n = \int_0^t f^n(.,s,X_{s-}^n)dM_s^n$$

Comme $f^n(\omega,s,0)$ est bornée par n, ces équations ont une solution et une seule.

Récapitulons donc :

- f satisfait aux conditions L_1,L_2,L_3 , et $|f(\omega,s,0)|\leq c$
- $M=N+A$, $[N,N]_\infty \leq b$, $\int_0^\infty |dA_s| \leq b$, avec $b < 1\wedge \frac{1}{3}K^2$, ce qui entraîne

(4) $$h = K(2\sqrt{b} + b) < 1$$

DEUXIEME PARTIE : APPROXIMATIONS SUCCESSIVES

Soit $\underline{\underline{H}}$ l'ensemble de tous les processus càdlàg. adaptés X tels que $X^* = \sup_t|X_t|$ appartienne à L^2, et que $X_0=0$, avec la norme $[\![X]\!] = \|X^*\|_2$. Nous allons résoudre l'équation (3) dans $\underline{\underline{H}}$. Etant donné $X\in\underline{\underline{H}}$, nous posons

(5) $$(WX)_t = \int_0^t f(.,s,X_{s-})dM_s$$

et nous montrons que l'opérateur non linéaire W satisfait à

(6) $$X\in\underline{\underline{H}} \Rightarrow WX\in\underline{\underline{H}}$$
$$X\in\underline{\underline{H}},Y\in\underline{\underline{H}} \Rightarrow [\![WX-WY]\!] \leq h[\![X-Y]\!]$$

Comme h<1 d'après (4), il est bien connu qu'alors l'équation WX=X admet une solution et une seule dans $\underline{\underline{H}}$.

Il nous suffit en fait de prouver la seconde propriété. En effet, la première s'en déduit en prenant Y=0, et en remarquant que

$$W0_t = \int_0^t f(.,s,0)dN_s + \int_0^t f(.,s,0)dA_s$$

Le premier terme est une martingale locale L_t, et l'on a

$$[L,L]_\infty = \int_0^\infty f^2(\omega,s,0)d[N,N]_s \leq c^2 b \quad (|f(\omega,s,0)|\leq c,\ [N,N]_\infty \leq b\ )$$

donc $\|L^*\|_2^2 \leq 4c^2b$ (inégalité de DOOB). Le second terme est un processus B à variation finie, et l'on a

$$B^* \leq \int_0^\infty |dB_s| = \int_0^\infty |f(.,s,0)||dA_s| \leq cb$$

donc aussi $\|B^*\|_2 \leq cb$. On conclut en remarquant que $(W0)^* \leq L^*+B^*$.

Passons donc à la seconde relation. Nous avons

$$WX_t-WY_t = \int_0^t (f(.,s,X_{s-})-f(.,s,Y_{s-}))dN_s+\int_0^t (f(.,s,X_{s-})-f(.,s,Y_{s-}))dA_s$$

Posons Z=X-Y. Le premier terme est à nouveau une martingale locale L, et on a

$$[L,L]_\infty = \int_0^\infty (\ \ )^2 d[N,N]_s \leq \int_0^\infty K^2 Z_s^2 d[N,N]_s \leq K^2bZ^*$$

donc (inégalité de DOOB)

$$\|L^*\|_2 \leqq 2(E[[L,L]_\infty])^{1/2} \leqq 2K\sqrt{b}\ \|Z\|$$

Le second terme est un processus B à variation finie, et l'on a comme ci-dessus

$$B^* \leqq \int_0^\infty K|Z_s||dA_s| \leqq KbZ^* \text{ , donc B } \|B^*\|_2 \leqq Kb\|Z\|$$

d'où finalement

$$\|WX-WY\| \leqq K\|Z\|(2\sqrt{b} + b) \leqq h\|Z\|$$

ce qui achève de prouver (6).

Nous avons l'existence et l'unicité dans $\underline{\underline{H}}$. Mais peut il exister une solution X n'appartenant pas à $\underline{\underline{H}}$? Nous avons $X_0=0$

(7) $$X_t = \int_0^t f(.,s,X_{s-})dM_s$$

Soit $T = \inf\{ t : |X_t| \geqq m \}$. On a $|X_s| \leqq m$ sur $[0,T[$, et d'autre part $|X_T| \leqq |X_{T-}| + |f(.,T,X_{T-})||\Delta M_T|$. Or $|X_{T-}| \leqq m$, $|f(.,T,X_{T-})| \leqq |f(.,T,0)| + K|X_{T-}| \leqq c+mK$, enfin $|\Delta M_T| \leqq |\Delta A_T| + |\Delta N_T| \leqq b+\sqrt{b}$, d'où l'on déduit que le processus arrêté X^T est borné, donc appartient à $\underline{\underline{H}}$. Comme il est solution de l'équation

(8) $$Y_t = \int_0^t f(.,s,Y_{s-})dM_s^T$$

et comme M^T satisfait aux mêmes hypothèses que M, X^T est l'<u>unique</u> solution de l'équation (8) qui appartient à $\underline{\underline{H}}$. Mais alors X est uniquement déterminé jusqu'à l'instant T, et en particulier coïncide jusqu'à l'instant T avec la solution de (7) qui appartient à $\underline{\underline{H}}$, et dont l'existence a été établie plus haut. On conclut en faisant tendre m et T vers $+\infty$.

BIBLIOGRAPHIE

[1] C. DOLEANS-DADE. Existence and unicity of solutions of stochastic differential equations. Z für W-theorie, 1976, tome 36, p. 93-102.

[2] N. KAZAMAKI. On a stochastic integral equation with respect to a weak martingale. Tohoku M.J., 26, 1974, p. 53-63

[3] N. KAZAMAKI. Note on a stochastic integral equation. Sém. de Prob.VI, 1972 , p.105-108 . Lecture Notes n°258.

[4] Ph.E. PROTTER. On the existence, uniqueness, convergence, and explosions of solutions of systems of stochastic integral equations. à paraître dans les Ann. Prob.. PROTTER vient de nous communiquer un autre travail, Right continuous solutions of stochastic integral equations (à paraître dans le J. of Multivariate Analysis), qui contient un résultat très proche de celui qui est exposé ici.

Université de Strasbourg
Séminaire de Probabilités

EQUATIONS DIFFERENTIELLES LIPSCHITZIENNES
ETUDE DE LA STABILITE

par M. EMERY

Cet exposé est consacré à l'étude de la stabilité de la solution de l'équation différentielle stochastique de Doléans-Dade et Protter

$$X_t = H_t + \int_0^t [F(X)]_{s-} \, dM_s$$

lorsqu'on perturbe simultanément les trois paramètres H, F et M. Les méthodes sont celles employées par Doléans-Dade et Protter pour résoudre l'équation; les résultats seront énoncés relativement à la topologie de la convergence compacte en probabilité et à la topologie des semimartingales étudiée dans l'exposé [3]. Pour éviter de renvoyer le lecteur à Protter [12], qui fait lui-même référence à l'article parfois obscur [4], nous reprendrons le sujet à son début; nous redémontrerons en passant le théorème d'existence et d'unicité de Doléans-Dade et Protter.

Les notations sont celles du "Cours sur les intégrales stochastiques" de Meyer, ainsi que de l'exposé [3] "Une topologie sur l'espace des semimartingales", dont nous supposerons connus les résultats. Rappelons que les conditions sont habituelles, que le mot <u>localement</u> est pour nous relatif à des arrêts à T- et que $\underline{\underline{D}}$ désigne l'espace des processus càdlàg adaptés, muni de la topologie de la convergence compacte en probabilité, et $\underline{\underline{SM}}$ l'espace des semimartingales, muni de la topologie introduite dans [3]. Toutefois, pour $Z \in \underline{\underline{D}}$, la notation Z^* désignera ici la <u>variable aléatoire</u> finie ou non $\sup_t |Z_t|$ (et non un processus croissant).

DEFINITION. <u>Soit</u> $a > 0$. <u>On appelle</u> Lip(a) <u>l'ensemble des applications</u> F <u>de</u> $\underline{\underline{D}}$ <u>dans</u> $\underline{\underline{D}}$, <u>non nécessairement linéaires</u>, <u>mais</u>

1) non anticipantes: pour tout temps d'arrêt T, et pour tous X et Y de $\mathbf{D}$ tels que $X^{T-} = Y^{T-}$, on a $(FX)^{T-} = (FY)^{T-}$;

2) a-lipschitziennes: $(FX-FY)^* \leq a\,(X-Y)^*$.

Par exemple, si $f(\omega,t,x)$ est une application de $\Omega\times\mathbb{R}_+\times\mathbb{R}$ dans $\mathbb{R}$

$\mathbf{F}_t$-mesurable en ω pour t et x fixés,

càdlàg en t pour ω et x fixés,

et a-lipschitzienne en x pour ω et t fixés,

la fonctionnelle F donnée par $FX_t(\omega) = f(\omega,t,X_t(\omega))$ est dans Lip(a) (voir [1], [2]). Mais, plus généralement, F peut faire intervenir tout le passé de X avant t.

Si F est dans Lip(a), on n'a pas nécessairement $(FX)^{T-} = F(X^{T-})$; on conviendra des notations $FX_- = (FX)_-$, $FX^{T-} = (FX)^{T-}$, etc ...

Voici les énoncés que nous avons en vue:

THEOREME 0. Soit $a>0$.

a) Pour $H\in\mathbf{D}$, $F\in \mathrm{Lip}(a)$, $M\in\mathbf{SM}$, il existe un et un seul $X\in\mathbf{D}$ tel que

$$X = H + FX_-\cdot M ;$$

si de plus $H\in\mathbf{SM}$, $X\in\mathbf{SM}$.

b) Les deux applications ainsi définies de $\mathbf{D}\times\mathrm{Lip}(a)\times\mathbf{SM}$ dans $\mathbf{D}$ et de $\mathbf{SM}\times\mathrm{Lip}(a)\times\mathbf{SM}$ dans $\mathbf{SM}$ sont continues.

THEOREME 0'. Les résultats du théorème 0 restent vrais lorsqu'on y remplace la constante de Lipschitz a par une variable aléatoire $\mathbf{F}$-mesurable p.s. finie.

Dans le b), la topologie dont est muni Lip(a) est la topologie de la convergence simple associée à la topologie de $\mathbf{D}$.

Avant d'attaquer les démonstrations, rendons à César ce qui est à César. Lorsque FX est du type $f(\omega,t,X_t(\omega))$, le a) est dû à Doléans-Dade ([1],[2]) et à Protter ([10],[11]) — chez Protter, H ne dépend pas de t ni f de ω — . C'est Meyer qui a remarqué que l'hypothèse plus faible $F\in\mathrm{Lip}(a)$ est suffisante; une méthode différente est employée par Métivier et Pellaumail ([6]). Pour le b), le cas continu a été abordé par Protter ([10]), le cas où M est fixe a été étudié dans [4]; Protter, dans [11], a obtenu, en perturbant M, le résultat de stabilité localement dans $\underline{\underline{H}}^p$; c'est lui qui a observé que la solution est stable en tant que semimartingale. La généralisation de l'existence et de l'unicité au cas où la constante de Lipschitz dépend de ω se fait, selon une idée de Lenglart ([5]), à l'aide d'un théorème de Jacod et Meyer([9]).

Tout ce que nous ferons subir à l'équation de Doléans-Dade et Protter reste vrai pour des systèmes d'équations

$$X^j = H^j + \sum_{i=1}^{m} (F^{ij}X^i)_- \cdot M^i , \quad 1 \leq j \leq n \ ;$$

ceci peut se voir par exemple à l'aide du formalisme des matrices carrées développé dans [4].

LE LEMME FONDAMENTAL

Rappelons tout d'abord quelques inégalités, relatives aux espaces $\underline{\underline{S}}^2$, $\underline{\underline{H}}^2$, $\underline{\underline{S}}^\infty$ et $\underline{\underline{H}}^\infty$ définis dans [7], d'utilisation constante dans la suite: Pour X et Y dans $\underline{\underline{D}}$, M dans $\underline{\underline{SM}}$, F dans Lip(a) et T dans $\underline{\underline{T}}$,

(1) $\|M\|_{\underline{\underline{S}}^2} \leq 3 \|M\|_{\underline{\underline{H}}^2}$ (inégalité de Doob) ;

(2) $\|X_- \cdot M\|_{\underline{\underline{H}}^2} \leq \|X\|_{\underline{\underline{S}}^\infty} \|M\|_{\underline{\underline{H}}^2}$;

(3) $\|X_- \cdot M\|_{\underline{\underline{H}}^2} \leq \|X\|_{\underline{\underline{S}}^2} \|M\|_{\underline{\underline{H}}^\infty}$;

(4) $\|X_- \cdot M\|_{\underline{\underline{S}}^2} \leq 3 \|X\|_{\underline{\underline{S}}^2} \|M\|_{\underline{\underline{H}}^\infty}$;

(5) $\|FX - FY\|_{\underline{\underline{S}}^2} \leq a \|X - Y\|_{\underline{\underline{S}}^2}$;

(6) $\|FX^{T-}\|_{\underline{\underline{S}}^2} \leq \|F0\|_{\underline{\underline{S}}^2} + a \|X^{T-}\|_{\underline{\underline{S}}^2}$ (ici, 0 est le processus nul).

Les quatre premières sont dans [7], (5) répète la définition de Lip(a), et la dernière résulte de (5) et de

$$\|FX^{T-}\|_{\underline{\underline{S}}^2} = \|F(X^{T-})^{T-}\|_{\underline{\underline{S}}^2} \leq \|F(X^{T-})\|_{\underline{\underline{S}}^2} .$$

LEMME 1. *Soient* $H \in \underline{\underline{S}}^2$, $F \in \mathrm{Lip}(a)$ *telle que* $F0 = 0$, et $M \in \underline{\underline{H}}^\infty$ *telle que* $\|M\|_{\underline{\underline{H}}^\infty} \leq \frac{1}{6a}$. *L'équation*

$$X = H + FX_- \cdot M$$

admet alors dans $\underline{\underline{S}}^2$ *une solution et une seule*. *Celle-ci vérifie*

$$\|X\|_{\underline{\underline{S}}^2} \leq 2 \|H\|_{\underline{\underline{S}}^2} .$$

Démonstration. L'application de $\underline{\underline{S}}^2$ dans lui-même qui à X associe $H + FX_- \cdot M$ est $\frac{1}{2}$-lipschitzienne en vertu des inégalités (4) et (5), d'où (théorème du point fixe) l'existence et l'unicité. Elle envoie 0 sur H, d'où l'estimation. ∎

Ce lemme est à l'origine de l'idée suivante, clé de la méthode de Doléans-Dade: Puisqu'on sait contrôler l'équation quand M est petite, on va découper le temps en intervalles sur lesquels M varie peu, et résoudre l'équation par petits morceaux que l'on recollera ensuite.

DEFINITION. *Soit* $\varepsilon > 0$. *On dit qu'une semimartingale* M peut être découpée en tranches plus petites que ε, *et l'on écrit* $M \in D(\varepsilon)$, *si* M *est dans* $\underline{\underline{H}}^\infty$, *et s'il existe une suite finie de temps d'arrêt* $0 = T_0 \leq T_1 \leq \dots \leq T_k$ *tels que* $M = M^{T_k -}$ *et que, pour* $1 \leq i \leq k$,

$$\| (M - M^{T_{i-1}})^{T_i -} \|_{\underline{\underline{H}}^\infty} \leq \varepsilon .$$

Remarquer que l'expression dont on prend la norme n'est autre que l'accroissement de M sur l'intervalle $]\!]T_{i-1}, T_i[\![$. Cette définition exige que les sauts de M aux instants T_i soient bornés ($M \in \underline{\underline{H}}^\infty$), mais ils peuvent être grands.

PROPOSITION 1. *Soit* M *une semimartingale*.

a) *Si* $M \in D(\varepsilon)$, *pour tout temps d'arrêt* T, $M^T \in D(\varepsilon)$ *et* $M^{T-} \in D(2\varepsilon)$.

b) *Pour tout* $\varepsilon > 0$, *il existe des temps d'arrêt* T *arbitrairement grands tels que* M^{T-} *soit dans* $D(\varepsilon)$.

Démonstration. Le a) résulte facilement des inégalités

$$\|M^T\|_{\underline{\underline{H}}^\infty} \leq \|M\|_{\underline{\underline{H}}^\infty} , \quad \|M^{T-}\|_{\underline{\underline{H}}^\infty} \leq 2 \|M\|_{\underline{\underline{H}}^\infty} .$$

Pour le b), remarquons d'abord que, si M^1 et M^2 sont deux semimartingales respectivement découpées en tranches plus petites que ε par des suites T^1_i et T^2_j de temps d'arrêt, le a) entraîne que $M^1 + M^2$ est découpée en tranches plus petites que 2ε par la suite obtenue en réordonnant les points T^1_i, T^2_j.

Décomposons M en une martingale locale N à sauts bornés par ε et un processus à variation finie A (théorème de Doléans-Dade et Yen: [8]). Il suffit de démontrer séparément la proposition pour N et A. Pour A, pas de difficulté: on définit la suite T_k par $T_0 = 0$,

$$T_{k+1} = \inf\{t \geqq T_k : \int_{]T_k,t]} |dA_s| \geqq \varepsilon \quad \text{ou} \quad \int_0^t |dA_s| \geqq k\},$$

et, pour tout k, A^{T_k-} est dans $D(\varepsilon)$. Pour N, c'est à peine plus délicat: on définit la suite T_k par $T_0 = 0$,

$$T_{k+1} = \inf\{t \geqq T_k : [N,N]_t - [N,N]_{T_k} \geqq \varepsilon^2 \quad \text{ou} \quad [N,N]_t \geqq k\} ;$$

pour tout k, N^{T_k-} est dans $\underline{\underline{H}}^\infty$. Comme la semimartingale $(N - N^{T_k})^{T_{k+1}-}$ peut être décomposée en

$$(N^{T_{k+1}} - N^{T_k}) \quad - \quad \Delta N_{T_{k+1}} I_{\{T_{k+1} > T_k\}} I_{[\![T_{k+1},\infty[\![} \quad ,$$

sa norme dans $\underline{\underline{H}}^\infty$ est majorée par

$$\| ([N,N]_{T_{k+1}} - [N,N]_{T_k})^{\frac{1}{2}} + |\Delta N_{T_{k+1}}| \|_{L^\infty}$$

$$= \| (\Delta N^2_{T_{k+1}} + [N,N]_{T_{k+1}-} - [N,N]_{T_k})^{\frac{1}{2}} + |\Delta N_{T_{k+1}}| \|_{L^\infty}$$

$$\leqq (\varepsilon^2 + \varepsilon^2)^{\frac{1}{2}} + \varepsilon .$$

Donc, pour tout k, N^{T_k-} est dans $D((1+\sqrt{2})\varepsilon)$. ▬

LEMME 2 (Lemme fondamental). <u>Soient</u> $H \in \underline{\underline{S}}^2$, $F \in \mathrm{Lip}(a)$ <u>telle que</u> $F0 = 0$, <u>et</u> $M \in D(\frac{1}{6a})$. <u>L'équation</u> $X = H + FX_- \cdot M$ <u>admet alors dans</u> $\underline{\underline{S}}^2$ <u>une solution</u> X <u>et une seule, et on a l'estimation</u> $\|X\|_{\underline{\underline{S}}^2} \leqq b \, \|H\|_{\underline{\underline{S}}^2}$, <u>où</u> b <u>ne dépend que de</u> a <u>et</u> M.

<u>Démonstration</u>. Nous noterons $m = \|M\|_{\underline{\underline{H}}^\infty}$, $h = \|H\|_{\underline{\underline{S}}^2}$, et nous supposerons que M est découpée en k tranches plus petites que $\frac{1}{6a}$ par une suite de temps d'arrêt $0 = T_0 \leqq T_1 \leqq \dots \leqq T_k$. L'idée est très simple: résoudre successivement l'équa-

tion sur les intervalles $[\![0,T_i[\![$, $[\![0,T_i]\!]$, $[\![0,T_{i+1}[\![$, en obtenant de proche en proche une estimation de la solution. Le passage de $[\![0,T_i[\![$ à $[\![0,T_i]\!]$ se fera par un calcul explicite du saut, le passage de $[\![0,T_i]\!]$ à $[\![0,T_{i+1}[\![$ à l'aide du lemme 2. Un petit détail: il ne faudra pas oublier les ω pour lesquels $T_{i+1} = T_i$.

Nous allons donc étudier successivement les équations

$$E_i: \qquad X = H^{T_i-} + FX_-\cdot M^{T_i-} \qquad (0 \leqq i \leqq k) .$$

Pour $i = 0$, pas de problème: l'équation s'écrit $X = 0$, elle admet une solution et une seule, de norme dans $\underline{\underline{S}}^2$ $x^0 = 0$. Supposons que l'équation E_i admette, dans $\underline{\underline{S}}^2$, une solution et une seule, X^i, de norme x^i. Nous allons montrer qu'il en est de même de E_{i+1} et calculer x^{i+1} en fonction de x^i. Pour simplifier les notations, nous poserons, pour tout processus U de $\underline{\underline{D}}$, $D_iU = (U - U^{T_i})^{T_{i+1}-}$.

L'équation $X = H^{T_i} + FX_-\cdot M^{T_i}$ a, dans $\underline{\underline{S}}^2$, une solution et une seule Y^i, qui vaut $X^i + (\Delta H_{T_i} + FX^i_{T_i-}\Delta M_{T_i})I_{[\![T_i,\infty[\![}$, et dont la norme y^i est majorée par $x^i + 2h + ax^i m$ (inégalité (6)). Comme toute solution X de E_{i+1} doit doit vérifier $X^{T_i} = Y^i$ sur $[\![0,T_{i+1}[\![$, le changement d'inconnue $Z = X - (Y^i)^{T_{i+1}-}$ transforme E_{i+1} en l'équation

$$Z = D_iH + F(Y^i+Z)_-\cdot D_iM .$$

Celle-ci s'écrit, en posant $G^i = F(Y^i + \cdot) - FY^i$,

$$Z = (D_iH + FY^i_-\cdot D_iM) + G^iZ_-\cdot D_iM .$$

Puisque G^i est dans Lip(a) avec $G^i 0 = 0$, et que $\|D_iM\|_{\underline{\underline{H}}^\infty} \leqq \frac{1}{6a}$, le lemme 1 permet de résoudre cette équation: Elle admet, dans $\underline{\underline{S}}^2$, une solution Z^i et une seule, de norme $z^i \leqq 2\,\| D_iH + FY^i_-\cdot D_iM \|_{\underline{\underline{S}}^2} \leqq 2(2h + 3ay^i\frac{1}{6a}) = 4h + y^i$ (inégalités (4) et (5)).

On en conclut que l'équation E_{i+1} admet, dans $\underline{\underline{S}}^2$, une solution et une seule, $X^{i+1} = Z^i + (Y^i)^{T_{i+1}-}$, de norme

$$x^{i+1} \leqq z^i + y^i \leqq 4h + 2y^i \leqq 8h + 2(1+am)x^i .$$

En itérant ceci de $i = 0$ à $k-1$, on obtient, en tenant compte de $x^0 = 0$, que E_k a, dans $\underline{\underline{S}}^2$, une solution et une seule, X^k, dont la norme vérifie

$$x^k \leq 8 \frac{(2+2am)^k - 1}{1+2am} h .$$

Il reste à remarquer que, puisque $M = M^{T_k-}$, l'équation $X = H + FX_- \cdot M$ a, dans $\underline{\underline{S}}^2$, une solution et une seule, $X = X^k + H - H^{T_k-}$; sa norme est majorée par $x^k + 2h$, d'où le lemme, avec $b = 2 + 8 \frac{(2+2am)^k - 1}{1+2am}$. ▬

EXISTENCE, UNICITE, STABILITE.

THEOREME 1 (Doléans-Dade, Protter). Soient H dans $\underline{\underline{D}}$, M dans $\underline{\underline{SM}}$, F dans Lip(a) pour un $a > 0$. L'équation $X = H + FX_- \cdot M$ admet, dans $\underline{\underline{D}}$, une solution et une seule.

Démonstration. En réécrivant l'équation sous la forme

$$X = (H + FO_- \cdot M) + GX_- \cdot M$$

on se ramène à étudier le cas où $FO = 0$.

On choisit des temps T arbitrairement grands tels que H^{T-} soit dans $\underline{\underline{S}}^2$ et M^{T-} dans $D(\frac{1}{12a})$. On peut alors résoudre dans $\underline{\underline{S}}^2$, à l'aide du lemme précédent, chacune des équations ${}^TX = H^{T-} + F({}^TX)_- \cdot M^{T-}$. Grâce à l'unicité dans $\underline{\underline{S}}^2$, les solutions sont compatibles: il existe un processus càdlàg adapté X tel que, pour chaque T, $X^{T-} = {}^TX$. Ceci fournit une solution de l'équation.

Si Y est une autre solution, il existe des temps d'arrêt S arbitrairement grands tels que $(X-Y)^{S-}$ soit borné. Les temps $R = \inf(S,T)$ sont arbitrairement grands; X^{R-} et Y^{R-} sont solutions dans $\underline{\underline{S}}^2$ de l'équation en Z $Z = H^{R-} + FZ_- \cdot M^{R-}$. Mais (proposition 1) M^{R-} est dans $D(\frac{1}{6a})$. L'unicité dans le lemme 2 donne $X^{R-} = Y^{R-}$, d'où, en fin de compte, $X = Y$. ▬

LEMME 3. Soient a et c deux réels positifs. On considère l'équation E: $X = H + FX_- \cdot M$ et la suite d'équations E_n: $X^n = H^n + F^n X^n_- \cdot M^n$. On suppose que

1) H et, pour tout n, H^n sont dans $\underline{\underline{S}}^2$ (respectivement $\underline{\underline{H}}^2$); H^n tend vers H dans $\underline{\underline{S}}^2$ (respectivement $\underline{\underline{H}}^2$);

2) F et, pour tout n, F^n sont dans Lip(a); pour tout $Z \in \underline{\underline{D}}$ et tout $n \in \mathbb{N}$, $(F^n Z)^* \leq c$; $F^n X$ tend vers FX dans $\underline{\underline{S}}^2$ (où X est la solution de E);

3) $M \in D(\frac{1}{6a})$; pour tout n, M^n est dans $\underline{\underline{H}}^2$; M^n tend vers M dans $\underline{\underline{H}}^2$.

Alors la solution X^n de l'équation E_n converge vers X dans $\underline{\underline{S}}^2$ (respectivement $\underline{\underline{H}}^2$).

Démonstration. Posons

$$K^n = (FX - F^n X)_- \cdot M + F^n X^n_- \cdot (M - M^n) \quad ,$$

$$G^n(\cdot) = F^n X - F^n(X - \cdot) \quad .$$

Les semimartingales K^n sont dans $\underline{\underline{H}}^2$ et tendent vers zéro dans $\underline{\underline{H}}^2$, puisque

$$\|K^n\|_{\underline{\underline{H}}^2} \leq \|FX - F^n X\|_{\underline{\underline{S}}^2} \|M\|_{\underline{\underline{H}}^\infty} + \|F^n X^n\|_{\underline{\underline{S}}^\infty} \|M - M^n\|_{\underline{\underline{H}}^2}$$

(inégalités (3) et (2)) et que les $F^n X^n$ sont uniformément bornés. D'autre part, pour tout n, G^n est dans Lip(a) et nul en 0.

L'identité

$$X - X^n = H - H^n + (FX - F^n X)_- \cdot M + (F^n X - F^n X^n)_- \cdot M + F^n X^n_- \cdot (M - M^n)$$

montre que $X - X^n$ est la solution de l'équation E', où Z est l'inconnue:

$$Z = (H - H^n + K^n) + G^n Z_- \cdot M \quad ;$$

le lemme fondamental entraîne donc $\|X - X^n\|_{\underline{\underline{S}}^2} \leq b \, \|H - H^n + K^n\|_{\underline{\underline{S}}^2}$, où b ne dépend pas de n. On en déduit que, si H^n tend vers H dans $\underline{\underline{S}}^2$, X^n tend vers X dans $\underline{\underline{S}}^2$, et la première assertion du lemme est établie.

Si, en outre, H et les H^n sont dans $\underline{\underline{H}}^2$, X et les X^n sont des semimartingales; FX et les $F^n X^n$ étant bornés et M et les M^n étant dans $\underline{\underline{H}}^2$, X et les X^n sont dans $\underline{\underline{H}}^2$. Dans le cas où H^n tend vers H dans $\underline{\underline{H}}^2$, l'équation E' entraîne

$$\|X - X^n\|_{\underline{\underline{H}}^2} \leq \|H - H^n\|_{\underline{\underline{H}}^2} + \|K^n\|_{\underline{\underline{H}}^2} + a \, \|X - X^n\|_{\underline{\underline{S}}^2} \|M\|_{\underline{\underline{H}}^\infty}$$

(inégalités (3) et (5) avec $G^n 0 = 0$), et l'on voit que X^n tend vers X non seulement dans $\underline{\underline{S}}^2$, mais aussi dans $\underline{\underline{H}}^2$. ■

THEOREME 2. Soit $a > 0$. On considère l'équation E: $X = H + FX_- \cdot M$ et la suite d'équations E_n: $X^n = H^n + F^n X^n_- \cdot M^n$, où H et les H^n sont dans $\underline{\underline{D}}$ (respectivement dans $\underline{\underline{SM}}$), F et les F^n dans Lip(a) et M et les M^n dans $\underline{\underline{SM}}$.

<u>On suppose que</u> H^n <u>tend vers</u> H <u>dans</u> $\underline{\underline{D}}$ (<u>respectivement</u> $\underline{\underline{SM}}$), <u>que</u> F^nX <u>tend vers</u> FX <u>dans</u> $\underline{\underline{D}}$ <u>et que</u> M^n <u>tend vers</u> M <u>dans</u> $\underline{\underline{SM}}$.

<u>Alors</u> X^n <u>tend vers</u> X <u>dans</u> $\underline{\underline{D}}$ (<u>respectivement</u> $\underline{\underline{SM}}$).

Les théorèmes 1 et 2 donnent un résultat un peu plus fin que le théorème 0 annoncé au début: on n'exige pas que F^nZ tende vers FZ pour tout $Z\in\underline{\underline{D}}$, mais seulement pour la solution X de l'équation E (cette amélioration est due à Meyer).

<u>Démonstration</u>. La règle du jeu est simple: compte tenu de la proposition 1 et du théorème 2 de [3], il s'agit, par arrêt à T- et par extraction d'une sous-suite, de se ramener au cas où les hypothèses du lemme 3 sont réalisées; par identification de la limite le théorème sera alors établi. Nous utiliserons les opérateurs de troncation $B^x\in \mathrm{Lip}(1)$ définis pour $x\geq 0$ par

$B^xX = \inf[x, \sup(-x,X)]$.

Par arrêt, on peut se ramener au cas où $|FX|$ est borné par un réel c, H et H^n sont dans $\underline{\underline{S}}^2$ (respectivement $\underline{\underline{H}}^2$), M est dans $D(\frac{1}{12a})$ et M^n tend vers M dans $\underline{\underline{H}}^2$. On considère la nouvelle équation

$$Y^n = H^n + B^{a+c+1}F^nY^n_-\cdot M^n \quad ;$$

grâce au lemme 3, Y^n tend vers X dans $\underline{\underline{S}}^2$ (respectivement $\underline{\underline{H}}^2$). Par extraction d'une sous-suite, on se ramène maintenant au cas où $(Y^n-X)^*$ et $(F^nX-FX)^*$ tendent vers zéro p.s. Posons

$$T_k = \inf\{\, t\geq 0\colon \exists m\geq k\ |Y^m_t - X_t| + |F^mX_t - FX_t| \geq 1\,\} \quad .$$

Les T_k forment une suite croissante de temps d'arrêt telle que $P\{T_k=\infty\}\to 1$. Par arrêt à T_k-, on peut supposer que, pour n assez grand $(n\geq k)$, $(Y^n-X)^*$ et $(F^nX-FX)^*$ sont bornés par 1. (Toutes les autres propriétés ci-dessus restent vraies, à ceci près que M n'est plus nécessairement dans $D(\frac{1}{12a})$ mais dans $D(\frac{1}{6a})$; l'emploi du lemme 3 est encore justifié.) Nous écrivons maintenant

$$\begin{aligned}|F^nY^n| &\leq |F^nY^n - F^nX| + |F^nX-FX| + |FX|\\ &\leq a\,(Y^n-X)^* + (F^nX-FX)^* + (FX)^* \leq a+1+c \quad .\end{aligned}$$

Donc $B^{a+c+1}F^nY^n = F^nY^n$, et Y^n est la solution de $Y^n = H^n + F^nY^n_-\cdot M^n$; d'où, toujours pour n assez grand, $Y^n = X^n$, ce qui permet de conclure. ▬

COROLLAIRE. <u>L'exponentiation de Doléans-Dade, qui à</u> $M \in \underline{\underline{SM}}$ <u>fait correspondre la solution de l'équation</u> $X_t = 1 + M_0 + \int_{]0,t]} X_{s-}\, dM_s$, <u>est continue de</u> $\underline{\underline{SM}}$ <u>dans</u> $\underline{\underline{SM}}$.

RESOLUTION APPROCHEE

Dans [4] figure un résultat de résolution approchée de l'équation de Doléans-Dade et Protter par la méthode des différences finies. Nous allons nous intéresser à la méthode des itérations successives, et généraliser un résultat qui n'est donné dans [4] que dans le cas particulier de l'équation exponentielle.

THEOREME 3. <u>On considère l'équation</u> $X = H + FX_- \cdot M$, <u>où</u> H <u>est dans</u> $\underline{\underline{D}}$, F <u>dans</u> Lip(a) <u>et</u> M <u>dans</u> $\underline{\underline{SM}}$. <u>Pour tout</u> $Y^0 \in \underline{\underline{D}}$, <u>la suite</u> (Y^n) <u>de processus de</u> $\underline{\underline{D}}$ <u>définie par la relation</u> $Y^{n+1} = H + FY^n_- \cdot M$ <u>converge dans</u> $\underline{\underline{D}}$ <u>vers la solution</u> X <u>de l'équation</u>. <u>Plus précisément</u>, $X - Y^n$ <u>tend vers</u> 0 <u>dans</u> $\underline{\underline{SM}}$.

Le théorème 3 justifie la définition de la topologie de $\underline{\underline{SM}}$: il fournit des suites pour lesquelles $\underline{\underline{SM}}$ est un cadre naturel de convergence.

<u>Démonstration</u>. Par arrêt, on se ramène au cas où Y^0 est borné, où M est découpée en tranches plus petites que $\alpha = \frac{1}{10a}$ par une suite de temps d'arrêt $0 = T_0 \leq \dots \leq T_k$, et où $H = H^{T_k -}$. Posons $m = \sup(\|M\|_{\underline{\underline{H}}^\infty}, 3\alpha)$.

Les processus $V^n = X - Y^n$ vérifient l'équation

$$V^n = (Y^{n+1} - Y^n) + G^n V^n_- \cdot M ,$$

où $G^n \in \mathrm{Lip}(a)$ est la fonctionnelle $F(\cdot + Y^n) - FY^n$. Le lemme fondamental donne $\|V^n\|_{\underline{\underline{S}}^2} \leq b\, \|Y^{n+1} - Y^n\|_{\underline{\underline{S}}^2}$, où b ne dépend pas de n. Nous allons établir que $Y^{n+1} - Y^n$ tend vers zéro dans $\underline{\underline{S}}^2$. La première partie du théorème en découlera, et la seconde résultera de

$$\|Y^{n+1} - X\|_{\underline{\underline{H}}^2} = \|(FY^n - FX)_- \cdot M\|_{\underline{\underline{H}}^2} \leq a\, \|Y^n - X\|_{\underline{\underline{S}}^2} \|M\|_{\underline{\underline{H}}^\infty} .$$

Soit donc Z^n le processus $Y^{n+1} - Y^n$; posons $z^n_i = \|(Z^n)^{T_i -}\|_{\underline{\underline{S}}^2}$ et, pour tout $U \in \underline{\underline{D}}$, $D_i U = (U - U^{T_i})^{T_{i+1}-}$. On a

$$z_{i+1}^{n+1} \leq z_i^{n+1} + \|\Delta Z_{T_i}^{n+1}\|_{L^2} + \|D_i Z^{n+1}\|_{\underline{\underline{S}}^2} \quad .$$

Mais les Z^n vérifient la relation de récurrence $Z^{n+1} = G^n Z^n_- \cdot M$, d'où

$$\Delta Z_{T_i}^{n+1} = G^n Z^n_{T_i -} \Delta M_{T_i} \quad ; \quad D_i Z^{n+1} = G^n Z^n_- \cdot D_i M \quad .$$

Les inégalités (6) et (4) permettent d'établir la relation de récurrence

$$z_{i+1}^{n+1} \leq z_i^{n+1} + a\, z_i^n\, m + 3\, a\, z_{i+1}^n\, \alpha \quad .$$

Pour terminer la démonstration, nous allons montrer que cette relation implique la convergence vers zéro de z_k^n ($= \|Z^n\|_{\underline{\underline{S}}^2}$) quand n tend vers l'infini. Posons $p = am$, $q = 3a\alpha = \frac{3}{10} \leq p$ (définition de m), $v_i^n = 3^{n+2i}\, p^i\, q^{n-i}$. Avec ces notations, la suite double v_i^n satisfait une relation de récurrence analogue à celle vérifiée par z_i^n, mais dans l'autre sens:

$$v_i^{n+1} + pv_i^n + qv_{i+1}^n = (3q+p+9p)v_i^n < 27pv_i^n = v_{i+1}^{n+1} \quad .$$

Soit alors c un réel tel que, pour tout i de 0 à k, on ait $z_i^0 \leq cv_i^0$. Comme z_0^n est nul, la relation $z_i^n \leq cv_i^n$ a lieu pour tous les couples (n,i) tels que n = 0 ou i = 0. D'autre part, si elle a lieu pour (n,i), (n,i+1) et (n+1,i),

$$z_{i+1}^{n+1} \leq z_i^{n+1} + pz_i^n + qz_{i+1}^n \leq c(v_i^{n+1} + pv_i^n + qv_{i+1}^n) \leq cv_{i+1}^{n+1} \quad ,$$

et elle a lieu pour le couple (n+1,i+1). Elle a donc lieu pour tous les couples (n,i) tels que $0 \leq i \leq k$ et en particulier pour les couples (n,k):

$$z_k^n \leq c\, 3^{n+2k}\, (am)^k\, (3/10)^{n-k} = c\, (30am)^k\, (9/10)^n \quad ,$$

et z_k^n tend vers zéro lorsque n tend vers l'infini. ▬

CAS OU LA CONSTANTE DE LIPSCHITZ a DEPEND DE ω

La définition de Lip(a) peut être généralisée en y remplaçant la constante a par une variable aléatoire:

THEOREMES 1', 2', 3'. Les théorèmes 1, 2 et 3 restent vrais lorsque l'on y substitue au réel a une variable aléatoire $a(\omega)$ $\underline{\underline{F}}$-mesurable finie p.s.

Démonstration. On emploie la méthode de localisation de Lenglart ([5]). Rappelons que si (Ω_k) est une suite d'événements non négligeables de $\underline{\underline{F}}$ de réunion Ω, en appelant P_k la probabilité P conditionnée par l'événement Ω_k,

1) tout processus $M \in \underline{\underline{D}}$ qui est une semimartingale pour chaque P_k est une semimartingale pour P (théorème de Jacod et Meyer, [9]);

2) si une suite (M^n) de semimartingales tend vers une même limite M dans tous les espaces $\underline{\underline{SM}}(P_k)$ simultanément, la convergence a aussi lieu dans $\underline{\underline{SM}}(P)$ (proposition 7 de [3]).

En appliquant ceci à $\Omega_k = \{\omega\colon a(\omega) \leq k\}$ (non négligeable pour k assez grand), et en utilisant le fait ([5]) que les intégrales stochastiques conservent la même valeur lorsqu'on les calcule pour P_k, les théorèmes 1', 2' et 3' se déduisent immédiatement des théorèmes 1, 2 et 3. ■

REFERENCES

[1] C. DOLEANS-DADE. On the existence and unicity of solitions of stochastic integral equations. Z. Wahrscheinlichkeitstheorie 36, 93-101, 1976.

[2] C. DOLEANS-DADE et P.A. MEYER. Equations différentielles stochastiques. Séminaire de Probabilités XI, p. 581.

[3] M. EMERY. Une topologie sur l'espace des semimartingales. Dans ce volume.

[4] M. EMERY. Stabilité des solutions des équations différentielles stochastiques; application aux intégrales multiplicatives. Z. Wahrscheinlichkeitstheorie 41, 241-262, 1978.

[5] E. LENGLART. Sur la localisation des intégrales stochastiques. Séminaire de Probabilités XII, p. 53.

[6] M. METIVIER et J. PELLAUMAIL. On a stopped Doob's inequality and general stochastic equations. Rapport interne N° 28, Ecole Polytechnique de Paris, Fevrier 1978.

[7] P.A. MEYER. Inégalités de normes pour les intégrales stochastiques. Séminaire de Probabilités XII, p. 757.

[8] P.A. MEYER. Le théorème fondamental sur les martingales locales. Séminaire de Probabilités XI, p. 463.

[9] P.A. MEYER. Sur un théorème de C. Stricker.
Séminaire de Probabilités XI, p. 482.

[10] Ph. PROTTER. On the existence, uniqueness, convergence and explosions of solutions of systems of stochastic integral equations.
Ann. of Prob. 5, 243-261, 1977.

[11] Ph. PROTTER. Right-continuous solutions of systems of stochastic integral equations. J. Multivariate Analysis 7, 204-214, 1977.

[12] Ph. PROTTER. $\underline{\underline{H}}^p$-Stability of solutions of stochastic differential equations.
Z. Wahrscheinlichkeitstheorie 44, 337-352, 1978.

IRMA (L.A. au C.N.R.S.)
7 rue René Descartes
F-67084 STRASBOURG-Cedex

SUR UNE CONSTRUCTION DES SOLUTIONS D'EQUATIONS DIFFERENTIELLES STOCHASTIQUES DANS LE CAS NON-LIPSCHITZIEN

par

Toshio YAMADA

Nous consacrons cet article à l'étude du type d'équations que nous avons déjà discuté dans l'article [6]. Dans ce dernier, nous avons démontré que la solution approchée par la méthode des différences finies converge au sens de L^1 vers la solution, sous certaines conditions comprenant la condition höld erienne d'exposant $\frac{1}{2}$.

Dans cet article-ci, nous allons d'abord donner par la méthode des différences finies une construction de la solution sur un espace probabilisé donné, avec un mouvement brownien donné sur ce dernier.

Puis nous allons voir que la solution approchée converge au sens de L^2 vers la solution. La méthode essentielle que nous utiliserons dans les démonstrations est la même que dans l'article [6]. Mais les démonstrations seront simplifiées et une condition qui a été posée dans ce dernier pour des raisons très techniques n'apparaîtra plus. On connaît déjà l'existence de la solution faible d'équations différentielles stochastiques dont les coefficients sont continus par le théorème de Skorohod [3]. On connaît aussi l'existence de la solution stricte dans le cas où il y a unicité trajectorielle (voir par exemple [5]). La construction effectuée dans cet article ne fournit donc rien de nouveau au problème de l'existence des solutions.

Mais elle peut être intéressante si l'on reconnaît sa simplicité par comparaison avec la construction dans le cas général de Skorohod et si l'on remarque qu'elle est faite sur n'importe quel espace probabilisé donné avec un mouvement brownien arbitraire défini sur ce dernier.

Soit $(\Omega,\mathfrak{F},P;\mathfrak{F}_t)$ un espace probabilisé muni d'une famille croissante de tribus $\{\mathfrak{F}_t\}_{t\in[0,\infty)}$ telle que $\mathfrak{F}_s \subset \mathfrak{F}_t$ si $s<t$, $\mathfrak{F}_t \subset \mathfrak{F}$ pour chaque t.

Soient $\sigma(t,x)$ et $b(t,x)$ deux fonctions réelles continues définies sur $[0,\infty)\times R^1$. Supposons que $\sigma(t,x)$ et $b(t,x)$ satisfassent aux conditions suivantes.

(A)[(1)] Il existe une fonction continue $\rho(u)$ définie sur $[0,\infty)$ telle que

$$|\sigma(t,x)-\sigma(t,y)| \le \rho(|x-y|)\ ,\ \forall\ x,y\in R^1 .$$

On suppose que $\rho(0)=0$, que ρ est croissante et que l'on a

$$\int_{0+} \rho^{-2}(u)du = \infty . \tag{1}$$

(B) Il existe une constante $K_1>0$ telle que

$$|b(t,x)-b(t,y)| \le K_1|x-y|\ ,\ \forall\ x,y\in R^1 .$$

C'est-à-dire que $b(t,x)$ satisfait la condition lipschitzienne.

(C) Il existe une constante $K_2>0$ telle que

$$|\sigma(t,x)|+|b(t,x)| \le K_2(1+x^2)^{\frac{1}{2}} .$$

Nous allons considérer l'équation différentielle stochastique du type d'Ito

$$x(t) = x(0) + \int_0^t \sigma(s,x(s))dB_s + \int_0^t b(s,x(s))ds . \tag{2}$$

DEFINITION. (Solution de (2)). On appelle solution de l'équation (2) un couple $(x(t),B_t)$ tel que

(i) $x(t)$ et B_t sont définis sur $(\Omega,\mathfrak{F},P;\mathfrak{F}_t)$;

(ii) $x(t)$ est un processus continu par rapport à t et $\mathfrak{F}_t$-adapté ;

---

(1) Dans l'article [6], en plus de ces conditions posées sur ρ, on suppose aussi qu'il existe une constante K_0 et un nombre $N>0$ tels que $\rho(u)\le K_0 u$, si $u\ge N$.

(iii) B_t <u>est un mouvement brownien par rapport à</u> $\mathfrak{F}_t$, $B_0 \equiv 0$, <u>c'est-à-dire que</u> B_t <u>est une martingale continue par rapport à</u> $\mathfrak{F}_t$, $E((B_t - B_s)^2/\mathfrak{F}_s) = t-s$ $(t \geq s \geq 0)$ <u>et</u> $B_0 \equiv 0$;

(iv) $(x(t),B_t)$ <u>satisfait</u>

$$x(t) = x(0) + \int_0^t \sigma(s,x(s))dB_s + \int_0^t b(s,x(s))ds .$$

<u>Remarque 1</u> : Les fonctions $\rho(u) = u^\alpha$ $(1 \geq \alpha \geq \frac{1}{2})$,

$$\rho(u) = u^{\frac{1}{2}}(\log \frac{1}{u})^{\frac{1}{2}} , \ \rho(u) = u^{\frac{1}{2}}(\log \frac{1}{u})^{\frac{1}{2}}(\log_{(2)}\frac{1}{u}) ,\ldots$$

définies dans un voisinage à droite de 0 , satisfont (1).

Maintenant, nous allons définir une solution approchée de l'équation (2) par la méthode des différences finies.

Nous fixons $T>0$. Soit $\Delta : 0 = t_0 < t_1 < \ldots < t_n = T$, une subdivision de l'intervalle $[0,T]$ et soit $\|\Delta\| = \sup_{1 \leq \nu \leq n} |t_\nu - t_{\nu-1}|$.

Nous posons $x_\Delta(0) = \alpha(\omega)$ où $\alpha(\omega)$ est $\mathfrak{F}_0$-mesurable. Pour ν , nous posons

$$x_\Delta(t_\nu) = x_\Delta(t_{\nu-1}) + \sigma(t_{\nu-1},x_\Delta(t_{\nu-1}))(B_{t_\nu} - B_{t_{\nu-1}})$$

$$+ b(t_{\nu-1},x_\Delta(t_{\nu-1}))(t_\nu - t_{\nu-1}) \quad (1 \leq \nu \leq n)$$

et pour t , $t_\mu \leq t < t_{\mu+1}$, $\mu = 0,\ldots,n-1$, nous posons

$$x_\Delta(t) = x_\Delta(t_\mu) + \sigma(t_\mu,x_\Delta(t_\mu))(B_t - B_{t_\mu})$$

$$+ b(t_\mu,x_\Delta(t_\mu))(t - t_\mu) .$$

<u>Remarque 2</u> : Soit $\eta_\Delta(t) = t_\nu$, si $t_\nu \leq t < t_{\nu-1}$, on a alors

$$x_\Delta(t) = \alpha(\omega) + \int_0^t \sigma(\eta_\Delta(s),x_\Delta(\eta_\Delta(s)))dB_s$$

$$+ \int_0^t b(\eta_\Delta(s), x_\Delta(\eta_\Delta(s)))ds \ .$$

THEOREME. Supposons que $E(\alpha^4(\omega)) < +\infty$.

(i) Soient $(x_\Delta(t), B_t)$, $(x_{\Delta'}(t), B_t)$ deux solutions approchées construites à partir du même mouvement brownien B_t . Supposons que $x_\Delta(0) = x_{\Delta'}(0) = \alpha(\omega)$, alors, $\lim_{\substack{\|\Delta\| \to 0 \\ \|\Delta'\| \to 0}} E[\sup_{0 \le t \le T} |x_\Delta(t) - x_{\Delta'}(t)|^2] = 0$, pour $T < +\infty$.

(ii) On peut construire la solution $(x(t), B_t)$ de l'équation (2) , $x(t) = \alpha(\omega) + \int_0^t \sigma(s, x(s))dB_s + \int_0^t b(s, x(s))ds$ où B_t est le même mouvement brownien que dans (i), comme la limite des $x_\Delta(t)$ au sens suivant :

$$\lim_{\|\Delta\| \to 0} E[\sup_{0 \le t \le T} |x_\Delta(t) - x(t)|^2] = 0 \ .$$

Pour démontrer le théorème, nous préparons quelques lemmes.

LEMME 1. Sous la condition (C), on a

$$E[x_\Delta^{2p}(t)] \le K_3(1 + E(x_\Delta^{2p}(0))) \ , \ p = 1, 2, \ldots$$

où $K_3 > 0$ est une constante indépendante de Δ , de $x_\Delta(0)$ et de t (sans supposer satisfaites les conditions (A) et (B)).

On peut voir la démonstration de ce lemme dans [2].

LEMME 2. Soit A la famille des subdivisions de $[0,T]$. Tous les ensembles suivants sont uniformément intégrables, sous les conditions (C) et $E[\alpha^4(\omega)] < +\infty$.

(i) $\{x_\Delta^p(t) \ , \ \Delta \in A \ , \ t \in [0,T]\}$; $p = 1, 2$;

(ii) $\{b(t, x_\Delta(t)) - b(\eta_\Delta(t), x_\Delta(\eta_\Delta(t)) \ ; \ \Delta \in A \ , \ t \in [0,T]\}$

(iii) $\{\{\sigma(t, x_\Delta(t)) - \sigma(\eta_\Delta(t), x_\Delta(\eta_\Delta(t)))\}^2 ; \Delta \in A \ , \ t \in [0,T]\}$

(iv) $\{\{b(\eta_\Delta(t), x_\Delta(\eta_\Delta(t))) - b(\eta_{\Delta'}(t), x_{\Delta'}(\eta_{\Delta'}(t)))\}^2 \ ; \ \Delta, \Delta' \in A \ , \ t \in [0,T]\}$

(v) $\{\{\sigma(\eta_\Delta(t), x_\Delta(\eta_\Delta(t))) - \sigma(\eta_{\Delta'}(t), x_{\Delta'}(\eta_{\Delta'}(t)))\}^2 \ ; \ \Delta, \Delta' \in A \ , \ t \in [0,T]\}$.

Démonstration : Nous allons donner la démonstration de (iii). D'après la condition (C) et le lemme 1, on a :

$$E[\{\sigma(t,x_\Delta(t)) - \sigma(\eta_\Delta(t),x_\Delta(\eta_\Delta(t))\}^4]$$

$$\leq 4E[\sigma^4(t,x_\Delta(t))] + 4E[\sigma^4(\eta_\Delta(t),x_\Delta(\eta_\Delta(t)))]$$

$$\leq 4K_2^4\{E[1+2x_\Delta^2(t)+x_\Delta^4(t)] + E[1+2x_\Delta^2(\eta_\Delta(t))+x_\Delta^4(\eta_\Delta(t))]\}$$

$$\leq 8K_2^4\{1+2K_3(1+E[\alpha^2(\omega)]) + K_3'(1+E[\alpha^4(\omega)])\} < +\infty .$$

Puisque le membre de droite ne dépend que de $E[\alpha^2(\omega)]$ et de $E[\alpha^4(\omega)]$, $E[\{\sigma(t,x_\Delta(t)) - \sigma(\eta_\Delta(t),x_\Delta(\eta_\Delta(t)))\}^2]$ est uniformément borné pour $\Delta \in A$ et $t \in [0,T]$. Alors on peut voir d'après le Théorème de La Vallée Poussin (voir par exemple Dellacherie-Meyer [4], p. 38) que l'ensemble des processus $\{\{\sigma(t,x_\Delta(t)) - \sigma(\eta_\Delta(t),x_\Delta(\eta_\Delta(t))\}^2 \ ; \ \Delta \in A \ , \ t \in [0,T]\}$ est uniformément intégrable.

On peut obtenir les résultats (i), (ii), (iv) et (v) par des méthodes semblables.

LEMME 3. Sous la condition (C), on a

$$E[|x_\Delta(t) - x_\Delta(s)|^2] \leq K_4|t-s| \ , \ t,s \in [0,T]$$

où $K_4 > 0$ est une constante indépendante de $\Delta \in A$, et de $t,s \in [0,T]$ (sans supposer satisfaites les conditions (A) et (B)).

Démonstration : Soit $s \leq t$, nous avons

$$\begin{aligned} E[|x_\Delta(t) - x_\Delta(s)|^2] &\leq 2E[(\int_s^t \sigma(\eta_\Delta(u),x_\Delta(\eta_\Delta(u)))dB_u)^2] \\ &+ 2E[(\int_s^t b(\eta_\Delta(u),x_\Delta(\eta_\Delta(u)))du)^2] \\ &\leq 2(\int_s^t E[\sigma^2(\eta_\Delta(u),x_\Delta(\eta_\Delta(u)))]du) \\ &+ 2(t-s)(\int_s^t E[b^2(\eta_\Delta(u),x_\Delta(\eta_\Delta(u)))]du) . \end{aligned}$$

D'après la condition (C), on a :

$$\leq 2\left(\int_s^t E[K_2^2(1+x_\Delta^2(\eta_\Delta(u)))]du\right)$$

$$+ 2(t-s)\left(\int_s^t E[K_2^2(1+x_\Delta^2(\eta_\Delta(u)))]du\right) .$$

D'après le lemme 1, on sait que $E(x_\Delta^2(\eta_\Delta(u))) \leq K_3(1+E[\alpha^2(\omega)])$; alors, on a :

$$\leq 2K_5(t-s) + 2K_5(t-s)^2 \leq K_4(t-s)$$

où

$$K_5 = K_2^2\{1+(K_3(1+E[\alpha^2(\omega)]))\}$$

et

$$K_4 = 2(K_5+K_5T) .$$ C.Q.F.D.

LEMME 4. Etant donné un $\varepsilon>0$, il existe $\delta>0$ tel que

(i) $E[\int_0^T |b(s,x_\Delta(s)) - b(\eta_\Delta(s),x_\Delta(\eta_\Delta(s)))|ds] < \varepsilon$

(ii) $E[\int_0^T \{\sigma(s,x_\Delta(s)) - \sigma(\eta_\Delta(s),x_\Delta(\eta_\Delta(s)))\}^2 ds] < \varepsilon$ où $\|\Delta\| < \delta$.

Démonstration : Nous allons donner seulement la démonstration de (ii). On peut obtenir (i) par la même méthode.

D'abord, nous allons démontrer par l'absurde pour chaque $s \in [0,T]$ que

(3) $$\lim_{\|\Delta\|\to 0} E\{\sigma(s,x_\Delta(s)) - \sigma(\eta_\Delta(s),x_\Delta(\eta_\Delta(s)))\}^2 = 0 .$$

Supposons qu'il y ait une suite de subdivisions Δ_n, $\|\Delta_n\|\to 0$ $(n\to\infty)$, telle que

(4) $$\lim_n E\{\sigma(s,x_{\Delta_n}(s)) - \sigma(\eta_{\Delta_n}(s),x_{\Delta_n}(\eta_{\Delta_n}(s)))\}^2 = c>0 .$$

Posons

Posons

$$\sigma_{2N}(s,x) = \begin{cases} \sigma(s,x) & \text{si } |x| < 2N \\ \sigma(s,2N) & \text{si } x \geq 2N \\ \sigma(s,-2N) & \text{si } x \leq -2N . \end{cases}$$

D'après le lemme 3, on sait que :

$$E[|x_{\Delta_n}(s) - x_{\Delta_n}(\eta_{\Delta_n}(s))|^2] \leq K_4 \|\Delta_n\| ,$$

alors, on peut choisir $\{\Delta_{n_p}\} \subset \{\Delta_n\}$ tel que :

$$|x_{\Delta_{n_p}}(s) - x_{\Delta_{n_p}}(\eta_{\Delta_{n_p}}(s))|$$

tend vers 0 (p.s.), lorsque n_p tend vers l'infini.

Nous avons

$$E[\sigma(s,x_{\Delta_{n_p}}(s) - \sigma(\eta_{\Delta_{n_p}}(s),x_{\Delta_{n_p}}(\eta_{\Delta_{n_p}}(s)))\}^2]$$

$$\leq E[\{\sigma_{2N}(s,x_{\Delta_{n_p}}(s)) - \sigma_{2N}(\eta_{\Delta_{n_p}}(s),x_{\Delta_{n_p}}(\eta_{\Delta_{n_p}}(s)))\}^2]$$

$$+ E[2\sigma^2(s,x_{\Delta_{n_p}}(s)) : |x_{\Delta_{n_p}}(s)| > N]$$

$$+ E[2\sigma^2(s,x_{\Delta_{n_p}}(s)) : |x_{\Delta_{n_p}}(s)| \leq N , |x_{\Delta_{n_p}}(\eta_{\Delta_{n_p}}(s))| > 2N]$$

$$+ E[2\sigma^2(\eta_{\Delta_{n_p}}(s),x_{\Delta_{n_p}}(\eta_{\Delta_{n_p}}(s))) : |x_{\Delta_{n_p}}(\eta_{\Delta_{n_p}}(s))| > N]$$

$$+ E[2\sigma^2(\eta_{\Delta_{n_p}}(s),x_{\Delta_{n_p}}(\eta_{\Delta_{n_p}}(s))) : |x_{\Delta_{n_p}}(\eta_{\Delta_{n_p}}(s))| \leq N , |x_{\Delta_{n_p}}(s)| > 2N] .$$

D'après le lemme 3, on a :

$$P(|x_{\Delta_{n_p}}(s) - x_{\Delta_{n_p}}(\eta_{\Delta_{n_p}}(s))| > N) \leq \frac{K_4^{\frac{1}{2}} \|\Delta_{n_p}\|^{\frac{1}{2}}}{N} .$$

Alors, d'après la condition (C), on peut obtenir que

$$E[\{\sigma(s,x_{\Delta_{n_p}}(s)) - \sigma(\eta_{\Delta_{n_p}}(s),x_{\Delta_{n_p}}(\eta_{\Delta_{n_p}}(s)))\}^2]$$

$$\leq E[\{\sigma_{2N}(s,x_{\Delta_{n_p}}(s))-\sigma_{2N}(\eta_{\Delta_{n_p}}(s),x_{\Delta_{n_p}}(\eta_{\Delta_{n_p}}(s)))\}^2]$$

$$+ E[2K_2^2(1+x^2_{\Delta_{n_p}}(s)) : |x_{\Delta_{n_p}}(s)|>N]$$

$$+ 2K_2^2(1+N^2)\frac{K_4^{\frac{1}{2}}\|\Delta n_p\|^{\frac{1}{2}}}{N}$$

$$+ E[2K_2^2(1+x^2_{\Delta_{n_p}}(\eta_{\Delta_{n_p}}(s))) : |x_{\Delta_{n_p}}(\eta_{\Delta_{n_p}}(s))|>N]$$

$$+ 2K_2^2(1+N^2)\frac{K_4^{\frac{1}{2}}\|\Delta n_p\|^{\frac{1}{2}}}{N}$$

$$= E[I_1]+E[I_2]+E[I_3]+4K_2^2(1+N^2)\frac{K_4^{\frac{1}{2}}\|\Delta n_p\|^{\frac{1}{2}}}{N}\,.$$

Donnons-nous un $\varepsilon>0$. Nous savons d'après le lemme 2 que $x^2_\Delta(t)$, $\Delta\in A$, $t\in[0,T]$ sont uniformément intégrables, alors, on peut choisir N tel que $E[I_2]+E[I_3]<\frac{\varepsilon}{3}$.

Pour N fixée, $\sigma_{2N}(s,x)$ est uniformément continu par rapport à $(s,x)\in[0,T]\times R^1$. Par ailleurs $|\eta_{\Delta_{n_p}}(s)-s|$ tend vers 0 $(p\to\infty)$ et $|x_{\Delta_{n_p}}(s)-x_{\Delta_{n_p}}(\eta_{\Delta_{n_p}}(s))|$ tend vers 0, p.s. $(p\to\infty)$. Alors, on peut choisir n_{p_1} tel que $E[I_1]<\frac{\varepsilon}{3}$ pour $n_{p_1}<n_p$.

Enfin, on peut choisir n_{p_2} tel que

$$4K_2^2(1+N^2)\frac{K_4^{\frac{1}{2}}\|\Delta n_p\|^{\frac{1}{2}}}{N}<\frac{\varepsilon}{3}\,,\ \text{pour}\ n_{p_2}<n_p\,.$$

Finalement, on a pour $n_p>\max(n_{p_1},n_{p_2})$

$$E[\{\sigma(s,x_{\Delta_{n_p}}(s)) - \sigma(\eta_{\Delta_{n_p}}(s),x_{\Delta_{n_p}}(\eta_{\Delta_{n_p}}(s)))\}^2] < \varepsilon\,.$$

Cette inégalité est contradictoire à (4). Alors, on en déduit

$$\lim_{\|\Delta\|\to 0} E[\{\sigma(s,x_\Delta(s)) - \sigma(\eta_\Delta(s),x_\Delta(\eta_\Delta(s)))\}^2] = 0\,.$$

Pour finir la démonstration, remarquons que

$$E[\{\sigma(s,x_\Delta(s))-\sigma(\eta_\Delta(s),x_\Delta(\eta_\Delta(s)))\}^2]\ ,\ s\in[0,T]$$

sont uniformémént intégrables par rapport à ds sur $[0,T]$. (Cela résulte de l'inégalité

$$\int_0^T [E\{\sigma(s,x_\Delta(s))-\sigma(\eta_\Delta(s),x_\Delta(\eta_\Delta(s)))\}^2]^2 ds$$

$$\le \int_0^T \{4K_2^2(1+K_3(1+E(\alpha^2(\omega))))\}^2 ds < +\infty .)$$

Alors, on a, d'après (3)

$$\lim_{\|\Delta\|\to 0} E(\int_0^T \{\sigma(s,x_\Delta(s))-\sigma(\eta_\Delta(s),x_\Delta(\eta_\Delta(s)))\}^2 ds) = 0 .$$

C.Q.F.D.

Nous allons utiliser la fonction $\varphi_m(u)$ que nous avons introduite pour traiter de l'unicité des solutions d'équations différentielles stochastiques (voir [5]) c'est-à-dire, soit $1=a_0>a_1>\dots>a_m>0$ une suite telle que

$$\int_{a_1}^{a_0} \rho^{-2}(u)du = 1,\dots \int_{a_m}^{a_{m-1}} \rho^{-2}(u)du = m\ ,\ a_m\to 0\ \ (m\to\infty) .$$

Soit $\varphi_m(u)$, $m=1,2,\dots$, une suite de fonctions telle que

(i) $\varphi_m(u)$ est définie sur $[0,\infty)$ et appartient à $C^2([0,\infty))$ et $\varphi_m(0)=0$

$$\text{(ii)}\ \varphi_m'(u) = \begin{cases} 0 & , 0\le u\le a_m \\ \text{entre } 0 \text{ et } 1 & , a_m<u<a_{m-1} \\ 1 & , u\ge a_{m-1} \end{cases}$$

$$\text{(iii)}\ \varphi_m''(u) = \begin{cases} 0 & , 0\le u\le a_m \\ \text{entre } 0 \text{ et } \frac{2}{m}\rho^{-2}(u) & , a_m<u<a_{m-1} \\ 0 & , u\ge a_{m-1} \end{cases}$$

Et puis nous prolongeons $\varphi_m(u)$ sur $(-\infty,\infty)$ symétriquement, c'est-à-dire, $\varphi_m(u)=\varphi_m(|u|)$. Alors, on peut voir que $\varphi_m(u)$ appartient à $C^2[(-\infty,\infty)]$

et $\varphi_m(u) \uparrow |u|$.

On peut obtenir très facilement le lemme suivant.

LEMME 5. $|u| - a_m \leq \varphi_m(u)$.

Enfin, nous pouvons passer à la démonstration du théorème.

<u>1re étape</u> : Démonstration du fait que

$$\lim_{\substack{\|\Delta\| \to 0 \\ \|\Delta'\| \to 0}} E|x_\Delta(t) - x_{\Delta'}(t)| = 0 \quad \text{pour chaque} \quad t \in [0,T] .$$

D'après le lemme 5 et la formule d'Ito, nous avons

(5) $$E|x_\Delta(t) - x_{\Delta'}(t)| - a_m \leq E[\varphi_m(x_\Delta(t) - x_{\Delta'}(t))]$$

$$= E[\varphi_m(x_\Delta(0), x_{\Delta'}(0))]$$

$$+ E[\int_0^t \varphi_m'(x_\Delta(s) - x_{\Delta'}(s))\{\sigma(\eta_\Delta(s), x_\Delta(s)) - \sigma(\eta_{\Delta'}(s), x_{\Delta'}(s))\}dB_s]$$

$$+ E[\int_0^t \varphi_m'(x_\Delta(s) - x_{\Delta'}(s))\{b(\eta_\Delta(s), x_\Delta(s)) - b(\eta_{\Delta'}(s), x_{\Delta'}(s))\}ds]$$

$$+ E[\tfrac{1}{2} \int_0^t \varphi_m''(x_\Delta(s) - x_{\Delta'}(s))\{\sigma(\eta_\Delta(s), x_\Delta(s)) - \sigma(\eta_{\Delta'}(s), x_{\Delta'}(s))\}^2 ds] .$$

Nous savons que $\varphi_m(x_\Delta(0), x_{\Delta'}(0)) = \varphi_m(\alpha(\omega), \alpha(\omega)) = 0$ et que le deuxième terme du membre de gauche de (5) est aussi 0, et nous rappelons que $|\varphi_m'(u)| \leq 1$. Donc, on a d'après (5)

(6) $$E|x_\Delta(t) - x_{\Delta'}(t)|$$

$$\leq a_m + E[\int_0^t |b(\eta_\Delta(s), x_\Delta(\eta_\Delta(s))) - b(\eta_{\Delta'}(s), x_{\Delta'}(\eta_{\Delta'}(s)))|ds]$$

$$+ E[\tfrac{1}{2} \int_0^t \varphi_m''(x_\Delta(s) - x_{\Delta'}(s))\{\sigma(\eta_\Delta(s), x_\Delta(\eta_\Delta(s))) - \sigma(\eta_{\Delta'}(s), x_{\Delta'}(\eta_{\Delta'}(s)))\}^2 ds]$$

$$= a_m + E[I^{\Delta,\Delta'}] + E[J^{\Delta,\Delta'}] .$$

Pour $E[I^{\Delta,\Delta'}]$, on a

(7) $$E[I^{\Delta,\Delta'}] \le E[\int_0^t |b(\eta_\Delta(s),x_\Delta(\eta_\Delta(s))) - b(s,x_\Delta(s))|ds]$$

$$+ E[\int_0^t |b(s,x_\Delta(s)) - b(s,x_{\Delta'}(s))|ds]$$

$$+ E[\int_0^t |b(s,x_{\Delta'}(s)) - b(\eta_{\Delta'}(s),x_{\Delta'}(\eta_{\Delta'}(s)))|ds]$$

$$= E[I_1^{\Delta,\Delta'}] + E[I_2^{\Delta,\Delta'}] + E[I_3^{\Delta,\Delta'}] .$$

Pour $E[J^{\Delta,\Delta'}]$, on a

(8) $$E[J^{\Delta,\Delta'}] \le \frac{3}{2} E[\int_0^t \|\varphi_m''\|\{\sigma(\eta_\Delta(s),x_\Delta(\eta_\Delta(s))) - \sigma(s,x_\Delta(s))\}^2 ds]$$

$$+ \frac{3}{2} E[\int_0^t \varphi_m''(x_\Delta(s) - x_{\Delta'}(s))\{\sigma(s,x_\Delta(s)) - \sigma(s,x_{\Delta'}(s))\}^2 ds]$$

$$+ \frac{3}{2} E[\int_0^t \|\varphi_m''\|\{\sigma(\eta_{\Delta'}(s),x_{\Delta'}(\eta_{\Delta'}(s))) - \sigma(s,x_{\Delta'}(s))\}^2 ds]$$

$$= E[J_1^{\Delta,\Delta'}] + E[J_2^{\Delta,\Delta'}] + E[J_3^{\Delta,\Delta'}]$$

où $\|\varphi_m''\| = \sup_u |\varphi_m''(u)|$.

D'après la condition (A) et la définition de φ_m'' , on a

(9) $$E[J_2^{\Delta,\Delta'}]$$

$$\le \frac{3}{2} E[\int_0^t \{\sup_{a_m \le |x_\Delta(s) - x_{\Delta'}(s)| \le a_{m-1}} \frac{2}{m} \rho^{-2}(x_\Delta(s) - x_{\Delta'}(s))\rho^2(x_\Delta(s) - x_{\Delta'}(s))\}ds]$$

$$\le \frac{3T}{m} .$$

Alors, on peut voir que

(10) $$E[J^{\Delta,\Delta'}] \le \frac{3T}{m} + E[J_1^{\Delta,\Delta'}] + E[J_3^{\Delta,\Delta'}] .$$

Etant donné un $\varepsilon > 0$, on peut choisir $m > 0$, tel que

(11) $$0 < a_m < \frac{\varepsilon}{6} , \frac{3T}{m} < \frac{\varepsilon}{6} .$$

Puis d'après le lemme 4, il existe $\delta>0$ tel que

$$(12)\qquad E[I_1^{\Delta,\Delta'}] < \frac{\varepsilon}{6}\ ,\ E[I_3^{\Delta,\Delta'}] < \frac{\varepsilon}{6}\ ,\ E[J_1^{\Delta,\Delta'}] < \frac{\varepsilon}{6}$$

$$E[J_3^{\Delta,\Delta'}] < \frac{\varepsilon}{6}\ .$$

Alors, d'après les relations (6) à (12), on a

$$E|x_\Delta(t) - x_{\Delta'}(t)| < \varepsilon + E[I_2^{\Delta,\Delta'}]\ .$$

D'après la condition (B), on a

$$E|x_\Delta(t) - x_{\Delta'}(t)| < \varepsilon + K_1 \int_0^t E|x_\Delta(s) - x_{\Delta'}(s)|ds\ .$$

Donc, on en déduit pour $t \in [0,T]$

$$E|x_\Delta(t) - x_{\Delta'}(t)| \le \varepsilon \sum_{n=0}^{\infty} \frac{K_1^n T^n}{n!}\ . \qquad \text{C.Q.F.D.}$$

<u>2me étape</u> : Nous allons démontrer le fait que

$$(13)\qquad \lim_{\substack{\|\Delta\|\to 0\\ \|\Delta'\|\to 0}} E[\sup_{0\le t\le T} |x_\Delta(t) - x_{\Delta'}(t)|^2] = 0\ .$$

D'abord, nous préparons le lemme suivant.

LEMME 6. <u>Etant donné un</u> $\varepsilon>0$, <u>il existe</u> $\delta>0$ <u>tel que</u>

(i) $E[\int_0^T \{\sigma(\eta_\Delta(s),x_\Delta(\eta_\Delta(s))) - \sigma(\eta_{\Delta'}(s),x_{\Delta'}(\eta_{\Delta'}(s)))\}^2 ds] < \varepsilon$

(ii) $E[\int_0^T \{b(\eta_\Delta(s),x_\Delta(\eta_\Delta(s))) - b(\eta_{\Delta'}(s),x_{\Delta'}(\eta_{\Delta'}(s)))\}^2 ds] < \varepsilon$

où $\|\Delta\|<\delta$ et $\|\Delta'\|<\delta$.

<u>Démonstration</u> : Nous allons donner suelement la démonstration de (i).

D'abord nous démontrerons par l'absurde que

$$(14)\qquad \lim_{\substack{\|\Delta\|\to 0\\ \|\Delta'\|\to 0}} E[\{\sigma(\eta_\Delta(s),x_\Delta(\eta_\Delta(s))) - \sigma(\eta_{\Delta'}(s),x_{\Delta'}(\eta_{\Delta'}(s)))\}^2] = 0\ ,$$

pour chaque $s \in [0,T]$.

Supposons qu'il y ait deux suites de subdivisions de $[0,T]$, Δ_n ; Δ'_n $n=1,2,\dots$ telles que $\|\Delta_n\| \to 0$, $\|\Delta'_n\| \to 0$ $(n\to\infty)$ et

(15) $$\lim_{n\to\infty} E[\{\sigma(\eta_{\Delta_n}(s), x_{\Delta_n}(\eta_{\Delta_n}(s))) - \sigma(\eta_{\Delta'_n}(s), x_{\Delta'_n}(\eta_{\Delta'_n}(s)))\}^2] = c > 0 .$$

Puisque

$$E[|x_{\Delta_n}(\eta_{\Delta_n}(s)) - x_{\Delta'_n}(\eta_{\Delta'_n}(s))|]$$

$$\le E[|x_{\Delta_n}(\eta_{\Delta_n}(s)) - x_{\Delta_n}(s)|] + E[|x_{\Delta_n}(s) - x_{\Delta'_n}(s)|]$$

$$+ E[|x_{\Delta'_n}(s) - x_{\Delta'_n}(\eta_{\Delta'_n}(s))|] ,$$

on a d'après le lemme 3 et le résultat de la 1re étape,

$$\lim_{n\to\infty} E[|x_{\Delta_n}(\eta_{\Delta_n}(s)) - x_{\Delta'_n}(\eta_{\Delta'_n}(s))|] = 0 .$$

Alors, on peut choisir n_p , $p=1,2,\dots$ tel que

$$\lim_{p\to\infty} |x_{\Delta_{n_p}}(\eta_{\Delta_{n_p}}(s)) - x_{\Delta'_{n_p}}(\eta_{\Delta'_{n_p}}(s))| = 0 \quad \text{p.s.}$$

Posons

$$\sigma_{2N}(s,x) = \begin{cases} \sigma(s,x) & \text{si } |x| \le 2N \\ \sigma(s,2N) & \text{si } x > 2N \\ \sigma(s,-2N) & \text{si } x < -2N . \end{cases}$$

Nous avons

$$E[\{\sigma(\eta_{\Delta_{n_p}}(s), x_{\Delta_{n_p}}(\eta_{\Delta_{n_p}}(s))) - \sigma(\eta_{\Delta'_{n_p}}(s), x_{\Delta'_{n_p}}(\eta_{\Delta'_{n_p}}(s)))\}^2]$$

$$\le E[\{\sigma_{2N}(\eta_{\Delta_{n_p}}(s), x_{\Delta_{n_p}}(\eta_{\Delta_{n_p}}(s))) - \sigma_{2N}(\eta_{\Delta'_{n_p}}(s), x_{\Delta'_{n_p}}(\eta_{\Delta'_{n_p}}(s)))\}^2]$$

$$+ E[2\sigma^2(\eta_{\Delta_{n_p}}(s), x_{\Delta_{n_p}}(\eta_{\Delta_{n_p}}(s))) : |x_{\Delta_{n_p}}(\eta_{\Delta_{n_p}}(s))| \ge N]$$

$$+ E[2\sigma^2(\eta_{\Delta_{n_p}}(s), x_{\Delta_{n_p}}(\eta_{\Delta_{n_p}}(s))) : |x_{\Delta_{n_p}}(\eta_{\Delta_{n_p}}(s))| < N , |x_{\Delta'_{n_p}}(\eta_{\Delta'_{n_p}}(s))| > 2N]$$

$$+ E[2\sigma^2(\eta_{\Delta'_{n_p}}(s), x_{\Delta'_{n_p}}(\eta_{\Delta'_{n_p}}(s))) : |x_{\Delta'_{n_p}}(\eta_{\Delta'_{n_p}}(s))| \geq N]$$

$$+ E[2\sigma^2(\eta_{\Delta'_{n_p}}(s), x_{\Delta'_{n_p}}(\eta_{\Delta'_{n_p}}(s))) : |x_{\Delta'_{n_p}}(\eta_{\Delta'_{n_p}}(s))| < N , |x_{\Delta'_{n_p}}(\eta_{\Delta_{n_p}}(s))| > 2N] .$$

D'après la condition (C) et d'après le fait que

$$P(|x_{\Delta_{n_p}}(\eta_{\Delta_{n_p}}(s)) - x_{\Delta'_{n_p}}(\eta_{\Delta'_{n_p}}(s))| \geq N)$$

$$\leq \frac{1}{N} E[|x_{\Delta_{n_p}}(\eta_{\Delta_{n_p}}(s)) - x_{\Delta'_{n_p}}(\eta_{\Delta'_{n_p}}(s))|] ,$$

on a

$$E[\{\sigma(\eta_{\Delta_{n_p}}(s), x_{\Delta_{n_p}}(\eta_{\Delta_{n_p}}(s))) - \sigma(\eta_{\Delta'_{n_p}}(s), x_{\Delta'_{n_p}}(\eta_{\Delta'_{n_p}}(s)))\}^2]$$

$$\leq E[\{\sigma_{2N}(\eta_{\Delta_{n_p}}(s), x_{\Delta_{n_p}}(\eta_{\Delta_{n_p}}(s))) - \sigma_{2N}(\eta_{\Delta'_{n_p}}(s), x_{\Delta'_{n_p}}(\eta_{\Delta'_{n_p}}(s)))\}^2]$$

$$+ 2E[K_2^2(1 + x^2_{\Delta_{n_p}}(\eta_{\Delta_{n_p}}(s))) : |x_{\Delta_{n_p}}(\eta_{\Delta_{n_p}}(s))| \geq N]$$

$$+ 2E[K_2^2(1 + x^2_{\Delta'_{n_p}}(\eta_{\Delta'_{n_p}}(s))) : |x_{\Delta'_{n_p}}(\eta_{\Delta'_{n_p}}(s))| \geq N]$$

$$+ 4K_2^2(1 + N^2) \frac{E[|x_{\Delta_{n_p}}(\eta_{\Delta_{n_p}}(s)) - x_{\Delta'_{n_p}}(\eta_{\Delta'_{n_p}}(s))|]}{N}$$

$$= E[J_1] + E[J_2] + E[J_3] + E[J_4] .$$

Fixons un $\varepsilon > 0$. Nous savons d'après le lemme 2 que $x^2_{\Delta}(t)$, $\Delta \in t$, $t \in [0,T]$ sont uniformément intégrables, alors on peut choisir N, tel que $E[J_2] + E[J_3] < \frac{\varepsilon}{3}$.

Pour N fixé, $\sigma_{2N}(s,x)$ est borné et uniformément continu par rapport à $(s,x) \in [0,T] \times R^1$. D'ailleurs, nous savons que $|\eta_{\Delta_{n_p}}(s) - \eta_{\Delta'_{n_p}}(s)|$ tend vers 0 $(p \to \infty)$ et que $|x_{\Delta_{n_p}}(\eta_{\Delta_{n_p}}(s)) - x_{\Delta_{n_p}}(\eta_{\Delta_{n_p}}(s))|$ tend vers 0 p.s. $(p \to \infty)$.

Alors, on peut choisir n_{p_1} tel que $E[J_1] < \frac{\varepsilon}{3}$ pour $n_p > n_{p_1}$. Enfin, on peut choisir n_{p_2} tel que $E[J_4] < \frac{\varepsilon}{3}$ pour $n_p > n_{p_2}$. Finalement, on a pour $n_p > \max(n_{p_1}, n_{p_2})$

$$E[\{\eta_{\Delta_{n_p}}(s), x_{\Delta_{n_p}}(\eta_{\Delta_{n_p}}(s))) - \sigma(\eta_{\Delta'_{n_p}}(s), x_{\Delta'_{n_p}}(\eta_{\Delta'_{n_p}}(s)))\}^2] < \varepsilon .$$

Cette inégalité est contradictoire à (15). Alors, on en déduit (14).

Pour finir la démonstration, on peut voir facilement d'après la condition (C) et le lemme 1 que

$$E[\{\sigma(\eta_\Delta(s), x_\Delta(\eta_\Delta(s)) - \sigma(\eta_{\Delta'}(s), x_{\Delta'}(\eta_{\Delta'}(s)))\}^2] \; ; \; \Delta, \Delta' \in A$$

sont uniformément intégrable par rapport à ds sur $[0,T]$. Alors, on a d'après (14) :

$$\lim_{\substack{\|\Delta\| \to 0 \\ \|\Delta'\| \to 0}} E[\int_0^T \{\sigma(\eta_\Delta(s), x_\Delta(\eta_\Delta(s))) - \sigma(\eta_{\Delta'}(s), x_{\Delta'}(\eta_{\Delta'}(s)))\}^2 ds] = 0 .$$

Maintenant, nous allons démontrer (13). On a d'abord

$$\begin{aligned} x_\Delta(t) - x_{\Delta'}-t) &= \int_0^t \{\sigma(\eta_\Delta(s), x_\Delta(\eta_\Delta(s))) - \sigma(\eta_{\Delta'}(s), x_{\Delta'}(\eta_{\Delta'}(s)))\} dBs \\ &+ \int_0^t \{b(\eta_\Delta(s), x_\Delta(\eta_\Delta(s))) - b(\eta_{\Delta'}(s), x_{\Delta'}(\eta_{\Delta'}(s)))\} ds \\ &= L_1(t) + L_2(t) . \end{aligned}$$

Alors,

$$|x_\Delta(t) - x_{\Delta'}(t)|^2 \le 2L_1^2(t) + 2L_2^2(t) . \tag{16}$$

Pour $L_1(t)$, d'après l'inégalité de Doob, on a

$$\begin{aligned} E(\sup_{0 \le t \le T} L_1^2(t)) &\le 4 . E[L_1^2(T)] \\ &= 4E[\int_0^T \{\sigma(\eta_\Delta(s), x_\Delta(\eta_\Delta(s))) - \sigma(\eta_{\Delta'}(s), x_{\Delta'}(\eta_{\Delta'}(s)))\}^2 ds] . \end{aligned} \tag{17}$$

Pour $L_2(t)$, on a

$$L_2^2(t) \le \left(\int_0^t |b(\eta_\Delta(s),x_\Delta(\eta_\Delta(s))) - b(\eta_{\Delta'}(s),x_{\Delta'}(\eta_{\Delta'}(s)))|ds\right)^2 .$$

D'après l'inégalité de Schwarz, on a

$$L_2^2(t) \le t.\int_0^t |b(\eta_\Delta(s),x_\Delta(\eta_\Delta(s))) - b(\eta_{\Delta'}(s),x_{\Delta'}(\eta_{\Delta'}(s)))|^2 ds .$$

Alors,

$$(18)\quad E[\sup_{0\le t\le T} L^2(t)] \le T.E[\int_0^T |b(\eta_\Delta(s),x_\Delta(\eta_\Delta(s))) - b(\eta_{\Delta'}(s),x_{\Delta'}(\eta_{\Delta'}(s)))|^2 ds] .$$

Enfin, d'après (16), (17), (18) et le lemme 6, on a

$$(13)\qquad \lim_{\substack{\|\Delta\|\to 0\\ \|\Delta'\|\to 0}} E[\sup_{0\le t\le T} |x_\Delta(t) - x_{\Delta'}(t)|^2] = 0 .$$

C.Q.F.D.

<u>3me étape</u> : Construction de la solution.

Choisissons une suite $\varepsilon_i > 0$, $i = 1,2,\dots$ telle que

$$(19)\qquad \sum_{i=1}^{\infty} 4^i \varepsilon_i < +\infty.$$

D'après le résultat (13), de la 2me étape, on peut trouver une suite de subdivisions Δ_i , $i = 1,2,\dots$ telle que

(i) $\|\Delta_i\| \to 0$ $(i \to \infty)$ et

(ii) $E[\sup_{0\le t\le T} |x_{\Delta_i}(t) - x_{\Delta_{i+1}}(t)|^2] < \varepsilon_i$: $i = 1,2,\dots$.

Puisque

$$P\{\sup_{0\le t\le T} |x_{\Delta_i}(t) - x_{\Delta_{i+1}}(t)| > \frac{1}{2^i}\} = P\{\sup_{0\le t\le T} |x_{\Delta_i}(t) - x_{\Delta_{i+1}}(t)|^2 > \frac{1}{4^i}\}$$

$$\le 4^i\, E[\sup_{0\le t\le T} |x_{\Delta_i}(t) - x_{\Delta_{i+1}}(t)|^2] < 4^i \varepsilon_i ,$$

on a d'après (19),

$$\sum_{i=1}^{\infty} P\{\sup_{0\le t\le T} |x_{\Delta_i}(t) - x_{\Delta_{i+1}}(t)| > \frac{1}{2^i}\} < \sum_{i=1}^{\infty} 4^i \varepsilon_i < +\infty .$$

Alors, d'après le lemme de Borel-Cantelli, $x_{\Delta_i}(t)$ converge uniformément sur $[0,T]$ p.s. $(i\to\infty)$. Posons $x(t) = \lim_{i\to\infty} x_{\Delta_i}(t)$, $t\in[0,T]$. On a d'abord

$$\lim_{i\to\infty} E[\sup_{0\le t\le T} |x_{\Delta_i}(t) - x(t)|^2] = 0 \tag{20}$$

et on peut voir facilement que $x(t)$ est continu par rapport à $t\in[0,T]$ et que $x(t)$ est $\mathfrak{F}_t$-adapté pour chaque $t\in[0,T]$.

Enfin, nous allons démontrer que $(x(t), B_t)$ est la solution.

Pour cela, on a d'abord,

$$E[\sup_{0\le t\le T} |x(t) - \alpha(\omega) - \int_0^t \sigma(s,x(s))dB_s - \int_0^t b(s,x(s))|^2]$$

$$\le 3E[\sup_{0\le t\le T} |x(t) - x_{\Delta_i}(t)|^2]$$

$$+ 3E[\int_0^T \{\sigma(s,x(s)) - \sigma(\eta_{\Delta_i}(s), x_{\Delta_i}(\eta_{\Delta_i}(s)))\}^2 ds]$$

$$+ 3E[T\int_0^T |b(s,x(s) - b(\eta_{\Delta_i}(s), x_{\Delta_i}(\eta_{\Delta_i}(s)))|^2 ds]$$

$$= E[N_i^{(1)}] + E[N_i^{(2)}] + E[N_i^{(3)}] .$$

En utilisant la même discussion que dans le lemme 6, on peut voir que $E[N_i^{(2)}]$ et $E[N_i^{(3)}]$ convergent vers 0 lorsque $i\to\infty$. Par ailleurs, nous savons que $E[N_i^{(1)}]$ tend vers 0 $(i\to\infty)$.

Alors, on en déduit

$$E[\sup_{0\le t\le T} |x(t) - \alpha(\omega) - \int_0^t \sigma(s,x(s))dB_s - \int_0^t b(s,x(s))ds|^2] = 0 .$$

Alors,

$$x(t) = \alpha(\omega) + \int_0^t \sigma(s,x(s))dB_s + \int_0^t b(s,x(s))ds . \qquad \text{C.Q.F.D.}$$

4me étape : Soit $x_\Delta(t)$ une solution approchée, on a

$$E[\sup_{0\le t\le T} |x_\Delta(t)-x(t)|^2]$$

$$\le 2E[\sup_{0\le t\le T} |x_\Delta(t)-x_{\Delta_i}(t)|^2] + 2E[\sup_{0\le t\le T} |x_{\Delta_i}(t)-x(t)|^2] ,$$

où $x_{\Delta_i}(t)$ est la même solution approchée que celle introduite dans la 3me étape.

Alors, d'après (13) et (20), on a

$$\lim_{\|\Delta\|\to 0} E[\sup_{0\le t\le T} |x_\Delta(t)-x(t)|^2] = 0 .$$

La démonstration du théorème est achevée. L'unicité des solutions de l'équation de ce type est déjà connue (voir par exemple [5]). C.Q.F.D.

REFERENCES

[1] ITO, K. On stochastic differential equations. Mem. Amer. Math. Soc. 4 (1951).

[2] MARUYAMA, G. Continuous markov process and stochastic equations. Rend. Circ. Mat. Palermo, ser. 2, T.4, 48-90 (1955).

[3] SKOROHOD, A.V. Studies in the theory of random processes. Kiev (1961).

[4] DELLACHERIE, C. ; MEYER, P.A. Probabilités et potentiel. Hermann, Paris (1975).

[5] YAMADA, T. ; WATANABE, S. On the uniqueness of solutions of stochastic differential equations. J. Math. Kyoto Univ., Vol. 11, n° 1, 155-167 (1971).

[6] YAMADA, T. Sur l'approximation des solutions d'équations différentielles stochastiques. Z.W. 36, 153-164 (1976).

INSTITUT DE RECHERCHE MATHEMATIQUE AVANCEE
Laboratoire Associé au C.N.R.S. n° 1
Université Louis Pasteur
7, rue René-Descartes

67084 STRASBOURG Cédex (France)